21世纪高等院校信息与通信工程规划教材

21st Century University Planned Textbooks of Information and Communication Engineering

# 电磁场与微波技术（第2版）

黄玉兰 编著



# Electromagnetic Fields and Microwave Technique (2nd Edition)

图书在版编目（C I P）数据

电磁场与微波技术 / 黄玉兰编著. -- 2版. -- 北京
: 人民邮电出版社, 2012.12
21世纪高等院校信息与通信工程规划教材
ISBN 978-7-115-29875-1

Ⅰ. ①电… Ⅱ. ①黄… Ⅲ. ①电磁场－高等学校－教材②电磁场－高等学校－教材 Ⅳ. ①O441.4②TN015

中国版本图书馆CIP数据核字(2012)第285502号

## 内 容 提 要

本书从矢量分析入手，主要介绍电磁场与微波技术的基本概念、基本理论和基本分析方法，并对天线做简单介绍。

本书为《电磁场与微波技术》第2版。全书共分为10章，内容包括矢量分析、静态电磁场、时变电磁场、平面电磁波、传输线理论、微波传输线、微波网络基础、常用微波元件、天线、电磁场与微波技术实验。本书注重知识体系的基础性和完整性，加强了基本概念和基本理论的阐述，对大篇幅的数学推导进行了删选，并对实验做了简要介绍。书中例题丰富，每章配有小结和一定数量的习题，并在书末给出了习题答案。

本书面向应用型本科教学，可供高等学校电子工程、通信工程、自动控制、微电子学、仪器仪表及相关专业的本科生作为教材使用，也可作为相关专业技术人员的参考书。

◆ 编　　著　黄玉兰
　责任编辑　武恩玉
◆ 人民邮电出版社出版发行　　北京市丰台区成寿寺路11号
　邮编　100164　　电子邮件　315@ptpress.com.cn
　网址　http://www.ptpress.com.cn
　北京九州迅驰传媒文化有限公司印刷
◆ 开本：787×1092　1/16
　印张：20.25　　　　　　2012年12月第2版
　字数：488千字　　　　　2025年1月北京第26次印刷

ISBN 978-7-115-29875-1

定价：42.00元

读者服务热线：(010)81055256　印装质量热线：(010)81055316
反盗版热线：(010)81055315

# 前　　言

《电磁场与微波技术》自2007年8月出版以来，已重印9次。为适应当前电磁场与微波技术的发展和教学要求，编者对第1版进行了修订。第2版在保留第1版主要内容的同时，本着“打好基础、面向应用”的原则，将第1版的第2章“电磁场的基本理论”拆分为“静态电磁场”与“时变电磁场”两章，新编了第10章“电磁场与微波技术实验”，并在每章最后增加了小结。本次修订对全书文字、公式、插图做了全面的修改和校对，力求概念准确、论述严谨、内容流畅、图文并茂。

电磁场与微波技术与现代信息社会密切相关。1864年，麦克斯韦建立了描述电磁场的严格数学公式，标志着宏观电磁场理论的产生。1936年，美国贝尔实验室做的波导通信实验开启了微波技术的应用时代。目前，在电子、通信、广播、电视、雷达、导航、测控、仪器仪表、自动化等领域，电磁场与微波技术得到了广泛应用。

高等教育对人材培养模式的转变要求学生注重知识的基础性、系统性和应用性，因此，本书加强了基本概念和基本理论的阐述，突出了知识体系的完整性，对大篇幅的数学推导进行了删选，并对电磁波实验及微波测量做了简要介绍。

全书共分为10章。第1章矢量分析，介绍标量场的梯度、矢量场的散度与旋度及3个常用坐标系，为后续场与波的学习打下数学基础；第2章静态电磁场，介绍电磁场基本物理量和基本实验定律，讨论静电场、恒定电场和恒定磁场的基本规律；第3章时变电磁场，建立了麦克斯韦方程组，给出波动方程和时谐电磁场的复数表示法；第4章平面电磁波，讨论平面电磁波基本电参数，给出平面电磁波在不同媒质中的传播特性；第5章传输线理论，讨论TEM传输线的基本特性参数、工作状态分析、史密斯圆图和阻抗匹配；第6章微波传输线，讨论不同类型波导中的波型、场分量、纵向传输特性、高次模和尺寸选择，并介绍带状线和微带线的特性；第7章微波网络基础，介绍等效传输线和等效网络，给出网络参量，讨论工作特性参量；第8章常用微波元件，对微波元件进行分类，介绍各种微波元件的结构、等效电路、网络参数和具体应用；第9章天线，讨论动态位函数，给出基本振子的辐射和天线电参数，介绍不同类型的天线；第10章电磁场与微波技术实验，给出2个电磁波实验和3个微波技术实验，通过实验观察电磁现象，学习实际工作中的微波测量方法。上述内容既相互联系又各自独立，使用时可以根据不同的教学要求进行取舍。

本书每章都有小结，便于读者总结和复习。本书每章附有例题和习题，并在书末给出了习题答案。附录中给出了矢量恒等式、坐标变换公式、国产波导管的结构与参数表、国产同轴线和射频电缆的参数表，供读者参考。

本书由黄玉兰编写。中国科学院西安光学精密机械研究所的研究生夏璞协助完成了本书的插图和习题校对工作，在此表示感谢。

由于作者水平有限，书中难免会有缺点和错误，敬请广大读者予以指正。（电子邮箱：huangyulan10@ sina. com）。

编　者
2012年10月
于西安邮电大学

# 目　录

# 第 1 章 矢量分析

在电磁场理论的研究中，大量用到矢量场，为此首先介绍矢量分析。矢量分析是分析矢量场问题的数学工具，是所有矢量场共同性质的总结。

如果在空间的一个区域中，每一点都有一个物理量的确定值与之对应，则在这个区域中就构成了该物理量的场。场的一个重要属性是它占有一个空间，它把物理量用空间和时间的数学函数来描述。如果这个物理量是标量，这个场就称为标量场，如温度场 $T(x,y,z,t)$。标量场在数学上只用一个代数变量描述，只有大小，没有方向。如果这个物理量是矢量，这个场就称为矢量场，如速度场 $\boldsymbol{v}(x,y,z,t)$ 和力场 $\boldsymbol{F}(x,y,z,t)$。矢量场不仅需要定出大小，而且需要定出方向。在电磁场理论中，电场强度 $\boldsymbol{E}$ 和磁场强度 $\boldsymbol{H}$ 分布在空间，它们既有大小，又有方向，所以 $\boldsymbol{E}$ 和 $\boldsymbol{H}$ 是矢量场。

如果场的物理状态只是空间的函数，而与时间无关，则场称为静态场或恒定场；如果场的物理状态既是空间的函数，又是时间的函数，则场称为时变场。

为了说明电磁场的分布和变化规律，麦克斯韦建立了描述电磁场的严格数学公式，并在理论上预言了电磁波的存在。应用矢量分析方法，电磁场的数学公式可以写得简练而清晰，本章讨论矢量分析，目的在于一开始就建立处理场的数学方法。

矢量分析中的亥姆霍兹定理指出，矢量场可以由它的散度和旋度唯一确定。由此可以得知，对于任何矢量场，都需要分析它的散度和旋度，麦克斯韦描述电磁场的数学公式就是利用电场和磁场的散度和旋度完成的。散度和旋度是构成这个矢量场的源。此外，标量场的梯度也是需要研究的物理量，如电位的梯度是电场。散度、旋度和梯度称为矢量分析中的“三度”，它们构成了矢量分析的核心内容。

在解决实际问题时，经常涉及某些给定形状的区域或物体，需要用与给定形状相适应的坐标系表达公式。本章将讨论直角坐标系、圆柱坐标系和球坐标系这三种常用的正交坐标系，并讨论这三种坐标系中矢量的表示方法和运算法则。首先讨论直角坐标系中散度、旋度和梯度的计算公式，然后通过坐标变换得到圆柱坐标系和球坐标系中散度、旋度和梯度的计算公式。

在本书所有章节中，将对矢量进行合成、分解、微分、积分和其他方面的运算，因而要求读者掌握矢量代数和矢量微积分的内容。由于矢量场散度和旋度的运算法则与矢量代数的运算法则一致，本章首先复习矢量代数。

## 1.1 矢量代数

矢量既有大小，又有方向。矢量 $\boldsymbol{A}$ 可以表示为 $\boldsymbol{A}=\boldsymbol{e}_A A$，其中 $\boldsymbol{e}_A$ 表示矢量 $\boldsymbol{A}$ 的方向，$A$ 表示矢量 $\boldsymbol{A}$ 的大小。$\boldsymbol{e}_A=\boldsymbol{A}/A$，其大小等于1，方向与矢量 $\boldsymbol{A}$ 相同，称为矢量 $\boldsymbol{A}$ 的单位矢量。矢量 $\boldsymbol{A}$ 的大小为

$$A=(A_x^2+A_y^2+A_z^2)^{\frac{1}{2}} \tag{1.1}$$

任何一个矢量可以由它在三个相互垂直的坐标轴上的投影分量确定。例如，在直角坐标系中，矢量 $\boldsymbol{A}$ 在三个坐标轴上的投影分别为 $A_x$、$A_y$ 和 $A_z$，矢量 $\boldsymbol{A}$ 可以表示为

$$\boldsymbol{A}=\boldsymbol{e}_x A_x+\boldsymbol{e}_y A_y+\boldsymbol{e}_z A_z \tag{1.2}$$

式中，$\boldsymbol{e}_x$、$\boldsymbol{e}_y$ 和 $\boldsymbol{e}_z$ 分别表示 $x$、$y$ 和 $z$ 方向的单位矢量。由式（1.2）可以看出，一个矢量场对应三个标量场。

空间一点 $P$ 可以由位置矢量确定。从原点指向点 $P$ 的矢量 $\boldsymbol{r}$ 称为位置矢量，它在直角坐标系中表示为

$$\boldsymbol{r}=\boldsymbol{e}_x x+\boldsymbol{e}_y y+\boldsymbol{e}_z z \tag{1.3}$$

### 1.1.1 矢量的加法和减法

两个矢量之间可以进行加法或减法运算。

两个矢量相加，等于两个矢量相应的分量分别相加，它们的和还是一个矢量。矢量加法符合平行四边形法则，如图1.1（b）所示。

$$\boldsymbol{A}+\boldsymbol{B}=\boldsymbol{e}_x(A_x+B_x)+\boldsymbol{e}_y(A_y+B_y)+\boldsymbol{e}_z(A_z+B_z) \tag{1.4}$$

两个矢量相减，等于两个矢量相应的分量分别相减，它们的差依旧是一个矢量。两个矢量相减也可以看成将其中一个矢量变号后再相加，如图1.1（c）所示。

$$\boldsymbol{A}-\boldsymbol{B}=\boldsymbol{A}+(-\boldsymbol{B})=\boldsymbol{e}_x(A_x-B_x)+\boldsymbol{e}_y(A_y-B_y)+\boldsymbol{e}_z(A_z-B_z) \tag{1.5}$$

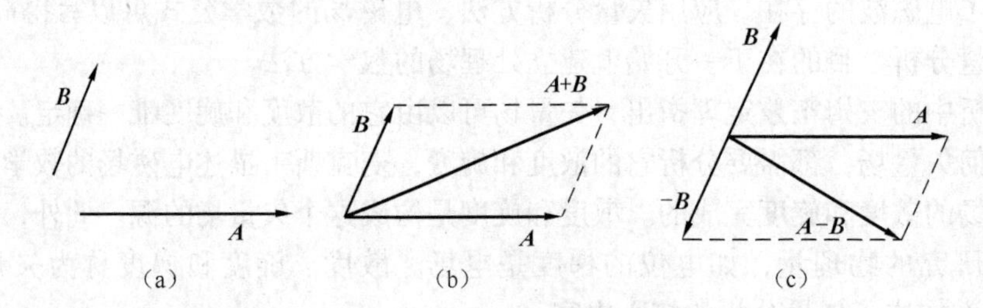


图1.1 矢量加减法的图示

### 1.1.2 标量与矢量相乘

标量与矢量之间可以进行乘法运算。

标量 $k$ 与矢量 $\boldsymbol{A}$ 相乘，结果是 $\boldsymbol{A}$ 的方向未变，大小改变了 $k$ 倍，即

$$k\boldsymbol{A}=\boldsymbol{e}_A kA=\boldsymbol{e}_x kA_x+\boldsymbol{e}_y kA_y+\boldsymbol{e}_z kA_z \tag{1.6}$$

### 1.1.3 矢量的点积

两个矢量之间的乘积有两种定义，一种是点积（也称为标量积）；一种是叉积（也称为

矢量积）。

矢量 $\boldsymbol{A}$ 与矢量 $\boldsymbol{B}$ 的点积，写成 $\boldsymbol{A}\cdot\boldsymbol{B}$，它的结果是一个标量，其大小等于两个矢量的大小与它们的夹角 $\theta$ 的余弦的乘积，如图 1.2 所示，表示为

$$\boldsymbol{A}\cdot\boldsymbol{B} = AB\cos\theta \tag{1.7a}$$

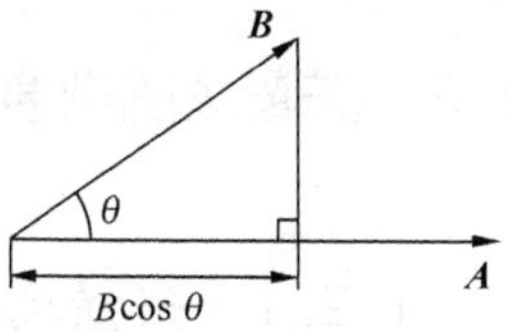

图 1.2　点积的图示

在直角坐标系中，各单位矢量之间的点积为

$$\boldsymbol{e}_x\cdot\boldsymbol{e}_x = \boldsymbol{e}_y\cdot\boldsymbol{e}_y = \boldsymbol{e}_z\cdot\boldsymbol{e}_z = 1$$

$$\boldsymbol{e}_x\cdot\boldsymbol{e}_y = \boldsymbol{e}_y\cdot\boldsymbol{e}_z = \boldsymbol{e}_z\cdot\boldsymbol{e}_x = 0$$

矢量 $\boldsymbol{A}$ 与矢量 $\boldsymbol{B}$ 的点积，用矢量的三个分量表示为

$$\begin{aligned}\boldsymbol{A}\cdot\boldsymbol{B} &= (\boldsymbol{e}_xA_x + \boldsymbol{e}_yA_y + \boldsymbol{e}_zA_z)\cdot(\boldsymbol{e}_xB_x + \boldsymbol{e}_yB_y + \boldsymbol{e}_zB_z)\\ &= A_xB_x + A_yB_y + A_zB_z\end{aligned} \tag{1.7b}$$

### 1.1.4　矢量的叉积

矢量 $\boldsymbol{A}$ 与矢量 $\boldsymbol{B}$ 的叉积，写成 $\boldsymbol{A}\times\boldsymbol{B}$，它的结果是一个矢量，其大小等于两个矢量的大小与它们的夹角 $\theta$ 的正弦的乘积，其方向垂直于矢量$\boldsymbol{A}$ 与矢量 $\boldsymbol{B}$ 组成的平面（符合右手螺旋法则）。$\boldsymbol{A}\times\boldsymbol{B}$ 如图 1.3 所示，图 1.3（a）为叉积的图示，图 1.3（b）为右手螺旋。$\boldsymbol{A}\times\boldsymbol{B}$ 表示为

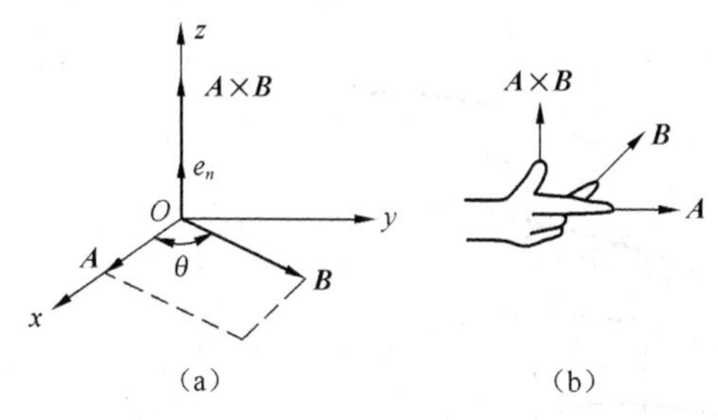


图 1.3　叉积的图示及右手螺旋

$$\boldsymbol{A}\times\boldsymbol{B} = \boldsymbol{e}_nAB\sin\theta \tag{1.8a}$$

在直角坐标系中，各单位矢量之间的叉积为

$$\boldsymbol{e}_x\times\boldsymbol{e}_y = \boldsymbol{e}_z,\ \boldsymbol{e}_y\times\boldsymbol{e}_z = \boldsymbol{e}_x,\ \boldsymbol{e}_z\times\boldsymbol{e}_x = \boldsymbol{e}_y$$

$$\boldsymbol{e}_x\times\boldsymbol{e}_x = \boldsymbol{e}_y\times\boldsymbol{e}_y = \boldsymbol{e}_z\times\boldsymbol{e}_z = 0$$

矢量 $\boldsymbol{A}$ 与矢量 $\boldsymbol{B}$ 的叉积，用矢量的 3 个分量表示为

$$\boldsymbol{A}\times\boldsymbol{B} = \boldsymbol{e}_x(A_yB_z - A_zB_y) + \boldsymbol{e}_y(A_zB_x - A_xB_z) + \boldsymbol{e}_z(A_xB_y - A_yB_x) \tag{1.8b}$$

或表示为

$$\boldsymbol{A}\times\boldsymbol{B} = \begin{vmatrix}\boldsymbol{e}_x & \boldsymbol{e}_y & \boldsymbol{e}_z\\ A_x & A_y & A_z\\ B_x & B_y & B_z\end{vmatrix} \tag{1.8c}$$

**例 1.1**　已知 $\boldsymbol{A} = \boldsymbol{e}_x3 + \boldsymbol{e}_y4 + \boldsymbol{e}_z2$，$\boldsymbol{B} = \boldsymbol{e}_x2 + \boldsymbol{e}_y4 + \boldsymbol{e}_z7$，求：

（1）$\boldsymbol{A}\cdot\boldsymbol{B}$；　（2）$\boldsymbol{A}$ 与 $\boldsymbol{B}$ 的夹角；　（3）$\boldsymbol{A}\times\boldsymbol{B}$。

**解**　（1）　$\boldsymbol{A}\cdot\boldsymbol{B} = A_xB_x + A_yB_y + A_zB_z = 3\times2 + 4\times4 + 2\times7 = 36$

（2）

$$\cos\theta = \frac{\boldsymbol{A}\cdot\boldsymbol{B}}{|\boldsymbol{A}||\boldsymbol{B}|} = \frac{36}{\sqrt{3^2+4^2+2^2}\sqrt{2^2+4^2+7^2}} \approx 0.80$$

$$\theta \approx 36.41°$$

（3）

$$\begin{aligned}\boldsymbol{A}\times\boldsymbol{B} &= \begin{vmatrix}\boldsymbol{e}_x & \boldsymbol{e}_y & \boldsymbol{e}_z\\ A_x & A_y & A_z\\ B_x & B_y & B_z\end{vmatrix}\\ &= \boldsymbol{e}_x(4\times7 - 2\times4) + \boldsymbol{e}_y(2\times2 - 3\times7) + \boldsymbol{e}_z(3\times4 - 4\times2)\end{aligned}$$

$$= \boldsymbol{e}_x 20 - \boldsymbol{e}_y 17 + \boldsymbol{e}_z 4$$

## 1.2 矢量场的散度

### 1.2.1 矢量场的矢量线

一个矢量场可以用一个矢量函数表示。例如，在直角坐标系中，矢量场 $\boldsymbol{A}$ 可以表示为

$$\boldsymbol{A}(x,y,z) = \boldsymbol{e}_x A_x(x,y,z) + \boldsymbol{e}_y A_y(x,y,z) + \boldsymbol{e}_z A_z(x,y,z) \tag{1.9}$$

$\boldsymbol{A}$ 在三个坐标轴上的分量 $A_x$、$A_y$ 和 $A_z$ 是空间的函数。

矢量场 $\boldsymbol{A}$ 可以用画图的方式描述，称为矢量场的矢量线（也叫做力线、流线、通量线等）图。矢量线图上每一点处的切线应当是该点矢量场的方向，如图 1.4（a）所示。在研究矢量场时，常采用带方向的矢量线形象地表示矢量场，例如电场的电力线、磁场的磁力线、流速场中的流线都是矢量线。使用矢量线图的方便之处在于，既能根据矢量线图确定各点矢量场的方向，又能根据图上矢量线的疏密判断各点矢量场的大小和变化趋势。

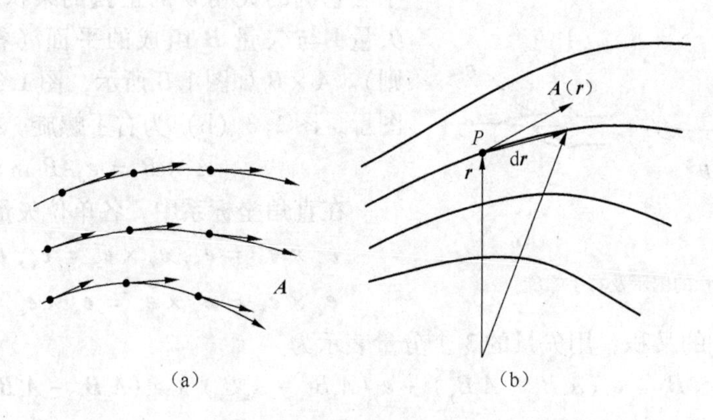


图 1.4　矢量场的矢量线图

下面讨论矢量线方程的表达式。如图 1.4（b）所示，设点 $P$ 为矢量线上的一点，其位置矢量为 $\boldsymbol{r}$，根据矢量线的定义有

$$\boldsymbol{A} \times \mathrm{d}\boldsymbol{r} = 0$$

将其代入式（1.3），即可得到矢量线满足的微分方程

$$\frac{\mathrm{d}x}{A_x} = \frac{\mathrm{d}y}{A_y} = \frac{\mathrm{d}z}{A_z} \tag{1.10}$$

### 1.2.2 矢量场的通量

首先通过一个熟悉的例子来看需要研究矢量场的什么特性。水通过某一横截面的流量是经常需要计算的一个物理量，流量与流速的大小 $|\boldsymbol{v}|$、横截面的面积 $S$、$S$ 法向 $\boldsymbol{e}_n$ 相对于 $\boldsymbol{v}$ 的夹角 $\theta$ 都有关系，流量的大小可以写成

$$流量 = \int_S |\boldsymbol{v}| \cos\theta \mathrm{d}S \tag{1.11}$$

式（1.11）中的被积函数可以表示成两个矢量点积的形式，为此需要定义面元矢量。取一个面元 $\mathrm{d}S$，并取一个与面元相垂直的单位矢量 $\boldsymbol{e}_n$，则面元矢量 $\mathrm{d}\boldsymbol{S}$ 定义为

$$\mathrm{d}\boldsymbol{S} = \boldsymbol{e}_n \mathrm{d}S \tag{1.12}$$

$\boldsymbol{e}_n$ 的取向有两种情形：一种是面元 $\mathrm{d}S$ 为开表面，这个开表面由一个闭合曲线 $C$ 围成，选择 $C$ 的环行方向后，按右手螺旋法则，螺旋前进的方向为 $\boldsymbol{e}_n$ 的方向；另一种是面元 $\mathrm{d}S$ 为闭合面上的一个面元，则 $\boldsymbol{e}_n$ 取闭合面的外法线方向。

有了面元矢量的定义，式（1.11）可以写为

$$流量 = \int_S |\boldsymbol{v}| \cos\theta \mathrm{d}S = \int_S \boldsymbol{v} \cdot \mathrm{d}\boldsymbol{S}$$

通量的概念在场论中是由流体的流量引申出来的。矢量场 $\boldsymbol{A}$ 通过面 $S$ 的通量定义为

$$通量 = \oint_S \boldsymbol{A} \cdot \mathrm{d}\boldsymbol{S} \tag{1.13}$$

在直角坐标系中，面元矢量 $\mathrm{d}\boldsymbol{S}$ 为

$$\mathrm{d}\boldsymbol{S} = \boldsymbol{e}_x \mathrm{d}S_x + \boldsymbol{e}_y \mathrm{d}S_y + \boldsymbol{e}_z \mathrm{d}S_z \tag{1.14}$$

则式（1.13）为

$$\begin{aligned}\oint_S \boldsymbol{A} \cdot \mathrm{d}\boldsymbol{S} &= \oint_S (\boldsymbol{e}_x A_x + \boldsymbol{e}_y A_y + \boldsymbol{e}_z A_z) \cdot (\boldsymbol{e}_x \mathrm{d}S_x + \boldsymbol{e}_y \mathrm{d}S_y + \boldsymbol{e}_z \mathrm{d}S_z) \\ &= \oint_S (A_x \mathrm{d}S_x + A_y \mathrm{d}S_y + A_z \mathrm{d}S_z)\end{aligned} \tag{1.15}$$

如果通量 $\oint_S \boldsymbol{A} \cdot \mathrm{d}\boldsymbol{S} > 0$，表示穿出面 $S$ 的矢量线数目大于穿入面 $S$ 的矢量线数目，说明面 $S$ 所包围的体积中有产生该矢量场 $\boldsymbol{A}$ 的净源；如果通量 $\oint_S \boldsymbol{A} \cdot \mathrm{d}\boldsymbol{S} < 0$，表示穿出面 $S$ 的矢量线数目小于穿入面 $S$ 的矢量线数目，说明面 $S$ 所包围的体积中有产生该矢量场 $\boldsymbol{A}$ 的负源（负源也称为沟）；如果通量 $\oint_S \boldsymbol{A} \cdot \mathrm{d}\boldsymbol{S} = 0$，表示穿出面 $S$ 的矢量线数目等于穿入面 $S$ 的矢量线数目，说明面 $S$ 所包围的体积中产生该矢量场 $\boldsymbol{A}$ 的净源为0，即源和沟相等。

通量可以表示一个区域内场和场源之间的关系。如果要知道产生矢量场 $\boldsymbol{A}$ 的面 $S$ 内的源，只需要计算通量 $\oint_S \boldsymbol{A} \cdot \mathrm{d}\boldsymbol{S}$。

若画图表示，矢量场的通量即为垂直于矢量场的单位表面矢量线所穿过的数目（见图1.5）。

如果要知道产生矢量场 $\boldsymbol{A}$ 的每一点的源，就需要将面 $S$ 所包围的体积缩为一个点，为此定义了散度。散度给出了每一点的矢量场与产生该矢量场的源之间的关系。

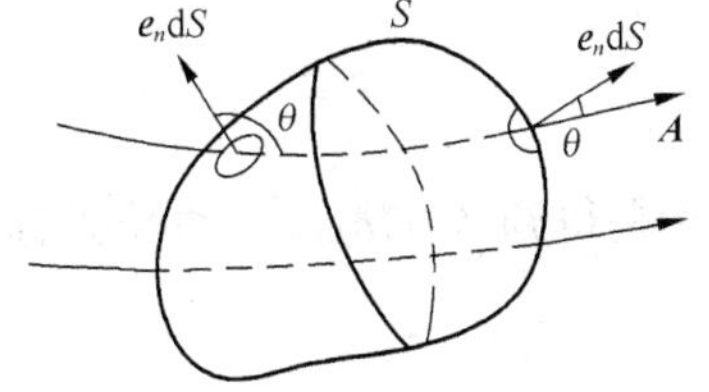

图1.5　矢量场的通量图

## 1.2.3　矢量场的散度

**散度的定义**　设有矢量场 $\boldsymbol{A}$，在场中任一点 $P$ 处做一个包含该点的闭合面 $S$，设闭合面 $S$ 所包围的体积为 $\Delta\tau$。当体积 $\Delta\tau$ 以任意方式缩向点 $P$ 时，每单位体积由闭合面 $S$ 向外穿出的净通量为矢量场 $\boldsymbol{A}$ 在该点的散度，即

$$\operatorname{div} \boldsymbol{A} = \lim_{\Delta\tau \to 0} \frac{\oint_S \boldsymbol{A} \cdot \mathrm{d}\boldsymbol{S}}{\Delta\tau} \tag{1.16}$$

散度 div **A** 是一个标量，它给出了每一点的矢量场与产生该矢量场的标量源之间的关系。散度之所以成为矢量分析的核心问题之一，就是因为它给出了场与产生场的源之间的关系。由于散度只涉及标量源，所以，散度只是矢量分析核心问题的一部分而不是全部。

把产生矢量场的源分成两类，一类是标量源；一类是矢量源。例如，电荷是标量源，电流是矢量源。标量源与矢量场之间的关系用散度表示；矢量源与矢量场之间的关系用旋度（在1.3节讨论）表示。

式（1.16）为散度的定义式，下面在直角坐标系中推导其计算公式。div **A** 与 $\Delta\tau$ 的形状无关，假设 $\Delta\tau$ 以长方体 $\Delta x\Delta y\Delta z$ 的方式缩向一个点（见图1.6），分别计算三对表面穿出的通量。从左、右一对表面穿出的净通量为

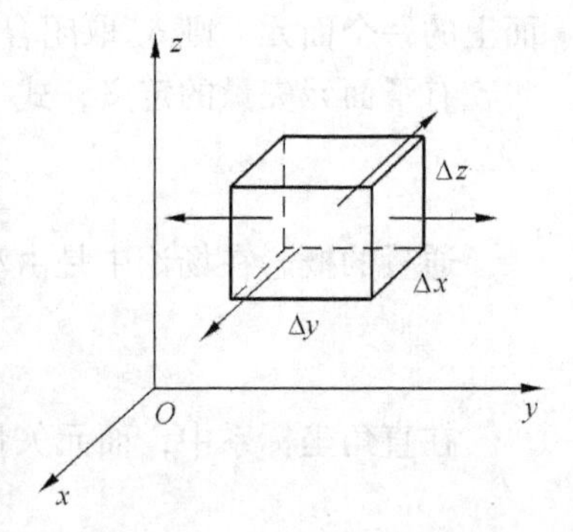


图1.6　在直角坐标系中计算散度

$$-A_y\Delta z\Delta x + \left(A_y + \frac{\partial A_y}{\partial y}\Delta y\right)\Delta z\Delta x = \frac{\partial A_y}{\partial y}\Delta x\Delta y\Delta z$$

从上、下一对表面穿出的净通量为

$$-A_z\Delta x\Delta y + \left(A_z + \frac{\partial A_z}{\partial z}\Delta z\right)\Delta x\Delta y = \frac{\partial A_z}{\partial z}\Delta x\Delta y\Delta z$$

从前、后一对表面穿出的净通量为

$$-A_x\Delta y\Delta z + \left(A_x + \frac{\partial A_x}{\partial x}\Delta x\right)\Delta y\Delta z = \frac{\partial A_x}{\partial x}\Delta x\Delta y\Delta z$$

故从长方体 $\Delta\tau$ 内穿出的净通量为

$$\oint_S \boldsymbol{A} \cdot \mathrm{d}\boldsymbol{S} = \left(\frac{\partial A_x}{\partial x} + \frac{\partial A_y}{\partial y} + \frac{\partial A_z}{\partial z}\right)\Delta x\Delta y\Delta z$$

令 $\Delta\tau \to 0$，则

$$\lim_{\Delta\tau \to 0} \frac{\oint_S \boldsymbol{A} \cdot \mathrm{d}\boldsymbol{S}}{\Delta\tau} = \frac{\partial A_x}{\partial x} + \frac{\partial A_y}{\partial y} + \frac{\partial A_z}{\partial z}$$

于是得到 **A** 的散度在直角坐标系中的计算公式为

$$\operatorname{div} \boldsymbol{A} = \frac{\partial A_x}{\partial x} + \frac{\partial A_y}{\partial y} + \frac{\partial A_z}{\partial z} \tag{1.17}$$

为方便，引入一个矢量微分算子∇（∇称为哈密顿算子），它在直角坐标系中表示为

$$\nabla = \boldsymbol{e}_x \frac{\partial}{\partial x} + \boldsymbol{e}_y \frac{\partial}{\partial y} + \boldsymbol{e}_z \frac{\partial}{\partial z} \tag{1.18}$$

∇是一个矢量，根据矢量代数运算法则，两个矢量之间可以进行矢量点积运算，也即 $\nabla \cdot \boldsymbol{A}$ 可以看成是∇与 **A** 这两个矢量的点积。根据式（1.7b），在直角坐标系中有

$$\left(\boldsymbol{e}_x \frac{\partial}{\partial x} + \boldsymbol{e}_y \frac{\partial}{\partial y} + \boldsymbol{e}_z \frac{\partial}{\partial z}\right) \cdot (\boldsymbol{e}_x A_x + \boldsymbol{e}_y A_y + \boldsymbol{e}_z A_z) = \frac{\partial A_x}{\partial x} + \frac{\partial A_y}{\partial y} + \frac{\partial A_z}{\partial z}$$

也即

$$\nabla\cdot \boldsymbol{A} = \mathrm{div}\,\boldsymbol{A} = \frac{\partial A_x}{\partial x} + \frac{\partial A_y}{\partial y} + \frac{\partial A_z}{\partial z} \tag{1.19}$$

$\nabla \cdot \boldsymbol{A}$ 称为 $\boldsymbol{A}$ 的散度。

**例 1.2** 已知矢量场$\boldsymbol{A}(\boldsymbol{r}) = \boldsymbol{r} = \boldsymbol{e}_x x + \boldsymbol{e}_y y + \boldsymbol{e}_z z$，求：

（1）$\nabla \cdot \boldsymbol{A}$；

（2）计算通量$\oint_S \boldsymbol{A} \cdot \mathrm{d}\boldsymbol{S}$。积分区域为闭合面 $S$，$S$ 为一个球心在原点、半径为 $a$ 的球面。

**解** （1）$\nabla\cdot \boldsymbol{A} = \frac{\partial A_x}{\partial x} + \frac{\partial A_y}{\partial y} + \frac{\partial A_z}{\partial z} = \frac{\partial x}{\partial x} + \frac{\partial y}{\partial y} + \frac{\partial z}{\partial z} = 3$

（2）$\boldsymbol{r}$ 的方向与 $\mathrm{d}\boldsymbol{S}$ 的方向相同，所以有

$$\oint_S \boldsymbol{A} \cdot \mathrm{d}\boldsymbol{S} = \oint_S \boldsymbol{r} \cdot \mathrm{d}\boldsymbol{S} = \oint_S a\mathrm{d}S = a\oint_S \mathrm{d}S = 4\pi a^3$$

### 1.2.4 散度定理

在矢量分析中有许多矢量恒等式。矢量常用的恒等式已在附录 B 中列出，散度定理就是其中的一个重要定理。

散度定理也称作高斯散度定理，表示为

$$\oint_S \boldsymbol{A} \cdot \mathrm{d}\boldsymbol{S} = \int_\tau \nabla\cdot \boldsymbol{A}\mathrm{d}\tau \tag{1.20}$$

式（1.20）中，积分区域 $\tau$ 为闭合面 $S$ 所包围的体积，并假设 $\boldsymbol{A}$ 及其一阶导数连续。

散度定理是矢量场 $\boldsymbol{A}$ 积分形式和微分形式的结合，它可以把一个体积分变换为一个闭合面积分。散度定理广泛用于将一个电磁场通量形式的积分方程转换为一个散度形式的微分方程。下面证明这个定理。首先将体积 $\tau$ 分成 $N$ 个足够小的体积元 $\Delta\tau$，其中第 $i$ 个以 $\Delta\tau_i$ 表示。由于 $\Delta\tau_i$ 足够小，可以近似认为 $\Delta\tau_i$ 中的$\nabla \cdot \boldsymbol{A}$ 为同一个值，于是由式（1.16）得到

$$\oint_{S_i} \boldsymbol{A} \cdot \mathrm{d}\boldsymbol{S} = \nabla\cdot \boldsymbol{A}\Delta\tau_i$$

式中，$S_i$ 是包围 $\Delta\tau_i$ 的外围面。考虑到有 $N$ 个 $\Delta\tau$，将它们的贡献叠加起来，并让 $N\to\infty$、$\Delta\tau_i\to 0$，得到

$$\lim_{\Delta\tau_i\to 0}\sum_{i=1}^{\infty}\left(\oint_{S_i} \boldsymbol{A} \cdot \mathrm{d}\boldsymbol{S}\right) = \lim_{\Delta\tau_i\to 0}\sum_{i=1}^{\infty}\left[(\nabla\cdot \boldsymbol{A})_i\Delta\tau_i\right]$$

上式左边等于$\oint_S \boldsymbol{A} \cdot \mathrm{d}\boldsymbol{S}$，因为相邻两个 $\Delta\tau$ 的公共面上外法线的方向相反，通量的贡献相互抵消，最后只存在面 $S$ 对通量的贡献。上式右边等于 $S$ 所包围的体积 $\tau$ 对$\nabla \cdot \boldsymbol{A}$ 的体积分。所以得到$\oint_S \boldsymbol{A} \cdot \mathrm{d}\boldsymbol{S} = \int_\tau \nabla\cdot \boldsymbol{A}\mathrm{d}\tau$，式（1.20）得证。

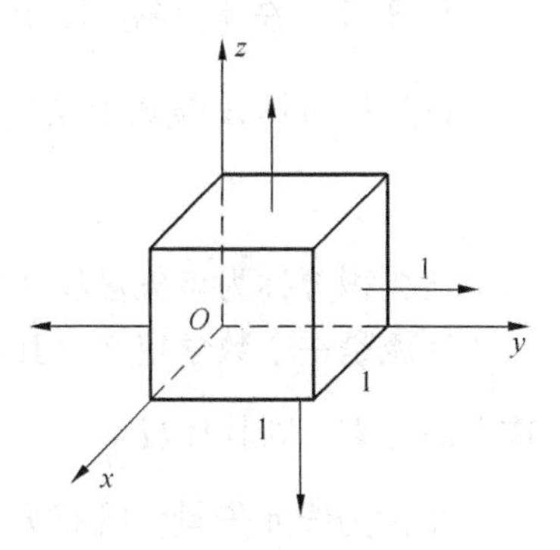

图 1.7 例 1.3 用图

**例 1.3** 已知$\boldsymbol{A}(x,y,z) = \boldsymbol{e}_x x^2 + \boldsymbol{e}_y xy + \boldsymbol{e}_z yz$。现有一个边长为 1 的单位立方体，它的一个顶点在原点，如图 1.7 所示，求：

（1）矢量场 $\boldsymbol{A}$ 的散度；

（2）计算通量$\oint_S \boldsymbol{A}\cdot \mathrm{d}\boldsymbol{S}$，积分区域为如图1.7所示的单位立方体；

（3）验证高斯散度定理。

**解** （1）$\nabla\cdot \boldsymbol{A} = \dfrac{\partial A_x}{\partial x} + \dfrac{\partial A_y}{\partial y} + \dfrac{\partial A_z}{\partial z} = \dfrac{\partial}{\partial x}(x^2) + \dfrac{\partial}{\partial y}(xy) + \dfrac{\partial}{\partial z}(yz) = 3x + y$

（2）$\boldsymbol{A}$从单位立方体内穿出的通量为$\oint_S \boldsymbol{A}\cdot \mathrm{d}\boldsymbol{S}$，分三对面进行计算。

左面，$y = 0$，$\mathrm{d}\boldsymbol{S} = -\boldsymbol{e}_y \mathrm{d}x\mathrm{d}z$，$\boldsymbol{A}\cdot \mathrm{d}\boldsymbol{S} = (\boldsymbol{e}_y xy)\cdot(-\boldsymbol{e}_y \mathrm{d}x\mathrm{d}z) = 0$；右面，$y = 1$，$\mathrm{d}\boldsymbol{S} = \boldsymbol{e}_y \mathrm{d}x\mathrm{d}z$，$\boldsymbol{A}\cdot \mathrm{d}\boldsymbol{S} = (\boldsymbol{e}_y xy)\cdot(\boldsymbol{e}_y \mathrm{d}x\mathrm{d}z) = x\mathrm{d}x\mathrm{d}z$。从左、右面穿出的通量为

$$\int_0^1\int_0^1 0\mathrm{d}x\mathrm{d}z + \int_0^1\int_0^1 x\mathrm{d}x\mathrm{d}z = 0 + \frac{1}{2} = \frac{1}{2}$$

前面，$x = 1$，$\mathrm{d}\boldsymbol{S} = \boldsymbol{e}_x \mathrm{d}y\mathrm{d}z$，$\boldsymbol{A}\cdot \mathrm{d}\boldsymbol{S} = (\boldsymbol{e}_x x^2)\cdot(\boldsymbol{e}_x \mathrm{d}y\mathrm{d}z) = \mathrm{d}y\mathrm{d}z$；后面，$x = 0$，$\mathrm{d}\boldsymbol{S} = -\boldsymbol{e}_x \mathrm{d}y\mathrm{d}z$，$\boldsymbol{A}\cdot \mathrm{d}\boldsymbol{S} = (\boldsymbol{e}_x x^2)\cdot(-\boldsymbol{e}_x \mathrm{d}y\mathrm{d}z) = 0$。从前、后面穿出的通量为

$$\int_0^1\int_0^1 \mathrm{d}y\mathrm{d}z + \int_0^1\int_0^1 0\mathrm{d}y\mathrm{d}z = 1 + 0 = 1$$

上面，$z = 1$，$\mathrm{d}\boldsymbol{S} = \boldsymbol{e}_z \mathrm{d}x\mathrm{d}y$，$\boldsymbol{A}\cdot \mathrm{d}\boldsymbol{S} = (\boldsymbol{e}_z yz)\cdot(\boldsymbol{e}_z \mathrm{d}x\mathrm{d}y) = y\mathrm{d}x\mathrm{d}y$；下面，$z = 0$，$\mathrm{d}\boldsymbol{S} = -\boldsymbol{e}_x \mathrm{d}x\mathrm{d}y$，$\boldsymbol{A}\cdot \mathrm{d}\boldsymbol{S} = (\boldsymbol{e}_z yz)\cdot(-\boldsymbol{e}_z \mathrm{d}x\mathrm{d}y) = 0$。从前、后面穿出的通量为

$$\int_0^1\int_0^1 y\mathrm{d}x\mathrm{d}y + \int_0^1\int_0^1 0\mathrm{d}x\mathrm{d}y = \frac{1}{2} + 0 = \frac{1}{2}$$

所以有

$$\oint_S \boldsymbol{A}\cdot \mathrm{d}\boldsymbol{S} = \frac{1}{2} + 1 + \frac{1}{2} = 2$$

（3）$\int_\tau \nabla\cdot \boldsymbol{A}\mathrm{d}\tau = \int_0^1\int_0^1\int_0^1 (3x + y)\mathrm{d}x\mathrm{d}y\mathrm{d}z = 2$，因此，$\int_\tau \nabla\cdot \boldsymbol{A}\mathrm{d}\tau = \oint_S \boldsymbol{A}\cdot \mathrm{d}\boldsymbol{S} = 2$，高斯散度定理成立。

## 1.3 矢量场的旋度

在1.2节中，由流量引出了矢量场通量及散度的概念，用类似方法，可以引出矢量场的环流和旋度的概念。

### 1.3.1 矢量场的环流

设某矢量场$\boldsymbol{A}$绕场中某闭合路径$C$的线积分为

$$\oint_C \boldsymbol{A}\cdot \mathrm{d}\boldsymbol{l} = \oint_C A\cos\theta \mathrm{d}l \tag{1.21}$$

则上述线积分称为该矢量场$\boldsymbol{A}$的环流。

环流是一个数学定义，其物理意义随矢量所代表的场而定。如果矢量场$\boldsymbol{A}$为作用在物体上的力$\boldsymbol{F}$，则其环流$\oint_C \boldsymbol{F}\cdot \mathrm{d}\boldsymbol{l}$为物体绕闭合路径$C$运动时力$\boldsymbol{F}$所做的功。

$\mathrm{d}\boldsymbol{l}$称为线元矢量，既有大小，也有方向。$\mathrm{d}\boldsymbol{l}$的大小为$\mathrm{d}l$，方向为路径$C$上一点的切向。在直角坐标系中，线元矢量为

$$\mathrm{d}\boldsymbol{l} = \boldsymbol{e}_x \mathrm{d}x + \boldsymbol{e}_y \mathrm{d}y + \boldsymbol{e}_z \mathrm{d}z$$

则式（1.21）为

$$\begin{aligned}\oint_C \boldsymbol{A} \cdot \mathrm{d}\boldsymbol{l} &= \oint_C (\boldsymbol{e}_x A_x + \boldsymbol{e}_y A_y + \boldsymbol{e}_z A_z) \cdot (\boldsymbol{e}_x \mathrm{d}x + \boldsymbol{e}_y \mathrm{d}y + \boldsymbol{e}_z \mathrm{d}z) \\ &= \oint_C (A_x \mathrm{d}x + A_y \mathrm{d}y + A_z \mathrm{d}z)\end{aligned}$$

矢量场的环流与矢量场的通量一样，是描述矢量场性质的量。如果 $\oint_C \boldsymbol{A} \cdot \mathrm{d}\boldsymbol{l} \neq 0$，则在 $C$ 内必然有产生场 $\boldsymbol{A}$ 的旋涡源；如果 $\oint_C \boldsymbol{A} \cdot \mathrm{d}\boldsymbol{l} = 0$，则在 $C$ 内没有产生矢量场 $\boldsymbol{A}$ 的净旋涡源。

环流可以表示一个区域内场与场源之间的关系。为了知道场中每个点上旋涡源的分布，引入矢量场旋度的概念。

### 1.3.2 矢量场的旋度

设有矢量场 $\boldsymbol{A}$，在场中任一点 $P$ 处做一条包含该点的闭合路径 $C$，设闭合路径 $C$ 所包围的面积元为 $\Delta S$，当面积元 $\Delta S$ 缩向点 $P$ 时，下面的极限

$$\lim_{\Delta S \to 0} \frac{\oint_C \boldsymbol{A} \cdot \mathrm{d}\boldsymbol{l}}{\Delta S}$$

为环流面密度。不难看出，上述的极限与面积元 $\Delta S$ 的方向有关。以流体场为例，若面积元与旋涡面重合，上述极限有最大值；若面积元与旋涡面有一个夹角，上述极限总是小于最大值；若面积元与旋涡面垂直，上述极限为0。这些结果表明，此极限值为某一固定矢量在任意面积元上的投影。这里称此固定矢量为 $\boldsymbol{A}$ 的旋度，记为 $\mathrm{rot}\,\boldsymbol{A}$ 或 $\mathrm{curl}\,\boldsymbol{A}$。因此有关系式

$$\lim_{\Delta S \to 0} \frac{\oint_C \boldsymbol{A} \cdot \mathrm{d}\boldsymbol{l}}{\Delta S} = \mathrm{rot}_n \boldsymbol{A} \tag{1.22}$$

式（1.22）中，$\mathrm{rot}_n \boldsymbol{A}$ 为矢量 $\mathrm{rot}\,\boldsymbol{A}$ 在面元矢量上的投影，如图1.8所示。

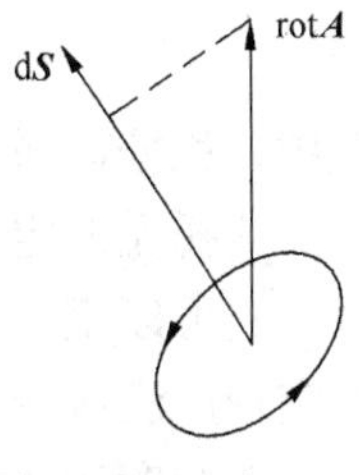

旋度 $\mathrm{rot}\,\boldsymbol{A}$ 是一个矢量，表示每个点上旋涡源的分布，它是产生 $\boldsymbol{A}$ 的矢量源。这就使旋度成为矢量分析的又一个核心问题。散度给出了矢量场的标量源，旋度给出了矢量场的矢量源。而产生矢量场的源有两类，一类是标量源，一类是矢量源，所以，散度和旋度将产生矢量场的源这一概念就完全表达清楚了。



图1.8 rot *A* 在面元矢量上的投影

在直角坐标系中，旋度的表达式为（推导过程略）

$$\mathrm{rot}\,\boldsymbol{A} = \boldsymbol{e}_x\left(\frac{\partial A_z}{\partial y} - \frac{\partial A_y}{\partial z}\right) + \boldsymbol{e}_y\left(\frac{\partial A_x}{\partial z} - \frac{\partial A_z}{\partial x}\right) + \boldsymbol{e}_z\left(\frac{\partial A_y}{\partial x} - \frac{\partial A_x}{\partial y}\right) \tag{1.23}$$

为了方便，也利用哈密顿算子∇表示旋度。根据矢量代数运算法则，两个矢量之间可以进行矢量叉积运算，也即 $\nabla \times \boldsymbol{A}$ 可以看成是∇与 $\boldsymbol{A}$ 这两个矢量的叉积。根据式（1.8b），在直角坐标系中

$$\nabla \times \boldsymbol{A} = \left(\boldsymbol{e}_x \frac{\partial}{\partial x} + \boldsymbol{e}_y \frac{\partial}{\partial y} + \boldsymbol{e}_z \frac{\partial}{\partial z}\right) \times (\boldsymbol{e}_x A_x + \boldsymbol{e}_y A_y + \boldsymbol{e}_z A_z)$$

$$= \boldsymbol{e}_x\left(\frac{\partial A_z}{\partial y} - \frac{\partial A_y}{\partial z}\right) + \boldsymbol{e}_y\left(\frac{\partial A_x}{\partial z} - \frac{\partial A_z}{\partial x}\right) + \boldsymbol{e}_z\left(\frac{\partial A_y}{\partial x} - \frac{\partial A_x}{\partial y}\right)$$

也即

$$\mathrm{rot}\,\boldsymbol{A} = \nabla\times\boldsymbol{A} = \begin{vmatrix} \boldsymbol{e}_x & \boldsymbol{e}_y & \boldsymbol{e}_z \\ \dfrac{\partial}{\partial x} & \dfrac{\partial}{\partial y} & \dfrac{\partial}{\partial z} \\ A_x & A_y & A_z \end{vmatrix} \tag{1.24}$$

旋度有一个重要的性质，就是它的散度恒等于0。下面在直角坐标系内证明这个性质。

$$\begin{aligned}\nabla\cdot\nabla\times\boldsymbol{A} &= \nabla\cdot\left[\boldsymbol{e}_x\left(\frac{\partial A_z}{\partial y} - \frac{\partial A_y}{\partial z}\right) + \boldsymbol{e}_y\left(\frac{\partial A_x}{\partial z} - \frac{\partial A_z}{\partial x}\right) + \boldsymbol{e}_z\left(\frac{\partial A_y}{\partial x} - \frac{\partial A_x}{\partial y}\right)\right] \\ &= \frac{\partial}{\partial x}\left(\frac{\partial A_z}{\partial y} - \frac{\partial A_y}{\partial z}\right) + \frac{\partial}{\partial y}\left(\frac{\partial A_x}{\partial z} - \frac{\partial A_z}{\partial x}\right) + \frac{\partial}{\partial z}\left(\frac{\partial A_y}{\partial x} - \frac{\partial A_x}{\partial y}\right) \\ &= 0\end{aligned}$$

因为散度和旋度的定义都与所取的坐标无关，所以，通过以上证明可以得到一个普遍适用的公式

$$\nabla\cdot\nabla\times\boldsymbol{A} = 0 \tag{1.25}$$

根据式（1.25），对于一个散度处处为0的矢量场$\boldsymbol{B}$，总可以把它表示为另一矢量场的旋度。结论是，如果

$$\nabla\cdot\boldsymbol{B} = 0$$

则有

$$\boldsymbol{B} = \nabla\times\boldsymbol{A}$$

此时，$\boldsymbol{B}$称为无散场。

### 1.3.3 斯托克斯定理

在矢量分析中，除散度定理外，另一个重要的定理是斯托克斯定理，即

$$\int_S \nabla\times\boldsymbol{A}\cdot\mathrm{d}\boldsymbol{S} = \oint_C \boldsymbol{A}\cdot\mathrm{d}\boldsymbol{l} \tag{1.26}$$

式中，积分区域面$S$的外围线为$C$。

斯托克斯定理是矢量场$\boldsymbol{A}$的积分形式和微分形式的结合，它可以把一个面积分变换成一个闭合线积分。斯托克斯定理广泛应用于将一个电磁场环流形式的积分方程转换为一个旋度形式的微分方程。

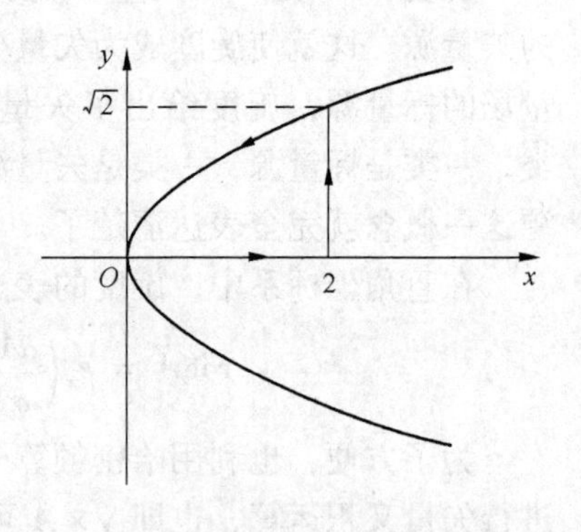

图1.9　例1.4用图

**例1.4**　已知$\boldsymbol{A}(x,y) = \boldsymbol{e}_x x^2 + \boldsymbol{e}_y xy^2$。现有一个在$xOy$面内的闭合路径$C$，此闭合路径由（0，0）和（2，$\sqrt{2}$）之间的一段抛物线$y^2 = x$和两段平行于坐标轴的直线组成，如图1.9所示，求：

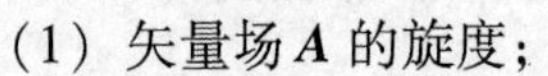

（1）矢量场$\boldsymbol{A}$的旋度；

（2）计算环流$\oint_C \boldsymbol{A}\cdot\mathrm{d}\boldsymbol{l}$，积分区域为如图1.9所示的闭合路径$C$；

（3）验证斯托克斯定理。

**解** （1）$\nabla\times\boldsymbol{A}=\begin{vmatrix}\boldsymbol{e}_x & \boldsymbol{e}_y & \boldsymbol{e}_z\\ \dfrac{\partial}{\partial x} & \dfrac{\partial}{\partial y} & \dfrac{\partial}{\partial z}\\ x^2 & xy^2 & 0\end{vmatrix}=\boldsymbol{e}_z y^2$

（2）因为闭合路径 $C$ 在 $xOy$ 面内，故有

$$\boldsymbol{A}\cdot\mathrm{d}\boldsymbol{l}=(\boldsymbol{e}_x x^2+\boldsymbol{e}_y xy^2)\cdot(\boldsymbol{e}_x\mathrm{d}x+\boldsymbol{e}_y\mathrm{d}y)=x^2\mathrm{d}x+xy^2\mathrm{d}y$$

在计算沿抛物线一段路径的积分时，利用 $y^2=x$ 消去一个自变量，例如消去 $y$，得到

$$\mathrm{d}y=\mathrm{d}x/(2\sqrt{x}),\ y^2\mathrm{d}y=\sqrt{x}\mathrm{d}x/2$$

于是 $\boldsymbol{A}$ 沿闭合路径 $C$ 的环流为

$$\oint_C\boldsymbol{A}\cdot\mathrm{d}\boldsymbol{l}=\int_0^2 x^2\mathrm{d}x+\int_0^{\sqrt{2}}2y^2\mathrm{d}y+\int_2^0\left(x^2+\frac{x\sqrt{x}}{2}\right)\mathrm{d}x$$

$$=\frac{x^3}{3}\bigg|_0^2+\frac{2y^3}{3}\bigg|_0^{\sqrt{2}}+\frac{x^3}{3}\bigg|_2^0+\frac{x^{5/2}}{5}\bigg|_2^0$$

$$=\frac{8}{15}\sqrt{2}$$

（3）因为面 $S$ 在 $xOy$ 面内，故有 $\nabla\times\boldsymbol{A}\cdot\mathrm{d}\boldsymbol{S}=\boldsymbol{e}_z y^2\cdot\boldsymbol{e}_z\mathrm{d}x\mathrm{d}y=y^2\mathrm{d}x\mathrm{d}y$，于是

$$\int_S\nabla\times\boldsymbol{A}\cdot\mathrm{d}\boldsymbol{S}=\int_0^{\sqrt{2}}\left(\int_{y^2}^2\mathrm{d}x\right)y^2\mathrm{d}y=\int_0^{\sqrt{2}}(2-y^2)y^2\mathrm{d}y=\frac{2y^3}{3}\bigg|_0^{\sqrt{2}}-\frac{y^5}{5}\bigg|_0^{\sqrt{2}}=\frac{8}{15}\sqrt{2}$$

因此，$\int_S\nabla\times\boldsymbol{A}\cdot\mathrm{d}\boldsymbol{S}=\oint_C\boldsymbol{A}\cdot\mathrm{d}\boldsymbol{l}=\frac{8}{15}\sqrt{2}$，斯托克斯定理成立。

## 1.4 标量场的梯度

标量场是仅用大小就能完全表征的场。为了研究标量场的空间分布和变化规律，引入等值面、梯度和方向导数的概念。

### 1.4.1 标量场的等值面

一个标量场可以用标量函数表示，在直角坐标系中，其表示为 $u(x,y,z)$。

标量场用画图的方式描述称为等值面图。等值面就是标量函数 $u(x,y,z)$ 中相等的点构成的曲面，如图 1.10（a）所示。等值面画在二维平面上就成为等值线，例如在地图上的等高线就是等值线，如图 1.10（b）所示。因此，既能根据等值面或等值线图确定各点

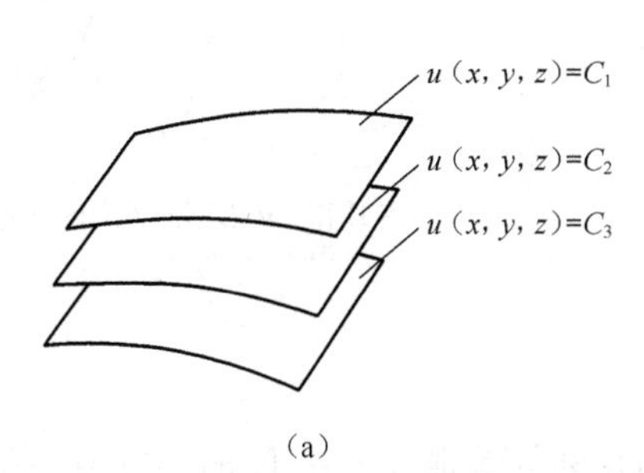


（a）

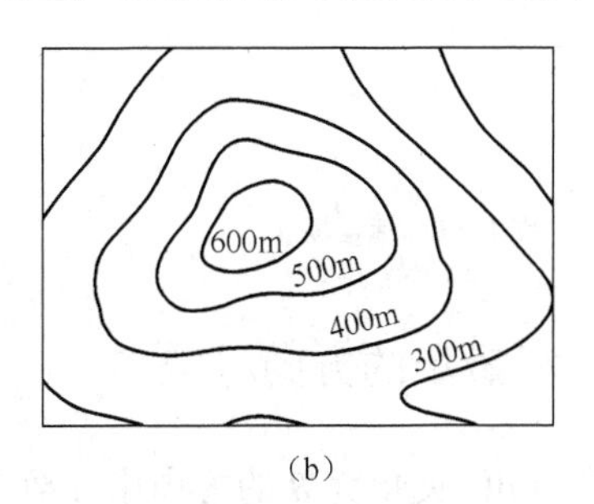


（b）

图 1.10 标量场的等值图

标量场的大小，又能根据图上各处等值面或等值线的密疏程度判断出各处标量场的变化趋势。

### 1.4.2 标量场的梯度

下面以地图上的等高线为例，说明需要研究标量的什么性质。在图1.10（b）中海拔为600 m高的某一点，某人可以沿不同的方向下山，但沿不同的方向下山陡度不一样。因此，沿哪个方向下山陡度最大是需要研究的一个物理量。最大的陡度称为标量场在某点的梯度。在某一点高度变化率为最大时对应着高度的梯度，梯度有大小、有方向，是一个矢量。

下面由函数定义梯度。设有一个标量场 $u(x,y,z)$，如图1.11所示，从场中某一点位移到另一点，场从 $u$ 变化到 $u+\mathrm{d}u$，在直角坐标系内增量 $\mathrm{d}u$ 为

$$\mathrm{d}u = \frac{\partial u}{\partial x}\mathrm{d}x + \frac{\partial u}{\partial y}\mathrm{d}y + \frac{\partial u}{\partial z}\mathrm{d}z$$

由于线元矢量 $\mathrm{d}\boldsymbol{l} = \boldsymbol{e}_x\mathrm{d}x + \boldsymbol{e}_y\mathrm{d}y + \boldsymbol{e}_z\mathrm{d}z$，于是 $\mathrm{d}u$ 可以表示为

$$\mathrm{d}u = \nabla u \cdot \mathrm{d}\boldsymbol{l} \tag{1.27}$$

而矢量 $\nabla u$ 为

$$\nabla u = \boldsymbol{e}_x\frac{\partial u}{\partial x} + \boldsymbol{e}_y\frac{\partial u}{\partial y} + \boldsymbol{e}_z\frac{\partial u}{\partial z} \tag{1.28}$$

$\nabla u$ 称为标量场 $u$ 的梯度，也可用 grad $u$ 表示。

在某等值面 $u$ 上沿等值面切向方向取线元矢量 $\mathrm{d}\boldsymbol{l}$，因等值面上 $u$ 值没有变化，所以 $\mathrm{d}u=0$，而 $\mathrm{d}u=\nabla u\cdot\mathrm{d}\boldsymbol{l}$，可见 $\nabla u$ 与 $\mathrm{d}\boldsymbol{l}$ 方向垂直。换言之，梯度是与等值面垂直的一个矢量，是沿等值面法向的 $u$ 的变化率。

如图1.12所示，当点沿着垂直于等值面 $u$ 的方向到达等值面 $u+\mathrm{d}u$ 时，路径 $\mathrm{d}l_\mathrm{n}$ 最短；又因为 $\mathrm{d}u=\frac{\partial u}{\partial l_\mathrm{n}}\mathrm{d}l_\mathrm{n}$，故 $\left|\frac{\partial u}{\partial l_\mathrm{n}}\right|$ 最大，说明等值面的法向为 $u$ 的最大变化率方向，这正是梯度的方向。

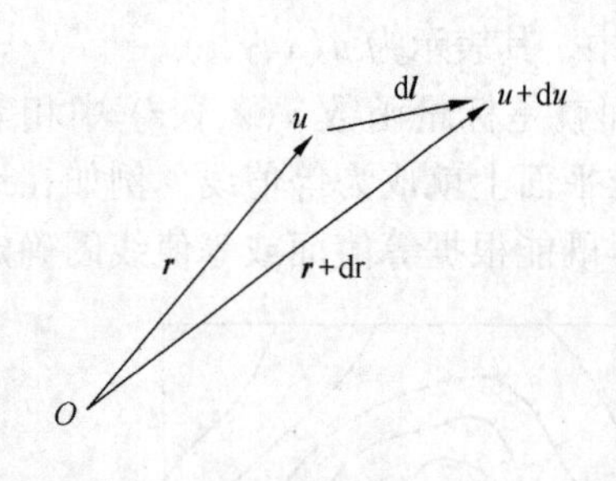

图1.11　标量场 $u$

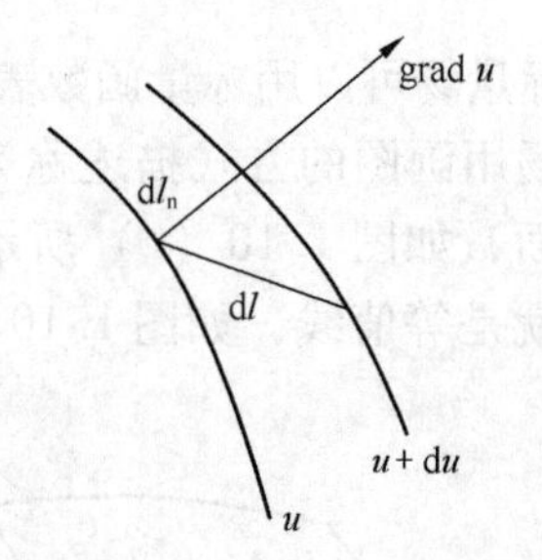

图1.12　$u$ 沿不同方向的变化率

### 1.4.3 标量场的方向导数

当点沿着与 $\mathrm{d}l_\mathrm{n}$ 夹角为 $\theta$ 的方向由 $u$ 到达相邻的等值面 $u+\mathrm{d}u$ 时，$\mathrm{d}u=\frac{\partial u}{\partial l}\mathrm{d}l$。因为路径

$dl > dl_n$，所以 $\left|\frac{\partial u}{\partial l}\right| < \left|\frac{\partial u}{\partial l_n}\right|$。$\frac{\partial u}{\partial l}$ 为 $u$ 沿 $dl$ 方向的变化率，称为标量场 $u$ 沿方向 $l$ 的方向导数。由式（1.27）有

$$du = \nabla u \cdot d\boldsymbol{l} = |\nabla u|\cos\theta dl = |\nabla u|_l dl$$

式中，$|\nabla u|_l$ 表示 $\nabla u$ 在 $d\boldsymbol{l}$ 方向的投影；而由方向导数的定义，又有

$$du = \frac{\partial u}{\partial l}dl$$

比较以上两式，得出

$$\frac{\partial u}{\partial l} = |\nabla u|_l = \nabla u \cdot \boldsymbol{e}_l \tag{1.29}$$

也就是说，$u$ 沿某个方向的方向导数等于 $u$ 的梯度在这个方向的投影。

**例 1.5** 已知标量场 $u(x,y,z) = (x^2+y^2+z^2)^{1/2}$，求空间一点 $A(1,0,1)$ 的梯度和沿方向 $\boldsymbol{l} = \boldsymbol{e}_x 2 + \boldsymbol{e}_y 1 + \boldsymbol{e}_z 2$ 的方向导数。

**解** 由梯度公式（1.28）有

$$\begin{aligned}\nabla u|_{(1,0,1)} &= \boldsymbol{e}_x\frac{\partial u}{\partial x} + \boldsymbol{e}_y\frac{\partial u}{\partial y} + \boldsymbol{e}_z\frac{\partial u}{\partial z}\bigg|_{(1,0,1)} \\ &= \boldsymbol{e}_x\frac{x}{(x^2+y^2+z^2)^{1/2}} + \boldsymbol{e}_y\frac{y}{(x^2+y^2+z^2)^{1/2}} + \boldsymbol{e}_z\frac{z}{(x^2+y^2+z^2)^{1/2}}\bigg|_{(1,0,1)} \\ &= \boldsymbol{e}_x\frac{1}{\sqrt{2}} + \boldsymbol{e}_z\frac{1}{\sqrt{2}}\end{aligned}$$

$\boldsymbol{l}$ 方向的单位矢量为

$$\boldsymbol{e}_l = \frac{\boldsymbol{l}}{|\boldsymbol{l}|} = \frac{\boldsymbol{e}_x 2 + \boldsymbol{e}_y 1 + \boldsymbol{e}_z 2}{\sqrt{2^2+1^2+2^2}} = \frac{1}{3}(\boldsymbol{e}_x 2 + \boldsymbol{e}_y 1 + \boldsymbol{e}_z 2)$$

故点 $A$ 沿 $\boldsymbol{l}$ 方向的方向导数为

$$\frac{\partial u}{\partial l}\bigg|_{(1,0,1)} = \nabla u \cdot \boldsymbol{e}_l|_{(1,0,1)} = \left(\boldsymbol{e}_x\frac{1}{\sqrt{2}} + \boldsymbol{e}_z\frac{1}{\sqrt{2}}\right)\cdot\frac{1}{3}(\boldsymbol{e}_x 2 + \boldsymbol{e}_y 1 + \boldsymbol{e}_z 2) = \frac{2\sqrt{2}}{3}$$

即点 $A$ 梯度的大小为 1，点 $A$ 沿 $\boldsymbol{l}$ 方向的方向导数为 $\frac{2\sqrt{2}}{3}$，该点梯度的值大于方向导数的值。

### 1.4.4 保守场

梯度有一个重要的性质，就是它的旋度恒等于零。下面在直角坐标系内证明这个性质。

$$\begin{aligned}\nabla\times\nabla u &= \left(\boldsymbol{e}_x\frac{\partial}{\partial x} + \boldsymbol{e}_y\frac{\partial}{\partial y} + \boldsymbol{e}_z\frac{\partial}{\partial z}\right)\times\left(\boldsymbol{e}_x\frac{\partial u}{\partial x} + \boldsymbol{e}_y\frac{\partial u}{\partial y} + \boldsymbol{e}_z\frac{\partial u}{\partial z}\right) \\ &= \boldsymbol{e}_x\left(\frac{\partial}{\partial y}\frac{\partial u}{\partial z} - \frac{\partial}{\partial z}\frac{\partial u}{\partial y}\right) + \boldsymbol{e}_y\left(\frac{\partial}{\partial z}\frac{\partial u}{\partial x} - \frac{\partial}{\partial x}\frac{\partial u}{\partial z}\right) + \boldsymbol{e}_z\left(\frac{\partial}{\partial x}\frac{\partial u}{\partial y} - \frac{\partial}{\partial y}\frac{\partial u}{\partial x}\right) \\ &= 0\end{aligned}$$

因为梯度和旋度的定义都与所取的坐标无关，所以，通过以上证明可以得到一个普遍适用的公式

$$\nabla\times\nabla u = 0 \tag{1.30}$$

根据式（1.30），对于一个旋度处处为0的矢量场$\boldsymbol{B}$，总可以把它表示为一个标量场的梯度。结论是，如果

$$\nabla\times\boldsymbol{B}=0$$

则有

$$\boldsymbol{B}=\nabla u$$

此时，$\boldsymbol{B}$称为无旋场。无旋场沿闭合路径的积分恒为0，因此也称无旋场为保守场。

在矢量分析中，还经常用到标量的拉普拉斯算子，拉普拉斯算子的定义为

$$\nabla^2 u=\nabla\cdot\nabla u$$

在直角坐标系中，$u$的拉普拉斯为

$$\nabla^2 u=\nabla\cdot\nabla u=\left(\boldsymbol{e}_x\frac{\partial}{\partial x}+\boldsymbol{e}_y\frac{\partial}{\partial y}+\boldsymbol{e}_z\frac{\partial}{\partial z}\right)\cdot\left(\boldsymbol{e}_x\frac{\partial u}{\partial x}+\boldsymbol{e}_y\frac{\partial u}{\partial y}+\boldsymbol{e}_z\frac{\partial u}{\partial z}\right)$$

即

$$\nabla^2 u=\frac{\partial^2 u}{\partial x^2}+\frac{\partial^2 u}{\partial y^2}+\frac{\partial^2 u}{\partial z^2} \tag{1.31}$$

**例1.6** 二维标量场$u(x,y)=y^2-x$。现有一条$xOy$面内的闭合路径$C$，此闭合路径由$(0,0)$和$(2,\sqrt{2})$之间的一段抛物线$y^2=x$和两段平行于坐标轴的直线组成，如图1.9所示。证明$\oint_C \nabla u\cdot \mathrm{d}\boldsymbol{l}=0$。

**证明**

$$\nabla u=\boldsymbol{e}_x(-1)+\boldsymbol{e}_y(2y)$$

$$\nabla u\cdot\mathrm{d}\boldsymbol{l}=(-\boldsymbol{e}_x+\boldsymbol{e}_y 2y)\cdot(\boldsymbol{e}_x\mathrm{d}x+\boldsymbol{e}_y\mathrm{d}y)=-\mathrm{d}x+2y\mathrm{d}y$$

抛物线$y^2=x$是二维标量场$u(x,y)$的一条等值线，在计算沿抛物线一段路径的积分时，$\nabla u$与$\mathrm{d}\boldsymbol{l}$相互垂直，$\nabla u\cdot\mathrm{d}\boldsymbol{l}=0$。于是，$\nabla u$沿闭合路径$\boldsymbol{C}$的环流为

$$\oint_C\nabla u\cdot d\boldsymbol{l}=\int_0^2-\mathrm{d}x+\int_0^{\sqrt{2}}2y\mathrm{d}y=-x\Big|_0^2+y^2\Big|_0^{\sqrt{2}}=0$$

$\nabla u$称为保守场，其沿闭合路径的积分为0。

**例1.7** 如图1.13所示，$\boldsymbol{R}=\boldsymbol{r}-\boldsymbol{r}'=\boldsymbol{e}_R R$称为距离矢量，其中，$\boldsymbol{r}$和$\boldsymbol{r}'$分别是点$P(x,y,z)$和点$Q(x',y',z')$的位置矢量。证明$\nabla\left(\frac{1}{R}\right)=-\nabla'\left(\frac{1}{R}\right)$。

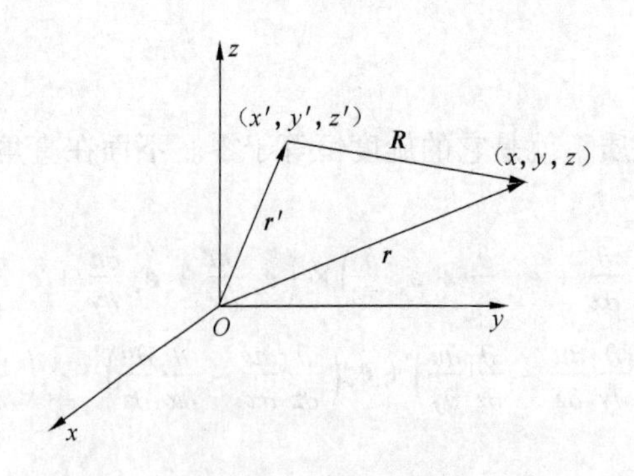


图1.13 例1.7用图

**证明** 位置矢量$\boldsymbol{r}=\boldsymbol{e}_x x+\boldsymbol{e}_y y+\boldsymbol{e}_z z$、$\boldsymbol{r}'=\boldsymbol{e}_x x'+\boldsymbol{e}_y y'+\boldsymbol{e}_z z'$，所以

$$R = \sqrt{(x-x')^2 + (y-y')^2 + (z-z')^2}$$

哈密顿算子$\nabla$和$\nabla'$分别为

$$\nabla = \boldsymbol{e}_x \frac{\partial}{\partial x} + \boldsymbol{e}_y \frac{\partial}{\partial y} + \boldsymbol{e}_z \frac{\partial}{\partial z}, \nabla' = \boldsymbol{e}_x \frac{\partial}{\partial x'} + \boldsymbol{e}_y \frac{\partial}{\partial y'} + \boldsymbol{e}_z \frac{\partial}{\partial z'}$$

其中

$$\frac{\partial}{\partial x}\left(\frac{1}{R}\right) = -\frac{1}{R^2}\frac{\partial R}{\partial x} = -\frac{x-x'}{R^3}, \frac{\partial}{\partial x'}\left(\frac{1}{R}\right) = -\frac{1}{R^2}\frac{\partial R}{\partial x'} = \frac{x-x'}{R^3}$$

有

$$\frac{\partial}{\partial x}\left(\frac{1}{R}\right) = -\frac{\partial}{\partial x'}\left(\frac{1}{R}\right)$$

同样有

$$\frac{\partial}{\partial y}\left(\frac{1}{R}\right) = -\frac{\partial}{\partial y'}\left(\frac{1}{R}\right), \frac{\partial}{\partial z}\left(\frac{1}{R}\right) = -\frac{\partial}{\partial z'}\left(\frac{1}{R}\right)$$

所以得到

$$\nabla\left(\frac{1}{R}\right) = -\nabla'\left(\frac{1}{R}\right) \tag{1.32}$$

## 1.5 亥姆霍兹定理

通过对散度和旋度的讨论可知，矢量场的散度确定矢量场中任一点的标量源，矢量场的旋度确定矢量场中任一点的矢量源。那么，如果仅知道矢量场的散度，或仅知道矢量场的旋度，或两者都已知时，能否唯一确定这个矢量场呢？亥姆霍兹定理回答了这个问题。

**亥姆霍兹定理** 在空间有限区域内有一矢量场$\boldsymbol{F}$，若已知它的散度、旋度和边界条件，则该矢量场就唯一确定了。换言之，一个矢量场所具有的特性完全由它的散度和旋度确定。

如果一个矢量场的旋度为0，则称为无旋场；如果一个矢量场的散度为0，则称为无散场。但就矢量场整体而言，散度和旋度不能处处为0，否则矢量场就不能存在。因为任何一个物理矢量场都必须有源，源是产生场的起因。矢量场的散度对应标量源，称为发散源；矢量场的旋度对应矢量源，称为旋涡源。

如果一个矢量场$\boldsymbol{F}$既有散度，又有旋度，则产生这个矢量场的源既有标量源$\rho$，又有矢量源$\boldsymbol{J}$。$\boldsymbol{F}$写为

$$\boldsymbol{F} = \boldsymbol{F}_1 + \boldsymbol{F}_2 \tag{1.33}$$

式（1.33）中，$\boldsymbol{F}_1$是一个只有散度的无旋场；$\boldsymbol{F}_2$是一个只有旋度的无散场。即

$$\nabla\cdot\boldsymbol{F} = \nabla\cdot\boldsymbol{F}_1 = \rho, \nabla\times\boldsymbol{F} = \nabla\times\boldsymbol{F}_2 = \boldsymbol{J} \tag{1.34}$$

**例1.8** 一个矢量场为$\boldsymbol{A}(x,y,z) = \boldsymbol{e}_x(3y^2-2x) + \boldsymbol{e}_y 3x^2 + \boldsymbol{e}_z 2z$，试问：

（1）$\boldsymbol{A}$可以是一个标量函数的梯度吗？

（2）$\boldsymbol{A}$可以是一个矢量函数的旋度吗？

（3）构成$\boldsymbol{A}$的源是什么？

**答** （1）由 $\nabla\times\nabla u=0$ 可知，对于一个旋度处处为0的矢量场，总可以把它表示成一个标量函数的梯度。由于

$$\nabla\times\boldsymbol{A}=\begin{vmatrix}\boldsymbol{e}_x & \boldsymbol{e}_y & \boldsymbol{e}_z\\ \dfrac{\partial}{\partial x} & \dfrac{\partial}{\partial y} & \dfrac{\partial}{\partial z}\\ A_x & A_y & A_z\end{vmatrix}=\boldsymbol{e}_z(6x-6y)\neq 0$$

所以，$\boldsymbol{A}$ 不是一个标量函数的梯度。

（2）由 $\nabla\cdot\nabla\times\boldsymbol{A}=0$ 可知，对于一个散度处处为0的矢量场，总可以把它表示成另一矢量函数的旋度。由于

$$\nabla\cdot\boldsymbol{A}=\frac{\partial}{\partial x}(3y^2-2x)+\frac{\partial}{\partial y}(3x^2)+\frac{\partial}{\partial z}(2z)=0$$

所以，$\boldsymbol{A}$ 可以是一个矢量函数的旋度。

（3）由 $\nabla\cdot\boldsymbol{A}=0$ 和 $\nabla\times\boldsymbol{A}\neq 0$ 可知，$\boldsymbol{A}$ 是无散场，有旋场；也即构成 $\boldsymbol{A}$ 的源是矢量源。

应该指出，只有在矢量场 $\boldsymbol{F}$ 连续的区域内散度和旋度才有意义，因为散度和旋度是微分形式，微分的前提是连续。用矢量场散度和旋度表示的方程称为矢量场的微分方程。矢量场的通量和环流是积分形式，适用于任何区域。用矢量场通量和环流表示的方程称为矢量场的积分方程。矢量场的微分方程和积分方程统称为矢量场的基本方程。

一个无旋场可以表示为一个标量场的梯度，这一原则将标量场与矢量场联系了起来。例如，静电场是无旋场，可以表示为一个标量场的梯度，这个标量场就是电位。用标量的电位间接表示矢量的电场，在数学处理上能带来许多便利。一个标量场的性质完全可以由它的梯度表明，这就是学习梯度的原因。

## 1.6 常用坐标系

常用的坐标系有3种，即直角坐标系、圆柱坐标系和球坐标系。这3种坐标系都是正交坐标系。

### 1.6.1 直角坐标系

如图1.14所示，直角坐标系中的一点 $M$ 用3个自变量 $(x,y,z)$ 表示，3个自变量都是长度。

直角坐标系中的3个单位矢量为 $\boldsymbol{e}_x$、$\boldsymbol{e}_y$ 和 $\boldsymbol{e}_z$，分别表示3个坐标轴的方向，它们都是常矢量，而且遵循右手螺旋法则，满足如下关系

$$\boldsymbol{e}_z=\boldsymbol{e}_x\times\boldsymbol{e}_y$$

直角坐标系中线元矢量表示为

$$\mathrm{d}\boldsymbol{l}=\boldsymbol{e}_x\mathrm{d}x+\boldsymbol{e}_y\mathrm{d}y+\boldsymbol{e}_z\mathrm{d}z \tag{1.35}$$

面元矢量表示为

$$\begin{aligned}\mathrm{d}\boldsymbol{S}&=\boldsymbol{e}_x\mathrm{d}S_x+\boldsymbol{e}_y\mathrm{d}S_y+\boldsymbol{e}_z\mathrm{d}S_z\\&=\boldsymbol{e}_x\mathrm{d}y\mathrm{d}z+\boldsymbol{e}_y\mathrm{d}z\mathrm{d}x+\boldsymbol{e}_z\mathrm{d}x\mathrm{d}y\end{aligned} \tag{1.36}$$

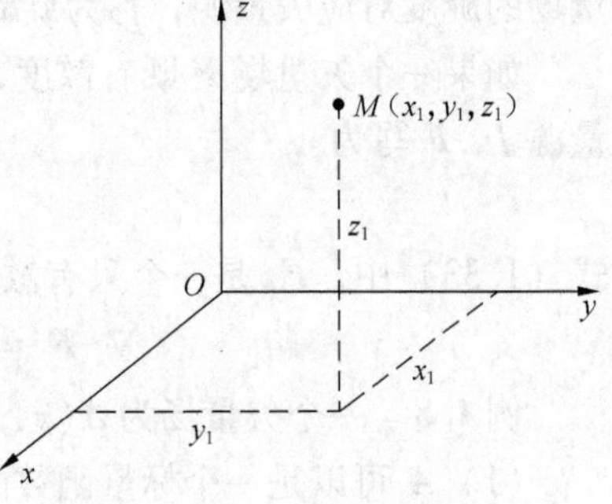


图1.14 直角坐标系

体积元为标量，表示为

$$d\tau = dxdydz \tag{1.37}$$

哈密顿算子∇表示为

$$\nabla = \boldsymbol{e}_x \frac{\partial}{\partial x} + \boldsymbol{e}_y \frac{\partial}{\partial y} + \boldsymbol{e}_z \frac{\partial}{\partial z} \tag{1.38}$$

### 1.6.2 圆柱坐标系

下面将分别介绍圆柱坐标系的自变量、单位矢量、度量系数、线元矢量、面元矢量、体积元、哈密顿算子、梯度、散度和旋度。

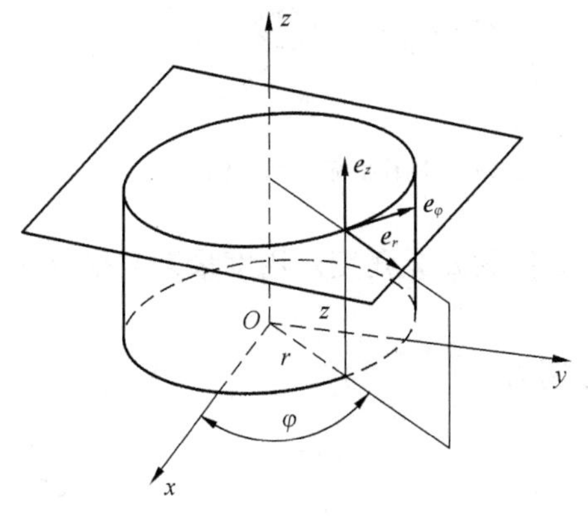


图 1.15 圆柱坐标系

如图 1.15 所示，圆柱坐标系中的一点用 3 个自变量 $(r,\varphi,z)$ 表示。其中，自变量 $\varphi$ 为角度，这与直角坐标系中 3 个自变量都是长度不同。圆柱坐标系与直角坐标系自变量之间的关系为

$$\left.\begin{aligned} &x = r\cos\varphi,\ y = r\sin\varphi,\ z = z \\ &r = \sqrt{x^2 + y^2},\ \tan\varphi = y/x \end{aligned}\right\} \tag{1.39}$$

圆柱坐标系中的 3 个单位矢量为 $\boldsymbol{e}_r$、$\boldsymbol{e}_\varphi$ 和 $\boldsymbol{e}_z$，分别表示 3 个坐标轴的方向，它们两两垂直，遵循右手螺旋法则。其中，$\boldsymbol{e}_z$ 为常矢量；$\boldsymbol{e}_r$ 和 $\boldsymbol{e}_\varphi$ 是自变量 $\varphi$ 的函数，为变矢量。这与直角坐标系中 3 个单位矢量都是常矢量不同。3 个单位矢量之间满足下列关系

$$\left.\begin{aligned} &\boldsymbol{e}_r \cdot \boldsymbol{e}_r = \boldsymbol{e}_\varphi \cdot \boldsymbol{e}_\varphi = \boldsymbol{e}_z \cdot \boldsymbol{e}_z = 1 \\ &\boldsymbol{e}_r \cdot \boldsymbol{e}_\varphi = \boldsymbol{e}_\varphi \cdot \boldsymbol{e}_z = \boldsymbol{e}_z \cdot \boldsymbol{e}_r = 0 \\ &\boldsymbol{e}_z = \boldsymbol{e}_r \times \boldsymbol{e}_\varphi,\ \boldsymbol{e}_r = \boldsymbol{e}_\varphi \times \boldsymbol{e}_z,\ \boldsymbol{e}_\varphi = \boldsymbol{e}_z \times \boldsymbol{e}_r \end{aligned}\right\} \tag{1.40}$$

如图 1.16 所示，它们与直角坐标系单位矢量的关系为

$$\boldsymbol{e}_r = \boldsymbol{e}_x\cos\varphi + \boldsymbol{e}_y\sin\varphi \tag{1.41}$$

$$\boldsymbol{e}_\varphi = -\boldsymbol{e}_x\sin\varphi + \boldsymbol{e}_y\cos\varphi \tag{1.42}$$

$\boldsymbol{e}_r$、$\boldsymbol{e}_\varphi$ 对自变量 $\varphi$ 的微分为

$$\left.\begin{aligned} &\frac{d\boldsymbol{e}_r}{d\varphi} = -\boldsymbol{e}_x\sin\varphi + \boldsymbol{e}_y\cos\varphi = \boldsymbol{e}_\varphi \\ &\frac{d\boldsymbol{e}_\varphi}{d\varphi} = -\boldsymbol{e}_x\cos\varphi - \boldsymbol{e}_y\sin\varphi = -\boldsymbol{e}_r \end{aligned}\right\} \tag{1.43}$$

空间一点的位置可以用位置矢量 $\boldsymbol{r}$ 表示。在圆柱坐标系中

$$\boldsymbol{r} = \boldsymbol{e}_r r + \boldsymbol{e}_z z \tag{1.44}$$

它的微分为

$$d\boldsymbol{r} = \boldsymbol{e}_r dr + \boldsymbol{e}_\varphi r d\varphi + \boldsymbol{e}_z dz \tag{1.45}$$

它在 $r$、$\varphi$ 和 $z$ 方向上的微分分别为 $dr$、$rd\varphi$ 和 $dz$，如图 1.17 所示。注意 $dr$、$rd\varphi$ 和 $dz$ 都是长度，它们与各自坐标的微分之比称为度量系数或拉梅系数，为

$$h_r = \frac{dr}{dr} = 1,\ h_\varphi = \frac{rd\varphi}{d\varphi} = r,\ h_z = \frac{dz}{dz} = 1 \tag{1.46}$$

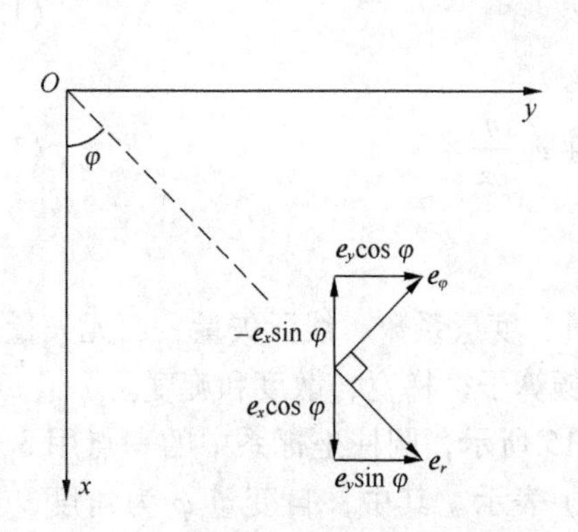


图 1.16 圆柱坐标系单位矢量的变换

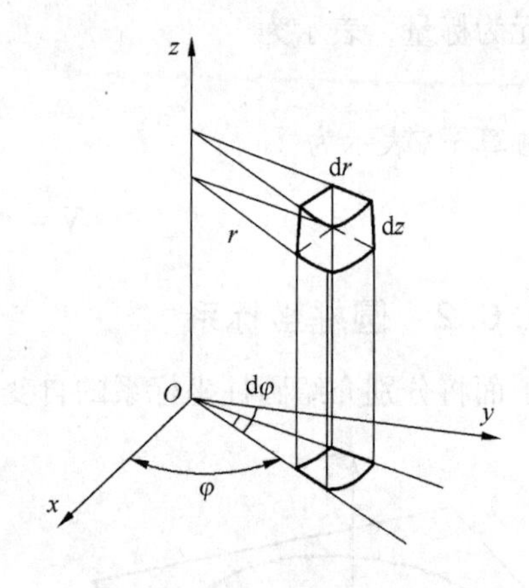


图 1.17 圆柱坐标系中的体积元

$h_r$ 和 $h_z$ 分别等于 1 是因为 $r$ 和 $z$ 都是长度，$h_\varphi$ 不等于 1 是因为 $\varphi$ 是角度。用度量系数很容易将其他微分的量表示出来。

在圆柱坐标系中，线元矢量、面元矢量和体积元分别为

$$\begin{aligned}\mathrm{d}\boldsymbol{l} &= \boldsymbol{e}_r h_r \mathrm{d}r + \boldsymbol{e}_\varphi h_\varphi \mathrm{d}\varphi + \boldsymbol{e}_z h_z \mathrm{d}z \\ &= \boldsymbol{e}_r \mathrm{d}r + \boldsymbol{e}_\varphi r\mathrm{d}\varphi + \boldsymbol{e}_z \mathrm{d}z\end{aligned} \tag{1.47}$$

$$\begin{aligned}\mathrm{d}\boldsymbol{S} &= \boldsymbol{e}_r h_\varphi h_z \mathrm{d}\varphi\mathrm{d}z + \boldsymbol{e}_\varphi h_z h_r \mathrm{d}z\mathrm{d}r + \boldsymbol{e}_z h_r h_\varphi \mathrm{d}r\mathrm{d}\varphi \\ &= \boldsymbol{e}_r r\mathrm{d}\varphi\mathrm{d}z + \boldsymbol{e}_\varphi \mathrm{d}z\mathrm{d}r + \boldsymbol{e}_z r\mathrm{d}r\mathrm{d}\varphi\end{aligned} \tag{1.48}$$

$$\mathrm{d}\tau = h_r h_\varphi h_z \mathrm{d}r\mathrm{d}\varphi\mathrm{d}z = r\mathrm{d}r\mathrm{d}\varphi\mathrm{d}z \tag{1.49}$$

哈密顿算子为

$$\begin{aligned}\nabla &= \boldsymbol{e}_r \frac{\partial}{h_r \partial r} + \boldsymbol{e}_\varphi \frac{\partial}{h_\varphi \partial\varphi} + \boldsymbol{e}_z \frac{\partial}{h_z \partial z} \\ &= \boldsymbol{e}_r \frac{\partial}{\partial r} + \boldsymbol{e}_\varphi \frac{\partial}{r\,\partial\varphi} + \boldsymbol{e}_z \frac{\partial}{\partial z}\end{aligned} \tag{1.50}$$

梯度为

$$\nabla u = \boldsymbol{e}_r \frac{\partial u}{\partial r} + \boldsymbol{e}_\varphi \frac{\partial u}{r\,\partial\varphi} + \boldsymbol{e}_z \frac{\partial u}{\partial z} \tag{1.51}$$

一个矢量 $\boldsymbol{A}$ 在圆柱坐标系中可以用 3 个分量表示为

$$\boldsymbol{A} = \boldsymbol{e}_r A_r + \boldsymbol{e}_\varphi A_\varphi + \boldsymbol{e}_z A_z \tag{1.52}$$

其散度为

$$\begin{aligned}\nabla\cdot\boldsymbol{A} &= \left(\boldsymbol{e}_r \frac{\partial}{\partial r} + \boldsymbol{e}_\varphi \frac{\partial}{r\,\partial\varphi} + \boldsymbol{e}_z \frac{\partial}{\partial z}\right)\cdot(\boldsymbol{e}_r A_r + \boldsymbol{e}_\varphi A_\varphi + \boldsymbol{e}_z A_z) \\ &= \boldsymbol{e}_r \cdot \left(\boldsymbol{e}_r \frac{\partial A_r}{\partial r} + \boldsymbol{e}_\varphi \frac{\partial A_\varphi}{\partial r} + \boldsymbol{e}_z \frac{\partial A_z}{\partial r}\right) + \\ &\quad \boldsymbol{e}_\varphi \cdot \frac{1}{r}\left(\boldsymbol{e}_r \frac{\partial A_r}{\partial\varphi} + A_r \frac{\partial \boldsymbol{e}_r}{\partial\varphi} + \boldsymbol{e}_\varphi \frac{\partial A_\varphi}{\partial\varphi} + A_\varphi \frac{\partial \boldsymbol{e}_\varphi}{\partial\varphi} + \boldsymbol{e}_z \frac{\partial A_z}{\partial\varphi}\right) + \\ &\quad \boldsymbol{e}_z \cdot \left(\boldsymbol{e}_r \frac{\partial A_r}{\partial z} + \boldsymbol{e}_\varphi \frac{\partial A_\varphi}{\partial z} + \boldsymbol{e}_z \frac{\partial A_z}{\partial z}\right)\end{aligned}$$

$$= \frac{1}{r}\frac{\partial}{\partial r}(rA_r) + \frac{1}{r}\frac{\partial A_\varphi}{\partial \varphi} + \frac{\partial A_z}{\partial z} \tag{1.53}$$

用与上面相似的方法，可得其旋度为

$$\nabla\times \boldsymbol{A} = \boldsymbol{e}_r\left(\frac{1}{r}\frac{\partial A_z}{\partial \varphi} - \frac{\partial A_\varphi}{\partial z}\right) + \boldsymbol{e}_\varphi\left(\frac{\partial A_r}{\partial z} - \frac{\partial A_z}{\partial r}\right) + \boldsymbol{e}_z\frac{1}{r}\left[\frac{\partial}{\partial r}(rA_\varphi) - \frac{\partial A_r}{\partial \varphi}\right] \tag{1.54}$$

或写成

$$\nabla\times \boldsymbol{A} = \begin{vmatrix} \dfrac{\boldsymbol{e}_r}{r} & \boldsymbol{e}_\varphi & \dfrac{\boldsymbol{e}_z}{r} \\ \dfrac{\partial}{\partial r} & \dfrac{\partial}{\partial \varphi} & \dfrac{\partial}{\partial z} \\ A_r & rA_\varphi & A_z \end{vmatrix} \tag{1.55}$$

**例 1.9** 一个矢量场为 $\boldsymbol{A} = \boldsymbol{e}_r\frac{5}{r} + \boldsymbol{e}_z 7z$。取一个 $r = 2$、轴线与 $z$ 轴相合的无限长圆柱面，求：

（1）$\boldsymbol{A}$ 在此圆柱面上从点（2，0，0）到点（2，$2\pi$，3）沿着一条螺旋线的积分；

（2）$\boldsymbol{A}$ 穿过单位长圆柱侧面的通量。

**解** （1）圆柱面上的线元矢量为

$$\mathrm{d}\boldsymbol{l} = \boldsymbol{e}_\varphi r\,\mathrm{d}\varphi + \boldsymbol{e}_z\mathrm{d}z = \boldsymbol{e}_\varphi 2\mathrm{d}\varphi + \boldsymbol{e}_z\mathrm{d}z$$

则 $\boldsymbol{A}\cdot\mathrm{d}\boldsymbol{l} = 7z\mathrm{d}z$，故有

$$\int_l \boldsymbol{A}\cdot\mathrm{d}\boldsymbol{l} = \int_0^3 7z\mathrm{d}z = \frac{63}{2}$$

（2）圆柱侧面上的面元矢量为

$$\mathrm{d}\boldsymbol{S} = \boldsymbol{e}_r r\,\mathrm{d}\varphi\mathrm{d}z = \boldsymbol{e}_r 2\mathrm{d}\varphi\mathrm{d}z$$

则 $\boldsymbol{A}\cdot\mathrm{d}\boldsymbol{S} = \frac{5}{r}r\mathrm{d}\varphi\mathrm{d}z = 5\mathrm{d}\varphi\mathrm{d}z$，故有

$$\int_S \boldsymbol{A}\cdot\mathrm{d}\boldsymbol{S} = \int_0^{2\pi} 5\mathrm{d}\varphi = 10\pi$$

### 1.6.3 球坐标系

如图 1.18 所示，球坐标系中的一点用 3 个自变量$(r,\ \theta,\ \varphi)$表示。其中，自变量 $\theta$ 和 $\varphi$ 为角度，这也与直角坐标系中 3 个自变量都是长度不同。球坐标系与直角坐标系自变量之间的关系为

$$\left.\begin{aligned} &x = r\sin\theta\cos\varphi,\ y = r\sin\theta\sin\varphi,\ z = r\cos\theta \\ &r = \sqrt{x^2+y^2+z^2},\ \tan\varphi = y/x \end{aligned}\right\} \tag{1.56}$$

球坐标系中的 3 个单位矢量为 $\boldsymbol{e}_r$、$\boldsymbol{e}_\theta$ 和 $\boldsymbol{e}_\varphi$，分别表示 3 个坐标轴的方向，它们两两垂直，遵循右手螺旋法则。$\boldsymbol{e}_r$、$\boldsymbol{e}_\theta$ 和 $\boldsymbol{e}_\varphi$ 是自变量 $\theta$ 和 $\varphi$ 的函数，为变矢量，这也与直角坐标系中 3 个单位矢量都是常矢量不同。3 个单位矢量之间满足下列关系

$$\left.\begin{aligned} &\boldsymbol{e}_r\cdot\boldsymbol{e}_r = \boldsymbol{e}_\theta\cdot\boldsymbol{e}_\theta = \boldsymbol{e}_\varphi\cdot\boldsymbol{e}_\varphi = 1 \\ &\boldsymbol{e}_r\cdot\boldsymbol{e}_\theta = \boldsymbol{e}_\theta\cdot\boldsymbol{e}_\varphi = \boldsymbol{e}_\varphi\cdot\boldsymbol{e}_r = 0 \\ &\boldsymbol{e}_r = \boldsymbol{e}_\theta\times\boldsymbol{e}_\varphi,\ \boldsymbol{e}_\theta = \boldsymbol{e}_\varphi\times\boldsymbol{e}_r,\ \boldsymbol{e}_\varphi = \boldsymbol{e}_r\times\boldsymbol{e}_\theta \end{aligned}\right\} \tag{1.57}$$

它们与直角坐标系单位矢量的关系为

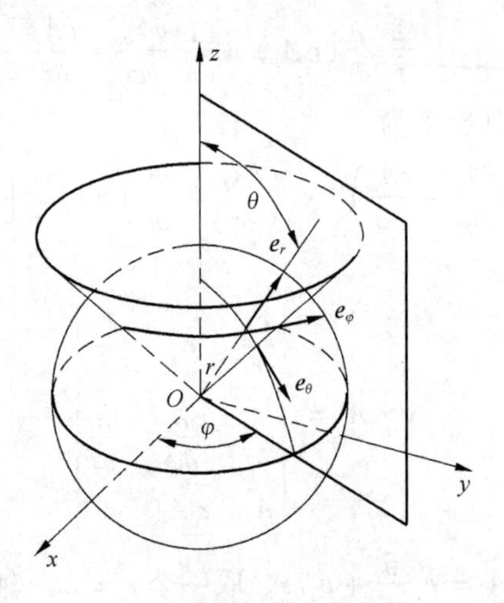


图1.18　球坐标系

$$\left.\begin{aligned} \boldsymbol{e}_r &= \boldsymbol{e}_x\sin\theta\cos\varphi + \boldsymbol{e}_y\sin\theta\sin\varphi + \boldsymbol{e}_z\cos\theta \\ \boldsymbol{e}_\theta &= \boldsymbol{e}_x\cos\theta\cos\varphi + \boldsymbol{e}_y\cos\theta\sin\varphi - \boldsymbol{e}_z\sin\theta \\ \boldsymbol{e}_\varphi &= -\boldsymbol{e}_x\sin\varphi + \boldsymbol{e}_y\cos\varphi \end{aligned}\right\} \tag{1.58}$$

它们对自变量 $\theta$ 和 $\varphi$ 的微分为

$$\left.\begin{aligned} &\frac{\partial \boldsymbol{e}_r}{\partial\theta} = \boldsymbol{e}_\theta,\ \frac{\partial \boldsymbol{e}_r}{\partial\varphi} = \boldsymbol{e}_\varphi\sin\theta \\ &\frac{\partial \boldsymbol{e}_\theta}{\partial\theta} = -\boldsymbol{e}_r,\ \frac{\partial \boldsymbol{e}_\theta}{\partial\varphi} = \boldsymbol{e}_\varphi\cos\theta \\ &\frac{\partial \boldsymbol{e}_\varphi}{\partial\theta} = 0,\ \frac{\partial \boldsymbol{e}_\varphi}{\partial\varphi} = -\boldsymbol{e}_r\sin\theta - \boldsymbol{e}_\theta\cos\theta \end{aligned}\right\} \tag{1.59}$$

在球坐标系中，矢量 $\boldsymbol{A}$ 可以用3个分量表示为

$$\boldsymbol{A} = \boldsymbol{e}_r A_r + \boldsymbol{e}_\theta A_\theta + \boldsymbol{e}_\varphi A_\varphi \tag{1.60}$$

球坐标系中，空间一点的位置矢量可以写为 $\boldsymbol{r} = \boldsymbol{e}_r r$，其微分为

$$\mathrm{d}\boldsymbol{r} = \boldsymbol{e}_r\mathrm{d}r + \boldsymbol{e}_\theta r\mathrm{d}\theta + \boldsymbol{e}_\varphi r\sin\theta\mathrm{d}\varphi \tag{1.61}$$

它在 $r$、$\theta$ 和 $\varphi$ 方向上的微分分别为 $\mathrm{d}r$、$r\mathrm{d}\theta$ 和 $r\sin\theta\mathrm{d}\varphi$，度量系数或拉梅系数为

$$h_r = \frac{\mathrm{d}r}{\mathrm{d}r} = 1,\ h_\theta = \frac{r\mathrm{d}\theta}{\mathrm{d}\theta} = r,\ h_\varphi = \frac{r\sin\theta\mathrm{d}\varphi}{\mathrm{d}\varphi} = r\sin\theta \tag{1.62}$$

$h_r = 1$ 是因为 $r$ 是长度，$h_\theta$ 和 $h_\varphi$ 不等于1是因为 $\theta$ 和 $\varphi$ 是角度。$\mathrm{d}r$、$r\mathrm{d}\theta$ 和 $r\sin\theta\mathrm{d}\varphi$ 都是长度。

在球坐标系中，线元矢量、面元矢量和体积元分别为

$$\mathrm{d}\boldsymbol{l} = \boldsymbol{e}_r\mathrm{d}r + \boldsymbol{e}_\theta r\mathrm{d}\theta + \boldsymbol{e}_\varphi r\sin\theta\mathrm{d}\varphi \tag{1.63}$$

$$\mathrm{d}\boldsymbol{S} = \boldsymbol{e}_r r^2\sin\theta\mathrm{d}\theta\mathrm{d}\varphi + \boldsymbol{e}_\theta r\sin\theta\mathrm{d}\varphi\mathrm{d}r + \boldsymbol{e}_\varphi r\mathrm{d}r\mathrm{d}\theta \tag{1.64}$$

$$\mathrm{d}\tau = r^2\sin\theta\mathrm{d}r\mathrm{d}\theta\mathrm{d}\varphi \tag{1.65}$$

哈密顿算子为

$$\nabla = \boldsymbol{e}_r\frac{\partial}{\partial r} + \boldsymbol{e}_\theta\frac{1}{r}\frac{\partial}{\partial\theta} + \boldsymbol{e}_\varphi\frac{1}{r\sin\theta}\frac{\partial}{\partial\varphi} \tag{1.66}$$

梯度为

$$\nabla u = \boldsymbol{e}_r \frac{\partial u}{\partial r} + \boldsymbol{e}_\theta \frac{1}{r}\frac{\partial u}{\partial \theta} + \boldsymbol{e}_\varphi \frac{1}{r\sin\theta}\frac{\partial u}{\partial \varphi} \tag{1.67}$$

散度为

$$\nabla\cdot\boldsymbol{A} = \frac{1}{r^2}\frac{\partial}{\partial r}(r^2 A_r) + \frac{1}{r\sin\theta}\frac{\partial}{\partial\theta}(\sin\theta A_\theta) + \frac{1}{r\sin\theta}\frac{\partial A_\varphi}{\partial\varphi} \tag{1.68}$$

旋度为

$$\nabla\times\boldsymbol{A} = \begin{vmatrix} \dfrac{\boldsymbol{e}_r}{r^2\sin\theta} & \dfrac{\boldsymbol{e}_\theta}{r\sin\theta} & \dfrac{\boldsymbol{e}_\varphi}{r} \\ \dfrac{\partial}{\partial r} & \dfrac{\partial}{\partial\theta} & \dfrac{\partial}{\partial\varphi} \\ A_r & rA_\theta & r\sin\theta A_\varphi \end{vmatrix} \tag{1.69}$$

**例1.10** 在球坐标系 $r > a$ 的区域中，有标量场 $u = -r\cos\theta + \frac{a^3}{r^2}\cos\theta$，求：

(1) 此标量场的梯度$\nabla u$；

(2) $\nabla u$ 穿过一个球心在原点、半径 $b > a$ 的球面的通量。

**解** (1) 标量场的梯度为

$$\begin{aligned}\nabla u &= \boldsymbol{e}_r \frac{\partial u}{\partial r} + \boldsymbol{e}_\theta \frac{1}{r}\frac{\partial u}{\partial\theta} \\ &= \boldsymbol{e}_r\left(-\cos\theta - \frac{2a^3}{r^3}\cos\theta\right) + \boldsymbol{e}_\theta\left(\sin\theta - \frac{a^3}{r^3}\sin\theta\right)\end{aligned}$$

(2) 半径为 $b$ 的球面 $\mathrm{d}\boldsymbol{S} = \boldsymbol{e}_r b^2\sin\theta\mathrm{d}\theta\mathrm{d}\varphi$

$$\begin{aligned}\oint_S \nabla u\cdot\mathrm{d}\boldsymbol{S} &= \int_0^{2\pi}\int_0^{\pi}\left(-\cos\theta - \frac{2a^3}{b^3}\cos\theta\right)b^2\sin\theta\mathrm{d}\theta\mathrm{d}\varphi \\ &= 2\pi b^2\int_0^{\pi}\left(-\cos\theta - \frac{2a^3}{b^3}\cos\theta\right)\sin\theta\mathrm{d}\theta \\ &= 0\end{aligned}$$

# 本 章 小 结

矢量分析是分析矢量场问题的数学工具，本章给出了描述矢量场特性的主要数学方法。本章的主要内容包括：矢量场与标量场的区别；矢量场的代数运算，包括加、减、标量积、矢量积运算；矢量场的通量和散度；矢量场的环流和旋度；标量场的梯度和方向导数；亥姆霍兹定理；3 个常用的正交坐标系，即直角坐标系、圆柱坐标系、球坐标系。

亥姆霍兹定理揭示了研究矢量场散度和旋度的重要性，并给出了源和矢量场之间的定量关系。产生矢量场的源有两类，一类为标量源，另一类为矢量源。标量源与矢量场之间的关系用散度表示，矢量源与矢量场之间的关系用旋度表示。依据亥姆霍兹定理，在后面讨论电磁场的特性时，首先需要研究电磁场的散度和旋度。标量场的特性可以由标量的梯度表示，梯度还提供了标量场与矢量场之间相互转换的桥梁，在电磁场中经常将矢量场的运算转换为标量场的运算。本章的重点是标量场的梯度、矢量场的散度和矢量场的旋度，需要理解它们的物理概念和运算方法。

本章首先在直角坐标系中，给出了线元矢量、面元矢量、哈密顿算子、标量场梯度、矢量场散度和矢量场旋度的表达式；然后讨论了亥姆霍兹定理；最后在圆柱坐标系和球坐标系中结出了度量系数、线元矢量、面元矢量、哈密顿算子、标量场梯度、矢量场散度和矢量场旋度的表达式。

## 习　　题

1.1　给定两个矢量：$\boldsymbol{A}=\boldsymbol{e}_x2+\boldsymbol{e}_y3-\boldsymbol{e}_z4$ 和 $\boldsymbol{B}=\boldsymbol{e}_x4-\boldsymbol{e}_y5+\boldsymbol{e}_z6$，求：

（1）$\boldsymbol{e}_A$；　（2）$\boldsymbol{A}\cdot\boldsymbol{B}$；　（3）$\boldsymbol{A}$ 与 $\boldsymbol{B}$ 的夹角；　（4）$\boldsymbol{A}\times\boldsymbol{B}$。

1.2　给定3个矢量：$\boldsymbol{A}=\boldsymbol{e}_x+\boldsymbol{e}_y2-\boldsymbol{e}_z3$、$\boldsymbol{B}=-\boldsymbol{e}_y4+\boldsymbol{e}_z$ 和 $\boldsymbol{C}=\boldsymbol{e}_x5-\boldsymbol{e}_z2$，求：

（1）$\boldsymbol{A}\cdot(\boldsymbol{B}\times\boldsymbol{C})$ 和 $(\boldsymbol{A}\times\boldsymbol{B})\cdot\boldsymbol{C}$；　（2）$\boldsymbol{A}\times(\boldsymbol{B}\times\boldsymbol{C})$ 和 $(\boldsymbol{A}\times\boldsymbol{B})\times\boldsymbol{C}$。

1.3　证明两个矢量 $\boldsymbol{A}=\boldsymbol{e}_x9+\boldsymbol{e}_y-\boldsymbol{e}_z6$ 和 $\boldsymbol{B}=\boldsymbol{e}_x4-\boldsymbol{e}_y6+\boldsymbol{e}_z5$ 是相互垂直的；两个矢量 $\boldsymbol{A}=\boldsymbol{e}_x2+\boldsymbol{e}_y5+\boldsymbol{e}_z3$ 和 $\boldsymbol{B}=\boldsymbol{e}_x4+\boldsymbol{e}_y10+\boldsymbol{e}_z6$ 是相互平行的。

1.4　已知直角坐标系中的点 $P_1(-3,1,2)$ 和 $P_2(2,-3,4)$，求：

（1）直角坐标系中，点 $P_1$ 和 $P_2$ 的空间位置矢量 $\boldsymbol{r}_1$ 和 $\boldsymbol{r}_2$；

（2）点 $P_1$ 到 $P_2$ 距离矢量的大小和方向。

1.5　在圆柱坐标系中，一点的位置由（4，$2\pi/3$，3）定出，求：

（1）该点在直角坐标系中的坐标；　（2）该点在球坐标系中的坐标。

1.6　在球坐标系中，求点 $P_1(6,2\pi/3,2\pi/3)$ 和 $P_2(4,\pi/3,0)$ 之间的距离。

1.7　在球坐标系中，两个点 $(r_1,\theta_1,\varphi_1)$ 和 $(r_2,\theta_2,\varphi_2)$ 定出两个位置矢量 $\boldsymbol{r}_1$ 和 $\boldsymbol{r}_2$，证明 $\boldsymbol{r}_1$ 和 $\boldsymbol{r}_2$ 之间夹角的余弦为

$$\cos\gamma=\sin\theta_1\sin\theta_2\cos(\varphi_1-\varphi_2)+\cos\theta_1\cos\theta_2$$

1.8　用球坐标表示的场 $\boldsymbol{E}=\boldsymbol{e}_r(25/r^2)$，求：

（1）在点（-3，4，-5）处的 $|\boldsymbol{E}|$ 和 $E_x$；

（2）$\boldsymbol{E}$ 与矢量 $\boldsymbol{B}=\boldsymbol{e}_x2-\boldsymbol{e}_y2+\boldsymbol{e}_z$ 构成的夹角。

1.9　已知一个二维矢量场 $\boldsymbol{A}=\boldsymbol{e}_x(-y)+\boldsymbol{e}_yx$，求矢量线方程，并定性绘制该矢量场图形。

1.10　已知矢量 $\boldsymbol{D}=\dfrac{\boldsymbol{r}}{r^3}$，式中，$\boldsymbol{r}=\boldsymbol{e}_xx+\boldsymbol{e}_yy+\boldsymbol{e}_zz$，$r=|\boldsymbol{r}|$，求在 $r\neq0$ 处的 $\nabla\cdot\boldsymbol{D}$。

1.11　已知矢量 $\boldsymbol{A}=\boldsymbol{e}_xx^2+\boldsymbol{e}_y(xy)^2+\boldsymbol{e}_z24x^2y^2z^3$，求：

（1）$\nabla\cdot\boldsymbol{A}$；

（2）$\boldsymbol{A}$ 对中心在原点的一个单位立方体表面的积分；

（3）验证高斯散度定理。

1.12　一球面 $S$ 的半径为5，球心在原点，计算 $\oint_S(\boldsymbol{e}_r3\sin\theta)\cdot\mathrm{d}\boldsymbol{S}$。

1.13　在由 $r=5$、$\varphi=0$ 和 $z=4$ 围成的圆柱形区域内，对矢量 $\boldsymbol{A}=\boldsymbol{e}_rr^2+\boldsymbol{e}_z2z$ 验证散度定理。

1.14　求下列矢量的散度：

(1) $\boldsymbol{A}=\boldsymbol{e}_x x^2yz+\boldsymbol{e}_y xy^2z+\boldsymbol{e}_z xyz^2$； (2) $\boldsymbol{A}=\boldsymbol{e}_x 4x+\boldsymbol{e}_y 2xy+\boldsymbol{e}_z z^2$

1.15 求下列矢量的旋度：

(1) $\boldsymbol{A}=\boldsymbol{e}_x yz+\boldsymbol{e}_y zx+\boldsymbol{e}_z xy$； (2) $\boldsymbol{A}=\boldsymbol{e}_x(y^2+z^2)+\boldsymbol{e}_y(z^2+x^2)+\boldsymbol{e}_z(x^2+y^2)$

1.16 求下列标量的梯度：

(1) $u=4x^2y+y^2z-4xz$； (2) $u=xyz-x^2+y^2$

1.17 已知矢量 $\boldsymbol{A}=\boldsymbol{e}_x x+\boldsymbol{e}_y xy^2$，求：

(1) $\nabla\times\boldsymbol{A}$；

(2) 矢量 $\boldsymbol{A}$ 沿圆周 $x^2+y^2=a^2$ 的闭合线积分；

(3) 验证斯托克斯定理。

1.18 已知矢量

$$\boldsymbol{A}=\boldsymbol{e}_x x+\boldsymbol{e}_y x^2+\boldsymbol{e}_z y^2 z,$$

(1) 求：$\boldsymbol{A}$ 沿 $xOy$ 面上一个边长为 2 的正方形回路的线积分，此正方形的两边与坐标轴重合，其余两边为 $x=2$ 及 $y=2$；

(2) 验证斯托克斯定理。

1.19 在从点 $P_1(0,0,0)$ 到点 $P_2(1,1,0)$ 不同路径上计算 $\int_l \boldsymbol{A}\cdot \mathrm{d}\boldsymbol{l}$，其中 $\boldsymbol{A}=\boldsymbol{e}_x 4x-\boldsymbol{e}_y 14y^2$。

(1) 曲线 $l$ 沿路径 $x=t$、$y=t^2$；

(2) 曲线 $l$ 从点 $P_1(0,0,0)$ 沿 $x$ 轴到点 $(1,0,0)$，再沿 $x=1$ 到点 $P_2(1,1,0)$；

(3) 此矢量场为保守场吗？

1.20 已知函数 $u=x^2yz^3$，求：

(1) 在空间一点 $P(2,1,-1)$ 的梯度；

(2) 在点 $P$ 沿方向 $\boldsymbol{l}=\boldsymbol{e}_x 1+\boldsymbol{e}_y 2+\boldsymbol{e}_z 3$ 的方向导数。

1.21 已知函数 $u=x^2y+y^2z+1$，求：

(1) 在空间一点 $P(2,1,3)$，函数 $u$ 的方向导数取最大值时，它在什么方向？

(2) 方向导数取最小值时，它在什么方向？

1.22 求双曲线族 $u=\dfrac{x^2}{a^2}-\dfrac{y^2}{b^2}$ 上任意点的单位法向矢量。

1.23 已知矢量 $\boldsymbol{A}=\boldsymbol{e}_x(x^2+axz)+\boldsymbol{e}_y(y^2+bxy)+\boldsymbol{e}_z(z^2+cyz)$，试确定 $A$ 为无旋场时，$a$、$b$ 和 $c$ 的值。

1.24 已知矢量 $\boldsymbol{E}=\boldsymbol{e}_x(3y-az)+\boldsymbol{e}_y(bx-2z)-\boldsymbol{e}_z(cy+z)$，试确定 $\boldsymbol{E}$ 为无旋场时，$a$、$b$ 和 $c$ 的值，并证明其负梯度等于 $\boldsymbol{E}$ 的标量函数 $\varphi$。

1.25 有 3 个矢量场为

$$\boldsymbol{A}=\boldsymbol{e}_r\sin\theta\cos\varphi+\boldsymbol{e}_\theta\cos\theta\cos\varphi-\boldsymbol{e}_\varphi\sin\varphi$$

$$\boldsymbol{B}=\boldsymbol{e}_r z^2\sin\varphi+\boldsymbol{e}_\varphi z^2\cos\varphi+\boldsymbol{e}_z 2rz\sin\varphi$$

$$\boldsymbol{C}=\boldsymbol{e}_x(4y^2-2x)+\boldsymbol{e}_y(5y-x)-\boldsymbol{e}_z 3z$$

(1) 哪些矢量场可以表示为一个标量场的梯度场？

(2) 哪些矢量场可以表示为一个矢量场的旋度场？

(3) 求出这些矢量场的源分布。

1.26　在直角坐标系下，证明：

（1）$\nabla\times\nabla u=0$；　　（2）$\nabla\cdot\nabla\times\boldsymbol{A}=0$

1.27　在直角坐标系下，证明：

$$\nabla\cdot(u\boldsymbol{A})=u\,\nabla\cdot\boldsymbol{A}+\boldsymbol{A}\cdot\nabla u$$

1.28　在直角坐标系下，证明：

$$\nabla\times(u\boldsymbol{A})=u\,\nabla\times\boldsymbol{A}+\nabla u\times\boldsymbol{A}$$

# 第2章 静态电磁场

静态电磁场分为静电场、恒定电场和恒定磁场三部分。静态电磁场只是空间位置的函数，不随时间变化，这时电场和磁场虽然可以共处一个空间，但它们却是相互无关、各自独立存在的。本章将从静态电磁场的基本实验定律出发，引出电场和磁场的概念，然后对静态电磁场的基本方程、位函数、边界条件和能量分布等进行讨论。本章的目的是理解电磁场的基本物理量，掌握静态电磁场的基本理论，并学会计算典型分布的静态电磁场。

## 2.1 静态电磁场的基本实验定律

静态电磁场有两个基本实验定律，分别是库仑定律和安培力定律。电磁场的基本物理量分为"源量"和"场量"两大类，本节首先确立分布电荷和分布电流这两种"源量"的概念；然后在库仑定律和安培力定律的基础上，引出电场和磁场这两种"场量"的概念，并给出计算电场和磁场的矢量积分公式。

### 2.1.1 电荷及电荷密度

微观上看，电荷是以离散的方式出现在空间的。物体所带电荷数量的多少叫做电量。电量有基本单元，一个质子所带电量为 $e$，一个电子所带电量为 $-e$。任何带电体的电荷量 $q$ 都是以 $e$ 的整数倍数值出现的。电量的单位是 C（库仑），基本电荷 $e$ 带的电量为

$$e = 1.602 \times 10^{-19}\ \text{C}$$

在讨论宏观电磁现象时，由于大量带电粒子密集地出现在某空间，可以假定电荷是连续分布的，并用电荷密度描述这种分布。

在电磁理论研究中，通常引入 4 种电荷源分布。

#### 1. 体电荷分布

连续分布于一个体积 $\tau$ 之内的电荷称为体电荷。通常用体电荷密度描述电荷在空间的分布。设体积元 $\Delta\tau$ 内有 $\Delta q$ 的带电量，则体电荷密度 $\rho$ 定义为

$$\rho(\boldsymbol{r}) = \lim_{\Delta\tau \to 0} \frac{\Delta q}{\Delta\tau} \tag{2.1}$$

$\rho$ 的单位是 C/m$^3$（库［仑］/米$^3$），$\rho(\boldsymbol{r})$ 表示体电荷密度是空间位置的函数。

要计算某一体积内的电荷总量 $q$，可以用体积分的方法求得

$$q = \int_\tau \rho(\boldsymbol{r})\,\mathrm{d}\tau \tag{2.2}$$

#### 2. 面电荷分布

连续分布于一个几何曲面上的电荷称为面电荷。设面积元 $\Delta S$ 内有 $\Delta q$ 的带电量，则面电荷密度 $\rho_S$ 定义为

$$\rho_S(\boldsymbol{r}) = \lim_{\Delta S\to 0}\frac{\Delta q}{\Delta S} \tag{2.3}$$

$\rho_S$ 的单位是 C/m$^2$（库［仑］/米$^2$）。

#### 3. 线电荷分布

连续分布于一条线上的电荷称为线电荷。设线元 $\Delta l$ 内有 $\Delta q$ 的带电量，则线电荷密度 $\rho_l$ 定义为

$$\rho_l(\boldsymbol{r}) = \lim_{\Delta l\to 0}\frac{\Delta q}{\Delta l} \tag{2.4}$$

$\rho_l$ 的单位是 C/m（库［仑］/米）。

要计算某一面积或线上的电荷总量 $q$，可以用积分的方法表示为 $\int_S \rho_S(\boldsymbol{r})\,\mathrm{d}S$ 或 $\int_l \rho_l(\boldsymbol{r})\,\mathrm{d}l$。

#### 4. 点电荷分布

从理论上分析电磁场时，点电荷是一个重要的概念。当某一电荷量被想象地集中在一个几何点上时，这样的电荷称为点电荷。

### 2.1.2 电流及电流密度

电荷的宏观定向运动称为电流。电流的强弱用电流强度来描述，它的定义是单位时间内通过某一横截面的电荷量，表示为

$$i = \lim_{\Delta t\to 0}\frac{\Delta q}{\Delta t} = \frac{\mathrm{d}q}{\mathrm{d}t} \tag{2.5}$$

电流的单位是 A（安［培］）。电流的分布用以下 3 种形式来描述。

#### 1. 体电流分布

电荷在某一体积内定向运动所形成的电流称为体电流。体电流的分布情况用体电流密度 $\boldsymbol{J}$ 表示。$\boldsymbol{J}$ 是一个矢量，它在某点的方向是正电荷运动的方向 $\boldsymbol{e}_n$，它的大小等于通过与 $\boldsymbol{e}_n$ 垂直的单位面积上的电流强度，表示为

$$\boldsymbol{J} = \boldsymbol{e}_n \lim_{\Delta S\to 0}\frac{\Delta i}{\Delta S} \tag{2.6}$$

$\boldsymbol{J}$ 的单位是 A/m$^2$（安［培］/米$^2$）。又因为

$$\frac{\Delta i}{\Delta S} = \frac{\Delta q}{\Delta t}\frac{1}{\Delta S} = \frac{\rho\Delta S\Delta l}{\Delta t}\frac{1}{\Delta S} = \frac{\rho\Delta l}{\Delta t} = \rho v$$

所以，若已知体电荷密度 $\rho$ 及电荷的运动速度 $\boldsymbol{v}$，$\boldsymbol{J}$ 还可以表示为

$$\boldsymbol{J} = \rho \boldsymbol{v} \tag{2.7}$$

若计算 $\boldsymbol{J}$ 通过某一面积 $\boldsymbol{S}$ 上的电流 $i$，可以用积分的方法求得

$$i = \int_S \boldsymbol{J} \cdot \mathrm{d}\boldsymbol{S}$$

### 2. 面电流分布

如图 2.1 所示，电流在厚度可以忽略的薄层内流动所形成的电流称为面电流。面电流的分布情况用面电流密度 $\boldsymbol{J}_S$ 表示。$\boldsymbol{J}_S$ 的方向是正电荷运动的方向 $\boldsymbol{e}_n$，大小等于通过与 $\boldsymbol{e}_n$ 垂直的单位线上的电流强度，表示为

$$\boldsymbol{J}_S = \boldsymbol{e}_n \lim_{\Delta l \to 0} \frac{\Delta i}{\Delta l} \tag{2.8}$$

$\boldsymbol{J}_S$ 的单位是 A/m（安［培］/米）。

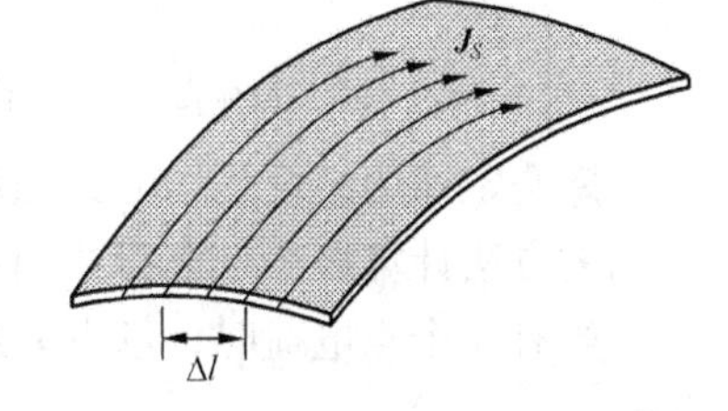

图 2.1 面电流密度

### 3. 线电流分布

电荷在一个横截面可以忽略的细线中流动所形成的电流称为线电流。若长度元 $\mathrm{d}\boldsymbol{l}$ 中流过的线电流为 $I$，则称 $I\mathrm{d}\boldsymbol{l}$ 为电流元。电流元在电磁理论中也是一个重要概念。

## 2.1.3 库仑定律和电场强度

一个基本的实验现象是两个带电体之间有相互作用力。带电体之间没有相互接触，却有相互作用力，是因为带电体在周围的空间产生了电场，带电体之间的相互作用力是通过电场传递的。也就是说，一个带电体在周围空间产生的电场对另一个带电体有作用力。假设在电场中引入一个足够小的试验电荷 $q_0$，则试验电荷必然受到作用力 $\boldsymbol{F}$。将电场强度定义为

$$\boldsymbol{E} = \lim_{q_0 \to 0} \frac{\boldsymbol{F}}{q_0} \tag{2.9}$$

$\boldsymbol{E}$ 的单位是 V/m（伏［特］/米）。取极限 $q_0 \to 0$ 是为了使引入的试验电荷不影响原电场。

库仑于1785 年从实验中总结出，两个静止点电荷 $q_1$ 和 $q_2$ 之间的距离为 $R$ 时，$q_2$ 受到 $q_1$ 的作用力为

$$\boldsymbol{F}_{12} = \boldsymbol{e}_R \frac{q_1 q_2}{4\pi\varepsilon_0 R^2} \tag{2.10}$$

式中，$\varepsilon_0 = 8.854 \times 10^{-12} \approx \dfrac{1}{36\pi \times 10^9}$ F/m(法[拉]/米)，称为真空中的介电常数；$\boldsymbol{e}_R = \dfrac{\boldsymbol{R}}{R}$，是从 $q_1$ 指向 $q_2$ 的单位矢量，如图 2.2 所示。式（2.10）称为库仑定律。库仑定律是静电现象的基本实验定律，是两个点电荷之间相互作用力的定量描述。

根据库仑定律，可以得出离点电荷 $q$ 距离为 $R$ 处 $q$ 产生的电场强度为

$$\boldsymbol{E} = \boldsymbol{e}_R \frac{q}{4\pi\varepsilon_0 R^2} \tag{2.11}$$

（如图2.3所示）点电荷 $q$ 所在的位置称为源点，源点并不一定在坐标原点，这里用位置矢量 $\boldsymbol{r}'$ 表示其位置；观察点所在的位置称为场点，其位置矢量为 $\boldsymbol{r}$。$\boldsymbol{R}=\boldsymbol{r}-\boldsymbol{r}'$，方向从源点指向场点。这里源量用加“撇”的坐标表示，场量用不加“撇”的坐标表示，有两套坐标系。

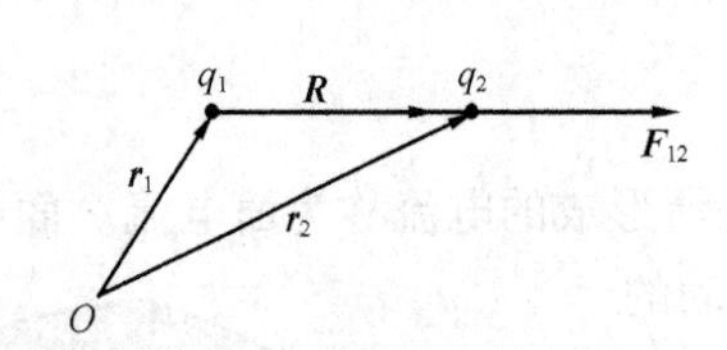


图2.2 两个点电荷之间的相互作用力

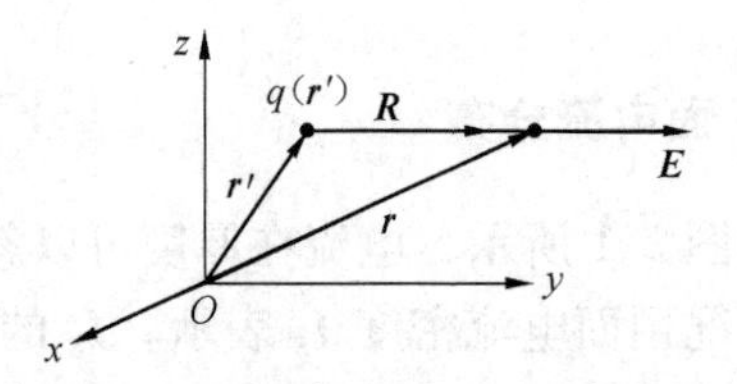


图2.3 点电荷 $q$ 的电场

库仑定律的结论是，电场强度与点电荷的带电量成正比。根据这种线性关系，可以利用叠加的方法计算多个点电荷共同产生的电场。

当有 $n$ 个点电荷时，场点 $\boldsymbol{r}$ 处的电场可以由各点电荷在该点形成的电场矢量和来计算，得到

$$\boldsymbol{E}(\boldsymbol{r})=\sum_{i=1}^{n}\boldsymbol{e}_{R_i}\frac{q_i}{4\pi\varepsilon_0 R_i^{\ 2}}=\sum_{i=1}^{n}\frac{q_i}{4\pi\varepsilon_0|\boldsymbol{r}-\boldsymbol{r}'_i|^3}(\boldsymbol{r}-\boldsymbol{r}'_i) \tag{2.12}$$

若电荷以体密度、面密度或线密度连续分布时，可以将带电体分割成很多带电小单元，每个带电小单元都可以视为点电荷。例如，当电荷为体分布时，体积元所带的电量 $\mathrm{d}q=\rho\mathrm{d}\tau$ 可视为点电荷；当电荷为面分布时，面积元所带的电量 $\mathrm{d}q=\rho_S\mathrm{d}S$ 可视为点电荷；当电荷为线分布时，线元所带的电量 $\mathrm{d}q=\rho_l\mathrm{d}l$ 可视为点电荷。于是，可以得出相应电荷分布在场点 $\boldsymbol{r}$ 处产生的总电场为

$$\boldsymbol{E}(\boldsymbol{r})=\int_{\tau'}\boldsymbol{e}_R\frac{\rho(\boldsymbol{r}')\mathrm{d}\tau'}{4\pi\varepsilon_0R^2}=\int_{\tau'}\frac{\rho(\boldsymbol{r}')\mathrm{d}\tau'}{4\pi\varepsilon_0|\boldsymbol{r}-\boldsymbol{r}'|^3}(\boldsymbol{r}-\boldsymbol{r}') \tag{2.13}$$

$$\boldsymbol{E}(\boldsymbol{r})=\int_{S'}\boldsymbol{e}_R\frac{\rho_S(\boldsymbol{r}')\mathrm{d}S'}{4\pi\varepsilon_0R^2}=\int_{S'}\frac{\rho_S(\boldsymbol{r}')\mathrm{d}S'}{4\pi\varepsilon_0|\boldsymbol{r}-\boldsymbol{r}'|^3}(\boldsymbol{r}-\boldsymbol{r}') \tag{2.14}$$

$$\boldsymbol{E}(\boldsymbol{r})=\int_{l'}\boldsymbol{e}_R\frac{\rho_l(\boldsymbol{r}')\mathrm{d}l'}{4\pi\varepsilon_0R^2}=\int_{l'}\frac{\rho_l(\boldsymbol{r}')\mathrm{d}l'}{4\pi\varepsilon_0|\boldsymbol{r}-\boldsymbol{r}'|^3}(\boldsymbol{r}-\boldsymbol{r}') \tag{2.15}$$

**例2.1** 无界真空中，有限长直线 $l$ 上均匀分布着线密度为 $\rho_l$ 的电荷，如图2.4所示，求线外任意点的电场强度。

**解** 对于直线状带电体，选用圆柱坐标系是适宜的。此时电场分布具有轴对称性，只需计算坐标变量 $\varphi$ 为常数的平面上的电场分布。

场点的坐标为 $P(r,\varphi,z)$。将线电荷元 $\rho_l\mathrm{d}z'$ 视为点电荷，其坐标为 $(0,0,z')$，则 $\rho_l\mathrm{d}z'$ 在点 $P$ 产生的电场在圆柱坐标系中的3个分量为

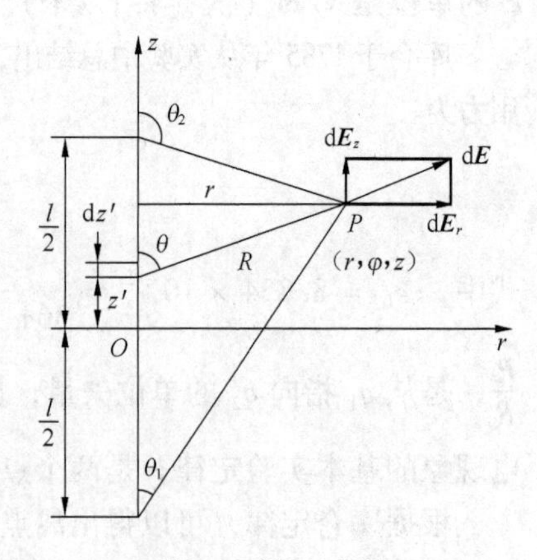


图2.4 例2.1用图

$$\mathrm{d}E_r=\mathrm{d}E\sin\theta=\frac{\rho_l\mathrm{d}z'}{4\pi\varepsilon_0R^2}\sin\theta$$

$$dE_\varphi = 0$$

$$dE_z = dE\cos\theta = \frac{\rho_l dz'}{4\pi\varepsilon_0 R^2}\cos\theta$$

由图2.4可见

$$R = \frac{r}{\sin\theta}$$

$$z' = z - r\cot\theta$$

此时场点是固定点，$r$ 和 $z$ 是常量，则 $dz' = \frac{r d\theta}{\sin^2\theta}$。因此有

$$dE_r = \frac{\rho_l \sin\theta}{4\pi\varepsilon_0 r}d\theta$$

$$dE_z = \frac{\rho_l \cos\theta}{4\pi\varepsilon_0 r}d\theta$$

将上两式积分，长 $l$ 的线上所有电荷在点 $P$ 产生的电场强度为

$$E_r = \int_{\theta_1}^{\theta_2} dE_r = \int_{\theta_1}^{\theta_2}\frac{\rho_l\sin\theta}{4\pi\varepsilon_0 r}d\theta = \frac{\rho_l}{4\pi\varepsilon_0 r}(\cos\theta_1 - \cos\theta_2)$$

$$E_z = \int_{\theta_1}^{\theta_2} dE_z = \int_{\theta_1}^{\theta_2}\frac{\rho_l\cos\theta}{4\pi\varepsilon_0 r}d\theta = \frac{\rho_l}{4\pi\varepsilon_0 r}(\sin\theta_2 - \sin\theta_1)$$

如果线为无限长，则有 $\theta_1 = 0$、$\theta_2 = \pi$，得

$$E_r = \frac{\rho_l}{2\pi\varepsilon_0 r},\ E_z = 0 \tag{2.16}$$

**例2.2** 一个均匀带电的环形薄圆盘，内半径为 $a$，外半径为 $b$，电荷面密度 $\rho_S$ 为常数，如图2.5所示，求环形薄圆盘轴线上任一点的电场强度。

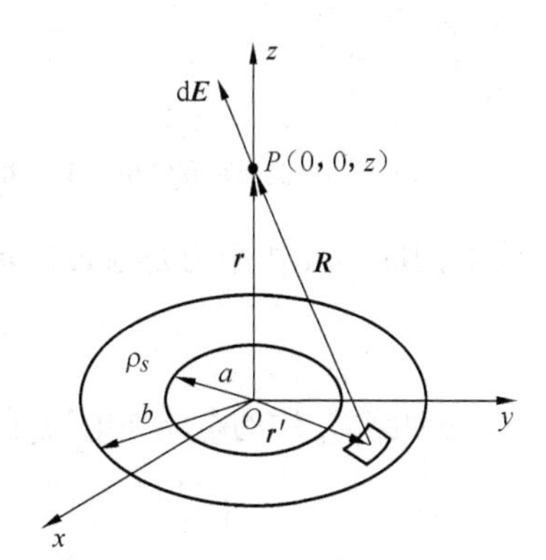


图2.5 例2.2用图

**解** 选用圆柱坐标系。场点的坐标为 $P(0,0,z)$。面电荷元 $\rho_S dS' = \rho_S r' dr' d\varphi'$ 视为点电荷，其到场点的距离矢量 $\boldsymbol{R} = \boldsymbol{e}_R R = \boldsymbol{r} - \boldsymbol{r}' = (\boldsymbol{e}_z z - \boldsymbol{e}_{r'} r')$。

$$\boldsymbol{e}_R = \frac{\boldsymbol{e}_z z - \boldsymbol{e}_{r'} r'}{[z^2 + (r')^2]^{1/2}}$$

$$R = [z^2 + (r')^2]^{1/2}$$

由式（2.14），得到场点 $P$ 的电场强度为

$$\boldsymbol{E}(z) = \int_a^b\int_0^{2\pi}\frac{\boldsymbol{e}_z z - \boldsymbol{e}_{r'} r'}{4\pi\varepsilon_0[z^2 + (r')^2]^{3/2}}\rho_S r' dr' d\varphi'$$

因为圆柱坐标系中的单位矢量 $\boldsymbol{e}_{r'} = \boldsymbol{e}_x\cos\varphi' + \boldsymbol{e}_y\sin\varphi'$，不是常矢量，有

$$\int_0^{2\pi}\boldsymbol{e}_{r'}d\varphi' = \int_0^{2\pi}(\boldsymbol{e}_x\cos\varphi' + \boldsymbol{e}_y\sin\varphi')d\varphi' = 0$$

所以

$$\boldsymbol{E}(z) = \boldsymbol{e}_z\int_a^b\int_0^{2\pi}\frac{z}{4\pi\varepsilon_0[z^2 + (r')^2]^{3/2}}\rho_S r' dr' d\varphi'$$

$$= \boldsymbol{e}_z \frac{2\pi\rho_S z}{4\pi\varepsilon_0}\int_a^b \frac{r'\mathrm{d}r'}{[z^2+(r')^2]^{3/2}}$$

$$= \boldsymbol{e}_z \frac{\rho_S z}{2\varepsilon_0}\left[\frac{1}{(z^2+a^2)^{1/2}} - \frac{1}{(z^2+b^2)^{1/2}}\right]$$

上式表明，在均匀带电的环形薄圆盘轴线上，只有 $\boldsymbol{e}_z$ 方向的电场分量。

### 2.1.4 安培力定律和磁感应强度

实验结果表明，在真空中两个通有恒定电流的回路之间有相互作用力。1820—1825 年间，安培从实验中总结出这个作用力的规律，称为安培力定律，该实验定律可用图 2.6 说明。设有两个电流回路 $C_1$ 和 $C_2$，分别通有电流 $I_1$ 和 $I_2$，则回路 $C_1$ 对回路 $C_2$ 的作用力为

$$\boldsymbol{F}_{12} = \frac{\mu_0}{4\pi}\oint_{C_2}\oint_{C_1}\frac{I_2\mathrm{d}\boldsymbol{l}_2\times(I_1\mathrm{d}\boldsymbol{l}_1\times\boldsymbol{e}_R)}{R^2} \tag{2.17a}$$

式中，$\mu_0 = 4\pi\times10^{-7}$ H/m(亨[利]/米)，称为真空中的磁导率；$I_1\mathrm{d}\boldsymbol{l}_1$ 和 $I_2\mathrm{d}\boldsymbol{l}_2$ 称为电流元，其位置矢量为 $\boldsymbol{r}_1$ 和 $\boldsymbol{r}_2$，$\boldsymbol{R}=\boldsymbol{e}_R R=\boldsymbol{r}_2-\boldsymbol{r}_1$。

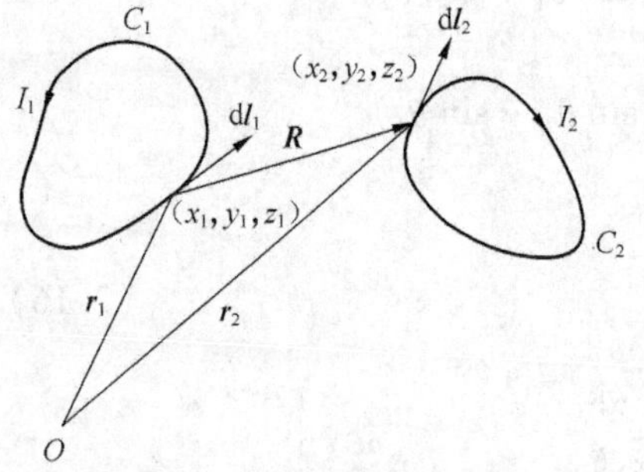

图 2.6 两电流回路间的相互作用力

如果将式（2.17a）写为

$$\boldsymbol{F}_{12} = \oint_{C_2}\oint_{C_1}\mathrm{d}\boldsymbol{F}_{12}$$

则

$$\mathrm{d}\boldsymbol{F}_{12} = \frac{\mu_0}{4\pi}I_2\mathrm{d}\boldsymbol{l}_2\times\frac{(I_1\mathrm{d}\boldsymbol{l}_1\times\boldsymbol{e}_R)}{R^2} \tag{2.17b}$$

在理论上，可以认为 $\mathrm{d}\boldsymbol{F}_{12}$ 为电流元 $I_1\mathrm{d}\boldsymbol{l}_1$ 对电流元 $I_2\mathrm{d}\boldsymbol{l}_2$ 的安培作用力。

根据场的观点，可以认为电流回路 $C_1$ 在周围产生了磁场，这个磁场对电流回路 $C_2$ 产生了作用力 $\boldsymbol{F}_{12}$。电流之间的相互作用力是通过磁场传递的。于是式（2.17a）可以写为

$$\boldsymbol{F}_{12} = \oint_{C_2} I_2\mathrm{d}\boldsymbol{l}_2\times\boldsymbol{B}_1$$

$\boldsymbol{B}_1$ 为回路 $C_1$ 中的电流在电流元 $I_2\mathrm{d}\boldsymbol{l}_2$ 所在点产生的磁场，称为磁感应强度或磁通密度，表示为

$$\boldsymbol{B}_1 = \frac{\mu_0}{4\pi}\oint_{C_1}\frac{(I_1\mathrm{d}\boldsymbol{l}_1\times\boldsymbol{e}_R)}{R^2} \tag{2.18a}$$

磁感应强度 $\boldsymbol{B}$ 的单位为 T（特［斯拉］）或 Wb/m$^2$（韦［伯］/米$^2$）；工程上还用更小的单位 Gs（高斯），1 Gs = $10^{-4}$ T。式（2.18a）称为毕奥 - 沙伐定律。

同样，可以认为 $\mathrm{d}\boldsymbol{F}_{12}$ 是电流元 $I_1\mathrm{d}\boldsymbol{l}_1$ 在周围产生的磁场对电流元 $I_2\mathrm{d}\boldsymbol{l}_2$ 的作用力。于是，式（2.17b）可以写为

$$\mathrm{d}\boldsymbol{F}_{12} = I_2\mathrm{d}\boldsymbol{l}_2\times\mathrm{d}\boldsymbol{B}_1$$

$\mathrm{d}\boldsymbol{B}_1$ 为电流元 $I_1\mathrm{d}\boldsymbol{l}_1$ 在周围产生的磁感应强度，写为

$$\mathrm{d}\boldsymbol{B}_1 = \frac{\mu_0}{4\pi}\frac{(I_1\mathrm{d}\boldsymbol{l}_1\times\boldsymbol{e}_R)}{R^2} \tag{2.18b}$$

去掉下标 1，并将源量坐标加“撇”，得到一般式

$$\mathrm{d}\boldsymbol{B} = \frac{\mu_0}{4\pi}\frac{(I\mathrm{d}\boldsymbol{l}' \times \boldsymbol{e}_R)}{R^2} \tag{2.18c}$$

若电流为面分布或体分布，则 d$\boldsymbol{B}$ 为

$$\mathrm{d}\boldsymbol{B} = \frac{\mu_0}{4\pi}\frac{(\boldsymbol{J}_S\mathrm{d}S' \times \boldsymbol{e}_R)}{R^2} \tag{2.18d}$$

$$\mathrm{d}\boldsymbol{B} = \frac{\mu_0}{4\pi}\frac{(\boldsymbol{J}\mathrm{d}\tau' \times \boldsymbol{e}_R)}{R^2} \tag{2.18e}$$

静电场的点源是点电荷，恒定磁场的点源是电流元，从研究这两种点源产生的电场或磁场着手，在得出点源产生的场后，通过积分或叠加，给定电荷分布或电流分布的电场或磁场即可计算。另外，将这两种点源产生的场对比，会看到两种场的相同点和不同点，即两种场都与距离的平方成反比，都与源量成正比，但磁场的表达式更复杂，因为电荷是一种标量源，电流是一种矢量源。

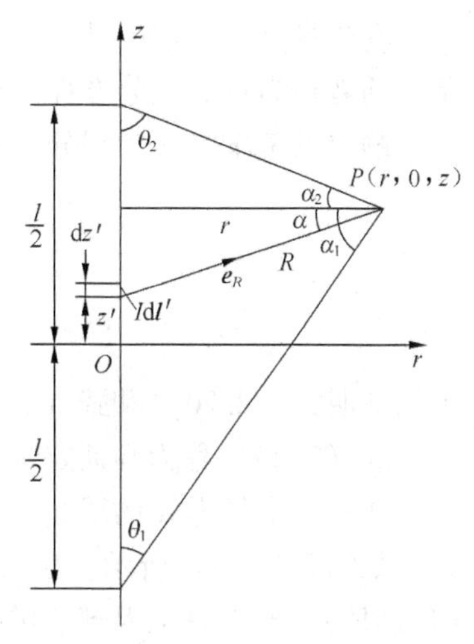


图 2.7　例 2.3 用图

**例 2.3**　计算长度为 $l$ 的直线电流 $I$ 的磁场，如图 2.7 所示。

**解**　选用圆柱坐标系。场点的坐标为 $P(r,0,z)$，线电流元 $I\mathrm{d}\boldsymbol{l}' = \boldsymbol{e}_z I\mathrm{d}z'$ 视为点源，其坐标为$(0,0,z')$。

$$z' = z - r\tan\alpha$$

$$\mathrm{d}z' = -r\sec^2\alpha\mathrm{d}\alpha$$

$$R = r\sec\alpha$$

$$\boldsymbol{e}_R = \boldsymbol{e}_r\cos\alpha + \boldsymbol{e}_z\sin\alpha$$

$$\mathrm{d}\boldsymbol{l}' \times \boldsymbol{e}_R = \boldsymbol{e}_z\mathrm{d}z' \times (\boldsymbol{e}_r\cos\alpha + \boldsymbol{e}_z\sin\alpha)$$

$$= -\boldsymbol{e}_\varphi r\cos\alpha\sec^2\alpha\mathrm{d}\alpha$$

由式（2.18c），电流元 $I\mathrm{d}\boldsymbol{l}'$在点 $P$ 产生的磁感应强度为

$$\mathrm{d}\boldsymbol{B} = \frac{\mu_0}{4\pi}\frac{I\mathrm{d}\boldsymbol{l}' \times \boldsymbol{e}_R}{R^2} = -\boldsymbol{e}_\varphi\frac{\mu_0}{4\pi}\frac{I\cos\alpha}{r}\mathrm{d}\alpha$$

将上式积分，得到长 $l$ 的线电流在点 $P$ 产生的磁感应强度为

$$\boldsymbol{B} = \int_{\alpha_1}^{\alpha_2} -\boldsymbol{e}_\varphi\frac{\mu_0}{4\pi}\frac{I\cos\alpha}{r}\mathrm{d}\alpha = \boldsymbol{e}_\varphi\frac{\mu_0 I}{4\pi r}(\sin\alpha_1 - \sin\alpha_2)$$

如果线为无限长，则有 $\alpha_1 = \frac{\pi}{2}$、$\alpha_2 = -\frac{\pi}{2}$，得

$$\boldsymbol{B} = \boldsymbol{e}_\varphi\frac{\mu_0 I}{2\pi r} \tag{2.19}$$

## 2.2　静电场

本节将以亥姆霍兹定理为基础展开。首先求真空中电场强度 $\boldsymbol{E}$ 的通量和环流，以及散

度和旋度，称其为静电场的基本方程；其次引入电位函数 $\phi$，静电场是保守场（也即无旋场），电场强度 $\boldsymbol{E}$ 对应着标量电位 $\phi$；第三讨论有介质的情况，并在不同媒质的分界面上给出静电场的边界条件；第四讨论静电场的能量；最后给出唯一性定理，并利用唯一性定理给出求解静电场的两种方法（分离变量法和镜像法）。静电场的分析方法比较有代表性，它是研究电磁场理论的基础。

### 2.2.1 真空中静电场的基本方程

在矢量分析一章中已经指出，矢量的性质可以用通量和环流表示，或者用散度和旋度表示，前者称为场的积分方程，后者称为场的微分方程，它们是场基本方程的两种形式。

静电场基本方程的积分形式为

$$\oint_S \boldsymbol{E} \cdot \mathrm{d}\boldsymbol{S} = \frac{\sum q}{\varepsilon_0} \tag{2.20}$$

$$\oint_C \boldsymbol{E} \cdot \mathrm{d}\boldsymbol{l} = 0 \tag{2.21}$$

下面证明式（2.20）和式（2.21）。

式（2.20）称为高斯定理。在证明这个定理之前，先介绍立体角的概念。

在一个半径为 $R$ 的球面上，任取一个面元 $\mathrm{d}\boldsymbol{S}$，则此面元可构成一个以球心为顶点的锥体，如图2.8（a）所示。定义 $\mathrm{d}\boldsymbol{S}$ 对球心所张的立体角为 $\mathrm{d}S/R^2$，用 $\mathrm{d}\Omega$ 表示，单位为 sr（球面度）。整个球面对球心的立体角为 $4\pi R^2/R^2 = 4\pi$ sr。

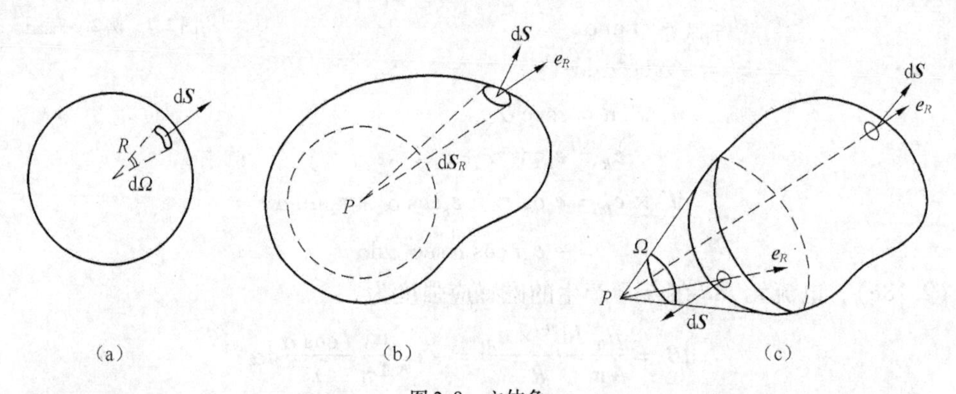


图2.8　立体角

非球面元 $\mathrm{d}\boldsymbol{S}$ 对某点 $P$ 所张的立体角 $\mathrm{d}\Omega$ 定义为

$$\mathrm{d}\Omega = \frac{\mathrm{d}\boldsymbol{S} \cdot \boldsymbol{e}_R}{R^2} \tag{2.22}$$

一个任意形状的闭合面对某点 $P$ 所张的立体角有两种情况。一种是点 $P$ 在闭合面内，可以用点 $P$ 为球心作一球面，如图2.8（b）所示，则闭合面上任意面元 $\mathrm{d}\boldsymbol{S}$ 对点 $P$ 所张的立体角，也就是它对点 $P$ 构成的锥体在球面上割出一块球形面元 $\mathrm{d}\boldsymbol{S}_R$ 的立体角，可见整个闭合面对点 $P$ 所张的立体角也就是整个球面对点 $P$ 所张的立体角，为 $4\pi$ sr。另一种是点 $P$ 在闭合面外，如图2.8（c）所示，由于闭合面为外法线方向，闭合面在锥口内外的立体角抵消，使闭合面对点 $P$ 所张的立体角为0。

下面证明高斯定理。先研究一个点电荷 $q$ 的情形。

$$\oint_S \boldsymbol{E}\cdot d\boldsymbol{S} = \oint_S \boldsymbol{e}_R \frac{q}{4\pi\varepsilon_0 R^2}\cdot d\boldsymbol{S} = \frac{q}{4\pi\varepsilon_0}\oint_S \frac{d\boldsymbol{S}\cdot\boldsymbol{e}_R}{R^2} = \frac{q}{4\pi\varepsilon_0}\oint_S d\Omega$$

上式的积分是闭合面对 $q$ 所张的立体角。根据前面关于立体角的知识，有

$$\oint_S \boldsymbol{E}\cdot d\boldsymbol{S} = \begin{cases} q/\varepsilon_0 & q\text{在闭合面内} \\ 0 & q\text{在闭合面外} \end{cases} \tag{2.23}$$

式（2.23）可以推广到多个点电荷的情形，也可以推广到体电荷、面电荷或线电荷的情形。对于所有情形，用 $\sum q$ 表示闭合面 $S$（也称高斯面）内的总电量，则有

$$\oint_S \boldsymbol{E}\cdot d\boldsymbol{S} = \frac{\sum q}{\varepsilon_0} \tag{2.24}$$

当闭合面所包围的体积内，电荷以体密度 $\rho$ 分布时，$\sum q = \int_\tau \rho d\tau$。根据散度定理 $\int_\tau \nabla\cdot \boldsymbol{E} d\tau = \oint_S \boldsymbol{E}\cdot d\boldsymbol{S}$，则式（2.24）可以写为

$$\int_\tau \nabla\cdot \boldsymbol{E} d\tau = \frac{1}{\varepsilon_0}\int_\tau \rho d\tau$$

由于闭合面是任取的，所包围的体积也是任意的，于是有

$$\nabla\cdot \boldsymbol{E} = \frac{\rho}{\varepsilon_0} \tag{2.25}$$

式（2.25）称为高斯定理的微分形式。

下面再来证明式（2.21）。在点电荷 $q$ 的场中，取一条曲线连接 $A$ 和 $B$ 两点，如图2.9所示。电场 $\boldsymbol{E}$ 沿此曲线的线积分为

$$\begin{aligned}\int_l \boldsymbol{E}\cdot d\boldsymbol{l} &= \frac{q}{4\pi\varepsilon_0}\int_l \frac{\boldsymbol{e}_R}{R^2}\cdot d\boldsymbol{l} \\ &= \frac{q}{4\pi\varepsilon_0}\int_l \frac{dR}{R^2} \\ &= \frac{q}{4\pi\varepsilon_0}\left(\frac{1}{R_A}-\frac{1}{R_B}\right)\end{aligned}$$

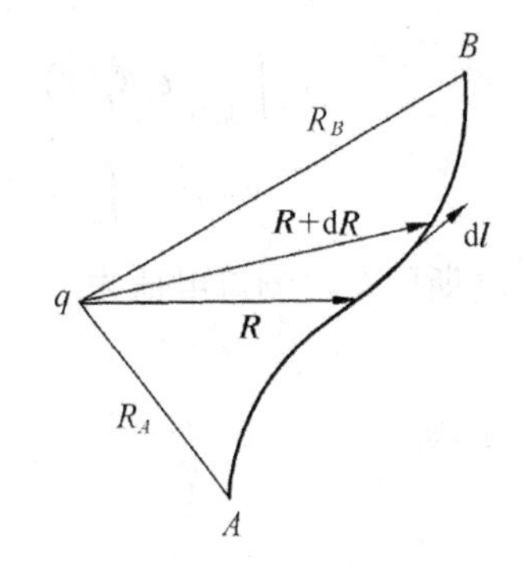


图2.9　电场的线积分

当积分路径闭合时，点 $A$ 与 $B$ 重合，积分为0。即

$$\oint_C \boldsymbol{E}\cdot d\boldsymbol{l} = 0 \tag{2.26}$$

从点电荷的结论，很容易推广到任意电荷分布的情形，所以式（2.26）是静电场的一个共性。

利用斯托克斯定理，式（2.26）可以写为

$$\oint_C \boldsymbol{E}\cdot d\boldsymbol{l} = \int_S \nabla\times \boldsymbol{E}\cdot d\boldsymbol{S} = 0$$

因为回路是任意的，也即对于任意面 $S$ 上式都成立，所以有

$$\nabla\times \boldsymbol{E} = 0 \tag{2.27}$$

式（2.26）和式（2.27）说明静电场是保守场、无旋场。

真空中静电场的基本方程总结为：积分形式

$$\oint_S \boldsymbol{E} \cdot \mathrm{d}\boldsymbol{S} = \frac{\sum q}{\varepsilon_0}$$

$$\oint_C \boldsymbol{E} \cdot \mathrm{d}\boldsymbol{l} = 0$$

微分形式

$$\nabla \cdot \boldsymbol{E} = \frac{\rho}{\varepsilon_0}$$

$$\nabla \times \boldsymbol{E} = 0$$

**例 2.4** 利用高斯定理，求无限长线电荷 $\rho_l$ 在任意点 $P$ 产生的电场强度。

**解** 采用圆柱坐标系。由于线电荷无限长，所以电场强度只有径向 $\boldsymbol{e}_r$ 方向，且只是 $r$ 的函数，可以写为

$$\boldsymbol{E} = \boldsymbol{e}_r E_r(r)$$

以线电荷为轴，构造一个经过点 $P$ 的高斯面 $S$，此面为圆柱面，半径为 $r$，高为 $l$，如图 2.10 所示。由静电场的高斯定理有

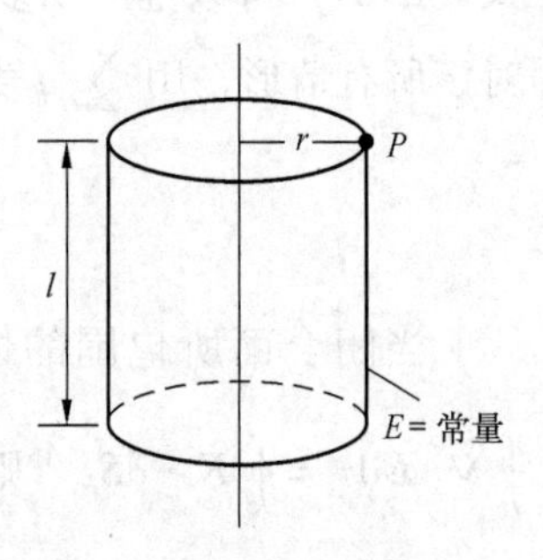

图 2.10 例 2.4 用图

$$\oint_S \boldsymbol{E} \cdot \mathrm{d}\boldsymbol{S} = \frac{\sum q}{\varepsilon_0}$$

上式等号左边为

$$\begin{aligned}
&\oint_S \boldsymbol{E} \cdot \mathrm{d}\boldsymbol{S} \\
&= \int_{\text{上底面}} \boldsymbol{e}_r E_r(r) \cdot \boldsymbol{e}_z \mathrm{d}S_z + \int_{\text{下底面}} \boldsymbol{e}_r E_r(r) \cdot (-\boldsymbol{e}_z \mathrm{d}S_z) + \int_{\text{侧面}} \boldsymbol{e}_r E_r(r) \cdot \boldsymbol{e}_r \mathrm{d}S_r \\
&= 0 + 0 + \int_{\text{侧面}} E_r(r) \mathrm{d}S_r = E_r(r) \int_{\text{侧面}} \mathrm{d}S_r = 2\pi r l E_r(r)
\end{aligned}$$

高斯面 $S$ 内的总电荷为

$$\sum q = \rho_l l$$

于是有

$$2\pi r l E_r(r) = \frac{\rho_l l}{\varepsilon_0}$$

$$E_r(r) = \frac{\rho_l}{2\pi\varepsilon_0 r} \tag{2.28}$$

式（2.28）与式（2.16）完全相同，但采用了不同的计算方法。由此题可以看出，用高斯定理的方法求解电场，方法比较简单。

高斯定理求电场的方法适用于源分布对称的情形。当源分布不对称时，不用这种方法求解电场。例如，在例 2.1 中，当线电荷为有限长 $l$ 时，高斯定理不能用于解题。

**例 2.5** 利用高斯定理求电场强度。已知电荷分布于一个半径为 $a$ 的球形真空区域内，电荷体密度为 $\rho = \rho_0\left(1 - \frac{r^2}{a^2}\right)$。

**解** 采用球坐标系。电场具有球对称性，即 $\boldsymbol{E} = \boldsymbol{e}_r E_r(r)$。由于球内和球外电荷分布不

一样，所以分两个区域分别计算电场。用高斯定理求解电场，高斯面 $S$ 是半径为 $r$ 的同心球面。

当 $r \leqslant a$ 时

$$\oint_S \boldsymbol{E} \cdot \mathrm{d}\boldsymbol{S} = \oint_S \boldsymbol{e}_r E_r(r) \cdot \boldsymbol{e}_r \mathrm{dS} = \oint_S E_r(r)\mathrm{dS} = 4\pi r^2 E_r(r)$$

$$\sum q = \int_\tau \rho \mathrm{d}\tau = \int_0^r \rho_0 \left(1 - \frac{r^2}{a^2}\right) 4\pi r^2 \mathrm{d}r = 4\pi\rho_0 \left(\frac{r^3}{3} - \frac{r^5}{5a^2}\right)$$

所以

$$E_r(r) = \frac{\rho_0}{\varepsilon_0}\left(\frac{r}{3} - \frac{r^3}{5a^2}\right) \tag{2.29}$$

当 $r \geqslant a$ 时

$$\oint_S \boldsymbol{E} \cdot \mathrm{d}\boldsymbol{S} = 4\pi r^2 E_r(r)$$

$$\sum q = \int_\tau \rho \mathrm{d}\tau = \int_0^a \rho_0 \left(1 - \frac{r^2}{a^2}\right) 4\pi r^2 \mathrm{d}r = \frac{8}{15}\pi\rho_0 a^3$$

所以

$$E_r(r) = \frac{2\rho_0 a^3}{15\varepsilon_0 r^2} \tag{2.30}$$

### 2.2.2 电位函数

静电场是无旋的矢量场，即 $\nabla \times \boldsymbol{E} = 0$。由恒等式 $\nabla \times \nabla\phi = 0$ 知道，静电场可以用一个标量函数的梯度表示，此标量函数称为电位函数 $\phi$，定义为

$$\boldsymbol{E} = -\nabla\phi \tag{2.31}$$

电位的单位是 V（伏［特］）。上式表明，可以用标量的电位间接表示矢量的电场。

电场 $\boldsymbol{E}$ 在任意方向 $l$ 的投影为

$$E_l = -\frac{\partial\phi}{\partial l}$$

于是有

$$\mathrm{d}\phi = -E_l \mathrm{d}l = -\boldsymbol{E} \cdot \mathrm{d}\boldsymbol{l} \tag{2.32}$$

将上式积分得到

$$\phi_P - \phi_A = \int_{(x_A, y_A, z_A)}^{(x_P, y_P, z_P)} -\boldsymbol{E} \cdot \mathrm{d}\boldsymbol{l}$$

假设点 $P$ 为参考点，其电位为 0，则场点 $A$ 的电位为

$$\phi_A = \int_{(x_A, y_A, z_A)}^{(x_P, y_P, z_P)} \boldsymbol{E} \cdot \mathrm{d}\boldsymbol{l} \tag{2.33}$$

当电场已知时，可以利用式（2.33）计算电位。

**例 2.6** 求例 2.5 中全空间的电位分布。

**解** 假设无穷远处电位为零。

当 $r \geqslant a$ 时，

$$E_r(r) = \frac{2\rho_0 a^3}{15\varepsilon_0 r^2}$$

根据式（2.33），球外一点的电位函数为

$$\phi(r) = \int_r^\infty \boldsymbol{E} \cdot \mathrm{d}\boldsymbol{l} = \int_r^\infty \frac{2\rho_0 a^3}{15\varepsilon_0 r^2}\mathrm{d}r = \frac{2\rho_0 a^3}{15\varepsilon_0 r} \tag{2.34}$$

当 $r \leqslant a$ 时，由式（2.29）有

$$E_r(r) = \frac{\rho_0}{\varepsilon_0}\left(\frac{r}{3} - \frac{r^3}{5a^2}\right)$$

球内一点的电位函数为

$$\phi(r) = \int_r^a \boldsymbol{E} \cdot \mathrm{d}\boldsymbol{l} + \int_a^\infty \boldsymbol{E} \cdot \mathrm{d}\boldsymbol{l} = \int_r^a \frac{\rho_0}{\varepsilon_0}\left(\frac{r}{3} - \frac{r^3}{5a^2}\right)\mathrm{d}r + \frac{2\rho_0 a^3}{15\varepsilon_0 a}$$

$$= \frac{\rho_0}{2\varepsilon_0}\left(\frac{a^2}{2} - \frac{r^2}{3} + \frac{r^4}{10a^2}\right) \tag{2.35}$$

当电荷分布已知时，可以求出任一点的电位函数。对于点电荷 $q$，其周围的电位为

$$\phi = \int_R^{R_P} \boldsymbol{e}_R \frac{q}{4\pi\varepsilon_0 R^2} \cdot \mathrm{d}\boldsymbol{l} = \int_R^{R_P} \frac{q}{4\pi\varepsilon_0 R^2}\mathrm{d}R = \frac{q}{4\pi\varepsilon_0 R} + C \tag{2.36}$$

$R$ 为源点到场点的距离。如果取无穷远处电位为 0，则 $R_P \to \infty$、$C = 0$。对于体电荷、面电荷和线电荷分布，电位为

$$\phi = \int_\tau \frac{\rho \mathrm{d}\tau}{4\pi\varepsilon_0 R} + C \tag{2.37}$$

$$\phi = \int_S \frac{\rho_S \mathrm{d}S}{4\pi\varepsilon_0 R} + C \tag{2.38}$$

$$\phi = \int_l \frac{\rho_l \mathrm{d}l}{4\pi\varepsilon_0 R} + C \tag{2.39}$$

**例 2.7** 求电偶极子的电位分布。

**解** 一对等值异号的电荷相距一个小的距离 $l$，称为电偶极子，如图 2.11 所示。电偶极子是一个重要的电荷系统，这里关心的是远离电偶极子的场，即当 $r >> l$ 的情形。

采用球坐标系，将原点放在电偶极子的中心，远处一点 $P$ 的电位函数为

$$\phi = \frac{q}{4\pi\varepsilon_0 r_1} - \frac{q}{4\pi\varepsilon_0 r_2} = \frac{q(r_2 - r_1)}{4\pi\varepsilon_0 r_1 r_2}$$

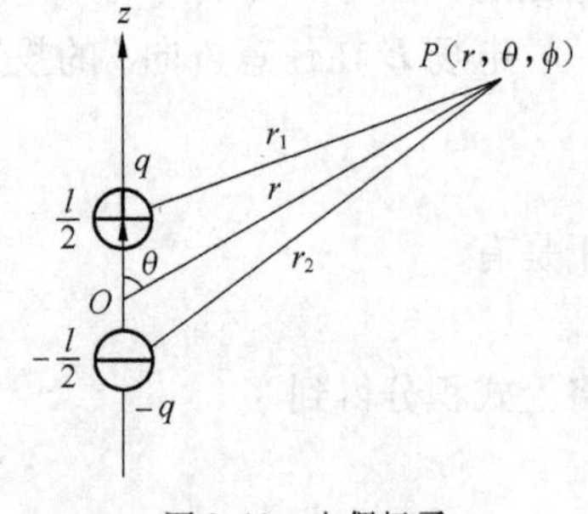


图 2.11 电偶极子

其中

$$r_1 = \left[r^2 + \left(\frac{l}{2}\right)^2 - rl\cos\theta\right]^{1/2} = r\left[1 - \frac{l\cos\theta}{r} + \left(\frac{l}{2r}\right)^2\right]^{1/2}$$

$$r_2 = \left[r^2 + \left(\frac{l}{2}\right)^2 + rl\cos\theta\right]^{1/2} = r\left[1 + \frac{l\cos\theta}{r} + \left(\frac{l}{2r}\right)^2\right]^{1/2}$$

利用泰勒级数展开，有

$$r_1 \approx r\left(1 - \frac{l\cos\theta}{2r}\right),\ r_2 \approx r\left(1 + \frac{l\cos\theta}{2r}\right)$$

于是

$$r_1 r_2 \approx r^2,\ r_2 - r_1 \approx l\cos\theta$$

得到电偶极子的电位分布为

$$\phi = \frac{ql\cos\theta}{4\pi\varepsilon_0 r^2} \tag{2.40a}$$

采用一个矢量描述电偶极子，简称为电偶极矩 $\boldsymbol{p}$，定义为

$$\boldsymbol{p} = q\boldsymbol{l}$$

则式（2.40a）可以写为

$$\phi = \frac{\boldsymbol{p}\cdot\boldsymbol{r}}{4\pi\varepsilon_0 r^3} \tag{2.40b}$$

电偶极子的电场为

$$\boldsymbol{E} = -\nabla\phi = \boldsymbol{e}_r\frac{2ql\cos\theta}{4\pi\varepsilon_0 r^3} + \boldsymbol{e}_\theta\frac{ql\sin\theta}{4\pi\varepsilon_0 r^3} \tag{2.41}$$

现在推导电位 $\phi$ 的微分方程。将 $\boldsymbol{E} = -\nabla\phi$ 代入 $\nabla\cdot\boldsymbol{E} = \rho/\varepsilon_0$，得

$$\nabla\cdot\nabla\phi = -\frac{\rho}{\varepsilon_0} \tag{2.42}$$

左边是标量函数梯度的散度，表示为

$$\nabla\cdot\nabla\phi = \nabla^2\phi$$

式中，$\nabla^2\phi$ 称为电位 $\phi$ 的拉普拉斯，$\nabla^2$ 称拉普拉斯算子。于是式（2.42）为

$$\nabla^2\phi = -\frac{\rho}{\varepsilon_0} \tag{2.43}$$

式（2.43）称为电位函数 $\phi$ 的泊松方程。对于 $\rho = 0$ 的区域，式（2.43）为

$$\nabla^2\phi = 0 \tag{2.44}$$

式（2.44）称为电位函数 $\phi$ 的拉普拉斯方程。在静电场的情形下，可以先求解电位 $\phi$，在求得 $\phi$ 以后，再利用 $\boldsymbol{E} = -\nabla\phi$ 计算 $\boldsymbol{E}$。

在直角坐标系中，$\nabla^2\phi$ 为

$$\begin{aligned}\nabla^2\phi &= \nabla\cdot\nabla\phi \\ &= \left(\boldsymbol{e}_x\frac{\partial}{\partial x} + \boldsymbol{e}_y\frac{\partial}{\partial y} + \boldsymbol{e}_z\frac{\partial}{\partial z}\right)\cdot\left(\boldsymbol{e}_x\frac{\partial\phi}{\partial x} + \boldsymbol{e}_y\frac{\partial\phi}{\partial y} + \boldsymbol{e}_z\frac{\partial\phi}{\partial z}\right) \\ &= \frac{\partial^2\phi}{\partial x^2} + \frac{\partial^2\phi}{\partial y^2} + \frac{\partial^2\phi}{\partial z^2}\end{aligned} \tag{2.45}$$

在圆柱坐标系中，$\nabla^2\phi$ 为

$$\nabla^2\phi = \frac{1}{r}\frac{\partial}{\partial r}\left(r\frac{\partial\phi}{\partial r}\right) + \frac{1}{r^2}\frac{\partial^2\phi}{\partial\varphi^2} + \frac{\partial^2\phi}{\partial z^2} \tag{2.46}$$

在球坐标系中，$\nabla^2\phi$ 为

$$\nabla^2\phi = \frac{1}{r^2}\frac{\partial}{\partial r}\left(r^2\frac{\partial\phi}{\partial r}\right) + \frac{1}{r^2\sin\theta}\frac{\partial}{\partial\theta}\left(\sin\theta\frac{\partial\phi}{\partial\theta}\right) + \frac{1}{r^2\sin^2\theta}\frac{\partial^2\phi}{\partial\varphi^2} \tag{2.47}$$

**例 2.8** 平行板电容器由两块面积为 $S$、距离为 $d$ 的平行导体组成，极板间为空气，板

间所加电压为 $U$，如图 2.12 所示，求极板间的电位和电场分布。

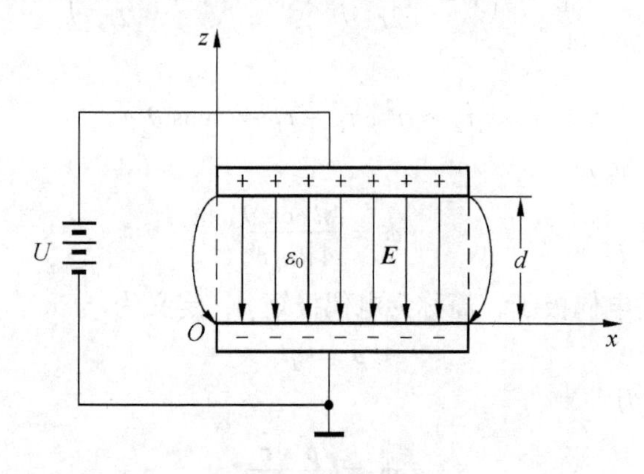


图 2.12　例 2.8 用图

**解**　忽略电场的边缘效应，极板间电位 $\phi$ 的拉普拉斯方程为

$$\nabla^2\phi = \frac{d^2\phi}{dz^2} = 0$$

其通解为 $\phi(z) = C_1 z + C_2$。又因为

$$\phi|_{z=0} = 0,\ \phi|_{z=d} = U$$

所以 $C_1 = \frac{U}{d}$、$C_2 = 0$。即

$$\phi(z) = \frac{U}{d}z \tag{2.48}$$

$$\boldsymbol{E} = -\nabla\phi = -\boldsymbol{e}_z\frac{U}{d} \tag{2.49}$$

平行板电容器极板间电位是线性的，电场是匀强的。

## 2.2.3　电介质中的高斯定理及边界条件

### 1. 电介质中的高斯定理

将电介质（简称为介质）放入电场中后，介质中的分子在电场的作用下发生极化现象，分子内部正负电荷的中心不重合，使分子成为许多顺着外电场方向排列的电偶极子。电偶极子产生的电场叠加于原电场之上，使原电场发生改变。

一个电偶极子可以用电偶极矩 $\boldsymbol{p}$ 描述。在电场的作用下，介质中有许多电偶极子，如图 2.13 所示。设某点体积元 $\Delta\tau$ 内的合成电偶极矩为 $\sum \boldsymbol{p}$，则

$$\boldsymbol{P} = \lim_{\Delta\tau\to 0}\frac{\sum \boldsymbol{p}}{\Delta\tau} \tag{2.50}$$

$\boldsymbol{P}$ 称为该点的极化强度，单位为 $C/m^2$（库［仑］/米$^2$）。

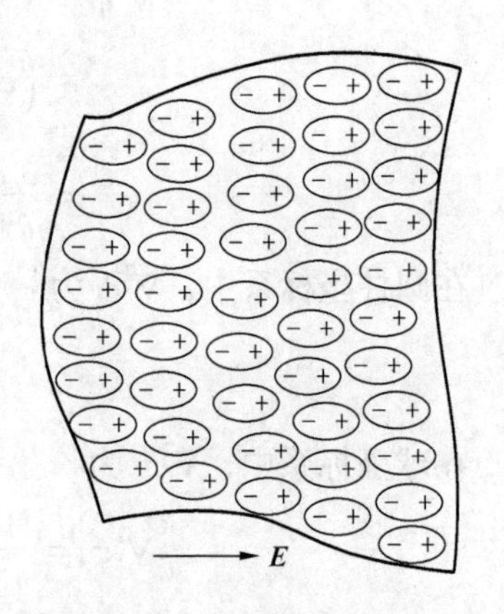


图 2.13　电介质的极化

由例 2.7 知，一个电偶极子的电偶极矩定义为 $\boldsymbol{p} = q\boldsymbol{l}$，它

在远区产生的电位由式（2.40b）给出。下面分析极化介质内所有电偶极子产生的电位。在极化介质内取一个体积元 $d\tau'$，$d\tau'$内的电偶极矩 $d\boldsymbol{P} = \boldsymbol{P}d\tau'$，$d\boldsymbol{P}$ 在点 $P$ 产生的电位为

$$d\phi = \frac{\boldsymbol{P}d\tau' \cdot \boldsymbol{R}}{4\pi\varepsilon_0 R^3} = -\frac{1}{4\pi\varepsilon_0}\left(\boldsymbol{P} \cdot \nabla\frac{1}{R}\right)d\tau' = \frac{1}{4\pi\varepsilon_0}\left(\boldsymbol{P} \cdot \nabla'\frac{1}{R}\right)d\tau' \tag{2.51}$$

利用矢量恒等式

$$\boldsymbol{P} \cdot \nabla'\frac{1}{R} = \nabla' \cdot \frac{\boldsymbol{P}}{R} - \frac{\nabla' \cdot \boldsymbol{P}}{R}$$

式（2.51）成为

$$d\phi = \frac{1}{4\pi\varepsilon_0}\left(\nabla' \cdot \frac{\boldsymbol{P}}{R} - \frac{\nabla' \cdot \boldsymbol{P}}{R}\right)d\tau'$$

积分后，得到整个电介质在点 $P$ 产生的电位为

$$\begin{aligned}\phi &= \frac{1}{4\pi\varepsilon_0}\int_{\tau'}\left(\nabla' \cdot \frac{\boldsymbol{P}}{R} - \frac{\nabla' \cdot \boldsymbol{P}}{R}\right)d\tau' \\ &= \frac{1}{4\pi\varepsilon_0}\left(\oint_S \frac{\boldsymbol{P} \cdot \boldsymbol{e}_n}{R}dS' - \int_{\tau'}\frac{\nabla' \cdot \boldsymbol{P}}{R}d\tau'\right)\end{aligned} \tag{2.52}$$

将式（2.52）与式（2.37）、式（2.38）比较，可以令

$$\rho_{SP} = \boldsymbol{P} \cdot \boldsymbol{e}_n \tag{2.53}$$

为束缚面电荷密度；令

$$\rho_P = -\nabla \cdot \boldsymbol{P} \tag{2.54}$$

为束缚体电荷密度。于是式（2.52）为

$$\phi = \frac{1}{4\pi\varepsilon_0}\left[\oint_S \frac{\rho_{SP}}{R}dS' + \int_{\tau'}\frac{\rho_P}{R}d\tau'\right] \tag{2.55}$$

如果考虑了介质中束缚电荷，原电介质所占的空间可视为真空，电介质中的电场就由两部分叠加组成——束缚电荷产生的电场及自由电荷产生的电场。将真空中的高斯定律用于有介质的情况，得到

$$\nabla \cdot \boldsymbol{E} = \frac{\rho + \rho_P}{\varepsilon_0} = \frac{\rho - \nabla \cdot \boldsymbol{P}}{\varepsilon_0}$$

也就是

$$\nabla \cdot (\varepsilon_0 \boldsymbol{E} + \boldsymbol{P}) = \rho \tag{2.56}$$

令

$$\boldsymbol{D} = \varepsilon_0 \boldsymbol{E} + \boldsymbol{P} \tag{2.57}$$

称 $\boldsymbol{D}$ 为电位移矢量或电通密度，单位是 $C/m^2$（库［仑］/米$^2$）。

经常遇到的情形是，介质中一点 $\boldsymbol{P}$ 与 $\boldsymbol{E}$ 成正比，写为 $\boldsymbol{P} = \chi_e \varepsilon_0 \boldsymbol{E}$，于是式（2.57）成为

$$\boldsymbol{D} = \varepsilon_0 \boldsymbol{E} + \boldsymbol{P} = \varepsilon_0(1 + \chi_e)\boldsymbol{E} = \varepsilon_0 \varepsilon_r \boldsymbol{E} = \varepsilon \boldsymbol{E} \tag{2.58}$$

式中，$\chi_e$ 和 $\varepsilon_r$ 都是无单位的比例系数，$\varepsilon$ 为介质的介电常数，$\varepsilon_r$ 为介质的相对介电常数。式（2.58）称为媒质的本构关系。当 $\boldsymbol{D}$ 和 $\boldsymbol{E}$ 的方向相同时，$\varepsilon$ 为标量，这类介质为各向同性介质。还存在一类媒质，它的性质与外加电场有关，$\boldsymbol{D}$ 和 $\boldsymbol{E}$ 的方向不相同，$\varepsilon$ 为张量，这类媒质为各向异性媒质。本章只讨论各向同性介质。

在介质中，高斯定理成为

$$\oint_S \boldsymbol{D} \cdot \mathrm{d}\boldsymbol{S} = \sum q \tag{2.59}$$

$$\nabla \cdot \boldsymbol{D} = \rho \tag{2.60}$$

**2. 边界条件**

在静电场问题中，经常遇到两种不同媒质（如真空、介质和导体等）的分界面，在这些分界面上，电场有突变的情形。物理量 $\boldsymbol{D}$、$\boldsymbol{E}$ 和 $\phi$ 在分界面上各自满足的关系称为边界条件。边界条件由场的基本方程积分形式导出。

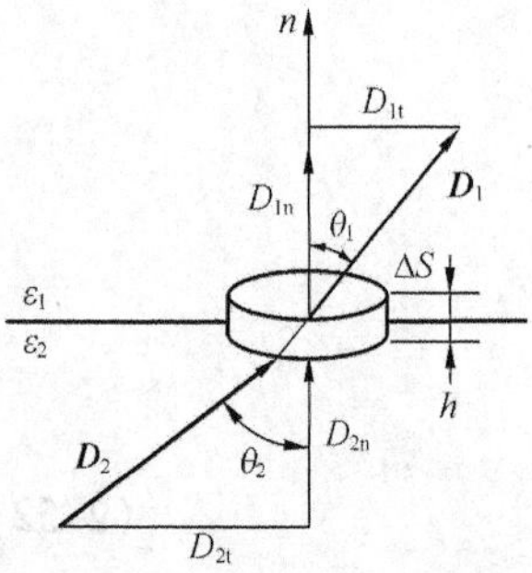

图 2.14　分界面上电位移法向边界条件

首先，在分界面上取一个小的圆柱形闭合面，如图 2.14 所示，其上、下底面的面积为 $\Delta S$，底面与分界面平行且分别在分界面的两侧，高 $h$ 为无限小量。对于此面，高斯定理为

$$\oint_S \boldsymbol{D} \cdot \mathrm{d}\boldsymbol{S} = D_{1n}\Delta S - D_{2n}\Delta S = \rho_S \Delta S$$

得到

$$D_{1n} - D_{2n} = \rho_S \tag{2.61a}$$

或

$$\boldsymbol{e}_n \cdot (\boldsymbol{D}_1 - \boldsymbol{D}_2) = \rho_S \tag{2.61b}$$

$\rho_S$ 是分界面上的自由面电荷密度。式（2.61a）或（2.61b）称为电场的法向边界条件。若分界面两侧的 1 区和 2 区都是理想介质，则分界面上无自由面电荷，即 $\rho_S = 0$，边界条件式（2.61a）成为

$$D_{1n} = D_{2n} \tag{2.62}$$

若分界面一侧的 2 区是理想导体，由于理想导体内无电场，边界条件式（2.61a）为

$$D_{1n} = \rho_S \tag{2.63}$$

由于 $D_{1n} = -\varepsilon_1 \dfrac{\partial \phi_1}{\partial n}$、$D_{2n} = -\varepsilon_2 \dfrac{\partial \phi_2}{\partial n}$，边界条件式（2.61a）用电位表示为

$$-\varepsilon_1 \frac{\partial \phi_1}{\partial n} + \varepsilon_2 \frac{\partial \phi_2}{\partial n} = \rho_S \tag{2.64}$$

其次，在分界面上取一条小的闭合路径，如图 2.15（a）所示，其上、下两边的长度为 $\Delta l$，两边与分界面平行且分别在分界面的两侧，高 $h$ 为无穷小量。沿此闭合路径，电场强度的环流为 0，即

$$\oint_C \boldsymbol{E} \cdot \mathrm{d}\boldsymbol{l} = \boldsymbol{E}_1 \cdot \Delta \boldsymbol{l} - \boldsymbol{E}_2 \cdot \Delta \boldsymbol{l} = 0 \tag{2.65}$$

式中，设 $\Delta \boldsymbol{l} = (\boldsymbol{e}_S \times \boldsymbol{e}_n)\Delta l$，其中 $\boldsymbol{e}_S$ 为闭合路径所在平面的法向单位矢量，如图 2.15（b）所示，则有

$$\boldsymbol{E}_1 \cdot (\boldsymbol{e}_S \times \boldsymbol{e}_n)\Delta l - \boldsymbol{E}_2 \cdot (\boldsymbol{e}_S \times \boldsymbol{e}_n)\Delta l = 0$$

或改写成

$$\boldsymbol{e}_S \cdot (\boldsymbol{e}_n \times \boldsymbol{E}_1) - \boldsymbol{e}_S \cdot (\boldsymbol{e}_n \times \boldsymbol{E}_2) = 0$$

因为闭合路径是任意选取的，所以有

$$\boldsymbol{e}_n \times \boldsymbol{E}_1 = \boldsymbol{e}_n \times \boldsymbol{E}_2 \tag{2.66}$$

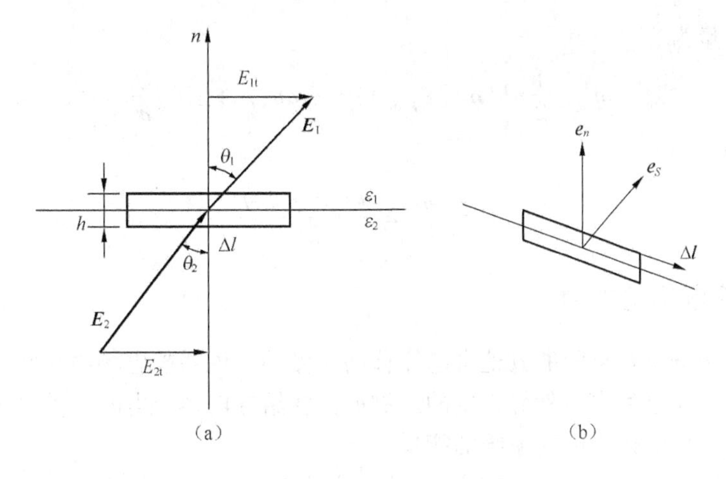


图 2.15 分界面上电场切向边界条件

或写成

$$E_{1t} = E_{2t} \tag{2.67}$$

式（2.66）或式（2.67）称为电场的切向边界条件。由切向边界条件得知，在不同介质的分界面上，电场强度的切向分量连续。电场强度的切向分量连续这一边界条件可以用电位表示为

$$\phi_1 = \phi_2 \tag{2.68}$$

当分界面两侧的 1 区和 2 区都是理想介质时，$\boldsymbol{D}_1$ 和 $\boldsymbol{D}_2$ 与法向 $\boldsymbol{n}$ 的夹角为 $\theta_1$ 和 $\theta_2$，由式（2.62）和式（2.67）得到

$$\frac{\tan\theta_1}{\tan\theta_2} = \frac{\dfrac{D_{1t}}{D_{1n}}}{\dfrac{D_{2t}}{D_{2n}}} = \frac{D_{1t}}{D_{2t}} = \frac{\varepsilon_1 E_{1t}}{\varepsilon_2 E_{2t}} = \frac{\varepsilon_1}{\varepsilon_2} \tag{2.69}$$

说明分界面两侧电场强度发生突变。

**例 2.9** 平行板电容器的长和宽分别为 $a$ 和 $b$，极板间距离为 $d$，极板间一半填充介电常数为 $\varepsilon$ 的介质，一半为空气，板间所加电压为 $U$，如图 2.16 所示。求极板间的电场分布和电容器的电容。

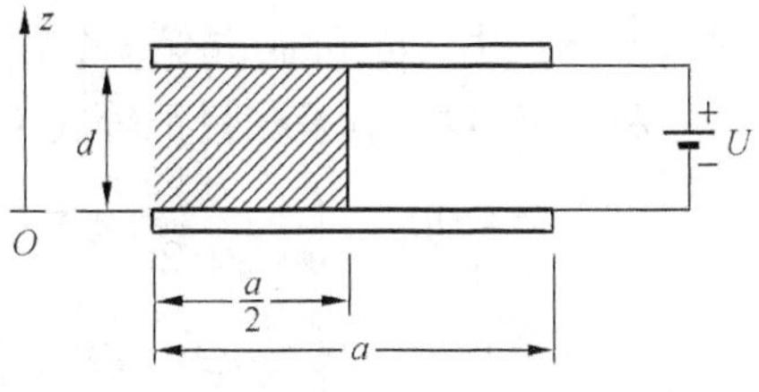

图 2.16 例 2.9 用图

**解** 忽略电场的边缘效应，极板间的电场与极板垂直，介质和空气两部分中的电场都为 $-\boldsymbol{e}_z$ 方向。根据电场的切向边界条件，电容器介质和空气两部分中的电场相等，于是有

$$\boldsymbol{E} = -\boldsymbol{e}_z \frac{U}{d}$$

两部分中的 $\boldsymbol{D}_1$ 和 $\boldsymbol{D}_2$ 不相同，分别为

$$\boldsymbol{D}_1 = \varepsilon \boldsymbol{E}_1,\ \boldsymbol{D}_2 = \varepsilon_0 \boldsymbol{E}_2$$

两部分的上、下极板自由面电荷密度分别为 $\rho_{S1}$、$\rho_{S2}$、$-\rho_{S1}$、$-\rho_{S2}$，写为

$$\rho_{S1} = D_{1n} = \varepsilon E_{1n},\ \rho_{S2} = D_{2n} = \varepsilon_0 E_{2n}$$

上极板上的总电量为

$$q = \frac{1}{2}ab(\rho_{S1} + \rho_{S2}) = \frac{1}{2}ab(\varepsilon + \varepsilon_0)\frac{U}{d}$$

电容器的电容为

$$C = \frac{q}{U} = \frac{ab(\varepsilon + \varepsilon_0)}{2d} \tag{2.70}$$

### 2.2.4 静电场的能量

静电场可以使场所在空间的其他带电体移动而做功，说明静电场中存储着能量。静电场的能量是静电场建立过程中由外界提供的。例如，在给导电体充电时，外电源要克服电场力做功，于是构成了导电体中电荷系统的能量。

考虑一个系统，最终的电荷分布为$\rho$，电位分布为$\phi$。在充电过程中的某一时刻，假设电荷的分布为最终值的$\alpha$倍（$\alpha \leqslant 1$），即$\alpha\rho$，则此时电位的分布为$\alpha\phi$。令$\alpha$由$0\to1$，把充电过程用无数多次增加微分电荷过程的叠加表示，则电荷由$\alpha\rho$到$\alpha\rho + \mathrm{d}(\alpha\rho)$时，对于体积元$\mathrm{d}\tau$，增加的能量为$(\alpha\phi)(\mathrm{d}\alpha\rho)\mathrm{d}\tau$；对于整个空间，增加的能量为

$$dW_e = \int_{整个空间}(\alpha\phi)(\mathrm{d}\alpha\rho)\mathrm{d}\tau$$

整个充电过程增加的能量就是系统的总静电场能量，为

$$W_e = \int_0^1\int_{整个空间}(\alpha\phi)(\mathrm{d}\alpha\rho)\mathrm{d}\tau = \int_{整个空间}\frac{1}{2}\rho\phi\mathrm{d}\tau \tag{2.71}$$

如果电荷分布在表面上，系统的总电能为

$$W_e = \int_{所有表面}\frac{1}{2}\rho_S\phi\mathrm{d}S \tag{2.72}$$

如果带电体是导体，因为导体为等位体，系统的总电能为

$$W_e = \sum_{i=1}^{n}\frac{1}{2}q_i\phi_i \tag{2.73}$$

式（2.73）中，$q_i$和$\phi_i$是第$i$个导体的带电总量及电位。

利用$\nabla\cdot\boldsymbol{D} = \rho$及矢量恒等式$\nabla\cdot(\phi\boldsymbol{D}) = \phi\,\nabla\cdot\boldsymbol{D} + \nabla\phi\cdot\boldsymbol{D}$，式（2.71）为

$$\begin{aligned}W_e &= \int_{整个空间}\frac{1}{2}(\phi\,\nabla\cdot\boldsymbol{D})\mathrm{d}\tau = \int_{整个空间}\frac{1}{2}[\nabla\cdot(\phi\boldsymbol{D}) - \nabla\phi\cdot\boldsymbol{D}]\mathrm{d}\tau \\ &= \oint_S\frac{1}{2}\phi\boldsymbol{D}\cdot\mathrm{d}\boldsymbol{S} + \int_{整个空间}\frac{1}{2}\boldsymbol{E}\cdot\boldsymbol{D}\mathrm{d}\tau\end{aligned}$$

上式积分是对整个空间取的，而电荷分布在有限区域，对于表面$S$而言，整个电荷分布恰似一个与它距离为$R$的点电荷一样，因而表面$S$上$\phi$和$|\boldsymbol{D}|$将分别与$\frac{1}{R}$和$\frac{1}{R^2}$成比例，故当$R\to\infty$时，

$$W_e = \oint_S\frac{1}{2}\phi\boldsymbol{D}\cdot\mathrm{d}\boldsymbol{S} \sim \frac{1}{R^3}\times R^2 \sim \frac{1}{R}\bigg|_{R\to\infty}\to 0$$

于是有

$$W_e = \int_{整个空间}\frac{1}{2}\boldsymbol{E}\cdot\boldsymbol{D}\mathrm{d}\tau \tag{2.74}$$

在某一区域，对于各向同性介质，$\boldsymbol{E}\cdot\boldsymbol{D} = \varepsilon E^2$，

$$W_e = \int \frac{1}{2}\varepsilon E^2 d\tau \tag{2.75}$$

静电场能量的体密度为

$$w_e = \frac{1}{2}\varepsilon E^2 \tag{2.76}$$

**例 2.10**　同轴线内导体半径为 $a$、外导体内半径为 $b$，内、外导体间填充介电常数为 $\varepsilon$ 的介质，外加电压为 $U$，如图 2.17 所示，求同轴线单位长度内储存的电能。

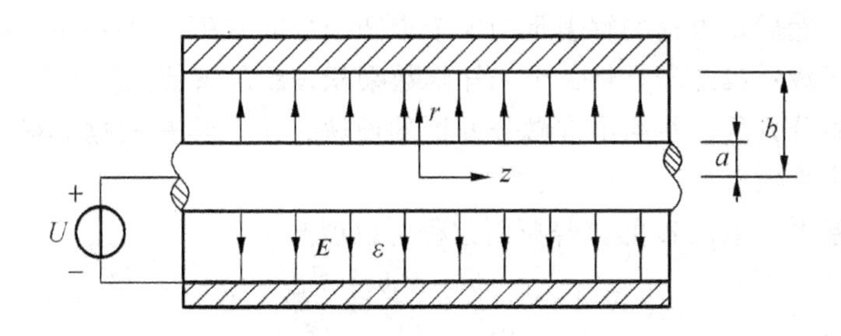


图 2.17　例 2.10 用图

**解**　设内、外导体单位长度带电量分别为 $+\rho_l$ 和 $-\rho_l$，利用高斯定理可以求得导体间介质中的电场为

$$\boldsymbol{E} = \boldsymbol{e}_r \frac{\rho_l}{2\pi\varepsilon r}$$

又由

$$U = \int_a^b \boldsymbol{E} \cdot d\boldsymbol{l} = \int_a^b \frac{\rho_l}{2\pi\varepsilon r} dr = \frac{\rho_l}{2\pi\varepsilon} \ln\frac{b}{a}$$

得到

$$\rho_l = \frac{2\pi\varepsilon U}{\ln\frac{b}{a}},\ \boldsymbol{E} = \boldsymbol{e}_r \frac{U}{r\ln\frac{b}{a}}$$

由式（2.75）可得，同轴线单位长度内储存的电能为

$$W_e = \int_a^b \frac{1}{2}\varepsilon \frac{U^2}{\left(r\ln\frac{b}{a}\right)^2} 2\pi r dr = \frac{\pi\varepsilon U^2}{\ln\frac{b}{a}} \tag{2.77}$$

同轴线单位长度的电容为

$$C = \frac{\rho_l}{U} = \frac{2\pi\varepsilon}{\ln\frac{b}{a}} \tag{2.78}$$

所以，同轴线单位长度内储存的电能用电容表示为

$$W_e = \frac{1}{2}CU^2$$

### 2.2.5　直角坐标系中的分离变量法

电位函数 $\phi$ 遵循唯一性定理。唯一性定理的内容为，满足给定边界条件的泊松方程及

拉普拉斯方程的解是唯一的。实践也证明，在给定了媒质参数的某一区域内，若所有边界上的电位值或电位法向导数值给定，则该区域的电位分布也就唯一确定。

本节介绍在直角坐标系中解拉普拉斯方程的分离变量法。分离变量法符合唯一性定理。分离变量法是求解边值问题的一种常用方法，应用非常广泛。

采用分离变量法的前提是，问题所给出的边界面与一个坐标系的坐标面平行或相合，或分段地与坐标面平行或相合。

用分离变量法求解拉普拉斯方程可以分三步进行，第一步是根据静态场的边界形状，选择适当的坐标系，然后将方程的解表示为3个未知函数的乘积，其中每个未知函数分别仅是一个坐标变量的函数；第二步是将3个未知函数乘积表示的解代入拉普拉斯方程，把偏微分方程变成3个常微分方程，并给出常微分方程的通解；第三步是根据问题所给的边界条件，确定通解中的待定系数。

在直角坐标系中，电位 $\phi$ 的拉普拉斯方程可以展开为

$$\nabla^2\phi = \frac{\partial^2\phi}{\partial x^2} + \frac{\partial^2\phi}{\partial y^2} + \frac{\partial^2\phi}{\partial z^2} = 0 \tag{2.79}$$

将 $\phi$ 用3个未知函数的乘积表示为

$$\phi = f(x)g(y)h(z) \tag{2.80}$$

将式（2.80）代入式（2.79），得到

$$f''(x)g(y)h(z) + f(x)g''(y)h(z) + f(x)g(y)h''(z) = 0$$

用 $f(x)g(y)h(z)$ 除上式，得到

$$\frac{f''(x)}{f(x)} + \frac{g''(y)}{g(y)} + \frac{h''(z)}{h(z)} = 0 \tag{2.81}$$

式（2.81）中的每一项都是一个坐标变量的函数。对任何 $x$、$y$ 和 $z$ 值，上面方程恒成立，说明式（2.81）中的每一项必须为常数，于是得到3个常微分方程

$$\frac{f''(x)}{f(x)} = -k_x^2 \tag{2.82}$$

$$\frac{g''(x)}{g(x)} = -k_y^2 \tag{2.83}$$

$$\frac{h''(z)}{h(z)} = -k_z^2 \tag{2.84}$$

式（2.82）～式（2.84）中，$k_x$、$k_y$ 和 $k_z$ 称为分离常数，它们满足

$$k_x^2 + k_y^2 + k_z^2 = 0 \tag{2.85}$$

3个分离常数有实数，也有虚数。当 $k_x$ 为实数时，$f(x)$ 的解为

$$f(x) = A\sin k_x x + B\cos k_x x \tag{2.86}$$

当 $k_x$ 为虚数时，$k_x = \mathrm{j}\alpha_x$，$f(x)$ 的解为

$$f(x) = A_1\sinh\alpha_x x + B_1\cosh\alpha_x x \tag{2.87}$$

或

$$f(x) = A_2 e^{\alpha_x x} + B_2 e^{-\alpha_x x} \tag{2.88}$$

当 $k_x = 0$ 时，$f(x)$ 的解为

$$f(x) = A_3 x + B_3 \tag{2.89}$$

$g(y)$ 和 $h(z)$ 解的形式与上面讨论的 $f(x)$ 解的形式一样。

**例 2.11**　求如图 2.18 所示的一个长方体内的电位分布。已知 $z=c$ 面的电位为 $\phi=U$，其他各面的电位为 0。

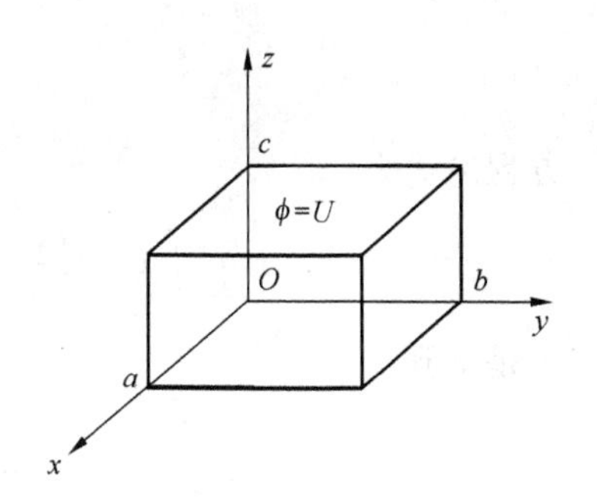


图 2.18　例 2.11 用图

**解**　本题所给出的长方体的 6 个边界面与直角坐标系的坐标面平行或相合，所以可以用分离变量法求解。

电位 $\phi$ 的拉普拉斯方程为

$$\nabla^2\phi=\frac{\partial^2\phi}{\partial x^2}+\frac{\partial^2\phi}{\partial y^2}+\frac{\partial^2\phi}{\partial z^2}=0$$

$\phi$ 可以表示为

$$\phi=f(x)g(y)h(z)$$

为了满足边界条件 $\phi|_{x=0}=0$ 和 $\phi|_{x=a}=0$，只有取

$$f(x)=A\sin k_x x$$

其中

$$k_x=\frac{n\pi}{a}\qquad(n=1,2,\cdots)$$

$k_x^2=\left(\frac{n\pi}{a}\right)^2$ 称为本征值，它的意义是，在上述边界条件下，只有取这些特定值，微分方程才有非零解，相应的函数 $\sin\left(\frac{n\pi}{a}x\right)$ 称为本征函数。$f(x)$ 的一般解为

$$f(x)=\sum_{n=1}^{\infty}A_n\sin\left(\frac{n\pi}{a}x\right)$$

式中，$A_n$ 为待定系数。同样，为了满足边界条件 $\phi|_{y=0}=0$ 和 $\phi|_{y=b}=0$，$g(y)$ 的表达式为

$$g(y)=\sum_{m=1}^{\infty}B_m\sin\left(\frac{m\pi}{b}y\right)\qquad(m=1,2,\cdots)$$

式中，$B_m$ 为待定系数。为了满足边界条件 $\phi|_{z=0}=0$，$h(z)$ 必须选择 $\sinh\alpha_z z$，其中

$$\alpha_z=\sqrt{\left(\frac{n\pi}{a}\right)^2+\left(\frac{m\pi}{b}\right)^2}$$

由此，得到电位的通解为

$$\phi=\sum_{n=1}^{\infty}\sum_{m=1}^{\infty}A_nB_m\sin\left(\frac{n\pi}{a}x\right)\sin\left(\frac{m\pi}{b}y\right)\sinh\left[\sqrt{\left(\frac{n\pi}{a}\right)^2+\left(\frac{m\pi}{b}\right)^2}z\right]\tag{2.90}$$

将上式代入边界条件 $\phi|_{z=c}=U$，得到

$$U=\sum_{n=1}^{\infty}\sum_{m=1}^{\infty}C_{nm}\sin\left(\frac{n\pi}{a}x\right)\sin\left(\frac{m\pi}{b}y\right)\tag{2.91}$$

式（2.91）中，$C_{nm}$ 代替了常数 $A_nB_m\sinh\left[\sqrt{\left(\frac{n\pi}{a}\right)^2+\left(\frac{m\pi}{b}\right)^2}c\right]$，是待定系数。

利用三角函数的正交性确定待定系数 $C_{nm}$。用 $\sin\left(\frac{s\pi}{a}x\right)\sin\left(\frac{t\pi}{b}y\right)$ 乘式（2.91）的两边，并对 $x$ 从 $0\to a$ 积分，对 $y$ 从 $0\to b$ 积分。其中，方程的右边，由于三角函数的正交性，除 $n=s$ 和 $m=t$ 的项外，其余项的积分都为 0，故方程右边成为

$$\int_0^a\int_0^b\sum_{n=1}^{\infty}\sum_{m=1}^{\infty}C_{nm}\sin\left(\frac{n\pi}{a}x\right)\sin\left(\frac{m\pi}{b}y\right)\sin\left(\frac{s\pi}{a}x\right)\sin\left(\frac{t\pi}{b}y\right)\mathrm{d}x\mathrm{d}y$$

$$= \int_0^a \int_0^b \frac{1}{4} C_{st} \mathrm{d}x\mathrm{d}y = \frac{ab}{4} C_{st}$$

方程左边为

$$\int_0^a \int_0^b U \sin\left(\frac{s\pi}{a}x\right) \sin\left(\frac{t\pi}{b}y\right) \mathrm{d}x\mathrm{d}y = \frac{4Uab}{st\pi^2} \quad \begin{pmatrix} s = 1,3,5,\cdots \\ t = 1,3,5,\cdots \end{pmatrix}$$

于是得到

$$C_{nm} = \frac{16U}{nm\pi^2} \quad \begin{pmatrix} n = 1,3,5,\cdots \\ m = 1,3,5,\cdots \end{pmatrix}$$

因此，长方体内的电位是

$$\phi = \sum_{n=1,3,5}^{\infty} \sum_{m=1,3,5}^{\infty} \frac{16U}{nm\pi^2} \sin\left(\frac{n\pi}{a}x\right) \sin\left(\frac{m\pi}{b}y\right) \frac{\sinh\left[\sqrt{\left(\frac{n\pi}{a}\right)^2 + \left(\frac{m\pi}{b}\right)^2} z\right]}{\sinh\left[\sqrt{\left(\frac{n\pi}{a}\right)^2 + \left(\frac{m\pi}{b}\right)^2} c\right]} \tag{2.92}$$

**例 2.12** 如图2.19所示，无限长金属槽的两平行侧壁相距为 $a$，高度向上方无限延伸，两侧壁的电位为0，槽底的电位为 $U$，求槽内电位分布。

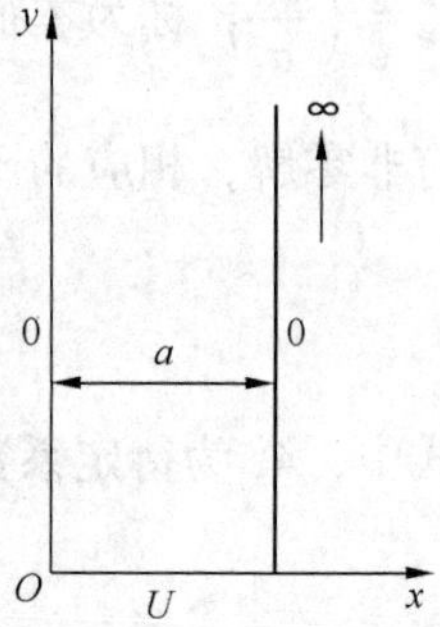

图2.19 例2.12用图

**解** 本题电位 $\phi$ 满足拉普拉斯方程，并可以表示为

$$\phi = f(x)g(y)$$

为了满足边界条件 $\phi|_{x=0} = 0$ 和 $\phi|_{x=a} = 0$，取

$$f(x) = \sum_{n=1}^{\infty} A_n \sin\left(\frac{n\pi}{a}x\right)$$

为了满足边界条件 $\phi|_{y\to\infty} \to 0$，取

$$g(y) = \sum_{n=1}^{\infty} B_n \mathrm{e}^{-\frac{n\pi}{a}y}$$

由此，得到电位的通解为

$$\phi = \sum_{n=1}^{\infty} A_n B_n \sin\left(\frac{n\pi}{a}x\right) \mathrm{e}^{-\frac{n\pi}{a}y}$$

由边界条件 $\phi|_{y=0} = U$，得

$$U = \sum_{n=1}^{\infty} A_n B_n \sin\left(\frac{n\pi}{a}x\right)$$

用 $\sin\left(\frac{s\pi}{a}x\right)$ 乘上式的两边，并对 $x$ 从 $0\to a$ 积分，利用三角函数的正交性，得到

$$A_n B_n = \frac{4U}{n\pi} \quad (n = 1,3,5,\cdots)$$

因此，槽内的电位分布为

$$\phi = \sum_{n=1,3,5}^{\infty} \frac{4U}{n\pi} \sin\left(\frac{n\pi}{a}x\right) \mathrm{e}^{-\frac{n\pi}{a}y} \tag{2.93}$$

## 2.2.6 镜像法

根据边值问题的唯一性定理，只要找到一个函数既满足该问题的微分方程，又满足该问

题的边界条件，则此函数就是场的真解。

镜像法是应用唯一性定理找场解的一种方法。如果在电荷附近放置导体，在导体表面上会出现感应电荷，这时在导体之外区域的电场是原电荷及感应电荷所产生电场的叠加。在一般情况下，直接计算这种电场是困难的；但是，如果导体的形状比较简单，电荷分布又是点电荷或线电荷时，可以用镜像法计算它们的合成场。

如图2.20（a）所示，在无限大导体平面（$z=0$）的上半空间，放一点电荷$+q$。在计算上半空间观察点的电位时，由于导体表面上分布有感应电荷，故不能直接用无界空间点电荷的电位公式计算。如果用点电荷$-q$代替导体表面上的感应电荷，并把它放在原电荷的镜像位置上，同时移去导体，则上半空间的电力线没有改变，此时两点电荷在观察点产生的电位就是原问题的解。导体平面是等位面，假设它的电位为0。如图2.20（b）所示，设电荷$+q$与导体平面之间的距离为$z=h$，电荷$+q$到观察点$P$的距离为$R_1$，电荷$-q$到观察点$P$的距离为$R_2$，则上半空间任意点$P$的电位为

$$\begin{aligned}\phi &= \frac{q}{4\pi\varepsilon_0}\left(\frac{1}{R_1}-\frac{1}{R_2}\right)\\ &= \frac{q}{4\pi\varepsilon_0}\left(\frac{1}{\sqrt{x^2+y^2+(z-h)^2}}-\frac{1}{\sqrt{x^2+y^2+(z+h)^2}}\right)\end{aligned} \tag{2.94}$$

导体表面上感应电荷的密度为

$$\rho_S = -\varepsilon_0\left.\frac{\partial\phi}{\partial z}\right|_{z=0} = -\frac{qh}{2\pi(x^2+y^2+h^2)^{3/2}} \tag{2.95}$$

计算导体表面上总的感应电荷$q_{\text{in}}$，可以将上式在$z=0$平面上积分。选用极坐标系，则$x^2+y^2=r^2$，$\mathrm{d}S=r\mathrm{d}r\mathrm{d}\varphi$，于是得到

$$\begin{aligned}q_{\text{in}} &= -\frac{qh}{2\pi}\int_0^{2\pi}\int_0^{\infty}\frac{1}{(r^2+h^2)^{3/2}}r\mathrm{d}r\mathrm{d}\varphi = \left.\frac{qh}{(r^2+h^2)^{1/2}}\right|_0^{\infty}\\ &= -q\end{aligned}$$

这表明导体平面上总的感应电荷与原电荷大小相等，符号相反。

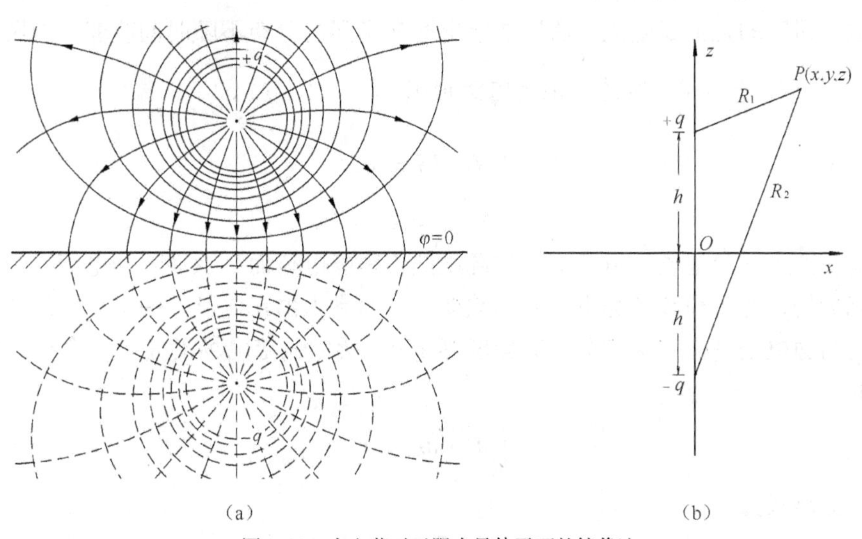


（a）　　（b）

图2.20 点电荷对无限大导体平面的镜像法

## 2.3 恒定电场

上一节研究了静止电荷产生的电场，本节将研究恒定电流产生的电场。

当电荷流动不随时间改变时，就形成了恒定电流。就恒定电流产生的恒定电场而言，它的分布只取决于电流所形成的电荷（净密度）分布，而与电荷是否流动无关，从这一意义上说，恒定电场与静电场是同一种矢量场。但是，在导电媒质内存在着电流和电场，电极之间的介质漏电现象又与静电场明显不同，因此存在一些特殊规律。

在导电媒质（导体或漏电的介质）中产生的电流称为传导电流，在真空或气体中产生的电流称为运流电流。本节首先讨论所有电流共同遵循的恒定电场基本方程，然后讨论导电媒质中的恒定电场。

### 2.3.1 恒定电场的基本方程

所有的实验都表明，电荷是守恒的。如果取一个闭合面 $S$ 包围体积 $\tau$，从闭合面流出的电流表示每秒从体积 $\tau$ 内穿出 $S$ 到面外的电量，因为电荷是守恒的，所以它等于体积 $\tau$ 内电荷的减少率，即

$$\oint_S \boldsymbol{J} \cdot \mathrm{d}\boldsymbol{S} = -\frac{\mathrm{d}q}{\mathrm{d}t} \tag{2.96}$$

式（2.96）称为电流连续性方程的积分形式。其中 $q$ 是闭合面内的电量，等于电荷密度的体积分。再对上式左边应用散度定理，得

$$\int_\tau \nabla\cdot \boldsymbol{J}\mathrm{d}\tau = -\int_\tau \frac{\partial\rho}{\partial t}\mathrm{d}\tau$$

在上面的积分中，闭合面是任取的，它包围的体积可以任意小，所以有

$$\nabla\cdot \boldsymbol{J} = -\frac{\partial\rho}{\partial t} \tag{2.97}$$

式（2.97）称为电流连续性方程的微分形式。

因为这里研究的是恒定电流，所以要求电荷在空间的分布不随时间改变，否则电流会随电荷改变。所以有 $\frac{\partial\rho}{\partial t}=0$，因此对恒定电流得出

$$\oint_S \boldsymbol{J} \cdot \mathrm{d}\boldsymbol{S} = 0 \tag{2.98}$$

$$\nabla\cdot \boldsymbol{J} = 0 \tag{2.99}$$

恒定电流产生恒定电场。恒定电场的源虽然不是静电荷而是运动着的电荷，但恒定电场依然是静态的场，此时源和场都不随时间改变，从而导出恒定电场另一个重要的性质——恒定电场必定与静电场一样是保守场，其旋度等于0。所以恒定电场沿任一闭合路径的线积分恒为0，即

$$\oint_C \boldsymbol{E} \cdot \mathrm{d}\boldsymbol{l} = 0 \tag{2.100}$$

其对应的微分形式为

$$\nabla\times \boldsymbol{E} = 0 \tag{2.101}$$

式（2.98）和式（2.100）称为恒定电场基本方程的积分形式，式（2.99）和式（2.101）称为恒定电场基本方程的微分形式。

### 2.3.2 导电媒质中的传导电流

金属导体、电解液或漏电的介质中都可以存在传导电流。实验表明，传导电流密度与电场强度之间满足如下关系

$$\boldsymbol{J} = \sigma \boldsymbol{E} \tag{2.102}$$

式（2.102）称为导电媒质的本构关系。$\sigma$ 为材料的电导率，单位是 S/m（西［门子］/米），各种不同材料的电导率见表 2.1。$\sigma$ 对同一种材料而言是常数，但会随温度而变化。

**表 2.1　　不同材料的电导率**

| 材　料 | 电导率 $\sigma$(S/m) | 材　料 | 电导率 $\sigma$(S/m) |
|---|---|---|---|
| 银 | $6.17\times10^{7}$ | 清水 | $10^{-3}$ |
| 铜（退火的） | $5.80\times10^{7}$ | 酒精 | $3.3\times10^{-4}$ |
| 金 | $4.1\times10^{7}$ | 蒸馏水 | $2\times10^{-4}$ |
| 铝 | $3.54\times10^{7}$ | 干土 | $10^{-5}$ |
| 钨 | $1.81\times10^{7}$ | 变压器油 | $10^{-11}$ |
| 黄铜 | $1.57\times10^{7}$ | 玻璃 | $10^{-12}$ |
| 铁 | $10^{7}$ | 瓷 | $2\times10^{-13}$ |
| 钢 | $(0.5\sim1.0)\times10^{7}$ | 橡胶 | $10^{-15}$ |
| 水银 | $0.1\times10^{7}$ | 熔凝石英 | $10^{-17}$ |

式（2.102）也称为欧姆定律的微分形式。将 $J=\dfrac{I}{S}$、$E=\dfrac{U}{l}$、$\dfrac{1}{\sigma}=\dfrac{RS}{l}$ 代入式(2.102)，可以得到

$$U = \frac{l}{\sigma S}I = RI \tag{2.103}$$

此即一段导线的欧姆定律。

设在电场力的作用下，电荷 $\rho\Delta\tau$ 在 $\Delta t$ 时间内位移了 $\Delta l$，电场对电荷做功为 $\rho\Delta\tau E\Delta l$，则单位体积的功率（单位为 W/m$^3$）为

$$P = \frac{\rho\Delta\tau E\Delta l}{\Delta\tau\Delta t} = \rho v E = \boldsymbol{J}\cdot\boldsymbol{E} \tag{2.104}$$

对于传导电流，单位体积产生的热功率即焦耳损耗。此时，式（2.104）为

$$P = \frac{J^2}{\sigma} \tag{2.105}$$

式（2.105）是微分形式的焦耳定律。

如果导电媒质是均匀的，则 $\sigma$ 是常数，有

$$\nabla\cdot\boldsymbol{J} = \sigma\nabla\cdot\boldsymbol{E} = 0$$

$$\nabla\cdot\boldsymbol{E} = 0 \tag{2.106}$$

从高斯定理可知，如果场中某点$\boldsymbol{E}$的散度为0，则该点的电荷密度为0，所以均匀导电媒质中$\rho=0$，也即净电荷密度为0。均匀导电媒质内有恒定电流但没有净电荷，净电荷只能分布在导电媒质的表面上，导电媒质中的恒定电场正是由表面上的净电荷产生的。

均匀导电媒质中，$\nabla\cdot\boldsymbol{E}=\dfrac{\rho}{\varepsilon}=0$与$\boldsymbol{J}=\rho\boldsymbol{v}$并不矛盾，因为前式中的$\rho$为电荷净密度，后式中的$\rho$为载流子的密度。

还应指出，导电媒质内净电荷密度$\rho=0$，是指电荷分布达到稳态的情形。在给导电媒质充电时，开始是有电荷进入导电媒质内的，设电荷密度的初始值为$\rho_0$。但由于电荷的相互排斥作用，它们都向导电媒质表面扩散，称其为暂态过程。将$\boldsymbol{J}=\sigma\boldsymbol{E}$、$\nabla\cdot\boldsymbol{D}=\rho$和$\boldsymbol{D}=\varepsilon\boldsymbol{E}$代入式（2.97）电流连续性方程，得

$$-\frac{\partial\rho}{\partial t}=\sigma\nabla\cdot\boldsymbol{E}=\frac{\sigma}{\varepsilon}\nabla\cdot\boldsymbol{D}=\frac{\sigma}{\varepsilon}\rho$$

$\rho$的解为

$$\rho=\rho_0\mathrm{e}^{-\frac{\sigma}{\varepsilon}t}=\rho_0\mathrm{e}^{-\frac{t}{\tau}} \tag{2.107}$$

式（2.107）表明，导电媒质内的$\rho$随时间按指数规律减小，减小的速度取决于$\tau=\varepsilon/\sigma$。当$\rho$由$\rho_0$减小到$\rho_0/\mathrm{e}$时，所需时间为$\tau$，称$\tau$为弛豫时间。对于大多数金属，$\varepsilon=\varepsilon_0$，弛豫时间非常短。以铜为例，$\sigma=5.8\times10^7\ \mathrm{S/m}$，弛豫时间为

$$\tau=\frac{\varepsilon}{\sigma}\approx\frac{8.854\times10^{-12}}{5.8\times10^7}\approx1.5\times10^{-19}\ \mathrm{s} \tag{2.108}$$

所以金属内的电荷总是迅速扩散到表面，达到稳态的情形。

由于恒定电场满足$\nabla\times\boldsymbol{E}=0$，所以也有$\boldsymbol{E}=-\nabla\phi$，将其代入式（2.106），有

$$\nabla^2\phi=0 \tag{2.109}$$

即电位与静电场一样，满足拉普拉斯方程。

将式（2.98）和式（2.100）恒定电场基本方程的积分形式应用到分界面上，与静电场中推导边界条件的方法相似，可以得到不同导电媒质分界面上的边界条件为

$$J_{1\mathrm{n}}=J_{2\mathrm{n}}\quad 或\quad \boldsymbol{e}_n\cdot(\boldsymbol{J}_1-\boldsymbol{J}_2)=0 \tag{2.110}$$

$$E_{1\mathrm{t}}=E_{2\mathrm{t}}\quad 或\quad \boldsymbol{e}_n\times(\boldsymbol{E}_1-\boldsymbol{E}_2)=0 \tag{2.111}$$

**例2.13** 如图2.21所示，一个有两层介质$\varepsilon_1$、$\varepsilon_2$的平行板电容器，两层介质的电导率分别为$\sigma_1$、$\sigma_2$，极板的面积为$S$，求该电容器的漏电导$G$。在外加电压$U$时，求两极板及介质分界面上的自由电荷密度。

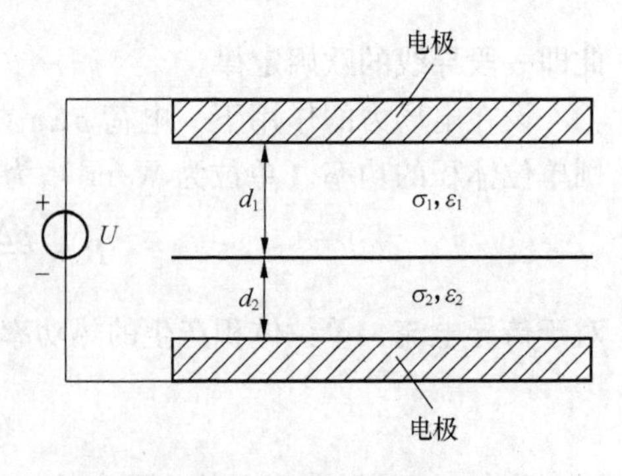


图2.21 例2.13用图

**解** 两层介质中有恒定电流和恒定电场。设两层介质中的电场分别为$E_1$和$E_2$，电流密度分别为$J_1$和$J_2$。在外加电压$U$时，

$$U=E_1d_1+E_2d_2$$

又根据式（2.110），有

$$\sigma_1E_1=\sigma_2E_2$$

联立求解上面两个方程组，得到

$$E_1 = \frac{\sigma_2 U}{\sigma_2 d_1 + \sigma_1 d_2}, \ E_2 = \frac{\sigma_1 U}{\sigma_2 d_1 + \sigma_1 d_2} \tag{2.112}$$

从而

$$J = J_1 = J_2 = \frac{\sigma_1 \sigma_2 U}{\sigma_2 d_1 + \sigma_1 d_2}$$

所以，电容器的漏电导为

$$G = \frac{JS}{U} = \frac{\sigma_1 \sigma_2 S}{\sigma_2 d_1 + \sigma_1 d_2}$$

两层介质中的电位移分别为

$$D_1 = \varepsilon_1 E_1 = \frac{\varepsilon_1 \sigma_2 U}{\sigma_2 d_1 + \sigma_1 d_2}, \ D_2 = \varepsilon_2 E_2 = \frac{\varepsilon_2 \sigma_1 U}{\sigma_2 d_1 + \sigma_1 d_2}$$

则上、下极板的自由电荷密度$\rho_{S1}$、$\rho_{S2}$分别为

$$\rho_{S1} = D_{1n} = \frac{\varepsilon_1 \sigma_2 U}{\sigma_2 d_1 + \sigma_1 d_2}, \ \rho_{S2} = -D_{2n} = -\frac{\varepsilon_2 \sigma_1 U}{\sigma_2 d_1 + \sigma_1 d_2}$$

介质分界面上的自由电荷密度$\rho_S$为

$$\rho_S = D_{1n} - D_{2n} = \frac{\varepsilon_2 \sigma_1 - \varepsilon_1 \sigma_2}{\sigma_2 d_1 + \sigma_1 d_2} U \tag{2.113}$$

从例2.13可以看出，介质分界面上有自由电荷密度，这些电荷在接通电源的暂态过程中聚集于分界面上。另外，上、下极板上的自由电荷密度不同。结论是，在恒定电场中，上、下极板上的自由电荷异号而不等量，所差电量正是分界面上的自由电荷电量。上述结论明显不同于静电场中的电容器。若两层介质的电导率都为0，介质中的电场为静电场，此时，两块极板上的电荷总是等量异号，而介质分界面上无自由电荷存在。

介质中的漏电流与金属导体中的电流一样同属于传导电流，均满足本章中的基本方程、边界条件和本构关系，都存在暂态过程电荷向表面扩散的现象，只不过弛豫时间有差别。在介质中的漏电流可以忽略的场合，介质视为绝缘介质，可以认为其中分布的是静电场；介质中的漏电流不可以忽略时，该介质称为导电媒质，其中分布的场就按恒定电流和恒定电场问题处理。

### 2.3.3 恒定电场与静电场的比拟

把导电媒质中的恒定电场与绝缘介质中的静电场进行对比，可以看出它们的基本方程及各种关系有完全相同的数学形式。

| 恒定电场 | 静电场 |
| --- | --- |
| $\nabla \times \boldsymbol{E} = 0$ | $\nabla \times \boldsymbol{E} = 0$ |
| $\nabla \cdot \boldsymbol{J} = 0$ | $\nabla \cdot \boldsymbol{D} = 0$ |
| $\nabla^2 \phi = 0$ | $\nabla^2 \phi = 0$ |
| $\boldsymbol{J} = \sigma \boldsymbol{E}$ | $\boldsymbol{D} = \varepsilon \boldsymbol{E}$ |
| $I = \int_S \boldsymbol{J} \cdot d\boldsymbol{S}$ | $q = \int_S \boldsymbol{D} \cdot d\boldsymbol{S}$ |
| $G = \frac{I}{U}$ | $C = \frac{q}{U}$ |

两种场的如下物理量之间有一一对偶的关系

| 恒定电场 | $\boldsymbol{E}$ | $\boldsymbol{J}$ | $I$ | $\sigma$ | $G$ |
|---|---|---|---|---|---|
| 静电场 | $\boldsymbol{E}$ | $\boldsymbol{D}$ | $q$ | $\varepsilon$ | $C$ |

因此，对于某一恒定电场的边值问题，如果对应的静电场边值问题是已经有解的，则恒定电场的解可以直接写出（只需将 $\varepsilon$ 换成 $\sigma$、$C$ 换成 $G$），这种方法称为静电比拟法。这种代换的合理性还可以从电容和电导的计算过程完全类似看出。

$$G = \frac{I}{U} = \frac{\int_S \boldsymbol{J} \cdot \mathrm{d}\boldsymbol{S}}{\int_l \boldsymbol{E} \cdot \mathrm{d}\boldsymbol{l}} = \frac{\sigma \int_S \boldsymbol{E} \cdot \mathrm{d}\boldsymbol{S}}{\int_l \boldsymbol{E} \cdot \mathrm{d}\boldsymbol{l}} \tag{2.114}$$

$$C = \frac{q}{U} = \frac{\int_S \boldsymbol{D} \cdot \mathrm{d}\boldsymbol{S}}{\int_l \boldsymbol{E} \cdot \mathrm{d}\boldsymbol{l}} = \frac{\varepsilon \int_S \boldsymbol{E} \cdot \mathrm{d}\boldsymbol{S}}{\int_l \boldsymbol{E} \cdot \mathrm{d}\boldsymbol{l}} \tag{2.115}$$

在式（2.78）中，已经计算出同轴线单位长度的电容为

$$C = \frac{2\pi\varepsilon}{\ln \dfrac{b}{a}}$$

如果同轴线内外导体间的介质有漏电，电导率为 $\sigma$，利用静电比拟法，可以得出同轴线单位长度的漏电导为

$$G = \frac{2\pi\sigma}{\ln \dfrac{b}{a}} \tag{2.116}$$

在理论计算上，静电场的解法比较成熟，可以用静电场比拟恒定电场；但在实验上，导电媒质中恒定电场的电位容易测量，所以常用恒定电场模拟静电场。

根据前面的分析知道，将一对电极在略能导电的媒质（如素导电纸、电解液等）中外加电压，可以形成恒定电场。恒定电场的分布情况，与这一对电极带电后在绝缘介质中形成的静电场分布相似。因此，对一些结构不规则、静电场分布复杂不易分析的情况，将绝缘介质更换成略能导电的媒质，模拟出恒定电流场系统，可以通过测量恒定电流场系统的电位分布，得到恒定电场分布，继而得到静电场分布。

## 2.4 恒定磁场

由恒定电流产生的磁场称为恒定磁场。下面将对照静电场的阐述顺序介绍恒定磁场。首先介绍真空中恒定磁场的基本方程；然后由基本方程引出矢量磁位；再给出磁介质中的基本方程，并由基本方程的积分形式导出不同磁介质分界面上的边界条件；最后讨论磁场的储能。

### 2.4.1 真空中恒定磁场的基本方程

恒定磁场基本方程的积分形式用磁场的通量和环流表示。

磁感应强度 $\boldsymbol{B}$ 通过曲面 $S$ 的通量称为磁通，用 $\Phi$ 表示。

$$\Phi = \int_S \boldsymbol{B} \cdot \mathrm{d}\boldsymbol{S} \tag{2.117}$$

$\Phi$ 的单位是 Wb（韦［伯］）。磁通是电磁学中的一个重要物理量，感应电动势、电感等的计算都与回路包围的磁通有关。

在回路 $C$ 产生的磁场中任取一个闭合面 $S$，计算 $\boldsymbol{B}$ 穿过此闭合面的通量，并将式（2.18a）代入式（2.117），得

$$\oint_S \boldsymbol{B} \cdot \mathrm{d}\boldsymbol{S} = \oint_S \frac{\mu_0}{4\pi}\oint_C \frac{I\mathrm{d}\boldsymbol{l} \times \boldsymbol{e}_R}{R^2} \cdot \mathrm{d}\boldsymbol{S} = \oint_C \frac{\mu_0}{4\pi} I\mathrm{d}\boldsymbol{l} \cdot \oint_S \frac{\boldsymbol{e}_R}{R^2} \times \mathrm{d}\boldsymbol{S}$$
$$= \oint_C \frac{\mu_0}{4\pi} I\mathrm{d}\boldsymbol{l} \cdot \left[\oint_S - \nabla\left(\frac{1}{R}\right) \times \mathrm{d}\boldsymbol{S}\right]$$

在上式中代入恒等式

$$\oint_S \boldsymbol{n} \times \boldsymbol{A}\mathrm{d}S = \oint_S - \boldsymbol{A} \times \mathrm{d}\boldsymbol{S} = \int_\tau \nabla \times \boldsymbol{A}\mathrm{d}\tau$$

得

$$\oint_S \boldsymbol{B} \cdot \mathrm{d}\boldsymbol{S} = \oint_C \frac{\mu_0}{4\pi} I\mathrm{d}\boldsymbol{l} \cdot \int_\tau \nabla \times \nabla\left(\frac{1}{R}\right)\mathrm{d}\tau$$

又因为 $\nabla \times \nabla\left(\frac{1}{R}\right) = 0$，所以有

$$\oint_S \boldsymbol{B} \cdot \mathrm{d}\boldsymbol{S} = 0 \tag{2.118}$$

应用高斯散度定理，可以得到

$$\nabla \cdot \boldsymbol{B} = 0 \tag{2.119}$$

式（2.118）和式（2.119）称为磁通连续性方程。这说明磁力线永远是闭合的，磁场没有标量的源，也即不存在与电场中的电荷相当的“磁荷”。

下面计算环流 $\oint_C \boldsymbol{B} \cdot \mathrm{d}\boldsymbol{l}$。利用立体角的概念，可以得到（证明过程略）

$$\oint_C \boldsymbol{B} \cdot \mathrm{d}\boldsymbol{l} = \mu_0 I \tag{2.120}$$

式（2.120）中，$I$ 为穿过回路 $C$ 的电流。应用斯托克斯定理，可以得到

$$\nabla \times \boldsymbol{B} = \mu_0 \boldsymbol{J} \tag{2.121}$$

式（2.120）和式（2.121）称为安培定律。总结真空中恒定磁场的基本方程，式（2.118）和式（2.120）为积分形式，式（2.119）和式（2.121）为微分形式。

当电流分布具有某些对称性时，可以用安培定律直接计算 $\boldsymbol{B}$。

**例 2.14** 已知半径为 $a$ 的无限长直导体通过电流 $I$，计算导体内外的 $\boldsymbol{B}$。

**解** 采用圆柱坐标系。由于对称，场的分布明显与 $\varphi$ 和 $z$ 无关，磁力线是圆心在导线轴上的圆，所以有 $\boldsymbol{B} = \boldsymbol{e}_\varphi B_\varphi(r)$。可以用安培定律直接计算 $\boldsymbol{B}$。

当 $r \leqslant a$ 时

$$\oint_C \boldsymbol{B} \cdot \mathrm{d}\boldsymbol{l} = 2\pi r B_\varphi = \mu_0 \frac{\pi r^2}{\pi a^2} I$$

$$B_\varphi = \frac{\mu_0 r I}{2\pi a^2}$$

当 $r \geqslant a$ 时

$$\oint_C \boldsymbol{B} \cdot \mathrm{d}\boldsymbol{l} = 2\pi r B_\varphi = \mu_0 I$$

$$B_\varphi = \frac{\mu_0 I}{2\pi r} \tag{2.122}$$

### 2.4.2 矢量磁位

由基本方程 $\nabla\cdot \boldsymbol{B} = 0$，也可以提出磁场的位函数。在矢量分析中有恒等式 $\nabla\cdot\nabla\times\boldsymbol{A} = 0$，所以可以用 $\nabla\times\boldsymbol{A}$ 代替 $\boldsymbol{B}$，即

$$\boldsymbol{B} = \nabla\times\boldsymbol{A} \tag{2.123}$$

式（2.123）中，$\boldsymbol{A}$ 称为矢量磁位，单位为 T · m（特［斯拉］ · 米），或 Wb/ m（韦［伯］/米），是一个没有物理意义的辅助矢量。

由亥姆霍兹定理，矢量 $\boldsymbol{A}$ 由散度和旋度确定。$\boldsymbol{A}$ 的散度可以任意规定。指定 $\nabla\cdot\boldsymbol{A}$ 的值，称为一种规范。在恒定磁场情形，总是令

$$\nabla\cdot\boldsymbol{A} = 0 \tag{2.124}$$

式（2.124）称为库仑规范。

将式（2.123）代入式（2.121），可以得到

$$\nabla\times\nabla\times\boldsymbol{A} = \mu_0\boldsymbol{J}$$

利用矢量恒等式 $\nabla\times\nabla\times\boldsymbol{A} = \nabla(\nabla\cdot\boldsymbol{A}) - \nabla^2\boldsymbol{A}$，上式成为

$$\nabla^2\boldsymbol{A} = -\mu_0\boldsymbol{J} \tag{2.125}$$

式（2.125）称为矢量磁位的泊松方程。对于无源区，$\boldsymbol{J}=0$，有

$$\nabla^2\boldsymbol{A} = 0 \tag{2.126}$$

式（2.126）称为矢量磁位的拉普拉斯方程。

当算符 $\nabla^2$ 后为矢量时，称为矢量拉普拉斯；当算符 $\nabla^2$ 后为标量时，称为标量拉普拉斯。矢量拉普拉斯与标量拉普拉斯完全不同。矢量拉普拉斯由 $\nabla\times\nabla\times\boldsymbol{A} = \nabla(\nabla\cdot\boldsymbol{A}) - \nabla^2\boldsymbol{A}$ 得到 $\nabla^2\boldsymbol{A}$。除直角坐标系外，其余坐标系的矢量拉普拉斯都有十分复杂的形式。

在直角坐标系中，式（2.125）可以写为3个标量方程，即

$$\left.\begin{aligned} \nabla^2 A_x &= -\mu_0 J_x \\ \nabla^2 A_y &= -\mu_0 J_y \\ \nabla^2 A_z &= -\mu_0 J_z \end{aligned}\right\} \tag{2.127}$$

式（2.127）中的 $\nabla^2$ 为标量拉普拉斯算符。上面3个方程与静电场中电位的泊松方程形式相同，其解形式也应相同，可以写为

$$\left.\begin{aligned} A_x &= \frac{\mu_0}{4\pi}\int_\tau \frac{J_x \mathrm{d}\tau}{R} \\ A_y &= \frac{\mu_0}{4\pi}\int_\tau \frac{J_y \mathrm{d}\tau}{R} \\ A_z &= \frac{\mu_0}{4\pi}\int_\tau \frac{J_z \mathrm{d}\tau}{R} \end{aligned}\right\} \tag{2.128}$$

合并后得到矢量泊松方程的解为

$$\boldsymbol{A}=\frac{\mu_0}{4\pi}\int_{\tau}\frac{\boldsymbol{J}\mathrm{d}\tau}{R} \tag{2.129}$$

对于面电流分布和线电流分布有

$$\boldsymbol{A}=\frac{\mu_0}{4\pi}\int_{S}\frac{\boldsymbol{J}_S\mathrm{d}S}{R} \tag{2.130}$$

$$\boldsymbol{A}=\frac{\mu_0}{4\pi}\int_{l}\frac{I\mathrm{d}\boldsymbol{l}}{R} \tag{2.131}$$

利用矢量磁位 **A**，磁通可以写为

$$\Phi=\int_S\boldsymbol{B}\cdot\mathrm{d}\boldsymbol{S}=\int_S\nabla\times\boldsymbol{A}\cdot\mathrm{d}\boldsymbol{S}=\oint_C\boldsymbol{A}\cdot\mathrm{d}\boldsymbol{l} \tag{2.132}$$

**例 2.15** 求半径为 $a$，通过电流为 $I$ 的小圆环在远离圆环处的 **B**。

**解** 要计算的 **B** 不仅限于圆环的轴线上，因而直接计算 **B** 比较困难，可以通过矢量磁位 **A** 求 **B**。如图 2.22（a）所示，选取球坐标系，由于对称，**A** 的分布与 $\varphi$ 无关，为不失一般性将场点 $P$ 放在 $\varphi=0$ 的平面上。

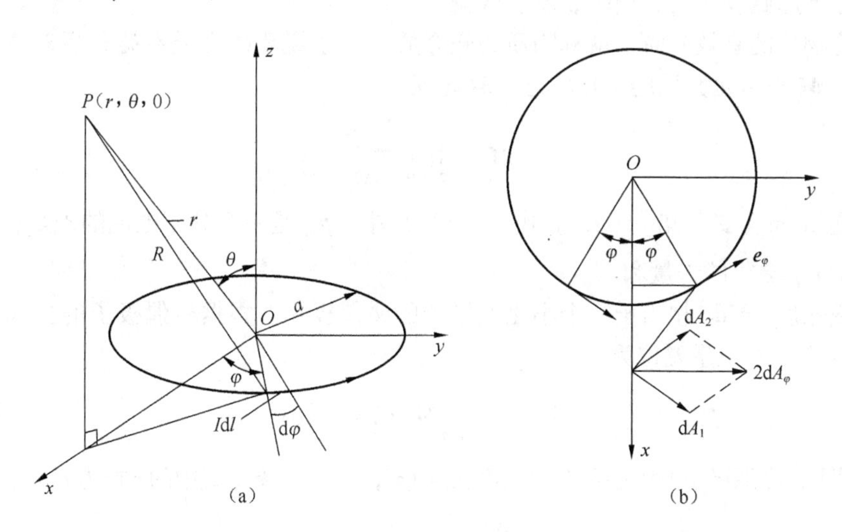


图 2.22 例 2.15 用图

现取两个电流元，它们与 $\varphi=0$ 平面分别成 $+\varphi$ 和 $-\varphi$，则它们在场点 $P$ 的 d**A** 相加后得到的矢量位只有 $\varphi$ 分量，如图 2.22（b）所示，$2\mathrm{d}A_{\varphi}=2\mathrm{d}A\cos\varphi$。于是 d**A** 积分后有

$$A_{\varphi}(r,\theta)=\frac{\mu_0 I}{4\pi}\int_0^{\pi}2\frac{a\mathrm{d}\varphi\cos\varphi}{R}$$

由图 2.22（a）可见，

$$\begin{aligned}R&=[(a\sin\varphi)^2+(r\sin\theta-a\cos\varphi)^2+(r\cos\theta)^2]^{1/2}\\&=(r^2+a^2-2ra\sin\theta\cos\varphi)^{1/2}\end{aligned}$$

因为 $r>>a$，得

$$\frac{1}{R}=\frac{1}{r}\left(1-\frac{2a}{r}\sin\theta\cos\varphi+\frac{a^2}{r^2}\right)^{-1/2}\approx\frac{1}{r}\left(1+\frac{a}{r}\sin\theta\cos\varphi\right)$$

因此

$$A_{\varphi}(r,\theta) = \frac{\mu_0 I}{2\pi}\int_0^{\pi} \frac{a}{r}\left(1 + \frac{a}{r}\sin\theta\cos\varphi\right)\cos\varphi \mathrm{d}\varphi$$

$$= \frac{\mu_0 \pi a^2 I\sin\theta}{4\pi r^2}$$

$$\boldsymbol{A} = \boldsymbol{e}_{\varphi}\frac{\mu_0 \pi a^2 I\sin\theta}{4\pi r^2} = \boldsymbol{e}_{\varphi}\frac{\mu_0 SI\sin\theta}{4\pi r^2} \tag{2.133}$$

$$\boldsymbol{B} = \nabla\times\boldsymbol{A} = \boldsymbol{e}_r\frac{\mu_0 SI}{4\pi r^3}2\cos\theta + \boldsymbol{e}_{\theta}\frac{\mu_0 SI}{4\pi r^3}\sin\theta \tag{2.134}$$

式（2.134）中，$\boldsymbol{B}$ 的表达式与电偶极子的电场表达式相似，因此称一个小圆环电流回路为磁偶极子。用 $\boldsymbol{p}_{\mathrm{m}} = I\boldsymbol{S}$ 表示磁偶极子的磁偶极矩，单位为 $\mathrm{A}\cdot\mathrm{m}^2$（安［培］·米$^2$）。

### 2.4.3 磁介质中的安培定律及边界条件

除了真空以外，所有的物质在恒定磁场中都会被磁化，并产生磁偶极矩。磁偶极矩产生的磁场叠加于原磁场之上，使磁场发生改变。

在讨论物质的磁效应时，就称物质为磁介质。为了说明磁介质在磁化后对磁场的影响，用磁化强度 $\boldsymbol{M}$ 表示磁介质的磁化状态。$\boldsymbol{M}$ 定义为

$$\boldsymbol{M} = \lim_{\Delta\tau\to 0}\frac{\sum \boldsymbol{p}_{\mathrm{m}}}{\Delta\tau} \tag{2.135}$$

$\boldsymbol{M}$ 的单位是 A/m（安［培］/米）。式（2.135）中，$\boldsymbol{p}_{\mathrm{m}}$ 是一个分子电流的磁矩；$\sum \boldsymbol{p}_{\mathrm{m}}$ 是体积元 $\Delta\tau$ 内分子磁矩的矢量和。

物质磁化后，$\boldsymbol{M}\mathrm{d}\tau$ 相当于一个小磁偶极子的磁偶极矩。根据磁偶极子的公式（2.133），$\boldsymbol{M}\mathrm{d}\tau$ 在远区产生的矢量磁位为

$$\mathrm{d}\boldsymbol{A} = -\frac{\mu_0}{4\pi}\boldsymbol{M}\times\left(\nabla\frac{1}{r}\right)\mathrm{d}\tau$$

在一般情况下，磁偶极子的中心不在原点而在点 $(x',y',z')$，将上式中的 $r$ 换为 $R = |\boldsymbol{r}-\boldsymbol{r}'|$，成为

$$\mathrm{d}\boldsymbol{A} = -\frac{\mu_0}{4\pi}\boldsymbol{M}\times\left(\nabla\frac{1}{R}\right)\mathrm{d}\tau = \frac{\mu_0}{4\pi}\boldsymbol{M}\times\left(\nabla'\frac{1}{R}\right)\mathrm{d}\tau'$$

式中利用了 $\nabla' = -\nabla$，其中，$\nabla'$ 表示对源点坐标微分。又因为

$$\boldsymbol{M}\times\left(\nabla'\frac{1}{R}\right) = \frac{1}{R}\nabla'\times\boldsymbol{M} - \nabla'\times\frac{\boldsymbol{M}}{R}$$

所以有

$$\boldsymbol{A} = \int_{\tau'}\frac{\mu_0}{4\pi}\left(\frac{1}{R}\nabla'\times\boldsymbol{M} - \nabla'\times\frac{\boldsymbol{M}}{R}\right)\mathrm{d}\tau'$$

$$= \frac{\mu_0}{4\pi}\int_{\tau'}\frac{\nabla'\times\boldsymbol{M}}{R}\mathrm{d}\tau' + \frac{\mu_0}{4\pi}\oint_{S'}\frac{\boldsymbol{M}\times\boldsymbol{n}}{R}\mathrm{d}S'$$

将上式与式（2.129）和式（2.130）对照，可以看出 $\nabla'\times\boldsymbol{M}$ 和 $\boldsymbol{M}\times\boldsymbol{n}$ 分别对应体电流密度和面电流密度，用 $\boldsymbol{J}_{\mathrm{m}}$ 和 $\boldsymbol{J}_{\mathrm{m}S}$（分别称为束缚体电流密度和束缚面电流密度）表示，并将 $\nabla'$

改写成∇，有

$$\boldsymbol{J}_{\mathrm{m}} = \nabla\times \boldsymbol{M} \tag{2.136}$$

$$\boldsymbol{J}_{\mathrm{m}S} = \boldsymbol{M}\times \boldsymbol{n} \tag{2.137}$$

物质磁化后，磁偶极矩产生的磁场相当于束缚电流产生的磁场。因此在使用真空中的安培定律计算有磁介质存在的磁场时，应该把束缚电流计入。于是磁介质中的安培定律为

$$\nabla\times \boldsymbol{B} = \mu_0(\boldsymbol{J} + \boldsymbol{J}_{\mathrm{m}}) = \mu_0\boldsymbol{J} + \mu_0\nabla\times \boldsymbol{M}$$

也即

$$\nabla\times\left(\frac{\boldsymbol{B}}{\mu_0} - \boldsymbol{M}\right) = \boldsymbol{J}$$

引入一个辅助物理量

$$\boldsymbol{H} = \frac{\boldsymbol{B}}{\mu_0} - \boldsymbol{M} \tag{2.138}$$

$\boldsymbol{H}$ 称为磁场强度，单位为 A/m（安［培］/米），就得到一个更简洁的公式

$$\nabla\times \boldsymbol{H} = \boldsymbol{J} \tag{2.139}$$

利用斯托克斯定理，可以得到对应的积分公式

$$\oint_C \boldsymbol{H}\cdot \mathrm{d}\boldsymbol{l} = I \tag{2.140}$$

式（2.139）和式（2.140）对应的源只是自由电流（传导电流），分别称为磁介质中安培定律的微分形式和积分形式。

理论和实验指出，除铁磁物质外，其他材料中 $\boldsymbol{M}$ 和 $\boldsymbol{H}$ 成线性关系，$\boldsymbol{M} = \chi_{\mathrm{m}}\boldsymbol{H}$，于是式（2.138）为

$$\boldsymbol{B} = \mu_0(\boldsymbol{H} + \boldsymbol{M}) = \mu_0(1 + \chi_{\mathrm{m}})\boldsymbol{H} = \mu_0\mu_{\mathrm{r}}\boldsymbol{H} = \mu\boldsymbol{H} \tag{2.141}$$

式（2.141）中，$\mu$ 称为磁导率，单位为 H/m（亨［利］/米）；$\mu_{\mathrm{r}}$ 称为相对磁导率，无量纲。

下面分析磁场的边界条件。在两种磁介质的分界面上，$\boldsymbol{B}$ 和 $\boldsymbol{H}$ 的分布情况是用场的积分方程推导的，它是恒定磁场的基本方程在分界面上的特殊形式。恒定磁场边界条件的推导过程与静电场边界条件的推导过程一样。

$\boldsymbol{B}$ 的法向边界条件由磁通连续性方程得出。由于 $\oint_S \boldsymbol{B}\cdot \mathrm{d}\boldsymbol{S} = 0$ 与不包围自由电荷时的高斯定理 $\oint_S \boldsymbol{D}\cdot \mathrm{d}\boldsymbol{S} = 0$ 形式上完全相同，故可参照式（2.61）直接写出

$$B_{1\mathrm{n}} = B_{2\mathrm{n}} \quad 或 \quad \boldsymbol{n}\cdot(\boldsymbol{B}_1 - \boldsymbol{B}_2) = 0 \tag{2.142}$$

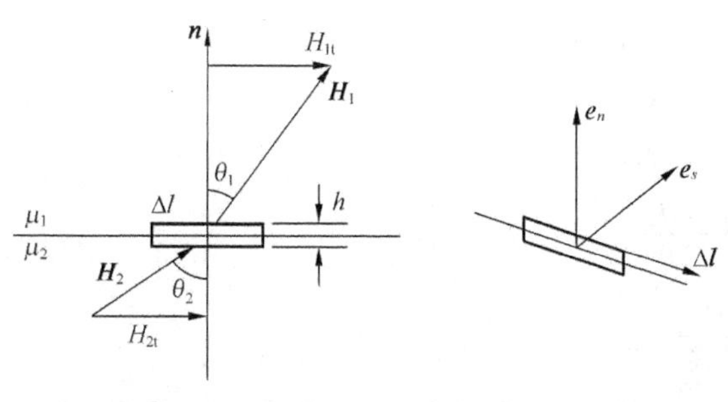


图 2.23 磁场切向边界条件

$\boldsymbol{H}$ 的切向边界条件由安培定律 $\oint_C \boldsymbol{H}\cdot \mathrm{d}\boldsymbol{l} = I$ 得出。如图 2.23 所示，在分界面上做一个小的矩形回路，其两条边 $\Delta l$ 分别位于分界面的两边，高 $h\to 0$。$\boldsymbol{H}$ 沿此闭合回路的线积分为

$$\oint_C \boldsymbol{H}\cdot \mathrm{d}\boldsymbol{l} = \boldsymbol{H}_1\cdot \Delta\boldsymbol{l} - \boldsymbol{H}_2\cdot \Delta\boldsymbol{l}$$

由于

$$\Delta \boldsymbol{l} = (\boldsymbol{e}_s \times \boldsymbol{e}_n)\Delta l$$

则沿此闭合回路的安培定律为

$$(\boldsymbol{H}_1 - \boldsymbol{H}_2) \cdot (\boldsymbol{e}_s \times \boldsymbol{e}_n)\Delta l = \boldsymbol{J}_S \cdot \boldsymbol{e}_s \Delta l$$

$$\boldsymbol{e}_n \times (\boldsymbol{H}_1 - \boldsymbol{H}_2) \cdot \boldsymbol{e}_s \Delta l = \boldsymbol{J}_S \cdot \boldsymbol{e}_s \Delta l$$

因为回路是任取的，其包围的面的方向也是任意的，因而有

$$\boldsymbol{e}_n \times (\boldsymbol{H}_1 - \boldsymbol{H}_2) = \boldsymbol{J}_S \tag{2.143}$$

或写成

$$H_{1t} - H_{2t} = J_S \tag{2.144}$$

当 $\boldsymbol{J}_S = 0$ 时，$\boldsymbol{H}$ 的切向是连续的，$H_{1t} = H_{2t}$。这时两介质中的 $\boldsymbol{H}_1$ 和 $\boldsymbol{H}_2$ 是共面的，与法线 $\boldsymbol{n}$ 的夹角分别为 $\theta_1$ 和 $\theta_2$，则有

$$\frac{\tan \theta_1}{\tan \theta_2} = \frac{B_{1t}/B_{1n}}{B_{2t}/B_{2n}} = \frac{\mu_1}{\mu_2} \tag{2.145}$$

**例 2.16** 如图 2.24（a）所示，环行铁芯螺线管的半径 $a$ 远小于环半径 $R$，环上均匀密绕 $N$ 匝线圈，通过电流为 $I$，铁芯磁导率为 $\mu$，计算环中的 $\boldsymbol{B}$、磁通 $\Phi$、磁链 $\Psi$ 和自感 $L$。如果在环上开一个小的切口，长度为 $t$，匝数、电流如前，假设铁芯的 $\mu$ 也不变，如图 2.24（b）所示，再计算环中和空气隙的 $\boldsymbol{B}$ 和 $\boldsymbol{H}$。

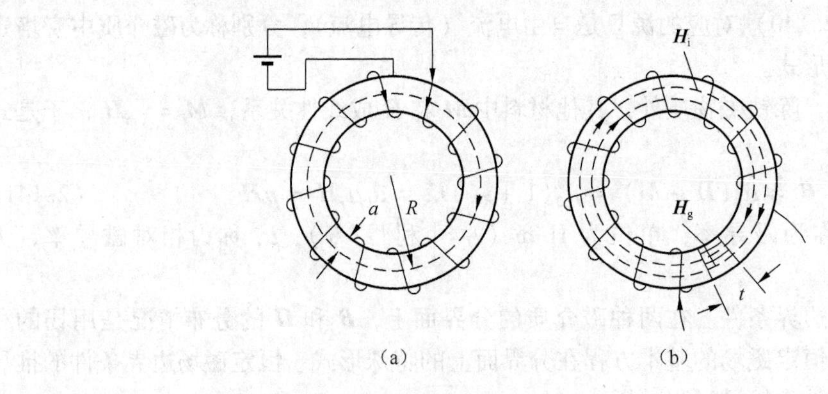


图 2.24 例 2.16 用图

**解** 因为 $a \ll R$，可以认为铁芯截面上的场近似是均匀的。沿铁芯的轴线取 $\boldsymbol{H}$ 的线积分，由安培定律有

$$\oint_C \boldsymbol{H} \cdot \mathrm{d}\boldsymbol{l} = H_\varphi 2\pi R = NI$$

$$H_\varphi = \frac{NI}{2\pi R},\ B_\varphi = \frac{\mu NI}{2\pi R}$$

$$\Phi = B_\varphi \pi a^2 = \frac{\mu NIa^2}{2R}$$

$$\Psi = N\Phi = \frac{\mu N^2 Ia^2}{2R}$$

$$L = \frac{\Psi}{I} = \frac{\mu N^2 a^2}{2R}$$

当在环上开一个小的切口时，在切口空气隙中的 $\boldsymbol{B}$ 和铁芯中的 $\boldsymbol{B}$ 相等，但两者中的 $\boldsymbol{H}$

不相等，分别为 $\boldsymbol{H}_{\mathrm{g}}=\dfrac{\boldsymbol{B}}{\mu_0}$ 和 $\boldsymbol{H}_{\mathrm{i}}=\dfrac{\boldsymbol{B}}{\mu}$。这时仍可以认为铁芯截面 $\pi a^2$ 上的场是均匀的。由安培定律有

$$\oint_C \boldsymbol{H}\cdot \mathrm{d}\boldsymbol{l}=H_{\mathrm{i}}(2\pi R-t)+H_{\mathrm{g}}t=NI$$

$$\frac{B}{\mu}(2\pi R-t)+\frac{B}{\mu_0}t=NI$$

$$B=\frac{\mu_0\mu NI}{2\pi R\mu_0+(\mu-\mu_0)t}$$

$$H_{\mathrm{i}}=\frac{\mu_0 NI}{2\pi R\mu_0+(\mu-\mu_0)t}$$

$$H_{\mathrm{g}}=\frac{\mu NI}{2\pi R\mu_0+(\mu-\mu_0)t}$$

因为 $\mu\gg\mu_0$，所以 $H_{\mathrm{i}}\ll H_{\mathrm{g}}$，与没有切口相比，$B$ 值将下降许多。

### 2.4.4 恒定磁场的能量

电流回路在恒定磁场中要受到作用力而产生运动，说明磁场中储存着能量。实验指出，磁场能量储存于磁场存在的空间，即在磁场不为0的地方就存在磁能。与静电能量体密度的公式相似，磁场能量体密度的公式为（推导省略）

$$w_{\mathrm{m}}=\frac{1}{2}\boldsymbol{H}\cdot\boldsymbol{B} \tag{2.146}$$

在各向同性的磁介质中，$\boldsymbol{B}=\mu\boldsymbol{H}$，式（2.146）成为

$$w_{\mathrm{m}}=\frac{1}{2}\mu H^2$$

**例 2.17** 一条很长的同轴线，内导体的半径为 $a$，外导体的内半径为 $b$；导体的磁导率为 $\mu_0$；内外导体在两端闭合形成回路，并通有电流 $I$。

（1）若同轴线外导体的外半径为 $c$，如图 2.25（a）所示，求单位长度储存的磁能；

（2）若同轴线外导体的厚度不计，如图 2.25（b）所示，求单位长度自感。

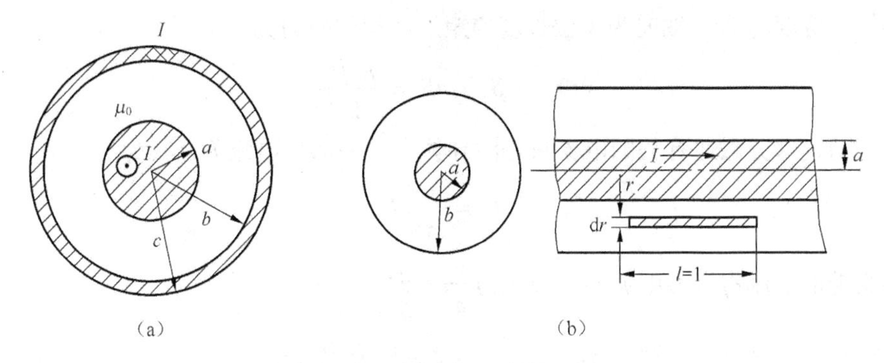


图 2.25 例 2.17 用图

**解** （1）利用例 2.14 的结果，有

$$\boldsymbol{H}_1=\boldsymbol{e}_{\varphi}\frac{rI}{2\pi a^2}\qquad (r\leqslant a)$$

$$\boldsymbol{H}_2 = \boldsymbol{e}_\varphi \frac{I}{2\pi r} \quad (a \leqslant r \leqslant b)$$

当 $b \leqslant r \leqslant c$ 时，利用安培定律求 $\boldsymbol{H}$，得

$$\oint_C \boldsymbol{H}_3 \cdot \mathrm{d}\boldsymbol{l} = 2\pi r H_3 = I - \frac{\pi(r^2 - b^2)}{\pi(c^2 - b^2)} I = \frac{\pi(c^2 - r^2)}{\pi(c^2 - b^2)} I$$

$$\boldsymbol{H}_3 = \boldsymbol{e}_\varphi \frac{I}{2\pi r} \frac{c^2 - r^2}{c^2 - b^2}$$

同轴线单位长度储存的磁能为

$$\begin{aligned} W_{\mathrm{m}} &= \int_\tau \frac{1}{2}\mu H^2 \mathrm{d}\tau \\ &= \int_0^a \frac{1}{2}\mu_0 \left(\frac{rI}{2\pi a^2}\right)^2 2\pi r \mathrm{d}r + \int_a^b \frac{1}{2}\mu_0 \left(\frac{I}{2\pi r}\right)^2 2\pi r \mathrm{d}r + \int_b^c \frac{1}{2}\mu_0 \left(\frac{I}{2\pi r}\frac{c^2 - r^2}{c^2 - b^2}\right)^2 2\pi r \mathrm{d}r \\ &= \frac{\mu_0 I^2}{16\pi} + \frac{\mu_0 I^2}{4\pi}\ln\frac{b}{a} + \frac{\mu_0 I^2}{4\pi}\frac{c^4}{(c^2 - b^2)^2}\ln\frac{c}{b} - \frac{\mu_0 I^2}{16\pi}\frac{3c^2 - b^2}{c^2 - b^2} \end{aligned}$$

（2）同轴线单位长度的电感为

$$L = \frac{\Psi}{I} \tag{2.147a}$$

通过单位长度内、外导体之间介质中的磁通为

$$\Phi_0 = \int_S \boldsymbol{B} \cdot \mathrm{d}\boldsymbol{S} = \int_a^b \frac{\mu_0 I}{2\pi r}\mathrm{d}r = \frac{\mu_0 I}{2\pi}\ln\frac{b}{a}$$

故式（2.147a）为

$$L_0 = \frac{\Psi}{I} = \frac{\Phi_0}{I} = \frac{\mu_0}{2\pi}\ln\frac{b}{a} \tag{2.147b}$$

式（2.147b）计算的电感 $L_0$ 只考虑了导体以外的磁通，称为外自感。

在导线内部的磁场同样也与电流相交链，其磁链与电流的比值称为内自感。在内导体内部，有

$$\boldsymbol{B}_1 = \boldsymbol{e}_\varphi \frac{\mu_0 I r}{2\pi a^2}$$

穿过内导体中宽度为 d$r$、轴向为单位长度的矩形面积的磁通为

$$\mathrm{d}\Phi_1 = \boldsymbol{B}_1 \cdot \mathrm{d}\boldsymbol{S} = \frac{\mu_0 I r}{2\pi a^2}\mathrm{d}r$$

应该注意，与这部分磁通有关的电流只是内导体中的一部分电流 $I'$，其为

$$I' = \frac{\pi r^2}{\pi a^2} I$$

也即它所交链的电流占全部电流的百分比为 $\frac{r^2}{a^2}$，即

$$\mathrm{d}\Psi_1 = \frac{r^2}{a^2}\mathrm{d}\Phi_1 = \frac{r^2}{a^2}\frac{\mu_0 I r}{2\pi a^2}\mathrm{d}r$$

磁链为

$$\Psi_1 = \int_0^a \mathrm{d}\Psi_1 = \int_0^a \frac{r^2}{a^2}\frac{\mu_0 I r}{2\pi a^2}\mathrm{d}r = \frac{\mu_0 I}{8\pi}$$

内导体单位长度的内自感为

$$L_1 = \frac{\Psi_1}{I} = \frac{\mu_0}{8\pi} \tag{2.147c}$$

自感由内自感和外自感构成。因此，同轴线单位长度的自感为

$$L = L_0 + L_1 = \frac{\mu_0}{2\pi}\ln\frac{b}{a} + \frac{\mu_0}{8\pi} \tag{2.147d}$$

# 本 章 小 结

静态电磁场分静电场、恒定电场和恒定磁场3部分。静态电磁场只是空间位置的函数，不随时间变化，电场和磁场是相互无关、各自独立存在的。本章首先介绍了静态电磁场的基本实验定律，引出电场和磁场的概念，并给出电磁场的基本物理量；然后分别讲解了静电场、恒定电场和恒定磁场的基本理论和运算方法，主要包括基本方程、位函数、边界条件、能量分布、边值问题的求解方法等。

静态电磁场有两个基本实验定律，分别是库仑定律和安培力定律。库仑定律是关于两个点电荷之间相互作用力的实验定律，由库仑定律引出了电场强度 $\boldsymbol{E}$ 的概念；安培力定律是关于两个电流环之间相互作用力的实验定律，由安培力定律引出了磁感应强度 $\boldsymbol{B}$ 的概念。电磁场的基本物理量有“源量”和“场量”，分布电荷和分布电流是两种“源量”，电场强度 $\boldsymbol{E}$ 和磁感应强度 $\boldsymbol{B}$ 是两种“场量”。在库仑定律和安培力定律的基础上，引出了在真空中计算电场强度 $\boldsymbol{E}$ 和磁感应强度 $\boldsymbol{B}$ 的矢量积分公式。

本章重点讲解了静电场。首先，讨论了真空中静电场的基本方程，包括电场强度 $\boldsymbol{E}$ 的通量和环流、散度和旋度，分别称为静电场的积分方程和微分方程；其次，讨论了电位 $\phi$，并给出了电场强度 $\boldsymbol{E}$ 与电位 $\phi$ 之间的关系、电位 $\phi$ 的方程，由于电位是标量，借助于电位 $\phi$ 可以将电场强度 $\boldsymbol{E}$ 的计算进行简化；第三，讨论了电介质中的电场和边界条件，电介质会出现极化现象，而且在不同介质的分界面上会出现电场的突变情形，电场强度 $\boldsymbol{E}$、电位移 $\boldsymbol{D}$ 和电位 $\phi$ 在不同介质的分界面上满足边界条件；第四，讨论了静电场的能量 $W_e$，有静电场分布的区域就存在着静电场的能量；第五，讨论了唯一性定理、分离变量法和镜像法，分离变量法和镜像法是求解电磁场边值问题的两种常用方法，在电磁场领域有着广泛的应用。

恒定电场是由恒定电流产生的。首先讨论了恒定电场的基本方程，包括电流密度 $\boldsymbol{J}$ 的通量和电场强度 $\boldsymbol{E}$ 的环流、电流密度 $\boldsymbol{J}$ 的散度和电场强度 $\boldsymbol{E}$ 的旋度，分别称为恒定电场的积分方程和微分方程，并讨论了电流连续性方程；其次讨论了导电媒质中的传导电流，包括电导率、微分形式的焦耳定律、弛豫时间；最后讨论了恒定电场与静电场的比拟，对某一恒定电场的边值问题，可以通过比拟由静电场的解得到恒定电场的解。

由恒定电流产生的磁场称为恒定磁场。首先，讨论了真空中恒定磁场的基本方程，包括磁感应强度 $\boldsymbol{B}$ 的通量和环流、散度和旋度，分别称为恒定磁场的积分方程和微分方程；其次，讨论了矢量磁位 $\boldsymbol{A}$，并给出了磁感应强度 $\boldsymbol{B}$ 与矢量磁位 $\boldsymbol{A}$ 之间的关系、矢量磁位 $\boldsymbol{A}$ 的方程，借助于矢量磁位 $\boldsymbol{A}$ 可以将磁感应强度 $\boldsymbol{B}$ 的计算进行简化；第三，讨论了磁介质中的磁场和边界条件，在不同磁介质的分界面上会出现磁场的突变情形，磁场强度 $\boldsymbol{H}$ 和磁感应

强度 $\boldsymbol{B}$ 在不同磁介质的分界面上满足边界条件；第四，讨论了恒定磁场的能量 $W_{\mathrm{m}}$，有恒定磁场分布的区域就存在着恒定磁场的能量。

## 习　题

2.1　一个半径为 $a$ 的球内均匀分布总电量为 $q$ 的电荷，求球内体电荷密度 $\rho$。若球以角速度 $\omega$ 绕一个直径旋转，求球内的体电流密度。

2.2　一个半径为 $a$ 的导体球带电荷量为 $q$，求球表面的面电荷密度 $\rho_S$。若球以角速度 $\omega$ 绕一个直径旋转，求球表面的面电流密度。

2.3　一个半径为 $a$ 的圆环上均匀分布着线电荷密度为 $\rho_l$ 的电荷，求垂直于圆环的轴线上任一点的电场强度。

2.4　两个点电荷 $q$ 和 $-2q$ 分别位于直角坐标系中点（$-a$，0，0）和点（$a$，0，0），求电场强度 $\boldsymbol{E}=0$ 点的坐标。

2.5　一个半径为 $a$ 的半圆环上均匀分布着线电荷密度为 $\rho_l$ 的电荷，求圆心处的电场强度。

2.6　一个点电荷 $q_1=8\,\mathrm{C}$，位于 $z=4$ 处；另一个点电荷 $q_2=-4\,\mathrm{C}$，位于 $y=4$ 处，求点(4，0，0)处的电场强度。

2.7　真空中一个半径为 $a$ 的球内均匀分布着体电荷密度为 $\rho$ 的电荷，求球内、外任意一点的电场强度。

2.8　一个半径为 $b$ 的球内均匀分布着体电荷密度为 $\rho=b^2-r^2$ 的电荷，求球内、外任意一点的电场强度。

2.9　半径为 $a$ 的球中充满密度为 $\rho(r)$ 的电荷，已知电场为

$$E_r=\begin{cases} r^3+Ar^2 & r\leqslant a \\ (a^5+Aa^4)/r^2 & r\geqslant a \end{cases}$$

求电荷密度 $\rho(r)$。

2.10　已知圆柱形区域 $0<r<a$ 内的电场强度为 $\boldsymbol{E}=\boldsymbol{e}_r\dfrac{E_0r^3}{a^3}$，在此区域外的 $\boldsymbol{E}=0$，求体电荷密度。

2.11　电荷均匀分布于两平行圆柱面间的区域中，体密度为 $\rho$，两圆柱半径分别为 $a$ 和 $b$，轴线相距 $c$，如题图2.1所示，求空间各处的电场强度。

2.12　平行板电容器的极板面积为 $S$，极板间距为 $d$，外加电压 $U_0$，中间的介质一半是玻璃（$\varepsilon_{\mathrm{r}}=7$），一半是空气，如题图2.2所示，求：

（1）玻璃和空气中的电场强度；

（2）极板上的面电荷密度；

（3）电容器的电容。

2.13　两个同心导体球壳 $r=a$ 和 $r=b\,(b>a)$ 的表面分别带有面电荷密度为 $\rho_{S1}$ 和 $\rho_{S2}$ 的电荷，求：

（1）各处的 $\boldsymbol{E}$；

（2）若要求 $r>b$ 处 $\boldsymbol{E}=0$，求 $\rho_{S1}$ 和 $\rho_{S2}$ 的关系。

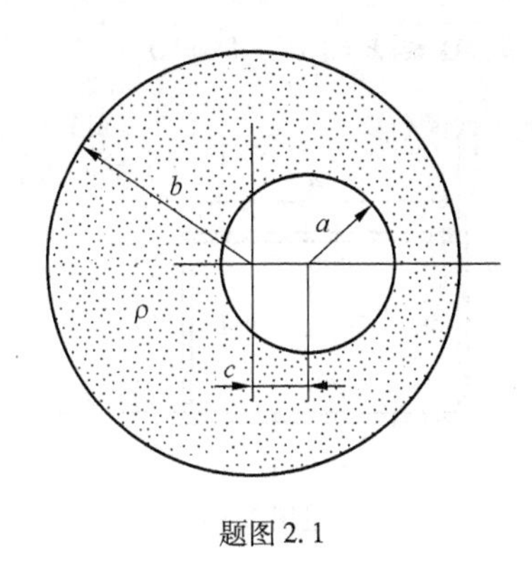

题图 2. 1

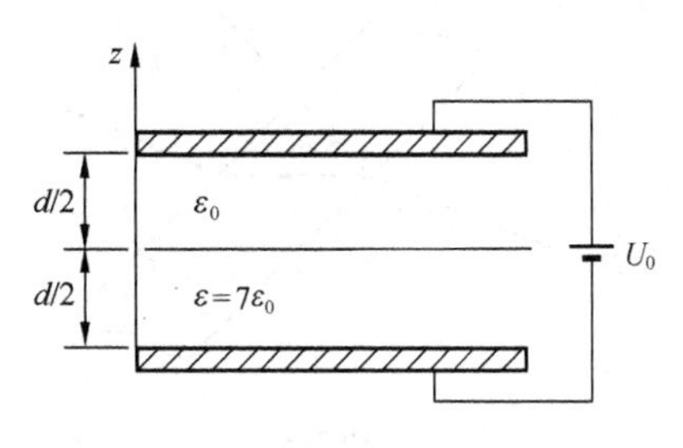

题图 2. 2

2. 14 电场中有一半径为 $a$ 的圆柱体，已知圆柱内、外的电位为 $\begin{cases} \phi = 0 & (r \leqslant a) \\ \phi = A\left(r - \dfrac{a^2}{r}\right)\cos\varphi & (r \geqslant a) \end{cases}$，求：

（1）圆柱内外的电场强度；

（2）圆柱是用什么材料制成的？表面有电荷吗？

2. 15 两无限大平行板电极，距离为 $d$，电位分别为 0 和 $V_0$，两极板（$x = 0$ 和 $x = d$）之间充满密度为 $\rho_0 x/d$ 的电荷，求极板间的电位分布和电场分布。

2. 16 $\theta$ 为何值时，$z$ 方向的电偶极子没有 $z$ 方向的电场分量。

2. 17 中心在原点、边长为 1 的电介质立方体内极化强度为 $\boldsymbol{P} = P_0(\boldsymbol{e}_x x + \boldsymbol{e}_y y + \boldsymbol{e}_z z)$，求：

（1）面和体束缚电荷密度；　　（2）证明总束缚电荷为 0。

2. 18 电场中有一半径为 $a$ 的介质球，已知

$$\phi_1 = -E_0 r\cos\theta + \frac{\varepsilon - \varepsilon_0}{\varepsilon + 2\varepsilon_0}a^3 E_0 \frac{\cos\theta}{r^2}(r \geqslant a)$$

$$\phi_2 = -\frac{3\varepsilon_0}{\varepsilon + 2\varepsilon_0}E_0 r\cos\theta(r \leqslant a)$$

验证球表面的边界条件，并计算球表面的束缚电荷密度。

2. 19 证明同轴线单位长度的静电储能为 $W_e = \dfrac{q_l^2}{2C}$，其中，$q_l$ 为单位长度的电荷，$C$ 为单位长度的电容。

2. 20 两电介质的分界面为 $z = 0$ 平面。已知 $\varepsilon_{r1} = 2$ 和 $\varepsilon_{r2} = 3$，如果区域 1 中的 $\boldsymbol{E}_1 = \boldsymbol{e}_x 2y - \boldsymbol{e}_y 3x + \boldsymbol{e}_z(5 + z)$，能求出 2 区中哪些地方的 $\boldsymbol{E}_2$？能求出 2 区中任意点的 $\boldsymbol{E}_2$ 吗？

2. 21 厚度为 $t$ 的无限大均匀介质板（$\varepsilon_r = 4$）放置于均匀电场 $\boldsymbol{E}_0$ 中，板和 $\boldsymbol{E}_0$ 成角 $\theta_1$，如题图 2. 3 所示，求使 $\theta_2 = \dfrac{\pi}{4}$ 时 $\theta_1$ 的值，以及板两表面的束缚面电荷密度。

2. 22 一根横截面为矩形的长直金属管，它的截面尺寸和各金属板的电位如题图 2. 4 所示，试求管内空间的电位函数。

2. 23 边界几何形状如题图 2. 4 所示。边界条件是

（1）$x = 0$，$0 < y < b$，$\dfrac{\partial \phi}{\partial x} = 0$　　（2）$x = a$，$0 < y < b$，$\phi = U_0$

（3）$y=0$，$0\leqslant x\leqslant a$，$\phi=0$　　　　（4）$y=b$，$0\leqslant x\leqslant a$，$\phi=0$

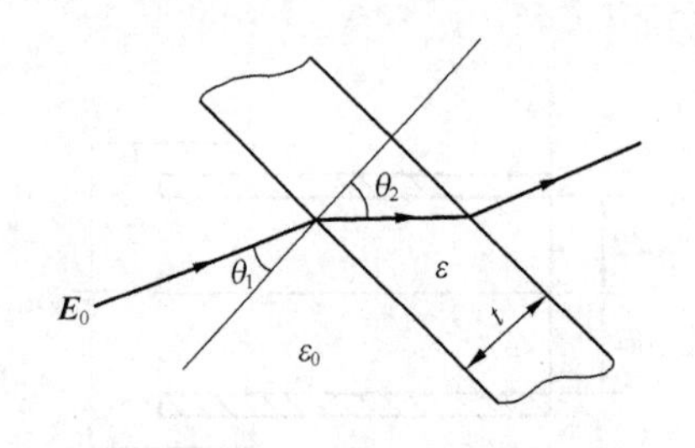


题图 2.3

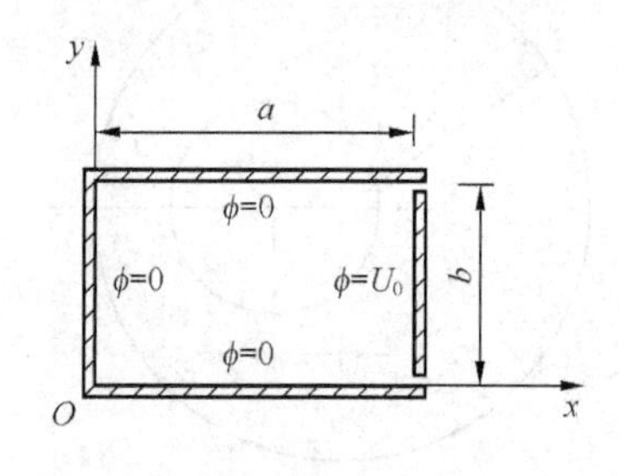


题图 2.4

求矩形空间的电位函数。

2.24　边界几何形状如题图 2.4 所示。边界条件是

（1）$x=0$，$0<y<b$，$\phi=0$　　　　（2）$x=a$，$0<y<b$，$\phi=0$

（3）$y=0$，$0\leqslant x\leqslant a$，$\phi=0$　　　　（4）$y=b$，$0\leqslant x\leqslant a$，$\phi=U_0\sin\dfrac{3\pi}{a}x$

求矩形空间的电位函数。

2.25　边界几何形状如题图 2.4 所示。边界条件是

（1）$x=0$，$0<y<b$，$\phi=0$

（2）$x=a$，$0<y\leqslant\dfrac{b}{2}$，$\phi=\dfrac{U_0 y}{b}$；$x=a$，$\dfrac{b}{2}<y\leqslant b$，$\phi=U_0\left(1-\dfrac{y}{b}\right)$

（3）$y=0$，$0\leqslant x\leqslant a$，$\phi=0$　　　　（4）$y=b$，$0\leqslant x\leqslant a$，$\phi=0$

求矩形空间的电位函数。

2.26　说明在什么情形下可以用分离变量法求解电位？

2.27　无限大导电平面（$z=0$）上方有一个点电荷 $q$，它与平面距离为 $z=h$。假设导体平面的电位为0，求上半空间中的电位。

2.28　同轴线内导体半径 $r=a$，外导体内半径 $r=b$，之间媒质的漏电导为 $\sigma$，外加电压为 $U$，求：

（1）同轴线内外导体间的电流密度；　　　　（2）同轴线单位长度的漏电导。

2.29　两个同心导体球壳 $r=a$ 和 $r=b(b>a)$ 之间媒质的漏电导为 $\sigma$，外加电压为 $U$，求：

（1）导体球壳间的电流密度；　　　　（2）导体球壳间的漏电导。

2.30　题图 2.5 所示为自由空间垂直放置的两个半无限大导电接地平面组成的直角劈，今有一电量为 100 nC 的点电荷置于点（3，4，0），求点（3，5，0）的电位和电场强度，其中各坐标单位为 m。

2.31　真空中长直电流 $I$ 的磁场中有一等边三角形回路，如题图 2.6 所示，求三角形回路内的磁通。

2.32　题图 2.7 所示为两相交圆柱的截面，两圆柱的半径相同均为 $a$，圆心距离为 $c$，两圆重叠部分没有电流流过，非相交部分通有大小相等方向相反的电流，电流密度为 $\boldsymbol{J}$，证明重叠区域内磁场是均匀的。

2.33　如题图 2.8 所示，在通过电流密度为 $\boldsymbol{J}$ 的均匀电流长圆柱导体中有一平行的圆柱形空腔，计算各部分的磁感应强度，并证明腔内的磁场是均匀的。

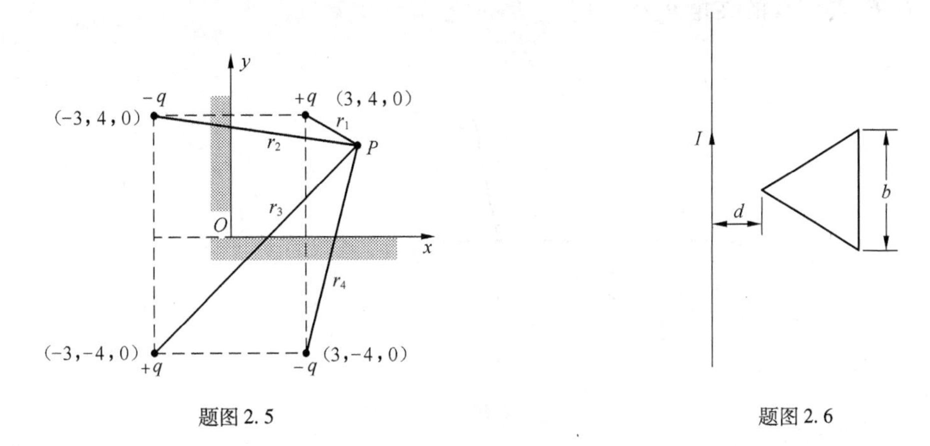


题图 2.5　　题图 2.6

2.34　下面的矢量函数中哪些可以是磁场？如果是，求其源变量 $\boldsymbol{J}$。

(1) $\boldsymbol{H} = \boldsymbol{e}_r ar$，$\boldsymbol{B} = \mu_0 \boldsymbol{H}$(圆柱坐标)；

(2) $\boldsymbol{H} = \boldsymbol{e}_x(-ay) + \boldsymbol{e}_y ax$，$\boldsymbol{B} = \mu_0 \boldsymbol{H}$；

(3) $\boldsymbol{H} = \boldsymbol{e}_x ax - \boldsymbol{e}_y ay$，$\boldsymbol{B} = \mu_0 \boldsymbol{H}$；

(4) $\boldsymbol{H} = \boldsymbol{e}_\varphi ar$，$\boldsymbol{B} = \mu_0 \boldsymbol{H}$。

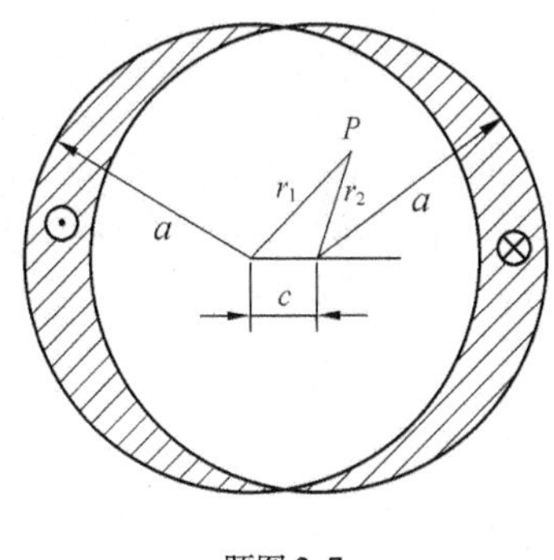


题图 2.7

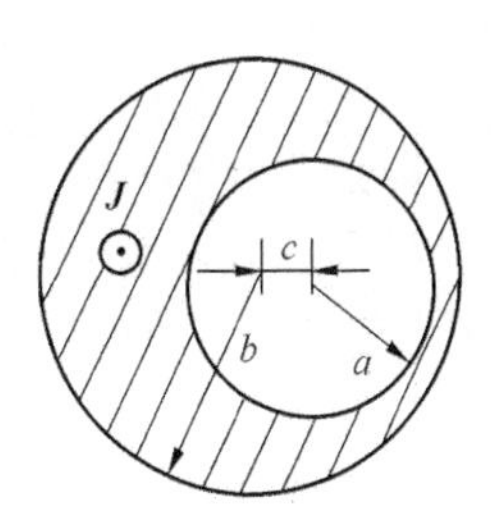


题图 2.8

2.35　一环形螺线管，平均半径为 15 cm，其圆形截面的半径为 2 cm，铁芯的相对磁导率 $\mu_r = 1\,400$，环上有 1 000 匝线圈，通过电流为 0.7 A。

(1) 计算螺线管的电感；

(2) 若在铁芯上开一个 0.1 cm 的空气隙，假定开口后铁芯的 $\mu_r$ 没有变化，再计算电感。

2.36　平行双导线如题图 2.9 所示，导线半径为 $a$，导线间距离 $D >> a$，计算单位长度的自感。

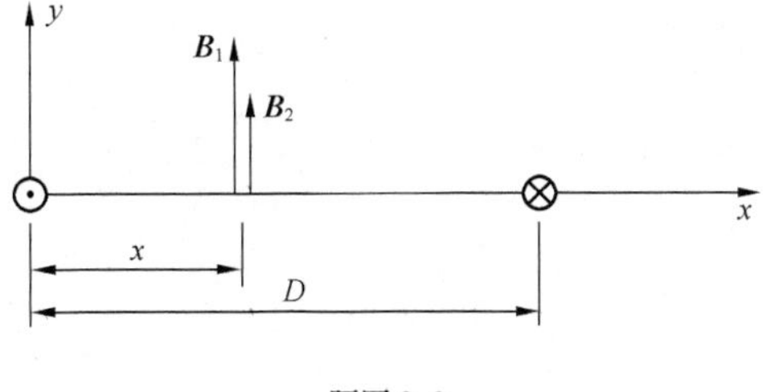


题图 2.9

2.37　已知某电流在空间产生的磁矢位为 $\boldsymbol{A} = \boldsymbol{e}_x x^2 y + \boldsymbol{e}_y xy^2 + \boldsymbol{e}_z(y^2 - z^2)$，求磁感应强度。

2.38　如题图 2.10 所示，已知钢在某种磁饱和情况下的磁导率为 $\mu_1 = 2\,000\mu_0$，当钢中的

磁感应强度$|\boldsymbol{B}_1| = 0.5\times10^{-2}$ T、$\theta_1 = 75°$时，求此磁力线由钢进入自由空间一侧后，磁感应强度$|\boldsymbol{B}_2|$及$\boldsymbol{B}_2$与法线的夹角$\theta_2$。

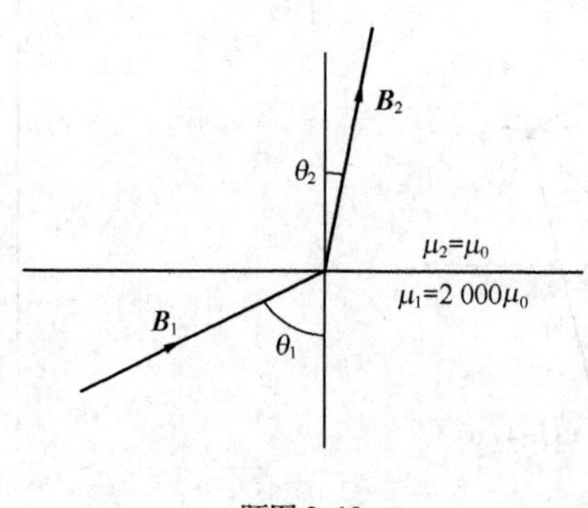


题图2.10

# 第3章 时变电磁场

随时间变化的电磁场称为时变电磁场。前面研究的静态电磁场，电场和磁场只是空间的函数，不随时间变化，它们各自独立地存在，可以分开研究。时变电磁场既是空间的函数，也是时间的函数，当电荷和电流随时间变化时，产生的电场和磁场也随时间变化，这时变化的电场和变化的磁场不再独立存在，出现了由电场和磁场构成的统一电磁场。

1831 年，法拉第发现电磁感应定律，得出（随时间）变化的磁场可以产生电场。1864 年，麦克斯韦提出位移电流假说，表明（随时间）变化的电场可以产生磁场；同年，麦克斯韦概括了前人成果，对宏观电磁场的变化规律加以总结，提出著名的麦克斯韦方程组。以麦克斯韦方程组为核心的经典电磁理论已成为研究宏观电磁现象和现代工程电磁问题的基础。

麦克斯韦方程组指出，时变的电场和时变的磁场可以相互激发，它们互相为源。与静态电磁场相比，时变电磁场源的范围扩大了，不仅电荷和电流是构成电磁场的源，变化的电场和变化的磁场也是构成电磁场的源。时变电场与时变磁场同时存在，它们相互激发，在空间形成了电磁波。

本章首先介绍法拉第电磁感应定律和麦克斯韦位移电流假说，得出麦克斯韦方程组和边界条件；然后讨论反映电磁能量流动规律的坡印廷定理；再进一步导出场量的波动方程；最后介绍时谐场的复数表示法。

## 3.1 麦克斯韦方程组

### 3.1.1 法拉第电磁感应定律

法拉第通过大量实验发现了电磁感应定律。电磁感应现象是电磁学中最重大的发现之一，它显示了电、磁现象之间的相互联系和转化，对其本质的深入研究所揭示的电、磁场之间的联系，对麦克斯韦电磁场理论的建立具有重大意义。

在磁场中有一条任意闭合导体回路，如图 3.1 所示，当穿过回路的磁通量 $\Phi$ 改变时，回路中将出现电流，表明回路中出现了感应电动势 $\varepsilon$。法拉第总结出 $\varepsilon$ 与 $\Phi$ 的关系为

$$\varepsilon = -\frac{\mathrm{d}\Phi}{\mathrm{d}t} \tag{3.1}$$

这就是法拉第电磁感应定律。上式中的负号表明感应电动势的方向总是使感生电流的磁场阻碍产生它的磁通的变化（楞次定律）。

$\varepsilon$ 的方向与回路 $C$ 的绕行方向相同，面 $S$ 的外围线为 $C$，面 $S$ 的法向 $\boldsymbol{n}$ 与 $C$ 成右手螺旋关系，通过面 $S$ 的磁通为 $\Phi = \int_S \boldsymbol{B} \cdot \boldsymbol{n}\mathrm{d}S$。

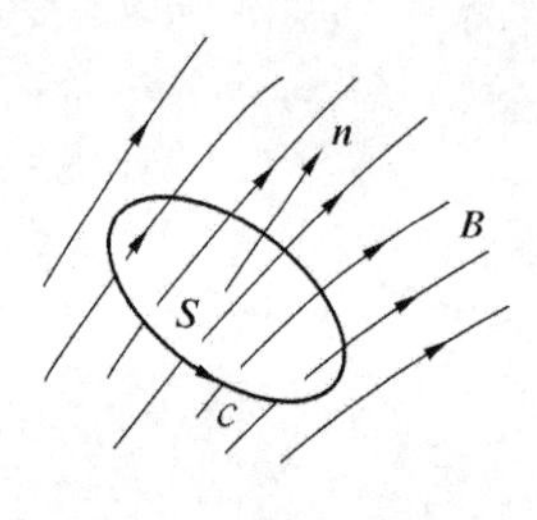


图3.1　穿过导体回路的磁通变化产生感应电动势

回路 $C$ 中出现感应电动势，说明导体中出现了感应电场 $\boldsymbol{E}$，有如下关系

$$\varepsilon = \oint_C \boldsymbol{E} \cdot \mathrm{d}\boldsymbol{l} \tag{3.2}$$

将其代入式（3.1），得到

$$\oint_C \boldsymbol{E} \cdot \mathrm{d}\boldsymbol{l} = -\frac{\mathrm{d}\Phi}{\mathrm{d}t} \tag{3.3}$$

由此得知，感应电场是由于磁通随时间改变产生的。显然，感应电场不仅出现在导体内，也出现在导体周围，只要求场点的磁通随时间发生变化。导体放在磁通变化的任何区域都能通过感生电流检验到感应电场的存在。

在静态场，电场 $\boldsymbol{E}$ 是保守场，其沿闭合路径的线积分（也即环流）为0；在时变场，磁通随时间的变化产生电场，变化的磁场成为产生电场的源。将式（3.3）改变形式，得到

$$\oint_C \boldsymbol{E} \cdot \mathrm{d}\boldsymbol{l} = -\frac{\mathrm{d}}{\mathrm{d}t}\int_S \boldsymbol{B} \cdot \mathrm{d}\boldsymbol{S} = -\int_S \frac{\partial \boldsymbol{B}}{\partial t} \cdot \mathrm{d}\boldsymbol{S} \tag{3.4}$$

利用斯托克斯定理，上式对应的微分形式为

$$\nabla \times \boldsymbol{E} = -\frac{\partial \boldsymbol{B}}{\partial t} \tag{3.5}$$

式（3.4）和式（3.5）为法拉第电磁感应定律的积分形式和微分形式。

**例3.1**　一个 $h \times w$ 的单匝矩形线圈，放在时变磁场 $\boldsymbol{B} = \boldsymbol{e}_y B_0 \sin \omega t$ 中。开始时，线圈面的法向 $\boldsymbol{n}$ 与 $y$ 轴成 $\alpha$ 角，如图3.2所示。求线圈静止及线圈以角速度 $\omega$ 绕 $x$ 轴旋转时的感应电动势。

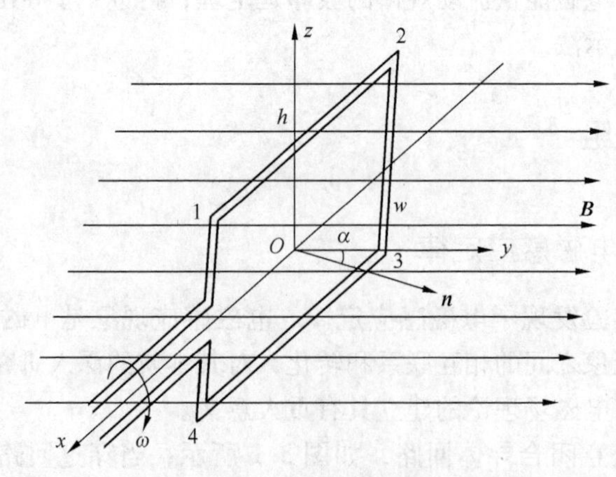


图3.2　例3.1用图

**解** 当线圈静止时，通过线圈的磁场变化引起感应电动势的产生。

$$\Phi = \int_S \boldsymbol{B} \cdot \mathrm{d}\boldsymbol{S} = (\boldsymbol{e}_y B_0 \sin \omega t) \cdot (\boldsymbol{e}_n hw) = B_0 hw \sin \omega t \cos \alpha$$

$$\varepsilon = -\frac{\mathrm{d}\Phi}{\mathrm{d}t} = -\omega B_0 hw \cos \omega t \cos \alpha$$

当线圈以角速度 $\omega$ 绕 $x$ 轴旋转时，通过线圈的磁通既随时变磁场变化，又随 $\alpha$ 角变化。此时 $\alpha = \omega t$ ，有

$$\Phi = B_0 hw \sin \omega t \cos \omega t$$

$$\varepsilon = -\frac{\mathrm{d}\Phi}{\mathrm{d}t} = -\omega B_0 hw \cos 2\omega t \tag{3.6}$$

### 3.1.2 位移电流

由法拉第电磁感应定律可知，变化的磁场产生电场，那么，变化的电场产生磁场吗？关于这个问题，麦克斯韦给出了肯定的答案。麦克斯韦发现，恒定磁场的安培定律应用于时变场时出现矛盾，于是提出位移电流假说，对安培定律加以修正。位移电流就是变化的电场。也就是说，变化的电场成为源，产生了磁场。

如图 3.3 所示，电容器连接于交流电源上，电路中的电流为 $i$。注意电容器中并没有电流，也就是说 $i$ 在电容器中中断了。现取一条闭合路径 $C$ 包围导线，并沿路径 $C$ 取积分 $\oint_C \boldsymbol{H} \cdot \mathrm{d}\boldsymbol{l}$ ，如果安培定律在时变场时依然成立，则此积分等于穿过以 $C$ 为外围线的面的电流。以 $C$ 为外围线的面有无数多个，这里取两个面 $S_1$ 和 $S_2$，其中 $S_1$ 与导线相截，$S_2$ 穿过电容器的两个极板间。这时安培定律出现了矛盾，穿过 $S_1$ 的电流为 $i$，穿过 $S_2$ 的电流为 0。

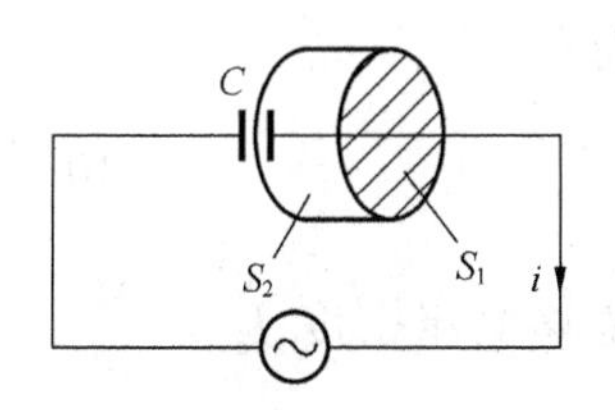

图 3.3 交流电路中的电容器

麦克斯韦分析了这一矛盾，认为电容器极板间电流虽然中断，但存在变化的电场，变化的电场是另一种电流的形式，其量值与传导电流 $i$ 相同。

下面通过电流连续性方程，找出变化的电场与电流的关系。对于 $S_1$ 和 $S_2$ 构成的闭合面，应用电流连续性方程有

$$\oint_S \boldsymbol{J} \cdot \mathrm{d}\boldsymbol{S} = -\frac{\mathrm{d}q}{\mathrm{d}t}$$

应用高斯定理取代面 $S$ 内的电荷 $q$，上式成为

$$\oint_S \boldsymbol{J} \cdot \mathrm{d}\boldsymbol{S} = -\frac{\mathrm{d}}{\mathrm{d}t}\oint_S \boldsymbol{D} \cdot \mathrm{d}\boldsymbol{S} = \oint_S -\frac{\partial \boldsymbol{D}}{\partial t} \cdot \mathrm{d}\boldsymbol{S} = \oint_S -\boldsymbol{J}_\mathrm{d} \cdot \mathrm{d}\boldsymbol{S}$$

式中

$$\boldsymbol{J}_\mathrm{d} = \frac{\partial \boldsymbol{D}}{\partial t} \tag{3.7}$$

麦克斯韦称 $\boldsymbol{J}_\mathrm{d}$ 为位移电流密度。

位移电流填补了电容器极板间传导电流的缺口，且与传导电流相等，使电流又闭合起来。把 $\boldsymbol{J} + \frac{\partial \boldsymbol{D}}{\partial t}$ 称为全电流，则全电流永远是连续的。于是，时变场的安培定律为

$$\oint_C \boldsymbol{H} \cdot \mathrm{d}\boldsymbol{l} = \int_S \left(\boldsymbol{J} + \frac{\partial \boldsymbol{D}}{\partial t}\right) \cdot \mathrm{d}\boldsymbol{S} \tag{3.8}$$

利用斯托克斯定理，上式对应的微分形式为

$$\nabla \times \boldsymbol{H} = \boldsymbol{J} + \frac{\partial \boldsymbol{D}}{\partial t} \tag{3.9}$$

位移电流虽然不能直接测出，但建立在位移电流基础上的麦克斯韦方程组所总结出的电磁现象都已经被证实，说明假说是正确的。麦克斯韦位移电流的假说，反映出变化的电场可以产生磁场。

**例 3.2** 如图 3.3 所示电路，已知平行板电容器的横截面为 $S$，极板间距为 $d$，外加电压为 $U = U_0 \sin \omega t$，求导线上的传导电流 $i$ 和极板间的位移电流 $i_{\mathrm{d}}$。

**解** 平行板电容器间的电场垂直于极板，大小为

$$E = \frac{U}{d} = \frac{U_0}{d}\sin \omega t$$

极板上的电荷密度为 $\rho_S = D_{\mathrm{n}} = \varepsilon_0 E = \varepsilon_0 \dfrac{U_0}{d}\sin \omega t$，总电荷为

$$q = \rho_S S = \frac{\varepsilon_0 U_0 S}{d}\sin \omega t$$

导线上的传导电流 $i$ 是由于极板上的电荷 $q$ 随时间变化导致的，因而有

$$i = \frac{\mathrm{d}q}{\mathrm{d}t} = \frac{\varepsilon_0 U_0 S \omega}{d}\cos \omega t \tag{3.10}$$

极板间的位移电流 $i_{\mathrm{d}}$ 是由于极板间的电场随时间变化产生的，位移电流密度 $J_{\mathrm{d}} = \dfrac{\partial D}{\partial t}$，则有

$$i_{\mathrm{d}} = J_{\mathrm{d}} S = \frac{\partial D}{\partial t} S = \varepsilon_0 S \frac{\partial E}{\partial t} = \frac{\varepsilon_0 U_0 S \omega}{d}\cos \omega t \tag{3.11}$$

平行板间的位移电流 $i_{\mathrm{d}}$ 等于导线中的传导电流 $i$，说明全电流是连续的。

**例 3.3** 已知海水的电导率为 4 S/m，相对介电常数 $\varepsilon_{\mathrm{r}} = 81$，求当 $f = 1$ MHz 时，传导电流与位移电流的比值。

**解** 假设电场是正弦变化的，可以写成

$$E = E_{\mathrm{m}} \cos \omega t$$

位移电流密度为

$$J_{\mathrm{d}} = \frac{\partial D}{\partial t} = -\varepsilon_0 \varepsilon_{\mathrm{r}} \omega E_{\mathrm{m}} \sin \omega t$$

其振幅为

$$J_{\mathrm{dm}} = \varepsilon_0 \varepsilon_{\mathrm{r}} \omega E_{\mathrm{m}} = \frac{1}{36\pi \times 10^9} \times 81 \times 2\pi \times 10^6 E_{\mathrm{m}} = 4.5 \times 10^{-3} E_{\mathrm{m}}$$

传导电流振幅为

$$J_{\mathrm{cm}} = \sigma E_{\mathrm{m}} = 4 E_{\mathrm{m}}$$

$$\frac{J_{\mathrm{cm}}}{J_{\mathrm{dm}}} = \frac{8}{9} \times 10^3 \tag{3.12}$$

位移电流振幅随着频率的升高而增大，使 $J_{cm}/J_{dm}$ 随频率而变。某种媒质中传导电流与位移电流比值 $J_{cm}/J_{dm}$ 的大小，是衡量一种媒质导电性的分界线。当 $\frac{J_{cm}}{J_{dm}}=\frac{\sigma}{\omega\varepsilon}>>1$（或写成 $60\lambda\sigma>>\varepsilon_r$）时媒质为良导体，当 $\frac{\sigma}{\omega\varepsilon}<<1$（或写成 $60\lambda\sigma<<\varepsilon_r$）时媒质为良介质，$\lambda$ 为真空中波长。于是，对于在某种媒质中传播的电磁波而言，媒质是良导体还是良介质不是绝对的，在低频下为良导体的媒质在高频时就可能成为良介质。

### 3.1.3 麦克斯韦方程组

麦克斯韦方程组是在总结了库仑、安培、法拉第等人的研究成果后取得的，是经典电磁理论的基本方程，它用数学形式反映了宏观电磁场所遵循的基本规律。麦克斯韦方程组有积分形式和微分形式，积分形式为

$$\left.\begin{aligned}\oint_C \boldsymbol{H}\cdot \mathrm{d}\boldsymbol{l} &= \int_S\left(\boldsymbol{J}+\frac{\partial \boldsymbol{D}}{\partial t}\right)\cdot \mathrm{d}\boldsymbol{S}\\ \oint_C \boldsymbol{E}\cdot \mathrm{d}\boldsymbol{l} &= -\int_S \frac{\partial \boldsymbol{B}}{\partial t}\cdot \mathrm{d}\boldsymbol{S}\\ \oint_S \boldsymbol{B}\cdot \mathrm{d}\boldsymbol{S} &= 0\\ \oint_S \boldsymbol{D}\cdot \mathrm{d}\boldsymbol{S} &= q\end{aligned}\right\}\tag{3.13}$$

微分形式为

$$\nabla\times \boldsymbol{H} = \boldsymbol{J}+\frac{\partial \boldsymbol{D}}{\partial t}\tag{3.14}$$

$$\nabla\times \boldsymbol{E} = -\frac{\partial \boldsymbol{B}}{\partial t}\tag{3.15}$$

$$\nabla\cdot \boldsymbol{B} = 0\tag{3.16}$$

$$\nabla\cdot \boldsymbol{D} = \rho\tag{3.17}$$

麦克斯韦方程组积分形式是用电场和磁场的通量和环流表示的，微分形式是用电场和磁场的散度和旋度表示的。根据亥姆霍兹定理，矢量场由散度和旋度唯一确定，散度和旋度是构成矢量场的源，所以，麦克斯韦方程组揭示出电磁场和场源之间的全部关系。电流和变化的电场都是形成磁场的源，电荷和变化的磁场都是形成电场的源。

麦克斯韦方程组中没有电流连续性方程，因为它可以由式（3.14）和式（3.17）导出。对式（3.14）两边取散度，有

$$\nabla\cdot(\nabla\times \boldsymbol{H}) = \nabla\cdot\left(\boldsymbol{J}+\frac{\partial \boldsymbol{D}}{\partial t}\right) = \nabla\cdot \boldsymbol{J}+\frac{\partial}{\partial t}\nabla\cdot \boldsymbol{D} = \nabla\cdot \boldsymbol{J}+\frac{\partial \rho}{\partial t}$$

由于旋度的散度恒为0，所以

$$\nabla\cdot \boldsymbol{J}+\frac{\partial \rho}{\partial t} = 0\tag{3.18}$$

式（3.18）即电流连续性方程。

用 $\boldsymbol{E}$、$\boldsymbol{D}$、$\boldsymbol{B}$、$\boldsymbol{H}$ 4个场量表示的麦克斯韦方程组称为非限定形式的麦克斯韦方程组，它适合于任何媒质。“非限定”是指媒质没有确定之前，这4个场量还无法确定。

任何电磁场都存在于一定的媒质中，媒质中 $\boldsymbol{E}$ 和 $\boldsymbol{D}$ 的关系及 $\boldsymbol{B}$ 和 $\boldsymbol{H}$ 的关系由本构关系给出。若媒质是线性、各向同性的，有

$$\left.\begin{aligned}\boldsymbol{D} &= \varepsilon\boldsymbol{E}\\ \boldsymbol{B} &= \mu\boldsymbol{H}\\ \boldsymbol{J} &= \sigma\boldsymbol{E}\end{aligned}\right\} \tag{3.19}$$

式（3.19）称为媒质的本构关系。当本构关系给出后，麦克斯韦方程组积分形式式（3.13）和微分形式式（3.14）、式（3.15）、式（3.16）、式（3.17）中的未知矢量可以只有 $\boldsymbol{E}$ 和 $\boldsymbol{H}$ 两个。由 $\boldsymbol{E}$ 和 $\boldsymbol{H}$ 两个矢量表示的麦克斯韦方程组称为限定形式的麦克斯韦方程组。

## 3.2 边界条件

### 3.2.1 边界条件的一般形式

时变电磁场也需要分析不同媒质分界面上的边界条件，如波导壁、天线罩、光纤芯与包层等边界面都是不同媒质的分界面。从数学上说，有了边界条件，麦克斯韦方程组的微分形式才有确定的解。边界条件由麦克斯韦方程组的积分形式得出，推导过程与静态场相同（推导过程略），结论如下：

$\boldsymbol{H}$ 切向分量的边界条件

$$\boldsymbol{n}\times(\boldsymbol{H}_1-\boldsymbol{H}_2)=\boldsymbol{J}_S \quad 或 \quad H_{1t}-H_{2t}=J_S \tag{3.20}$$

$\boldsymbol{E}$ 切向分量的边界条件

$$\boldsymbol{n}\times(\boldsymbol{E}_1-\boldsymbol{E}_2)=0 \quad 或 \quad E_{1t}=E_{2t} \tag{3.21}$$

$\boldsymbol{B}$ 法向分量的边界条件

$$\boldsymbol{n}\cdot(\boldsymbol{B}_1-\boldsymbol{B}_2)=0 \quad 或 \quad B_{1n}=B_{2n} \tag{3.22}$$

$\boldsymbol{D}$ 法向分量的边界条件

$$\boldsymbol{n}\cdot(\boldsymbol{D}_1-\boldsymbol{D}_2)=\rho_S \quad 或 \quad D_{1n}-D_{2n}=\rho_S \tag{3.23}$$

由式（3.20）至式（3.23）可以看出，时变电磁场的边界条件与静态电磁场的边界条件完全相同。在研究电磁场的边界问题时，常用到两种情况，一种是理想导体（也称完纯导体）与理想介质的分界面；另一种是两种理想介质的分界面。

### 3.2.2 理想导体表面的边界条件

理想导体是 $\sigma=\infty$ 的理想情形。理想导体内没有电场，否则传导电流 $\boldsymbol{J}_c=\sigma\boldsymbol{E}$ 变为无限大。又由 $\nabla\times\boldsymbol{E}=-\partial\boldsymbol{B}/\partial t=0$，可知 $\boldsymbol{B}$ 与时间无关，而一个恒定附加的磁场可以不考虑，所以理想导体内也没有 $\boldsymbol{B}$。设2区为理想导体，有 $\boldsymbol{E}_2=0$、$\boldsymbol{B}_2=0$，于是理想导体表面的边界条件为

$$\boldsymbol{n}\times\boldsymbol{H}_1=\boldsymbol{J}_S \quad 或 \quad H_{1t}=J_S \tag{3.24}$$

$$\boldsymbol{n}\times\boldsymbol{E}_1=0 \quad 或 \quad E_{1t}=0 \tag{3.25}$$

$$\boldsymbol{n}\cdot\boldsymbol{B}_1=0 \quad 或 \quad B_{1n}=0 \tag{3.26}$$

$$\boldsymbol{n}\cdot\boldsymbol{D}_1=\rho_S \quad 或 \quad D_{1n}=\rho_S \tag{3.27}$$

从上述公式可以看出，理想导体表面上没有切向的电场和法向的磁场。也就是说，理想导体

表面上介质一侧（1 区）若有电场或磁场存在，则电场与导体表面垂直，磁场与导体表面相切。

理想导体内不能存在电磁场，所以电磁波入射到理想导体表面上时会发生全反射，理想导体内没有电磁能量进入，反射波能量密度与入射波能量密度相等。

理想导体实际上并不存在，但它是一个非常有用的概念，因为实际问题中常遇到金属导体边界。电磁波在金属导体表面接近全反射，进入金属内的电磁波能量只是入射波能量的很小一部分。

### 3.2.3 理想介质分界面上的边界条件

理想介质是 $\sigma=0$ 的理想情形。两理想介质分界面上 $\rho_S=0$、$\boldsymbol{J}_S=0$，于是边界条件为

$$\boldsymbol{n}\times(\boldsymbol{H}_1-\boldsymbol{H}_2)=0 \quad 或 \quad H_{1t}=H_{2t} \tag{3.28}$$

$$\boldsymbol{n}\times(\boldsymbol{E}_1-\boldsymbol{E}_2)=0 \quad 或 \quad E_{1t}=E_{2t} \tag{3.29}$$

$$\boldsymbol{n}\cdot(\boldsymbol{B}_1-\boldsymbol{B}_2)=0 \quad 或 \quad B_{1n}=B_{2n} \tag{3.30}$$

$$\boldsymbol{n}\cdot(\boldsymbol{D}_1-\boldsymbol{D}_2)=0 \quad 或 \quad D_{1n}=D_{2n} \tag{3.31}$$

**例 3.4** 无限大无源区域中，已知

$$\boldsymbol{E}=\boldsymbol{e}_x E_0 \mathrm{e}^{-\alpha z}\cos(\omega t-\beta z)$$

其中，$\alpha$ 和 $\beta$ 是常数，求 $\boldsymbol{H}$。

**解** 由式（3.15），有

$$\nabla\times\boldsymbol{E}=-\frac{\partial \boldsymbol{B}}{\partial t}$$

$$\boldsymbol{H}=-\frac{1}{\mu}\int(\nabla\times\boldsymbol{E})\mathrm{d}t$$

其中

$$\begin{aligned}\nabla\times\boldsymbol{E}&=\boldsymbol{e}_y\frac{\partial E_x}{\partial z}\\&=-\boldsymbol{e}_y E_0\alpha\mathrm{e}^{-\alpha z}\cos(\omega t-\beta z)+\boldsymbol{e}_y E_0\beta\mathrm{e}^{-\alpha z}\sin(\omega t-\beta z)\end{aligned}$$

所以

$$\begin{aligned}\boldsymbol{H}&=-\frac{1}{\mu}\int\left[-\boldsymbol{e}_y E_0\alpha\mathrm{e}^{-\alpha z}\cos(\omega t-\beta z)+\boldsymbol{e}_y E_0\beta\mathrm{e}^{-\alpha z}\sin(\omega t-\beta z)\right]\mathrm{d}t\\&=\boldsymbol{e}_y\frac{E_0}{\omega\mu}\mathrm{e}^{-\alpha z}\left[\alpha\sin(\omega t-\beta z)+\beta\cos(\omega t-\beta z)\right]\end{aligned}$$

## 3.3 坡印廷定理

时变场的一个重要性质是电磁波能在媒质中传播。电磁波传播称为能量流动，这种现象的产生是由于空间各点电场和磁场随时间发生了变化。电场和磁场随时间变化使空间各点的电储能密度和磁储能密度也随之发生变化，于是导致能量的流动。定义单位时间内穿过与能量流动方向相垂直的单位表面的能量为能流矢量，其方向为该点能量流动的方向。下面，从能量守恒原理导出能流矢量。

假设闭合面 $S$ 包围的体积为 $\tau$，体内无外加源，体内的媒质是均匀、线性和各向同性

的。利用矢量恒等式

$$\nabla\cdot(\boldsymbol{E}\times\boldsymbol{H}) = \boldsymbol{H}\cdot\nabla\times\boldsymbol{E} - \boldsymbol{E}\cdot\nabla\times\boldsymbol{H}$$

得到

$$\nabla\cdot(\boldsymbol{E}\times\boldsymbol{H}) = -\boldsymbol{H}\cdot\frac{\partial\boldsymbol{B}}{\partial t} - \boldsymbol{E}\cdot\frac{\partial\boldsymbol{D}}{\partial t} - \boldsymbol{E}\cdot\boldsymbol{J} \tag{3.32}$$

将上式右边每一项展开，为

$$\boldsymbol{H}\cdot\frac{\partial\boldsymbol{B}}{\partial t} = \mu\boldsymbol{H}\cdot\frac{\partial\boldsymbol{H}}{\partial t} = \frac{1}{2}\left(\boldsymbol{H}\cdot\frac{\partial\boldsymbol{B}}{\partial t} + \boldsymbol{B}\cdot\frac{\partial\boldsymbol{H}}{\partial t}\right) = \frac{\partial}{\partial t}\left(\frac{1}{2}\boldsymbol{H}\cdot\boldsymbol{B}\right) = \frac{\partial}{\partial t}w_{\mathrm{m}}$$

$$\boldsymbol{E}\cdot\frac{\partial\boldsymbol{D}}{\partial t} = \varepsilon\boldsymbol{E}\cdot\frac{\partial\boldsymbol{E}}{\partial t} = \frac{1}{2}\left(\boldsymbol{E}\cdot\frac{\partial\boldsymbol{D}}{\partial t} + \boldsymbol{D}\cdot\frac{\partial\boldsymbol{E}}{\partial t}\right) = \frac{\partial}{\partial t}\left(\frac{1}{2}\boldsymbol{E}\cdot\boldsymbol{D}\right) = \frac{\partial}{\partial t}w_{\mathrm{e}}$$

$$\boldsymbol{E}\cdot\boldsymbol{J} = \sigma E^2 = p_{\mathrm{T}}$$

式中，$w_{\mathrm{m}}$、$w_{\mathrm{e}}$ 分别为空间某点磁场储能密度和电场储能密度；$p_{\mathrm{T}}$ 为单位体积中变为焦耳热的功率。于是式（3.32）成为

$$\nabla\cdot(\boldsymbol{E}\times\boldsymbol{H}) = -\left(\frac{\partial}{\partial t}w_{\mathrm{m}} + \frac{\partial}{\partial t}w_{\mathrm{e}}\right) - p_{\mathrm{T}} \tag{3.33}$$

将式（3.33）两边体积分，并将左边应用斯托克斯定理，得到

$$-\oint_S(\boldsymbol{E}\times\boldsymbol{H})\cdot\mathrm{d}\boldsymbol{S} = \frac{\mathrm{d}}{\mathrm{d}t}\int_\tau(w_{\mathrm{m}} + w_{\mathrm{e}})\mathrm{d}\tau + \int_\tau p_{\mathrm{T}}\mathrm{d}\tau$$

$$= \frac{\mathrm{d}}{\mathrm{d}t}(W_{\mathrm{m}} + W_{\mathrm{e}}) + P_{\mathrm{T}} \tag{3.34}$$

式（3.34）右边第一项是体积 $\tau$ 内每秒磁场储能和电场储能的增加量，第二项是体积 $\tau$ 内变为焦耳热的功率。根据能量守恒原理，左边的面积分应该是经过闭合面 $S$ 进入到体积 $\tau$ 内的功率。式（3.34）称为坡印廷定理。

式（3.34）左边的面积分去掉负号表示穿出闭合面的功率。被积函数 $\boldsymbol{E}\times\boldsymbol{H}$ 具有单位面积上流过功率的量纲，把它称为能流密度矢量或坡印廷矢量，用 $\boldsymbol{S}$ 表示。

$$\boldsymbol{S} = \boldsymbol{E}\times\boldsymbol{H} \tag{3.35}$$

$\boldsymbol{S}$ 的单位为 $\mathrm{W/m^2}$（瓦［特］/米$^2$）。电磁场中有强度为 $\boldsymbol{E}\times\boldsymbol{H}$ 的能流传播已经被实验证实。

**例 3.5** 在两导体平板 $z = 0$ 和 $z = d$ 之间的空气中传播电磁波。已知

$$\boldsymbol{E} = \boldsymbol{e}_y E_0 \sin\frac{\pi}{d}z\cos(\omega t - k_x x)$$

其中，$\omega$ 及 $k_x$ 为常数，求：

（1）磁场 $\boldsymbol{H}$；

（2）能流密度矢量 $\boldsymbol{S}$；

（3）两导体板表面上面电流密度的分布。

**解** （1）

$$\nabla\times\boldsymbol{E} = -\frac{\partial\boldsymbol{B}}{\partial t}$$

其中

$$\nabla\times\boldsymbol{E} = -\boldsymbol{e}_x\frac{\partial E_y}{\partial z} + \boldsymbol{e}_z\frac{\partial E_y}{\partial x}$$

$$= -\boldsymbol{e}_x\frac{E_0\pi}{d}\cos\frac{\pi}{d}z\cos(\omega t - k_x x) + \boldsymbol{e}_z E_0 k_x\sin\frac{\pi}{d}z\sin(\omega t - k_x x)$$

所以

$$H = -\frac{1}{\mu_0}\int \nabla\times \boldsymbol{E}\mathrm{d}t$$

$$= \boldsymbol{e}_x \frac{E_0\pi}{\omega\mu_0 d}\cos\frac{\pi}{d}z\sin(\omega t - k_x x) + \boldsymbol{e}_z \frac{E_0 k_x}{\omega\mu_0}\sin\frac{\pi}{d}z\cos(\omega t - k_x x) \tag{3.36}$$

（2）能流密度矢量为

$$\begin{aligned}\boldsymbol{S} &= \boldsymbol{E}\times\boldsymbol{H}\\ &= -\boldsymbol{e}_z\frac{E_0^2\pi}{\omega\mu_0 d}\sin\frac{\pi}{d}z\cos\frac{\pi}{d}z\sin(\omega t - k_x x)\cos(\omega t - k_x x)\\ &+\boldsymbol{e}_x\frac{E_0^2 k_x}{\omega\mu_0}\sin^2\frac{\pi}{d}z\cos^2(\omega t - k_x x)\end{aligned} \tag{3.37}$$

（3）在导体 $z = 0$ 的表面上，法向 $\boldsymbol{n} = \boldsymbol{e}_z$，则

$$\boldsymbol{J}_S = \boldsymbol{n}\times\boldsymbol{H}|_{z=0} = \boldsymbol{e}_y\frac{E_0\pi}{\omega\mu_0 d}\sin(\omega t - k_x x)$$

在导体 $z = d$ 的表面上，法向 $\boldsymbol{n} = -\boldsymbol{e}_z$，则

$$\boldsymbol{J}_S = \boldsymbol{n}\times\boldsymbol{H}|_{z=d} = \boldsymbol{e}_y\frac{E_0\pi}{\omega\mu_0 d}\sin(\omega t - k_x x)$$

## 3.4 波动方程

限定形式的麦克斯韦方程组为

$$\nabla\times\boldsymbol{H} = \boldsymbol{J} + \varepsilon\frac{\partial\boldsymbol{E}}{\partial t}$$

$$\nabla\times\boldsymbol{E} = -\mu\frac{\partial\boldsymbol{H}}{\partial t}$$

$$\nabla\cdot\boldsymbol{H} = 0$$

$$\nabla\cdot\varepsilon\boldsymbol{E} = \rho$$

仍是两个未知矢量函数 $\boldsymbol{E}$ 和 $\boldsymbol{H}$ 的方程组。为了用解析法求解，还需要从其中消去一个矢量场。

只考虑在无源区域理想介质中的情形。无源区域 $\rho = 0$、$\sigma = 0$、$\boldsymbol{J} = 0$，这时麦克斯韦方程组变为

$$\nabla\times\boldsymbol{H} = \varepsilon\frac{\partial\boldsymbol{E}}{\partial t} \tag{3.38}$$

$$\nabla\times\boldsymbol{E} = -\mu\frac{\partial\boldsymbol{H}}{\partial t} \tag{3.39}$$

$$\nabla\cdot\boldsymbol{H} = 0 \tag{3.40}$$

$$\nabla\cdot\boldsymbol{E} = 0 \tag{3.41}$$

将式（3.39）两边取旋度，有

$$\nabla\times\nabla\times\boldsymbol{E} = -\mu\frac{\partial}{\partial t}\nabla\times\boldsymbol{H}$$

利用矢量恒等式 $\nabla\times\nabla\times\boldsymbol{E}=\nabla(\nabla\cdot\boldsymbol{E})-\nabla^2\boldsymbol{E}$ 及式(3.38)、式（3.41），得到

$$\nabla^2\boldsymbol{E}-\mu\varepsilon\frac{\partial^2\boldsymbol{E}}{\partial t^2}=0 \tag{3.42}$$

式（3.42）称为电场 $\boldsymbol{E}$ 的波动方程。同样可以得到磁场 $\boldsymbol{H}$ 的波动方程

$$\nabla^2\boldsymbol{H}-\mu\varepsilon\frac{\partial^2\boldsymbol{H}}{\partial t^2}=0 \tag{3.43}$$

波动方程中只有一个矢量函数，可以求其解析解。波动方程的解是一个在空间中沿特定方向传播的电磁波。于是研究的电磁波问题，就成为在给定边界条件及初始条件下求解波动方程的问题。

## 3.5 时谐电磁场

### 3.5.1 时谐电磁场的复数表示法

时谐电磁场也称为正弦电磁场，指场的每一个分量随时间是正弦变化的。以直角坐标系为例，正弦变化的电场的3个分量为

$$\left.\begin{aligned}E_x(\boldsymbol{r},t)&=E_{xm}(\boldsymbol{r})\cos[\omega t+\psi_x(\boldsymbol{r})]\\E_y(\boldsymbol{r},t)&=E_{ym}(\boldsymbol{r})\cos[\omega t+\psi_y(\boldsymbol{r})]\\E_z(\boldsymbol{r},t)&=E_{zm}(\boldsymbol{r})\cos[\omega t+\psi_z(\boldsymbol{r})]\end{aligned}\right\} \tag{3.44}$$

由于任意时变波形都可以用傅里叶变换分解为各种频率的正弦分量叠加，因此讨论正弦场具有普遍意义。

复数表示法的数学基础是欧拉公式

$$e^{j\psi}=\cos\psi+j\sin\psi \tag{3.45}$$

利用欧拉公式，有

$$E_x(\boldsymbol{r},t)=\mathrm{Re}\{E_{xm}(\boldsymbol{r})e^{j[\omega t+\psi_x(\boldsymbol{r})]}\}=\mathrm{Re}(\dot{E}_{xm}e^{j\omega t})$$

其中

$$\dot{E}_{xm}=E_{xm}(\boldsymbol{r})e^{j\psi_x(\boldsymbol{r})}$$

称为复数振幅。同理可得

$$\dot{E}_{ym}=E_{ym}(\boldsymbol{r})e^{j\psi_y(\boldsymbol{r})}$$

$$\dot{E}_{zm}=E_{zm}(\boldsymbol{r})e^{j\psi_z(\boldsymbol{r})}$$

电场矢量是它的3个分量在空间的合成。于是得到电场强度复矢量为

$$\dot{\boldsymbol{E}}_m=\boldsymbol{e}_x\dot{E}_{xm}+\boldsymbol{e}_y\dot{E}_{ym}+\boldsymbol{e}_z\dot{E}_{zm} \tag{3.46}$$

电场强度瞬时值与电场强度复矢量之间的关系为

$$\boldsymbol{E}(\boldsymbol{r},t)=\mathrm{Re}(\dot{\boldsymbol{E}}_m e^{j\omega t}) \tag{3.47}$$

$$\boldsymbol{E}(\boldsymbol{r},t)=\boldsymbol{e}_xE_x(\boldsymbol{r},t)+\boldsymbol{e}_yE_y(\boldsymbol{r},t)+\boldsymbol{e}_zE_z(\boldsymbol{r},t)$$

### 3.5.2 复数形式的麦克斯韦方程组和亥姆霍兹方程

正弦电场对时间的导数及积分用复数表示为

$$\frac{\partial \boldsymbol{E}(\boldsymbol{r},t)}{\partial t} = \frac{\partial}{\partial t}\mathrm{Re}(\dot{\boldsymbol{E}}_{\mathrm{m}}\mathrm{e}^{\mathrm{j}\omega t}) = \mathrm{Re}\,\frac{\partial}{\partial t}(\dot{\boldsymbol{E}}_{\mathrm{m}}\mathrm{e}^{\mathrm{j}\omega t}) = \mathrm{Re}(\mathrm{j}\omega\dot{\boldsymbol{E}}_{\mathrm{m}}\mathrm{e}^{\mathrm{j}\omega t})$$

$$\frac{\partial \boldsymbol{E}^2(\boldsymbol{r},t)}{\partial t^2} = \mathrm{Re}(-\omega^2\dot{\boldsymbol{E}}_{\mathrm{m}}\mathrm{e}^{\mathrm{j}\omega t})$$

$$\int \boldsymbol{E}(\boldsymbol{r},t)\,\mathrm{d}t = \int \mathrm{Re}(\dot{\boldsymbol{E}}_{\mathrm{m}}\mathrm{e}^{\mathrm{j}\omega t})\,\mathrm{d}t = \mathrm{Re}\int(\dot{\boldsymbol{E}}_{\mathrm{m}}\mathrm{e}^{\mathrm{j}\omega t})\,\mathrm{d}t = \mathrm{Re}\left(\frac{1}{\mathrm{j}\omega}\dot{\boldsymbol{E}}_{\mathrm{m}}\mathrm{e}^{\mathrm{j}\omega t}\right)$$

正弦电场的散度和旋度用复数表示为

$$\nabla\times\boldsymbol{E}(\boldsymbol{r},t) = \nabla\times\mathrm{Re}(\dot{\boldsymbol{E}}_{\mathrm{m}}\mathrm{e}^{\mathrm{j}\omega t}) = \mathrm{Re}\,\nabla\times(\dot{\boldsymbol{E}}_{\mathrm{m}}\mathrm{e}^{\mathrm{j}\omega t})$$

$$\nabla\cdot\boldsymbol{E}(\boldsymbol{r},t) = \nabla\cdot\mathrm{Re}(\dot{\boldsymbol{E}}_{\mathrm{m}}\mathrm{e}^{\mathrm{j}\omega t}) = \mathrm{Re}\,\nabla\cdot(\dot{\boldsymbol{E}}_{\mathrm{m}}\mathrm{e}^{\mathrm{j}\omega t})$$

同理可以得到正弦磁场对时间的导数、积分及散度、旋度用复数表示的形式。在这里，复数的实部相等意味着复数相等。

由上面的结论可以得知，去掉时间因子 $\mathrm{e}^{\mathrm{j}\omega t}$，并去掉下标 m 且不再加点，可以得到复数麦克斯韦方程组的微分形式为

$$\left.\begin{aligned}\nabla\times\boldsymbol{H} &= \boldsymbol{J}+\mathrm{j}\omega\boldsymbol{D}\\ \nabla\times\boldsymbol{E} &= -\mathrm{j}\omega\boldsymbol{B}\\ \nabla\cdot\boldsymbol{B} &= 0\\ \nabla\cdot\boldsymbol{D} &= \rho\end{aligned}\right\} \tag{3.48}$$

无源区域复数形式的波动方程（也称为亥姆霍兹方程）为

$$\nabla^2\boldsymbol{E}+\omega^2\mu\varepsilon\boldsymbol{E} = 0 \tag{3.49}$$

$$\nabla^2\boldsymbol{H}+\omega^2\mu\varepsilon\boldsymbol{H} = 0 \tag{3.50}$$

### 3.5.3 平均能流密度矢量

由于

$$\boldsymbol{E}(\boldsymbol{r},t) = \mathrm{Re}(\dot{\boldsymbol{E}}_{\mathrm{m}}\mathrm{e}^{\mathrm{j}\omega t}) = \frac{1}{2}(\dot{\boldsymbol{E}}_{\mathrm{m}}\mathrm{e}^{\mathrm{j}\omega t}+\dot{\boldsymbol{E}}_{\mathrm{m}}^{*}\mathrm{e}^{-\mathrm{j}\omega t})$$

$$\boldsymbol{H}(\boldsymbol{r},t) = \mathrm{Re}(\dot{\boldsymbol{H}}_{\mathrm{m}}\mathrm{e}^{\mathrm{j}\omega t}) = \frac{1}{2}(\dot{\boldsymbol{H}}_{\mathrm{m}}\mathrm{e}^{\mathrm{j}\omega t}+\dot{\boldsymbol{H}}_{\mathrm{m}}^{*}\mathrm{e}^{-\mathrm{j}\omega t})$$

所以

$$\begin{aligned}\boldsymbol{S}(\boldsymbol{r},t) &= \boldsymbol{E}(\boldsymbol{r},t)\times\boldsymbol{H}(\boldsymbol{r},t)\\ &= \frac{1}{2}(\dot{\boldsymbol{E}}_{\mathrm{m}}\mathrm{e}^{\mathrm{j}\omega t}+\dot{\boldsymbol{E}}_{\mathrm{m}}^{*}\mathrm{e}^{-\mathrm{j}\omega t})\times\frac{1}{2}(\dot{\boldsymbol{H}}_{\mathrm{m}}\mathrm{e}^{\mathrm{j}\omega t}+\dot{\boldsymbol{H}}_{\mathrm{m}}^{*}\mathrm{e}^{-\mathrm{j}\omega t})\\ &= \frac{1}{2}\mathrm{Re}(\dot{\boldsymbol{E}}_{\mathrm{m}}\times\dot{\boldsymbol{H}}_{\mathrm{m}}^{*})+\frac{1}{2}\mathrm{Re}(\dot{\boldsymbol{E}}_{\mathrm{m}}\times\dot{\boldsymbol{H}}_{\mathrm{m}}\mathrm{e}^{\mathrm{j}2\omega t})\end{aligned}$$

在一个周期内求其平均值，并去掉下标 m 且不再加点，得

$$\boldsymbol{S}_{\mathrm{av}} = \frac{1}{T}\int_0^T\boldsymbol{E}(\boldsymbol{r},t)\times\boldsymbol{H}(\boldsymbol{r},t)\,\mathrm{d}t = \mathrm{Re}\left(\frac{1}{2}\boldsymbol{E}\times\boldsymbol{H}^{*}\right) \tag{3.51}$$

式（3.51）为平均能流密度矢量，或称为坡印廷矢量平均值，其中“*”表示取共轭复数。

**例3.6** 将例3.5中的电场 $\boldsymbol{E}$ 和磁场 $\boldsymbol{H}$ 改写为复数形式，并求坡印廷矢量平均值。

**解** 例3.5中电场 $\boldsymbol{E}$ 和磁场 $\boldsymbol{H}$ 的瞬时值形式为

$$\boldsymbol{E}=\boldsymbol{e}_y E_0 \sin\frac{\pi}{d}z\cos(\omega t-k_x x)$$

$$\boldsymbol{H}=\boldsymbol{e}_x\frac{E_0\pi}{\omega\mu_0 d}\cos\frac{\pi}{d}z\sin(\omega t-k_x x)+\boldsymbol{e}_z\frac{E_0 k_x}{\omega\mu_0}\sin\frac{\pi}{d}z\cos(\omega t-k_x x)$$

其对应的复数形式为

$$\boldsymbol{E}=\boldsymbol{e}_y E_0\sin\frac{\pi}{d}z\mathrm{e}^{-\mathrm{j}k_x x}$$

$$\boldsymbol{H}=\boldsymbol{e}_x\frac{E_0\pi}{\omega\mu_0 d}\cos\frac{\pi}{d}z\mathrm{e}^{-\mathrm{j}k_x x}\mathrm{e}^{-\mathrm{j}\frac{\pi}{2}}+\boldsymbol{e}_z\frac{E_0 k_x}{\omega\mu_0}\sin\frac{\pi}{d}z\mathrm{e}^{-\mathrm{j}k_x x}$$

坡印廷矢量平均值为

$$\begin{aligned}\boldsymbol{S}_{\mathrm{av}}&=\mathrm{Re}\left[\frac{1}{2}\boldsymbol{E}\times\boldsymbol{H}^*\right]\\&=\mathrm{Re}\left[-\boldsymbol{e}_z\mathrm{j}\frac{E_0^2\pi}{2\omega\mu_0 d}\sin\frac{\pi}{d}z\cos\frac{\pi}{d}z+\boldsymbol{e}_x\frac{E_0^2 k_x}{2\omega\mu_0}\sin^2\frac{\pi}{d}z\right]\\&=\boldsymbol{e}_x\frac{E_0^2 k_x}{2\omega\mu_0}\sin^2\frac{\pi}{d}z\end{aligned}$$

比较例3.5及例3.6的结果可以知道，能量流动的瞬时值有 $x$ 和 $z$ 两个方向的分量，但能量流动的平均值只有 $x$ 方向的分量。这里称电磁波沿 $x$ 方向为行波，沿 $z$ 方向为驻波。

# 本章小结

以麦克斯韦方程组为核心的经典电磁场理论，已经成为研究宏观电磁现象和现代工程电磁问题的基础。麦克斯韦概括了前人的成果，对宏观电磁场的三大实验定律（库仑定律、安培力定律、法拉第电磁感应定律）加以总结，并在位移电流假说的基础上，提出了著名的麦克斯韦方程组。麦克斯韦方程组指出，在时变电磁场中变化的电场和变化的磁场互相为源，不仅电荷和电流是构成电磁场的源，时变的电场和时变的磁场也是构成电磁场的源，时变电场与时变磁场同时存在，它们相互激发，在空间形成了电磁波。在这种情况下，电场和磁场不再独立存在，出现了由电场和磁场构成的统一电磁场。

本章首先介绍了法拉第电磁感应定律和麦克斯韦位移电流假说，得出麦克斯韦方程组；其次讨论了边界条件；第三，讨论了坡印廷定理，并给出了能流密度矢量，其中坡印廷定理反映了电磁能量的流动规律；第四，讨论了波动方程，波动方程由麦克斯韦方程组得出，波动方程是只有电场或只有磁场的方程；最后介绍了时谐电磁场的复数表示法。

麦克斯韦方程组有积分和微分两种形式，其中积分形式包括电场的通量和环流、磁场的通量和环流；微分形式包括电场的散度和旋度、磁场的散度和旋度。在不同媒质的分界面上，会出现电磁场的突变情形，边界条件用切向和法向对电磁场的突变进行分析，电场强度 $\boldsymbol{E}$、电位移 $\boldsymbol{D}$、磁场强度 $\boldsymbol{H}$ 和磁感应强度 $\boldsymbol{B}$ 在不同媒质的分界面上满足边界条件。坡印廷定理给出了电磁波在空间传播时能量流动的定量关系，$\boldsymbol{E}\times\boldsymbol{H}$ 为单位面积上流过的功率，电场强度 $\boldsymbol{E}$ 和磁场强度 $\boldsymbol{H}$ 共同决定着能流密度矢量 $\boldsymbol{S}$。$\boldsymbol{S}$ 为矢量，静电场的能量 $W_e$ 和恒定磁场的能量 $W_m$ 为标量，说明静态电磁场没有能量的流动，时变电磁场才出现电磁波的传播。波动方程是只有电场或只有磁场的方程，而麦克斯韦方程组是由电场和磁场构成的方程组，由波动方程计算电磁问题往往更为简洁。正弦电磁场也称时谐电磁场，时谐电磁场可以由复数表示，复数形式的电磁场只是空间的函数，数学上更为方便，麦克斯韦方程组、波动方程、坡印廷矢量都有复数形式，其中，复数形式的波动方程称为亥姆霍兹方程，复数形式的坡印廷矢量是能流密度矢量的平均值。

## 习　　题

3.1　如题图3.1所示，平行双导线与一矩形回路共面。设 $a=0.2\,\text{m}$，$b=c=d=0.1\,\text{m}$，电流 $i=1.0\cos(2\pi\times10^7 t)\,\text{A}$，求回路中的感应电动势。

3.2　一圆柱形电容器，内导体半径和外导体内半径分别为 $a$ 和 $b$，长为 $l$。设外加电压为 $U_0\sin\omega t$，试计算电容器极板间的总位移电流，证明它等于电容器的电流。

3.3　由麦克斯韦方程组的微分形式推出电流连续性方程的微分形式。

3.4　计算下列媒质中传导电流密度和位移电流密度在频率 $f_1=1\,\text{kHz}$ 和 $f_2=1\,\text{MHz}$ 时的比值。

（1）铜 $\sigma=5.8\times10^7\,\text{S/m}$、$\varepsilon=\varepsilon_0$；　　（2）海水 $\sigma=4\,\text{S/m}$、$\varepsilon=81\varepsilon_0$；

（3）聚苯乙烯 $\sigma=10^{-16}\,\text{S/m}$、$\varepsilon=2.53\varepsilon_0$。

3.5　已知空气中 $\boldsymbol{E}=\boldsymbol{e}_y E_0\cos(\omega t-\beta x)$，求磁场 $\boldsymbol{H}$ 和坡印廷矢量的瞬时值 $\boldsymbol{S}$。

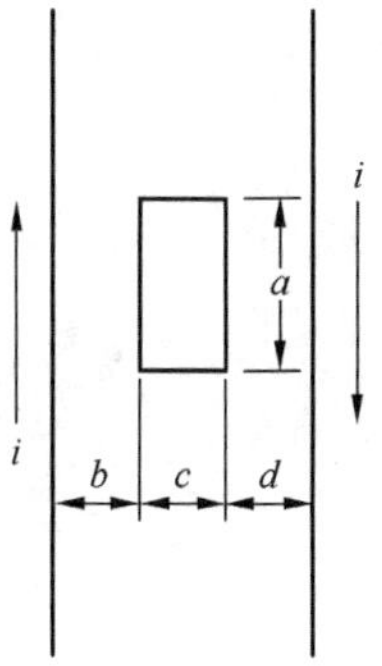

3.6　已知空气中 $\boldsymbol{E}=\boldsymbol{e}_y 0.1\sin(10\pi x)\cos(6\pi\times10^9 t-\beta z)$，求 $\boldsymbol{H}$ 和 $\beta$。


题图3.1

3.7　将下列复数形式的场矢量变换成瞬时表达式，或做相反的变换。

（1）$\boldsymbol{E}=\boldsymbol{e}_x e^{j\beta z}+\boldsymbol{e}_y e^{-j\beta z+j\frac{\pi}{2}}$；　　（2）$\boldsymbol{E}=\boldsymbol{e}_x\cos(\omega t-\beta z)+\boldsymbol{e}_y\sin(\omega t-\beta z+\varphi)$；

（3）$\boldsymbol{E}=\boldsymbol{e}_y\sin\left(\frac{\pi}{a}z\right)\cos(\omega t-\beta x)$；（4）$\boldsymbol{E}=\boldsymbol{e}_x\sin\frac{\pi}{a}z e^{j\beta y}$。

3.8　已知某电磁波的复数形式为 $\boldsymbol{E}=\boldsymbol{e}_x jE_0\sin kz$，$\boldsymbol{H}=\boldsymbol{e}_y\sqrt{\frac{\varepsilon_0}{\mu_0}}E_0\cos kz$，其中，$k=\frac{2\pi}{\lambda}$，求：

（1）点 $z$ 为0，$\frac{\lambda}{8}$，$\frac{\lambda}{4}$ 处坡印廷矢量的瞬时值；　　（2）上述各点坡印廷矢量的平均值。

3.9　已知空气中 $\boldsymbol{H}=\boldsymbol{e}_y 2\cos(15\pi x)\sin(6\pi\times10^9 t-\beta z)$，求 $\boldsymbol{E}$ 和 $\beta$。

3.10　在理想导电壁（$\sigma=\infty$）限定的区域 $0\leqslant x\leqslant a$ 内存在如下电磁场

$$E_y=H_0\mu\omega\left(\frac{a}{\pi}\right)\sin\left(\frac{\pi}{a}x\right)\sin(kz-\omega t)$$

$$H_x=H_0 k\left(\frac{a}{\pi}\right)\sin\left(\frac{\pi}{a}x\right)\sin(kz-\omega t)$$

$$H_z = H_0 \cos\left(\frac{\pi}{a}x\right)\cos(kz - \omega t)$$

这个电磁场满足的边界条件如何？导电壁上的电流密度如何？

3.11　已知垂直放置在球坐标系原点的电流元 $Idl$ 产生的远区电磁场为

$$\boldsymbol{E} = \boldsymbol{e}_\theta \mathrm{j}\frac{60\pi Idl}{\lambda r}\sin\theta \mathrm{e}^{-\mathrm{j}\beta r}$$

$$\boldsymbol{H} = \boldsymbol{e}_\varphi \mathrm{j}\frac{Idl}{2\lambda r}\sin\theta \mathrm{e}^{-\mathrm{j}\beta r}$$

求：

（1）电磁场瞬时值表达式；　（2）坡印廷矢量的平均值；　（3）电流元总辐射功率。

3.12　计算题3.10中的能流密度矢量和平均能流密度矢量。

# 第4章 平面电磁波

在上一章已知时变电磁场的一个重要性质是电磁波能在媒质中传播。在一定边界条件和初始条件下，电场和磁场波动方程的解可以表示电磁波的存在方式和传播特点。波动方程最简单的解是平面波解，本章将从波动方程开始，讨论平面电磁波的传播规律和特点。首先讨论均匀平面波在无界媒质中的传播特性；然后讨论平面波的极化；最后讨论在传播的过程中，电磁波遇到不同媒质分界面时发生的反射和折射现象。

## 4.1 无界理想介质中的均匀平面波

均匀平面波是指波阵面（等相位面）为无限大平面，波阵面上各点的场强大小相等、方向相同的电磁波。假设媒质是均匀无界的理想介质，下面讨论均匀平面波在这一理想介质中的传播特性。

在均匀无界媒质中，一个点波源所辐射的电磁波是球面波，其波阵面是球面。在远离点波源处，如果观察的范围不大时，观察到的球面波非常接近平面波。所以，讨论这种平面波是有意义的。在平面波中，均匀平面波又是最简单的波。

均匀无界理想介质中的波动方程为

$$\nabla^2 \boldsymbol{E} - \mu\varepsilon \frac{\partial^2 \boldsymbol{E}}{\partial t^2} = 0$$

选用直角坐标系，假设电磁波沿 $z$ 方向传播，电场为 $x$ 方向。根据均匀平面波的定义，$E_x$ 在 $xOy$ 平面无变化，也即

$$\frac{\partial E_x}{\partial x} = 0,\ \frac{\partial E_x}{\partial y} = 0$$

于是，电场的波动方程为

$$\frac{\partial^2 E_x}{\partial z^2} - \mu\varepsilon \frac{\partial^2 E_x}{\partial t^2} = 0 \tag{4.1}$$

该方程的通解为

$$E_x = f_1\left(z - \frac{1}{\sqrt{\mu\varepsilon}}t\right) + f_2\left(z + \frac{1}{\sqrt{\mu\varepsilon}}t\right) \tag{4.2}$$

式（4.2）中，$f_1$ 和 $f_2$ 是任意函数。将式（4.2）代入式（4.1）可得，通解满足电场的波动方程。

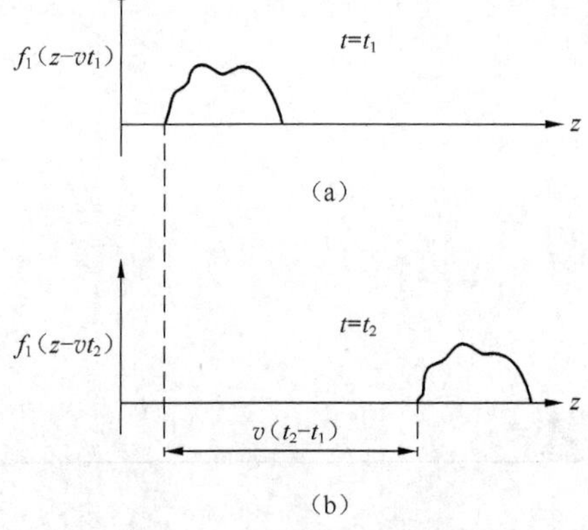


图4.1　沿 +z 方向传播的电磁波

现在说明特解 $f_1\left(z-\frac{1}{\sqrt{\mu\varepsilon}}t\right)$ 的意义。在某一固定时刻，$f_1$ 是空间位置 $z$ 的函数，可以画图表示 $f_1$ 与 $z$ 的关系。图4.1（a）及（b）分别示出了 $t_1$ 时刻和 $t_2$ 时刻函数 $f_1$ 的形状，由于是均匀平面波，其形状完全相同，只是沿 $z$ 方向移动了一段距离。这段距离可以由下式求出

$$z_2-\frac{1}{\sqrt{\mu\varepsilon}}t_2=z_1-\frac{1}{\sqrt{\mu\varepsilon}}t_1$$

$$z_2-z_1=\frac{1}{\sqrt{\mu\varepsilon}}(t_2-t_1)$$

即移动距离为 $\frac{1}{\sqrt{\mu\varepsilon}}(t_2-t_1)$。可以看出，$f_1\left(z-\frac{1}{\sqrt{\mu\varepsilon}}t\right)$ 是一个以 $\frac{1}{\sqrt{\mu\varepsilon}}$ 为速度、沿 $+z$ 方向传播的电磁波；同样，$f_2\left(z+\frac{1}{\sqrt{\mu\varepsilon}}t\right)$ 是一个以 $\frac{1}{\sqrt{\mu\varepsilon}}$ 为速度、沿 $-z$ 方向传播的电磁波。

$$v=\frac{1}{\sqrt{\mu\varepsilon}} \tag{4.3}$$

在自由空间中

$$\mu_0=4\pi\times10^{-7}\ \mathrm{H/m}$$

$$\varepsilon_0=\frac{1}{36\pi\times10^9}\ \mathrm{F/m}$$

电磁波速度为

$$v=c=\frac{1}{\sqrt{\mu_0\varepsilon_0}}=3\times10^8\ \mathrm{m/s}$$

通解式（4.2）现在可以写为

$$E_x=f_1(z-vt)+f_2(z+vt) \tag{4.4}$$

在无界介质中，一般没有反射波存在，所以只考虑单一行进的波。假设波沿 $+z$ 方向传播，电场的解为 $f(z-vt)$。

$f(z-vt)$ 可以是 $z-vt$ 的任何函数，取决于产生此波的激励方式。这里考虑场按正弦变化的情况，则电场可以写成

$$E_x=E_{\mathrm{m}}\cos k(z-vt)=E_{\mathrm{m}}\cos(\omega t-kz) \tag{4.5}$$

式（4.5）中

$$\omega=kv=\frac{k}{\sqrt{\mu\varepsilon}}$$

也即

$$k=\omega\sqrt{\mu\varepsilon} \tag{4.6}$$

对于正弦电磁场，用复数表示的波动方程即是亥姆霍兹方程，为

$$\nabla^2 \boldsymbol{E} + \omega^2 \mu\varepsilon \boldsymbol{E} = 0$$

当为均匀平面波时，上式可以写为

$$\frac{\partial^2 E_x}{\partial z^2} + k^2 E_x = 0 \tag{4.7}$$

其通解为

$$E_x = E_m^+ e^{-jkz} + E_m^- e^{+jkz} \tag{4.8}$$

考虑式（4.8）右边第一项，其正是式（4.5）的复数形式。

$$E_x^+(z,t) = \mathrm{Re}(E_m^+ e^{-jkz} e^{j\omega t}) = E_m^+ \cos(\omega t - kz) \tag{4.9}$$

无界空间不考虑反射波，电场写成

$$E_x(z,t) = E_m \cos(\omega t - kz) \tag{4.10}$$

式（4.10）代表沿 $+z$ 方向传播的电磁波，如图4.2所示。

对于空间一固定点，式（4.10）中，$E_x$ 只是时间的函数，周期为

$$T = \frac{2\pi}{\omega} \tag{4.11}$$

频率为

$$f = \frac{1}{T} = \frac{\omega}{2\pi} \tag{4.12}$$

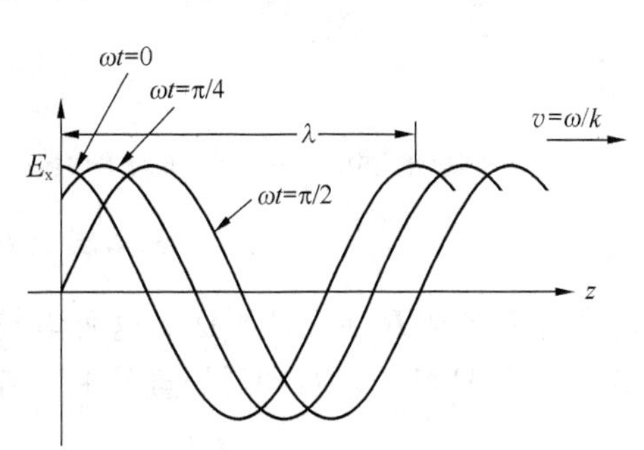


图4.2 正弦变化的电磁波

式（4.10）中，$kz$ 代表相角。$k$ 代表电磁波沿 $+z$ 方向传播时每单位距离改变的相位，称为相位常数，单位为 rad/m（弧度/米）。当空间两点相距一个波长 $\lambda$ 时，相位差为 $2\pi$，因此有

$$k = \frac{2\pi}{\lambda} \tag{4.13}$$

电磁波的等相位面在空间中的移动速度称为相速度，在无界空间中电磁波的相速度也即电磁波的速度。将式（4.12）和式（4.13）代入式（4.6），得到相速度为

$$v_p = v = \lambda f \tag{4.14}$$

磁场可以由 $\nabla\times \boldsymbol{E} = -j\omega\mu \boldsymbol{H}$ 求出。

$$\nabla\times \boldsymbol{E} = \begin{vmatrix} \boldsymbol{e}_x & \boldsymbol{e}_y & \boldsymbol{e}_z \\ \frac{\partial}{\partial x} & \frac{\partial}{\partial y} & \frac{\partial}{\partial z} \\ E_x & 0 & 0 \end{vmatrix} = \boldsymbol{e}_y \frac{\partial E_x}{\partial z}$$

$$\begin{aligned} \boldsymbol{H} &= -\frac{1}{j\omega\mu}\nabla\times \boldsymbol{E} = -\boldsymbol{e}_y \frac{1}{j\omega\mu}\frac{\partial E_x}{\partial z} = \boldsymbol{e}_y \frac{k}{\omega\mu} E_m e^{-jkz} \\ &= \boldsymbol{e}_y \frac{1}{\eta} E_m e^{-jkz} \end{aligned} \tag{4.15}$$

磁场的瞬时值为

$$\boldsymbol{H}(z,t) = \boldsymbol{e}_y \frac{E_m}{\eta}\cos(\omega t - kz) \tag{4.16}$$

电场的时空变化与磁场的时空变化相同，振幅相差一个因子 $\eta$，称为波阻抗或本征阻抗。

$$\eta = \frac{\omega\mu}{k} = \sqrt{\frac{\mu}{\varepsilon}} \tag{4.17}$$

$\eta$ 的单位为 Ω（欧［姆］）。

在自由空间中

$$\eta_0 = \sqrt{\frac{\mu_0}{\varepsilon_0}} = 120\pi \approx 377\ \Omega \tag{4.18}$$

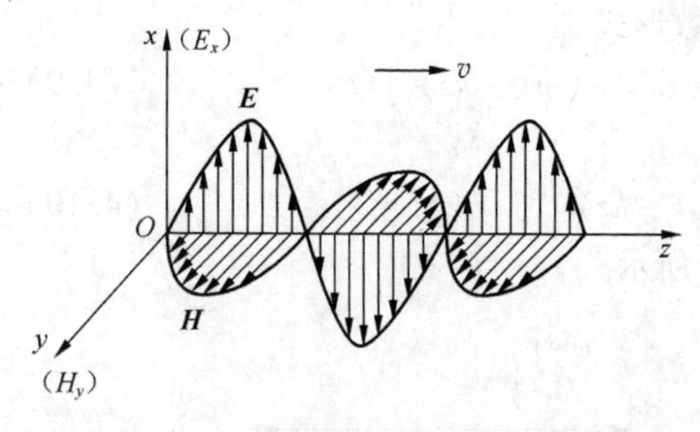

图 4.3　理想介质中均匀平面波的电场和磁场

由上面的讨论可以看出，均匀平面波的电场和磁场在时间上是同相的，在空间上是垂直的。如图 4.3 所示，当电磁波沿 $+z$ 方向上传播时，有 $x$ 方向的电场和 $y$ 方向的磁场，即 $\boldsymbol{E}$、$\boldsymbol{H}$ 和能流密度矢量 $\boldsymbol{S}$ 三者两两垂直；电场和磁场相位相同，它们同时达到最大值和最小值；电场和磁场振幅不同，电场振幅比磁场振幅大 $\eta$ 倍。

坡印廷矢量（也即能流密度矢量）的瞬时值为

$$\boldsymbol{S} = \boldsymbol{E} \times \boldsymbol{H} = \boldsymbol{e}_z \frac{E_{\mathrm{m}}^2}{\eta}\cos^2(\omega t - kz) \tag{4.19}$$

$\boldsymbol{S}$ 垂直于 $\boldsymbol{E}$ 和 $\boldsymbol{H}$ 所在的平面。这种电场和磁场均垂直于传播方向的平面波称为横电磁波，或简写为 TEM 波。坡印廷矢量的平均值为

$$\boldsymbol{S}_{\mathrm{av}} = \mathrm{Re}\left(\frac{1}{2}\boldsymbol{E} \times \boldsymbol{H}^*\right) = \frac{1}{2}\mathrm{Re}\left(\boldsymbol{e}_x E_{\mathrm{m}} \mathrm{e}^{-\mathrm{j}kz} \times \boldsymbol{e}_y \frac{E_{\mathrm{m}}}{\eta}\mathrm{e}^{\mathrm{j}kz}\right) = \boldsymbol{e}_z \frac{E_{\mathrm{m}}^2}{2\eta} \tag{4.20}$$

平均功率流密度为常数，说明与传播方向相垂直的平面上每单位面积通过的功率都相等，即电磁波在传播过程中没有损耗。在理想介质中，均匀平面波在传播过程中是等振幅的。

已知每单位体积中电场的储能为

$$w_{\mathrm{e}} = \frac{1}{2}\varepsilon E^2$$

磁场的储能为

$$w_{\mathrm{m}} = \frac{1}{2}\mu H^2$$

由于存在关系

$$E = \eta H = \sqrt{\frac{\mu}{\varepsilon}}H$$

所以

$$w_{\mathrm{e}} = w_{\mathrm{m}}$$

这表明在空间任何一点、在任何时刻，每单位体积中的电场储能和磁场储能相等。

当均匀平面波沿 $\boldsymbol{e}_n$ 方向传播时，电场矢量可以表示为

$$\boldsymbol{E} = \boldsymbol{E}_0 \mathrm{e}^{-\mathrm{j}k\boldsymbol{e}_n\cdot\boldsymbol{r}} = \boldsymbol{E}_0 \mathrm{e}^{-\mathrm{j}\boldsymbol{k}\cdot\boldsymbol{r}} \tag{4.21}$$

如图 4.4 所示。其中

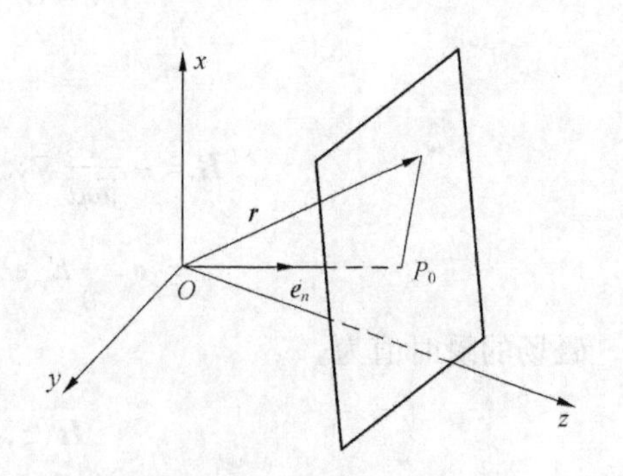

图 4.4　沿 $\boldsymbol{e}_n$ 方向传播的平面波的等相位面

$$\boldsymbol{e}_n = \boldsymbol{e}_x\cos\alpha + \boldsymbol{e}_y\cos\beta + \boldsymbol{e}_z\cos\gamma \tag{4.22}$$

$$\boldsymbol{k} = k\boldsymbol{e}_n = \boldsymbol{e}_x k_x + \boldsymbol{e}_y k_y + \boldsymbol{e}_z k_z \tag{4.23}$$

$\boldsymbol{r}$ 为位置矢量，写为

$$\boldsymbol{r} = \boldsymbol{e}_x x + \boldsymbol{e}_y y + \boldsymbol{e}_z z$$

在无源区域内，$\nabla\cdot\boldsymbol{E}=0$，则得

$$\nabla\cdot\boldsymbol{E} = \boldsymbol{E}_0\cdot\nabla\mathrm{e}^{-\mathrm{j}\boldsymbol{k}\cdot\boldsymbol{r}} = 0$$

其中

$$\begin{aligned}\nabla\mathrm{e}^{-\mathrm{j}\boldsymbol{k}\cdot\boldsymbol{r}} &= \nabla\mathrm{e}^{-\mathrm{j}(k_x x+k_y y+k_z z)}\\ &= -\mathrm{j}(\boldsymbol{e}_x k_x + \boldsymbol{e}_y k_y + \boldsymbol{e}_z k_z)\mathrm{e}^{-\mathrm{j}\boldsymbol{k}\cdot\boldsymbol{r}}\\ &= -j\boldsymbol{k}\mathrm{e}^{-\mathrm{j}\boldsymbol{k}\cdot\boldsymbol{r}}\end{aligned}$$

所以

$$\nabla\cdot\boldsymbol{E} = -\mathrm{j}\boldsymbol{k}\cdot\boldsymbol{E} = 0$$

也即

$$\boldsymbol{e}_n\cdot\boldsymbol{E} = 0 \tag{4.24}$$

$$\boldsymbol{H} = \frac{1}{\eta}\boldsymbol{e}_n\times\boldsymbol{E} = \frac{1}{\eta}\boldsymbol{e}_n\times\boldsymbol{E}_0\mathrm{e}^{-\mathrm{j}\boldsymbol{k}\cdot\boldsymbol{r}} \tag{4.25}$$

$\boldsymbol{E}$、$\boldsymbol{H}$ 与 $\boldsymbol{e}_n$ 的方向相互垂直，表明传播方向无电场与磁场分量。

**例4.1** 已知无界理想介质（$\varepsilon=9\varepsilon_0$，$\mu=\mu_0$，$\sigma=0$）中正弦平面波的频率$f=10^8$ Hz，电场强度为$\boldsymbol{E}=\boldsymbol{e}_x 4\mathrm{e}^{-\mathrm{j}kz+\mathrm{j}\frac{\pi}{3}}$ V/m，求：

（1）平面波的相速度 $v_\mathrm{p}$、波长 $\lambda$、相位常数 $k$、波阻抗 $\eta$；

（2）写出电场 $\boldsymbol{E}$ 和磁场 $\boldsymbol{H}$ 的瞬时表达式；

（3）求坡印廷矢量的平均值。

**解** （1）$v_\mathrm{p} = \dfrac{1}{\sqrt{\mu\varepsilon}} = \dfrac{c}{\sqrt{\varepsilon_\mathrm{r}}} = \dfrac{3\times10^8}{\sqrt{9}} = 10^8$ m/s

$$\lambda = \frac{v_\mathrm{p}}{f} = 1\ \mathrm{m}$$

$$k = \frac{2\pi}{\lambda} = 2\pi\ \mathrm{rad/m}$$

$$\eta = \sqrt{\frac{\mu}{\varepsilon}} = \eta_0\frac{1}{\sqrt{\varepsilon_\mathrm{r}}} = 120\pi\sqrt{\frac{1}{9}} = 40\ \pi\ \Omega$$

（2）$\boldsymbol{H} = \boldsymbol{e}_y\dfrac{1}{\eta}E_\mathrm{m}\mathrm{e}^{-\mathrm{j}kz+\mathrm{j}\frac{\pi}{3}} = \boldsymbol{e}_y\dfrac{1}{10\pi}\mathrm{e}^{-\mathrm{j}kz+\mathrm{j}\frac{\pi}{3}}$ A/m

电场和磁场的瞬时表达式为

$$\begin{aligned}\boldsymbol{E} &= \mathrm{Re}(\boldsymbol{e}_x 4\mathrm{e}^{-\mathrm{j}kz+\mathrm{j}\frac{\pi}{3}}\mathrm{e}^{\mathrm{j}\omega t}) = \boldsymbol{e}_x 4\cos\left(\omega t - kz + \frac{\pi}{3}\right)\\ &= \boldsymbol{e}_x 4\cos\left(2\pi\times10^8 t - 2\pi z + \frac{\pi}{3}\right)\ \mathrm{V/m}\end{aligned}$$

$$\boldsymbol{H} = \mathrm{Re}\left(\boldsymbol{e}_y\frac{1}{10\pi}\mathrm{e}^{-\mathrm{j}kz+\mathrm{j}\frac{\pi}{3}}\mathrm{e}^{\mathrm{j}\omega t}\right) = \boldsymbol{e}_y\frac{1}{10\pi}\cos\left(2\pi\times10^8 t - 2\pi z + \frac{\pi}{3}\right)\ \mathrm{A/m}$$

（3）坡印廷矢量的平均值为

$$S_{av} = \mathrm{Re}\left(\frac{1}{2}\boldsymbol{E}\times\boldsymbol{H}^*\right) = \frac{1}{2}\mathrm{Re}\left(\boldsymbol{e}_x 4\mathrm{e}^{-\mathrm{j}kz+\mathrm{j}\frac{\pi}{3}} \times \boldsymbol{e}_y \frac{1}{10\pi}\mathrm{e}^{\mathrm{j}kz-\mathrm{j}\frac{\pi}{3}}\right)$$

$$= \boldsymbol{e}_z \frac{1}{5\pi}\ \mathrm{W/m^2}$$

**例 4.2** 已知真空中传播的均匀平面波的磁场强度为 $\boldsymbol{H}(\boldsymbol{r},t) = 3(\boldsymbol{e}_x + \boldsymbol{e}_y 2 + \boldsymbol{e}_z 1)\cos(\omega t + 3x - y - z)$ A/m，求：

（1）波的传播方向；

（2）电场矢量 $\boldsymbol{E}(\boldsymbol{r},t)$。

**解** （1）因为

$$\omega t - \boldsymbol{k}\cdot\boldsymbol{r} = \omega t + 3x - y - z$$

$$\boldsymbol{r} = \boldsymbol{e}_x x + \boldsymbol{e}_y y + \boldsymbol{e}_z z$$

所以

$$\boldsymbol{k} = -\boldsymbol{e}_x 3 + \boldsymbol{e}_y 1 + \boldsymbol{e}_z 1$$

波传播方向的单位矢量为

$$\boldsymbol{e}_n = \frac{\boldsymbol{k}}{|k|} = \frac{1}{\sqrt{11}}(-\boldsymbol{e}_x 3 + \boldsymbol{e}_y 1 + \boldsymbol{e}_z 1)$$

（2）因为

$$\boldsymbol{H} = \frac{1}{\eta}\boldsymbol{e}_n \times \boldsymbol{E}$$

所以

$$\boldsymbol{E} = -\eta \boldsymbol{e}_n \times \boldsymbol{H}$$

$$\boldsymbol{E} = -\frac{120\pi}{\sqrt{11}}(-\boldsymbol{e}_x 3 + \boldsymbol{e}_y 1 + \boldsymbol{e}_z 1)\times\boldsymbol{H}$$

$$= \frac{360\pi}{\sqrt{11}}(\boldsymbol{e}_x - \boldsymbol{e}_y 4 + \boldsymbol{e}_z 7)\cos(\omega t + 3x - y - z)\ \mathrm{V/m}$$

## 4.2 波的极化

波的极化是指在空间任一固定点上波的电场矢量空间取向随时间变化的方式，用 $\boldsymbol{E}$ 的矢端轨迹描述。上节讨论的电磁波，其电场矢量的取向总是平行于某一固定直线，或者说在空间固定点上电场矢量总是随时间在一条固定直线上振动，称这样的波为线极化波。假设 $\boldsymbol{E} = \boldsymbol{e}_x E_m \cos(\omega t - kz)$，在任意 $z$ 值处电场矢端轨迹始终在 $x$ 方向，则称为 $x$ 方向极化的线极化波。

波的极化状态有3种。如果 $\boldsymbol{E}$ 的矢端轨迹为直线，波为线极化波；如果 $\boldsymbol{E}$ 的矢端轨迹为圆，波为圆极化波；如果 $\boldsymbol{E}$ 的矢端轨迹为椭圆，波为椭圆极化波。显然，对于均匀平面波而言，在空间所有点上波的极化状态都相同。

无界介质中的均匀平面波是TEM波。当均匀平面波沿 $+z$ 方向传播时，电场方向与传播方向相垂直，这时 $E_x$ 和 $E_y$ 都可以存在，电场表示为

$$\boldsymbol{E} = \boldsymbol{e}_x E_x + \boldsymbol{e}_y E_y$$

空间任一点的电场是其 $x$ 分量和 $y$ 分量的合成，构成电场的矢端轨迹。$E_x$ 和 $E_y$ 的振幅和相

位可以不同，表示为

$$\left.\begin{aligned} E_x &= E_{xm}\cos(\omega t - kz + \psi_x) \\ E_y &= E_{ym}\cos(\omega t - kz + \psi_y) \end{aligned}\right\} \tag{4.26}$$

讨论极化时，在空间取固定点。为简单起见，假设 $z=0$，则

$$\left.\begin{aligned} E_x &= E_{xm}\cos(\omega t + \psi_x) \\ E_y &= E_{ym}\cos(\omega t + \psi_y) \end{aligned}\right\} \tag{4.27}$$

### 4.2.1 线极化

如果 $E_x$ 和 $E_y$ 相位相同或相差 $\pi$，合成电场的矢端轨迹为直线，波为线极化波。取 $\psi_x = \psi_y = \psi$，有

$$\left.\begin{aligned} E_x &= E_{xm}\cos(\omega t + \psi) \\ E_y &= E_{ym}\cos(\omega t + \psi) \end{aligned}\right\} \tag{4.28}$$

合成电场强度的振幅为

$$E = \sqrt{E_{xm}^2 + E_{ym}^2}\cos(\omega t + \psi) \tag{4.29}$$

合成电场强度与 $x$ 轴的夹角为 $\alpha$，则

$$\tan\alpha = \frac{E_{ym}}{E_{xm}} = \text{常数} \tag{4.30}$$

合成电场的大小虽然随时间变化，但方向保持在一条直线上，如图 4.5 所示，因此，这种极化方式称为线极化。

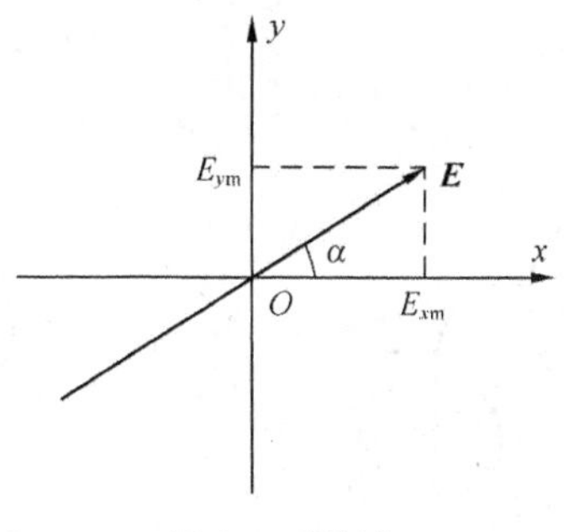


图 4.5 线极化

### 4.2.2 圆极化

如果 $E_x$ 和 $E_y$ 振幅相同，相位相差 $\pm\frac{\pi}{2}$，合成电场的矢端轨迹为圆，波为圆极化波。取 $E_{xm} = E_{ym} = E_m$，$\psi_x - \psi_y = \pm\frac{\pi}{2}$，有

$$\left.\begin{aligned} E_x &= E_m\cos(\omega t + \psi_x) \\ E_y &= \pm E_m\sin(\omega t + \psi_x) \end{aligned}\right\} \tag{4.31}$$

合成电场强度的振幅为

$$E = \sqrt{E_x^2 + E_y^2} = E_m = \text{常数} \tag{4.32}$$

合成电场强度与 $x$ 轴的夹角 $\alpha$ 由

$$\tan\alpha = \pm\tan(\omega t + \psi_x)$$

确定，即

$$\alpha = \pm(\omega t + \psi_x) \tag{4.33}$$

由式（4.32）和式（4.33）可以看出，合成电场强度的振幅大小不变，其矢端随时间以角频率 $\omega$ 变化做圆周运动，矢端轨迹为圆，因此，这种极化方式称为圆极化。

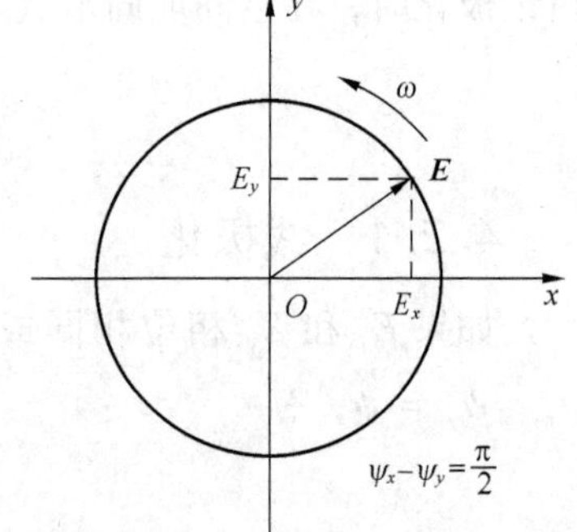

图4.6　右旋圆极化

圆极化分左旋圆极化和右旋圆极化两种情形。当 $\psi_x - \psi_y = \frac{\pi}{2}$ 时，$\alpha = \omega t + \psi_x$，电场矢端旋转方向与电波传播方向成右手螺旋关系，称为右旋圆极化，如图4.6所示。当 $\psi_x - \psi_y = -\frac{\pi}{2}$ 时，$\alpha = -(\omega t + \psi_x)$，电场矢端旋转方向与电波传播方向成左螺旋关系，称为左旋圆极化。

上面分析的圆极化是在空间固定一点观察电场随时间的变化。如果要考虑任一点 z 处，式（4.33）应写成

$$\alpha = \pm(\omega t - kz + \psi_x) \tag{4.34}$$

如果在固定时刻观察电场随传播方向的变化，则由于 $z$ 增加时电场的相位是递减的，当 $\psi_x - \psi_y = \frac{\pi}{2}$，即为右旋圆极化时，$\alpha = \omega t - kz + \psi_x$ 随 $z$ 增加而递减，故电场矢端沿传播方向画出的螺旋线与传播方向是左旋转关系，如图4.7（a）所示。左旋圆极化波则反之为右旋转关系，如图4.7（b）所示。

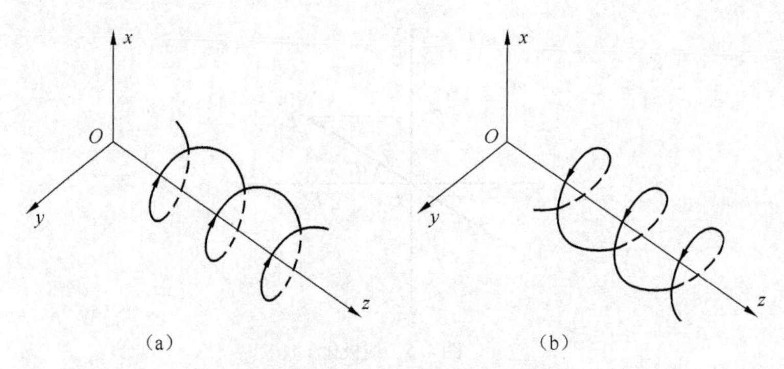

图4.7　固定时刻圆极化波的电场的空间分布

### 4.2.3　椭圆极化

通常 $E_x$ 和 $E_y$ 的振幅和相位都不相等，合成电场的矢端轨迹为椭圆，波为椭圆极化波。在 $z = 0$ 处有

$$\begin{aligned} E_x &= E_{xm}\cos(\omega t + \psi_x) \\ E_y &= E_{ym}\cos(\omega t + \psi_y) \end{aligned} \tag{4.35}$$

在式（4.35）中消去 $t$，并令 $\psi = \psi_x - \psi_y$，得

$$\left(\frac{E_x}{E_{xm}}\right)^2 - 2\frac{E_x E_y}{E_{xm}E_{ym}}\cos\psi + \left(\frac{E_y}{E_{ym}}\right)^2 = \sin^2\psi \tag{4.36}$$

式（4.36）是以 $E_x$ 和 $E_y$ 为变量的椭圆方程。如图4.8所示，合成电场矢端随时间作椭圆运

动，矢端轨迹为椭圆，因此这种极化方式称为椭圆极化。当$\psi=\pm\frac{\pi}{2}$时，椭圆的长短轴与坐标轴一致；当$\psi\neq\pm\frac{\pi}{2}$时，椭圆的长短轴与坐标轴不一致。

合成电场与$x$轴的夹角$\alpha$由

$$\tan\alpha=\frac{E_{ym}\cos(\omega t+\psi_y)}{E_{xm}\cos(\omega t+\psi_x)} \tag{4.37}$$

确定，有

$$\frac{d\alpha}{dt}=\frac{E_{xm}E_{ym}\omega\sin\psi}{E_{xm}^2\cos^2(\omega t+\psi_x)+E_{ym}^2\cos^2(\omega t+\psi_y)}$$

当$0<\psi<\pi$时，$\frac{d\alpha}{dt}>0$，为右旋椭圆极化；当$-\pi<\psi<0$时，$\frac{d\alpha}{dt}<0$，为左旋椭圆极化。此时$\boldsymbol{E}$的旋转速度不为常数。

可以证明，椭圆长轴与$x$轴的夹角$\theta$由

$$\tan 2\theta=\frac{2E_{xm}E_{ym}}{E_{xm}^2-E_{ym}^2}\cos\psi \tag{4.38}$$

确定。线极化和圆极化可以看成是椭圆极化的特例。

由上面的讨论可知，平面电磁波不论是何种极化，都可以用两个极化方向相互垂直的线极化叠加构成。因此，在研究均匀各向同性媒质中的平面波传播时，只要研究线极化波的特性即可。

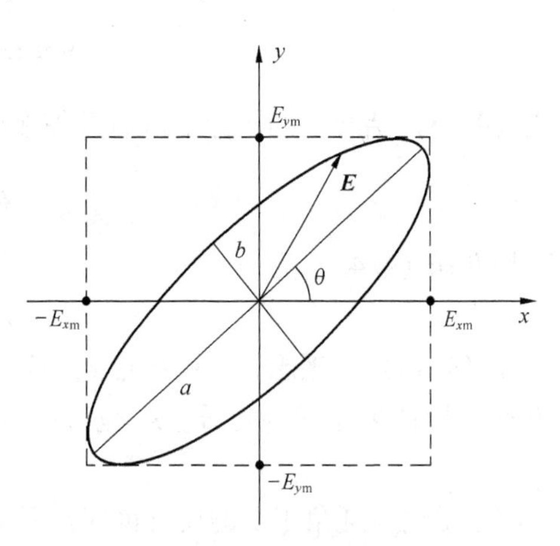


图4.8　椭圆极化

**例4.3**　证明线极化波可以分解为振幅相等、旋向相反的两个圆极化波。

**证明**　设线极化波的电场为

$$\boldsymbol{E}=\boldsymbol{E}_0e^{-jkz}$$

其与$x$轴的夹角为$\alpha$，则

$$\boldsymbol{E}=(\boldsymbol{e}_xE_0\cos\alpha+\boldsymbol{e}_yE_0\sin\alpha)e^{-jkz}$$

由欧拉公式有

$$\boldsymbol{e}_x\cos\alpha=\boldsymbol{e}_x\frac{1}{2}e^{j\alpha}+\boldsymbol{e}_x\frac{1}{2}e^{-j\alpha}$$

$$\boldsymbol{e}_y\sin\alpha=-\boldsymbol{e}_yj\frac{1}{2}e^{j\alpha}+\boldsymbol{e}_yj\frac{1}{2}e^{-j\alpha}$$

所以

$$\boldsymbol{E}=\left(\boldsymbol{e}_x\frac{E_0}{2}e^{j\alpha}-\boldsymbol{e}_yj\frac{E_0}{2}e^{j\alpha}\right)e^{-jkz}+\left(\boldsymbol{e}_x\frac{E_0}{2}e^{-j\alpha}+\boldsymbol{e}_yj\frac{E_0}{2}e^{-j\alpha}\right)e^{-jkz}$$

上式右边第一项为右旋圆极化波，第二项为左旋圆极化波，它们的振幅相等，均为$\frac{E_0}{2}$。

## 4.3　无界损耗媒质中的均匀平面波

在损耗媒质中，因$\sigma\neq0$，媒质中将有由电场引起的传导电流$\boldsymbol{J}=\sigma\boldsymbol{E}$，因而电磁波有能

量损耗。所以损耗媒质中的平面波与理想介质中的平面波有所不同。

### 4.3.1 等效介电常数

当 $\sigma \neq 0$ 时，时谐场的麦克斯韦方程组为

$$\nabla \times \boldsymbol{H} = \boldsymbol{J} + \mathrm{j}\omega\varepsilon\boldsymbol{E} \tag{4.39}$$

$$\nabla \times \boldsymbol{E} = -\mathrm{j}\omega\mu\boldsymbol{H} \tag{4.40}$$

$$\nabla \cdot \boldsymbol{B} = 0 \tag{4.41}$$

$$\nabla \cdot \boldsymbol{D} = 0 \tag{4.42}$$

将式（4.39）写为

$$\nabla \times \boldsymbol{H} = \mathrm{j}\omega\left(\varepsilon - \mathrm{j}\frac{\sigma}{\omega}\right)\boldsymbol{E} \tag{4.43}$$

式（4.43）括号内的部分可以看成等效介电常数，表示为

$$\varepsilon_{\mathrm{c}} = \varepsilon - \mathrm{j}\frac{\sigma}{\omega} \tag{4.44}$$

于是方程（4.43）为

$$\nabla \times \boldsymbol{H} = \mathrm{j}\omega\varepsilon_{\mathrm{c}}\boldsymbol{E} \tag{4.45}$$

方程（4.45）与理想介质中的形式一致，电导率 $\sigma$ 的影响已包含在 $\varepsilon_{\mathrm{c}}$ 内。在损耗媒质中，等效介电常数 $\varepsilon_{\mathrm{c}}$ 成为复数。$\varepsilon_{\mathrm{c}}$ 也可以写为

$$\varepsilon_{\mathrm{c}} = \varepsilon' - \mathrm{j}\varepsilon'' \tag{4.46}$$

工程上常用损耗角正切的概念说明媒质损耗的程度，其定义为

$$\tan\delta = \frac{\varepsilon''}{\varepsilon'} \tag{4.47}$$

### 4.3.2 损耗媒质中的电场和磁场

由式（4.40）～（4.42）和式（4.45）可以得到电场 $\boldsymbol{E}$ 和磁场 $\boldsymbol{H}$ 的亥姆霍兹方程，为

$$\begin{aligned} \nabla^2\boldsymbol{E} + \omega^2\mu\varepsilon_{\mathrm{c}}\boldsymbol{E} = 0 \\ \nabla^2\boldsymbol{H} + \omega^2\mu\varepsilon_{\mathrm{c}}\boldsymbol{H} = 0 \end{aligned} \tag{4.48}$$

对于沿 $z$ 轴方向传播的均匀平面波，依旧假定电场为 $x$ 方向，式（4.48）中电场的亥姆霍兹方程为

$$\frac{\partial^2 E_x}{\partial z^2} = \gamma^2 E_x$$

其中

$$\gamma^2 = -\omega^2\mu\varepsilon_{\mathrm{c}} = -\omega^2\mu\left(\varepsilon - \mathrm{j}\frac{\sigma}{\omega}\right) \tag{4.49}$$

式（4.49）中，$\gamma$ 称为传播常数。$\gamma$ 是复数，表示为

$$\gamma = \alpha + \mathrm{j}\beta \tag{4.50}$$

于是电场的解为

$$\boldsymbol{E} = \boldsymbol{e}_x E_{\mathrm{m}} \mathrm{e}^{-\gamma z} = \boldsymbol{e}_x E_{\mathrm{m}} \mathrm{e}^{-\alpha z} \mathrm{e}^{-\mathrm{j}\beta z} \tag{4.51}$$

上式表明，电磁波依旧是均匀平面波，但由于媒质有损耗，电磁波随 $z$ 的增大将有能量损

耗。$e^{-\alpha z}$ 表示电场强度的振幅随 $z$ 的增大而减小，$\alpha$ 为电磁波的衰减常数，代表每单位距离振幅衰减的程度；$e^{-j\beta z}$ 表示电场强度的相位随 $z$ 的增大而滞后，$\beta$ 为电磁波的相位常数，代表每单位距离相位滞后的程度。

由式（4.49）和式（4.50）可以得到

$$\begin{cases}\alpha^2-\beta^2=-\omega^2\mu\varepsilon\\ 2\alpha\beta=\omega\mu\sigma\end{cases}$$

解上面方程组，得到

$$\alpha=\omega\sqrt{\frac{\mu\varepsilon}{2}\left[\sqrt{1+\left(\frac{\sigma}{\omega\varepsilon}\right)^2}-1\right]} \tag{4.52}$$

$$\beta=\omega\sqrt{\frac{\mu\varepsilon}{2}\left[\sqrt{1+\left(\frac{\sigma}{\omega\varepsilon}\right)^2}+1\right]} \tag{4.53}$$

当 $\sigma=0$ 时，$\alpha=0$，$\beta=\omega\sqrt{\mu\varepsilon}$，式（4.51）就回到理想介质中的情形。

磁场可以由 $\nabla\times\boldsymbol{E}=-j\omega\mu\boldsymbol{H}$ 求出。

$$\nabla\times\boldsymbol{E}=\begin{vmatrix}\boldsymbol{e}_x & \boldsymbol{e}_y & \boldsymbol{e}_z\\ \dfrac{\partial}{\partial x} & \dfrac{\partial}{\partial y} & \dfrac{\partial}{\partial z}\\ E_x & 0 & 0\end{vmatrix}=\boldsymbol{e}_y\frac{\partial E_x}{\partial z}=-\boldsymbol{e}_y\gamma E_m e^{-\gamma z}$$

$$\boldsymbol{H}=-\frac{1}{j\omega\mu}\nabla\times\boldsymbol{E}=\boldsymbol{e}_y\frac{\gamma}{j\omega\mu}E_m e^{-\gamma z}=\boldsymbol{e}_y\frac{1}{\eta_c}E_m e^{-\alpha z}e^{-j\beta z} \tag{4.54}$$

式（4.54）中

$$\eta_c=\frac{j\omega\mu}{\gamma}=\sqrt{\frac{\mu}{\varepsilon_c}}=\frac{\sqrt{\dfrac{\mu}{\varepsilon}}}{\sqrt{1-j\dfrac{\sigma}{\omega\varepsilon}}}=\frac{\eta}{\sqrt{1-j\dfrac{\sigma}{\omega\varepsilon}}}=|\eta_c|e^{j\theta} \tag{4.55}$$

当 $\sigma=0$ 时，$\eta_c=\eta$，式（4.55）又与理想介质中的情形一样。

衰减常数 $\alpha$ 是由媒质损耗产生的。在良导体中，例如金属中，$\sigma$ 很大，导致 $\alpha$ 也很大，波的衰减很快；在良介质中，$\sigma$ 很小，导致 $\alpha$ 也很小，波的衰减较慢。

相位常数 $\beta$ 可以确定损耗媒质中电磁波的波长和相速度，关系为

$$\lambda=\frac{2\pi}{\beta} \tag{4.56}$$

$$v=\frac{\omega}{\beta} \tag{4.57}$$

由于 $\beta$ 随 $\sigma$ 的增加而增大，当媒质导电性增强时电磁波的波长会变短，速度会减慢。另外，$\beta$ 与 $\omega$ 有关，使 $\lambda$ 和 $v$ 也与 $\omega$ 有关。在导电媒质中电磁波的速度随频率改变的现象称为色散效应。

波阻抗 $\eta_c$ 在导电媒质中是复数，说明电场与磁场不仅振幅不同，而且相位不同。当电场达到最大值时，磁场不是最大值；当电场达到最小值时，磁场不是最小值。但在理想介质中电场与磁场相位相同，同时达到最大值和最小值。

导电媒质中电场和磁场的瞬时值为

$$\boldsymbol{E}=\boldsymbol{e}_x E_m e^{-\alpha z}\cos(\omega t-\beta z) \tag{4.58}$$

$$\boldsymbol{H} = \boldsymbol{e}_y \frac{1}{|\eta_c|} E_m e^{-\alpha z} \cos(\omega t - \beta z - \theta) \tag{4.59}$$

电场和磁场在空间依旧相互垂直，但电磁波沿 $z$ 方向传播时振幅在以指数 $\alpha$ 衰减，电场和磁场有相位差，如图4.9所示。

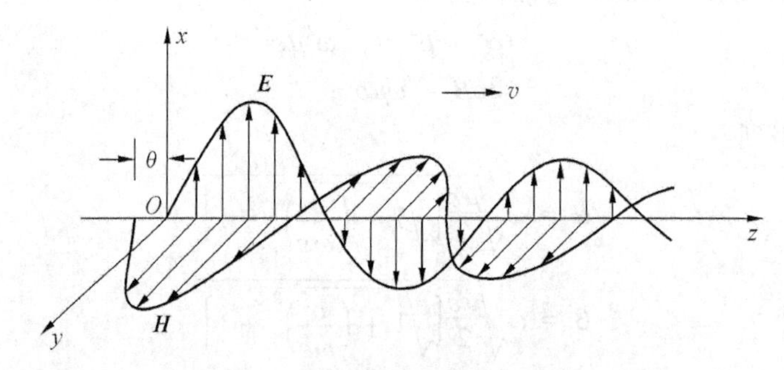


图4.9　导电媒质中平面波的电场和磁场

### 4.3.3　良介质和良导体中的电磁波参数

由于式（4.52）和式（4.53）较为复杂，其中又均含有 $\sigma/\omega\varepsilon$，下面分两种情况讨论。当媒质中的位移电流远大于传导电流时，$\sigma/\omega\varepsilon << 1$，媒质主要表现为介质特性，称其为良介质；当媒质中的位移电流远小于传导电流时，$\sigma/\omega\varepsilon >> 1$，媒质主要表现为导体特性，称其为良导体。需要注意的是，媒质是良介质还是良导体不仅取决于电导率 $\sigma$，而且取决于角频率 $\omega$，低频是良导体的媒质随着频率的升高可能会成为良介质。在良介质和良导体的情况下，有关公式会简化。

#### 1. 良介质（$\sigma/\omega\varepsilon << 1$）

良介质中，$\alpha$、$\beta$ 和 $\eta_c$ 近似为

$$\alpha \approx \frac{\sigma}{2}\sqrt{\frac{\mu}{\varepsilon}} \tag{4.60}$$

$$\beta \approx \omega\sqrt{\mu\varepsilon}\left[1 + \frac{1}{8}\left(\frac{\sigma}{\omega\varepsilon}\right)^2\right] \tag{4.61}$$

$$\eta_c \approx \sqrt{\frac{\mu}{\varepsilon}}\left[1 - \frac{3}{8}\left(\frac{\sigma}{\omega\varepsilon}\right)^2 + \mathrm{j}\frac{\sigma}{2\omega\varepsilon}\right] \tag{4.62}$$

当 $\sigma/\omega\varepsilon \to 0$ 时，$\alpha \to 0$，$\beta \to \omega\sqrt{\mu\varepsilon}$，$\eta_c \to \eta$，与理想介质中的情形一样；当 $\sigma/\omega\varepsilon < 0.2$ 时，用 $\alpha \approx \frac{\sigma}{2}\sqrt{\frac{\mu}{\varepsilon}}$ 和 $\beta \approx \omega\sqrt{\mu\varepsilon}$ 计算误差小于0.5%，但此时波阻抗 $\eta_c$ 有一个小的电抗项，$\eta_c \approx \sqrt{\frac{\mu}{\varepsilon}}\left(1 + \mathrm{j}\frac{\sigma}{2\omega\varepsilon}\right)$；当 $\sigma/\omega\varepsilon \geqslant 0.2$ 时，用式(4.60)、式(4.61)和式(4.62)计算 $\alpha$、$\beta$ 和 $\eta_c$。

#### 2. 良导体（$\sigma/\omega\varepsilon >> 1$）

良导体中，$\alpha$、$\beta$ 和 $\eta_c$ 近似为

$$\alpha \approx \beta \approx \sqrt{\frac{\omega\mu\sigma}{2}} = \sqrt{\pi f\mu\sigma} \tag{4.63}$$

$$\eta_c \approx (1+\mathrm{j})\sqrt{\frac{\omega\mu}{2\sigma}} = (1+\mathrm{j})\sqrt{\frac{\pi f\mu}{\sigma}} \tag{4.64}$$

这表明良导体中磁场相位滞后电场相位45°。电磁波的波长为

$$\lambda = \frac{2\pi}{\beta} \approx 2\sqrt{\frac{\pi}{f\mu\sigma}} \tag{4.65}$$

电磁波的相速度为

$$v = \frac{\omega}{\beta} \approx 2\sqrt{\frac{\pi f}{\mu\sigma}} \tag{4.66}$$

**例4.4** 平面波在良导体中沿 $z$ 传播时，振幅以指数律衰减。假设电场在 $z=0$ 时振幅为 $E(0)$，试确定在 $z=\lambda$ 时电场的振幅 $E(\lambda)$。

**解** 平面波在导电媒质中传播时振幅以指数律衰减，为

$$E(z) = E(0)\mathrm{e}^{-\alpha z}$$

在良导体中

$$\alpha \approx \beta \approx \sqrt{\frac{\omega\mu\sigma}{2}}$$

有

$$\alpha\lambda \approx \beta\lambda = \frac{2\pi}{\lambda}\lambda = 2\pi$$

所以

$$E(\lambda) = E(0)\mathrm{e}^{-\alpha\lambda} = E(0)\mathrm{e}^{-2\pi} \approx 1.86\times10^{-3}E(0)$$

可见，在良导体中电磁波沿传播方向每传播 $\lambda$，电场振幅衰减约为原来的千分之二。

**例4.5** 海水的媒质参数为 $\mu=\mu_0$，$\varepsilon=81\varepsilon_0$，$\sigma=4\ \mathrm{S/m}$。已知频率为 $f=100\ \mathrm{Hz}$ 的均匀平面波在海水中沿 $z$ 方向传播，电场在 $x$ 方向，其振幅为1 V/m，求：

(1) 衰减常数、相位常数、波阻抗、相速度和波长；

(2) 电场和磁场的瞬时表达式。

**解** 当 $f=100\ \mathrm{Hz}$ 时，

$$\frac{\sigma}{\omega\varepsilon} = \frac{4\times36\pi\times10^9}{2\pi\times100\times81} \approx 8.89\times10^6 >> 1$$

海水在频率 $f=100\ \mathrm{Hz}$ 时为良导体。

(1)
$$\alpha \approx \sqrt{\pi f\mu\sigma} = \sqrt{\pi\times100\times4\pi\times10^{-7}\times4} \approx 3.97\times10^{-2}\ \mathrm{Np/m}$$

$$\beta \approx \sqrt{\pi f\mu\sigma} \approx 3.97\times10^{-2}\ \mathrm{rad/m}$$

$$\eta_c \approx (1+\mathrm{j})\sqrt{\frac{\pi f\mu}{\sigma}} = (1+\mathrm{j})\sqrt{\frac{\pi\times100\times4\pi\times10^{-7}}{4}} \approx 14.04\times10^{-3}\mathrm{e}^{\mathrm{j}\frac{\pi}{4}}\ \Omega$$

$$\lambda = \frac{2\pi}{\beta} = \frac{2\pi}{3.97\times10^{-2}} \approx 1.58\times10^2\ \mathrm{m}$$

$$v = \frac{\omega}{\beta} = \frac{2\pi\times100}{3.97\times10^{-2}} \approx 1.58\times10^4\ \mathrm{m/s}$$

在海水中，电磁波的波长变短，速度变慢。

（2）设电场的初相为0，有

$$\boldsymbol{E} = \boldsymbol{e}_x E_{\mathrm{m}} \mathrm{e}^{-\alpha z} \cos(\omega t - \beta z)$$
$$= \boldsymbol{e}_x \mathrm{e}^{-3.97 \times 10^{-2} z} \cos(200\pi t - 3.97 \times 10^{-2} z) \ \mathrm{V/m}$$
$$\boldsymbol{H} = \boldsymbol{e}_y \frac{1}{|\eta_c|} E_{\mathrm{m}} \mathrm{e}^{-\alpha z} \cos(\omega t - \beta z - \theta)$$
$$= \boldsymbol{e}_y \frac{10^3}{14.04} \mathrm{e}^{-3.97 \times 10^{-2} z} \cos\left(200\pi t - 3.97 \times 10^{-2} z - \frac{\pi}{4}\right) \ \mathrm{A/m}$$

电磁波沿 $z$ 方向传播时，场振幅在以指数衰减。电场和磁场在空间依旧相互垂直，但相位相差45°。磁场振幅比电场振幅大，磁能密度比电能密度大，这与理想介质中磁能密度与电能密度相等不同。

## 4.4 均匀平面波对平面分界面的垂直入射

前面讨论了均匀平面波在无界空间传播的特性。由于电磁波在传播过程中不可避免地会碰到媒质的分界面，本节和下节将讨论均匀平面波入射到分界面的问题。本节讨论均匀平面波对分界面的垂直入射。为使问题不过于复杂，假设分界面为无限大平面。

在分界面上，电场与磁场要满足一定的边界条件，所以在分界面上可能会产生反射和折射（透射）现象。由媒质1向分界面入射的电磁波称为入射波，透过分界面进入媒质2的电磁波称为折射（透射）波，离开分界面返回媒质1的电磁波称为反射波。一般情况下，只有入射波、反射波和折射（透射）波同时存在时，才能满足边界条件。因此，研究存在不同媒质时电磁波的传播问题，属于电磁场边值问题。

### 4.4.1 对理想导体平面的垂直入射

如图4.10所示，假设电磁波沿 $z$ 方向由理想介质垂直向理想导电平面入射，分界面在 $z=0$ 处。当电场沿 $x$ 方向极化时，入射波场量可以表示为

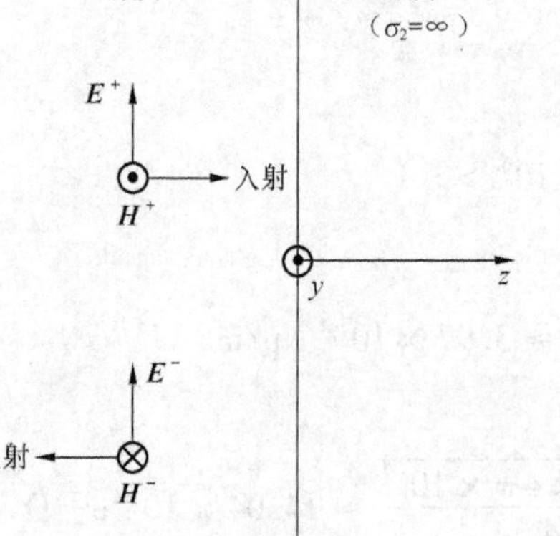


图4.10 均匀平面波向理想导体平面垂直入射

$$\boldsymbol{E}^+ = \boldsymbol{e}_x E_{\mathrm{m}}^+ \mathrm{e}^{-\mathrm{j}\beta z} \tag{4.67}$$
$$\boldsymbol{H}^+ = \boldsymbol{e}_y \frac{E_{\mathrm{m}}^+}{\eta} \mathrm{e}^{-\mathrm{j}\beta z} \tag{4.68}$$

由于电磁波不能进入理想导体，入射波到达分界面时会产生全反射，反射波场量表示为

$$\boldsymbol{E}^- = \boldsymbol{e}_x E_{\mathrm{m}}^- \mathrm{e}^{\mathrm{j}\beta z} \tag{4.69}$$
$$\boldsymbol{H}^- = -\boldsymbol{e}_y \frac{E_{\mathrm{m}}^-}{\eta} \mathrm{e}^{\mathrm{j}\beta z} \tag{4.70}$$

可以利用边界条件求反射电场振幅。边界条件为

$$\boldsymbol{E}^+ + \boldsymbol{E}^- \big|_{z=0} = 0$$

所以

$$E_{\mathrm{m}}^- = -E_{\mathrm{m}}^+ \tag{4.71}$$

分界面左侧（$z<0$）入射波与反射波的合成场为

$$\boldsymbol{E} = \boldsymbol{E}^{+} + \boldsymbol{E}^{-} = \boldsymbol{e}_x E_{\mathrm{m}}^{+}(\mathrm{e}^{-\mathrm{j}\beta z} - \mathrm{e}^{\mathrm{j}\beta z}) = -\boldsymbol{e}_x 2\mathrm{j}E_{\mathrm{m}}^{+}\sin\beta z \tag{4.72}$$

$$\boldsymbol{H} = \boldsymbol{H}^{+} + \boldsymbol{H}^{-} = \boldsymbol{e}_y \frac{E_{\mathrm{m}}^{+}}{\eta}(\mathrm{e}^{-\mathrm{j}\beta z} + \mathrm{e}^{\mathrm{j}\beta z}) = \boldsymbol{e}_y \frac{2E_{\mathrm{m}}^{+}}{\eta}\cos\beta z \tag{4.73}$$

上面合成场的坡印廷矢量平均值为

$$\begin{aligned}\boldsymbol{S}_{\mathrm{av}} &= \frac{1}{2}\mathrm{Re}(\boldsymbol{E}\times\boldsymbol{H}^{*})\\ &= \frac{1}{2}\mathrm{Re}\left(-\boldsymbol{e}_x 2\mathrm{j}E_{\mathrm{m}}^{+}\sin\beta z\times\boldsymbol{e}_y\frac{2E_{\mathrm{m}}^{+}}{\eta}\cos\beta z\right)\\ &= 0\end{aligned} \tag{4.74}$$

因此，合成波是驻波。

下面来看驻波的特性。将式（4.72）和式（4.73）写成瞬时值形式，为

$$\begin{aligned}\boldsymbol{E}(z,t) &= \mathrm{Re}(\boldsymbol{E}\mathrm{e}^{\mathrm{j}\omega t})\\ &= \mathrm{Re}(-\boldsymbol{e}_x 2\mathrm{j}E_{\mathrm{m}}^{+}\sin\beta z\mathrm{e}^{\mathrm{j}\omega t})\\ &= \boldsymbol{e}_x 2E_{\mathrm{m}}^{+}\sin\beta z\sin\omega t\end{aligned} \tag{4.75}$$

$$\begin{aligned}\boldsymbol{H}(z,t) &= \mathrm{Re}(\boldsymbol{H}\mathrm{e}^{\mathrm{j}\omega t})\\ &= \mathrm{Re}\left(\boldsymbol{e}_y\frac{2E_{\mathrm{m}}^{+}}{\eta}\cos\beta z\mathrm{e}^{\mathrm{j}\omega t}\right)\\ &= \boldsymbol{e}_y\frac{2E_{\mathrm{m}}^{+}}{\eta}\cos\beta z\cos\omega t\end{aligned} \tag{4.76}$$

图4.11示出了不同时刻电场和磁场在空间的分布情况。任意时刻，在空间某些点处电场恒为0，磁场恒为最大值，这些点的位置是

$$\beta z = -n\pi \text{ 或 } z = -n\frac{\lambda}{2} \quad (n = 0,1,\cdots) \tag{4.77}$$

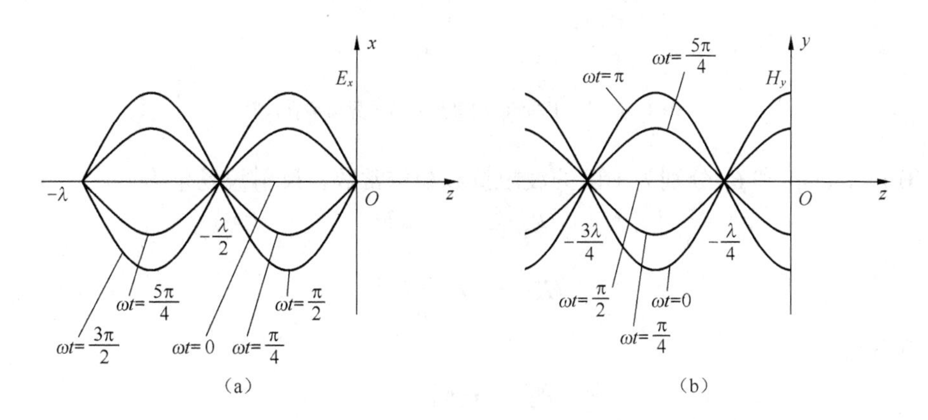


图4.11　驻波电场和磁场的时空关系

这些点称为电场的波谷（或波节）点、磁场的波腹点；在空间某些点处电场恒为最大值，磁场恒为0，这些点的位置是

$$\beta z = -(2n+1)\frac{\pi}{2} \text{ 或 } z = -(2n+1)\frac{\lambda}{4} \quad (n = 0,1,\cdots) \tag{4.78}$$

这些点称为电场的波腹点、磁场的波谷（或波节）点。随着时间的变化，图4.11中的电场

与磁场的波形在上下振荡，波谷（或波节）点和波腹点的位置不变，形成驻波。由式(4.75) 和式 (4.76) 可以看出，驻波电场和磁场在空间相互垂直，在时间上有 $\pi/2$ 的相移，在位置上错开 $\lambda/4$。

式 (4.67) 表明入射波为沿 $z$ 方向传播的行波，式 (4.69) 表明反射波为沿 $-z$ 方向传播的行波。入射波与反射波场量振幅相等，合成波为驻波。驻波的坡印廷矢量平均值为 0，不能传输电磁能量。

在分界面上，磁场有最大值。为了满足边界条件，在导体表面应有面电流密度，为

$$\boldsymbol{J}_S = \boldsymbol{n} \times \boldsymbol{H} = -\boldsymbol{e}_z \times \boldsymbol{e}_y H_y\big|_{z=0} = \boldsymbol{e}_x \frac{2E_{\mathrm{m}}^+}{\eta} \tag{4.79}$$

## 4.4.2 对理想介质分界面的垂直入射

假设电磁波沿 $z$ 方向由理想介质 $1(\varepsilon_1, \mu_1, \sigma_1 = 0)$ 向理想介质 $2(\varepsilon_2, \mu_2, \sigma_2 = 0)$ 垂直入射，分界面在 $z = 0$ 处，如图 4.12 所示。当电场沿 $x$ 方向极化时，入射波场量可以表示为

$$\boldsymbol{E}_1^+ = \boldsymbol{e}_x E_{\mathrm{m1}}^+ \mathrm{e}^{-\mathrm{j}\beta_1 z} \tag{4.80}$$

$$\boldsymbol{H}_1^+ = \boldsymbol{e}_y \frac{E_{\mathrm{m1}}^+}{\eta_1} \mathrm{e}^{-\mathrm{j}\beta_1 z} \tag{4.81}$$

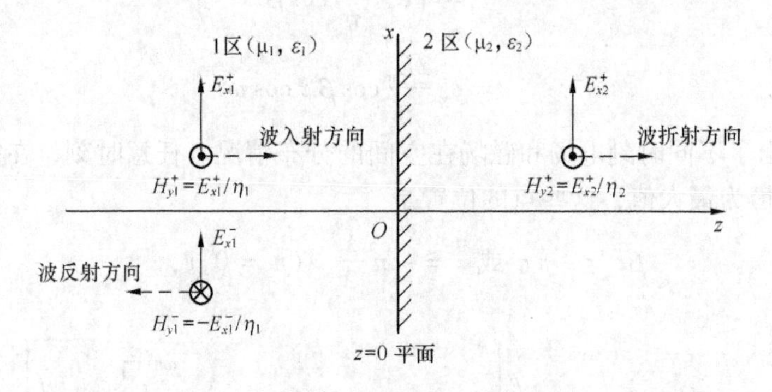


图 4.12　均匀平面波向理想介质分界面垂直入射

式 (4.81) 中，$\eta_1$ 和 $\beta_1$ 分别为 1 区的波阻抗和相位常数；反射波场量为

$$\boldsymbol{E}_1^- = \boldsymbol{e}_x E_{\mathrm{m1}}^- \mathrm{e}^{\mathrm{j}\beta_1 z} \tag{4.82}$$

$$\boldsymbol{H}_1^- = -\boldsymbol{e}_y \frac{E_{\mathrm{m1}}^-}{\eta_1} \mathrm{e}^{\mathrm{j}\beta_1 z} \tag{4.83}$$

折射波场量为

$$\boldsymbol{E}_2^+ = \boldsymbol{e}_x E_{\mathrm{m2}}^+ \mathrm{e}^{-\mathrm{j}\beta_2 z} \tag{4.84}$$

$$\boldsymbol{H}_2^+ = \boldsymbol{e}_y \frac{E_{\mathrm{m2}}^+}{\eta_2} \mathrm{e}^{-\mathrm{j}\beta_2 z} \tag{4.85}$$

式 (4.85) 中，$\eta_2$ 和 $\beta_2$ 分别为 2 区的波阻抗和相位常数。

下面利用边界条件求反射电场和折射电场的振幅。边界条件为

$$\boldsymbol{E}_1^+ + \boldsymbol{E}_1^-\big|_{z=0} = \boldsymbol{E}_2^+\big|_{z=0}$$

$$\boldsymbol{H}_1^+ + \boldsymbol{H}_1^-\big|_{z=0} = \boldsymbol{H}_2^+\big|_{z=0}$$

所以

$$\begin{cases} E_{m1}^{+} + E_{m1}^{-} = E_{m2}^{+} \\ \dfrac{E_{m1}^{+}}{\eta_1} - \dfrac{E_{m1}^{-}}{\eta_1} = \dfrac{E_{m2}^{+}}{\eta_2} \end{cases} \tag{4.86}$$

解方程组，得

$$E_{m1}^{-} = E_{m1}^{+}\frac{\eta_2 - \eta_1}{\eta_2 + \eta_1} \tag{4.87}$$

$$E_{m2}^{+} = E_{m1}^{+}\frac{2\eta_2}{\eta_2 + \eta_1} \tag{4.88}$$

定义 $\dfrac{E_{m1}^{-}}{E_{m1}^{+}}$ 为反射系数 $R$、$\dfrac{E_{m2}^{+}}{E_{m1}^{+}}$ 为折射系数 $T$，由式（4.87）和式（4.88）得到

$$R = \frac{E_{m1}^{-}}{E_{m1}^{+}} = \frac{\eta_2 - \eta_1}{\eta_2 + \eta_1} \tag{4.89}$$

$$T = \frac{E_{m2}^{+}}{E_{m1}^{+}} = \frac{2\eta_2}{\eta_2 + \eta_1} \tag{4.90}$$

由于媒质1和媒质2都是理想介质，所以 $R$ 和 $T$ 都是实数。

分界面左侧（$z<0$）入射波与反射波的合成场为

$$\boldsymbol{E}_1 = \boldsymbol{E}_1^{+} + \boldsymbol{E}_1^{-} = \boldsymbol{e}_x E_{m1}^{+}(\mathrm{e}^{-\mathrm{j}\beta_1 z} + R\mathrm{e}^{\mathrm{j}\beta_1 z}) \tag{4.91}$$

$$\boldsymbol{H}_1 = \boldsymbol{H}_1^{+} + \boldsymbol{H}_1^{-} = \boldsymbol{e}_y \frac{E_{m1}^{+}}{\eta_1}(\mathrm{e}^{-\mathrm{j}\beta_1 z} - R\mathrm{e}^{\mathrm{j}\beta_1 z}) \tag{4.92}$$

式（4.91）可以写为

$$\boldsymbol{E}_1 = \boldsymbol{e}_x E_{m1}^{+}(R\mathrm{e}^{-\mathrm{j}\beta_1 z} + R\mathrm{e}^{\mathrm{j}\beta_1 z}) + \boldsymbol{e}_x E_{m1}^{+}(1-R)\mathrm{e}^{-\mathrm{j}\beta_1 z} \tag{4.93}$$

式（4.93）中，右边第一项代表驻波，第二项代表行波。上式表明，由于反射波的振幅小于入射波的振幅，反射波只能与一部分入射波形成驻波，1区合成波这时既有驻波也有行波，称为行驻波。

当 $\eta_2 > \eta_1$ 时，$R>0$，在 $z=0$ 的分界面上，入射电场与反射电场同相相加，电场为最大值，磁场为最小值，如图4.13（a）所示；当 $\eta_2 < \eta_1$ 时，$R<0$，在 $z=0$ 的分界面上，电场为最小值，磁场为最大值，如图4.13（b）所示。图4.13中，合成波电场最大值与最小值之比称为驻波比，用 $\rho$ 表示。行驻波有 $1<\rho<\infty$。

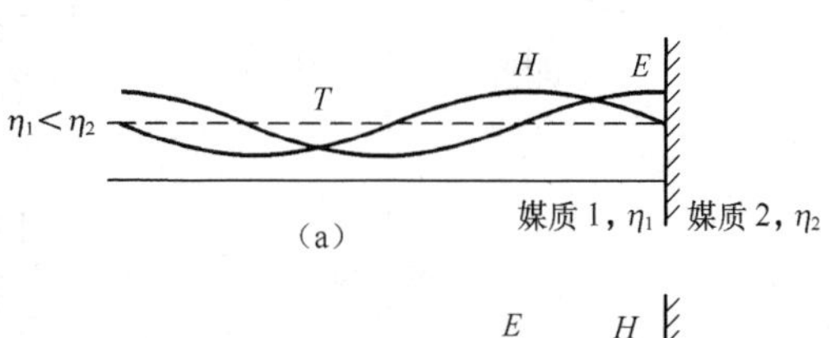

（a）

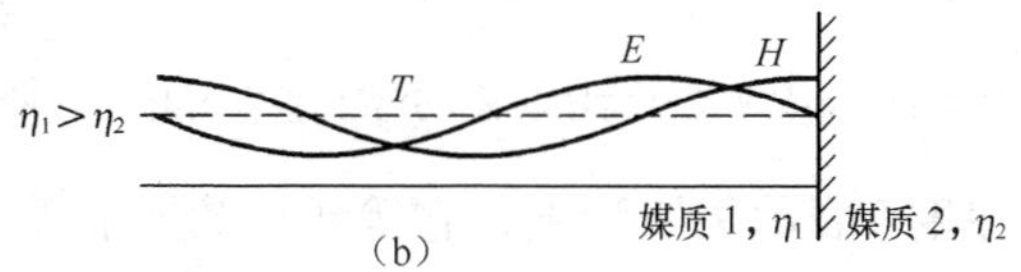

（b）

图4.13　均匀平面波垂直入射到理想介质分界面上的反射（H——磁场驻波，E——电场驻波，T——行波）

1区合成波的坡印廷矢量平均值为

$$\begin{aligned}\boldsymbol{S}_{av1} &= \frac{1}{2}\mathrm{Re}(\boldsymbol{E}_1 \times \boldsymbol{H}_1^{*}) = \boldsymbol{e}_z \frac{(E_{m1}^{+})^2}{2\eta_1}\mathrm{Re}(1 - R^2 + \mathrm{j}2R\sin 2\beta_1 z) \\ &= \boldsymbol{e}_z \frac{(E_{m1}^{+})^2}{2\eta_1}(1 - R^2)\end{aligned} \tag{4.94}$$

等于入射波传输的功率减去反射波传输的功率。

2区折射波为行波，其坡印廷矢量平均值为

$$\boldsymbol{S}_{av2} = \frac{1}{2}\mathrm{Re}[\boldsymbol{E}_2^+ \times (\boldsymbol{H}_2^+)^*] = \boldsymbol{e}_z \frac{(E_{m2}^+)^2}{2\eta_2} = \boldsymbol{e}_z \frac{(E_{m1}^+)^2}{2\eta_2} T^2 \tag{4.95}$$

反射波坡印廷矢量平均值加折射波坡印廷矢量平均值为

$$\begin{aligned}\frac{(E_{m1}^+)^2}{2\eta_1}R^2 + \frac{(E_{m1}^+)^2}{2\eta_2}T^2 &= \frac{(E_{m1}^+)^2}{2\eta_1}\left[\left(\frac{\eta_2 - \eta_1}{\eta_2 + \eta_1}\right)^2 + \frac{\eta_1}{\eta_2}\left(\frac{2\eta_2}{\eta_2 + \eta_1}\right)^2\right] \\ &= \frac{(E_{m1}^+)^2}{2\eta_1}\end{aligned} \tag{4.96}$$

等于入射波坡印廷矢量平均值，这也符合能量守恒定律。

### 4.4.3 对导电媒质分界面的垂直入射

若电磁波沿 $z$ 方向由导电媒质 $1(\varepsilon_1,\mu_1,\sigma_1 \neq 0)$ 向导电媒质 $2(\varepsilon_2,\mu_2,\sigma_2 \neq 0)$ 垂直入射，如图4.14所示，分界面左侧（$z<0$）入射波与反射波的合成场为

$$\boldsymbol{E}_1 = \boldsymbol{E}_1^+ + \boldsymbol{E}_1^- = \boldsymbol{e}_x E_{m1}^+ (\mathrm{e}^{-\gamma_1 z} + R\mathrm{e}^{\gamma_1 z}) \tag{4.97}$$

$$\boldsymbol{H}_1 = \boldsymbol{H}_1^+ + \boldsymbol{H}_1^- = \boldsymbol{e}_y \frac{E_{m1}^+}{\eta_1}(\mathrm{e}^{-\gamma_1 z} - R\mathrm{e}^{\gamma_1 z}) \tag{4.98}$$

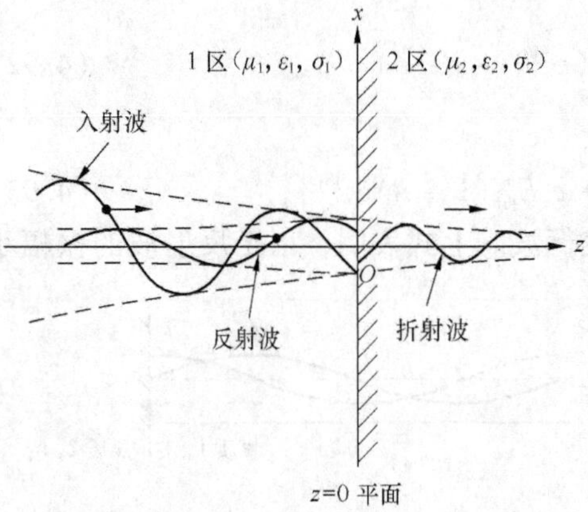

$\gamma_1$ 为1区的传播常数，是复数，表明入射波和反射波在传播过程中振幅都在衰减。分界面右侧折射波场量为

$$\boldsymbol{E}_2^+ = \boldsymbol{e}_x E_{m2}^+ \mathrm{e}^{-\gamma_2 z} \tag{4.99}$$

$$\boldsymbol{H}_2^+ = \boldsymbol{e}_y \frac{E_{m2}^+}{\eta_2}\mathrm{e}^{-\gamma_2 z} \tag{4.100}$$

$\gamma_2$ 也为复数，表明折射波在传播过程中振幅也在衰减。



图4.14 均匀平面波向导电媒质分界面垂直入射

假设1区为空气，2区为良导体（例如铜），因电磁波在良导体中衰减很快，折射波进入2区后很快衰减掉。进入良导体的电磁波只存在于导体表面，这个现象称为集肤效应。工程上常用趋肤厚度 $\delta$ 表示集肤程度，它等于电磁波由良导体表面振幅衰减到表面值的 $\frac{1}{\mathrm{e}}$ 时所经过的距离。

$$\mathrm{e}^{-\alpha\delta} = \frac{1}{\mathrm{e}}$$

即

$$\delta = \frac{1}{\alpha} = \sqrt{\frac{2}{\omega\mu\sigma}} = \frac{1}{\sqrt{\pi f\mu\sigma}} \tag{4.101}$$

从上式可以看出，趋肤厚度随频率的升高和电导率的增加而减小。

在高频时，由于良导体的集肤效应，电场进入良导体表面后振幅迅速减小。又因为 $J=\sigma E$，

导致良导体内部的电流在进入表面后振幅也迅速减小，电流相当于集中在良导体表面。尽管良导体截面很大，但大部分未得到利用，这与恒定电流和低频电流均匀分布在截面上不同。以导线为例，在高频时，导线的载流横截面积减小，因而导线的高频电阻必然大于低频或直流电阻。下面计算良导体的阻抗。

若2区为良导体，有

$$\eta_2 \approx (1+\mathrm{j})\sqrt{\frac{\pi f\mu}{\sigma}} = R_S + \mathrm{j}X_S \tag{4.102}$$

式（4.102）说明，良导体的波阻抗有相等的电阻和电抗分量，其中

$$R_S = X_S = \sqrt{\frac{\pi f\mu}{\sigma}} = \frac{1}{\sigma\delta} \tag{4.103}$$

也即电阻和电抗分量与趋肤厚度有关。可以将 $R_S$ 理解为良导体厚度为 $\delta$、表面上每平方米的电阻，称为良导体的表面电阻率（简称为表面电阻）；同样可以将 $X_S$ 称为良导体的表面电抗。在截面相同的前提下，为了减小高频电阻，唯一的办法就是增加良导体的表面积，这就是采用相互绝缘的多股线的优点。

用 $J_0$ 表示表面电流密度，则在穿入表面 $z$ 处的电流密度为 $J_x = J_0 e^{-\gamma z}$，良导体内每单位宽度的总电流为

$$J_S = \int_0^{\infty} J_0 e^{-\gamma z} dz = \frac{J_0}{\gamma} \tag{4.104}$$

因为表面电场为 $E_x = J_0/\sigma$，将式（4.104）代入，得

$$E_x = \frac{J_0}{\sigma} = \frac{J_S\gamma}{\sigma} = \frac{J_S}{\sigma}(1+\mathrm{j})\sqrt{\frac{\omega\mu\sigma}{2}} = (1+\mathrm{j})\frac{J_S}{\sigma\delta} = J_S(R_S + \mathrm{j}X_S) \tag{4.105}$$

式（4.105）说明，表面电场等于表面电流乘以表面阻抗。因此，良导体内单位表面的功率损耗为

$$P_t = \frac{1}{2}|J_S|^2 R_S \tag{4.106}$$

**例 4.6** 分别计算频率为 $f_1 = 50$ Hz、$f_2 = 1$ MHz、$f_3 = 10$ GHz 时，电磁波在铜中的趋肤厚度。已知铜的 $\mu \approx \mu_0$、$\varepsilon \approx \varepsilon_0$、$\sigma = 5.8 \times 10^7$ S/m。

**解** 当 $f_1 = 50$ Hz 时

$$\delta_1 = \frac{1}{\sqrt{\pi f_1 \mu\sigma}} = \frac{1}{\sqrt{\pi \times 50 \times 4\pi \times 10^{-7} \times 5.8 \times 10^7}} = 9.34 \text{ mm}$$

当 $f_2 = 1$ MHz 时

$$\delta_2 = \frac{1}{\sqrt{\pi f_2 \mu\sigma}} = \frac{1}{\sqrt{\pi \times 10^6 \times 4\pi \times 10^{-7} \times 5.8 \times 10^7}} = 0.0667 \text{ mm}$$

当 $f_3 = 10$ GHz 时

$$\delta_3 = \frac{1}{\sqrt{\pi f_3 \mu\sigma}} = \frac{1}{\sqrt{\pi \times 10^{10} \times 4\pi \times 10^{-7} \times 5.8 \times 10^7}} = 0.000667 \text{ mm}$$

可见，随着频率的升高，电磁波在铜中的趋肤厚度在降低。

**例 4.7** 均匀平面波的电场振幅为 $10^{-2}$ V/m，从真空中垂直入射到理想介质平面上。已知介质的 $\mu = \mu_0$、$\varepsilon = 4\varepsilon_0$，求入射波、反射波和折射波的坡印廷矢量平均值。

**解** 反射系数为

$$R = \frac{\eta_2 - \eta_1}{\eta_2 + \eta_1} = \frac{\sqrt{\dfrac{\mu_0}{\varepsilon}} - \sqrt{\dfrac{\mu_0}{\varepsilon_0}}}{\sqrt{\dfrac{\mu_0}{\varepsilon}} + \sqrt{\dfrac{\mu_0}{\varepsilon_0}}} = -\frac{1}{3}$$

折射系数为

$$T = \frac{2\eta_2}{\eta_2 + \eta_1} = \frac{2\sqrt{\dfrac{\mu_0}{\varepsilon}}}{\sqrt{\dfrac{\mu_0}{\varepsilon}} + \sqrt{\dfrac{\mu_0}{\varepsilon_0}}} = \frac{2}{3}$$

介质的波阻抗为

$$\eta_2 = \sqrt{\frac{\mu_0}{\varepsilon}} = \sqrt{\frac{\mu_0}{\varepsilon_0}}\sqrt{\frac{1}{\varepsilon_r}} = \frac{120\pi}{2} = 60\pi\ \Omega$$

入射波的坡印廷矢量平均值为

$$S_{av1}^{+} = \frac{(E_{m1}^{+})^2}{2\eta_1} = \frac{(10^{-2})^2}{2\times 120\pi} = \frac{10^{-4}}{240\pi}\ \text{W/m}^2$$

反射波的坡印廷矢量平均值为

$$S_{av1}^{-} = \frac{(E_{m1}^{-})^2}{2\eta_1} = \frac{(E_{m1}^{+})^2}{2\eta_1}R^2 = \frac{(10^{-2})^2}{2\times 120\pi}\times\left(-\frac{1}{3}\right)^2 = \frac{10^{-4}}{2\,160\pi}\ \text{W/m}^2$$

折射波的坡印廷矢量平均值为

$$S_{av2}^{+} = \frac{(E_{m2}^{+})^2}{2\eta_2} = \frac{(E_{m1}^{+})^2}{2\eta_2}T^2 = \frac{(10^{-2})^2}{2\times 60\pi}\times\left(\frac{2}{3}\right)^2 = \frac{10^{-4}}{270\pi}\ \text{W/m}^2$$

因为 $S_{av1}^{-} + S_{av2}^{+} = S_{av1}^{+}$，所以能量守恒。

## 4.5 均匀平面波对平面分界面的斜入射

本节讨论均匀平面波斜入射到分界面的情况。为了描述入射波的极化，定义分界面的法线与入射波射线构成的平面为入射平面。若电场的方向平行于入射平面，称为平行极化；若电场的方向垂直于入射平面，称为垂直极化。任意方向极化的电磁波，都可以分解成平行极化波和垂直极化波两个分量。

### 4.5.1 对理想导体平面的斜入射

#### 1. 平行极化波的斜入射

入射线与反射平面法线 $\boldsymbol{n}$ 之间的夹角 $\theta$ 称为入射角。如图 4.15（a）所示，平行极化波以入射角 $\theta$ 斜入射到理想导体上。由于电磁波不能进入理想导体内，入射波在理想导体表面将被反射。反射线与反射平面法线 $\boldsymbol{n}$ 之间的夹角 $\theta'$ 称为反射角。入射波和反射波的合成电场为

$$\boldsymbol{E} = \boldsymbol{E}^{+} + \boldsymbol{E}^{-} = \boldsymbol{E}_0^{+}\mathrm{e}^{-\mathrm{j}\beta \boldsymbol{e}_n^{+}\cdot \boldsymbol{r}} + \boldsymbol{E}_0^{-}\mathrm{e}^{-\mathrm{j}\beta \boldsymbol{e}_n^{-}\cdot \boldsymbol{r}} \tag{4.107}$$

其中

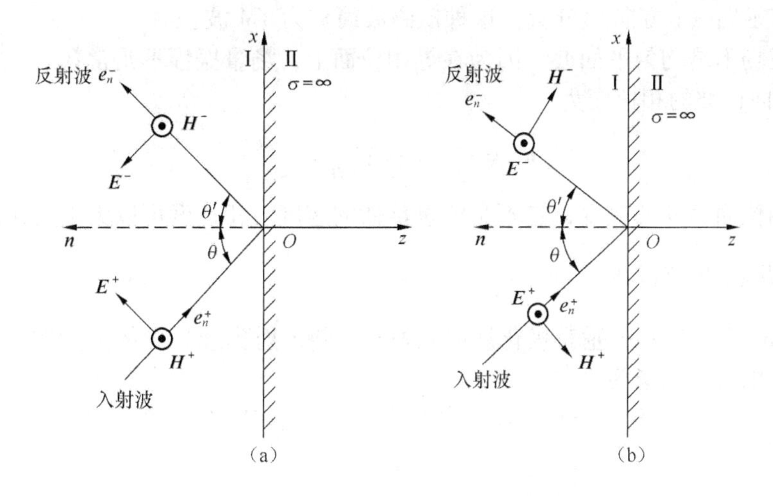


图4.15 均匀平面波对理想导体平面斜入射

$$\boldsymbol{e}_n^+ = \boldsymbol{e}_x \sin\theta + \boldsymbol{e}_z \cos\theta \tag{4.108}$$

$$\boldsymbol{e}_n^- = \boldsymbol{e}_x \sin\theta' - \boldsymbol{e}_z \cos\theta' \tag{4.109}$$

将式（4.107）中的电场分解为 $x$ 分量和 $z$ 分量，得

$$E_x(x,z) = E_0^+ \cos\theta \mathrm{e}^{-\mathrm{j}\beta(x\sin\theta + z\cos\theta)} - E_0^- \cos\theta' \mathrm{e}^{-\mathrm{j}\beta(x\sin\theta' - z\cos\theta')} \tag{4.110}$$

$$E_z(x,z) = -E_0^+ \sin\theta \mathrm{e}^{-\mathrm{j}\beta(x\sin\theta + z\cos\theta)} - E_0^- \sin\theta' \mathrm{e}^{-\mathrm{j}\beta(x\sin\theta' - z\cos\theta')} \tag{4.111}$$

在导体表面，电场的切向分量为0，所以

$$E_x(x,0) = E_0^+ \cos\theta \mathrm{e}^{-\mathrm{j}\beta x\sin\theta} - E_0^- \cos\theta' \mathrm{e}^{-\mathrm{j}\beta x\sin\theta'} = 0 \tag{4.112}$$

式（4.112）成立要求两项的相位相等，于是有

$$\theta' = \theta \tag{4.113}$$

式（4.113）表明，反射角等于入射角，这是斯耐尔反射定律。将式（4.113）代入式（4.112），得到

$$E_0^- = E_0^+ \tag{4.114}$$

式（4.114）表明入射波与反射波电场振幅相等。将式（4.113）和式（4.114）代入式（4.110）和式（4.111），得到

$$E_x(x,z) = -\mathrm{j}2E_0^+ \cos\theta \sin(\beta z\cos\theta) \mathrm{e}^{-\mathrm{j}\beta x\sin\theta} \tag{4.115}$$

$$E_z(x,z) = -2E_0^+ \sin\theta \cos(\beta z\cos\theta) \mathrm{e}^{-\mathrm{j}\beta x\sin\theta} \tag{4.116}$$

磁场为

$$\begin{aligned} H_y(x,z) &= \frac{E_0^+}{\eta}\mathrm{e}^{-\mathrm{j}\beta(x\sin\theta + z\cos\theta)} + \frac{E_0^-}{\eta}\mathrm{e}^{-\mathrm{j}\beta(x\sin\theta' - z\cos\theta')} \\ &= \frac{2E_0^+}{\eta}\cos(\beta z\cos\theta)\mathrm{e}^{-\mathrm{j}\beta x\sin\theta} \end{aligned} \tag{4.117}$$

从上面电场和磁场的分布可以看出，在 $z<0$ 区域，合成场有5个特点。

（1）在 $z$ 方向为驻波。电磁场量中振幅 $\cos(\beta z\cos\theta)$ 或 $\sin(\beta z\cos\theta)$ 表示场沿 $z$ 方向为驻波。

（2）在 $x$ 方向为行波。电磁场量中相位 $\mathrm{e}^{-\mathrm{j}\beta x\sin\theta}$ 表示场沿 $x$ 方向为行波。

（3）合成场不是TEM波，因为在电磁波传播的 $x$ 方向，电场有纵向（$x$ 方向）分量。

由于磁场只有横向（$y$ 方向）分量，这种横磁波简称为TM波。

（4）合成场不是均匀平面波，因为在等相位面上，场量振幅不是常数。

（5）$x$ 方向行波的相速度为

$$v_x = \frac{\omega}{\beta_x} = \frac{\omega}{\beta\sin\theta} = \frac{v}{\sin\theta} \tag{4.118}$$

相速度是等相位面移动的速度，它不是能量传播的速度。相速度可以大于光速。

### 2. 垂直极化波的斜入射

如图4.15（b）所示，垂直极化波以入射角 $\theta$ 斜入射到理想导体上。在 $z<0$ 区域，入射波和反射波的合成电场为

$$E_y(x,z) = E_0^+ e^{-j\beta(x\sin\theta+z\cos\theta)} + E_0^- e^{-j\beta(x\sin\theta'-z\cos\theta')} \tag{4.119}$$

合成磁场为

$$H_x(x,z) = -\frac{E_0^+}{\eta}\cos\theta e^{-j\beta(x\sin\theta+z\cos\theta)} + \frac{E_0^-}{\eta}\cos\theta' e^{-j\beta(x\sin\theta'-z\cos\theta')} \tag{4.120}$$

$$H_z(x,z) = \frac{E_0^+}{\eta}\sin\theta e^{-j\beta(x\sin\theta+z\cos\theta)} + \frac{E_0^-}{\eta}\sin\theta' e^{-j\beta(x\sin\theta'-z\cos\theta')} \tag{4.121}$$

在导体表面，电场的切向分量为0，所以

$$E_y(x,0) = E_0^+ e^{-j\beta x\sin\theta} + E_0^- e^{-j\beta x\sin\theta'} = 0 \tag{4.122}$$

于是有

$$\theta' = \theta \tag{4.123}$$

$$E_0^- = -E_0^+ \tag{4.124}$$

将式（4.123）和式（4.124）代入式（4.119）～式（4.121），得到

$$E_y(x,z) = -j2E_0^+\sin(\beta z\cos\theta)e^{-j\beta x\sin\theta} \tag{4.125}$$

$$H_x(x,z) = -\frac{2E_0^+}{\eta}\cos\theta\cos(\beta z\cos\theta)e^{-j\beta x\sin\theta} \tag{4.126}$$

$$H_z(x,z) = -j\frac{2E_0^+}{\eta}\sin\theta\sin(\beta z\cos\theta)e^{-j\beta x\sin\theta} \tag{4.127}$$

从上面电场和磁场的分布可以看出，在 $z<0$ 区域合成场有5个特点。

（1）在 $z$ 方向为驻波。

（2）在 $x$ 方向为行波。

（3）这时的合成场不是TEM波，因为在电磁波传播的 $x$ 方向，磁场有纵向（$x$ 方向）分量。由于电场只有横向（$y$ 方向）分量，这种横电波简称为TE波。

（4）合成场不是均匀平面波。

（5）$x$ 方向行波的相速度为

$$v_x = \frac{\omega}{\beta_x} = \frac{\omega}{\beta\sin\theta} = \frac{v}{\sin\theta} \tag{4.128}$$

## 4.5.2 对理想介质分界面的斜入射

### 1. 平行极化波的斜入射

如图4.16（a）所示，理想介质1中，平行极化波以入射角 $\theta$ 斜入射到介质分界面上。

电磁波一部分折射进入理想介质2内，一部分被反射。折射线与反射平面法线 $\boldsymbol{n}$ 之间的夹角 $\theta''$ 称为折射角。

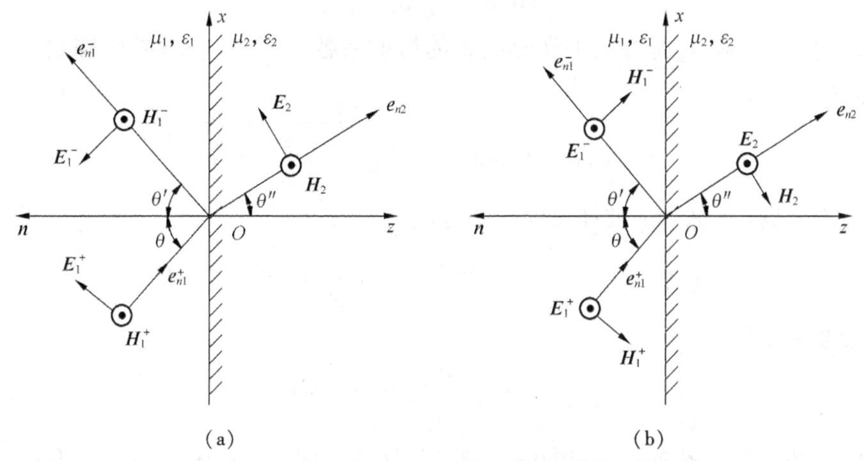


图4.16 均匀平面波对理想介质分界面的斜入射

1区入射波和反射波的合成电场为

$$\boldsymbol{E}_1 = \boldsymbol{E}_1^+ + \boldsymbol{E}_1^- = \boldsymbol{E}_{01}^+ \mathrm{e}^{-\mathrm{j}\beta_1 \boldsymbol{e}_{n1}^+ \cdot \boldsymbol{r}} + \boldsymbol{E}_{01}^- \mathrm{e}^{-\mathrm{j}\beta_1 \boldsymbol{e}_{n1}^- \cdot \boldsymbol{r}} \tag{4.129}$$

其中

$$\boldsymbol{e}_{n1}^+ = \boldsymbol{e}_x \sin\theta + \boldsymbol{e}_z \cos\theta \tag{4.130}$$

$$\boldsymbol{e}_{n1}^- = \boldsymbol{e}_x \sin\theta' - \boldsymbol{e}_z \cos\theta' \tag{4.131}$$

2区折射波的电场为

$$\boldsymbol{E}_2 = \boldsymbol{E}_{02}^+ \mathrm{e}^{-\mathrm{j}\beta_2 \boldsymbol{e}_{n2} \cdot \boldsymbol{r}} \tag{4.132}$$

其中

$$\boldsymbol{e}_{n2} = \boldsymbol{e}_x \sin\theta'' + \boldsymbol{e}_z \cos\theta'' \tag{4.133}$$

将式（4.129）中的电场分解为 $x$ 分量和 $z$ 分量，得

$$E_{x1}(x,z) = E_{01}^+ \cos\theta \mathrm{e}^{-\mathrm{j}\beta_1(x\sin\theta + z\cos\theta)} - E_{01}^- \cos\theta' \mathrm{e}^{-\mathrm{j}\beta_1(x\sin\theta' - z\cos\theta')} \tag{4.134}$$

$$E_{z1}(x,z) = -E_{01}^+ \sin\theta \mathrm{e}^{-\mathrm{j}\beta_1(x\sin\theta + z\cos\theta)} - E_{01}^- \sin\theta' \mathrm{e}^{-\mathrm{j}\beta_1(x\sin\theta' - z\cos\theta')} \tag{4.135}$$

将式（4.132）中的电场分解为 $x$ 分量和 $z$ 分量，得

$$E_{x2}(x,z) = E_{02}^+ \cos\theta'' \mathrm{e}^{-\mathrm{j}\beta_2(x\sin\theta'' + z\cos\theta'')} \tag{4.136}$$

$$E_{z2}(x,z) = -E_{02}^+ \sin\theta'' \mathrm{e}^{-\mathrm{j}\beta_2(x\sin\theta'' + z\cos\theta'')} \tag{4.137}$$

由边界条件可知，在介质表面，电场的切向分量相等，即 $E_{x1}(x,0) = E_{x2}(x,0)$，所以

$$E_{01}^+ \cos\theta \mathrm{e}^{-\mathrm{j}\beta_1 x\sin\theta} - E_{01}^- \cos\theta' \mathrm{e}^{-\mathrm{j}\beta_1 x\sin\theta'} = E_{02}^+ \cos\theta'' \mathrm{e}^{-\mathrm{j}\beta_2 x\sin\theta''} \tag{4.138}$$

式（4.138）成立要求

$$\beta_1 x\sin\theta = \beta_1 x\sin\theta' = \beta_2 x\sin\theta'' \tag{4.139}$$

于是得到

$$\theta' = \theta \tag{4.140}$$

$$\frac{\sin\theta''}{\sin\theta} = \frac{\beta_1}{\beta_2} = \frac{\sqrt{\mu_1\varepsilon_1}}{\sqrt{\mu_2\varepsilon_2}} \tag{4.141}$$

式（4.140）为斯耐尔反射定律，说明反射角等于入射角；式（4.141）为斯耐尔折射定律。

介质中$\mu_1 \approx \mu_2 \approx \mu_0$，有

$$\frac{\sin\theta''}{\sin\theta} = \frac{\sqrt{\varepsilon_1}}{\sqrt{\varepsilon_2}} = \frac{n_1}{n_2} \tag{4.142}$$

式（4.142）中，$n_1$和$n_2$是媒质1和媒质2的折射系数。将式（4.140）和式（4.142）代入式（4.138），得到

$$E_{01}^{+}\cos\theta - E_{01}^{-}\cos\theta = E_{02}^{+}\sqrt{1 - \frac{\varepsilon_1}{\varepsilon_2}\sin^2\theta} \tag{4.143}$$

下面讨论磁场。1区入射波和反射波的合成磁场为

$$H_{y1}(x,z) = \frac{E_{01}^{+}}{\eta_1}e^{-j\beta_1(x\sin\theta + z\cos\theta)} + \frac{E_{01}^{-}}{\eta_1}e^{-j\beta_1(x\sin\theta' - z\cos\theta')} \tag{4.144}$$

2区折射波的磁场为

$$H_{y2}(x,z) = \frac{E_{02}^{+}}{\eta_2}e^{-j\beta_2(x\sin\theta'' + z\cos\theta'')} \tag{4.145}$$

由边界条件可知，在分界面上，磁场的切向分量连续，即$H_{y1}(x,0) = H_{y2}(x,0)$，所以

$$\frac{E_{01}^{+}}{\eta_1} + \frac{E_{01}^{-}}{\eta_1} = \frac{E_{02}^{+}}{\eta_2} \tag{4.146}$$

由式（4.143）和式（4.146）可以求得反射系数$R_{//}$和折射系数$T_{//}$为

$$R_{//} = \frac{E_{01}^{-}}{E_{01}^{+}} = \frac{(\varepsilon_2/\varepsilon_1)\cos\theta - \sqrt{(\varepsilon_2/\varepsilon_1) - \sin^2\theta}}{(\varepsilon_2/\varepsilon_1)\cos\theta + \sqrt{(\varepsilon_2/\varepsilon_1) - \sin^2\theta}} \tag{4.147}$$

$$T_{//} = \frac{E_{02}^{+}}{E_{01}^{+}} = \frac{2\sqrt{\varepsilon_2/\varepsilon_1}\cos\theta}{(\varepsilon_2/\varepsilon_1)\cos\theta + \sqrt{(\varepsilon_2/\varepsilon_1) - \sin^2\theta}} \tag{4.148}$$

式（4.147）和式（4.148）称为平行极化的菲涅尔公式。

**2. 垂直极化波的斜入射**

如图4.16（b）所示，垂直极化波以入射角$\theta$斜入射到介质分界面上。用类似对平行极化波的分析方法，可以得到垂直极化波的反射系数$R_{\perp}$和折射系数$T_{\perp}$为

$$R_{\perp} = \frac{\cos\theta - \sqrt{(\varepsilon_2/\varepsilon_1) - \sin^2\theta}}{\cos\theta + \sqrt{(\varepsilon_2/\varepsilon_1) - \sin^2\theta}} \tag{4.149}$$

$$T_{\perp} = \frac{2\cos\theta}{\cos\theta + \sqrt{(\varepsilon_2/\varepsilon_1) - \sin^2\theta}} \tag{4.150}$$

式（4.149）和式（4.150）称为垂直极化的菲涅尔公式。

### 4.5.3 全反射和全透射

**1. 全反射**

由式（4.142）可以知道，当$\varepsilon_1 > \varepsilon_2$时，$\theta'' > \theta$。$\theta''$随$\theta$的增大而增大，当$\theta$增大为某一个值时，$\theta'' = \pi/2$。若$\theta$再增大时，不再产生折射波，入射波被全反射。将$\theta'' = \pi/2$时的入射角记为$\theta_c$，称为临界角。

$$\sin\theta_c = \sqrt{\frac{\varepsilon_2}{\varepsilon_1}} \tag{4.151}$$

由式（4.147）和式（4.149）可以看出，当 $\theta \geqslant \theta_c$ 时，$|R_{\perp}| = |R_{//}| = 1$。可见，无论是平行极化波还是垂直极化波，只要由光密媒质进入光疏媒质（$\varepsilon_1 > \varepsilon_2$），当入射角大于临界角时，都将产生全反射。

光纤是利用全反射传播电磁波的。光纤的介电常数大于空气，当光纤内的电磁波以大于临界角的入射角进入光纤与空气的分界面时，将发生全反射，使电磁波在光纤内传播。

### 2. 全透射

全透射也称为无反射，这时的反射系数为0。由式（4.147）可以看出，当

$$(\varepsilon_2/\varepsilon_1)\cos\theta - \sqrt{(\varepsilon_2/\varepsilon_1) - \sin^2\theta} = 0 \tag{4.152}$$

时，$R_{//} = 0$。满足式（4.152）的入射角称为布儒斯特角，记为 $\theta_B$。

$$\theta_B = \arcsin\sqrt{\frac{\varepsilon_2}{\varepsilon_1 + \varepsilon_2}} = \arctan\sqrt{\frac{\varepsilon_2}{\varepsilon_1}} \tag{4.153}$$

由式（4.149）可以看出，对于垂直极化波，除非 $\varepsilon_1 = \varepsilon_2$，否则 $R_{\perp}$ 不会得0。

当一个任意极化的电磁波以 $\theta_B$ 角入射到分界面时，平行极化波会全透射，垂直极化波会既有反射又有折射。于是反射波中只有垂直极化波，而没有平行极化波。这种方式可以用来极化滤波。

## 本 章 小 结

平面电磁波是指波阵面为无限大平面的电磁波，本章以平面电磁波为例，讨论了电磁波的基本特性和传播方式。均匀平面波是指同一波阵面上场强相同的平面电磁波，均匀平面波是数学函数最为简单的空间电磁波。本章首先讨论了均匀平面波在无界理想介质中的传播特性，给出了电磁波的基本电参数，以及平面电磁波的极化特性；其次讨论了均匀平面波在无界有耗介质中的基本特性，通过引入等效介电常数，利用理想介质中的研究方法来分析有耗介质中平面波的传播特性；最后讨论了均匀平面波向媒质分界面垂直入射和斜入射时的情形，垂直入射和斜入射时电磁波有反射和折射（也称为透射）现象，分别讨论了不同媒质存在时电磁波的传播问题。

在无界理想介质中，首先从波动方程出发，给出了均匀平面波的场解，包括电场和磁场的瞬时值场解、电场和磁场复数形式的场解；其次讨论了均匀平面波的各种电参数，包括频率、角频率、波长、相位常数、波阻抗、相速度、坡印廷矢量、坡印廷矢量的平均值等；然后讨论了平面波的极化，平面波的极化分为线极化、圆极化和椭圆极化3种类型，其中圆极化和椭圆极化又分为左旋和右旋两种情形。

在无界有耗媒质中，电磁波有能量损耗。首先提出了等效介电常数和损耗角正切的概念，使电导率的影响包含在等效介电常数中；然后给出了无界有耗媒质中的亥姆霍兹方程，得到了电场和磁场的场解；第三讨论了无界有耗媒质中的电参数，包括衰减常数、相位常数、波阻抗等，这时的相位常数和波阻抗的表达式与无界理想介质中不同；第四讨论了良导

体和良介质中的电参数，给出了电参数的近似表达式。

平面电磁波在传播过程中会遇到不同媒质的分界面，首先讨论了垂直入射的情形，其次讨论了斜入射的情形。垂直入射时，首先讨论了对理想导体平面的垂直入射，这时只有反射波，没有折射波，反射波与入射波共处一个空间，叠加后形成驻波；其次讨论了对理想介质平面的垂直入射，这时既有反射波，又有折射波，反射和折射由反射系数和折射系数确定，反射波与入射波叠加后形成行驻波，折射波为行波；最后讨论了对导电媒质的垂直入射，这时的电磁波传播有损耗，电磁波向良导体入射时有“集肤效应”。斜入射时，首先讨论了对理想导体平面的斜入射，这时只有反射波，没有折射波，反射角与入射角相等，反射波与入射波叠加后不再是TEM波；其次讨论了对理想介质平面的斜入射，这时既有反射波，又有折射波，反射角、折射角由斯耐尔定律确定，反射和折射的振幅由反射系数和折射系数确定，有可能出现全反射和全透射现象。

# 习　题

4.1　在自由空间传播的均匀平面波，其电场强度是

$$\boldsymbol{E}(z,t) = \boldsymbol{e}_y 2 \times 10^{-5} \sin(\omega t + kz + \varphi)\ \text{V/m}$$

式中，$\omega$ 是角频率；$k$ 是相位常数。当 $t = 0$、$z = 0$ 时，电场强度等于其振幅值，求：

（1）在 $t = 0$、$z = n\dfrac{\lambda}{8}$ $(n = 1,2,\dots,8)$ 时各点场强的瞬时值，并在 $z$ 轴上画出正弦曲线；

（2）在 $t = \dfrac{T}{8}$、$z = n\dfrac{\lambda}{8}$ $(n = 1,2,\dots,8)$ 时各点场强的瞬时值，并在 $z$ 轴上画出正弦曲线，说明波的传播方向。

4.2　在自由空间传播的平面波，其电场强度是

$$\boldsymbol{E} = \boldsymbol{e}_y 4 \times 10^{-5} \sin(3\pi \times 10^8 t + kx)\ \text{V/m}$$

求：

（1）频率 $f$、相位常数 $k$、波长 $\lambda$ 和波阻抗 $\eta$；

（2）求磁场强度 $\boldsymbol{H}$ 的瞬时值；

（3）此平面波是均匀平面波吗？说明波的传播方向。

4.3　在空气中沿 $+y$ 方向传播的均匀平面波，其磁场强度是

$$\boldsymbol{H} = \boldsymbol{e}_x 1 \times 10^{-5} \cos\left(10^7 \pi t - ky + \frac{\pi}{4}\right)\ \text{A/m}$$

求：

（1）相位常数 $k$；　　　　（2）在 $t = 3$ ms 时，$H_x = 0$ 的位置；

（3）电场强度 $\boldsymbol{E}$ 的瞬时值。

4.4　在自由空间传播的均匀平面波，其电场强度的复矢量为

$$\boldsymbol{E} = \boldsymbol{e}_x 10^{-4} e^{-j20\pi z} + \boldsymbol{e}_y 10^{-4} e^{-j20\pi z} e^{j\frac{\pi}{2}}\ \text{V/m}$$

求：

（1）频率 $f$；　　　　（2）电磁波的极化方式；

（3）磁场强度 $\boldsymbol{H}$ 的复矢量；　　　（4）坡印廷矢量平均值。

4.5　在自由空间传播的均匀平面波，其电场强度的瞬时值为

$$\boldsymbol{E}=\boldsymbol{e}_y 30\pi\cos(\omega t+4\pi x)+\boldsymbol{e}_z 30\pi\sin(\omega t+4\pi x)\ \mu\text{V/m}$$

求：

（1）电场强度的复矢量；　　　（2）频率 $f$、波的传播方向；

（3）电磁波的极化方式；　　　（4）磁场强度 $\boldsymbol{H}$ 的复矢量；

（5）坡印廷矢量平均值。

4.6　在自由空间中，某均匀平面电磁波的波长为 0.2 m。当该波进入理想介质后，波长变为 0.09 m。设 $\mu_r=1$，求：

（1）$\varepsilon_r$；　　　（2）电磁波在该介质中的传播速度。

4.7　均匀平面电磁波由自由空间进入理想介质后，传播速度降为原来的 1/4。已知介质的 $\mu_r=1$，求：

（1）$\varepsilon_r$；　　　（2）电磁波在该介质中的波长是增加还是减少？

4.8　在自由空间传播的均匀平面波，其电场强度的复矢量为

$$\boldsymbol{E}=10^{-5}[\boldsymbol{e}_x 3+\boldsymbol{e}_y 4+\boldsymbol{e}_z(3-\text{j}4)]\text{e}^{-\text{j}2\pi(0.8x-0.6y)}\ \text{V/m}$$

求：

（1）相位常数和频率；　　　（2）电磁波的传播方向。

4.9　证明任何椭圆极化波可以分解为两个旋向相反的圆极化波。

4.10　判断下列均匀平面波的极化方式及传播方向。

（1）$\boldsymbol{E}=E_m(\text{j}\boldsymbol{e}_x+\text{j}\boldsymbol{e}_y)\text{e}^{\text{j}kz}$

（2）$\boldsymbol{E}=\boldsymbol{e}_x E_m\sin(\omega t-kz)+\boldsymbol{e}_y E_m\cos(\omega t-kz)$

（3）$\boldsymbol{E}=\boldsymbol{e}_x E_m\text{e}^{-\text{j}kz}-\boldsymbol{e}_y\text{j}E_m\text{e}^{-\text{j}kz}$

（4）$\boldsymbol{E}=\boldsymbol{e}_x E_m\sin\left(\omega t-kz+\frac{\pi}{4}\right)+\boldsymbol{e}_y E_m\cos\left(\omega t-kz-\frac{\pi}{4}\right)$

（5）$\boldsymbol{E}=\boldsymbol{e}_x E_m\sin(\omega t-kz)+\boldsymbol{e}_y 2E_m\cos(\omega t-kz)$

4.11　在自由空间中，某均匀平面电磁波的相位常数为 0.524 rad/m。当该波进入理想介质后，相位常数变为 1.81 rad/m。设 $\mu_r=1$，求：

（1）$\varepsilon_r$；　　　（2）电磁波在该介质中的传播速度。

4.12　已知海水的 $\varepsilon_r=81$、$\mu_r=1$ 和 $\sigma=4$ S/m，求频率为 10 kHz、100 kHz、1 MHz、10 MHz、100 MHz、1 GHz 时，电磁波在海水中的波长、衰减常数、相速度和波阻抗。

4.13　线极化的均匀平面波在海水中沿 $+y$ 方向传播，其磁场在 $y=0$ 处为

$$\boldsymbol{H}=\boldsymbol{e}_x 1\times10^{-3}\sin\left(10^{10}\pi t-\frac{\pi}{3}\right)\ \text{A/m}$$

求：

（1）衰减常数、相位常数、波阻抗、相速度、波长和趋肤厚度；

（2）写出电场和磁场的瞬时值表示式。

4.14　已知铜的 $\varepsilon_r=1$、$\mu_r=1$ 和 $\sigma=5.8\times10^7$ S/m，求自由空间中波长为 300 m、3 m、0.03 m 的电磁波进入铜后的相速度和波阻抗。

4.15　自由空间中，某均匀平面电磁波垂直入射到理想介质中。已知理想介质的 $\mu_r=$

1、$\varepsilon_r = 9$，求反射电磁波能量和折射电磁波能量各占多少百分比。

4.16　一圆极化电磁波垂直入射到理想介质上。已知入射波$E = E_m(e_x + je_y)e^{-jkz}$，求：

（1）反射波和折射波的电场表达式；　（2）入射波、反射波和折射波的极化情况。

4.17　自由空间中，某均匀平面电磁波电场的振幅为$1.8 \times 10^{-5}$ V/m，垂直入射到理想介质中。已知理想介质的$\mu_r = 1$、$\varepsilon_r = 4$，求反射波电场和折射波电场的振幅。

4.18　一圆极化电磁波垂直入射到理想导体上。已知入射波$E = E_m(e_x - je_y)e^{-jkz}$。求：

（1）反射波的极化情况；　（2）导体板上的感应电流；

（3）入射与反射合成波的电场表示式。

4.19　频率为1 MHz的均匀平面波，由自由空间垂直入射到铜板、海水平面上，分别计算趋肤厚度。其中，铜的$\varepsilon_r = 1$、$\mu_r = 1$、$\sigma = 5.8 \times 10^7$ S/m；海水的$\varepsilon_r = 81$、$\mu_r = 1$和$\sigma = 4$ S/m。

4.20　均匀平面波由自由空间垂直入射到理想介质上，在自由空间形成驻波，设驻波比为2.7，分界平面上有电场的最小点。求：

（1）介质的介电常数；　（2）反射系数和折射系数；

（3）反射电磁波能量和折射电磁波能量各占多少百分比。

4.21　在什么条件下，垂直入射到两种介质分界面上的均匀平面波反射系数与折射系数模值相等。

4.22　均匀平面波的电场强度为$E = e_x 10^{-4} e^{-j6z}$，由自由空间垂直入射到有耗介质上（$z = 0$）。已知有耗介质的$\varepsilon_r = 2.5$，损耗角的正切值为0.5。求反射波和折射波的电场和磁场瞬时值表示式。

4.23　证明右旋圆极化波垂直入射到理想导体上时，反射波是左旋圆极化波。

4.24　证明电磁波以任意角度向无穷大导体板斜入射时，其折射线几乎总是与导体表面垂直。

4.25　计算平面电磁波由下列介质斜入射到它们与自由空间交界面的临界角。蒸馏水（$\varepsilon_r = 81$）、玻璃（$\varepsilon_r = 9$）、聚苯乙烯（$\varepsilon_r = 2.55$）和石油（$\varepsilon_r = 2.1$）。

4.26　频率为0.3 GHz的均匀平面波由理想介质（$\varepsilon_r = 4$，$\mu_r = 1$）斜入射到自由空间，求：

（1）临界角；

（2）当垂直极化波以入射角60°入射时，在自由空间的折射波的传播方向和相速度。

（3）圆极化波以入射角60°入射时，反射波是什么极化？

4.27　一个线极化平面波由自由空间投射到理想介质（$\varepsilon_r = 4$，$\mu_r = 1$）上，如果入射波的电场与入射面的夹角为45°，求：

（1）当入射角为多少时反射波只有垂直极化波；

（2）这时反射波坡印廷矢量平均值占入射波坡印廷矢量平均值的百分比。

4.28　正弦均匀平面波由空气斜入射到$z = 0$的理想导体上，已知

$$E = e_y 10^{-4} e^{-j(6x + 8z)} \text{ V/m}$$

求：

（1）波的频率和波长；　（2）确定入射角；　（3）反射电场和磁场的复振幅；

（4）合成电场的复数表达式；　（5）解释合成波的行驻波状态。

# 第5章 传输线理论

传输线理论又称为长线理论，是在高频以上的频率中用来研究长线传输线和网络的理论基础。传输线理论是分布参数电路理论，本章主要从路的观点出发，以平行双导线为例阐述传输线的传输特性。这种方法研究的结果与用电磁场理论得出的结果完全一样，然而这种方法比场的方法要简便得多，在工程上得到了广泛的采用。从分析的结果可以看出，传输线理论将基本电路理论与电磁场理论相结合，传输线上电磁波的传输现象，可以认为是电路理论的扩展，也可以认为是波动方程的解，从而引出传输线上电磁波传播与空间平面波传播现象的一致性。

传输线是用以将高频或微波能量从一处传输至另一处的装置，并要求其传输效率高，损耗尽可能小，工作频带宽，尺寸小。

一般，传输线由两个（或两个以上）导体组成，用来传输 TEM 波（横电磁波）。常用的传输线有平行双导线、同轴线、带状线和微带线（传输准 TEM 波），分别如图 5.1（a）、（b）、（c）和（d）所示。

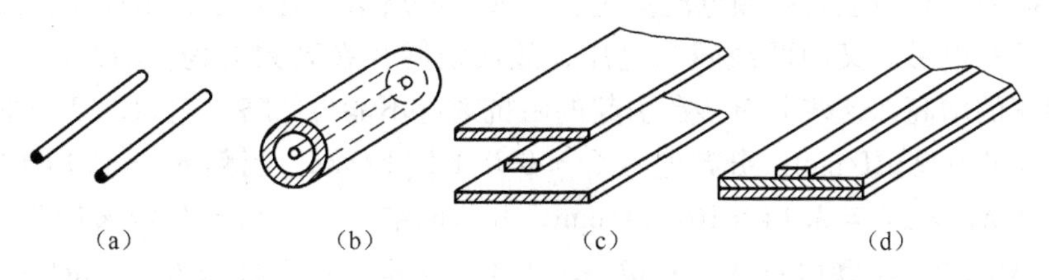


图 5.1　常用的 TEM 波传输线

平行双导线随着工作频率的升高，其辐射损耗急剧增加，故仅用于米波及分米波的低频波段。同轴线消除了电磁辐射，最高频率可用于分米波高频波段至 10 cm 波段，其优点是工作频带宽，且适于制作宽频带微波元器件。带状线也是一种宽带传输线，用于 1GHz 以上，是一种平面型传输线结构，也可用于制作中小功率微波元件，如定向耦合器、滤波器等。微带线是微波集成电路的主要组成部分，也是平面型传输线结构，广泛用于 1 GHz 以上，可制作各种集成微波元器件，使微波元件小型化。

本章首先从传输线的分布参数入手得出传输线的等效电路，据此导出均匀无耗传输线方程及传输线参数；然后分析无耗传输线的 3 种工作状态；接着考虑分布电阻及分布电导的影响，讨论有耗传输线的特性；最后讨论史密斯圆图，以及进行阻抗匹配的方法。

## 5.1 传输线方程和传输线的场分析方法

### 5.1.1 长线及分布参数等效电路

当传输线的几何长度比其上所传输的电磁波的波长 $\lambda$ 还长或者可以相比拟时，传输线可称为长线；反之可称为短线。长线和短线是相对的概念，在微波技术中，传输线的长度有时只有几厘米或几米，但因为这个长度已经大于工作波长或与工作波长差不多，仍称它为长线；相反地，输送市电的电力线（频率为 50 Hz）即使长度为几千米，但与市电的工作波长（6 000 km）相比还是小许多，所以只能看作是短线。

传输线的几何长度与其上所传输电磁波的工作波长 $\lambda$ 的比值称为传输线的电长度。

电路理论与传输线理论的区别，主要在于电气尺寸与波长的关系。电路分析中，网络与线路的尺寸比工作波长小很多，因此可以不考虑各点电压、电流的幅度和相位的变化，沿线电压和电流只与时间因子有关，而与空间位置无关。传输线属长线，沿线各点的电压、电流（或电场、磁场）既随时间变化，又随位置变化，是时间和空间的函数，传输线上电压、电流呈现出波动性。

传输线上各点的电压、电流（或电场、磁场）不相同，可以从传输线的等效电路得到解释，这就是传输线的分布参数概念。

分布参数是相对于集总参数而言的。在低频电路中，电场能量集中在电容器中，磁场能量集中在电感器中，电磁能的消耗全部集中在电阻元件上，连接元件的导线是既无电感、电容，又无电阻、电导的理想导线，这就是集总参数的概念。随着频率的增高，连接元件的导线由于集肤效应的出现，导线的有效横截面积减小，导线上的电阻增加，且分布在导线上，可称为分布电阻。导线上有高频电流流过，导线周围就必然有高频磁场存在，沿线就存在电感，这就是分布电感。又因两线间有电压，故两线间存在高频电场，沿线就分布着分布电容。随着频率的增高，这些分布参数引起的阻抗效应不能再忽略。例如，某一平行双导线的分布电感 $L = 0.999$ nH/mm，分布电容 $C = 0.011\,1$ pF/mm。当频率 $f = 50$ Hz 时，平行双导线的串联电抗 $X_L = \omega L = 3.14 \times 10^{-7}$ Ω/mm，并联电纳 $B_c = \omega C = 3.49 \times 10^{-12}$ S/mm；当频率 $f = 5\,000$ MHz 时，串联电抗 $X_L = \omega L = 31.4$ Ω/mm，并联电纳 $B_c = \omega C = 3.49 \times 10^{-4}$ S/mm。由此可见，微波传输线中，分布参数已经不可以忽略，说明分布参数是高频条件下的必然结果，必须加以考虑。

根据传输线上的分布参数是否均匀分布，传输线可分为均匀传输线和不均匀传输线，本章主要讨论均匀传输线。所谓均匀传输线是指传输线的几何尺寸、相对位置、导体材料及周围媒质特性沿电磁波的传输方向不发生改变的传输线，即沿线的参数是均匀分布的。一般情况下，均匀传输线单位长度上有 4 个分布参数——分布电阻 $R$、分布电导 $G$、分布电感 $L$ 和分布电容 $C$，它们的数值均与传输线的种类、形状、尺寸及导体材料和周围媒质特性有关。它们的分布参数定义如下。

- 分布电阻 $R$：定义为传输线单位长度上的总电阻值，单位为 Ω/m。

- 分布电导 $G$：定义为传输线单位长度上的总电导值，单位为 S/m。
- 分布电感 $L$：定义为传输线单位长度上的总电感值，单位为 H/m。
- 分布电容 $C$：定义为传输线单位长度上的总电容值，单位为 F/m。

几种典型传输线的分布参数计算公式列于表 5.1 中，它们是由电磁场理论得出的，表中的 $\varepsilon$ 是导体间介质的介电常数，$\mu$ 是导体间介质的磁导率，$\sigma_2$ 为导体的电导率，$\sigma_1$ 为导体间介质的漏电电导率。

**表 5.1　平行双导线和同轴线的分布参数**

| 种　类 | 平行双导线 | 同　轴　线 |
| --- | --- | --- |
| 结构 | | |
| $L$ | $\frac{\mu}{\pi}\ln\frac{D+\sqrt{D^2-d^2}}{d}$ | $\frac{\mu}{2\pi}\ln\frac{b}{a}$ |
| $C$ | $\frac{\pi\varepsilon}{\ln\frac{D+\sqrt{D^2-d^2}}{d}}$ | $\frac{2\pi\varepsilon}{\ln\frac{b}{a}}$ |
| $R$ | $\frac{2}{\pi d}\sqrt{\frac{\omega\mu}{2\sigma_2}}$ | $\sqrt{\frac{f\mu}{4\pi\sigma_2}}\left(\frac{1}{a}+\frac{1}{b}\right)$ |
| $G$ | $\frac{\pi\sigma_1}{\ln\frac{D+\sqrt{D^2-d^2}}{d}}$ | $\frac{2\pi\sigma_1}{\ln\frac{b}{a}}$ |

有了分布参数的概念，就可以将均匀传输线分割成许多微分段 dz(dz << $\lambda$)，这样每个微分段可看作集总参数电路，其参数分别为 $R$dz、$G$dz、$L$dz、$C$dz，并用一个如图 5.2（a）所示的 Γ 形网络等效。整个传输线的等效电路是许许多多的 Γ 形网络的级联，如图 5.2（b）所示。

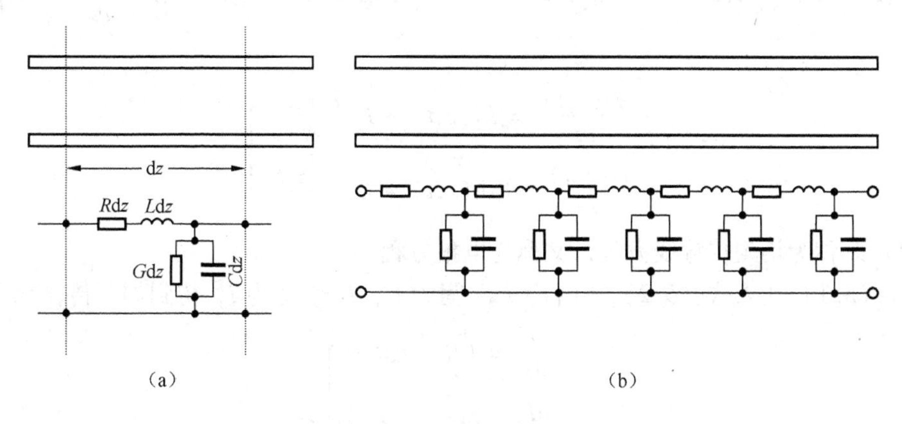


图 5.2　传输线的等效电路

### 5.1.2 传输线方程及其解

通常，传输线的始端接角频率为 $\omega$ 的正弦信号源，也称为电压和电流随时间作时谐变化，此时，传输线上电压和电流的瞬时值为 $u(z,t)$ 和 $i(z,t)$，则有

$$\left.\begin{aligned} u(z,t) &= \mathrm{Re}[U(z)\mathrm{e}^{\mathrm{j}\omega t}] \\ i(z,t) &= \mathrm{Re}[I(z)\mathrm{e}^{\mathrm{j}\omega t}] \end{aligned}\right\} \tag{5.1}$$

式（5.1）中，$U(z)$ 和 $I(z)$ 分别为传输线上 $z$ 处电压和电流的复有效值，它们只是距离 $z$ 的函数。

#### 1. 均匀传输线方程

传输线方程是研究传输线上电压、电流的变化规律以及它们之间相互关系的方程。

对于均匀传输线，由于参数是沿线均匀分布的，所以只须考虑线元 dz 的情况。设传输线上 $z$ 处的电压和电流分别为 $u(z,t)$ 和 $i(z,t)$，$z+\mathrm{d}z$ 处的电压和电流分别为 $u(z+\mathrm{d}z,t)$ 和 $i(z+\mathrm{d}z,t)$，线元 dz 可以看成集总参数电路，如图 5.3 所示。

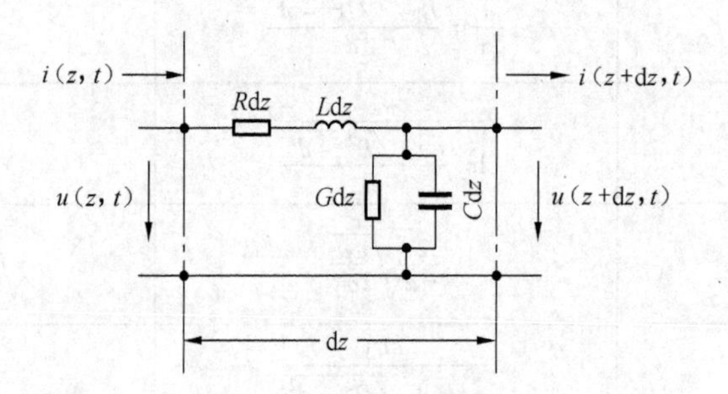


图 5.3　传输线上电压和电流的定义及其等效电路

根据克希荷夫定律，有

$$\left.\begin{aligned} u(z+\mathrm{d}z,t)-u(z,t) &= -\mathrm{d}u(z,t) = -\frac{\partial u(z,t)}{\partial z}\mathrm{d}z = \left[Ri(z,t)+L\frac{\partial i(z,t)}{\partial t}\right]\mathrm{d}z \\ i(z+\mathrm{d}z,t)-i(z,t) &= -\mathrm{d}i(z,t) = -\frac{\partial i(z,t)}{\partial z}\mathrm{d}z = \left[Gu(z,t)+C\frac{\partial u(z,t)}{\partial t}\right]\mathrm{d}z \end{aligned}\right\}$$

也即

$$\left.\begin{aligned} -\frac{\partial u(z,t)}{\partial z} &= Ri(z,t)+L\frac{\partial i(z,t)}{\partial t} \\ -\frac{\partial i(z,t)}{\partial z} &= Gu(z,t)+C\frac{\partial u(z,t)}{\partial t} \end{aligned}\right\} \tag{5.2}$$

式（5.2）既称为均匀传输线方程，又称为电报方程。

将式（5.1）代入式（5.2），并将 $U(z)$ 写为 $U$，$I(z)$ 写为 $I$，得到如下传输线方程

$$\left.\begin{aligned} -\frac{\mathrm{d}U}{\mathrm{d}z} &= (R+\mathrm{j}\omega L)I \\ -\frac{\mathrm{d}I}{\mathrm{d}z} &= (G+\mathrm{j}\omega C)U \end{aligned}\right\} \tag{5.3}$$

式（5.3）中，$R+\mathrm{j}\omega L=Z$为传输线单位长度的串联阻抗；$G+\mathrm{j}\omega C=Y$为传输线单位长度的并联导纳。式（5.3）是一阶常微分方程，描述了均匀传输线每个微分段上电压和电流的变化规律，由此方程可以解出线上任意点的电压和电流，以及它们之间的关系。

### 2. 均匀传输线方程的解

求解方程组式（5.3），等式两边对 $z$ 再微分一次，可以得到

$$\left.\begin{aligned}\frac{\mathrm{d}^2U}{\mathrm{d}z^2}-\gamma^2U=0\\ \frac{\mathrm{d}^2I}{\mathrm{d}z^2}-\gamma^2I=0\end{aligned}\right\}\tag{5.4}$$

式（5.4）中

$$\gamma=\sqrt{(R+\mathrm{j}\omega L)(G+\mathrm{j}\omega C)}=\alpha+\mathrm{j}\beta\tag{5.5}$$

式（5.4）是二阶常微分方程，称为均匀传输线的波动方程。$\gamma$ 称为传输线上波的传播常数，一般情况下为复数，其实部 $\alpha$ 称为衰减常数，虚部 $\beta$ 称为相移常数。

式（5.4）的解为

$$\left.\begin{aligned}U(z)&=A_1\mathrm{e}^{-\gamma z}+A_2\mathrm{e}^{\gamma z}\\ I(z)&=\frac{1}{Z_0}(A_1\mathrm{e}^{-\gamma z}-A_2\mathrm{e}^{\gamma z})\end{aligned}\right\}\tag{5.6}$$

式（5.6）中

$$Z_0=\sqrt{\frac{R+\mathrm{j}\omega L}{G+\mathrm{j}\omega C}}\tag{5.7}$$

$\mathrm{e}^{-\gamma z}$表示波沿 $+z$ 方向传播，$\mathrm{e}^{\gamma z}$表示波沿 $-z$ 方向传播，传输线上电压和电流的解呈现出波动性；$A_1$ 和 $A_2$ 为积分常数，由传输线的边界条件确定。

通常给定传输线的边界条件有 3 种（见图 5.4）：①已知终端的电压 $U_2$ 和电流 $I_2$；②已知始端的电压 $U_1$ 和电流 $I_1$；③已知电源电动势 $E_g$、内阻 $Z_g$ 及负载阻抗 $Z_l$。下面分别加以讨论。

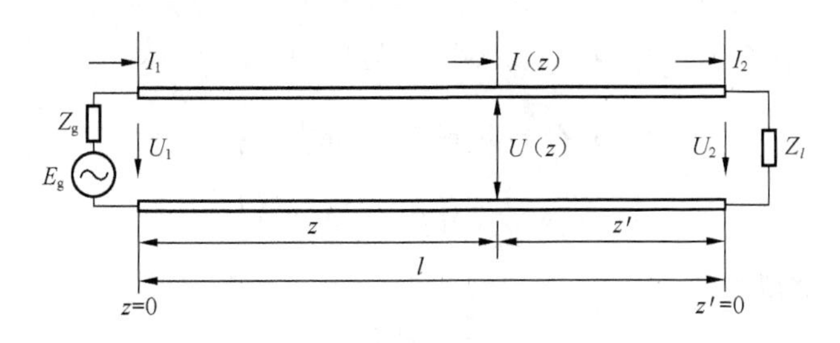


图 5.4 传输线的边界条件

（1）已知终端电压 $U_2$ 和电流 $I_2$ 时的解。

这是最常用的情况。将 $z=l$、$U(l)=U_2$、$I(l)=I_2$ 代入式(5.6) 可求得

$$\left.\begin{aligned}A_1 &= \frac{U_2 + I_2 Z_0}{2}\mathrm{e}^{\gamma l}\\A_2 &= \frac{U_2 - I_2 Z_0}{2}\mathrm{e}^{-\gamma l}\end{aligned}\right\}\tag{5.8}$$

将式（5.8）代入式（5.6）并整理，得到

$$\left.\begin{aligned}U(z') &= \frac{U_2 + I_2 Z_0}{2}\mathrm{e}^{\gamma z'} + \frac{U_2 - I_2 Z_0}{2}\mathrm{e}^{-\gamma z'}\\I(z') &= \frac{U_2 + I_2 Z_0}{2Z_0}\mathrm{e}^{\gamma z'} - \frac{U_2 - I_2 Z_0}{2Z_0}\mathrm{e}^{-\gamma z'}\end{aligned}\right\}\tag{5.9}$$

式（5.9）中，$z' = l - z$ 是从终端算起的坐标。

式（5.9）可变换成双曲函数形式，为

$$\left.\begin{aligned}U(z') &= U_2\cosh\gamma z' + I_2 Z_0\sinh\gamma z'\\I(z') &= \frac{U_2}{Z_0}\sinh\gamma z' + I_2\cosh\gamma z'\end{aligned}\right\}\tag{5.10}$$

（2）已知始端电压 $U_1$ 和电流 $I_1$ 时的解。

此时，$U(0) = U_1$、$I(0) = I_1$，代入式（5.6），可求得

$$\left.\begin{aligned}A_1 &= \frac{U_1 + I_1 Z_0}{2}\\A_2 &= \frac{U_1 - I_1 Z_0}{2}\end{aligned}\right\}\tag{5.11}$$

将式（5.11）代入式（5.6），可得

$$\left.\begin{aligned}U(z) &= \frac{U_1 + I_1 Z_0}{2}\mathrm{e}^{-\gamma z} + \frac{U_1 - I_1 Z_0}{2}\mathrm{e}^{\gamma z}\\I(z) &= \frac{U_1 + I_1 Z_0}{2Z_0}\mathrm{e}^{-\gamma z} - \frac{U_1 - I_1 Z_0}{2Z_0}\mathrm{e}^{\gamma z}\end{aligned}\right\}\tag{5.12}$$

（3）已知电源电动势 $E_g$、内阻 $Z_g$ 及负载阻抗 $Z_l$ 时的解。

在 $z = 0$ 处，$I(0) = I_1$，$U(0) = E_g - I_1 Z_g$；在 $z = l$ 处，$I(l) = I_2$，$U(l) = I_2 Z_l$。将这些条件代入式（5.6）可得

$$\left.\begin{aligned}E_g - I_1 Z_g &= A_1 + A_2\\I_1 &= \frac{1}{Z_0}(A_1 - A_2)\end{aligned}\right\}$$

$$\left.\begin{aligned}I_2 Z_l &= A_1\mathrm{e}^{-\gamma l} + A_2\mathrm{e}^{\gamma l}\\I_2 &= \frac{1}{Z_0}(A_1\mathrm{e}^{-\gamma l} - A_2\mathrm{e}^{\gamma l})\end{aligned}\right\}$$

分别消去 $I_1$ 和 $I_2$，解得

$$\left.\begin{aligned}A_1 &= \frac{E_g Z_0}{(Z_g + Z_0)(1 - \Gamma_1\Gamma_2\mathrm{e}^{-2\gamma l})}\\A_2 &= \frac{E_g Z_0\Gamma_2\mathrm{e}^{-2\gamma l}}{(Z_g + Z_0)(1 - \Gamma_1\Gamma_2\mathrm{e}^{-2\gamma l})}\end{aligned}\right\}\tag{5.13}$$

将式（5.13）代入式（5.6），即得

$$\left.\begin{aligned} U(z) &= \frac{E_g Z_0}{(Z_g+Z_0)}\cdot\frac{e^{-\gamma z}+\Gamma_2 e^{-2\gamma l}e^{\gamma z}}{(1-\Gamma_1\Gamma_2 e^{-2\gamma l})} \\ I(z) &= \frac{E_g}{(Z_g+Z_0)}\cdot\frac{e^{-\gamma z}-\Gamma_2 e^{-2\gamma l}e^{\gamma z}}{(1-\Gamma_1\Gamma_2 e^{-2\gamma l})} \end{aligned}\right\}\tag{5.14}$$

式（5.14）中，$\Gamma_1=\dfrac{Z_g-Z_0}{Z_g+Z_0}$，$\Gamma_2=\dfrac{Z_l-Z_0}{Z_l+Z_0}$。

### 5.1.3　用场的概念分析传输线

前面用路的概念分析传输线，由传输线方程得到了传输线上电压和电流的解。下面用场的概念分析传输线，并由此看出，电路的理论是建立在场的理论基础上的。

用场的概念分析传输线，就是要用平面电磁波的特性获得一般传输线的基本理论。

假定传输线周围的媒质是无耗、均匀、各向同性的，其媒质参数为 $\varepsilon$、$\mu$。传输线上传播的是TEM波，令波沿 $z$ 向（纵向）传播，电磁场只有横向分量，用 $\boldsymbol{E}_t$ 和 $\boldsymbol{H}_t$ 表示。对于时谐变化的场，麦克斯韦方程组可写为

$$\left.\begin{aligned} \nabla\times\boldsymbol{E}_t &= -j\omega\mu\boldsymbol{H}_t \\ \nabla\times\boldsymbol{H}_t &= j\omega\varepsilon\boldsymbol{E}_t \\ \nabla\cdot\boldsymbol{E}_t &= 0 \\ \nabla\cdot\boldsymbol{H}_t &= 0 \end{aligned}\right\}\tag{5.15}$$

其中，算符

$$\nabla=\nabla_t+\nabla_z=\nabla_t+\boldsymbol{e}_z\frac{\partial}{\partial z}$$

由矢量分析可知，$\nabla_t\times\boldsymbol{E}_t$ 和 $\nabla_t\times\boldsymbol{H}_t$ 为纵向分量，在TEM波中不存在。于是，式（5.15）中两旋度方程可写为

$$\boldsymbol{e}_z\times\frac{\partial\boldsymbol{E}_t}{\partial z}=-j\omega\mu\boldsymbol{H}_t\tag{5.16}$$

$$\boldsymbol{e}_z\times\frac{\partial\boldsymbol{H}_t}{\partial z}=j\omega\varepsilon\boldsymbol{E}_t\tag{5.17}$$

$$\nabla_t\times\boldsymbol{E}_t=0\tag{5.18}$$

$$\nabla_t\times\boldsymbol{H}_t=0\tag{5.19}$$

由矢量分析的知识可知，标量函数梯度的旋度等于0，由式（5.18）和式（5.19）得到

$$\left.\begin{aligned} \boldsymbol{E}_t &= U(z)\,\nabla_t\phi(x,y) \\ \boldsymbol{H}_t &= I(z)\,\nabla_t\psi(x,y) \end{aligned}\right\}\tag{5.20}$$

式（5.20）中，$U(z)$、$I(z)$、$\phi(x,y)$ 和 $\psi(x,y)$ 都是待求的标量函数。将式（5.20）代入式（5.15）中的两个散度方程，得到

$$\left.\begin{aligned} \nabla_t^2\phi(x,y) &= 0 \\ \nabla_t^2\psi(x,y) &= 0 \end{aligned}\right\}\tag{5.21}$$

这表明，$\phi$ 和 $\psi$ 都满足二维拉普拉斯方程，与静态场的位函数所满足的方程相同。由上面的分析可以看出，不管传输线的横向结构多么复杂，解决传输线上TEM波的传播问题所涉及的横向问题就是解二维的静电场问题。

上面分析了TEM波在横截面内的场结构问题，下面分析TEM波在$z$方向（纵向）的变化规律。TEM波在$z$方向具有波的性质，即沿$z$方向传播。

解由式（5.16）和式（5.17）组成的方程组，可以得到

$$\boldsymbol{e}_z \times \boldsymbol{e}_z \times \frac{\partial^2 \boldsymbol{E}_t}{\partial z^2} - \omega^2 \mu\varepsilon \boldsymbol{E}_t = 0$$

$$\boldsymbol{e}_z\left(\boldsymbol{e}_z \cdot \frac{\partial^2 \boldsymbol{E}_t}{\partial z^2}\right) - (\boldsymbol{e}_z \cdot \boldsymbol{e}_z)\frac{\partial^2 \boldsymbol{E}_t}{\partial z^2} - \omega^2 \mu\varepsilon \boldsymbol{E}_t = 0$$

于是得到

$$\frac{\partial^2 \boldsymbol{E}_t}{\partial z^2} + \beta^2 \boldsymbol{E}_t = 0 \tag{5.22}$$

式（5.22）中，$\beta^2 = \omega^2 \mu\varepsilon$。

同样可以得到

$$\frac{\partial^2 \boldsymbol{H}_t}{\partial z^2} + \beta^2 \boldsymbol{H}_t = 0 \tag{5.23}$$

将式（5.20）代入式（5.22）和式（5.23），得到

$$\left.\begin{aligned} \frac{\mathrm{d}^2 U}{\mathrm{d}z^2} + \beta^2 U = 0 \\ \frac{\mathrm{d}^2 I}{\mathrm{d}z^2} + \beta^2 I = 0 \end{aligned}\right\} \tag{5.24}$$

式（5.4）中，当媒质无耗时，$\alpha = 0$，此时$\gamma = \alpha + \mathrm{j}\beta = \mathrm{j}\beta$、$\gamma^2 = -\beta^2$，则式（5.4）与式（5.24）完全一样。

以上结果说明，用电路理论得出的传输线上电压和电流的方程式（5.4）与用电磁场理论得出的传输线上电压和电流的方程式（5.24）是一样的，从电路理论和电磁场理论出发分析所得到的结论是统一的。但是，电路理论的分析计算方法比场的方法要简便得多，因此，在许多实际问题中，总是尽可能把“场的问题”转化为一定前提下“路的问题”来处理。

**例5.1** 计算电磁波沿一段同轴线传输的功率，设内、外导体间正弦电压振幅值为$U$，导体内正弦电流振幅值为$I$。

**解** 采用圆柱坐标系，设同轴线内导体半径为$a$，外导体内半径为$b$。同轴线内、外导体之间存在电场和磁场。电场$\boldsymbol{E}$与$U$和磁场$\boldsymbol{H}$与$I$的关系可以用电磁场理论知识求得为

$$\boldsymbol{E} = \boldsymbol{e}_r \frac{U}{r\ln\frac{b}{a}}$$

$$\boldsymbol{H} = \boldsymbol{e}_\varphi \frac{I}{2\pi r}$$

内、外导体间的坡印廷矢量的平均值为

$$\boldsymbol{S}_{av} = \mathrm{Re}\left(\frac{1}{2}\boldsymbol{E} \times \boldsymbol{H}^*\right) = \boldsymbol{e}_z \frac{U}{2r\ln\left(\frac{b}{a}\right)} \cdot \frac{I}{2\pi r} = \boldsymbol{e}_z \frac{UI}{4\pi r^2 \ln\left(\frac{b}{a}\right)}$$

能流的方向沿 $z$ 轴由电源向负载传输。穿过横截面的功率为

$$P = \int_S S_{av} \cdot dS = \int_a^b \frac{UI}{4\pi r^2 \ln\left(\frac{b}{a}\right)} 2\pi r dr = \frac{1}{2}UI$$

例5.1说明，用同轴线内、外导体间的电磁场计算出来的能量流动功率与电路中的计算结果是一致的，可见传输线传输的功率是通过导线周围的电磁场中的能流传到负载的，而不是经过导线内部传递的。

亥维赛在1893年发表的专著《电磁理论（Electro - magnetic Theory)》卷Ⅰ的§206中，对TEM传输线首次发表了正确的观点，即沿导线传输的电磁波是在媒质中进行的，导线的作用仅为引导电磁能的运动，电磁波动过程并非在导线内部发生。

## 5.2 传输线的基本特性参数

在5.1节中得到了传输线上任一点电压和电流的通解式（5.6），此式至关重要，传输线的基本特性就从此式分析得到。

式（5.6）中，任一点的电压 $U(z)$ 为 $A_1 e^{-\gamma z}$ 与 $A_2 e^{\gamma z}$ 之和，其中，$A_1 e^{-\gamma z}$ 表示沿 $+z$ 方向传播的电磁波，称为入射电压；$A_2 e^{\gamma z}$ 表示沿 $-z$ 方向传播的电磁波，称为反射电压，入射电压与反射电压均为行波；任一点的电流 $I(z)$ 为 $\frac{1}{Z_0}A_1 e^{-\gamma z}$ 与 $-\frac{1}{Z_0}A_2 e^{\gamma z}$ 之和，其中，$\frac{1}{Z_0}A_1 e^{-\gamma z}$ 表示沿 $+z$ 方向传播的电磁波，称为入射电流；$-\frac{1}{Z_0}A_2 e^{\gamma z}$ 表示沿 $-z$ 方向传播的电磁波，称为反射电流，入射电流与反射电流均为行波。传输线上入射电压与入射电流之比称为传输线的特性阻抗，传输线上反射电压与入射电压之比称为传输线的反射系数，传输线上总电压 $U(z)$ 与总电流 $I(z)$ 之比称为传输线的输入阻抗，$A_1 e^{-\gamma z}$ 或 $A_2 e^{\gamma z}$ 中的参数 $\gamma$ 称为传播常数。

### 5.2.1 特性阻抗

传输线上入射电压与入射电流之比（也称为行波电压与行波电流之比）称为传输线的特性阻抗。

对工作于高频的低耗传输线而言，总有 $R << \omega L$、$G << \omega C$。例如，工作于1 000 MHz的铜制同轴线，其内导体半径为0.8 cm，外导体内半径为2 cm，内外导体之间所填充的介质的 $\varepsilon_r = 2.5$，$\sigma_1 = 10^{-8}$ S/m，$\sigma_2 = 5.8 \times 10^7$ S/m，由表5.1计算得出同轴线的分布参数为

$$R = 2.29 \times 10^{-1}\ \Omega/\mathrm{m}$$
$$G = 6.8 \times 10^{-8}\ \mathrm{S/m}$$
$$\omega L = 1.15 \times 10^3\ \Omega/\mathrm{m}$$
$$\omega C = 0.94\ \mathrm{S/m}$$

显然，$R << \omega L$，$G << \omega C$。对高频或微波传输线，

$$Z_0 \approx \sqrt{\frac{L}{C}} \tag{5.25}$$

可见，在无耗或微波情况下，传输线的特性阻抗为纯电阻。

将表5.1中的分布电感$L$和分布电容$C$的公式代入式（5.25），可以求得平行双导线的特性阻抗

$$\begin{aligned} Z_0 &= 120\ln\left[\frac{D}{d}+\sqrt{\left(\frac{D}{d}\right)^2-1}\right] \\ &\approx 120\ln\frac{2D}{d}\ \Omega = 276\lg\frac{2D}{d}\ \Omega \end{aligned} \tag{5.26}$$

平行双导线的特性阻抗值一般为250～700 Ω，常用的是250 Ω、400 Ω和600 Ω。

同理得同轴线的特性阻抗公式为

$$Z_0 = \frac{60}{\sqrt{\varepsilon_r}}\ln\frac{b}{a}\ \Omega = \frac{138}{\sqrt{\varepsilon_r}}\lg\frac{b}{a}\ \Omega \tag{5.27}$$

同轴线的特性阻抗值一般为40～100 Ω，常用的有50 Ω和75 Ω。

### 5.2.2 传播常数

传播常数$\gamma$是描述传输线上入射波和反射波的衰减和相位变化的参数。

$\gamma$一般是频率的复杂函数，应用很不方便。对于无耗和微波低耗情况，其表示式可大为简化。

- 对于无耗线，

$$\alpha = 0,\ \beta = \omega\sqrt{LC}$$

- 对于微波低耗传输线，

$$\alpha = \frac{R}{2Z_0}+\frac{GZ_0}{2},\ \beta = \omega\sqrt{LC} \tag{5.28}$$

传输线上行波的波长和相速度都与$\beta$有关。

行波（入射波或反射波）的相位取决于$\omega t-\beta z$，在$t=t_1$时刻，其相位是$\omega t_1-\beta z_1$；在$t=t_2$时刻，其相位是$\omega t_2-\beta z_2$。行波是等相位点在移动，于是有

$$(\omega t_1-\beta z_1) = (\omega t_2-\beta z_2)$$

进而得到

$$v_p = \frac{z_2-z_1}{t_2-t_1} = \frac{\omega}{\beta} \tag{5.29}$$

式（5.29）中，$v_p$称为行波的相速度，$\omega=2\pi f$。相速度是指高频波等相位点移动的速度。

对于无耗传输线，$v_p=1/\sqrt{LC}$，将同轴线和双导线的$L$和$C$公式代入式（5.29），可得

$$v_p = \frac{c}{\sqrt{\varepsilon_r}} \tag{5.30}$$

式（5.30）中，$c$为光速，表明传输线上波的速度与自由空间中波的速度相同。

同一瞬时相位相差$2\pi$的两点之间的距离为波长，以$\lambda$表示，于是有

$$\omega t_1-\beta(z_1+\lambda) = \omega t_1-\beta z_1-2\pi$$

由此可得

$$\lambda = \frac{2\pi}{\beta} \tag{5.31}$$

又由式（5.29），可得

$$v_{\mathrm{p}} = f\lambda \tag{5.32}$$

下面介绍一下衰减常数 $\alpha$ 的两个单位：分贝（dB）和奈培（NP）。

系统中，通常将两个功率电平 $P_1$ 和 $P_2$ 的比值用分贝（dB）表示。

$$10\lg(P_1/P_2) = 20\lg(U_1/U_2)\ \mathrm{dB} \tag{5.33}$$

微波系统中，常用到两倍功率之比，也即 3 dB。

传输线的衰减也常用 NP 表示。

$$\frac{1}{2}\ln\frac{P_1}{P_2} = \ln\frac{U_1}{U_2}\ \mathrm{NP} \tag{5.34}$$

$$1\ \mathrm{NP} = 8.686\ \mathrm{dB}$$

$$1\ \mathrm{dB} = 0.115\ \mathrm{NP}$$

由上面公式计算出的分贝数和奈培数，只能表示传输线上两点之间的相对电平。由分贝引申出来的如下两个基本单位，可用于确定传输电路中某点的绝对电平。

（1）dBm（分贝毫瓦）。

dBm 的定义是功率电平对 1 mW 的比，即

$$\text{功率 dBm} = 10\lg\frac{P(z)}{1\ \mathrm{mW}} \tag{5.35}$$

显然，0 dBm = 1 mW。

（2）dBW（分贝瓦）。

dBW 的定义是功率电平对 1 W 的比，即

$$\text{功率 dBW} = 10\lg\frac{P(z)}{1\mathrm{W}} \tag{5.36}$$

$$30\ \mathrm{dBm} = 0\ \mathrm{dBW}$$

### 5.2.3 输入阻抗

传输线上任一点的电压 $U(z)$ 与电流 $I(z)$ 之比称为传输线的输入阻抗，即

$$Z_{\mathrm{in}}(z) = \frac{U(z)}{I(z)} \tag{5.37}$$

将式（5.10）代入式（5.37），得到

$$Z_{\mathrm{in}}(z') = Z_0\frac{Z_l\cosh\gamma z' + Z_0\sinh\gamma z'}{Z_0\cosh\gamma z' + Z_l\sinh\gamma z'}$$

对于无耗传输线，$\gamma = \mathrm{j}\beta$，则得到

$$Z_{\mathrm{in}}(z') = Z_0\frac{Z_l + \mathrm{j}Z_0\tan\beta z'}{Z_0 + \mathrm{j}Z_l\tan\beta z'} \tag{5.38}$$

式（5.38）中，$Z_l$ 为传输线的负载阻抗。

传输线的负载阻抗 $Z_l$ 是指传输线负载端的阻抗，即负载端的总电压与总电流之比。传输线上任一点的阻抗就是由该点向负载看进去的输入阻抗 $Z_{\mathrm{in}}(z')$，如图 5.5 所示。

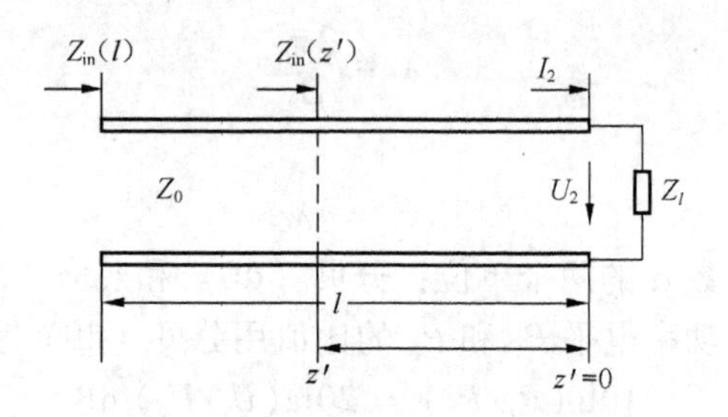


图 5.5　传输线上的输入阻抗

### 5.2.4　反射系数

传输线上的波一般为入射波与反射波的叠加。波的反射现象是传输线上最基本的物理现象，传输线的工作状态也主要决定于反射的情况。为了表示传输线的反射特性，引入反射系数$\Gamma$。

**1. 反射系数$\Gamma$的定义及表示式**

反射系数是指传输线上某点的反射电压（或反射电流）与入射电压（或入射电流）之比，即

$$\Gamma(z') = \frac{U^-(z')}{U^+(z')} = -\frac{I^-(z')}{I^+(z')} \tag{5.39}$$

式（5.39）中，$U^+(z')$和$U^-(z')$为$z'$处的入射电压和反射电压；$I^+(z')$和$I^-(z')$为$z'$处的入射电流和反射电流。

由式（5.9），令$U_2^+ = \dfrac{U_2 + I_2 Z_0}{2}$和$U_2^- = \dfrac{U_2 - I_2 Z_0}{2}$分别表示终端的入射波电压和反射波电压，$I_2^+ = \dfrac{U_2 + I_2 Z_0}{2Z_0}$和$I_2^- = -\dfrac{U_2 - I_2 Z_0}{2Z_0}$分别表示终端的入射波电流和反射波电流，则式（5.9）可以简化为

$$\left.\begin{aligned} U(z') &= U_2^+ e^{\gamma z'} + U_2^- e^{-\gamma z'} = U^+(z') + U^-(z') \\ I(z') &= I_2^+ e^{\gamma z'} + I_2^- e^{-\gamma z'} = I^+(z') + I^-(z') \end{aligned}\right\} \tag{5.40}$$

将式（5.40）代入式（5.39），可以得到

$$\Gamma(z') = \frac{U_2^-}{U_2^+} e^{-2\gamma z'} = \Gamma_2 e^{-2\gamma z'} = \Gamma_2 e^{-2\alpha z'} e^{-j2\beta z'} \tag{5.41}$$

式（5.41）中

$$\Gamma_2 = \frac{U_2 - I_2 Z_0}{U_2 + I_2 Z_0} = \frac{Z_l - Z_0}{Z_l + Z_0} = |\Gamma_2| e^{j\phi_2} \tag{5.42}$$

为终端反射系数。由式（5.41）可以看出，反射系数为一复数，且随位置变化。反射系数不仅反映出反射波与入射波之间有大小差异，而且反映出它们之间有相位差，如图5.6所示。

当传输线无耗时，式（5.41）为

$$\Gamma(z') = \Gamma_2 e^{-j2\beta z'} = |\Gamma_2| e^{j(\phi_2 - 2\beta z')} \tag{5.43}$$

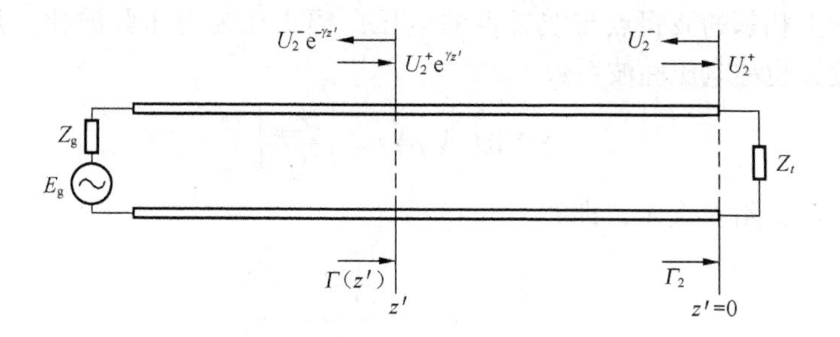


图 5.6 传输线上的入射波电压和反射波电压

式（5.43）说明，无耗传输线上任一点反射系数的模值$|\Gamma(z')|$是相同的。这一结论非常重要，说明无耗传输线上任一点反射波与入射波虽然相位有差异，但振幅之比为常数。

### 2. 输入阻抗与反射系数的关系

式（5.40）可改写成

$$\left.\begin{aligned}U(z') &= U^+(z') + U^-(z') = U^+(z')[1+\Gamma(z')]\\ I(z') &= I^+(z') + I^-(z') = I^+(z')[1-\Gamma(z')]\end{aligned}\right\} \tag{5.44}$$

由式（5.44）可得

$$Z_{in}(z') = Z_0\frac{1+\Gamma(z')}{1-\Gamma(z')} \tag{5.45}$$

在终端，式（5.45）为

$$Z_l = Z_0\frac{1+\Gamma_2}{1-\Gamma_2} \tag{5.46}$$

或

$$\Gamma_2 = \frac{Z_l - Z_0}{Z_l + Z_0} \tag{5.47}$$

由式（5.47）可以看出，无耗传输线终端负载$Z_l$决定终端反射系数$\Gamma_2$。由于无耗传输线上任意点的反射系数模值是相同的，所以终端负载$Z_l$决定无耗传输线上反射波的振幅。按照终端负载$Z_l$的性质，传输线上将有3种不同的工作状态。

（1）当$Z_l = Z_0$时，$\Gamma_2 = 0$，传输线上无反射波，只有入射行波，称为行波状态。

（2）当$Z_l = 0$(终端短路)时，$\Gamma_2 = -1$；当$Z_l = \infty$(终端开路)时，$\Gamma_2 = 1$；当$Z_l = \pm jX_l$(终端接纯电抗负载)时，$|\Gamma_2| = 1$。这3种情况下，反射波的振幅与入射波的振幅相等，只是相位有差异，入射波的能量被全部反射，负载没有任何吸收。这3种情况称为全反射工作状态，即驻波状态。

（3）当$Z_l = R_l \pm X_l$时，$0 < |\Gamma_l| < 1$，入射波能量部分被负载吸收，部分被反射，称为部分反射工作状态，即行驻波状态。

### 3. 驻波系数和行波系数

上述反射系数是复数，且不便于测量。工程上为测量方便，引入驻波系数的概念。驻波系数也称为电压驻波比（Voltage Standing Wave Ratio，VSWR），用$\rho$表示。

定义传输线上相邻的波腹点与波谷点的电压振幅之比为电压驻波比，用 VSWR 或 $\rho$ 表示，简称驻波比，也称电压驻波系数。

$$\text{VSWR}(\text{或}\rho) = \frac{|U_{\max}|}{|U_{\min}|} \tag{5.48}$$

其倒数为行波系数，用 $K$ 表示，即有

$$K = \frac{1}{\rho} = \frac{|U_{\min}|}{|U_{\max}|} \tag{5.49}$$

由式（5.40），有

$$\left.\begin{aligned} U(z') &= U_2^+ e^{\gamma z'} + U_2^- e^{-\gamma z'} = U_2^+ e^{\gamma z'}(1 + \Gamma_2 e^{-2\gamma z'}) \\ I(z') &= I_2^+ e^{\gamma z'} + I_2^- e^{-\gamma z'} = I_2^+ e^{\gamma z'}(1 - \Gamma_2 e^{-2\gamma z'}) \end{aligned}\right\}$$

对于无耗传输线，则为

$$\left.\begin{aligned} U(z') &= U_2^+ e^{j\beta z'}(1 + \Gamma_2 e^{-j2\beta z'}) \\ I(z') &= I_2^+ e^{j\beta z'}(1 - \Gamma_2 e^{-j2\beta z'}) \end{aligned}\right\} \tag{5.50}$$

由式（5.50）可以看出，无耗传输线上不同点的电压和电流振幅是不同的，以线长的 $\lambda/2$ 周期变化，在一个周期内，电压和电流的振幅有最大值和最小值，分别为

$$|U_{\max}| = |U_2^+|(1 + |\Gamma_2|)$$
$$|U_{\min}| = |U_2^+|(1 - |\Gamma_2|)$$

于是得到

$$\rho = \frac{1 + |\Gamma_2|}{1 - |\Gamma_2|} \tag{5.51}$$

或

$$K = \frac{1 - |\Gamma_2|}{1 + |\Gamma_2|} \tag{5.52}$$

由式（5.51）和式（5.52）可以看出：

（1）当 $|\Gamma_2| = 0$，即行波状态时，驻波比 $\rho = 1$，行波系数 $K = 1$。

（2）当 $|\Gamma_2| = 1$，即驻波状态时，驻波比 $\rho = \infty$，行波系数 $K = 0$。

（3）当 $0 < |\Gamma_2| < 1$，即行驻波状态时，驻波比 $1 < \rho < \infty$，行波系数 $0 < K < 1$。

### 5.2.5 传输功率

传输线主要用来传输功率。

由式（5.44）可知，无耗传输线上任意一点的电压和电流为

$$\left.\begin{aligned} U(z') &= U^+(z')[1 + \Gamma(z')] \\ I(z') &= I^+(z')[1 - \Gamma(z')] \end{aligned}\right\}$$

因此传输功率为

$$\begin{aligned} P(z') &= \frac{1}{2}\text{Re}[U(z')I^*(z')] \\ &= \frac{1}{2}\text{Re}\left\{\frac{|U^+(z')|^2}{Z_0}[1 - |\Gamma(z')|^2 + \Gamma(z') - \Gamma^*(z')]\right\} \end{aligned}$$

式中，$\Gamma(z') - \Gamma^*(z')$ 为虚数，因此可以写成

$$P(z') = \frac{|U^+(z')|^2}{2Z_0}[1 - |\Gamma(z')|^2] = P^+(z') - P^-(z') \tag{5.53}$$

式（5.53）中，$P^+(z')$ 和 $P^-(z')$ 分别表示通过点 $z'$ 处的入射波功率和反射波功率。

式（5.53）表明，无耗传输线上通过任意点的传输功率等于该点的入射波功率与反射波功率之差。对于无耗传输线，通过线上任意点的传输功率都是相同的。为简便起见，在电压波腹点（也即电流波谷点）处计算传输功率，即

$$P(z') = \frac{1}{2}|U|_{\max}|I|_{\min} = \frac{1}{2}\frac{|U|_{\max}^2}{Z_0}K \tag{5.54}$$

式（5.54）中，$|U|_{\max}$ 决定于传输线间的击穿电压 $U_{br}$，在不发生击穿的前提下，传输线允许传输的最大功率为传输线的功率容量，其值为

$$P_{br} = \frac{1}{2}\frac{|U_{br}|^2}{Z_0}K \tag{5.55}$$

可见，传输线的功率容量与行波系数有关，$K$ 越大，功率容量就越大。

## 5.3 均匀无耗传输线工作状态分析

传输线的工作状态是指沿线电压、电流和阻抗的分布规律。传输线的工作状态有 3 种，即行波状态、驻波状态和行驻波状态，它主要决定于终端所接负载阻抗的大小和性质。由于讨论限于高频或微波波段，而且传输线一般不长，所以可以把传输线当作无耗传输线来处理。

对于无耗传输线，有

$$\alpha = 0,\ \beta = \omega\sqrt{LC},\ \gamma = \mathrm{j}\beta,\ Z_0 = \sqrt{L/C}$$

### 5.3.1 行波工作状态

由式（5.9）可以看出，当 $\frac{U_2 - I_2Z_0}{2}\mathrm{e}^{-\gamma z'}$ 和 $\frac{U_2 - I_2Z_0}{2Z_0}\mathrm{e}^{-\gamma z'}$ 都等于 0 时，就可以得到无反射情况。为此，有两种情况。

① $\mathrm{e}^{-\gamma z'} = 0$，也即 $z' \to \infty$，这便是无限长传输线的情况。

② $U_2 - I_2Z_0 = 0$，此时 $Z_l = U_2/I_2 = Z_0$，这便是负载匹配的情况。

即当传输线无限长或终端负载匹配时，传输线上只有入射波，没有反射波，处于行波工作状态。此时，由式（5.12）可得沿线电压和电流的表示式为

$$\left.\begin{aligned} U(z) &= \frac{U_1 + I_1Z_0}{2}\mathrm{e}^{-\mathrm{j}\beta z} = U_1^+\mathrm{e}^{-\mathrm{j}\beta z} = |U_1^+|\,\mathrm{e}^{\mathrm{j}(\varphi_0-\beta z)} \\ I(z) &= \frac{U_1 + I_1Z_0}{2Z_0}\mathrm{e}^{-\mathrm{j}\beta z} = I_1^+\mathrm{e}^{-\mathrm{j}\beta z} = |I_1^+|\,\mathrm{e}^{\mathrm{j}(\varphi_0-\beta z)} \end{aligned}\right\} \tag{5.56}$$

式（5.56）中，$U_1^+ = |U_1^+|\,\mathrm{e}^{\mathrm{j}\varphi_0}$，$I_1^+ = |I_1^+|\,\mathrm{e}^{\mathrm{j}\varphi_0}$。可见，在行波状态下，沿线各点电压和电流的振幅不变，如图 5.7（b）所示。

电压和电流的瞬时值为

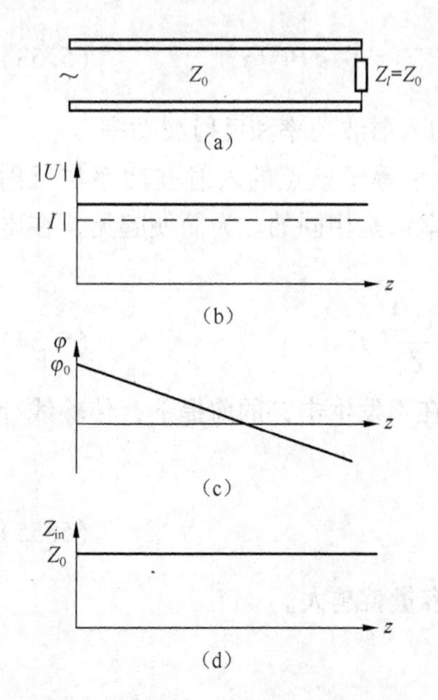


图5.7 行波电压、电流和阻抗的分布图

$$\left.\begin{aligned}u(z,t)&=|U_1^+|\cos(\omega t-\beta z+\varphi_0)\\ i(z,t)&=|I_1^+|\cos(\omega t-\beta z+\varphi_0)\end{aligned}\right\}\tag{5.57}$$

由式（5.57）可以看出，当 $t$ 一定时，沿线电压和电流的瞬时值呈余弦分布。在同一时刻，电压和电流的相位随 $z$ 的增加连续滞后，如图5.7（c）所示。此时，线上电压和电流同相，同时达到最大值，同时达到最小值，这是行波前进的必然结果。

由式（5.56）可得沿线任一点的输入阻抗为

$$Z_{\text{in}}(z)=\frac{U(z)}{I(z)}=Z_0\tag{5.58}$$

沿线任一点的输入阻抗均为特性阻抗 $Z_0$，为一常数，如图5.7（d）所示。

上面分析了无耗传输线上波的行波状态，行波有3个特点。

（1）沿线各点电压和电流的振幅不变。

（2）电压和电流的相位随 $z$ 的增加连续滞后。

（3）沿线各点的输入阻抗均等于特性阻抗。

## 5.3.2 驻波工作状态

由5.2节分析得到，当传输线终端短路、开路或接纯电抗负载时，将产生全反射，传输线工作于驻波状态。下面分析这3种情况下的驻波特性。

### 1. 终端短路

当终端短路时，$Z_l=0$，由式(5.47)可得终端反射系数 $\Gamma_2=-1$。由式（5.50）可得沿线电压和电流为

$$\left.\begin{aligned}U(z')&=\text{j}2U_2^+\sin\beta z'\\ I(z')&=\frac{2U_2^+}{Z_0}\cos\beta z'\end{aligned}\right\}\tag{5.59}$$

令

$$U_2^+=|U_2^+|\text{e}^{\text{j}\varphi_2},I_2^+=|I_2^+|\text{e}^{\text{j}\varphi_2}$$

可得沿线电压和电流的瞬时值为

$$\left.\begin{aligned}u(z',t)&=2|U_2^+|\sin(\beta z')\cos\left(\omega t+\varphi_2+\frac{\pi}{2}\right)\\ i(z',t)&=\frac{2|U_2^+|}{Z_0}\cos(\beta z')\cos(\omega t+\varphi_2)\end{aligned}\right\}\tag{5.60}$$

沿线电压和电流的振幅值为

$$\left.\begin{aligned}|U(z')|&=2|U_2^+||\sin(\beta z')|\\ |I(z')|&=\frac{2|U_2^+|}{Z_0}|\cos(\beta z')|\end{aligned}\right\}\tag{5.61}$$

沿线电压和电流的瞬时值和振幅值分别如图5.8（b）和图5.8（c）所示。由式（5.61）和图5.8（c）都可以看出，沿线电压和电流的振幅随位置而变，在线上某些点，振幅永远为0，这便是驻波的特性。从式（5.60）和瞬时分布图5.8（b）还可以看出，沿线各点电压和电流同时达到各自的最大值和零值，零值之处永远为0，电压和电流分布曲线随时间作上下振动，波并不前进，故称为驻波。

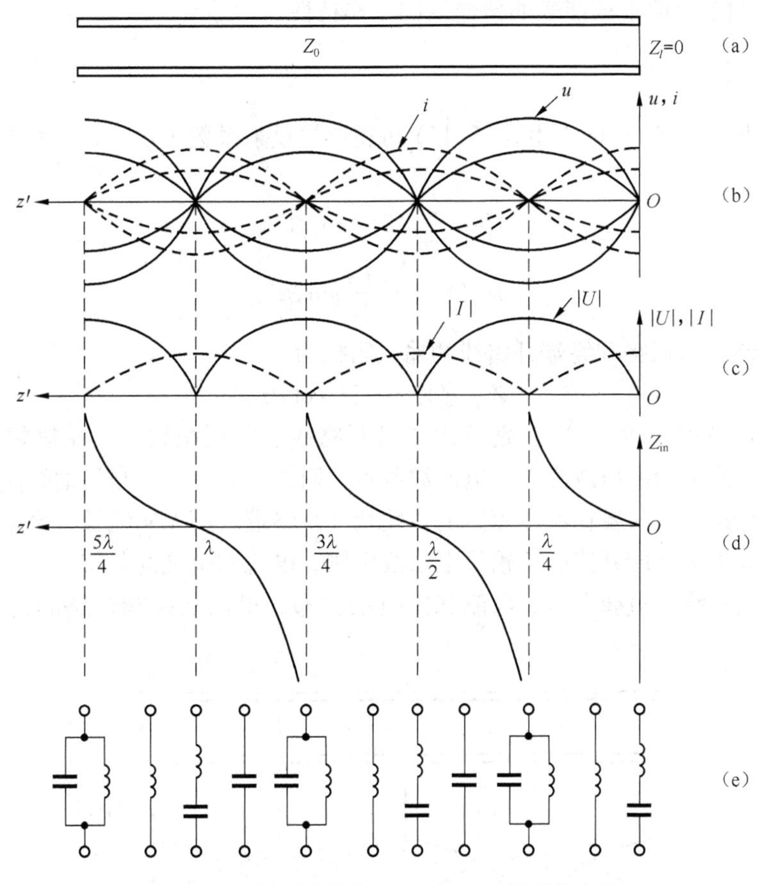


图5.8　终端短路时沿线电压、电流和阻抗的分布图

由式（5.61）可知，当$\beta z' = n\pi(n = 0,1,\cdots)$时，电压为0，电流振幅为最大值。也就是说，在距离终端为$\lambda/2$的整数倍处（包括终端短路处），电压永远为0，电流振幅具有最大值，这些位置称为电压波谷点、电流波腹点。

当$\beta z' = (2n+1)\pi/2(n = 0,1,\cdots)$时，电压振幅为最大值，电流为0。也就是说，在距离终端为$\lambda/4$的整数倍处，电压振幅具有最大值，电流永远为0，这些位置称为电压波腹点、电流波谷点。

电压和电流的振幅值具有$\lambda/2$重复性。

瞬时电压和瞬时电流的时间相位差为$\pi/2$，这表明传输线上没有功率传输。

由式（5.59）可以得到，终端短路线的输入阻抗为

$$Z_{in}(z') = jZ_0 \tan \beta z' \tag{5.62}$$

终端短路传输线的输入阻抗特性见图5.8（d）。由图可见，终端短路的传输线上任一点的输入

阻抗为纯电抗，且随着位置而改变。当$0 < z' < \lambda/4$时，输入阻抗为电感；当$z' = \lambda/4$时，输入阻抗为无穷大，相当于开路；当$\lambda/4 < z' < \lambda/2$时，输入阻抗为电容，如图5.8（e）所示。

每过$\lambda/4$，阻抗性质改变一次；每过$\lambda/2$，阻抗性质重复一次。阻抗的这些特性，在微波技术中有着广泛的应用。

均匀无耗传输线的电压振幅、电流振幅和输入阻抗特性都有$\lambda/2$的重复性，所以图5.8中只画$\lambda$长（两个周期）就能表明传输线的工作特性。

### 2. 终端开路

当终端开路时，$Z_l = \infty$，由式(5.47)可得终端反射系数$\Gamma_2 = 1$。由式（5.50）可得沿线电压和电流为

$$\left.\begin{aligned} U(z') &= 2U_2^+ \cos\beta z' \\ I(z') &= \mathrm{j}\frac{2U_2^+}{Z_0}\sin\beta z' \end{aligned}\right\} \tag{5.63}$$

由式（5.63）可以得到终端开路线的输入阻抗为

$$Z_{\text{in}}(z') = -\mathrm{j}Z_0\cot\beta z' \tag{5.64}$$

图5.9（b）和图5.9（c）分别示出了沿开路线的电压振幅、电流振幅和阻抗分布曲线。由图可见，终端为电压波腹点、电流波谷点，阻抗为无穷大。与终端短路情况相比，可以得到这样一个结论：只要在终端短路的传输线上从终端去掉$\lambda/4$线长，余下线上电压、电流和阻抗的分布即为终端开路的传输线上沿线电压、电流和阻抗的分布。

终端开路传输线上沿线电压、电流和阻抗的分布，可以从终端短路的传输线缩短（或

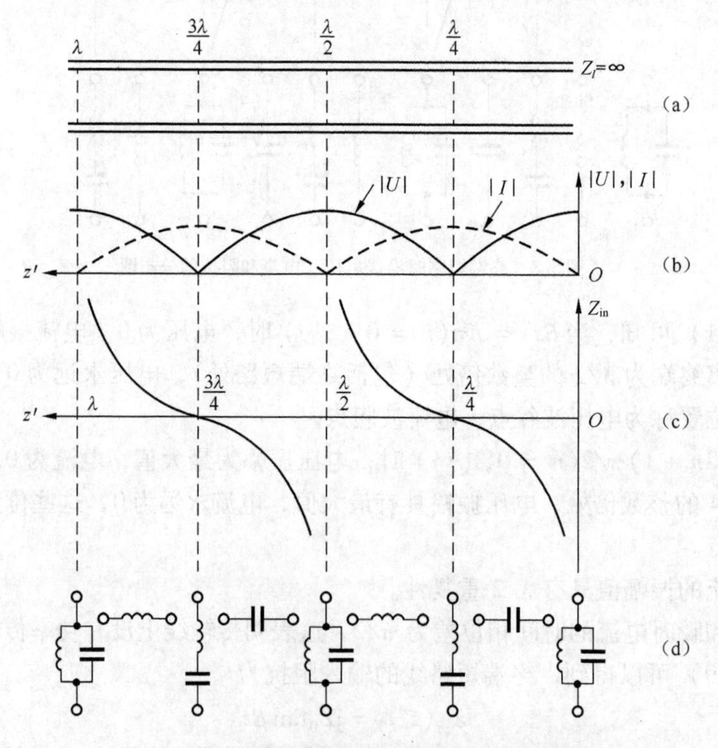


图5.9　终端开路时沿线电压、电流和阻抗的分布图

延长）$\lambda/4$ 获得。

终端开路传输线的输入阻抗也是纯电抗。终端开路处，输入阻抗无穷大；当 $0 < z' < \lambda/4$ 时，输入阻抗为电容；当 $z' = \lambda/4$ 时，输入阻抗为 0，相当于短路；当 $\lambda/4 < z' < \lambda/2$ 时，输入阻抗为电感，如图 5.9（d）所示。

每过 $\lambda/4$，阻抗性质改变一次；每过 $\lambda/2$，阻抗性质重复一次。开路线阻抗的这些特性，在微波技术中也有着广泛的应用。

### 3. 终端接纯电抗负载

当终端接纯电抗负载时，因为 $Z_l = \pm \mathrm{j}X_l$，所以 $|\Gamma_2| = 1$。在这种情况下，也要产生全反射而形成驻波。与短路线和开路线不同的是，这时 $\Gamma_2$ 为一复数，终端不再是电压波腹点或电压波谷点，而是有一段相移。由上面的分析可以知道，短路线和开路线的输入阻抗都是纯电抗，因而任何电抗都可以用一段适当长度的短路线或开路线来等效，这样就可以用延长一段长度的短路线或开路线分析终端接纯电抗负载的传输线。这个方法叫做延长线段法。

如果负载为纯感抗，即 $Z_l = \mathrm{j}X_l$，则可用一段小于 $\lambda/4$ 的短路线等效此感抗，其长度为

$$l_{e0} = \frac{\lambda}{2\pi}\arctan\frac{X_l}{Z_0} \tag{5.65}$$

图 5.10（a）示出了长度为 $l + l_{e0}$ 的短路线上沿线电压、电流和阻抗的分布图。

如果负载为纯容抗，即 $Z_l = -\mathrm{j}X_l$，则可用一段小于 $\lambda/4$ 的开路线等效此容抗，其长度为

$$l_{e\infty} = \frac{\lambda}{2\pi}\mathrm{arccot}\frac{X_l}{Z_0} \tag{5.66}$$

图 5.10（b）所示为长度为 $l + l_{e\infty}$ 的开路线上沿线电压、电流和阻抗的分布图。

上面分析了无耗传输线上波的驻波状态。驻波有 3 个特点。

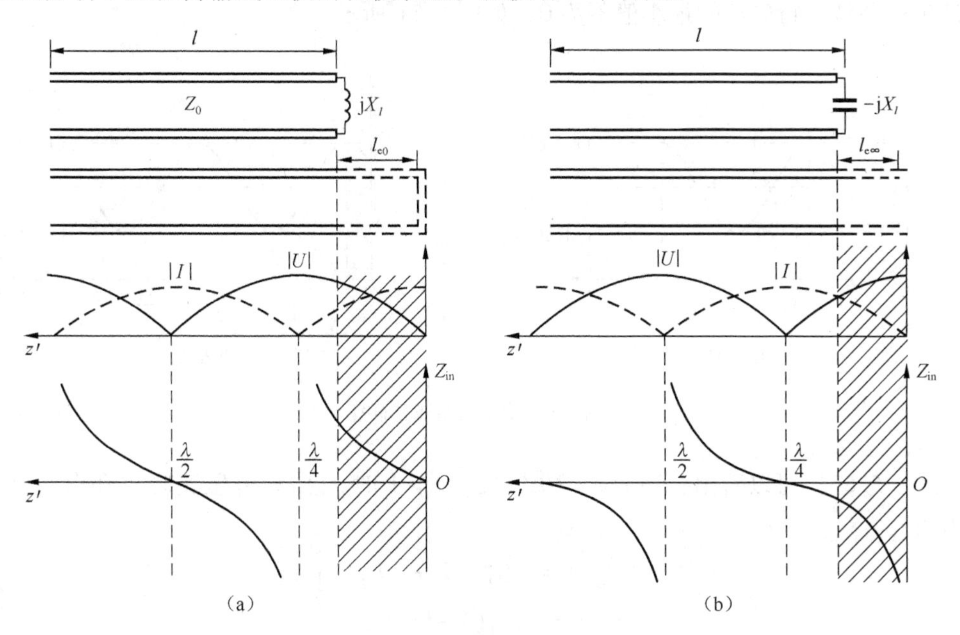


图 5.10 终端接纯感抗和纯容抗时沿线电压、电流和阻抗的分布图

（1）沿线电压和电流的振幅是位置的函数，具有波腹点和波谷点。短路线终端为电压的波谷点（零点）、电流的波腹点；开路线的终端为电压波腹点、电流波谷点（零点）。

（2）沿线各点的电压和电流在时间上相差 π/2，在空间也相差 π/2，因此驻波情况下既无能量损耗，也无能量传播。

（3）沿线各点的输入阻抗为纯电抗。每过 λ/4，阻抗性质改变一次（容性改变为感性，感性改变为容性，短路改变为开路，开路改变为短路）；每过 λ/2，阻抗性质重复一次。

### 5.3.3 行驻波工作状态

当均匀无耗传输线的终端负载为上面以外的情况时，信号源给出的能量一部分被负载吸收，另一部分被负载反射，从而产生部分反射而形成行驻波。

当负载为 $Z_l = R_l \pm jX_l$ 时，终端反射系数为

$$\Gamma_2 = \frac{Z_l - Z_0}{Z_l + Z_0} = \frac{R_l \pm jX_l - Z_0}{R_l \pm jX_l + Z_0} = |\Gamma_2| e^{\pm j\varphi_2}$$

其中

$$|\Gamma_2| = \sqrt{\frac{(R_l - Z_0)^2 + X_l^2}{(R_l + Z_0)^2 + X_l^2}} < 1$$

$$\varphi_2 = \arctan \frac{2X_l Z_0}{R_l^2 + X_l^2 - Z_0^2}$$

沿线的电压和电流为

$$\left.\begin{aligned} U(z') &= U_2^+ e^{j\beta z'}\left[1 + |\Gamma_2| e^{j(\varphi_2 - 2\beta z')}\right] \\ I(z') &= I_2^+ e^{j\beta z'}\left[1 - |\Gamma_2| e^{j(\varphi_2 - 2\beta z')}\right] \end{aligned}\right\} \tag{5.67}$$

线上产生行驻波，行驻波的最小值不为0，如图5.11所示。

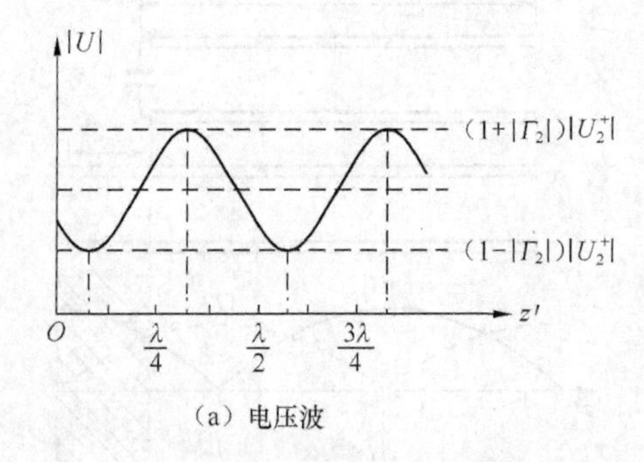


（a）电压波

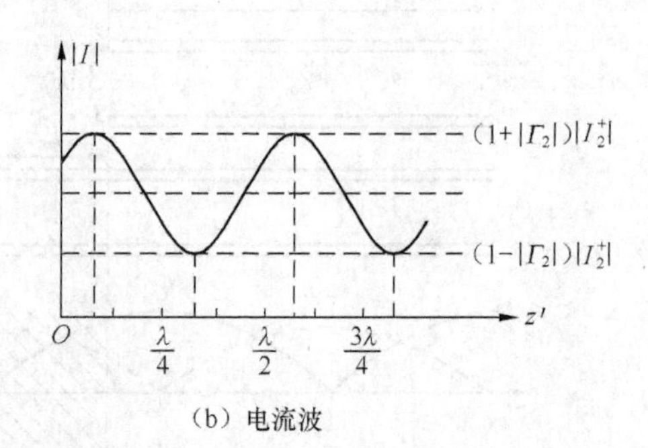


（b）电流波

图5.11 行驻波沿线分布图

由式（5.67）可以看出，当 $\cos(2\beta z' - \varphi_2) = 1$ 时，出现电压波腹点和电流波谷点，分别为

$$\left.\begin{aligned} |U_{\max}| &= |U_2^+|(1 + |\Gamma_2|) \\ |I_{\min}| &= |I_2^+|(1 - |\Gamma_2|) \end{aligned}\right\} \tag{5.68}$$

此时的输入阻抗为

$$Z_{in}(z') = \frac{U(z')}{I(z')} = \frac{|U_2^+|(1+|\Gamma_2|)}{|I_2^+|(1-|\Gamma_2|)} = Z_0\frac{(1+|\Gamma_2|)}{(1-|\Gamma_2|)} = Z_0\rho \tag{5.69}$$

即线上产生行驻波时，线上的电压最大点就是电流的最小点，此时输入电阻为纯电阻，且等于特性阻抗 $Z_0$ 的 $\rho$ 倍；当 $\cos(2\beta z'-\varphi_2)=-1$ 时，出现电压波谷点和电流波腹点，分别为

$$\left.\begin{aligned}|U_{min}| &= |U_2^+|(1-|\Gamma_2|)\\ |I_{max}| &= |I_2^+|(1+|\Gamma_2|)\end{aligned}\right\} \tag{5.70}$$

此时的输入阻抗为

$$Z_{in}(z') = \frac{U(z')}{I(z')} = \frac{|U_2^+|(1-|\Gamma_2|)}{|I_2^+|(1+|\Gamma_2|)} = Z_0\frac{(1-|\Gamma_2|)}{(1+|\Gamma_2|)} = \frac{Z_0}{\rho} \tag{5.71}$$

即线上产生行驻波时，线上的电压最小点就是电流的最大点，此时输入电阻为纯电阻，且等于特性阻抗 $Z_0$ 的 $1/\rho$ 倍。

当 $\cos(2\beta z'-\varphi_2)=1$ 时，

$$z'_{max} = \frac{\lambda}{4\pi}\varphi_2 + n\frac{\lambda}{2} \quad (n=0,1,2,\cdots) \tag{5.72}$$

当 $\cos(2\beta z'-\varphi_2)=-1$ 时，

$$z'_{min} = \frac{\lambda}{4\pi}\varphi_2 + \frac{\lambda}{4}(2n+1) \quad (n=0,1,2,\cdots) \tag{5.73}$$

式（5.72）和式（5.73）中，$z'_{min}$为电压最小点（也即电流最大点）位置，$z'_{max}$为电压最大点（也即电流最小点）位置。

行驻波时，输入阻抗按式（5.38）计算。

上面分析了无耗传输线上的行驻波状态，行驻波有3个特点。

（1）沿线电压和电流的振幅是位置的函数，具有波腹点和波谷点，但波谷点的值不为0。

（2）阻抗的数值周期性变化。在电压波腹点和电压波谷点，输入阻抗为纯电阻。电压最大点时（即电流最小点），$Z_{in}=Z_0\rho$；电压最小点时（即电流最大点），$Z_{in}=Z_0/\rho$。

（3）每隔 $\lambda/4$，阻抗性质变换一次；每隔 $\lambda/2$，阻抗性质重复一次。

**例5.2** 已知均匀无耗长线如图5.12（a）所示，$Z_0=R_1=R_2=250\ \Omega$。由终端表头指示得到终端电流最大值为1/10 A，表头的内阻为0。

（1）要使 $ed$ 段传行波，点 $d$ 并联长线的负载电阻 $R$ 等于多少？

（2）画出主线及并联支线上 $|U|$、$|I|$和$|Z|$的分布曲线，并计算曲线上的极值；

（3）电源内阻 $Z_g=250\ \Omega$，电源电压 $E_g$ 的振幅等于多少？

（4）求 $R_1$、$R_2$ 和 $R$ 吸收的功率。

**解** （1）为使传输线 $ed$ 段工作在行波状态，在传输线的点 $d$ 呈现的阻抗应为 $Z_d=Z_0$。$Z_d$ 为主线 $da$ 段与分支线 $df$ 段并联所呈现的阻抗，用 $Z_d'$表示主线 $da$ 段在点 $d$ 呈现的输入阻抗，用 $Z_d''$表示分支线 $df$ 段在点 $d$ 呈现的输入阻抗，则可得出

$$Z_d = \frac{Z_d'Z_d''}{Z_d'+Z_d''} = Z_0$$

$Z_d'$ 取决于 $dc$ 段长度及在点 $c$ 呈现的阻抗。点 $c$ 呈现的阻抗同样可以看作是 $R_2$ 与 $ca$ 段在点 $c$

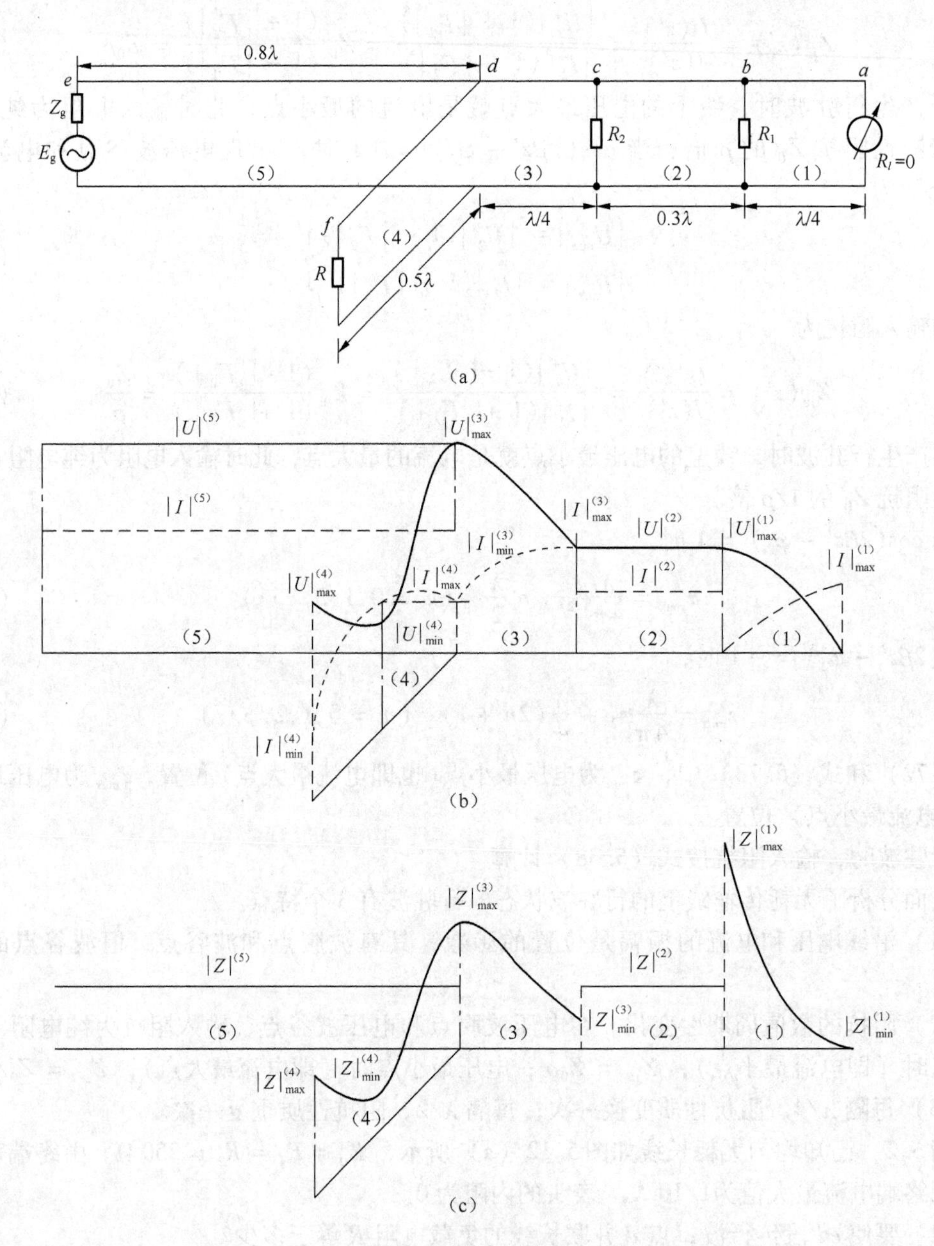


图 5.12　例 5.2 用图

呈现的输入阻抗的并联。由于 $ba$ 段为 $\lambda/4$ 短路线，在点 $b$ 向 $ba$ 段看进去的输入阻抗为∞，点 $b$ 呈现的阻抗为 $R_1$ 与∞的并联，还为 $R_1$；而 $Z_0 = R_1 = 250\ \Omega$，使 $cb$ 段工作在行波状态，$cb$ 段在点 $c$ 呈现的输入阻抗为 $Z_0 = 250\ \Omega$，点 $c$ 呈现的阻抗为 $R_2$ 与 $Z_0$ 的并联，为 $\frac{1}{2}Z_0$；经 $dc$ 段 $\lambda/4$ 阻抗变换器，可以得出 $Z'_d = 2Z_0$。于是得到 $Z''_d = 2Z_0$。由于 $df$ 段为 $\lambda/2$ 长，故

$$R = Z''_d = 2Z_0 = 500\ \Omega$$

（2）线上的 $|U|$、$|I|$ 和 $|Z|$ 分布取决于长线的工作状态，而分布曲线上的极值与线上的 $\rho$ 有关。图 5.12（b）中，实线为电压 $|U|$ 曲线，虚线为电流 $|I|$ 曲线。图 5.12（c）所示

为阻抗$|Z|$曲线。

$ba$段为$\lambda/4$短路线，工作在驻波状态，$\rho=\infty$。终端点$a$为电流波腹点，题设短路终端电流最大值为$|I|_{\max}^{(1)}=0.1$ A；对应的电压为波谷点，电压为$|U|_{\min}^{(1)}=0$。点$b$电流为波谷点，$|I|_{\min}^{(1)}=0$；对应的电压为波腹点，电压为$|U|_{\max}^{(1)}=|I|_{\max}^{(1)}Z_0=0.1\times250=25$ V。阻抗分布为点$b$处$|Z|_{\max}^{(1)}=\infty$，点$a$处$|Z|_{\min}^{(1)}=0$。

$cb$段为行波工作状态，沿线各点电压和电流的振幅$|U|^{(2)}$和$|I|^{(2)}$为常数。在连接点$b$处，电压是连续的，故得出$|U|^{(2)}=|U|_{\max}^{(1)}=25$ V；而电流$|I|^{(2)}$一部分流入$ba$段（$|I|_{\min}^{(1)}=0$），一部分流过$R_1$，这里$|I|^{(2)}$全部为流经$R_1$的电流，$|I|^{(2)}=|U|^{(2)}/Z_0=0.1$ A。沿线各点的阻抗都等于特性阻抗，为250 Ω。

$dc$段工作在行驻波状态，由于点$c$的负载阻抗为$R_2$与$Z_0$的并联，也即为$\frac{1}{2}Z_0$，$dc$段的驻波系数$\rho=2$。由于点$c$的阻抗为纯电阻且小于特性阻抗$Z_0$，故点$c$为电压波谷点、电流波腹点，$|U|_{\min}^{(3)}=|U|^{(2)}=25$ V，$|I|_{\max}^{(3)}=|I|_{\min}^{(3)}\rho$。$dc$段长为$\lambda/4$，则点$d$为电压波腹点、电流波谷点，$|U|_{\max}^{(3)}=|U|_{\min}^{(3)}\rho=50$ V，$|I|_{\min}^{(3)}=|U|_{\min}^{(3)}/Z_0=0.1$ A。$|I|_{\max}^{(3)}=|I|_{\min}^{(3)}\rho=0.2$ A。对于$dc$段阻抗分布，点$c$为纯电阻且为最小值，$|Z|_{\min}^{(3)}=|U|_{\min}^{(3)}/|I|_{\max}^{(3)}=125$ Ω，点$d$为纯电阻且为最大值，$|Z|_{\max}^{(3)}=|U|_{\max}^{(3)}/|I|_{\min}^{(3)}=500$ Ω。

$df$段因$R=2Z_0>Z_0$，故工作在行驻波状态，驻波系数$\rho=2$。点$f$为电压波腹点、电流波谷点。又由于$df$段长为$\lambda/2$，则点$d$也为电压波腹点、电流波谷点。$df$段中点为电压波谷点、电流波腹点。$|U|_{\max}^{(4)}=|U|_{\max}^{(3)}=50$ V，$|U|_{\min}^{(4)}=|U|_{\max}^{(4)}/\rho=25$ V，$|I|_{\min}^{(4)}=|U|_{\max}^{(4)}/R=0.1$ A，$|I|_{\max}^{(4)}=|I|_{\min}^{(4)}\rho=0.2$ A。对于$df$段阻抗分布，点$d$和点$f$均为纯电阻且为最大值，$|Z|_{\max}^{(4)}=|U|_{\max}^{(4)}/|I|_{\min}^{(4)}=500$ Ω，$df$段中点为纯电阻且为最小值，$|Z|_{\min}^{(4)}=|U|_{\min}^{(4)}/|I|_{\max}^{(4)}=125$ Ω。

$ed$段工作在行波状态，线上电压$|U|^{(5)}$为常数，$|U|^{(5)}=|U|_{\max}^{(4)}=50$ V；线上电流$|I|^{(5)}$为常数，$|I|^{(5)}=|U|^{(5)}/Z_0=0.2$ A；线上阻抗为常数，$|Z|^{(5)}=Z_0=250$ Ω。

（3）$ed$段工作在行波状态，点$e$的输入阻抗$Z_{\text{in}}=250$ Ω，流过的电流为0.2 A；电源内阻为250 Ω。所以电源电压$E_g$的振幅为$|E_g|=0.2\times2\times250=100$ $V$。

（4）3个电阻吸收的功率为

$$P_R=\frac{1}{2}|U|_{\max}^{(4)}|I|_{\min}^{(4)}=2.5\ \text{W}$$

$$P_{R_1}=\frac{1}{2}|U|^{(2)}|I|^{(2)}=1.25\ \text{W}$$

$$P_{R_2}=\frac{1}{2}|U|_{\min}^{(3)}(|I|_{\max}^{(3)}-|I|^{(2)})=1.25\ \text{W}$$

电源输入功率为

$$P=\frac{1}{2}|U|^{(5)}|I|^{(5)}=5\ \text{W}$$

满足

$$P=P_R+P_{R_1}+P_{R_2}=5\ \text{W}$$

## 5.4 有耗传输线

前面讨论的传输线忽略了线的损耗，实际使用的传输线都具有一定的损耗，称为有耗传输线。

传输线的损耗包括导体损耗、介质损耗和辐射损耗。对于有耗传输线，因为传输线上的损耗较大，即使观察一个波长的电压、电流和阻抗分布，也不能忽略损耗的影响。

有耗传输线和无耗传输线一样，传输线上也有入射波和反射波，不同之处在于，由于传输线有损耗，入射波和反射波的振幅将沿各自的传播方向按指数规律衰减，其衰减的快慢取决于衰减常数 $\alpha$，如图 5.13 所示。

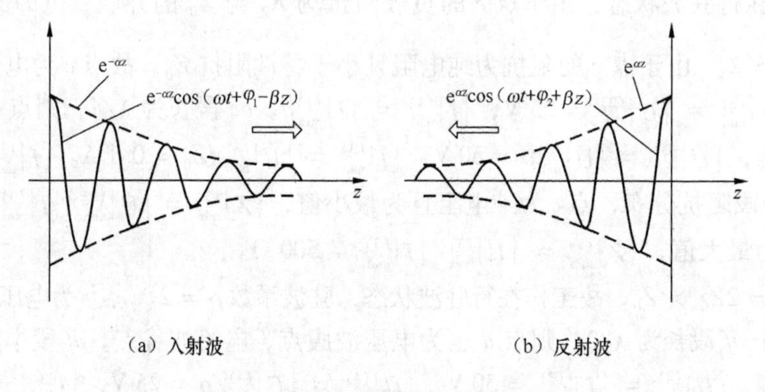


图 5.13　有耗传输线上的入射波和反射波

### 5.4.1　有耗传输线的参数以及电压、电流和阻抗的分布

#### 1. 有耗传输线的参数

由式（5.5）可得传播常数的一般表达式为

$$\left.\begin{aligned}\gamma &= \sqrt{(R+\mathrm{j}\omega L)(G+\mathrm{j}\omega C)} = \alpha + \mathrm{j}\beta \\ \alpha &= \sqrt{\frac{1}{2}\left[(RG-\omega^2 LC)+\sqrt{(R^2+\omega^2 L^2)(G^2+\omega^2 C^2)}\right]} \\ \beta &= \sqrt{\frac{1}{2}\left[(\omega^2 LC-RG)+\sqrt{(R^2+\omega^2 L^2)(G^2+\omega^2 C^2)}\right]}\end{aligned}\right\} \tag{5.74}$$

式（5.74）中，衰减常数 $\alpha$ 是频率的函数，这是因为集肤效应使频率升高时分布电阻加大。同时相位常数 $\beta$ 也是频率的函数，又因相速度 $v_{\mathrm{p}} = \omega/\beta$，所以在有耗传输线中，相速度也是频率的函数，这一点与均匀无耗传输线是不同的，均匀无耗传输线的相速度 $v_{\mathrm{p}}$ 只与介质的 $\varepsilon$ 和 $\mu$ 有关。相速度 $v_{\mathrm{p}}$ 是频率的函数，说明有耗传输线是有色散特性的。

由式（5.7）可得有耗传输线特性阻抗的一般公式为

$$Z_0 = \sqrt{\frac{R+\mathrm{j}\omega L}{G+\mathrm{j}\omega C}} = \sqrt{\frac{L}{C}}\left(1-\mathrm{j}\frac{R}{\omega L}\right)^{1/2}\left(1-\mathrm{j}\frac{G}{\omega C}\right)^{1/2} \tag{5.75}$$

**2. 有耗传输线的电压、电流和阻抗分布**

由式（5.40）可得有耗传输线上的电压和电流为

$$\left.\begin{aligned} U(z') &= U_2^+ e^{\gamma z'}(1 + \Gamma_2 e^{-2\gamma z'}) \\ I(z') &= I_2^+ e^{\gamma z'}(1 - \Gamma_2 e^{-2\gamma z'}) \end{aligned}\right\} \tag{5.76}$$

由此可得沿线电压和电流的行驻波最大值和最小值为

$$\left.\begin{aligned} |U(z')|_{max} &= |U_2^+| e^{\alpha z'}(1 + |\Gamma_2| e^{-2\alpha z'}) \\ |U(z')|_{min} &= |U_2^+| e^{\alpha z'}(1 - |\Gamma_2| e^{-2\alpha z'}) \\ |I(z')|_{max} &= |I_2^+| e^{\alpha z'}(1 + |\Gamma_2| e^{-2\alpha z'}) \\ |I(z')|_{min} &= |I_2^+| e^{\alpha z'}(1 - |\Gamma_2| e^{-2\alpha z'}) \end{aligned}\right\} \tag{5.77}$$

由式（5.77）可见，有耗线上电压和电流的行驻波的最大值和最小值是位置的函数。这与无耗传输线的情况不同。

由式（5.10）可得有耗传输线上任一点的输入阻抗为

$$Z_{in}(z') = Z_0 \frac{Z_l + Z_0 \tanh \gamma d}{Z_0 + Z_l \tanh \gamma d} \tag{5.78}$$

（1）当终端开路时，有

$$\left.\begin{aligned} U(z') &= 2U_2^+ \cosh \gamma z' \\ I(z') &= 2I_2^+ \sinh \gamma z' \\ Z_{in}(z') &= Z_0 \coth \gamma z' \end{aligned}\right\} \tag{5.79}$$

由图5.14可以看出，在 $z' = 0$ 处，电压为波腹，电流为波谷。随着 $z'$ 的增加，电压和电流振幅的总趋势是增加的，这是由于线上有损耗，当靠近电源时，入射波振幅变大，反射波的振幅变小，使总的电压和电流振幅增大，而驻波起伏变小，逐渐接近于入射波；越接近负载端，驻波起伏越明显。因此，在损耗大的传输线上，远离负载处的电压和电流几乎不受反射波的影响。这就是加衰减器能起隔离作用的原理。由图还可以看出，电压波腹点和电流波谷点的位置，一般来说并不重合，且都偏离了 $\lambda/4$、$\lambda/2$、$3\lambda/4$ 等位置。在有耗传输线上，反射系数的模值不是常数。

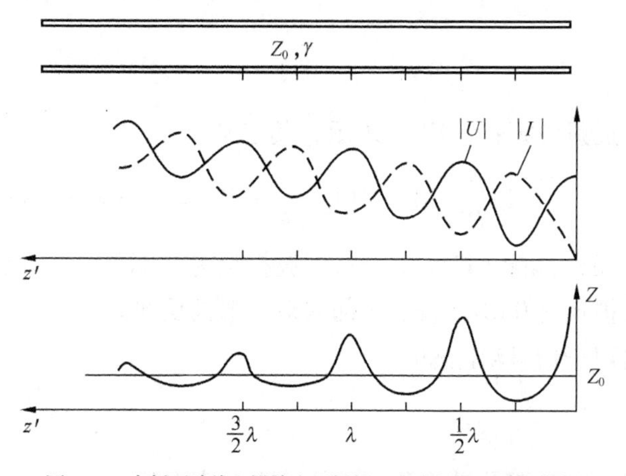


图5.14 有耗开路线上沿线电压振幅、电流振幅和阻抗分布

（2）当终端短路时，有

$$\left.\begin{aligned} U(z') &= 2U_2^+\sinh\gamma z' \\ I(z') &= 2I_2^+\cosh\gamma z' \\ Z_{\text{in}}(z') &= Z_0\tanh\gamma z' \end{aligned}\right\} \tag{5.80}$$

由式（5.79）和式（5.80）可以看出，短路有耗传输线上的电压和电流分布曲线与开路有耗传输线上的电流和电压分布曲线是一样的。

## 5.4.2 传输功率和效率

### 1. 传输功率

假定信号源匹配，则信号源传输给负载的功率有3种情况。

（1）负载匹配情况。

此时负载无反射功率，由式（5.53）可得，信号源传输给负载的功率为

$$P(z') = \frac{1}{2}\frac{|U_2^+|^2}{Z_0} \tag{5.81}$$

（2）负载失配无耗传输线情况。

此时负载有反射，由式（5.53）可得，信号源传输给负载的功率为

$$P(z') = \frac{1}{2}\frac{|U_2^+|^2}{Z_0}[1-|\Gamma(z')|^2] = P^+(z') - P^-(z')$$

表明此时负载吸收的功率等于入射功率减去反射功率。

失配无耗传输线的传输功率还可以用行波系数来表示。由式（5.54）可以得到信号源传输给负载的功率为

$$P(z') = \frac{1}{2}\frac{|U_{\max}|^2}{Z_0}K$$

（3）负载失配有耗传输线情况。

此时负载有反射，信号源传输给负载的功率为

$$P(z') = \mathrm{Re}\frac{1}{2}[U(z')I^*(z')] = \frac{1}{2}\frac{|U_2^+|^2}{Z_0}(\mathrm{e}^{2\alpha z'} - |\Gamma_2|^2\mathrm{e}^{-2\alpha z'}) \tag{5.82}$$

### 2. 回波损耗

回波损耗又称为反射波损耗，用 $L_r$ 表示，其定义为

$$L_r = 10\lg\frac{P^+}{P^-}\,\mathrm{dB} = 10\lg\frac{1}{|\Gamma|^2}\,\mathrm{dB} = -20\lg|\Gamma|\,\mathrm{dB} \tag{5.83}$$

由式（5.83）得到，负载匹配（$\Gamma=0$）时，回波损耗为 $\infty$ dB，表示无反射波功率；全反射（$|\Gamma|=1$）时，回波损耗为0 dB，表示全部入射功率被反射。

回波损耗概念仅用于信号源匹配时。

### 3. 传输效率

传输效率 $\eta$ 定义为负载吸收功率与传输线输入功率之比。

负载吸收的功率为

$$P_l = \frac{|U_2^+|^2}{2Z_0}(1 - |\Gamma_2|^2) \tag{5.84}$$

由式（5.84）和式（5.82）可以得到

$$\eta = \frac{1 - |\Gamma_2|^2}{e^{2\alpha l} - |\Gamma_2|^2 e^{-2\alpha l}} \tag{5.85}$$

式（5.85）中，$l$为传输线长。

## 5.5 史密斯阻抗圆图和导纳圆图

在传输线问题的计算中，经常涉及输入阻抗、负载阻抗、反射系数和驻波比等量，以及这些量之间的相互关系，此外还有阻抗匹配方面的问题。利用前面讲过的公式对这些量进行计算并不困难，但比较烦琐；而利用史密斯圆图计算比较方便，即使在当前大量使用计算机的情况下，史密斯圆图的解法依旧还有它的位置。史密斯阻抗圆图和导纳圆图不仅是一种图解技术，而且提供了十分有用的观察传输现象的方法。此外，仅就工程应用来讲，它也是很重要的，工程技术人员可以利用史密斯圆图的直观概念研究有关传输的阻抗匹配问题。

对于史密斯阻抗圆图和导纳圆图，本节只讨论无耗均匀传输线的情况。

### 5.5.1 史密斯阻抗圆图

史密斯阻抗圆图是一张电压反射系数的极坐标图。反射系数 $\Gamma = |\Gamma|e^{j\varphi}$，幅度 $|\Gamma|$ 表示圆图的半径（$|\Gamma| \leqslant 1$），相位 $\varphi$（$-180° \leqslant \varphi \leqslant 180°$）则从水平直径的右半边开始测量。传输线上任一点的反射系数都可以在史密斯阻抗圆图上找到对应点。同时，史密斯阻抗圆图上还标出了等电阻圆和等电抗圆，等电阻圆和等电抗圆的电阻值和电抗值是相对于传输线特性阻抗归一化而言的，即用 $\bar{z} = \dfrac{Z_{in}}{Z_0}$ 表示阻抗的归一化形式。传输线上任一点的归一化阻抗值也都可以在史密斯阻抗圆图上找到对应点。

#### 1. 等反射系数圆和反射系数相角

由式（5.43）可知，无耗传输线上距离终端为 $z'$处的反射系数为

$$\begin{aligned}\Gamma(z') &= |\Gamma_2|e^{j(\varphi_2 - 2\beta z')} = |\Gamma_2|\cos(\varphi_2 - 2\beta z') + j|\Gamma_2|\sin(\varphi_2 - 2\beta z') \\ &= \Gamma_r + j\Gamma_i\end{aligned} \tag{5.86}$$

式（5.86）表明，在 $\Gamma = \Gamma_r + j\Gamma_i$ 复平面上，等反射系数模值的轨迹是以坐标原点为圆心、$|\Gamma_2|$为半径的圆。因为$|\Gamma| \leqslant 1$，所以所有的反射系数圆都位于 $|\Gamma| = 1$ 的单位反射系数圆内，不同的反射系数模值就对应不同大小的半径，如图 5.15 所示。这一组圆称为等反射系数圆族，又因反射系数的模值与驻波系数一一对应，故又称为等驻波系数圆族。半径为0，即在坐标原点处，反射系数 $|\Gamma| = 0$，驻波比$\rho = 1$，为匹配点；半径为1，反射系数 $|\Gamma| = 1$，驻波比$\rho = \infty$，为全反射圆，对应着终端开路、短路和纯

电抗负载3种情况。

反射系数的相角为

$$\varphi = \varphi_2 - 2\beta z' = \varphi_2 - \frac{4\pi}{\lambda}z' \tag{5.87}$$

式（5.87）为直线方程，即表明等相位线是由原点发出的一系列射线。当$z'$增大时，相角也在旋转，旋转一周360°，$z'$变化$\lambda/2$。可以在单位反射系数圆的外面画两个同心圆，来分别标明反射系数相角的变化，其中一个圆用来标明一周变化360°，另一个圆用来标明一周变化$\lambda/2$。反射系数的相角如图5.16所示。

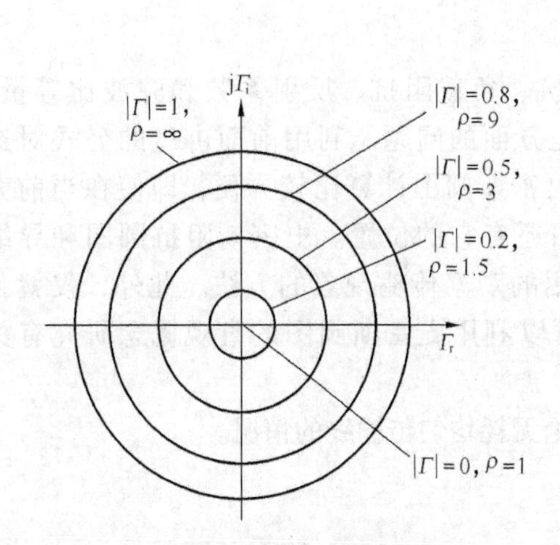


图5.15　等反射系数圆

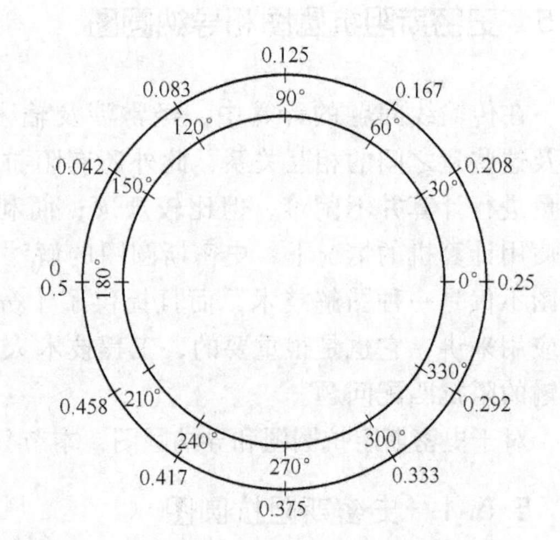


图5.16　反射系数的相角

对等反射系数圆，有如下结论。

（1）大小。$|\Gamma| \leqslant 1$，所有反射系数均落在单位反射系数圆内。

（2）相角。当$z'$变化$\lambda/4$时，$\Gamma(z')$的相角变化180°而不是变化90°；当$z'$变化$\lambda/2$时，$\Gamma(z')$的相角变化360°而不是变化180°。反射系数相角变化为$2\beta z'$。

（3）旋转方向。由负载向源为顺时针转，由源向负载方向逆时针转。同一无耗传输线上的所有点在同一等$|\Gamma|$圆上。

### 2. 等电阻圆和等电抗圆

将$\Gamma = \Gamma_r + j\Gamma_i$代入式（5.45），可以得到归一化阻抗为

$$\tilde{z} = \frac{z_{in}(z')}{Z_0} = \frac{1 + \Gamma_r + j\Gamma_i}{1 - \Gamma_r - j\Gamma_i} = \frac{1 - \Gamma_r^2 - \Gamma_i^2}{(1 - \Gamma_r)^2 + \Gamma_i^2} + j\frac{2\Gamma_i}{(1 - \Gamma_r)^2 + \Gamma_i^2}$$
$$= r + jx \tag{5.88}$$

式（5.88）中，$r$为归一化电阻，$x$为归一化电抗。

$$r = \frac{1 - \Gamma_r^2 - \Gamma_i^2}{(1 - \Gamma_r)^2 + \Gamma_i^2} \tag{5.89}$$

$$x = \frac{2\Gamma_i}{(1 - \Gamma_r)^2 + \Gamma_i^2} \tag{5.90}$$

将式（5.89）和式（5.90）变换后得到

$$\left(\Gamma_{r}-\frac{r}{1+r}\right)^{2}+\Gamma_{i}^{2}=\left(\frac{1}{1+r}\right)^{2} \tag{5.91}$$

$$(\Gamma_{r}-1)^{2}+\left(\Gamma_{i}-\frac{1}{x}\right)^{2}=\left(\frac{1}{x}\right)^{2} \tag{5.92}$$

式（5.91）和式（5.92）均为圆方程。随着 $r$ 和 $x$ 的变化，式（5.91）和式（5.92）均表示一族圆。

式（5.91）称为归一化等电阻圆方程，圆心坐标为 $\left(\frac{r}{r+1},0\right)$，半径为 $\frac{1}{r+1}$，等电阻圆族在点（1，0）相切，如图5.17所示。

式（5.92）称为归一化等电抗圆方程，圆心坐标为 $\left(1,\frac{1}{x}\right)$，半径为 $\frac{1}{x}$，等电抗圆族在点（1，0）与实轴相切，如图5.18所示。

由式（5.91）和式（5.92）可以看出，任何归一化电阻 $r$ 和归一化电抗 $x$ 的值都被限制在反射系数为1的单位圆内。

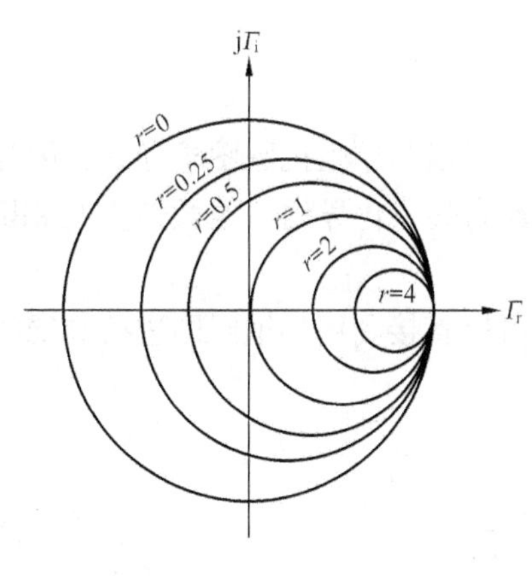


图5.17　归一化等电阻圆

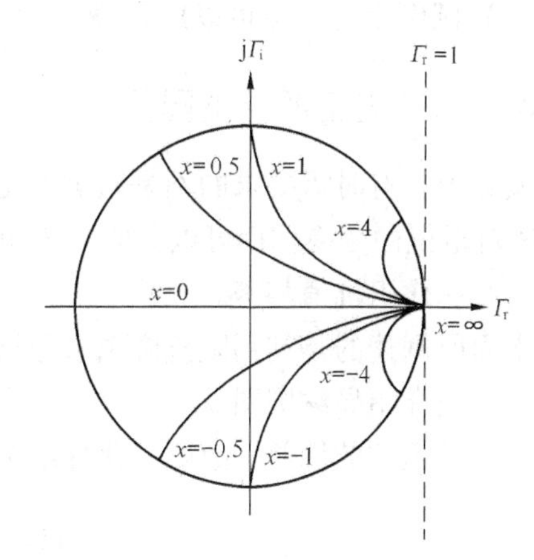


图5.18　归一化等电抗圆

### 3. 史密斯阻抗圆图

把等反射系数圆、反射系数相角、等电阻圆和等电抗圆（也即图5.15～图5.18）都绘在一起，即构成了一个完整的史密斯阻抗圆图。为使该圆图不致太复杂，通常圆图中只绘出了等电阻圆和等电抗圆，虽然没绘出等反射系数圆，但反射系数在使用圆图时不难求出，如图5.19所示。用于查表的史密斯圆图在附录F中给出。

由上面圆图的构成可以知道，阻抗圆图有6个特点。

（1）圆图旋转1周为 $\lambda/2$，而非 $\lambda$。

（2）圆图上有3个特殊的点。

- 匹配点。坐标为（0，0），此处对应于 $r=1$、$x=0$、$|\Gamma|=0$、$\rho=1$。
- 短路点。坐标为（−1，0），此处对应于 $r=0$、$x=0$、$|\Gamma|=1$、$\rho=\infty$、$\varphi=180°$。
- 开路点。坐标为（1，0），此处对应于 $r=\infty$、$x=\infty$、$|\Gamma|=1$、$\rho=\infty$、$\varphi=0°$。

（3）圆图上有3条特殊的线，圆图上实轴是 $x=0$ 的轨迹，其中右半实轴为电压波腹点的轨迹，线上 $r$ 的读数即为驻波比的读数；左半实轴为电压波谷点的轨迹，线上 $r$ 的读数即为行波系数的读数；最外面的单位圆为 $r=0$ 的纯电抗轨迹，反射系数的模值为1。

（4）圆图上有两个特殊的面，实轴以上的上半平面是感性阻抗的轨迹；实轴以下的下半平面是容性阻抗的轨迹。

（5）圆图上有两个旋转方向。同一无耗传输线圆图上的点在等反射系数的圆上。点向电源方向移动时，在圆图上沿等反射系数圆顺时针旋转；点向负载方向移动时，在圆图上沿等反射系数圆逆时针旋转。

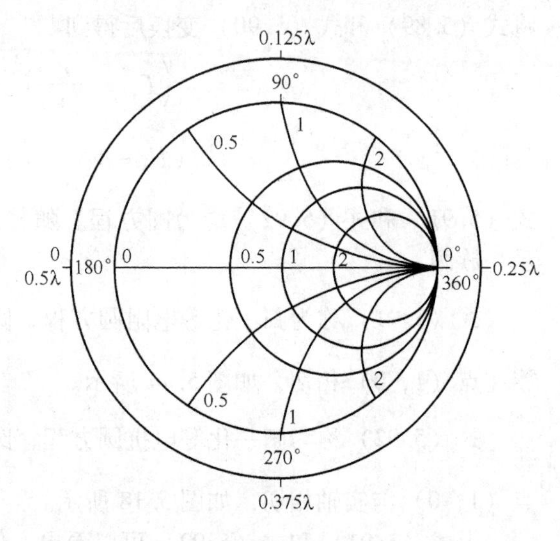

图5.19　阻抗圆图

（6）圆图上任意点可以用 $r$、$x$、$|\Gamma|$、$\varphi$ 4个参量表示。注意，$r$ 和 $x$ 为归一化值。

### 5.5.2　史密斯导纳圆图

实际中，有时需要求的不是阻抗而是导纳。对此，可以利用阻抗圆图求导纳，因为根据 $\lambda/4$ 线对阻抗的变换作用可以证明，传输线上任意位置的归一化导纳，在数值上与相隔 $\lambda/4$ 位置的归一化阻抗值相等。

上面所阐述的是利用阻抗圆图求导纳的方法，也可以直接利用导纳圆图进行导纳的有关运算。下面介绍导纳圆图。

导纳是阻抗的倒数，故归一化导纳为

$$\tilde{y}(z')=\frac{1+\Gamma_{\mathrm{i}}(z')}{1-\Gamma_{\mathrm{i}}(z')} \tag{5.93}$$

将式（5.93）与式（5.45）比较可知，两式形式上完全一样，只是把原来的电压反射系数 $\Gamma(z')$ 换为电流反射系数 $\Gamma_{\mathrm{i}}(z')$，阻抗换为导纳。由此可以看出，导纳圆图与阻抗圆图的图形应该是完全一样的，但图中的曲线意义不同，将阻抗圆图中的电阻换为导纳圆图中的电导，电抗换为电纳，电压反射系数换为电流反射系数就得到了导纳圆图。

因为 $\Gamma(z')=-\Gamma_{\mathrm{i}}(z')$，所以阻抗圆图上的电压振幅腹点、谷点的位置（电流振幅谷点、腹点的位置），在导纳圆图上则应是电流振幅腹点、谷点的位置（电压振幅谷点、腹点的位置），阻抗圆图上的短路点（开路点）为导纳圆图上的开路点（短路点）。

### 5.5.3　史密斯圆图的应用

**例5.3**　已知平行双导线的特性阻抗 $Z_0=600\ \Omega$，终端负载阻抗 $Z_l=(360+\mathrm{j}480)\ \Omega$，求终端的反射系数与线上的驻波系数。

**解**　*方法一　圆图解法*

（1）计算归一化负载阻抗

$$\tilde{z}_l = \frac{360 + j480}{600} = 0.6 + j0.8$$

在阻抗圆图上找到 $r = 0.6$ 和 $x = 0.8$ 两圆的交点 $A$，点 $A$ 即为负载阻抗在圆图上的位置。

（2）过点 $A$ 的等反射系数圆与圆图右半实轴交点的读数为 3，故线上驻波系数 $\rho = 3$。

（3）由 $\rho = 3$ 可以知道 $|\Gamma| = 0.5$，点 $A$ 与圆心的连线和实轴的夹角 $\varphi_2 = 90°$，因此得终端反射系数 $\Gamma_2 = 0.5e^{j\frac{\pi}{2}}$。

如图 5.20 所示。

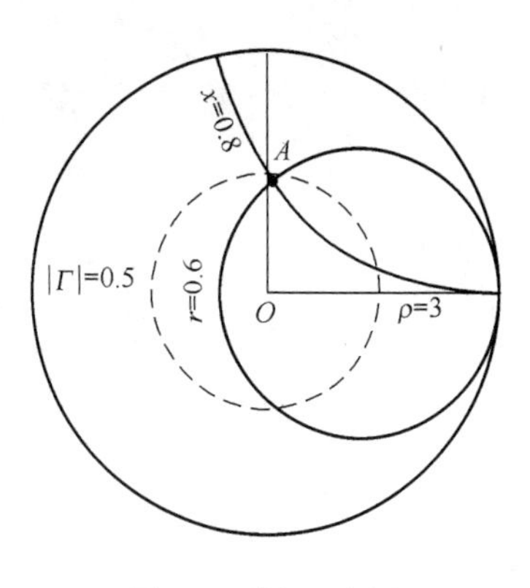

图 5.20 例 5.3 用图

*方法二 解析解法*

终端负载的反射系数为

$$\Gamma_2 = \frac{Z_l - Z_0}{Z_l + Z_0} = \frac{(360 + j480) - 600}{(360 + j480) + 600} = \frac{-240 + j480}{960 + j480} = 0.5e^{j\frac{\pi}{2}}$$

$$\rho = \frac{1 + |\Gamma_2|}{1 - |\Gamma_2|} = \frac{1 + 0.5}{1 - 0.5} = 3$$

**例 5.4** 已知同轴线的特性阻抗 $Z_0 = 50\ \Omega$，终端负载阻抗 $Z_l = (32.5 - j20)\ \Omega$，求线上行驻波的电压最大点和最小点的位置。

**解** *方法一 圆图解法*

（1）计算归一化负载阻抗

$$\tilde{z}_l = \frac{32.5 - j20}{50} = 0.65 - j0.4$$

在阻抗圆图上找到 $r = 0.65$ 和 $x = 0.4$ 两圆的交点 $A$，点 $A$ 即为负载阻抗在圆图上的位置；

（2）以原点 $O$ 为圆心、$OA$ 为半径画等反射系数圆交于右半实轴上，交点的读数为 1.9，故线上的驻波系数是 1.9；

（3）延长 $OA$ 线交电刻度圆，交点的读数为 0.412，以此为起点顺时针旋转，交于左半实轴即得到电压最小点，其电刻度读数为 0.5，所以电压最小点距离负载的长度为 $0.5\lambda - 0.412\lambda = 0.088\lambda$；

（4）电压最大点距最小点为 $\lambda/4$，在圆图上即由最小点继续顺时针旋转 $0.25\lambda$ 交于右边实轴，故电压最大点距离终端的长度为 $0.338\lambda$。

如图 5.21 所示。

*方法二 解析解法*

输入阻抗的公式为

$$\begin{aligned} Z_{in}(z') &= Z_0 \frac{Z_l + jZ_0 \tan\beta z'}{Z_0 + jZ_l \tan\beta z'} \\ &= 50 \times \frac{32.5 + j(50\tan\beta z' - 20)}{(50 + 20\tan\beta z') + j32.5\tan\beta z'} \\ &= 50 \times \frac{32.5(50 + 20\tan\beta z') - 32.5\tan\beta z'(50\tan\beta z' - 20)}{(50 + 20\tan\beta z')^2 + (32.5\tan\beta z')^2} \\ &\quad + j50 \times \frac{32.5^2\tan\beta z' + (50\tan\beta z' - 20)(50 + 20\tan\beta z')}{(50 + 20\tan\beta z')^2 + (32.5\tan\beta z')^2} \end{aligned}$$

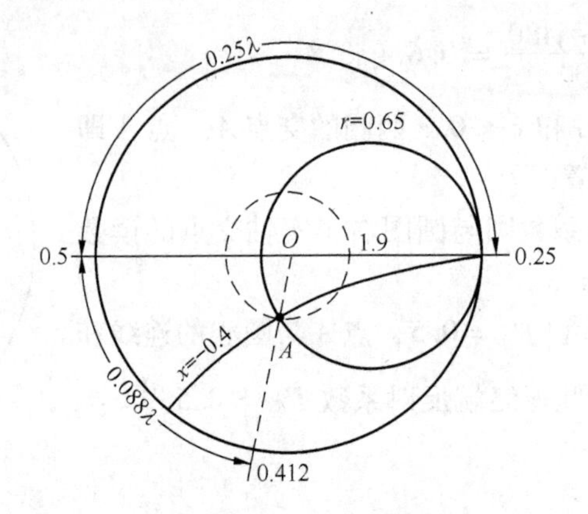


图 5.21　例 5.4 用图

在行驻波的电压最大点和最小点，输入阻抗为实数，所以

$$50 \times \frac{32.5^2 \tan\beta z' + (50\tan\beta z' - 20)(50 + 20\tan\beta z')}{(50 + 20\tan\beta z')^2 + (32.5\tan\beta z')^2} = 0$$

解得

$$z' = 0.088\lambda + \frac{n}{2}\lambda \text{ 或 } z' = 0.338\lambda + \frac{n}{2}\lambda$$

所以，电压最小点距离终端负载的长度为 $0.088\lambda$，电压最大点距离终端负载的长度为 $0.338\lambda$。上面的结果利用了电压最小点的输入阻抗为纯电阻且小于特性阻抗，电压最大点的输入阻抗为纯电阻且大于特性阻抗的性质。

**例 5.5**　已知平行双导线的特性阻抗 $Z_0 = 300\ \Omega$，负载阻抗 $Z_l = (600 - \mathrm{j}180)\ \Omega$，线长 $l = 2.3\lambda$，求输入阻抗。

**解**　*方法一　圆图解法*

（1）计算归一化负载阻抗

$$\tilde{z}_l = \frac{600 - \mathrm{j}180}{300} = 2 - \mathrm{j}0.6$$

在阻抗圆图上找出 $r = 2$ 和 $x = -0.6$ 两圆的交点 $A$，点 $A$ 即为负载阻抗在圆图上的位置。点 $A$ 对应的电刻度是 0.278。

（2）以原点 $O$ 为圆心、$OA$ 为半径，自点 $A$ 顺时针旋转 2.3 电刻度至点 $B$，点 $B$ 对应的电刻度是 0.078。

（3）由点 $B$ 读得归一化阻抗为

$$\tilde{z}_{\text{in}} = 0.55 + \mathrm{j}0.41$$

故平行双导线的输入阻抗为

$$Z_{\text{in}} = \tilde{z}_{\text{in}} Z_0 = (165 + \mathrm{j}123)\ \Omega$$

如图 5.22 所示。

*方法二　解析解法*

由 $\beta = 2\pi/\lambda$ 可知，$\beta z' = 2.3\lambda(2\pi/\lambda) = 4.6\pi$。输入阻抗公式为

$$Z_{\text{in}}(z') = Z_0 \frac{Z_l + \mathrm{j}Z_0 \tan\beta z'}{Z_0 + \mathrm{j}Z_l \tan\beta z'}$$

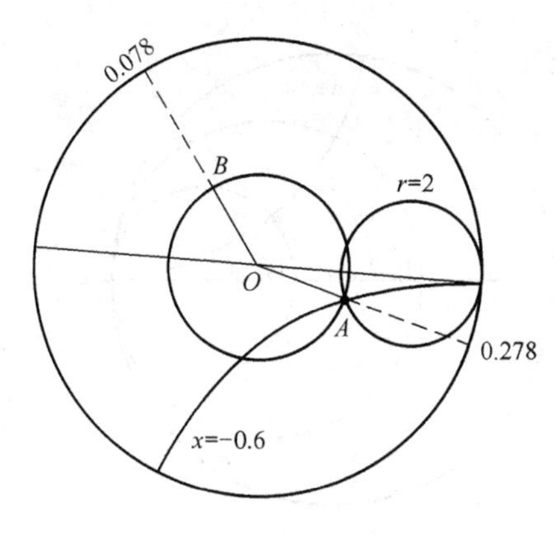


图 5.22 例 5.5 用图

所以，$l = 2.3\lambda$ 处的输入阻抗为

$$Z_{in}(4.6\pi) = Z_0 \frac{Z_l + jZ_0 \tan 4.6\pi}{Z_0 + jZ_l \tan 4.6\pi}$$
$$= (165 + j123)\ \Omega$$

**例 5.6** 已知同轴线的特性阻抗 $Z_0 = 50\ \Omega$，相邻两电压波谷点之间的距离为 5 cm，终端电压反射系数 $\Gamma_2 = 0.2e^{j\frac{5}{18}\pi}$，求：

（1）电压波腹及电压波谷处的阻抗；　　（2）终端负载阻抗；

（3）靠近终端的第一个电压最大点和电压最小点的位置。

**解** *方法一　圆图解法*

（1）由 $|\Gamma| = 0.2$，可以得出

$$\rho = \frac{1 + |\Gamma|}{1 - |\Gamma|} = 1.5$$

电压波腹及电压波谷处的阻抗为纯电阻，则波腹点的阻抗为

$$R = \rho Z_0 = 75\ \Omega$$

波谷点的阻抗
$$R = Z_0/\rho = 33.3\ \Omega$$

（2）$\rho = 1.5$ 的等反射系数圆与圆图的右半实轴交于点 $A$。由点 $A$ 沿等反射系数圆逆时针旋转 50° 到达点 $B$，读出点 $B$ 的归一化阻抗为

$$\tilde{z}_l = 1.2 + j0.4$$

故终端负载阻抗为

$$Z_l = Z_0 \tilde{z}_l = (60 + j20)\ \Omega$$

（3）由点 $B$ 顺时针旋转到点 $A$，对应于第一个电压波腹点到终端负载的距离 $z'$（波腹）为

$$z'(\text{波腹}) = \frac{50^\circ}{360^\circ} \times 0.5\lambda = 0.07\lambda = 0.07 \times 2 \times 5 = 0.7\ \text{cm}$$

第一个电压波谷点（$c$ 点）到终端负载的距离 $z'$(波谷) 为

$$z'(\text{波谷}) = 0.07\lambda + 0.25\lambda = 0.32\lambda = 0.32 \times 2 \times 5 = 3.2\ \text{cm}$$

如图 5.23 所示。

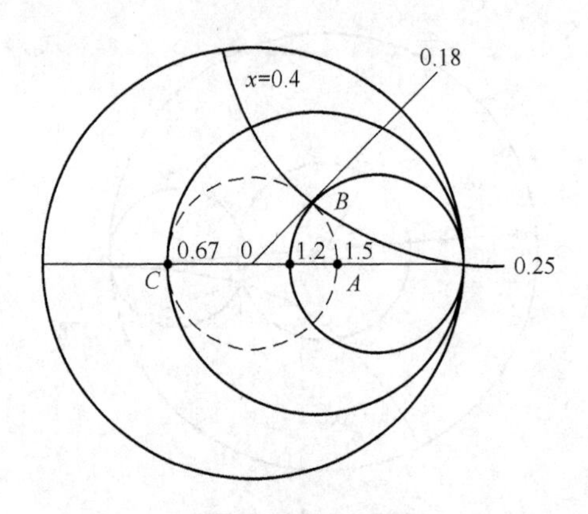


图 5.23　例 5.6 用图

*方法二　解析解法*

驻波比为

$$\rho = \frac{1+|\Gamma_2|}{1-|\Gamma_2|} = \frac{1+0.5}{1-0.5} = 3$$

线上电压波腹点处的输入阻抗 $\rho Z_0 = 150\ \Omega$，线上电压波谷点处的输入阻抗 $Z_0/\rho = 16.7\ \Omega$。

终端负载阻抗为

$$Z_l = Z_0 \frac{1+\Gamma_2}{1-\Gamma_2} = (60 + \mathrm{j}20)\ \Omega$$

靠近终端的第一个电压最大点和最小点的输入阻抗为纯电阻。输入阻抗为

$$Z_{\mathrm{in}}(z') = Z_0 \frac{Z_l + \mathrm{j}Z_0 \tan \beta z'}{Z_0 + \mathrm{j}Z_l \tan \beta z'}$$

由 $Z_{\mathrm{in}}(z')$ 的虚部为 0 可以解得

$$z'(\text{波腹}) = 0.7\ \mathrm{cm},\ z'(\text{波谷}) = 3.2\ \mathrm{cm}$$

**例 5.7**　在一个特性阻抗 $Z_0 = 50\ \Omega$ 的同轴测量线上，如图 5.24 所示，进行下列两个步骤，确定负载阻抗 $Z_l$。

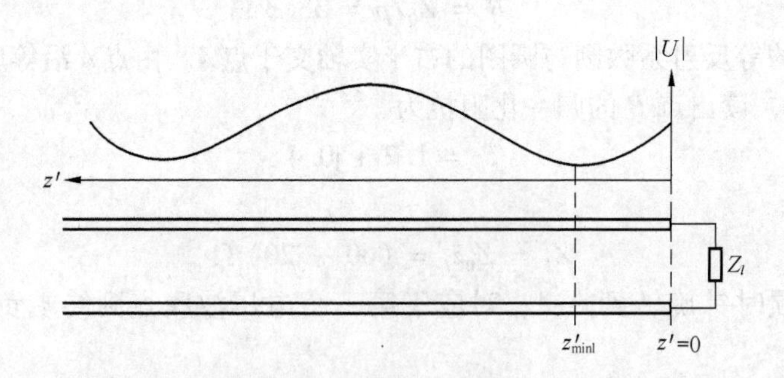


图 5.24　例 5.7 的电压驻波图形

（1）在负载端接一短路器，线上驻波比为无穷大，电压最小值为 0；此时电压曲线最小点很尖锐，尖锐地定出最小点位置；在测量线的位置标尺上，读出相邻几个电压最小点 $z$ 为 0.2 cm、5.2 cm、10.2 cm。

（2）去掉短路片，接上未知负载，测得驻波系数$\rho = 1.5$。这时，电压最小点已不像前面那样尖锐。测得第一个电压最小点距离负载$z'_{\min 1} = 1\ \text{cm}$，求负载阻抗。

**解**　（1）已知电压最小点每隔$\lambda/2$重复一次，由上面相邻几个电压最小点$z$为0.2 cm、5.2 cm、10.2 cm可以知道，波长$\lambda = 2 \times 5 = 10\ \text{cm}$。负载接以短路器测量波长是因为此时波谷尖锐，测量准确。第一个电压最小点距负载$z'_{\min 1} = 10\lambda/100 = 0.1\lambda$。

（2）在阻抗圆图右半实轴上找到$\rho = 1.5$的点$A$。以原点为中心、$OA$为半径作反射系数圆交左半实轴于点$B$，点$B$即为电压最小点。读得其归一化阻抗为$\tilde{z}_{\min} = 0.67$。

（3）由$B$点沿等反射系数圆逆时针旋转$0.1\lambda$至电刻度0.1得到交点$C$，读得该点的归一化阻抗

$$\tilde{z}_l = 0.83 - \text{j}0.32$$

故得负载阻抗

$$Z_l = \tilde{z}_l Z_0 = (0.83 - \text{j}0.32) \times 50 = (41.5 - \text{j}16.0)\ \Omega$$

如图5.25所示。

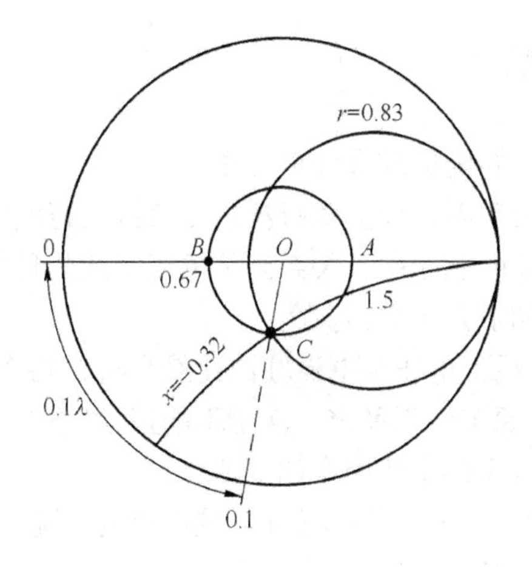


图5.25　例5.7用图

**例5.8**　已知双导线的特性阻抗$Z_0 = 250\ \Omega$，线长为$4.8\lambda$，终端负载阻抗为$Z_l = (500 - \text{j}150)\ \Omega$，求输入导纳。

**解**　（1）归一化负载阻抗为

$$\tilde{z}_l = \frac{500 - \text{j}150}{250} = 2 - \text{j}0.6$$

在阻抗圆图上找到$r = 2$，$x = -0.6$两圆的交点$z_l$。

（2）以$z_l$沿等反射系数圆旋转180°到$y_l$，归一化导纳等于

$$\tilde{y}_l = 0.45 + \text{j}0.15$$

其对应的电刻度为0.028。

（3）以$y_l$沿等反射系数圆顺时针旋转$4.8\lambda$至电刻度为0.328的点$y_{\text{in}}$，即得到

$$\tilde{y}_{\text{in}} = 1.18 - \text{j}0.9$$

故输入导纳为

$$Y_{\text{in}} = \tilde{y}_{\text{in}} Y_0 = \frac{\tilde{y}_{\text{in}}}{Z_0} = (0.00472 - \text{j}0.0036)\ \text{S}$$

如图 5. 26 所示。

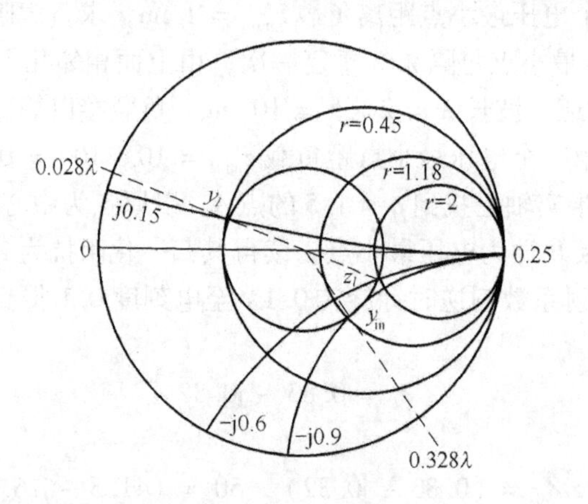


图 5. 26 例 5. 8 用图

## 5. 6 传输线的阻抗匹配

本节讨论传输线的阻抗匹配原理及计算方法。

阻抗匹配是使传输线无反射、线上载行波或尽量接近行波的一种技术措施。它是电路和系统设计时必须考虑的重要问题之一，关系到传输线系统的传输效率、功率容量和工作稳定性。其重要性主要表现在如下几个方面。

- 传输相同功率时，线上电压和电流驻波比最小时，功率承受能力最大。
- 阻抗失配时，信号源工作不稳定，甚至不能正常工作。

在选择匹配网络时，考虑的主要因素如下。

- 希望选择满足性能指标的最简单设计。较简单的匹配结构价格便宜、可靠、损耗小。
- 希望在较大的带宽内匹配。
- 可实现性。
- 可调整性。

传输线的匹配包括两个方面：一是信号源与传输线之间的匹配；二是传输线与负载之间的匹配。

### 5. 6. 1 信号源与传输线的阻抗匹配

#### 1. 信号源的共轭匹配

信号源的共轭匹配就是使传输线的输入阻抗与信号源的内阻互为共轭复数，此时信号源的功率输出为最大。

如图 5. 27 所示，回路中的电流为

$$I = \frac{E_g}{Z_g + Z_{in}} = \frac{E_g}{(R_g + jX_g) + (R_{in} + jX_{in})}$$

信号源传输给负载的功率为

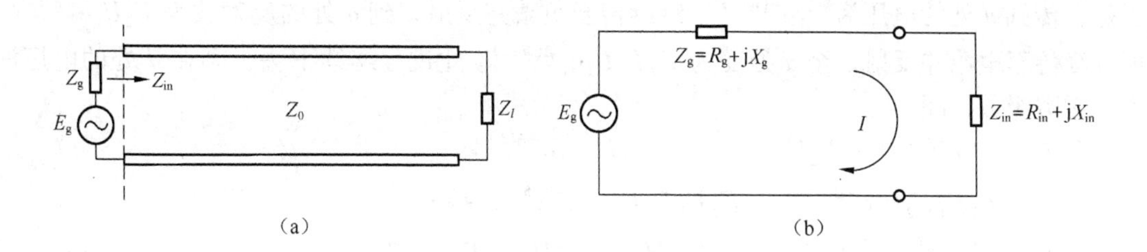


图 5.27　信号源的共轭匹配

$$P = \frac{1}{2}R_{in}II^* = \frac{1}{2}R_{in}\frac{E_g^2}{(R_{in}+R_g)^2+(X_{in}+X_g)^2} \tag{5.94}$$

当 $X_{in}=-X_g$ 时，信号源输出的功率最大，为

$$P = \frac{1}{2}\frac{E_g^2R_{in}}{(R_{in}+R_g)^2}$$

由功率输出最大条件 $\frac{\partial P}{\partial R_{in}}=0$，可以得到

$$R_{in}=R_g$$

故信号源功率输出最大的条件为

$$Z_{in}=Z_g^* \tag{5.95}$$

满足此条件时，负载吸收的功率为

$$P_{max}=\frac{E_g^2}{8R_g} \tag{5.96}$$

由式（5.95）可以知道，共轭匹配时，$Z_l \neq Z_0$，$Z_g \neq Z_0$，所以线上有驻波，即存在反射。这说明无反射的功率传输状态并不一定代表负载吸收最大功率的状态；反之，负载功率吸收最大时，也不一定是线上无反射的行波状态。

### 2. 信号源的阻抗匹配

如图 5.28 所示的传输系统，如果 $Z_l \neq Z_0$，则有 $\Gamma_2 \neq 0$，在负载端将产生反射波。此反射波传至电源端，如果 $Z_g \neq Z_0$，则有 $\Gamma_1 \neq 0$，在电源端也要产生反射，进而在传输系统中不断产生反射。下面求这样多次反射的结果，即线上任一点 $d$ 的电压和电流表示式。

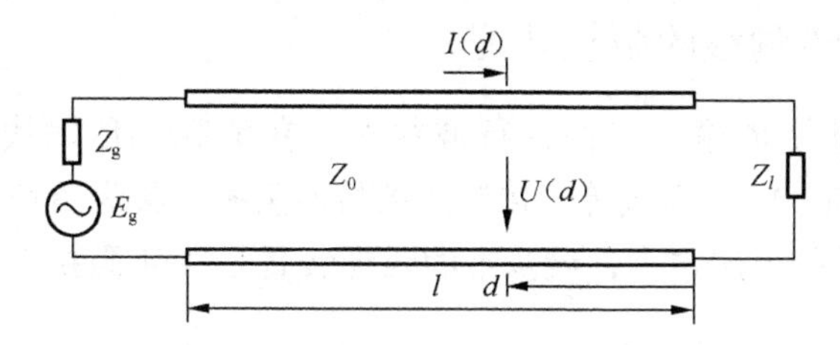


图 5.28　未匹配的传输线上任一点的电压和电流

信号源向传输线发出的起始电压和电流为

$$U_1=\frac{E_gZ_0}{Z_g+Z_0},\ I_1=\frac{E_g}{Z_g+Z_0} \tag{5.97}$$

于是，传到 $d$ 处的电压为 $U_1 e^{-j\beta(l-d)}$；继续传至负载并反射，到 $d$ 处的反射波为 $\Gamma_2 U_1 e^{-j\beta(l+d)}$；再继续传至电源并反射，至 $d$ 处变为 $\Gamma_2\Gamma_1 U_1 e^{-j\beta(3l-d)}$。此过程继续下去，则在 $d$ 处的电压波为一无穷级数，即

$$\begin{aligned} U(d) &= U_1 e^{-j\beta(l-d)} + \Gamma_2 U_1 e^{-j\beta(l+d)} + \Gamma_2\Gamma_1 U_1 e^{-j\beta(3l-d)} \\ &\quad + \Gamma_2\Gamma_1\Gamma_2 U_1 e^{-j\beta(3l+d)} + \Gamma_2\Gamma_1\Gamma_2\Gamma_1 U_1 e^{-j\beta(5l-d)} + \cdots \\ &= U_1 e^{-j\beta l}(e^{j\beta d} + \Gamma_2 e^{-j\beta d})[1 + \Gamma_2\Gamma_1 e^{-j2\beta l} + (\Gamma_2\Gamma_1 e^{-j2\beta l})^2 + (\Gamma_2\Gamma_1 e^{-j2\beta l})^3 + \cdots] \\ &= U_1 e^{-j\beta l}(e^{j\beta d} + \Gamma_2 e^{-j\beta d}) \frac{1}{1 - \Gamma_2\Gamma_1 e^{-j2\beta l}} \end{aligned} \tag{5.98}$$

将式（5.97）代入式（5.98）中，得到

$$U(d) = \frac{E_g Z_0}{Z_g + Z_0}(e^{j\beta d} + \Gamma_2 e^{-j\beta d}) \frac{e^{-j\beta l}}{1 - \Gamma_2\Gamma_1 e^{-j2\beta l}} \tag{5.99}$$

同理可以得到，经多次反射后，$d$ 处的电流为

$$I(d) = \frac{E_g}{Z_g + Z_0}(e^{j\beta d} - \Gamma_2 e^{-j\beta d}) \frac{e^{-j\beta l}}{1 - \Gamma_2\Gamma_1 e^{-j2\beta l}} \tag{5.100}$$

在无耗传输线上，式（5.99）和式（5.100）与式（5.14）完全一样。

为了消除电源的反射，就要求 $\Gamma_1 = 0$，或者 $Z_g = Z_0$。满足 $Z_g = Z_0$ 的电源称为匹配电源。

在实用中，$Z_g = Z_0$ 的条件难以达到，为此，通常在电源的后面接一个隔离器，消除或减弱负载不匹配对信号源的影响。图5.29所示为实际使用的传输线测量系统。

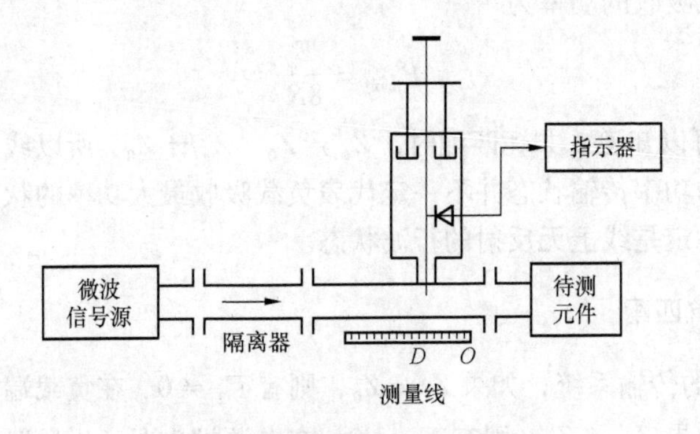


图5.29 传输线的测量系统

### 5.6.2 负载与传输线的阻抗匹配

负载阻抗匹配就是使传输线工作在行波状态。在负载与传输线中间加一个匹配装置（或称为匹配网络），使其输入阻抗等于传输线的特性阻抗，称为负载与传输线阻抗匹配。

终端匹配可供选择的方法很多，最基本的匹配装置是 $\lambda/4$ 阻抗变换器和并联支节匹配，下面分别加以讨论。

#### 1. $\lambda/4$ 阻抗变换器

若主传输线的特性阻抗为 $Z_0$，负载阻抗为纯电阻 $R_l$，但 $R_l \neq Z_0$，此时线上传行驻波，传输线终端为电压腹点或谷点。在终端加一段特性阻抗为 $Z_{01}$ 的 $\lambda/4$ 长传输线，此 $\lambda/4$ 长的

传输线称为 $\lambda/4$ 阻抗变换器，如图 5.30 所示。$Z_{01}$ 为待求的量。

$$Z_{01} = \sqrt{Z_0 R_l} \tag{5.101}$$

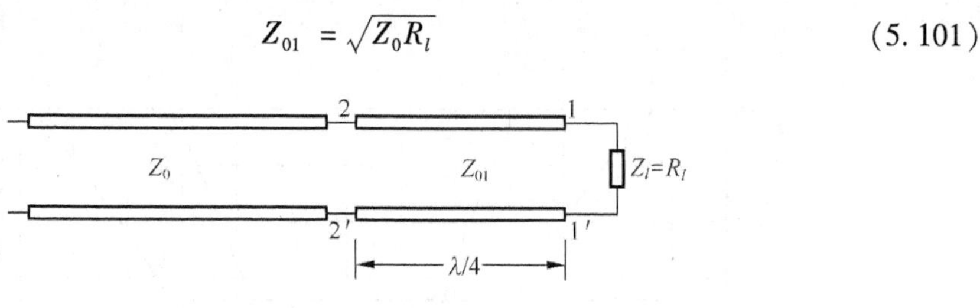


图 5.30 $\lambda/4$ 阻抗变换器

若终端负载为复阻抗而仍然需要用 $\lambda/4$ 阻抗变换器匹配时，$\lambda/4$ 阻抗变换器应在电压波腹或电压波谷处接入，通常采用在电压波谷处接入的方式，如图 5.31 所示。此时距终端最近的电压波谷点离终端的长度为 $z'_{\min}$。

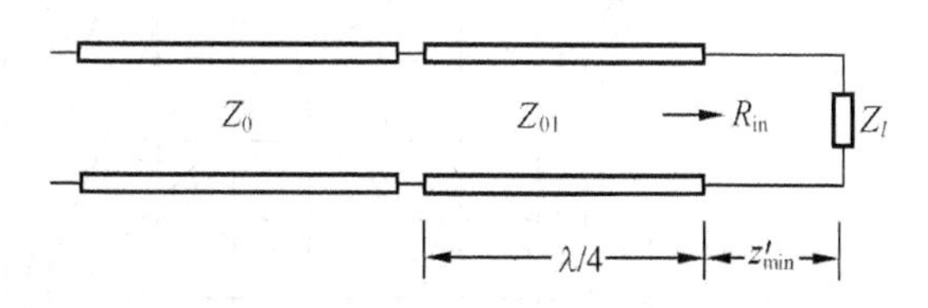


图 5.31 用 $\lambda/4$ 阻抗变换器匹配负载阻抗

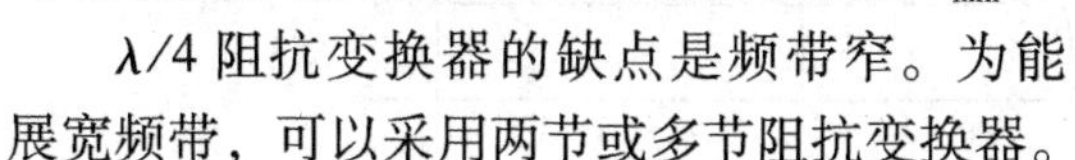

$\lambda/4$ 阻抗变换器的缺点是频带窄。为能展宽频带，可以采用两节或多节阻抗变换器。

**例 5.9** 某天线的输入阻抗（为传输线的负载阻抗）不等于同轴传输线的特性阻抗，要求用 $\lambda/4$ 长传输线进行匹配。

（1）若某天线的输入阻抗 $R_l$ 为 6.25 Ω、12.5 Ω、25 Ω、100 Ω、200 Ω 或 400 Ω，同轴传输线的特性阻抗为 50 Ω，用单节 $\lambda/4$ 线进行匹配，试画出 6 种输入阻抗情况下单节 $\lambda/4$ 匹配线的频率特性；

（2）若某天线的输入阻抗为 18.75 Ω，要求用 $\lambda/4$ 线与 $Z_0 = 52\ \Omega$ 的同轴线匹配，工作频段为 $0.9\lambda_0 \sim 1.1\lambda_0$（$\lambda_0$ 为中心波长），要求在此波段内的反射系数 $|\Gamma| \leqslant 0.05$，设计此 $\lambda/4$ 匹配线；

（3）说明采用多节 $\lambda/4$ 匹配线的宽带性。

**解** （1）$\lambda/4$ 线只能对于一个频率 $f_0$ 得到理想匹配。当频率变化时匹配将被破坏，主传输线上反射系数增大。设天线的输入阻抗为 $R_l$，$\lambda/4$ 线的特性阻抗为 $Z_{01}$，在频率 $f_0$ 时有

$$Z_{01} = \sqrt{R_l Z_0}$$

此时传输线匹配。

当 $f \neq f_0$ 时，图 5.30 中 22′端的输入阻抗为

$$Z_2 = Z_{01}\frac{R_l + \mathrm{j}Z_{01}\tan\beta z'}{Z_{01} + \mathrm{j}R_l\tan\beta z'} = Z_{01}\frac{R_l + \mathrm{j}Z_{01}\tan\left(\dfrac{\pi}{2}\cdot\dfrac{f}{f_0}\right)}{Z_{01} + \mathrm{j}R_l\tan\left(\dfrac{\pi}{2}\cdot\dfrac{f}{f_0}\right)}$$

由此得到主传输线在任意频率下反射系数的模为

$$|\Gamma| = \left|\frac{Z_2 - Z_0}{Z_2 + Z_0}\right| = \frac{\left|\dfrac{R_l}{Z_0} - 1\right|}{\sqrt{\left(\dfrac{R_l}{Z_0} + 1\right)^2 + 4\dfrac{R_l}{Z_0}\tan\left(\dfrac{\pi}{2}\cdot\dfrac{f}{f_0}\right)}}$$

此时传输线不匹配。频率 $f$ 偏离中心频率 $f_0$ 越大，主传输线的反射系数模 $|\Gamma|$ 也越大，如

图5.32所示。

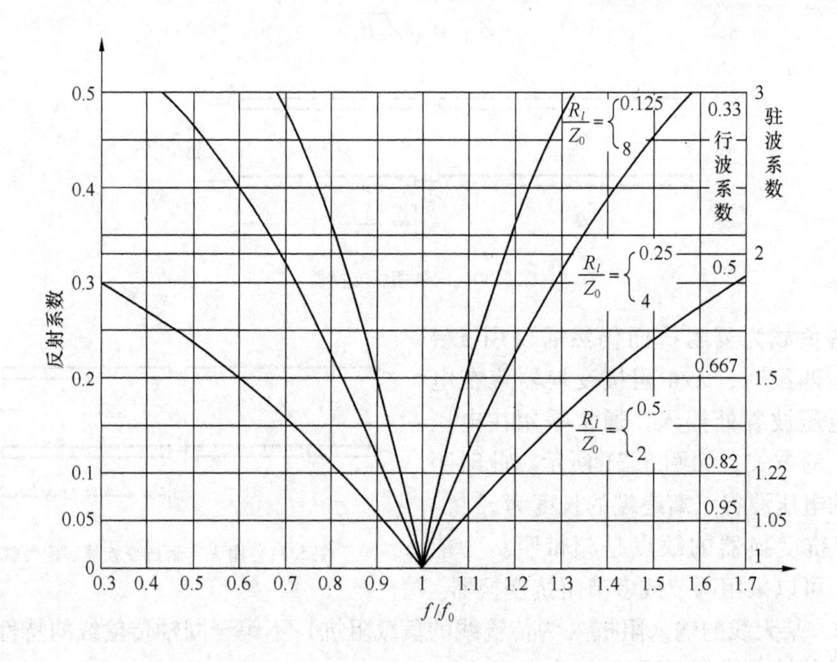


图5.32　单节 $\lambda/4$ 匹配线的频率特性

(2) 采用一节 $\lambda/4$ 匹配线，$R_l/Z_0 = 18.75/52$，由图5.32可以知道，在工作频段 $0.9\lambda_0 \sim 1.1\lambda_0$ 内不能满足 $|\Gamma| \leqslant 0.05$ 的要求，故必须采用两节 $\lambda/4$ 线，如图5.33所示。

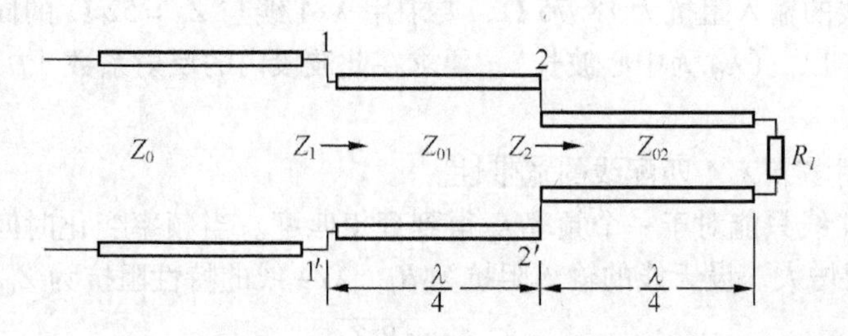


图5.33　两节 $\lambda/4$ 匹配线

图5.33中，$Z_{01}$ 和 $Z_{02}$ 的选择应满足变换关系 $Z_2 = \dfrac{Z_{02}^2}{R_l}$、$Z_0 = \dfrac{Z_{01}^2}{Z_2}$，并设 $\dfrac{Z_2}{R_l} = \dfrac{Z_0}{Z_2}$，因此有

$$Z_{01} = \sqrt[4]{\frac{R_l}{Z_0}}\, Z_0 = \sqrt[4]{\frac{18.75}{52}} \times 52 = 40.2\ \Omega$$

$$Z_{02} = \sqrt[4]{\frac{Z_0}{R_l}}\, R_l = \sqrt[4]{\frac{52}{18.75}} \times 18.75 = 25.2\ \Omega$$

当 $f \neq f_0$ 时，22′端的输入阻抗为

$$Z_2 = Z_{02}\frac{R_l + \mathrm{j}Z_{02}\tan\left(\dfrac{\pi}{2}\cdot\dfrac{f}{f_0}\right)}{Z_{02} + \mathrm{j}R_l\tan\left(\dfrac{\pi}{2}\cdot\dfrac{f}{f_0}\right)}$$

11′端的输入阻抗为

$$Z_1 = Z_{01}\frac{Z_2 + \mathrm{j}Z_{01}\tan\left(\frac{\pi}{2}\cdot\frac{f}{f_0}\right)}{Z_{01} + \mathrm{j}Z_2\tan\left(\frac{\pi}{2}\cdot\frac{f}{f_0}\right)}$$

主传输线上的反射系数模值为

$$|\Gamma| = \left|\frac{Z_1 - Z_0}{Z_1 + Z_0}\right|$$

$$= \frac{\left|\frac{R_l}{Z_0} - 1\right|\cot^2\left(\frac{\pi}{2}\cdot\frac{f}{f_0}\right)}{\sqrt{\left[\left(\frac{R_l}{Z_0}+1\right)\cot^2\left(\frac{\pi}{2}\cdot\frac{f}{f_0}\right) - 2\sqrt{\frac{R_l}{Z_0}}\right]^2 + 4\sqrt{\frac{R_l}{Z_0}}\left(\sqrt{\frac{R_l}{Z_0}}+1\right)^2\cot^2\left(\frac{\pi}{2}\cdot\frac{f}{f_0}\right)}}$$

由图5.34可以看出，采用两节 $\lambda/4$ 匹配线在整个工作频段内均满足 $|\Gamma| \leqslant 0.05$ 的要求。

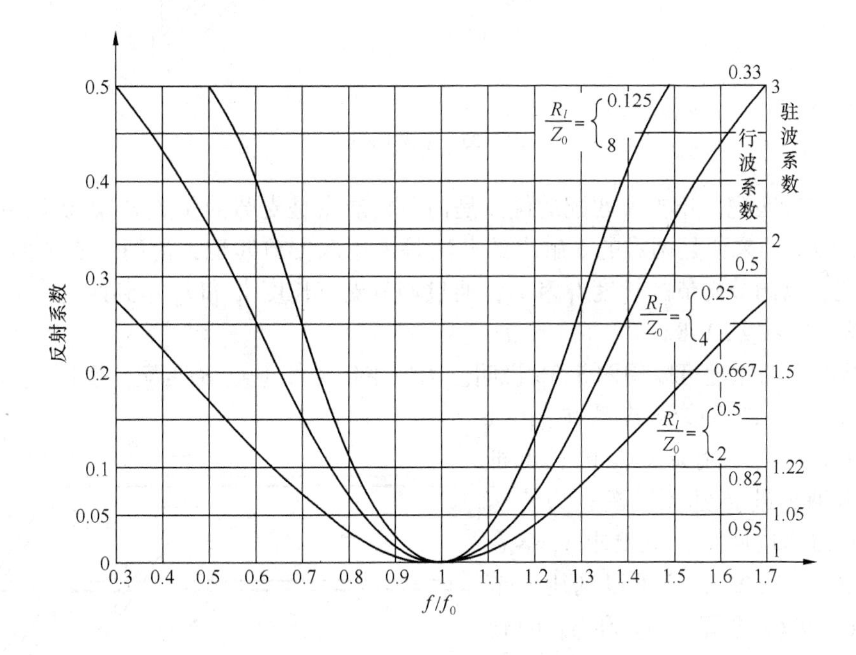


图5.34 两节 $\lambda/4$ 匹配线的频率特性

（3）将图5.32与图5.34比较可以看出，用两节 $\lambda/4$ 匹配线时，满足一定反射系数或驻波比的工作带宽比用单节 $\lambda/4$ 匹配线时要宽得多。由此可以推断，用三节 $\lambda/4$ 匹配线，可以得到更宽的带宽。

可以考虑采用多节 $\lambda/4$ 匹配线，设计最平特性（二项式）或等波纹特性（切比雪夫）宽带匹配网络。

### 2. 并联支节匹配

并联支节匹配就是在传输线上并联短路传输线（称为短路支节），用短路支节的电纳抵消其接入处传输线上的电纳达到匹配的目的。并联短路支节匹配分为单支节匹配、双支节匹配和三支节匹配，在此只讨论单支节匹配和双支节匹配。

（1）单支节匹配。单支节匹配的原理如图5.35所示，在主传输线上距离终端$d_1$处并联一长度为$l_1$的短路支节，由于终端负载不匹配，$Z_l \neq Z_0$，在传输线上可以找到点$A$，使其归一化输入导纳为$\tilde{y}_1 = 1 + \mathrm{j}b$，在点$A$处并联归一化电纳为$\tilde{y}_2 = -\mathrm{j}b$的短路支节，即有$\tilde{y}_a = 1$，达到匹配。$d_1$和$l_1$的长度可以用圆图计算。

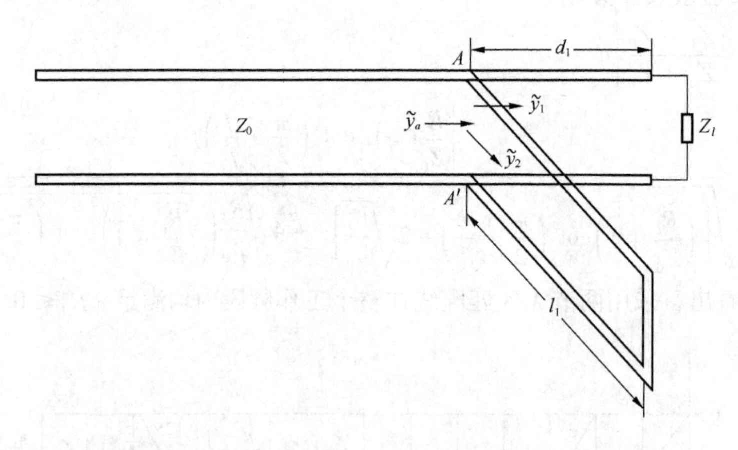


图5.35　单支节匹配

（2）双支节匹配。单支节匹配的优点是简单，缺点是支节的位置$d_1$需要调节，这对于有些种类的传输线来说是困难的。解决的办法是采用双支节匹配，使两个支节的位置$d_1$和$d_2$固定不变，只调节支节的长度$l_1$和$l_2$，通过调节支节长度$l_1$和$l_2$达到匹配。$d_2$的长度通常选为$\lambda/8$、$\lambda/4$或$3\lambda/8$。

双支节匹配的原理可以用图5.36说明。为使主传输线上点$B$匹配，也即$\tilde{y}_b = 1$，就必须使$\tilde{y}_3 = 1 + \mathrm{j}b$，即应该使$\tilde{y}_3$落在$g_3 = 1$的单位圆上，然后利用调整$l_2$的长度抵消$B$处的电纳分量j$b$达到匹配；为使$\tilde{y}_3$落在$g_3 = 1$的单位圆上，就要求$\tilde{y}_a$落在辅助圆上（$d_2 = \lambda/8$），这可以利用调节$l_1$达到，$l_1$和$l_2$的值由$\tilde{y}_2$和$\tilde{y}_4$的值确定。

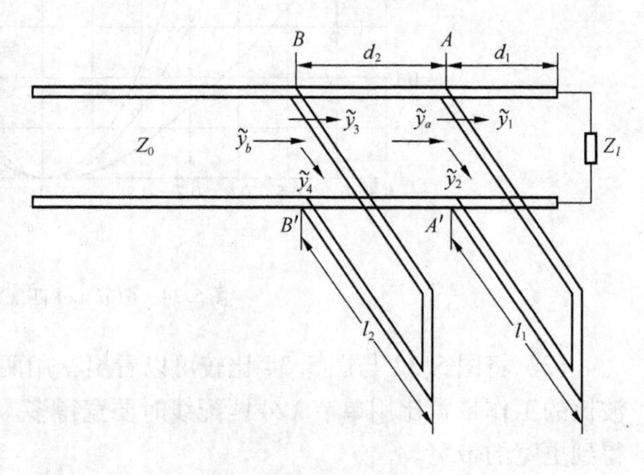


图5.36　双支节匹配

**例5.10**　无耗长线如图5.37（a）所示，已知$Z_0 = 200\ \Omega$，负载阻抗$Z_l = (154 - \mathrm{j}176)\ \Omega$，电源内阻$Z_g = (240 - \mathrm{j}326)\ \Omega$。

（1）用$Z_{01} = 150\ \Omega$的并联单支节实现终端负载匹配，求$l_1/\lambda$和$l_2/\lambda$；

（2）用$Z_{02} = Z_0$的并联单支节实现电源的共轭匹配，求$l_3/\lambda$和$l_4/\lambda$。

**解**　（1）计算负载归一化阻抗为$\tilde{z}_l = Z_l/Z_0 = 0.77 - \mathrm{j}0.88$，在图5.37（b）上找到对应的点$A$。由点$A$以$OA$为半径沿等$|\Gamma|$圆旋转180°到点$B$，可得$\tilde{y}_l = 0.6 + \mathrm{j}0.65$，其电刻度读数为0.111。由点$B$以$OB$为半径沿等$|\Gamma|$圆顺时针旋转到与$1 + \mathrm{j}b$圆相交于点$C$，其电刻

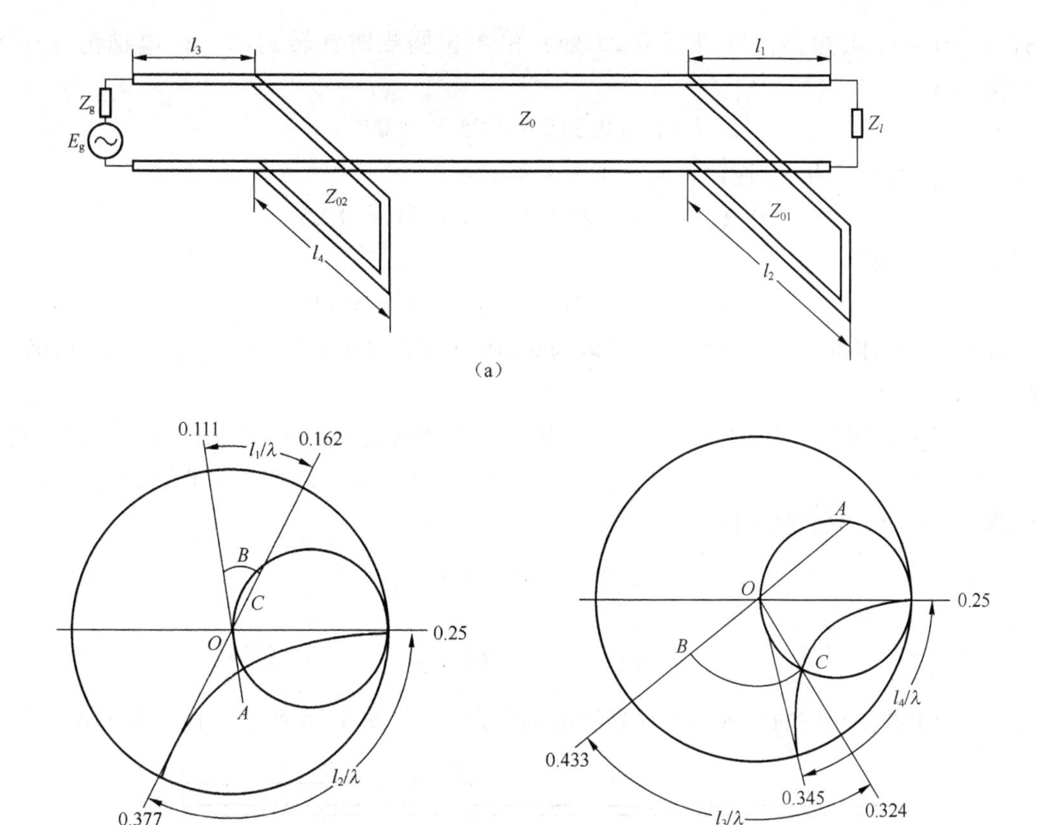


图 5.37　例 5.10 用图

度读数为 0.162，归一化输入导纳为 $\tilde{y}_1 = 1 + j0.95$。故 $l_1/\lambda = 0.162 - 0.111 = 0.051$。

由 $\tilde{y}_1 + \tilde{y}_2 = 1$，可得并联短路支节 $l_2$ 的输入导纳归一值应为 $\tilde{y}_2 = -j0.95$，其电刻度为 0.377。由短路点沿单位圆顺时针转到电刻度 0.377 点，得

$$l_2/\lambda = 0.377 - 0.25 = 0.127$$

显然还可得到另一组解。从 $\tilde{y}_1$ 顺时针转到 $y_1' = 1 - j0.95$，得

$$l_1'/\lambda = l_1/\lambda + 2 \times (0.25 - 0.162) = 0.227$$

由 $y_2' = j0.95$，得

$$l_2'/\lambda = l_2/\lambda + 2 \times (0.5 - 0.377) = 0.373$$

由传输线的阻抗重复性可得，$l_1/\lambda$ 取为 $0.051 + n/2$ 或 $0.227 + n/2$，$l_2/\lambda$ 取为 $0.127 + (n/2)$ 或 $0.373 + (n/2)$。

(2) 共轭匹配要求 $Z_{in} = Z_g^* = (240 + j326)\ \Omega$。$\tilde{z}_{in} = \dfrac{Z_{in}}{Z_0} = 1.2 + j1.63$，在图 5.37(c) 上找到对应的点 $A$。由点 $A$ 以 $OA$ 为半径沿等 $|\Gamma|$ 圆旋转 180°到点 $B$，得 $\tilde{y}_{in} = 0.8 - j0.4$，对应的电刻度为 0.433。沿等 $|\Gamma|$ 圆逆时针转到点 $C$，得 $\tilde{y}_3 = 1 - j1.47$，对应的电刻度为 0.324。故

$$l_3/\lambda = 0.433 - 0.324 = 0.109$$

由于负载端已匹配为行波，沿线 $\tilde{y} = 1$，$\tilde{y}_3$ 的电纳部分应由 $Z_{02} = Z_0$ 的并联短路支节提供，

故 $\tilde{y}_4 = -\mathrm{j}1.47$，由短路点（外圆 0.25 处）沿单位圆顺时针转到归一化电纳为 -j1.47 处，故

$$l_4/\lambda = 0.345 - 0.25 = 0.095$$

显然还有另一组解，从 $\tilde{y}_{\mathrm{in}}$ 逆转到 $\tilde{y}_3' = 1 + \mathrm{j}1.47$，得

$$l_3'/\lambda = l_3/\lambda + 2(0.25 - 0.176) = 0.257$$

由 $\tilde{y}_4' = \mathrm{j}1.47$，得

$$l_4'/\lambda = l_4/\lambda + 2(0.5 - 0.345) = 0.405$$

由传输线的阻抗重复性可得，$l_3/\lambda$ 取为 $0.109 + n/2$ 或 $0.257 + n/2$，$l_4/\lambda$ 取为 $0.095 + n/2$ 或 $0.405 + n/2$。

**例 5.11** 已知双导线的特性阻抗 $Z_0 = 400\ \Omega$，负载阻抗 $Z_l = (600 + \mathrm{j}0)\ \Omega$，采用双支节匹配，两支节间距 $d_2 = \lambda/8$，第一个支节距离负载 $d_1 = 0.1\lambda$，求两个支节的长度 $l_1$ 和 $l_2$。

**解** 计算归一化负载导纳

$$\tilde{z}_l = \frac{600 + \mathrm{j}0}{400} = 1.5 + \mathrm{j}0$$

$$\tilde{y}_l = \frac{1}{\tilde{z}_l} = 0.67 + \mathrm{j}0$$

在阻抗圆图上找到相应的点 $A$，其对应的电刻度为 0，如图 5.38 所示。自圆图上点 $A$ 沿等

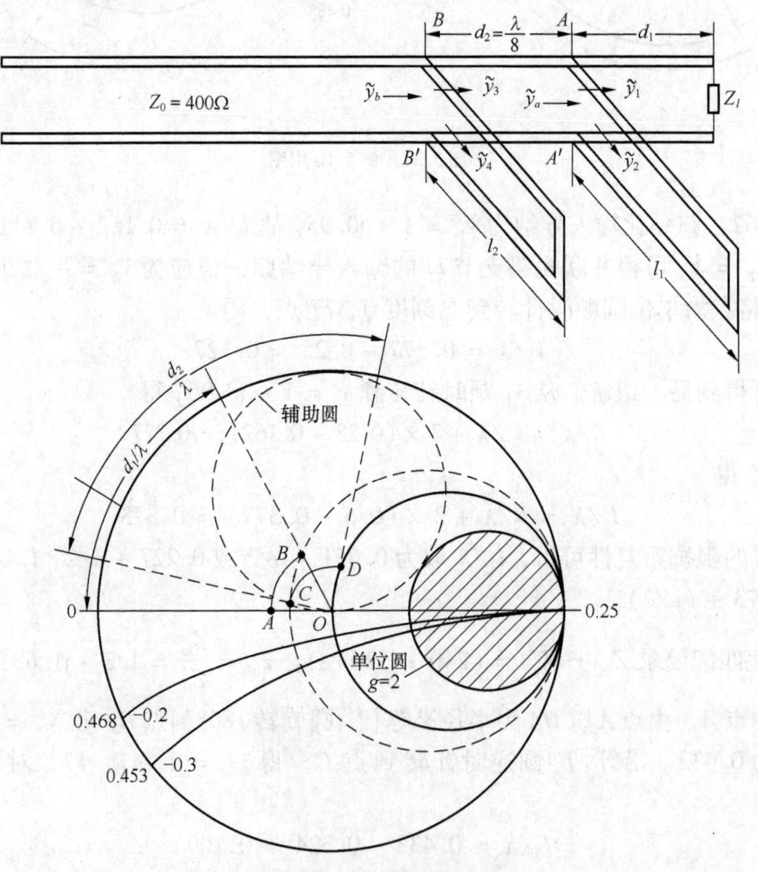


图 5.38 例 5.11 用图

$|\Gamma|$圆顺时针旋转 $d_1/\lambda = 0.1$ 至点 $B$，读得

$$\tilde{y}_1 = 0.83 + j0.32$$

由点 $B$ 沿等 $g_1 = 0.83$ 圆移动交辅助圆于点 $C$，读得

$$\tilde{y}_a = 0.83 + j0.02$$

于是

$$\tilde{y}_2 = \tilde{y}_a - \tilde{y}_1 = -j0.3$$

$\tilde{y}_2$ 所对应的电刻度是0.453，故得

$$l_1 = (0.453 - 0.25)\lambda = 0.203\lambda$$

由点 $C$ 沿等$|\Gamma|$圆顺时针旋转 $d_2/\lambda = 0.125$ 交单位圆于点 $D$，读得

$$\tilde{y}_3 = 1 + j0.2$$

于是

$$\tilde{y}_4 = \tilde{y}_b - \tilde{y}_3 = -j0.2$$

$\tilde{y}_4$ 对应的电刻度是0.468。故得

$$l_2 = (0.468 - 0.25)\lambda = 0.218\lambda$$

需要指出4点。

(1) 双支节匹配中，支节长度的解有两组，一般选取支节长度较短的一组。

(2) $d_2$ 不能取 $\lambda/2$，因为 $l_1$ 是调节 $l_2$ 的输入阻抗的，如果 $d_2$ 取 $\lambda/2$，则失去阻抗变换作用，达不到匹配。

(3) 当 $d_2 = \lambda/4$ 时，若 $g_1 > 1$，$\tilde{y}_1$ 落在 $g < 1$ 圆之内，此时 $\tilde{y}_a$ 不可能与辅助圆相交，于是不能获得匹配。当 $d_2 = \lambda/8$ 或 $d_2 = 3\lambda/8$ 时，若 $g_1 > 2$，也不能匹配。由此可见，双支节匹配不是对任意负载都能匹配，存在着不能匹配的死区。

(4) 与单支节一样，双支节匹配也只能对一个频率达到理想匹配，当频率变化时，匹配条件即被破坏。

## 本 章 小 结

传输线是用以将高频或微波能量从一处传输至另一处的装置。传输线理论又称为长线理论，当传输线的几何长度比其上所传输电磁波的波长 $\lambda$ 还长或者可以相比拟时，传输线可称为长线，传输线理论是用来研究长线传输线的理论基础。传输线理论是分布参数电路理论，传输线理论将基本电路理论与电磁场理论相结合，传输线上电磁波的传输现象可以认为是电路理论的扩展，也可以认为是波动方程的解。本章主要从路的观点出发，首先从传输线的分布参数得出传输线的等效电路，据此导出均匀无耗传输线方程及传输线参数；然后分析无耗传输线的3种工作状态；接着讨论有耗传输线的特性；最后讨论史密斯圆图，并用史密斯圆图计算传输线的传输参数和进行阻抗匹配。

电路理论与传输线理论的区别，主要在于电路尺寸与波长的关系。电路分析中网络与线路的尺寸比工作波长小很多，可以不考虑各点电压、电流的幅度和相位的变

化，采用集总参数的概念。传输线属长线，沿线各点的电压和电流（电场和磁场）是时间和空间的函数，电压和电流呈现出波动性，采用分布参数的概念。传输线方程是一阶常微分方程，用来研究传输线上电压、电流的变化规律，以及电压和电流之间的关系；由传输线方程可以得出传输线的波动方程，波动方程是二阶常微分方程，波动方程的解为 $A_1e^{-\gamma z}$ 与 $A_2e^{\gamma z}$ 之和，其中，$A_1e^{-\gamma z}$ 表示沿 $+z$ 方向传播的电磁波，$A_2e^{\gamma z}$ 表示沿 $-z$ 方向传播的电磁波，表明电压和电流呈现出波动性。传输线的基本特性一般用传输线的特性参数表示，特性参数主要包括特性阻抗、输入阻抗、反射系数、驻波比、传播常数、传输功率等。

无耗传输线的3种工作状态分别是行波工作状态、驻波工作状态、行驻波工作状态。当传输线无限长或终端负载匹配时，传输线上只有入射波，没有反射波，处于行波工作状态。在行波状态下，沿线各点电压和电流的振幅不变；电压和电流同相；沿线任意一点的输入阻抗 $Z_{in}$ 均为特性阻抗 $Z_0$；反射系数为0，驻波比为1。当传输线终端为短路、开路、纯电抗负载时，将产生全反射，传输线工作于驻波状态。在驻波状态下，传输线上电压和电流的振幅是位置的函数，在线上某些点振幅永远为0，电压和电流分布曲线随时间作上下振动，波并不前进，呈现出驻波的特性；沿线各点的输入阻抗为纯电抗，每过 $\lambda/4$ 阻抗性质改变一次（容性改变为感性，感性改变为容性，短路改变为开路，开路改变为短路），每过 $\lambda/2$ 阻抗性质重复一次；终端开路传输线上沿线电压、电流和阻抗的分布，可以从终端短路传输线缩短（或延长）$\lambda/4$ 获得；如果传输线的负载为纯感抗，可以用一段小于 $\lambda/4$ 的短路线来等效此感抗，如果传输线的负载为纯容抗，可以用一段小于 $\lambda/4$ 的开路线来等效此容抗；反射系数的模值为0，驻波比为1。当传输线的终端为其余负载时，信号源给出的能量一部分被负载吸收，另一部分被负载反射，从而产生部分反射而形成行驻波。行驻波沿线电压和电流的振幅是位置的函数，具有波腹点和波谷点，但波谷点的值不为0；阻抗的数值周期性变化，每隔 $\lambda/4$ 阻抗性质变换一次，每隔 $\lambda/2$ 阻抗性质重复一次，在电压波腹点和电压波谷点，输入阻抗为纯电阻。

史密斯圆图有史密斯阻抗圆图、史密斯导纳圆图两种形式，史密斯阻抗圆图上的点旋转180°即为史密斯导纳圆图。史密斯阻抗圆图是一张电压反射系数的极坐标图，传输线上任意一点的反射系数都可以在圆图上找到对应点；同时史密斯阻抗圆图上还标出了等电阻圆和等电抗圆，传输线上任意一点的归一化阻抗值也都可以在圆图上找到对应点。利用史密斯圆图可以计算传输线的各种参数，包括反射系数、驻波比、输入阻抗、传输线上电压的最大点、传输线上电压的最小点、传输线上电流的最大点、传输线上电流的最小点等。利用史密斯圆图可以进行阻抗匹配，包括信号源与传输线之间的匹配、传输线与负载之间的匹配，匹配的方法主要有 $\lambda/4$ 阻抗变换器、单支节匹配、双支节匹配。

## 习　题

5.1　什么是分布参数电路，它与集总参数电路在概念上和处理方法上有何不同？如题

图5.1（a）所示，因为终端短路，故 $Z_{ab}=0$，对吗？如题图5.1（b）所示，因为终端开路，故 $Z_{cd}=\infty$，对吗？

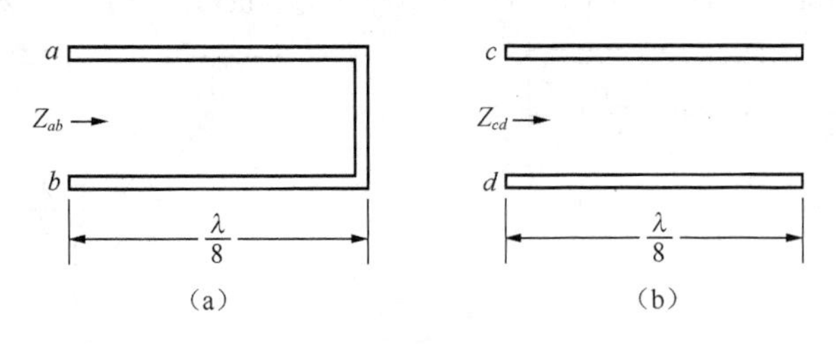


题图5.1

5.2 传输线的长度为10 cm，信号频率为9 400 MHz，此传输线是长线还是短线？传输线的长度为10 m，信号频率为9 400 Hz，此传输线是长线还是短线？

5.3 已知传输线在796 MHz时的分布参数为：$R=10.4\ \text{m}\Omega/\text{mm}$，$C=0.00835\ \text{pF/mm}$，$L=3.67\ \text{nH/mm}$，$G=0.8\ \text{nS/mm}$。试求其特性阻抗与波的衰减常数、相移常数、波长与传播速度。

5.4 （1）何谓传输线的特性阻抗？

（2）某双导线的直径为2.1 mm，间距为10.5 cm，求其特性阻抗（介质为空气）。

（3）某同轴线的外导线内直径为22 mm，内导线的外直径为10.5 mm，求特性阻抗（介质为空气）；若将此同轴线内填充相对介电常数 $\varepsilon_r=2.3$ 的介质，求其特性阻抗。

5.5 同轴线和平行双导线传输的功率是利用导线周围的电磁场能流传到负载的，还是通过导线内部传递到负载的？

5.6 什么是传输线的特性阻抗、输入阻抗和负载阻抗？试求题图5.2所示的各电路的输入阻抗，并画出各电路在 $ab$ 端的等效集总参数电路。

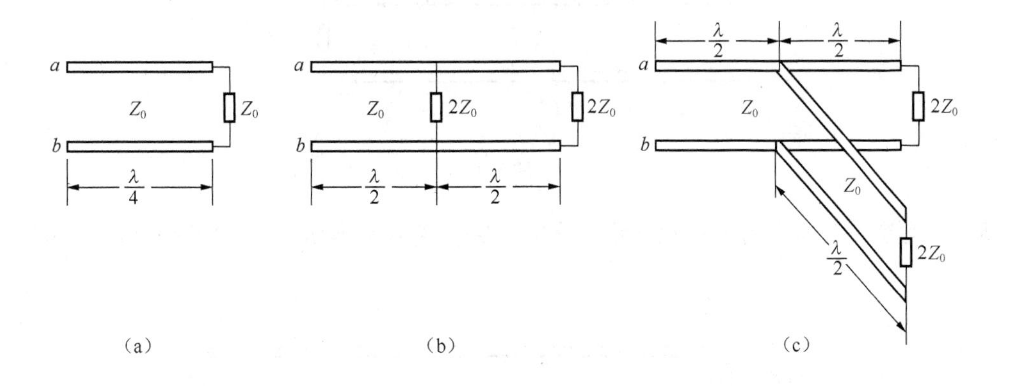


题图5.2

5.7 何谓反射系数？它如何表征传输线上波的反射特性？求题图5.3中各电路输入端的反射系数（假设传输线无耗）。

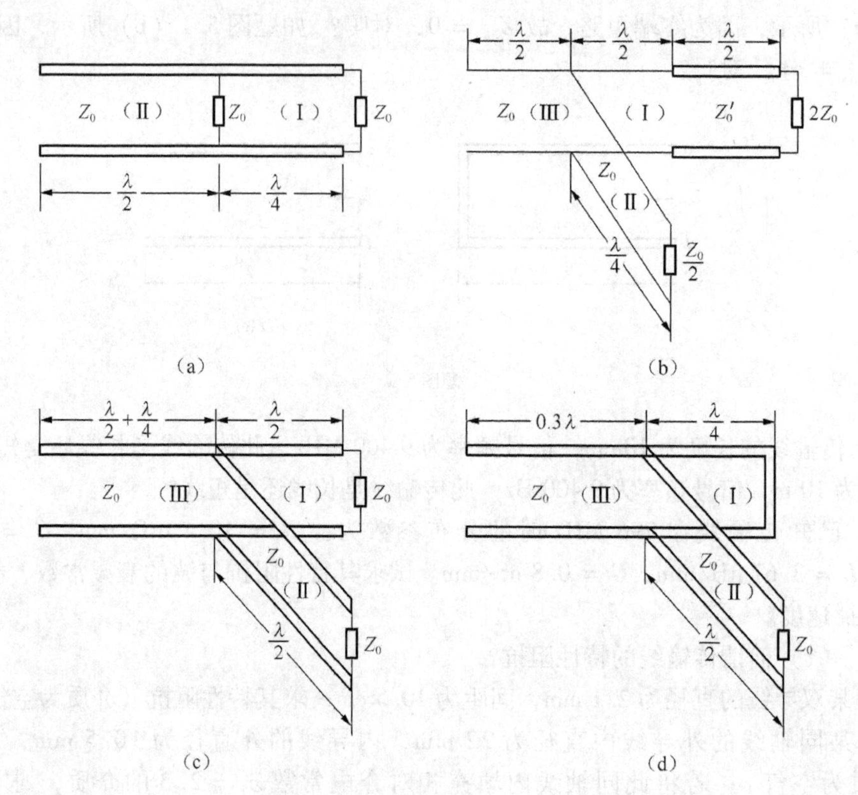


题图 5.3

5.8　一无耗双导线的负载阻抗等于特性阻抗，如题图 5.4 所示。已知 $U_{bb'}=100\mathrm{e}^{\mathrm{j}\frac{\pi}{9}}$ V，求 $U_{aa'}$ 和 $U_{cc'}$，并写出 $aa'$、$bb'$ 和 $cc'$ 处的电压瞬时式。

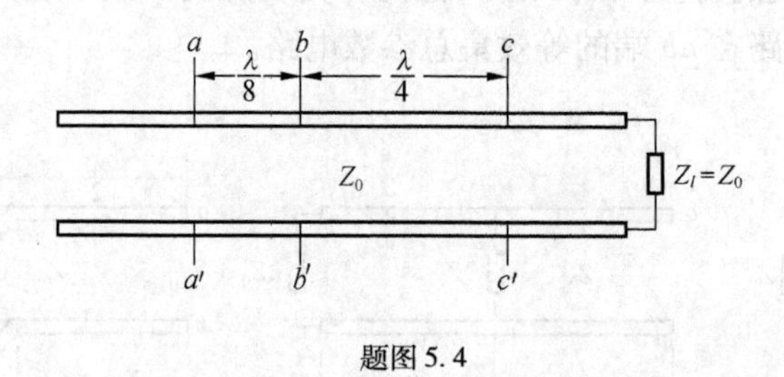


题图 5.4

5.9　题图 5.5 所示为无耗双导线，终端开路，输入端电压 $u_{aa'}=100\cos(\omega t+30°)$，求

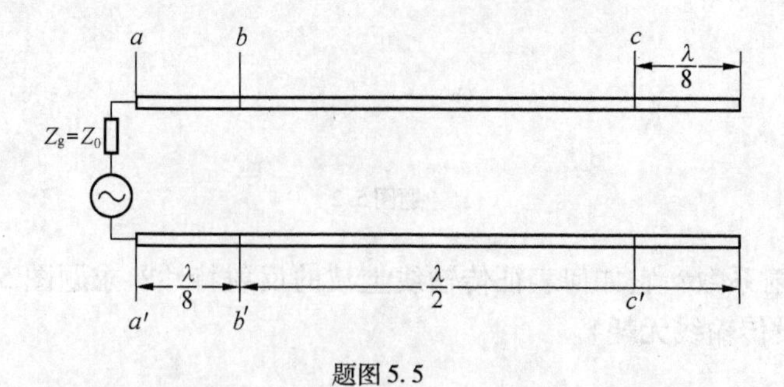


题图 5.5

$bb'$ 和 $cc'$ 处的电压瞬时值。

5.10 特性阻抗 $Z_0 = 50\ \Omega$ 的同轴线，负载阻抗为 $(25 + \mathrm{j}25)\ \Omega$，试求反射系数模值和驻波比。

5.11 一无耗传输线，其特性阻抗为 75 Ω，终端接负载为 $R + \mathrm{j}X$ 时线上的驻波比为 2，第一个电压最大点距终端为 $\lambda/12$，试求 $R$ 和 $X$ 的值。

5.12 如题图 5.6 所示的电路，试画出沿线 $|U|$、$|I|$ 和 $|Z|$ 的分布图，并求出各段 $|U|$、$|I|$ 和 $|Z|$ 的最大值和最小值。

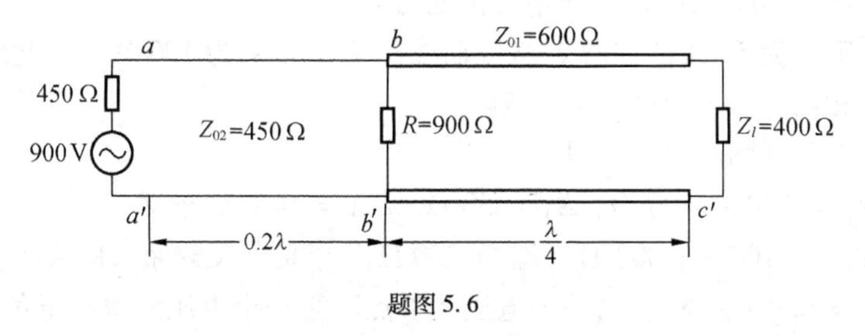


题图 5.6

5.13 如题图 5.7 所示，画出沿线电压和电流的振幅分布图，并求出各段电压和电流振幅的最大值和最小值。

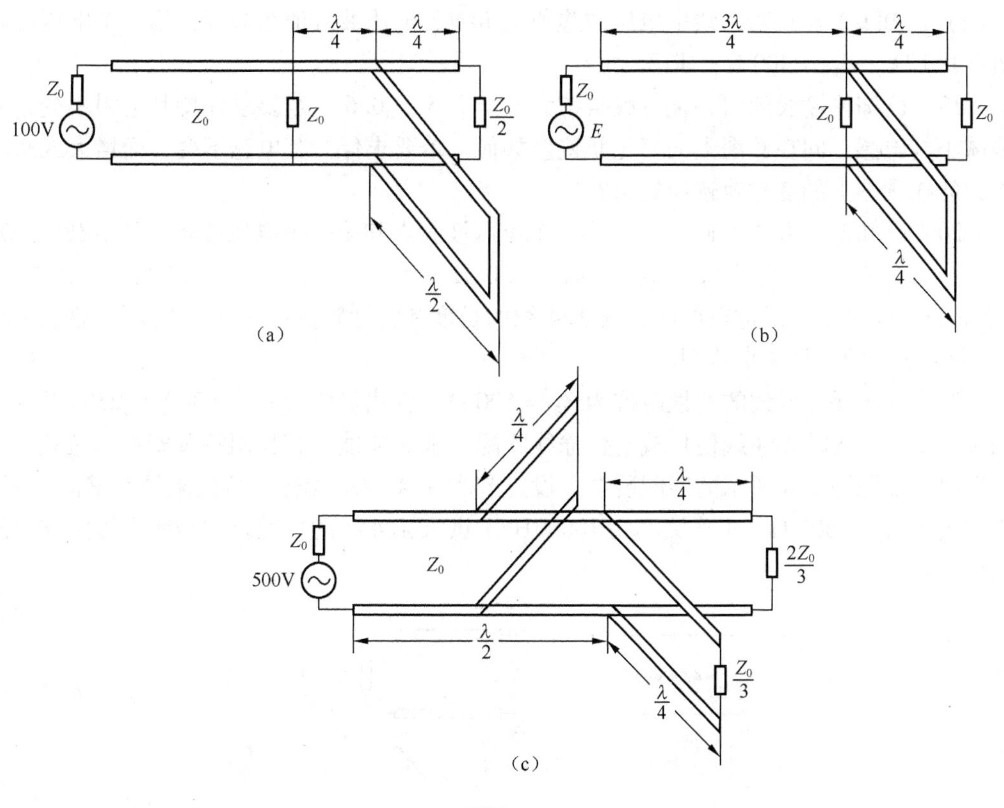


题图 5.7

5.14 一个感抗为 $\mathrm{j}X_l$ 的集中电感可以用一段长度为 $l_{e0}$ 的终端短路传输线等效，试证明

其等效关系为 $l_{e0} = \frac{\lambda}{2\pi}\arctan\frac{X_l}{Z_0}$。

5.15　一个容抗为 $-jX_C$ 的集中电容可以用一段长度为 $l_{e\infty}$ 的终端开路传输线等效，试证明其等效关系为 $l_{e\infty} = \frac{\lambda}{2\pi}\text{arccot}\frac{X_c}{Z_0}$。

5.16　用特性阻抗为 600 Ω 的短路线代替电感为 $2\times10^{-5}$ H 的线圈，当信号频率为 300 MHz时，短路线长度为多少？若用特性阻抗为 600 Ω 的开路线代替电容为 0.884 pF 的电容器，当信号频率为 300 MHz 时，开路线长度为多少？

5.17　特性阻抗为 50 Ω 的终端短路传输线，工作频率为 100 MHz，此线最短的长度为多少时方能使其相当于一个 100 pF 的电容。

5.18　完成下列圆图的基本练习：

（1）已知 $Z_l = (20 - j40)\ \Omega$，$Z_0 = 50\ \Omega$，$l/\lambda = 0.11$，求 $Z_{in}$。

（2）已知 $Z_l = (100 - j600)\ \Omega$，$Z_0 = 250\ \Omega$，求负载反射系数的大小和相角。

（3）已知 $\tilde{z}_l = 0.4 + j0.8$，求第一个电压波谷点和第一个电压波腹点至负载的距离、线上驻波比 $\rho$ 和行波系数 $K$。

（4）已知 $l/\lambda = 1.29$，行波系数 $K = 0.32$，第一个电压波节点距负载 $0.32\lambda$，$Z_0 = 75\ \Omega$，求 $Z_l$ 和 $Z_{in}$。

（5）已知 $l/\lambda = 1.82$，线上电压波腹值为 50 V，电压波谷值为 13 V，第一个电压波腹点距负载 $0.12\lambda$，$Z_0 = 400\ \Omega$，求 $Z_l$ 和 $Z_{in}$。

5.19　已知传输线的归一化负载阻抗为 $\tilde{z}_l = 0.5 + j0.6$，若要求保持其电阻不变，而增大或减小其电感，问在圆图上的变化轨迹应如何。若要求保持其电感不变，而增大或减小其电阻，问在圆图上的变化轨迹应如何？

5.20　已知 $\tilde{z}_l = 0.4 + j0.8$，求第一个电压波腹点和第一个电压波谷点到负载的距离。

5.21　无耗传输线的特性阻抗 $Z_0 = 50\ \Omega$、负载阻抗 $Z_l = 100\ \Omega$、工作频率为 1 000 MHz，今用 $\lambda/4$ 线进行匹配，求 $\lambda/4$ 线的长度和特性阻抗；若要求反射系数模值小于 0.1，求传输线的工作频率范围。

5.22　一无耗双导线的特性阻抗为 $Z_0 = 500\ \Omega$、负载阻抗为 $Z_l = (300 + j250)\ \Omega$，工作波长 $\lambda = 3$ m，欲以 $\lambda/4$ 线使负载与传输线匹配，求 $\lambda/4$ 线的特性阻抗及安放的位置。

5.23　如题图 5.8 所示的匹配装置，设支节和 $\lambda/4$ 线均无耗，特性阻抗为 $Z_{01}$，主线的特性阻抗为 $Z_0 = 500\ \Omega$，工作频率为 100 MHz，试求 $\lambda/4$ 线的特性阻抗与所需短路支节的最短长度。

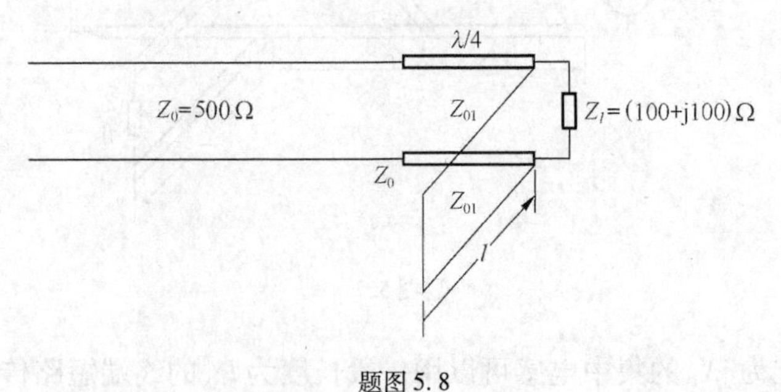


题图 5.8

5.24 如题图5.9所示，计算 $Z_{in}$。

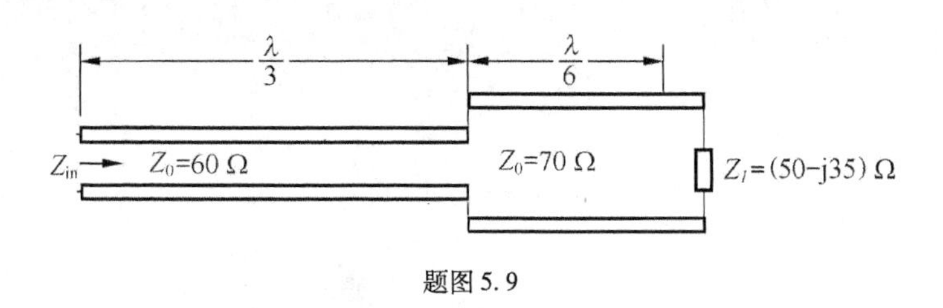


题图5.9

5.25 在特性阻抗 $Z_0 = 600\ \Omega$ 的无耗传输线上，测得 $|U|_{max} = 200$ V，$|U|_{min} = 40$ V，第一个电压波节点距负载为0.15λ，求 $Z_l$。今用短路单支节进行匹配，求支节点的位置和长度。

5.26 将习题5.23中的支节改用开路支节，求节点的位置和长度。

5.27 无耗双导线的特性阻抗 $Z_0 = 600\ \Omega$，负载阻抗为 $Z_l = (300 + j300)\ \Omega$。今采用双支节进行匹配，第一个支节距负载为0.1λ，两支节的间距为λ/8，求两支节的长度 $l_1$ 和 $l_2$。

5.28 用双支节匹配，使 $Z_l = (28 + j0)\ \Omega$ 的负载阻抗与特性阻抗 $Z_0 = 60\ \Omega$ 的传输线匹配，若第一个支节与负载端的距离为λ/18，两节点间距为3λ/8，求两支节的长度。

5.29 在特性阻抗为75 Ω的传输线上接负载阻抗 $Z_l$，测得驻波比 $\rho = 2$，相邻电压最大点与最小点的距离为3.75 cm，电压最大点与负载的距离为 $l_1 = 3$ cm。

（1）求源的波长λ及源的频率 $f$。

（2）求终端负载阻抗。

（3）用特性阻抗为75 Ω的并联短路支节匹配时，若短路线只提供容性电纳，该分支线应加在主线的什么位置上？短路线应提供的电纳值及线长为多少？

（4）用特性阻抗为75 Ω的并联短路支节匹配时，若短路线只提供感性电纳，该分支线应加在主线的什么位置上？短路线应提供的电纳值及线长为多少？

# 第6章 微波传输线

微波的频率范围为300 MHz到3000 GHz，波长范围为1 m ～0.1 mm。应用于微波波段的传输线都可以称为微波传输线。

第5章讨论了传输线理论，其涉及的传输线为TEM传输线或准TEM传输线，包括平行双导线、同轴线、带状线和微带线。当频率提高到其波长可以和两根导线间的距离相比时，电磁能量会通过导线向空间辐射出去，因此在微波的高频波段，平行双导线不能作为传输线。为避免辐射，将同轴线做成封闭形式，从而消除了辐射损耗，但随着频率的继续提高，横截面的尺寸必须相应减小才能保证TEM波的传输，这样会增加导体损耗，降低传输功率容量，因此同轴线也不能传输微波高频波段的电磁波。

如果把同轴线的内导体去掉，变成空心的金属管，不仅可以减少导体损耗，而且可以提高功率容量。那么这样的空心金属管能否传输电磁波呢？1933年，人们在实验中发现，空心金属管可以用来传输微波能量。理论和实践证明，只要空心金属管的横截面尺寸与波长满足一定关系，它是可以传输电磁波的。

凡是用来引导电磁波的传输线都可以称为波导（或导波装置），而通常所说的波导是指空心金属管。根据空心金属管截面形状的不同，可以将波导分为矩形波导、圆波导、脊波导和椭圆波导，如图6.1所示。波导可以传输频率比较高的电磁波，例如厘米波和毫米波，而且功率容量比较大，这使波导成为微波波段常用的传输线。由于波导横截面的尺寸与波长有关，在微波的低频波段不采用波导传输能量，否则波导尺寸太大。矩形波导和圆形波导的频带比较窄，为使波导频带加宽，可以采用脊波导。

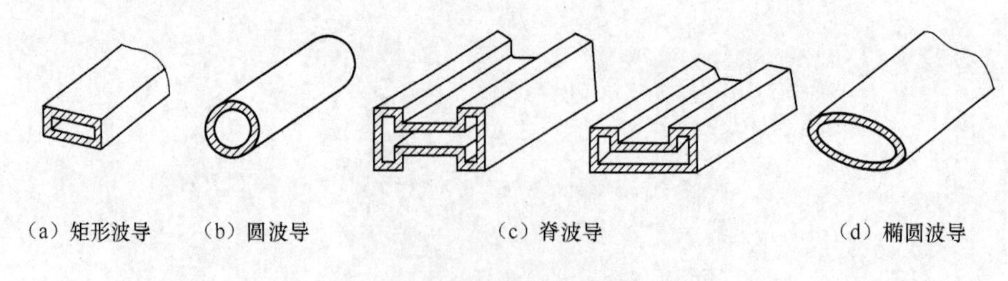


图6.1　金属波导传输线

波导是引导电磁波沿一定方向传输的系统，故又称为导波系统。导行电磁波的分布规律和传播规律由麦克斯韦方程和边界条件决定，用波导内的电场和磁场描述电磁波的特性，故波导是用场的方法来分析的，这和第5章传输线用路的方法分析不同。金属波导内的导行波是TE波和TM波。

本章首先由麦克斯韦方程出发分析规则波导的一般传输规律；然后具体分析矩形波导和圆形波导的传输特性和尺寸选择，这是本章的重点；进而分析同轴线的传输特性和尺寸选择；最后分析微带线和带状线的参数和尺寸的确定方法。

## 6.1　金属波导传输线的一般分析

本节讨论金属波导传输线的一般分析方法，这类传输线只能传输非TEM波，分析方法是，根据电磁场的波动方程，结合具体边界条件，求出波导中的电场和磁场，并由此导出波导的传输特性和场结构。

### 6.1.1　导波方程及其求解

任意截面形状的金属波导如图6.2所示，电磁波沿纵向（$z$ 轴方向）传输，为求解简单，作如下假设：

（1）波导内壁的电导率为无穷大。

（2）波导内的介质是均匀无耗、线性、各向同性的。

（3）波导远离源。

（4）波导无限长。

假设波导内的场为时谐场，它们满足麦克斯韦方程组

$$\nabla\times \boldsymbol{H} = \mathrm{j}\omega\varepsilon\boldsymbol{E} \tag{6.1}$$

$$\nabla\times \boldsymbol{E} = -\mathrm{j}\omega\mu\boldsymbol{H} \tag{6.2}$$

$$\nabla\cdot \boldsymbol{H} = 0 \tag{6.3}$$

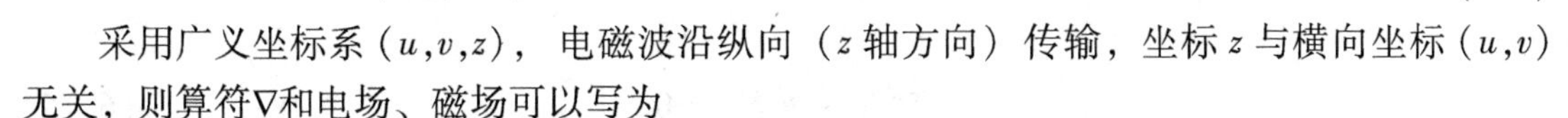

图6.2　任意截面形状的金属波导

$$\nabla\cdot \boldsymbol{E} = 0 \tag{6.4}$$

采用广义坐标系 $(u,v,z)$，电磁波沿纵向（$z$ 轴方向）传输，坐标 $z$ 与横向坐标 $(u,v)$ 无关，则算符∇和电场、磁场可以写为

$$\nabla = \nabla_{\mathrm{t}} + \boldsymbol{e}_z\frac{\partial}{\partial z} \tag{6.5}$$

$$\boldsymbol{E}(u,v,z) = \boldsymbol{E}_{\mathrm{t}}(u,v,z) + \boldsymbol{e}_z E_z(u,v,z) \tag{6.6}$$

$$\boldsymbol{H}(u,v,z) = \boldsymbol{H}_{\mathrm{t}}(u,v,z) + \boldsymbol{e}_z H_z(u,v,z) \tag{6.7}$$

下标t表示横向分量。将式（6.5）～（6.7）代入式（6.1）和式（6.2），并令纵向和横向分别相等，得到

$$\nabla_{\mathrm{t}}\times \boldsymbol{H}_{\mathrm{t}} = \boldsymbol{e}_z\mathrm{j}\omega\varepsilon E_z \tag{6.8}$$

$$\nabla_{\mathrm{t}}\times \boldsymbol{e}_z H_z + \boldsymbol{e}_z\times\frac{\partial \boldsymbol{H}_{\mathrm{t}}}{\partial z} = \mathrm{j}\omega\varepsilon\boldsymbol{E}_{\mathrm{t}} \tag{6.9}$$

$$\nabla_{\mathrm{t}}\times \boldsymbol{E}_{\mathrm{t}} = -\boldsymbol{e}_z\mathrm{j}\omega\mu H_z \tag{6.10}$$

$$\nabla_{\mathrm{t}}\times \boldsymbol{e}_z E_z + \boldsymbol{e}_z\times\frac{\partial \boldsymbol{E}_{\mathrm{t}}}{\partial z} = -\mathrm{j}\omega\mu\boldsymbol{H}_{\mathrm{t}} \tag{6.11}$$

将式（6.9）两边乘以 $j\omega\mu$，式（6.11）两边作 $\boldsymbol{e}_z \times (\partial/\partial z)$ 运算，得到

$$j\omega\mu\, \nabla_t \times \boldsymbol{e}_z H_z + j\omega\mu \boldsymbol{e}_z \times \frac{\partial \boldsymbol{H}_t}{\partial z} = -\omega^2 \mu\varepsilon \boldsymbol{E}_t$$

$$\boldsymbol{e}_z \times \frac{\partial}{\partial z}(\nabla_t \times \boldsymbol{e}_z E_z) + \boldsymbol{e}_z \times \frac{\partial}{\partial z}\left(\boldsymbol{e}_z \times \frac{\partial \boldsymbol{E}_t}{\partial z}\right) = -j\omega\mu \boldsymbol{e}_z \times \frac{\partial \boldsymbol{H}_t}{\partial z}$$

由上两式消除 $\boldsymbol{H}_t$，可得

$$\left(k^2 + \frac{\partial^2}{\partial z^2}\right)\boldsymbol{E}_t = \frac{\partial}{\partial z}\nabla_t E_z + j\omega\mu \boldsymbol{e}_z \times \nabla_t H_z \tag{6.12}$$

同理可得

$$\left(k^2 + \frac{\partial^2}{\partial z^2}\right)\boldsymbol{H}_t = \frac{\partial}{\partial z}\nabla_t H_z - j\omega\varepsilon \boldsymbol{e}_z \times \nabla_t E_z \tag{6.13}$$

式（6.12）和式（6.13）中，$k^2 = \omega^2\mu\varepsilon$。式（6.12）和式（6.13）表明，金属波导系统中场的横向分量可以由纵向分量完全确定。

对式（6.10）作 $\nabla_t \times$ 运算，得到

$$\nabla_t \times \nabla_t \times \boldsymbol{E}_t = -j\omega\mu\, \nabla_t \times \boldsymbol{e}_z H_z \tag{6.14}$$

式（6.14）的左边应用公式 $\nabla \times \nabla \times \boldsymbol{A} = \nabla(\nabla \cdot \boldsymbol{A}) - \nabla^2 \boldsymbol{A}$，有

$$\nabla_t \times \nabla_t \times \boldsymbol{E}_t = \nabla_t(\nabla_t \cdot \boldsymbol{E}_t) - \nabla_t^2 \boldsymbol{E}_t = -\nabla_t\left(\frac{\partial}{\partial z}E_z\right) - \nabla_t^2 \boldsymbol{E}_t$$

对于式（6.14）的右边，由式（6.9）得到

$$-j\omega\mu\, \nabla_t \times \boldsymbol{e}_z H_z = -j\omega\mu\left(j\omega\varepsilon \boldsymbol{E}_t - \boldsymbol{e}_z \times \frac{\partial \boldsymbol{H}_t}{\partial z}\right)$$

$$= k^2 \boldsymbol{E}_t + \frac{\partial^2 \boldsymbol{E}_t}{\partial z^2} - \frac{\partial}{\partial z}\nabla_t E_z$$

于是，式（6.14）可以写成

$$\left(\nabla_t^2 + \frac{\partial^2}{\partial z^2}\right)\boldsymbol{E}_t + k^2 \boldsymbol{E}_t = 0$$

也即

$$\nabla^2 \boldsymbol{E}_t + k^2 \boldsymbol{E}_t = 0 \tag{6.15}$$

同理可得

$$\nabla^2 \boldsymbol{H}_t + k^2 \boldsymbol{H}_t = 0 \tag{6.16}$$

式（6.15）和式（6.16）说明，金属波导内场的横向分量满足亥姆霍兹方程。

对式（6.13）作 $\nabla_t \times$ 运算，得到

$$\left(k^2 + \frac{\partial^2}{\partial z^2}\right)\nabla_t \times \boldsymbol{H}_t = \frac{\partial}{\partial z}\nabla_t \times \nabla_t H_z - j\omega\varepsilon\, \nabla_t \times \boldsymbol{e}_z \times \nabla_t E_z$$

$$= -j\omega\varepsilon\, \nabla_t^2 \boldsymbol{e}_z E_z$$

应用式（6.8）消除 $\boldsymbol{H}_t$，得到

$$\nabla^2 E_z + k^2 E_z = 0 \tag{6.17}$$

同理可得

$$\nabla^2 H_z + k^2 H_z = 0 \tag{6.18}$$

式（6.17）和式（6.18）说明，金属波导内场的纵向分量满足亥姆霍兹方程。

综上所述，金属波导内的电场和磁场有3个特点。

(1) 波导系统中场的横向分量可以由纵向分量完全确定。

(2) 波导内场的横向分量满足亥姆霍兹方程。

(3) 波导内场的纵向分量满足亥姆霍兹方程。

下面具体讨论式（6.12）和式（6.13）中场的横向分量和纵向分量之间的关系式。

电磁波沿波导纵向（$z$轴方向）传输，波动因子为 $\mathrm{e}^{-\mathrm{j}\beta z}$（若考虑损耗则为 $\mathrm{e}^{-\gamma z}$），$\beta$ 为相位常数，则

$$k^2+\frac{\partial^2}{\partial z^2}=k^2-\beta^2=k_c^2 \tag{6.19}$$

式（6.12）和式（6.13）可以写为

$$\boldsymbol{E}_t=-\frac{\mathrm{j}\beta}{k_c^2}\nabla_t E_z+\mathrm{j}\frac{\omega\mu}{k_c^2}\boldsymbol{e}_z\times\nabla_t H_z \tag{6.20}$$

$$\boldsymbol{H}_t=-\frac{\mathrm{j}\beta}{k_c^2}\nabla_t H_z-\mathrm{j}\frac{\omega\varepsilon}{k_c^2}\boldsymbol{e}_z\times\nabla_t E_z \tag{6.21}$$

将式（6.20）和式（6.21）在广义坐标系中展开，可以得到场的横向分量与纵向分量之间的关系式为

$$E_u=-\frac{\mathrm{j}}{k_c^2}\left(\frac{\beta}{h_1}\frac{\partial E_z}{\partial u}+\frac{\omega\mu}{h_2}\frac{\partial H_z}{\partial v}\right) \tag{6.22}$$

$$E_v=-\frac{\mathrm{j}}{k_c^2}\left(\frac{\beta}{h_2}\frac{\partial E_z}{\partial v}-\frac{\omega\mu}{h_1}\frac{\partial H_z}{\partial u}\right) \tag{6.23}$$

$$H_u=-\frac{\mathrm{j}}{k_c^2}\left(\frac{\beta}{h_1}\frac{\partial H_z}{\partial u}-\frac{\omega\varepsilon}{h_2}\frac{\partial E_z}{\partial v}\right) \tag{6.24}$$

$$H_v=-\frac{\mathrm{j}}{k_c^2}\left(\frac{\beta}{h_2}\frac{\partial H_z}{\partial v}+\frac{\omega\varepsilon}{h_1}\frac{\partial E_z}{\partial u}\right) \tag{6.25}$$

式（6.22）～式（6.25）中的 $h_1$ 和 $h_2$ 为坐标 $u$ 和坐标 $v$ 的度量系数（也称为拉梅系数）。

金属波导中电磁场求解的一般步骤如下：

(1) 结合波导边界条件求解式（6.17）和式（6.18）场的纵向分量亥姆霍兹方程，解出场的纵向分量 $E_z$ 或 $H_z$。求解方法通常采用分离变量法。

(2) 根据式（6.22）～式（6.25）求出场的横向分量。

### 6.1.2　波沿波导传输的一般特性

#### 1. 波导中传输模的种类

所谓模（或称为模式、波型）是指能够单独在波导中存在的电磁场结构，按其有无场的纵向分量 $E_z$ 和 $H_z$，可以分为3类。

(1) $E_z=0$ 且 $H_z=0$ 的传输模称为横电磁模，也称为横电磁波，记作TEM波。这种模只能存在于双导体或多导体传输系统中，例如存在于平行双导线同轴线和带状线中。

对于TEM波，$k_c^2=0$，$\beta=k=\omega\sqrt{\mu\varepsilon}$。相速度 $v_p=1/\sqrt{\mu\varepsilon}$，与频率无关，是无色散波型。

（2）$E_z=0$ 而 $H_z\neq0$ 的传输模称为横电模或磁模，记为 TE 模或 H 模；$E_z\neq0$ 而 $H_z=0$ 的传输模称为横磁模或电模，记为 TM 模或 E 模。空心金属管波导只能传输这类模。

（3）$E_z\neq0$ 且 $H_z\neq0$ 的传输模称为混合模，分为 EH 模和 HE 模。这类模存在于开放式波导中，波在波导表面附近的空间传输，故又称为表面波。

### 2. 截止波长

截止波长是波导最重要的特性参数，这是因为波能否在波导中传输，取决于信号波长是否低于截止波长。此外，波导中可能产生许多高次模，一般仅希望传输一种模。不同模的截止波长是不同的，研究波导的截止波长对保证只传输所需模抑、制高次模有着极其重要的作用。

由式（6.19）可以知道

$$k^2-\beta^2=k_c^2$$

于是，为满足传输条件，就必须有 $k^2>k_c^2$。$k^2=\omega^2\mu\varepsilon$，$k$ 的大小取决于频率的高低。从下面的分析可以知道，对于尺寸一定的波导，当波型一定时，$k_c^2$ 为一常数。这样，当频率由小到大变化时，将出现 3 种情况。

（1）$k^2<k_c^2$，$\beta$ 为虚数，波不能传输。

（2）$k^2>k_c^2$，$\beta$ 为实数，波可以传输。

（3）$k^2=k_c^2$，为临界情况，是决定波能否传输的分界线。由此决定的频率为截止频率，以 $f_c$ 表示；对应的波长为截止波长，以 $\lambda_c$ 表示。于是得到

$$f_c=\frac{k_c}{2\pi\sqrt{\mu\varepsilon}} \tag{6.26}$$

$$\lambda_c=\frac{2\pi}{k_c} \tag{6.27}$$

### 3. 波的速度

相速度定义为波型的等相位面沿波导纵向移动的速度，公式为

$$v_p=\frac{\omega}{\beta}=\frac{\omega}{k}\frac{1}{\sqrt{1-\left(\frac{k_c}{k}\right)^2}}=\frac{v}{\sqrt{1-\left(\frac{\lambda}{\lambda_c}\right)^2}} \tag{6.28}$$

式（6.28）中，$v=c/\sqrt{\varepsilon_r}$，$\lambda=\lambda_0/\sqrt{\varepsilon_r}$，$c$ 和 $\lambda_0$ 分别为自由空间的光速和源的工作波长，$\varepsilon_r$ 为波导内介质的相对介电常数。

由式（6.28）可以看出，波导中的相速度大于相应介质中的速度。

相速度的定义是对单一频率的行波而言的，实际上用以传输信息的波不只是一个频率，为此有必要研究由许多频率组成的波的速度问题。

群速度是指由许多频率组成的波群的速度，或者说是波包的速度。定义为

$$v_g=\frac{d\omega}{d\beta}=v\sqrt{1-\left(\frac{\lambda}{\lambda_c}\right)^2} \tag{6.29}$$

可见，波导中波的群速度小于相应介质中波的相速度。

$$v_pv_g=v^2 \tag{6.30}$$

#### 4. 波导波长

波导中某波型相邻两同相位点之间的距离称为该波型的波长，简称为波导波长，以符号 $\lambda_p$ 表示。

$$\lambda_p = \frac{v_p}{f} = \frac{\lambda}{\sqrt{1 - \left(\frac{\lambda}{\lambda_c}\right)^2}} \tag{6.31}$$

由式（6.31）可以看出，波导波长大于相应介质中的波长。

#### 5. 波阻抗

波导中的波型阻抗简称为波阻抗，定义为该波型横向电场与横向磁场之比，分为横电波的波阻抗 $Z_{TE}$ 和横磁波的波阻抗 $Z_{TM}$。

$$Z_{TE} = \frac{|E_u|}{|H_v|} = \frac{\omega\mu}{\beta} = \frac{\eta}{\sqrt{1 - \left(\frac{\lambda}{\lambda_c}\right)^2}} \tag{6.32}$$

$$Z_{TM} = \frac{|E_u|}{|H_v|} = \frac{\beta}{\omega\varepsilon} = \eta\sqrt{1 - \left(\frac{\lambda}{\lambda_c}\right)^2} \tag{6.33}$$

式（6.32）和式（6.33）中，$\eta = \sqrt{\mu/\varepsilon}$ 为媒质的波阻抗，真空中 $\eta = \eta_0 = 120\pi\Omega$。

#### 6. 功率流

波导中的导行波沿 $+z$ 方向传输的平均功率为

$$\begin{aligned} P &= \frac{1}{2}\mathrm{Re}\int_S \boldsymbol{E} \times \boldsymbol{H}^* \cdot \mathrm{d}\boldsymbol{S} \\ &= \frac{1}{2}\mathrm{Re}\int_S \boldsymbol{E}_{0t}(u,v) \times \boldsymbol{H}_{0t}^*(u,v) \cdot \boldsymbol{e}_z \mathrm{d}S \end{aligned} \tag{6.34}$$

式（6.34）中，积分限 $S$ 为导行波通过的波导横截面，此式适用于 TEM 波、TE 波和 TM 波。

## 6.2 矩形波导

矩形波导是横截面为矩形的空心金属管，如图 6.3 所示，$a$ 和 $b$ 分别是矩形波导内壁的宽边和窄边，管壁材料通常是铜、铝或其他金属材料。矩形波导具有结构简单、机械强度大的优点，而且是封闭结构，可以避免外界干扰和辐射损耗；矩形波导没有内导体，因此导体损耗低，功率容量大。矩形波导是最早使用的导波系统之一，至今仍是使用最广泛的导波系统，特别是高功率系统主要采用矩形波导。

矩形波导能传输电磁能量，可以用传输线理论来说明。电磁能量沿平行双导线传输，如图 6.4（a）所示，如果在其上并联 $\lambda/4$ 短路线，由于 $\lambda/4$ 短路线的输入阻抗为无穷大，所以对平行双导线的传输没有影响。如果在平行双导线上并联很多 $\lambda/4$ 短路线，同样对传输线没有影响。当并联的 $\lambda/4$ 短路线无限增多时，便形成矩形波导，如图6.4（b）所示。

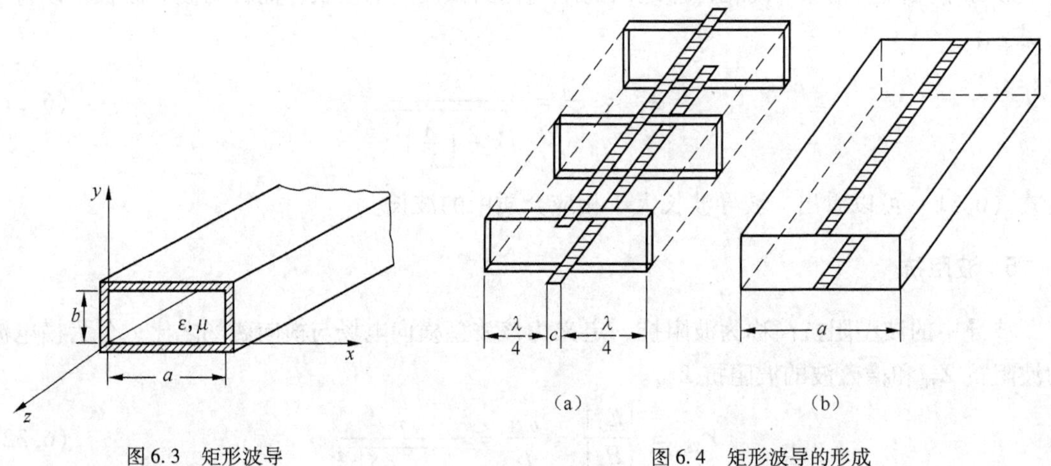


图6.3 矩形波导

图6.4 矩形波导的形成

设矩形波导宽边为 $a$，则

$$\begin{aligned} a &= c + 2(\lambda/4) \\ &= c + \lambda/2 \end{aligned}$$

这表明矩形波导的宽边 $a$ 应大于或等于半波长，即

$$a \geqslant \lambda/2 \text{ 或 } \lambda \leqslant 2a = \lambda_c \tag{6.35}$$

式（6.35）中，$\lambda_c$ 称为截止波长。由上述讨论可以看出：

（1）矩形波导是可以传输电磁能量的。

（2）矩形波导只适用于微波波段。当频率较低、波长较长时，波导尺寸大、笨重，不能实际使用。

（3）矩形波导的传输与信号的波长有关。只有工作波长小于截止波长时，信号才能传输，所以矩形波导是高通滤波器。

（4）矩形波导横截面内电磁场为驻波分布。

本节首先分析矩形波导中的传输模式及其场分布，然后分析矩形波导中的电磁波传输特性，其中着重分析主模 $TE_{10}$ 模的传输特性和场结构。

### 6.2.1 矩形波导中的波型及场分量

矩形波导是单导体结构，它不能传输TEM模，只能传输TE模或TM模。下面根据6.1节的结论，讨论矩形波导中的TE模和TM模。对于矩形波导，采用直角坐标系，此时度量系数为

$$h_1 = 1, h_2 = 1, h_3 = 1$$

于是，式（6.17）变成

$$\begin{aligned} \frac{\partial^2 E_z}{\partial x^2} + \frac{\partial^2 E_z}{\partial y^2} + \frac{\partial^2 E_z}{\partial z^2} + k^2 E_z &= \frac{\partial^2 E_z}{\partial x^2} + \frac{\partial^2 E_z}{\partial y^2} + (k^2 - \beta^2) E_z \\ &= \frac{\partial^2 E_z}{\partial x^2} + \frac{\partial^2 E_z}{\partial y^2} + k_c^2 E_z = 0 \end{aligned} \tag{6.36}$$

同理，式（6.18）变成

$$\frac{\partial^2 H_z}{\partial x^2}+\frac{\partial^2 H_z}{\partial y^2}+k_c^2 H_z=0 \tag{6.37}$$

### 1. TM 模

此时，波导内 $E_z \neq 0$，$H_z=0$，场有 $E_x$、$E_y$、$E_z$、$H_x$、$H_y$ 5 个分量。

用分离变量法求式（6.36），设

$$E_z = X(x)Y(y)\mathrm{e}^{-\mathrm{j}\beta z} \tag{6.38}$$

式（6.38）中，$X$ 只是 $x$ 的函数，$Y$ 只是 $y$ 的函数。将式（6.38）代入式（6.36）得到

$$X''Y+XY''=-k_c^2 XY$$

也即

$$\frac{X''}{X}+\frac{Y''}{Y}=-k_c^2 \tag{6.39}$$

由于 $X$ 只是 $x$ 的函数，$Y$ 只是 $y$ 的函数，$k_c^2$ 是常数，为使式（6.39）成立，其左边的两项必须分别等于常数。令

$$\left.\begin{aligned}\frac{X''}{X}&=-k_x^2\\ \frac{Y''}{Y}&=-k_y^2\end{aligned}\right\} \tag{6.40}$$

则得

$$k_x^2+k_y^2=k_c^2 \tag{6.41}$$

解式（6.40）得到

$$\left.\begin{aligned}X(x)&=C_1\cos k_x x+C_2\sin k_x x\\ Y(y)&=C_3\cos k_y y+C_4\sin k_y y\end{aligned}\right\} \tag{6.42}$$

将式（6.42）代入式（6.38），得到

$$E_z=(C_1\cos k_x x+C_2\sin k_x x)(C_3\cos k_y y+C_4\sin k_y y)\mathrm{e}^{-\mathrm{j}\beta z} \tag{6.43}$$

边界条件为

$$E_z|_{x=0,a}=0，得到\ C_1=0, k_x=\frac{m\pi}{a}\quad(m=1,2,\cdots)$$

$$E_z|_{y=0,b}=0，得到\ C_3=0, k_y=\frac{n\pi}{b}\quad(n=1,2,\cdots)$$

将边界条件代入式（6.43），并令 $C_2C_4=E_0$，得

$$E_z=E_0\sin\left(\frac{m\pi}{a}x\right)\sin\left(\frac{n\pi}{b}y\right)\mathrm{e}^{-\mathrm{j}\beta z} \tag{6.44}$$

式（6.44）中，$E_0$ 由激励决定。

利用式（6.22）～式（6.25），可以求得横向场分量如下

$$\left.\begin{aligned}
E_x &= -\mathrm{j}\frac{\beta}{k_c^2}\frac{m\pi}{a}E_0\cos\left(\frac{m\pi}{a}x\right)\sin\left(\frac{n\pi}{b}y\right)\mathrm{e}^{-\mathrm{j}\beta z}\\
E_y &= -\mathrm{j}\frac{\beta}{k_c^2}\frac{n\pi}{b}E_0\sin\left(\frac{m\pi}{a}x\right)\cos\left(\frac{n\pi}{b}y\right)\mathrm{e}^{-\mathrm{j}\beta z}\\
H_x &= \mathrm{j}\frac{\omega\varepsilon}{k_c^2}\frac{n\pi}{b}E_0\sin\left(\frac{m\pi}{a}x\right)\cos\left(\frac{n\pi}{b}y\right)\mathrm{e}^{-\mathrm{j}\beta z}\\
H_y &= -\mathrm{j}\frac{\omega\varepsilon}{k_c^2}\frac{m\pi}{a}E_0\cos\left(\frac{m\pi}{a}x\right)\sin\left(\frac{n\pi}{b}y\right)\mathrm{e}^{-\mathrm{j}\beta z}
\end{aligned}\right\} \tag{6.45}$$

式（6.45）中

$$k_c^2 = \left(\frac{m\pi}{a}\right)^2 + \left(\frac{n\pi}{b}\right)^2 \tag{6.46}$$

由式（6.44）～式（6.46）可见，矩形波导中的TM波型有无穷个，以 $\mathrm{TM}_{mn}$ 或 $\mathrm{E}_{mn}$ 表示。$m$ 和 $n$ 称为波型指数，其值不同，波型就不同。$m$ 和 $n$ 值都不能为0，否则所有场分量都为0。

### 2. TE 模

此时，波导内 $E_z = 0$、$H_z \neq 0$，场有 $E_x$、$E_y$、$H_x$、$H_y$、$H_z$ 5个分量。

用分离变量法求式（6.37），同样可以求得纵向场分量为

$$H_z = (C_1\cos k_x x + C_2\sin k_x x)(C_3\cos k_y y + C_4\sin k_y y)\mathrm{e}^{-\mathrm{j}\beta z} \tag{6.47}$$

因 $E_y$ 正比于 $\partial H_z/\partial x$，$E_x$ 正比于 $\partial H_z/\partial y$，利用边界条件可得

$$\left.\frac{\partial H_z}{\partial x}\right|_{x=0,a} = 0, \text{得到 } C_2 = 0, k_x = \frac{m\pi}{a} \quad (m = 0,1,\cdots)$$

$$\left.\frac{\partial H_z}{\partial y}\right|_{y=0,b} = 0, \text{得到 } C_4 = 0, k_y = \frac{n\pi}{b} \quad (n = 0,1\cdots)$$

将边界条件代入式（6.47），并令 $C_1C_3 = H_0$，得

$$H_z = H_0\cos\left(\frac{m\pi}{a}x\right)\cos\left(\frac{n\pi}{b}y\right)\mathrm{e}^{-\mathrm{j}\beta z} \tag{6.48}$$

式（6.48）中，$H_0$ 由激励决定。

利用式（6.22）～式（6.25），可以求得横向场分量为

$$\left.\begin{aligned}
E_x &= \mathrm{j}\frac{\omega\mu}{k_c^2}\frac{n\pi}{b}H_0\cos\left(\frac{m\pi}{a}x\right)\sin\left(\frac{n\pi}{b}y\right)\mathrm{e}^{-\mathrm{j}\beta z}\\
E_y &= -\mathrm{j}\frac{\omega\mu}{k_c^2}\frac{m\pi}{a}H_0\sin\left(\frac{m\pi}{a}x\right)\cos\left(\frac{n\pi}{b}y\right)\mathrm{e}^{-\mathrm{j}\beta z}\\
H_x &= \mathrm{j}\frac{\beta}{k_c^2}\frac{m\pi}{a}H_0\sin\left(\frac{m\pi}{a}x\right)\cos\left(\frac{n\pi}{b}y\right)\mathrm{e}^{-\mathrm{j}\beta z}\\
H_y &= \mathrm{j}\frac{\beta}{k_c^2}\frac{n\pi}{b}H_0\cos\left(\frac{m\pi}{a}x\right)\sin\left(\frac{n\pi}{b}y\right)\mathrm{e}^{-\mathrm{j}\beta z}
\end{aligned}\right\} \tag{6.49}$$

式（6.49）中

$$k_c^2 = \left(\frac{m\pi}{a}\right)^2 + \left(\frac{n\pi}{b}\right)^2 \tag{6.50}$$

由式（6.48）～式（6.50）可见，矩形波导中的TE波型有无穷个，以$TE_{mn}$或$H_{mn}$表示。$m$和$n$称为波型指数，其值不同，波型就不同。$m$和$n$值不能同时为0，否则所有场分量都为0。$m$和$n$值可以有一个为0，此时部分场分量为0，部分场分量不为0。矩形波导中最简单的波型为$TE_{10}$模。

矩形波导中无论是TE模还是TM模，沿$z$轴（纵向）均为行波，而在横截面（横向）上均呈驻波。$m$和$n$值为任意正整数，分别表示场在$x$方向和$y$方向的半驻波数。

这里需要强调，虽然矩形波导中可能存在无穷多个TE模及TM模，但能否在波导中传输，决定于工作波长和波导尺寸之间的关系。合理选择工作波长和波导尺寸，可以使需要的模式传输，不需要的模式不能传输。

### 6.2.2 矩形波导中波的纵向传输特性

#### 1. 截止波长$\lambda_c$

截止波长代表波能否在波导中传输的条件。

波沿波导纵向传输的相位常数$\beta$由式（6.19）给出

$$\beta^2 = k^2 - k_c^2 = \left(\frac{2\pi}{\lambda}\right)^2 - \left(\frac{2\pi}{\lambda_c}\right)^2 \tag{6.51}$$

式（6.51）中，$k$为自由空间中同频率电磁波的相位常数，$k = \omega\sqrt{\mu\varepsilon} = 2\pi/\lambda$；$\lambda$为源的波长（或称工作波长）。要使波型在波导中传输，$\beta$必须为实数，即

$$k^2 > k_c^2 \text{ 或 } \lambda < \lambda_c \tag{6.52}$$

由式（6.52）可以知道，波型能在波导中传输的条件是工作波长小于截止波长（也即工作频率大于截止频率）。

$$k_c = \sqrt{k_x^2 + k_y^2} = \sqrt{\left(\frac{m\pi}{a}\right)^2 + \left(\frac{n\pi}{b}\right)^2} = \frac{2\pi}{\lambda_c} \tag{6.53}$$

故截止波长为

$$\lambda_c = \frac{2}{\sqrt{\left(\frac{m}{a}\right)^2 + \left(\frac{n}{b}\right)^2}} \tag{6.54}$$

截止频率为

$$f_c = \frac{v}{\lambda_c} = \frac{\sqrt{\left(\frac{m\pi}{a}\right)^2 + \left(\frac{n\pi}{b}\right)^2}}{2\sqrt{\mu\varepsilon}} \tag{6.55}$$

式（6.55）中，$\mu$和$\varepsilon$为波导管中介质的介电常数和磁导率，若波导管中为空气，则为$\mu_0$和$\varepsilon_0$。

截止波长和截止频率是波导最重要的特性参数之一。当波导截面尺寸$a$和$b$一定时，对应于不同的$m$和$n$值（即模式或波型）有不同的截止波长$\lambda_c$（或截止频率$f_c$）。波导中具有最长截止波长的波型称为最低波型（或称为主模），其他的波型称为高次波型（或称为高次模）。矩形波导中的主模为$TE_{10}$模，其截止波长为$2a$，当波导尺寸满足$a > 2b$时，矩形波导单模传输的条件为

$$a < \lambda < 2a \tag{6.56}$$

由式（6.54）可以看出，$m$ 和 $n$ 相同的TE模和TM模具有相同的截止波长，这种不同波型具有相同截止波长的现象，称为波导的“简并”现象，如 $TE_{11}$ 模和 $TM_{11}$ 模为简并模。

为具体说明矩形波导中截止波长的分布情况，以BJ－100（$a = 2.286$ cm, $b = 1.016$ cm）型波导为例，计算截止波长。

$$\lambda_c|_{TE_{10}} = 2a = 4.572\ \text{cm}$$
$$\lambda_c|_{TE_{20}} = a = 2.286\ \text{cm}$$
$$\lambda_c|_{TE_{01}} = 2b = 2.032\ \text{cm}$$
$$\lambda_c|_{TE_{11}} = \lambda_c|_{TM_{11}} \approx 1.857\ \text{cm}$$
$$\lambda_c|_{TE_{30}} = 1.524\ \text{cm}$$
$$\lambda_c|_{TE_{21}} = \lambda_c|_{TM_{21}} \approx 1.519\ \text{cm}$$
$$\lambda_c|_{TE_{31}} = \lambda_c|_{TM_{31}} \approx 1.219\ \text{cm}$$
$$\lambda_c|_{TE_{40}} = 0.5a = 1.143\ \text{cm}$$
$$\lambda_c|_{TE_{02}} = b = 1.016\ \text{cm}$$
$$\lambda_c|_{TE_{41}} = \lambda_c|_{TM_{41}} \approx 0.996\ \text{cm}$$
$$\lambda_c|_{TE_{22}} = \lambda_c|_{TM_{22}} \approx 0.928\ \text{cm}$$

将计算的数据画成截止波长图，如图6.5所示。图中，阴影区为截止区，在此区域内沿波导不能传输任何模；在 $2.286\ \text{cm} \leqslant \lambda < 4.572\ \text{cm}$ 范围内，波导只能传输 $TE_{10}$ 模，为单模传输；当 $\lambda < 2.286$ cm时出现高次模，波导中将同时传输多种模。如果要求波导中单一模传输，应采用 $TE_{10}$ 模。

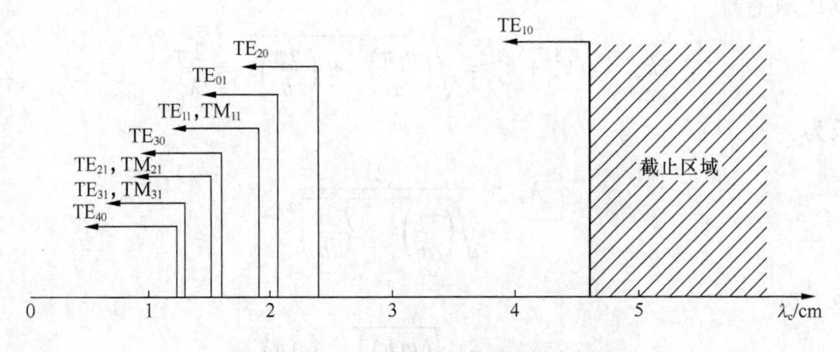


图6.5 BJ－100型波导的截止波长分布图

## 2. 相速度和相波长

由式（6.28）可以得到矩形波导的相速度为

$$v_p = \frac{v}{\sqrt{1 - \left(\frac{\lambda}{\lambda_c}\right)^2}} \tag{6.57}$$

式（6.57）中，$v = c/\sqrt{\varepsilon_r}$，$\lambda = \lambda_0/\sqrt{\varepsilon_r}$，$c$ 和 $\lambda_0$ 分别为自由空间的光速和源的工作波长，$\varepsilon_r$ 为波导内介质的相对介电常数。

相波长也称为波导波长，由式（6.31）可以得到波导波长为

$$\lambda_p = \frac{\lambda}{\sqrt{1-\left(\frac{\lambda}{\lambda_c}\right)^2}} \tag{6.58}$$

由式（6.57）和式（6.58）可以看出，矩形波导中的相速度大于相应介质中的速度，波导波长大于相应介质中的波长。即

$$v_p > v, \lambda_p > \lambda$$

矩形波导中的相速度可以大于光速。

### 3. 群速度

相速度是等相位面传播的速度，群速度是能量传播的速度。由式（6.29）可以得到矩形波导中的群速度为

$$v_g = v\sqrt{1-\left(\frac{\lambda}{\lambda_c}\right)^2} \tag{6.59}$$

可见矩形波导中的群速度小于光速，且有 $v_p v_g = v^2$。

矩形波导中的相速度和群速度都是频率的函数，因此矩形波导中的 TE 模和 TM 模都是色散波。

**例 6.1** 用 BJ-32 型波导作馈线，试问：

（1）当工作波长为 6 cm 时，波导中能传输哪些模式？

（2）为保证单模传输，工作波长范围应为多少？

（3）在传输 $TE_{10}$ 模时，测得相邻两波节点的距离为 10.9 cm，工作波长 $\lambda$ 和波导波长 $\lambda_p$ 为多少？

（4）当波导中传输工作波长为 10 cm 的 $TE_{10}$ 模时，$\lambda_p$、$v_p$ 及 $v_g$ 为多少？

**答** （1）BJ-32 型波导的 $a = 7.214$ cm，$b = 3.404$ cm，由公式 $\lambda_c = \frac{2}{\sqrt{(m/a)^2+(n/b)^2}}$ 可得

$$\lambda_c|_{TE_{10}} = 2a = 14.428 \text{ cm} \qquad \lambda_c|_{TE_{20}} = a = 7.214 \text{ cm}$$

$$\lambda_c|_{TE_{01}} = 2b = 6.808 \text{ cm} \qquad \lambda_c|_{TE_{11}} = \lambda_c|_{TM_{11}} \approx 6.16 \text{ cm}$$

$$\lambda_c|_{TE_{21}} = \lambda_c|_{TM_{21}} \approx 4.95 \text{ cm} \qquad \lambda_c|_{TE_{30}} = 2a/3 \approx 4.81 \text{ cm}$$

即工作波长为 6 cm 时，波导中能传输 $TE_{10}$ 模、$TE_{20}$ 模、$TE_{01}$ 模、$TE_{11}$ 模和 $TM_{11}$ 模。

（2）为保证单模传输，工作波长范围应为

$$7.214 \text{ cm} < \lambda < 14.428 \text{ cm}$$

（3）两波节点的距离为 10.9 cm，则波导波长 $\lambda_p = 2 \times 10.9 = 21.8$ cm。由公式 $\lambda_p = \frac{\lambda}{\sqrt{1-(\lambda/\lambda_c)^2}}$ 及 $\lambda_c|_{TE_{10}} = 2a = 14.428$ cm，可得工作波长为

$$\lambda \approx 12.03 \text{ cm}$$

（4）当波导中传输工作波长为 10 cm 的 $TE_{10}$ 模时，

$$\lambda_p = \frac{\lambda}{\sqrt{1-\left(\frac{\lambda}{\lambda_c}\right)^2}} = \frac{10}{\sqrt{1-\left(\frac{10}{14.428}\right)^2}} \approx 13.87 \text{ cm}$$

$$v_p = f\lambda_p = \frac{c}{\lambda}\lambda_p \approx \frac{3 \times 10^8}{0.1} \times 0.1387 \approx 4.16 \times 10^8 \text{ m/s} > \text{光速}$$

$$v_g = c^2 / v_p \approx 2.16 \times 10^8 \text{ m/s}$$

**4. 波阻抗**

由式（6.32）和式（6.33）可以得到矩形波导中的波阻抗。横电波的波阻抗 $Z_{TE}$ 为

$$Z_{TE} = \frac{\eta}{\sqrt{1 - \left(\frac{\lambda}{\lambda_c}\right)^2}} \tag{6.60}$$

横磁波的波阻抗 $Z_{TM}$ 为

$$Z_{TM} = \eta\sqrt{1 - \left(\frac{\lambda}{\lambda_c}\right)^2} \tag{6.61}$$

式（6.61）中，$\eta = \sqrt{\mu/\varepsilon}$ 为波导管中媒质的波阻抗，若波导管内为真空，则 $\eta = \eta_0 = 120\pi\ \Omega$。

**5. 传输功率**

矩形波导实用时几乎都是以 $TE_{10}$ 模工作，由式（6.34）可以得到空气填充矩形波导时 $TE_{10}$ 模的传输功率为

$$P = \frac{1}{2}\text{Re}\int_0^a\int_0^b E_y H_x^* \,\text{d}y\text{d}x = \frac{ab}{4}\frac{|E_0|^2}{Z_{TE_{10}}}$$

$$= \frac{ab}{480\pi}|E_0|^2\sqrt{1 - \left(\frac{\lambda_0}{2a}\right)^2} \tag{6.62}$$

式（6.62）表明，矩形波导的传输功率与波导横截面的尺寸有关，尺寸越大，功率容量越大。在 BJ-32 型矩形波导（$a = 7.214$ cm，$b = 3.404$ cm）中，若传输波长为 9.1 cm 的 $TE_{10}$ 模，由式（6.62）可以计算出该波导的功率容量为 11.3 MW（此时 $E_0$ 用波导内空气击穿场强 30 kV/cm 代替），而相应波长的同轴线功率容量仅为 0.7 MW。由此可见，矩形波导的功率容量比同轴线的功率容量大得多，故传输大功率时常采用矩形波导。

### 6.2.3 矩形波导中模式的场结构图

通常可以用电力线和磁力线的密与疏表示波导中电场和磁场的强与弱。场结构图就是用电力线（实线）和磁力线（虚线）的疏密表示波导内各点电场和磁场强弱的分布图。不同的场模式有不同的场结构图，但所有场模式均应遵从 5 个规则。

- 电力线与导体表面垂直。
- 电力线可以环绕交变磁场形成闭合曲线，也可以是不闭合曲线，但电力线不能相互交叉。
- 磁力线与导体表面平行。
- 磁力线总是环绕交变电场形成闭合曲线，磁力线不能相互交叉。
- 电力线与磁力线总是相互正交，且依从坡印廷矢量关系。

下面分别讨论矩形波导中 TE 模和 TM 模的场结构图，并重点讨论 $TE_{10}$ 模的场结构图。

### 1. TE 模的场结构图

对于 TE 模，$E_z=0, H_z\neq 0$，因此电场分布在矩形波导的横截面内，而磁场在空间形成闭合曲线。

矩形波导的主模是 $TE_{10}$模。$TE_{10}$模的场结构最简单，而且通过对它的场结构的讨论，可以掌握其他模式场结构分布的一般规律。因此，这里着重讨论 $TE_{10}$模的场结构图。在讨论时，首先导出 $TE_{10}$模场分布的数学表达式；然后根据数学表达式分别画出电场和磁场的分布图；最后把两者结合在一起，即可得到 $TE_{10}$模的场结构图。

令式（6.48）和式（6.49）中的 $m=1$、$n=0$，便可得到 $TE_{10}$模的场分布表达式为

$$\left.\begin{aligned} E_y &= -\mathrm{j}\frac{\omega\mu}{k_c^2}\frac{\pi}{a}H_0\sin\left(\frac{\pi}{a}x\right)\mathrm{e}^{-\mathrm{j}\beta z} \\ H_x &= \mathrm{j}\frac{\beta}{k_c^2}\frac{\pi}{a}H_0\sin\left(\frac{\pi}{a}x\right)\mathrm{e}^{-\mathrm{j}\beta z} \\ H_z &= H_0\cos\left(\frac{\pi}{a}x\right)\mathrm{e}^{-\mathrm{j}\beta z} \\ E_x &= E_z = H_y = 0 \end{aligned}\right\} \tag{6.63}$$

由式（6.63）可以看出，$TE_{10}$模只有 $E_y$、$H_x$ 和 $H_z$ 3 个场分量，且均与 $y$ 无关。

$TE_{10}$模的电场只有 $E_y$ 一个分量，沿 $x$ 方向呈正弦分布，在 $a$ 边上是半个驻波，在 $x=0$ 和 $x=a$ 处为0，在 $x=a/2$ 处最大；沿 $y$ 方向无变化；沿 $z$ 方向为行波，以 $\mathrm{e}^{-\mathrm{j}\beta z}$ 周期变化。在某一时刻电场 $E_y$ 的分布如图 6.6 所示。

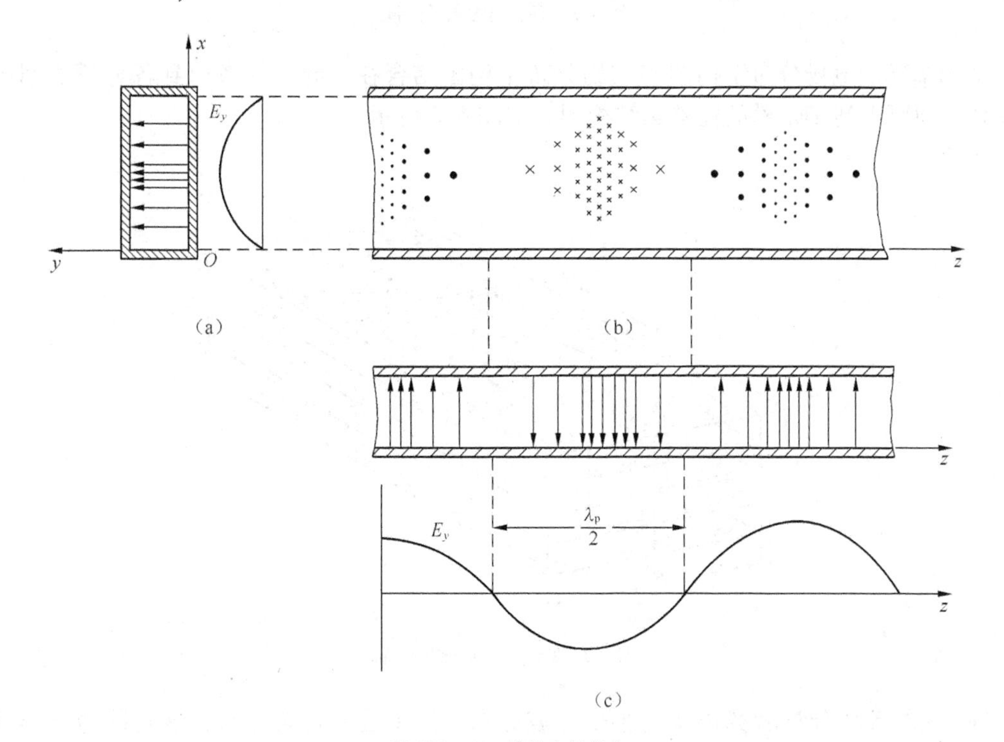


图 6.6 $TE_{10}$模的电场分布

$TE_{10}$模的磁场有$H_x$和$H_z$两个场分量，$H_x$沿$a$边呈正弦分布，在$x = 0$和$x = a$处为0，在$x = a/2$处最大；$H_z$沿$a$边呈余弦分布，在$x = 0$和$x = a$处最大，在$x = a/2$处为零。$H_x$和$H_z$沿$y$方向均无变化，在$xOz$平面内合成闭合曲线。$H_x$和$H_z$沿$z$方向为行波，以$e^{-j\beta z}$周期变化，只是$H_x$和$H_z$有90°的相位差，沿$z$方向一个为最大时另一个为0。在某一时刻，磁场的分布如图6.7所示。

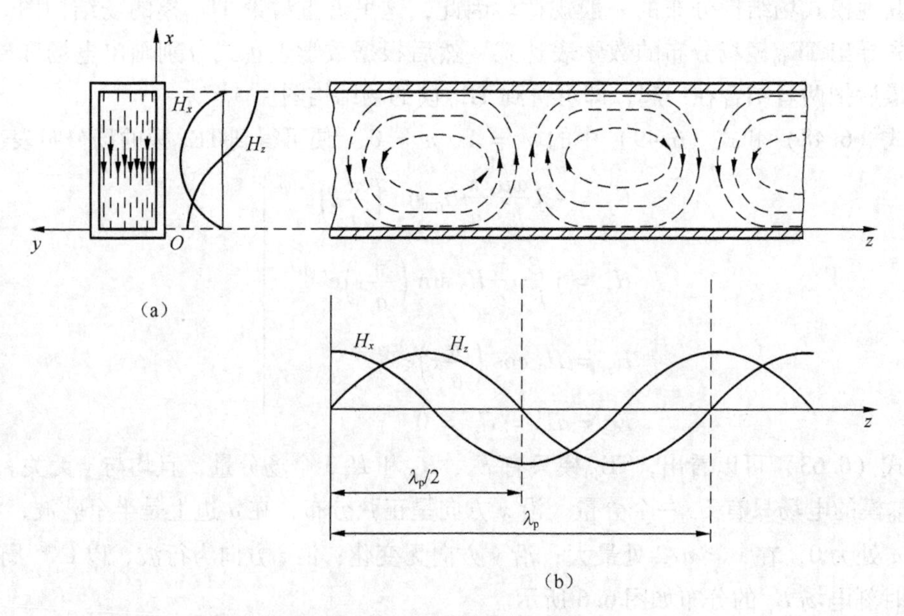


图6.7　$TE_{10}$模的磁场分布

将$TE_{10}$模的电场分布结构图和磁场分布结构图结合在一起，并考虑到各分量之间的相位关系，即可得到$TE_{10}$模的完整场结构图，如图6.8所示。

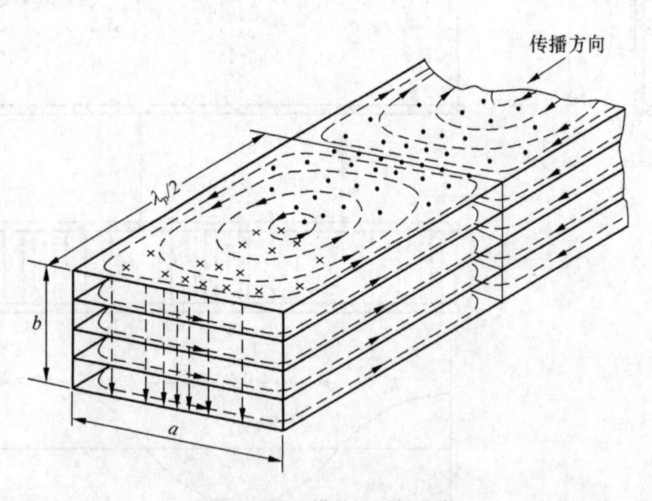


图6.8　$TE_{10}$模的电磁场分布

$TE_{10}$模的各场分量沿宽边$a$为半个驻波分布，沿窄边$b$均匀分布，这是因为$m = 1$，$n = 0$的缘故。$m$表示沿宽边的半驻波个数，$n$表示沿窄边的半驻波个数，可见$TE_{20}$模、

$TE_{30}$模……$TE_{m0}$模沿宽边 $a$ 为两个、三个……$m$ 个 $TE_{10}$模的场结构“小巢”，沿窄边 $b$ 没有变化，图6.9（a）示出了 $TE_{20}$模的场结构图。$TE_{01}$模的 $m=0$、$n=1$，各场分量沿宽边 $a$ 均匀分布，沿窄边 $b$ 为半个驻波分布，图6.9（b）示出了 $TE_{01}$模的场结构图。$TE_{02}$模、$TE_{03}$模……$TE_{0n}$模沿窄边 $b$ 为两个、三个……$n$ 个 $TE_{01}$模的场结构“小巢”，沿宽边 $a$ 没有变化。

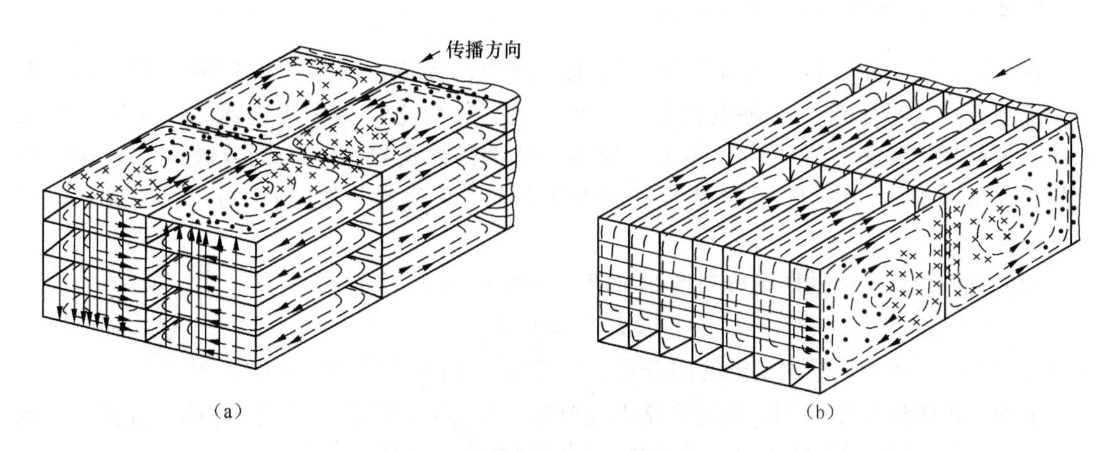


图6.9 $TE_{20}$模和 $TE_{01}$模的电磁场分布

$TE_{11}$模的各场分量沿宽边 $a$ 和窄边 $b$ 都为半个驻波分布，电力线是位于横截面内的曲线且垂直于波导的四壁，磁力线是闭合的空间曲线且与电力线相垂直，如图6.10（a）所示。

由上述分析可以看出，只要掌握了 $TE_{10}$模、$TE_{01}$模、$TE_{11}$模的场结构图，所有 $TE_{mn}$模的场结构图就完全了解了。

### 2. TM 模的场结构图

TM 型波的最低模式是 $TM_{11}$模，$TM_{11}$模的各场分量沿宽边 $a$ 和窄边 $b$ 都为半个驻波分布。因为 $E_z \neq 0$、$H_z=0$，所以磁力线是位于横截面内的闭合曲线，电力线是空间曲线且与波导四壁垂直，如图6.10（b）所示。

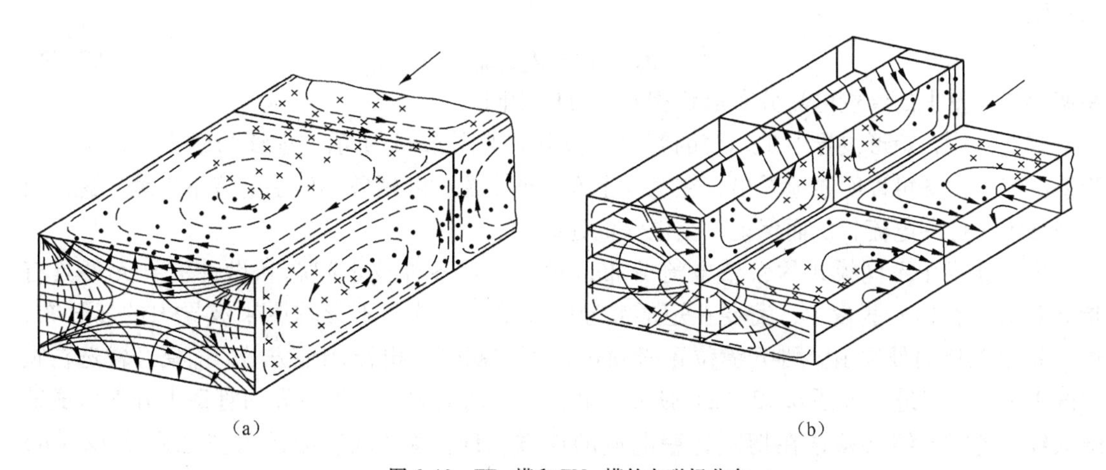


图6.10 $TE_{11}$模和 $TM_{11}$模的电磁场分布

$TM_{mn}$型波的场结构是宽边 $a$ 有 $m$ 个 $TM_{11}$ 模的场结构“小巢”，窄边 $b$ 有 $n$ 个 $TM_{11}$ 模的场结构“小巢”。只要掌握了 $TM_{11}$ 模的场结构图，就掌握了所有 $TM_{mn}$ 模的场结构图。

综上所述，矩形波导中的场结构基本模式是 $TE_{10}$ 模、$TE_{01}$ 模、$TE_{11}$ 模和 $TM_{11}$ 模，只要掌握了这四种模的场结构图，就掌握了矩形波导中所有波型的场结构图。

### 6.2.4 矩形波导的管壁电流

在上面的分析中，没有考虑波导管壁上所发生的现象。当波导内传输电磁波时，波导壁上将感应高频电流，这种电流称为管壁电流。管壁电流为传导电流，由于波导壁是导体，故管壁电流只存在于内导体上。波导内壁都是由良导体（如铜或镀银的铜管）构成的，在微波波段，场对良导体的穿透深度非常小（称为集肤效应），可以认为管壁电流为面电流。

管壁电流由管壁上的磁场分布情况决定，由磁场的边界条件可得

$$\boldsymbol{J}_S = \boldsymbol{n} \times \boldsymbol{H}_t \tag{6.64}$$

式（6.64）中，$\boldsymbol{n}$ 为波导内壁的法向分量；$\boldsymbol{H}_t$ 为波导内壁上的切向磁场。

下面分析矩形波导中 $TE_{10}$ 模的管壁电流分布。$TE_{10}$ 模中磁场有 $H_x$ 和 $H_z$ 两个分量，由式（6.63）表示，利用磁场的边界条件可以得到管壁电流，在顶壁上为

$$\begin{aligned}\boldsymbol{J}_S\big|_{y=b} &= -\boldsymbol{e}_y \times \left(\boldsymbol{e}_x \mathrm{j}\frac{\beta}{k_c^2}\frac{\pi}{a}H_0\sin\left(\frac{\pi}{a}x\right)\mathrm{e}^{-\mathrm{j}\beta z} + \boldsymbol{e}_z H_0\cos\left(\frac{\pi}{a}x\right)\mathrm{e}^{-\mathrm{j}\beta z}\right) \\ &= \boldsymbol{e}_z \mathrm{j}\frac{\beta a}{\pi}H_0\sin\left(\frac{\pi}{a}x\right)\mathrm{e}^{-\mathrm{j}\beta z} - \boldsymbol{e}_x H_0\cos\left(\frac{\pi}{a}x\right)\mathrm{e}^{-\mathrm{j}\beta z}\end{aligned} \tag{6.65}$$

在底壁上为

$$\boldsymbol{J}_S\big|_{y=0} = -\boldsymbol{J}_S\big|_{y=b} \tag{6.66}$$

顶壁上和底壁上的管壁电流分布形状相同、方向相反。在左壁上

$$\begin{aligned}\boldsymbol{J}_S\big|_{x=0} &= \boldsymbol{e}_x \times \left(\boldsymbol{e}_x \mathrm{j}\frac{\beta}{k_c^2}\frac{\pi}{a}H_0\sin\left(\frac{\pi}{a}x\right)\mathrm{e}^{-\mathrm{j}\beta z} + \boldsymbol{e}_z H_0\cos\left(\frac{\pi}{a}x\right)\mathrm{e}^{-\mathrm{j}\beta z}\right) \\ &= -\boldsymbol{e}_y H_0\mathrm{e}^{-\mathrm{j}\beta z}\end{aligned} \tag{6.67}$$

在右壁上

$$\boldsymbol{J}_S\big|_{x=a} = \boldsymbol{J}_S\big|_{x=0} \tag{6.68}$$

左壁上和右壁上的管壁电流分布形状相同、方向相同。

综上所述，矩形波导中 $TE_{10}$ 模的管壁电流分布如图 6.11 所示，虚线为磁力线，实线为管壁电流。由图可以明显地看出，在宽壁上有管壁电流中断现象，似乎电流不连续，这是由于波导内有位移电流，从而保证了全电流的连续性。

研究波导中不同模式的管壁电流分布，对于处理各种技术问题和设计波导元件具有指导意义。在信号测量中，需要在矩形波导的管壁上开缝而不影响原来波导内的场分布，也不希望能量向外辐射，则开缝位置必须选在不切割管壁电流的地方。$TE_{10}$ 模经常选在宽边的中央开测量缝，如图 6.12（a）所示；相反，有时需要在矩形波导的管壁上开槽做成缝隙天线，这时开缝必须选在切割管壁电流的地方，$TE_{10}$ 模开辐射缝的位置如图 6.12（b）所示。

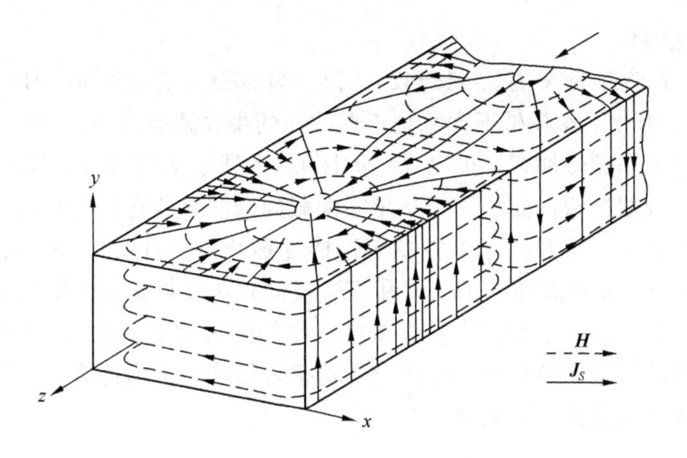


图 6.11 矩形波导 $TE_{10}$ 模的管壁电流分布

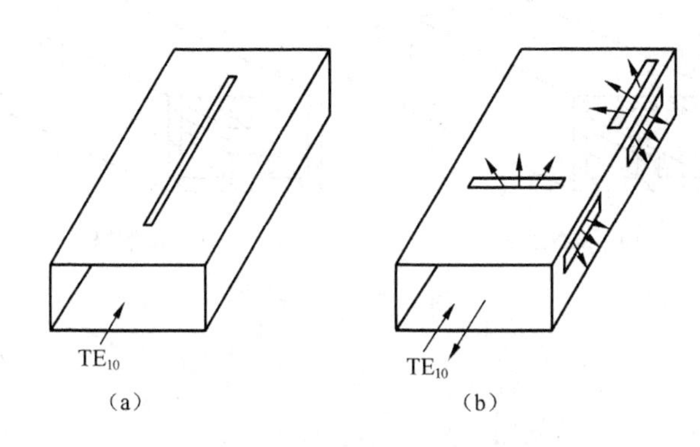


图 6.12 矩形波导 $TE_{10}$ 模开缝位置

### 6.2.5 矩形波导尺寸的设计考虑

矩形波导尺寸设计是根据给定的工作波长确定波导横截面的尺寸。设计矩形波导的原则是，保证在工作频带内只传输一种模式；损耗尽可能小；功率容量尽可能大；尺寸尽可能小；制造尽可能简单。

由前面分析知道，保证矩形波导单模传输的条件为

$$\frac{\lambda}{2} < a < \lambda, 0 < b < \frac{\lambda}{2} \tag{6.69}$$

考虑要求传输功率尽可能大，则窄边尺寸应尽可能大，一般取

$$a = 0.7\lambda, b = (0.4 \sim 0.5)a \tag{6.70}$$

实际上，波导尺寸已经标准化，有部颁标准，见附录 C。

当波导尺寸确定后，波导的工作频带即可确定。由于在截止波长附近，波导的损耗急剧增加，因此矩形波导的工作波长范围为

$$1.05\lambda_c|_{TE_{20}} \leqslant \lambda \leqslant 0.8\lambda_c|_{TE_{10}}$$

即

$$1.05a < \lambda < 1.6a \tag{6.71}$$

例如 BJ-32 型矩形波导（$a = 7.214$ cm，$b = 3.404$ cm），由式（6.71）计算得到其工作

波长及相应频率范围为

$$7.575\ \text{cm} < \lambda < 11.542\ \text{cm}, 2.599\ \text{GHz} < f < 3.96\ \text{GHz}$$

相对带宽为41%，因此工作频带不太宽是矩形波导的主要缺点之一。

为了使波导的工作频带加宽，可以采用如图6.13所示的脊波导。这种波导可视为将矩形波导宽边的一边或双边弯折而成，于是相同横截面脊波导的宽边有效尺寸比矩形波导的宽边的有效尺寸长了许多，使脊波导中主模$TE_{10}$模的截止波长比相同横截面矩形波导中主模$TE_{10}$模的截止波长长，而脊波导中$TE_{20}$模和$TE_{30}$模的截止波长比相同横截面矩形波导的$TE_{20}$模和$TE_{30}$模的截止波长短，从而使脊波导单模工作的频带加宽。但由于脊波导内存在凸缘，与相同横截面尺寸的矩形波导相比，背波导的功率容量降低，损耗增大；同时脊波导加工不方便，因此，它的使用受到一定限制。

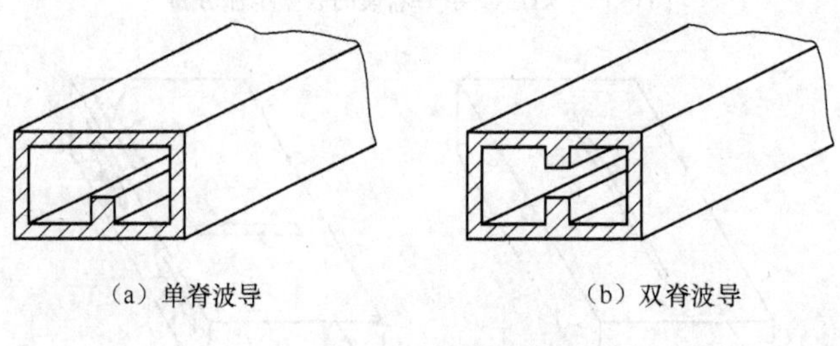

（a）单脊波导　　（b）双脊波导

图6.13　脊波导

## 6.3 圆波导

除矩形波导外，圆波导是金属波导的又一种基本结构。截面为圆形的金属波导称为圆波导，如图6.14所示。圆波导具有损耗较小和双极化的特性，常用于双极化天线馈线和远距离波导通信中，并广泛用作微波谐振腔。

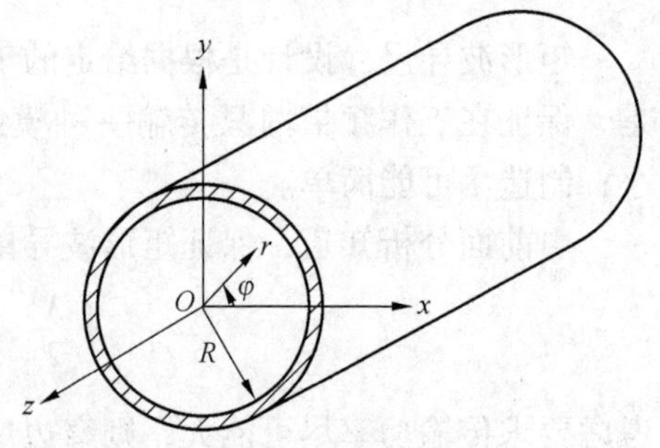


图6.14　圆波导

圆波导的分析与矩形波导的分析一样，首先求解电磁场纵向分量的波动方程，求出纵向分量的通解，并根据边界条件求出它的特解；然后利用横向场与纵向场的关系式，求出横向场的表达式；最后讨论截止特性、传输特性、场结构和主要波型。

由于圆波导的横截面为圆形，故采用圆柱坐标系$(r,\varphi,z)$，此时$u=r$，$v=\varphi$，度量系数$h_1=1$，$h_2=r$，$h_3=1$。由式（6.17）可得，电场纵向分量$E_z$所满足的波动方程为

$$\frac{\partial^2 E_z}{\partial r^2}+\frac{1}{r}\frac{\partial E_z}{\partial r}+\frac{1}{r^2}\frac{\partial^2 E_z}{\partial \varphi^2}=(k^2-\beta^2)E_z=-k_c^2 E_z \tag{6.72}$$

同样，由式（6.18）可得，$H_z$所满足的波动方程为

$$\frac{\partial^2 H_z}{\partial r^2}+\frac{1}{r}\frac{\partial H_z}{\partial r}+\frac{1}{r^2}\frac{\partial^2 H_z}{\partial \varphi^2}=-k_c^2 H_z \tag{6.73}$$

### 6.3.1 圆波导中的波型及场分量

#### 1. TM 模

对于 TM 模，波导内 $E_z \neq 0$、$H_z = 0$，场有 $E_r$、$E_\varphi$、$E_z$、$H_r$、$H_\varphi$ 5 个分量。

用分离变量法求解式（6.72）。设

$$E_z = R(r)\Phi(\varphi)\mathrm{e}^{-\mathrm{j}\beta z} \tag{6.74}$$

式（6.74）中，$R$ 只是 $r$ 的函数；$\Phi$ 只是 $\varphi$ 的函数。将式（6.74）代入式（6.72）得到

$$\frac{r^2}{R}\frac{\partial^2 R}{\partial r^2} + \frac{r}{R}\frac{\partial R}{\partial r} + k_c^2 r^2 = -\frac{1}{\Phi}\frac{\partial^2 \Phi}{\partial \varphi^2}$$

上式若要成立，就要求等式两边等于一个共同的常数。令此常数为 $m^2$，则得到

$$-\frac{1}{\Phi}\frac{\partial^2 \Phi}{\partial \varphi^2} = m^2$$

也即

$$\frac{\mathrm{d}^2 \Phi}{\mathrm{d}\varphi^2} + m^2 \Phi = 0$$

$$\frac{r^2}{R}\frac{\partial^2 R}{\partial r^2} + \frac{r}{R}\frac{\partial R}{\partial r} + k_c^2 r^2 = m^2$$

也即

$$r^2\frac{\mathrm{d}^2 R}{\mathrm{d}r^2} + r\frac{\mathrm{d}R}{\mathrm{d}r} + (k_c^2 r^2 - m^2)R = 0$$

于是可以得到 $R$ 和 $\Phi$ 的解为

$$\Phi = C_1\cos m\varphi + C_2\sin m\varphi = C_{\sin m\varphi}^{\cos m\varphi} \tag{6.75}$$

$$R = C_3 J_m(k_c r) + C_4 N_m(k_c r) \tag{6.76}$$

式（6.75）和式（6.76）中，$C_1$、$C_2$、$C_3$、$C_4$ 为常数。式（6.76）中，$J_m(k_c r)$ 是第一类 $m$ 阶贝塞尔函数，$N_m(k_c r)$ 是第二类 $m$ 阶贝塞尔函数，其变化曲线如图 6.15 所示。由于 $r \to 0$ 时，$N_m(k_c r) \to \infty$，根据波导中心处场为有限值的要求，$C_4 = 0$，因此有

$$E_z = C_3 J_m(k_c r) C_{\sin m\varphi}^{\cos m\varphi}\mathrm{e}^{-\mathrm{j}\beta z} = E_0 J_m(k_c r)_{\sin m\varphi}^{\cos m\varphi}\mathrm{e}^{-\mathrm{j}\beta z} \tag{6.77}$$

式（6.77）中，$E_0 = C_3 C$。

根据边界条件，在 $r = R$ 处，$E_z = 0$，则得

$$J_m(k_c R) = 0$$

设第 $m$ 阶贝塞尔函数第 $n$ 个根的值为 $v_{mn}$，则

$$k_c R = \frac{2\pi}{\lambda_c}R = v_{mn} \quad (n = 1,2,\cdots)$$

于是得到圆波导中 TM 波型的截止波长为

$$\lambda_c = \frac{2\pi R}{v_{mn}} \tag{6.78}$$

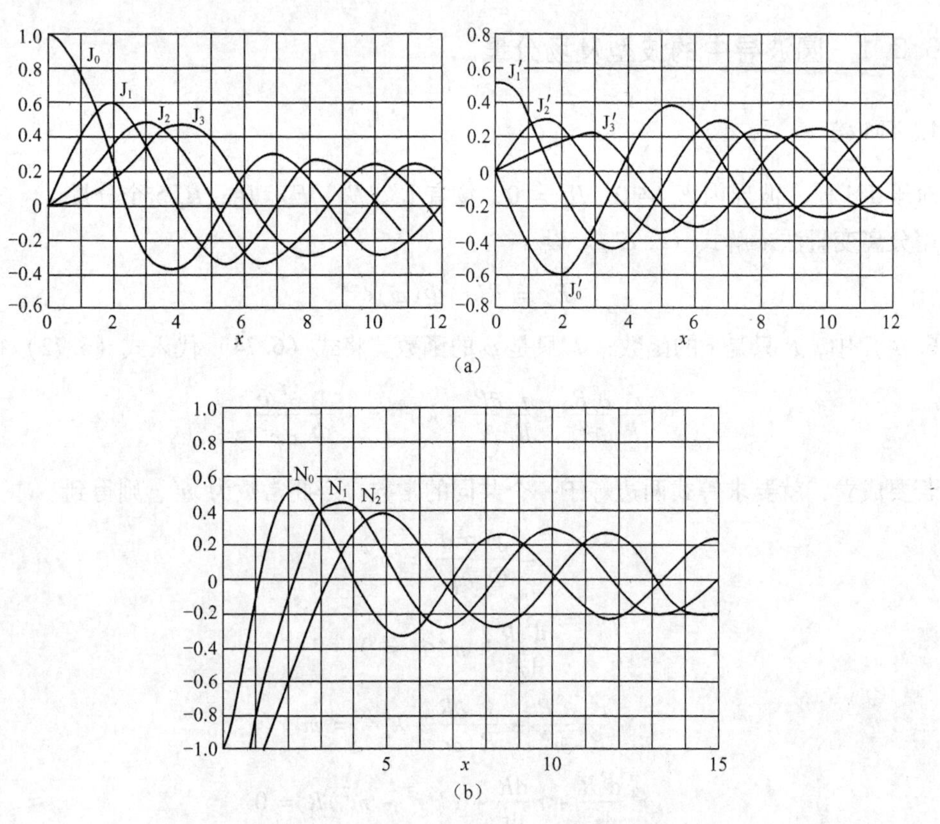


图 6.15　$J_m(x)$、$J'_m(x)$ 和 $N_m(x)$ 的变化曲线

圆波导中 TM 波型的截止波长决定于 $m$ 阶贝塞尔函数第 $n$ 个根的值，表 6.1 列出了一些 TM 波型的截止波长值。

**表 6.1　　　　TM 波型的截止波长**

| 波　型 | $v_{mn}$ 值 | $\lambda_c$ 值 | 波　型 | $v_{mn}$ 值 | $\lambda_c$ 值 |
|---|---|---|---|---|---|
| $TM_{01}$ | 2.405 | 2.62$R$ | $TM_{12}$ | 7.016 | 0.90$R$ |
| $TM_{11}$ | 3.832 | 1.64$R$ | $TM_{22}$ | 8.417 | 0.75$R$ |
| $TM_{21}$ | 5.135 | 1.22$R$ | $TM_{03}$ | 8.650 | 0.72$R$ |
| $TM_{02}$ | 5.520 | 1.14$R$ | $TM_{13}$ | 10.173 | 0.62$R$ |

利用式（6.22）～式（6.25）可以求得横向场分量，进而得到 TM 波型的所有场分量表示式为

$$\left.\begin{aligned}
E_r &= -\frac{j\beta}{k_c}E_0 J'_m(k_c r)\begin{matrix}\cos m\varphi\\ \sin m\varphi\end{matrix}\,e^{-j\beta z}\\
E_\varphi &= \pm\frac{j\beta m}{k_c^2 r}E_0 J_m(k_c r)\begin{matrix}\sin m\varphi\\ \cos m\varphi\end{matrix}\,e^{-j\beta z}\\
E_z &= E_0 J_m(k_c r)\begin{matrix}\cos m\varphi\\ \sin m\varphi\end{matrix}\,e^{-j\beta z}\\
H_r &= \mp\frac{j\omega\varepsilon m}{k_c^2 r}E_0 J_m(k_c r)\begin{matrix}\sin m\varphi\\ \cos m\varphi\end{matrix}\,e^{-j\beta z}\\
H_\varphi &= -\frac{j\omega\varepsilon}{k_c}E_0 J'_m(k_c r)\begin{matrix}\cos m\varphi\\ \sin m\varphi\end{matrix}\,e^{-j\beta z}
\end{aligned}\right\}\tag{6.79}$$

由式可见，圆波导中的 TM 模有无数多个，以 $TM_{mn}$ 或 $E_{mn}$ 模表示。对应于不同的 $m$ 和 $n$ 值，得到不同的波型。圆波导中不存在 $TM_{m0}$ 模，但存在 $TM_{0n}$ 模和 $TM_{mn}$ 模。

### 2. TE 模

对于 TE 模，波导内 $E_z=0$、$H_z\neq 0$，场有 $E_r$、$E_\varphi$、$H_r$、$H_\varphi$、$H_z$ 5 个分量。用同样的方法可以求得圆波导中 TE 模的场分量为

$$\left.\begin{aligned}
E_r &= \pm \mathrm{j}\frac{\omega\mu m}{k_c^2 r}H_0 J_m(k_c r)\begin{matrix}\sin m\varphi\\ \cos m\varphi\end{matrix}\mathrm{e}^{-\mathrm{j}\beta z}\\
E_\varphi &= \mathrm{j}\frac{\omega\mu}{k_c}H_0 J'_m(k_c r)\begin{matrix}\cos m\varphi\\ \sin m\varphi\end{matrix}\mathrm{e}^{-\mathrm{j}\beta z}\\
H_r &= -\mathrm{j}\frac{\beta}{k_c}H_0 J'_m(k_c r)\begin{matrix}\cos m\varphi\\ \sin m\varphi\end{matrix}\mathrm{e}^{-\mathrm{j}\beta z}\\
H_\varphi &= \pm \mathrm{j}\frac{\beta m}{k_c^2 r}H_0 J_m(k_c r)\begin{matrix}\sin m\varphi\\ \cos m\varphi\end{matrix}\mathrm{e}^{-\mathrm{j}\beta z}\\
H_z &= H_0 J_m(k_c r)\begin{matrix}\cos m\varphi\\ \sin m\varphi\end{matrix}\mathrm{e}^{-\mathrm{j}\beta z}
\end{aligned}\right\}\tag{6.80}$$

根据边界条件，在 $r=R$ 处，$E_\varphi=0$，则得

$$J'_m(k_c R)=0$$

设第 $m$ 阶贝塞尔函数导数第 $n$ 个根的值为 $\mu_{mn}$，则

$$k_c R=\frac{2\pi}{\lambda_c}R=\mu_{mn}\quad(n=1,2,\cdots)$$

于是得到圆波导中 TE 波型的截止波长为

$$\lambda_c=\frac{2\pi R}{\mu_{mn}}\tag{6.81}$$

圆波导中 TE 波型的截止波长决定于 $m$ 阶贝塞尔函数导数第 $n$ 个根的值，表 6.2 列出了一些 TE 波型的截止波长值。

**表 6.2　TE 波型的截止波长**

| 波　型 | $\mu_{mn}$ 值 | $\lambda_c$ 值 | 波　型 | $\mu_{mn}$ 值 | $\lambda_c$ 值 |
|---|---|---|---|---|---|
| $TE_{11}$ | 1.841 | $3.41R$ | $TE_{12}$ | 5.332 | $1.18R$ |
| $TE_{21}$ | 3.054 | $2.06R$ | $TE_{22}$ | 6.705 | $0.94R$ |
| $TE_{01}$ | 3.832 | $1.64R$ | $TE_{02}$ | 7.016 | $0.90R$ |
| $TE_{31}$ | 4.201 | $1.50R$ | $TE_{13}$ | 8.536 | $0.74R$ |

圆波导中的 TE 模也有无数多个，以 $TE_{mn}$ 或 $H_{mn}$ 模表示。对应于不同的 $m$ 和 $n$ 值，得到不同的波型。圆波导中不存在 $TE_{m0}$ 模，但存在 $TE_{0n}$ 模和 $TE_{mn}$ 模。

### 3. 圆波导中的波型及截止波长

（1）由场分量可以看出，圆波导中有无数多个 TE 模和 TM 模，以 $TE_{mn}$ 或 $TM_{mn}$ 表示。

由于$v_{m0}$及$\mu_{m0}$不存在，因此$TE_{m0}$模和$TM_{m0}$模不存在，圆波导中可以存在$TM_{0n}$模、$TM_{mn}$模及$TE_{0n}$模、$TE_{mn}$模。

（2）圆波导和矩形波导一样，也具有高通特性。圆波导中模式可以传输的条件为

$$\lambda < \lambda_c \tag{6.82}$$

由式（6.78）和式（6.81）可以计算出TM模和TE模的截止波长，根据各种模的截止波长值可以画出圆波导中波型的截止波长分布图，如图6.16所示。

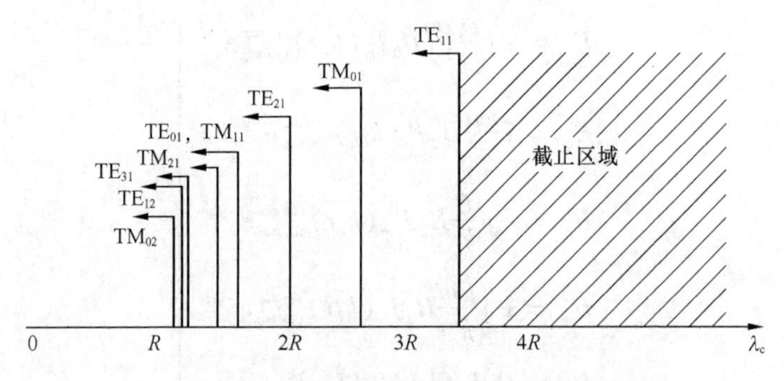


图6.16　圆波导中波型的截止波长分布

（3）由表6.1和表6.2可以看出，圆波导中最低型模（主模）为$TE_{11}$模，其他模式为高次模，其中第一高次模为$TM_{01}$模，因此，保证圆波导中只传输单模的条件为

$$2.62R < \lambda < 3.41R \tag{6.83}$$

（4）从式（6.79）和式（6.80）可以看出，不论是TE模还是TM模，场分量沿$\varphi$方向和$r$方向都呈驻波分布。

（5）圆波导中波型的简并有两种，一种是极化简并，一种是TE模与TM模之间的简并。从场分量表示式可以看出，场分量沿$\varphi$方向分布存在着$\sin m\varphi$和$\cos m\varphi$两种可能性，于是对应于同一$m$和$n$值有两种场分布形式，所不同的只是极化面旋转了90°。这种现象称为"极化简并"。极化简并表明，在圆波导中传输模时，极化面将是不固定的。在理想的圆波导中，极化面只决定于激励情况；但在实际上，波导截面形状不可能保证是正圆，这将引起所传输的模式极化面产生旋转，产生极化简并模。一般情况下，这种现象对传输不利，而在某些场合则需利用这些特性，构成特殊用途的波导。此外，圆波导中$TE_{01}$，$TE_{02}$，…，$TE_{0n}$模的截止波长分别与$TM_{11}$，$TM_{12}$，…，$TM_{1n}$模的截止波长相等，这称为TE模与TM模之间的简并。

## 6.3.2　圆波导中的主要波型及其应用

圆波导中，$TE_{11}$、$TM_{01}$和$TE_{01}$是3种常用的模式，根据它们不同的特点有着不同的应用。下面介绍这3种模式的场分布特点和应用情况。

### 1. $TE_{11}$模

如上所述，$TE_{11}$模是圆波导的主模，其截止波长为$\lambda_c = 3.41R$。

将$m = 1$、$n = 1$代入式（6.80）中可以得到$TE_{11}$模的场分量为

$$
\left.\begin{aligned}
E_r &= \pm \mathrm{j}\,\frac{\omega\mu R^2}{(1.841)^2 r} H_{11} J_1\left(\frac{1.841}{R}r\right)\begin{matrix}\sin\varphi\\ \cos\varphi\end{matrix}\,\mathrm{e}^{-\mathrm{j}\beta z}\\
E_\varphi &= \mathrm{j}\,\frac{\omega\mu R}{1.841} H_{11} J'_1\left(\frac{1.841}{R}r\right)\begin{matrix}\cos\varphi\\ \sin\varphi\end{matrix}\,\mathrm{e}^{-\mathrm{j}\beta z}\\
H_r &= -\mathrm{j}\,\frac{\beta R}{1.841} H_{11} J'_1\left(\frac{1.841}{R}r\right)\begin{matrix}\cos\varphi\\ \sin\varphi\end{matrix}\,\mathrm{e}^{-\mathrm{j}\beta z}\\
H_\varphi &= \pm \mathrm{j}\,\frac{\beta R^2}{(1.841)^2 r} H_{11} J_1\left(\frac{1.841}{R}r\right)\begin{matrix}\sin\varphi\\ \cos\varphi\end{matrix}\,\mathrm{e}^{-\mathrm{j}\beta z}\\
H_z &= H_{11} J_1\left(\frac{1.841}{R}r\right)\begin{matrix}\cos\varphi\\ \sin\varphi\end{matrix}\,\mathrm{e}^{-\mathrm{j}\beta z}
\end{aligned}\right\} \tag{6.84}
$$

图6.17示出了圆波导$TE_{11}$模的场结构。由图可见，圆波导的$TE_{11}$模与矩形波导的$TE_{10}$模很相似，因此它们之间的波型转换是很方便的。图6.18示出了矩形波导$TE_{10}$模与圆波导$TE_{11}$模的波型转换器。

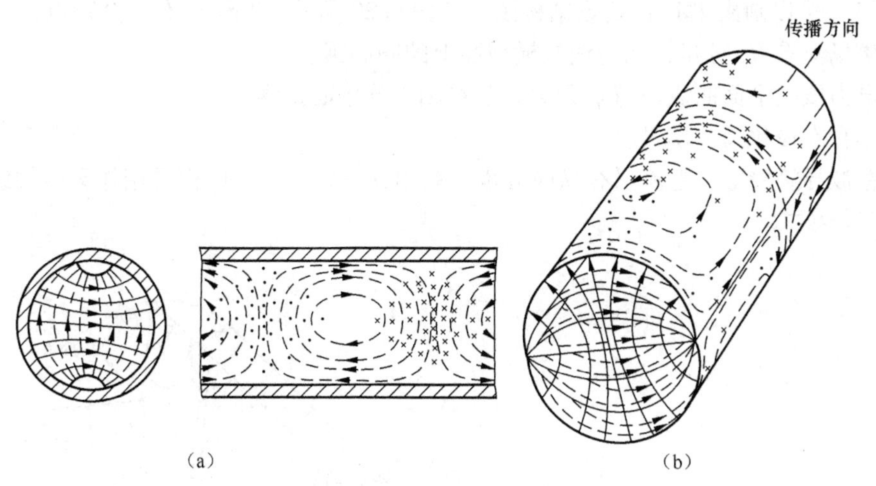


图6.17　圆波导$TE_{11}$模的场结构

式（6.84）中圆波导$TE_{11}$模有5个场分量，同时由于$\sin\varphi$和$\cos\varphi$的存在使其有极化简并，这是圆波导$TE_{11}$模的基本缺点。因为圆波导加工时总有椭圆度，这就会使波型极化面旋转，分裂成极化简并波，如图6.19所示。虽然圆波导$TE_{11}$模是主模，但由于存在极化简并，一般情况下不采用圆波导$TE_{11}$模传输能量，而是采用矩形波导$TE_{10}$模作传输系统。

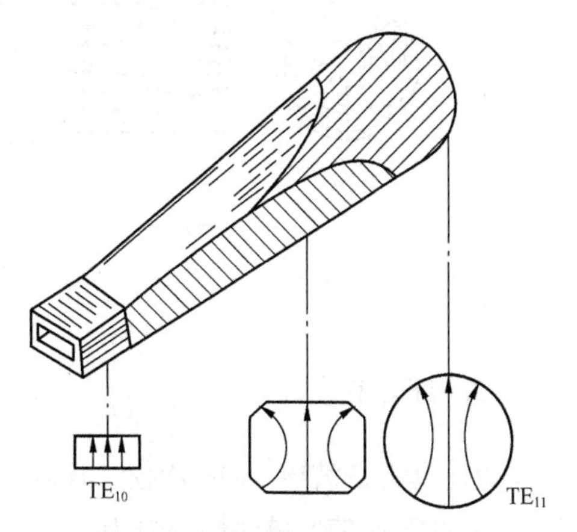


图6.18　矩形波导$TE_{10}$模与圆波导$TE_{11}$模的波型转换器

然而，利用圆波导的极化简并可以构成一些特殊的元器件，如极化变换器、铁氧体环行器等。

### 2. $TM_{01}$模

$TM_{01}$模是圆波导中的最低型横磁模，其截止波

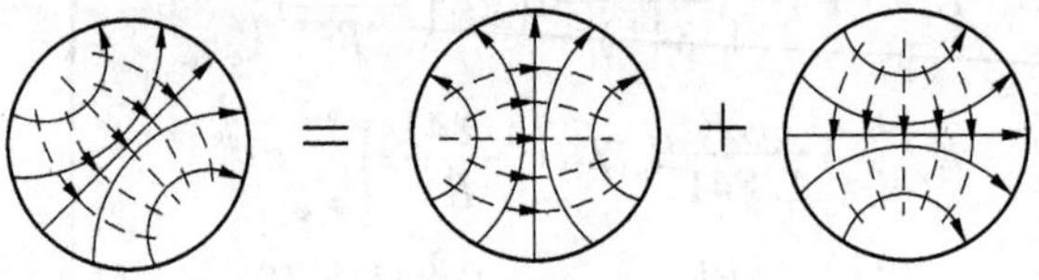

图6.19　圆波导 $TE_{11}$ 模的极化简并

长 $\lambda_c = 2.62R$。将 $m = 0$、$n = 1$ 代入式（6.79）中可以得到 $TM_{01}$ 模的场分量为

$$\left.\begin{aligned} E_r &= -\frac{j\beta R}{2.405}E_{01}J_0'\left(\frac{2.405}{R}r\right)e^{-j\beta z} \\ E_z &= E_{01}J_0\left(\frac{2.405}{R}r\right)e^{-j\beta z} \\ H_\varphi &= -\frac{j\omega\varepsilon R}{2.405}E_{01}J'_0\left(\frac{2.405}{R}r\right)e^{-j\beta z} \end{aligned}\right\} \tag{6.85}$$

由式（6.85）可以画出 $TM_{01}$ 模的场结构图，如图6.20所示。$TM_{01}$ 模有4个特点。

（1）磁场只有 $H_\varphi$ 分量，磁力线是横截面上的同心圆。

（2）电力线是平面曲线，与 $\varphi$ 无关，且在圆波导中心最强。

（3）不存在极化简并模式。

（4）在波导管壁上，电流只有纵向分量。利用这一特点，$TM_{01}$ 模可用作天线馈线系统的旋转连接工作模式。

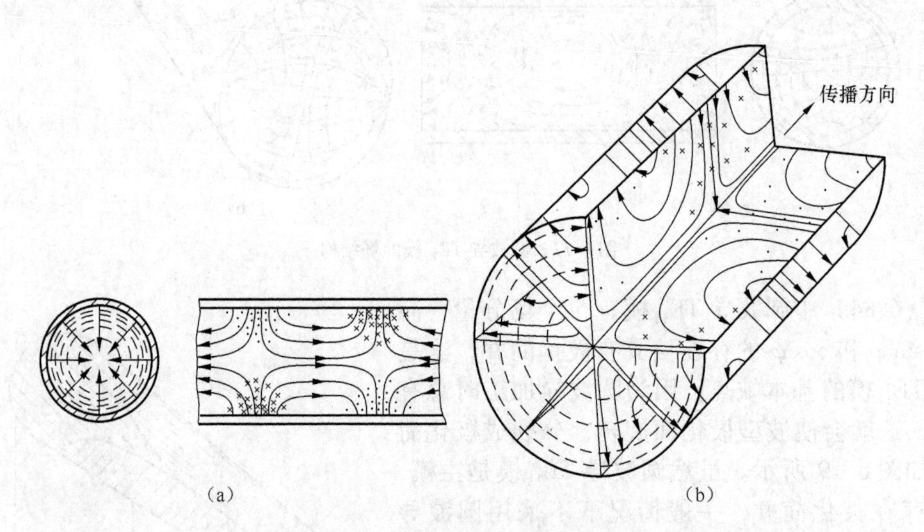


图6.20　圆波导 $TM_{01}$ 模的场结构

### 3. $TE_{01}$ 模

$TE_{01}$ 模是圆波导中的高次模，其截止波长为 $\lambda_c = 1.64R$。将 $m = 0$、$n = 1$ 代入式（6.80）中，可以得到 $TE_{01}$ 模的场分量为

$$
\left.\begin{aligned}
E_{\varphi} &= \mathrm{j}\frac{\omega\mu R}{3.832}H_{01}J_0'\left(\frac{3.832}{R}r\right)\mathrm{e}^{-\mathrm{j}\beta z}\\
H_r &= -\mathrm{j}\frac{\beta R}{3.832}H_{01}J'_0\left(\frac{3.832}{R}r\right)\mathrm{e}^{-\mathrm{j}\beta z}\\
H_z &= H_{01}J_0\left(\frac{3.832}{R}r\right)\mathrm{e}^{-\mathrm{j}\beta z}
\end{aligned}\right\}\qquad(6.86)
$$

由式（6.86）可以画出 $\mathrm{TE}_{01}$ 模的场结构图，如图 6.21 所示。$\mathrm{TE}_{01}$ 模有 5 个特点。

（1）电场只有 $E_{\varphi}$ 分量，电力线是横截面上的同心圆。

（2）磁力线是平面曲线，与 $\varphi$ 无关。

（3）不存在极化简并模式。

（4）在波导管壁上电流没有纵向分量，管壁电流只沿圆周方向流动，并且当传输功率一定时，随着频率的升高，波导管壁的热损耗下降。因为具有此特点，它既适合作高 Q 谐振腔，又适合用于毫米波远距离波导通信。

（5）由于不是圆波导中的主模，因此，$\mathrm{TE}_{01}$ 模在使用时需要抑制高次模。

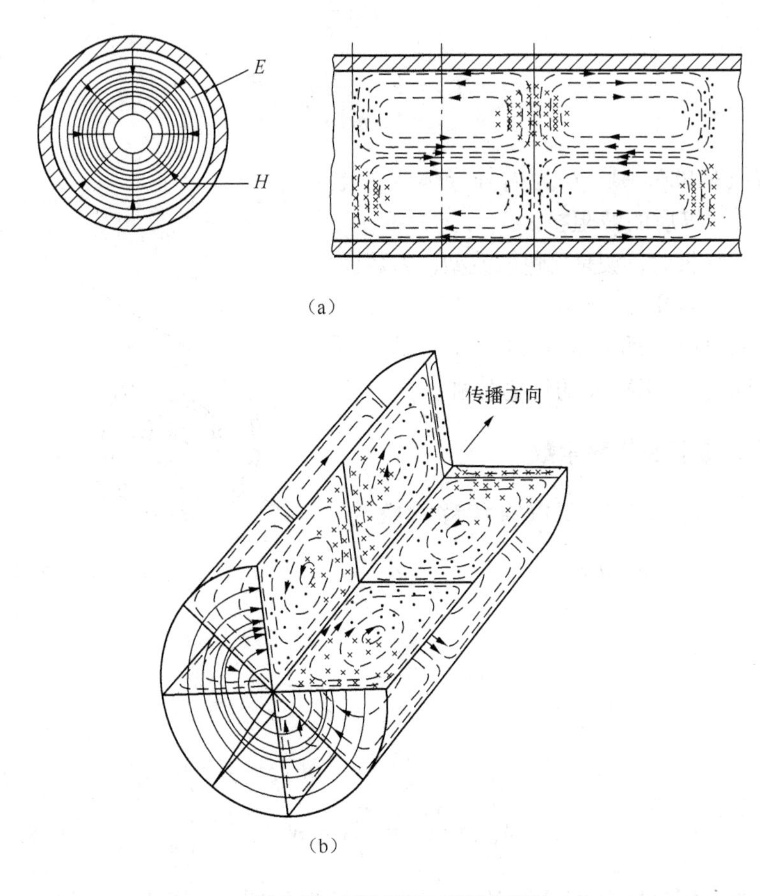


图 6.21　圆波导 $\mathrm{TE}_{01}$ 模的场结构

## 6.4 同轴线及其高次模

同轴线属于双导体类传输线，在其内可以传输 TEM 波。同轴线的主模是 TEM 模，TE 模或 TM 模是高次模。通常，同轴线都是以 TEM 模工作，高次模能否传输要由工作波长与截止波长之间的关系决定，也即由工作波长与同轴线尺寸之间的关系决定。

同轴线是一种宽频带传输线。当工作波长大于分米级时，矩形波导和圆波导的尺寸过大，而相应的同轴线尺寸却不大，因此，同轴线常用作传输线或用于制作宽频带元器件。

本节分析同轴线 TEM 模、TE 模、TM 模的波型及传输特性，进而研究同轴线的尺寸选择。

### 6.4.1 同轴线中的主模——TEM 模

根据第5章的分析，同轴线中可以传输 TEM 波。同轴线如图 6.22 所示，其 TEM 模的场分量为

$$E_z = H_z = 0$$

$$\boldsymbol{E}_t = \boldsymbol{e}_r \frac{U}{r\ln\frac{b}{a}}\mathrm{e}^{-\mathrm{j}\beta z} \tag{6.87}$$

$$\boldsymbol{H}_t = \boldsymbol{e}_\varphi \frac{U}{\eta r\ln\frac{b}{a}}\mathrm{e}^{-\mathrm{j}\beta z} \tag{6.88}$$

式（6.87）和式（6.88）中，$U$ 为内外导体间的电压，$\eta$ 为内外导体间媒质的波阻抗。

同轴线传输 TEM 模时，波是无色散波型，参数为

$$k_c = 0, \lambda_c = \infty$$

这表明任何频率的电磁波都能以 TEM 波的形式在同轴线内传输。下面讨论 TEM 波的传输特性。

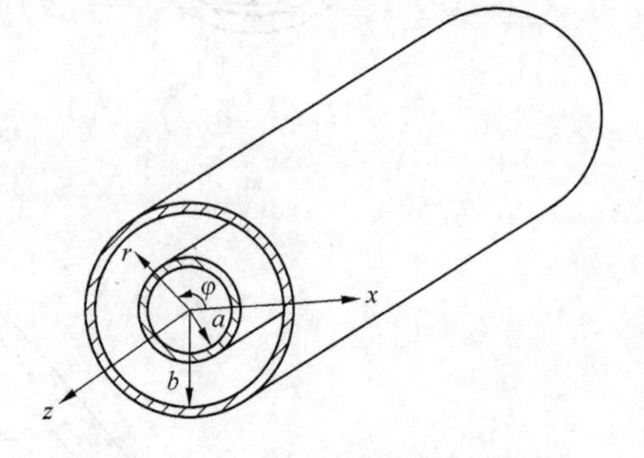

图 6.22 同轴线

#### 1. 波的速度、波长及相移常数

对于 TEM 波，$k_c = 0$，所以有相移常数为

$$\beta = \omega\sqrt{\mu\varepsilon}$$

相速度为

$$v_p = \frac{\omega}{\beta} = \frac{1}{\sqrt{\mu\varepsilon}}$$

波长为

$$\lambda_p = \frac{2\pi}{\beta} = \frac{v_p}{f} = \lambda$$

这表明同轴线中波的相速度与相应介质中波的传播速度相同，其波长与相应介质中的波长相同。

### 2. 特性阻抗

由式（6.87）和式（6.88）可以得到同轴线内导体上的电流为

$$I = \oint_l H_\varphi \mathrm{d}l = \frac{2\pi}{\eta \ln \frac{b}{a}} U$$

同轴线的特性阻抗为

$$Z_0 = \frac{U}{I} = \frac{\eta}{2\pi} \ln \frac{b}{a} = \frac{60}{\sqrt{\varepsilon_r}} \ln \frac{b}{a} \ \Omega \tag{6.89}$$

### 3. 导体衰减

空气同轴线的导体衰减为

$$\alpha_c = \frac{R}{2Z_0} = \frac{R_S}{2\pi b} \frac{1 + \frac{b}{a}}{120 \ln \frac{b}{a}} \ \mathrm{Np/m} \tag{6.90}$$

式（6.90）中，$R_S$ 为金属导体的表面电阻。

### 4. 功率容量

同轴线传输 TEM 模时的功率容量为

$$P_{br} = \frac{1}{2} \frac{|U_{br}|^2}{Z_0} = \sqrt{\varepsilon_r} \frac{a^2}{120} E_{br}^2 \ln \frac{b}{a} \tag{6.91}$$

如图 6.23 所示。

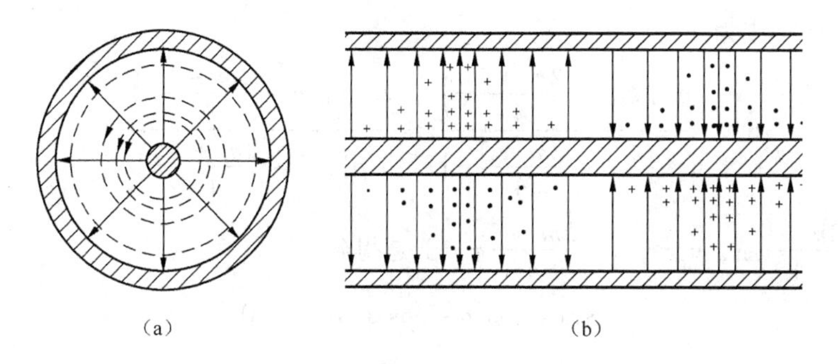


图 6.23 同轴线中 TEM 模的电磁场分布

## 6.4.2 同轴线中的高次模——TE 模和 TM 模

理论分析表明，同轴线中除可以传输 TEM 模外，当工作波长与同轴线尺寸满足一定关系时，还可以传输高次模。分析高次模的意义在于，通过选择合适的同轴线尺寸可以抑制高次模的传输，保证同轴线内只传输 TEM 模。

### 1. TM 模

分析同轴线中 TM 模的方法与分析圆波导中 TM 模的方法相似。横向场由纵向场 $E_z$ 求

得，纵向场 $E_z$ 是波动方程的解。此时

$$\begin{aligned} E_z &= R(r)\Phi(\varphi)\mathrm{e}^{-\mathrm{j}\beta z} \\ &= [C_3 J_m(k_c r) + C_4 N_m(k_c r)] C_{\sin m\varphi}^{\cos m\varphi}\mathrm{e}^{-\mathrm{j}\beta z} \\ &= [AJ_m(k_c r) + BN_m(k_c r)]_{\sin m\varphi}^{\cos m\varphi}\mathrm{e}^{-\mathrm{j}\beta z} \end{aligned} \tag{6.92}$$

式（6.92）中，由于 $r = 0$ 不属于传输区域，故第二类贝塞尔函数应该保留。

边界条件要求 $r = a$ 和 $r = b$ 时，$E_z = 0$，于是得到

$$AJ_m(k_c a) + BN_m(k_c a) = 0$$

和

$$AJ_m(k_c b) + BN_m(k_c b) = 0$$

因此得到方程

$$\frac{J_m(k_c a)}{J_m(k_c b)} = \frac{N_m(k_c a)}{N_m(k_c b)} \tag{6.93}$$

式（6.93）是超越方程，其解有无数个，每个解对应一个 $k_c$ 值。但式（6.93）严格求解困难，因而用近似方法求解。$k_c a$ 和 $k_c b$ 较大时，贝塞尔函数可以用三角函数近似表示为

$$J_m(k_c a) \approx \sqrt{\frac{2}{k_c a\pi}}\cos\left(k_c a - \frac{2m+1}{4}\pi\right)$$

$$N_m(k_c a) \approx \sqrt{\frac{2}{k_c a\pi}}\sin\left(k_c a - \frac{2m+1}{4}\pi\right)$$

$$J_m(k_c b) \approx \sqrt{\frac{2}{k_c b\pi}}\cos\left(k_c b - \frac{2m+1}{4}\pi\right)$$

$$N_m(k_c b) \approx \sqrt{\frac{2}{k_c b\pi}}\sin\left(k_c b - \frac{2m+1}{4}\pi\right)$$

于是，式（6.93）成为

$$\frac{\cos\left(k_c a - \frac{2m+1}{4}\pi\right)}{\cos\left(k_c b - \frac{2m+1}{4}\pi\right)} \approx \frac{\sin\left(k_c a - \frac{2m+1}{4}\pi\right)}{\sin\left(k_c b - \frac{2m+1}{4}\pi\right)}$$

令 $x = k_c b - \frac{2m+1}{4}\pi$、$y = k_c a - \frac{2m+1}{4}\pi$，于是得到

$$\sin x\cos y - \cos x\sin y \approx 0$$

即

$$\sin(x - y) = \sin[k_c(b - a)] \approx 0$$

由此可得

$$k_c \approx \frac{n\pi}{b-a} \quad (n = 1,2,\cdots)$$

$$\lambda_c \approx \frac{2}{n}(b-a) \quad (n = 1,2,\cdots) \tag{6.94}$$

式（6.94）为同轴线 $TM_{mn}$ 模的截止波长。最低型 $TM_{01}$ 模的截止波长为

$$\lambda_c\big|_{TM_{01}} \approx 2(b-a) \tag{6.95}$$

由式（6.94）可以看出，在近似程度内，同轴线 TM 波型与 $m$ 无关。这就说明，若同

轴线内出现 $TM_{01}$ 模，就可能同时出现 $TM_{11}$ 模、$TM_{21}$ 模、$TM_{31}$ 模……这不是我们所希望的。因此，在设计同轴线时，应尽量避免 TM 模式的出现。

### 2. TE 模

分析同轴线中 TE 模的方法与分析圆波导中 TE 模的方法相似。由波动方程解得

$$H_z = [CJ_m(k_c r) + DN_m(k_c r)]_{\sin m\varphi}^{\cos m\varphi} e^{-j\beta z}$$

边界条件要求在 $r = a$ 和 $r = b$ 处，$\partial H_z / \partial n = 0$，于是得到

$$CJ'_m(k_c a) + DN'_m(k_c a) = 0$$

$$CJ'_m(k_c b) + DN'_m(k_c b) = 0$$

消去 $C$ 和 $D$ 后，得到

$$\frac{J'_m(k_c a)}{J'_m(k_c b)} = \frac{N'_m(k_c a)}{N'_m(k_c b)}$$

上式也是超越方程，$k_c$ 严格求解也很困难，一般用数值方法近似求解。

$TE_{m1}$ 模的近似解为

$$\lambda_c |_{TE_{m1}} \approx \frac{\pi(b + a)}{m}$$

对于最低型模 $TE_{11}$ 则为

$$\lambda_c |_{TE_{11}} \approx \pi(b + a) \tag{6.96}$$

$TE_{01}$ 模的近似解为

$$\lambda_c |_{TE_{01}} \approx 2(b - a)$$

$TE_{11}$ 模是同轴线中的最低型高次模，因此设计同轴线尺寸时，只要保证能抑制 $TE_{11}$ 模就能保证无高次模传输。

## 6.4.3 同轴线的尺寸选择原则

### 1. 保证在给定的工作频带内只传输 TEM 模

由式（6.96）可以得到工作波长与同轴线尺寸的关系为

$$\lambda > \pi(b + a)$$

### 2. 获得最小的导体损耗衰减

衰减最小的条件是 $d\alpha_c / da = 0$，将式（6.90）代入，可以求得

$$\frac{b}{a} = 3.591$$

其相应的空气同轴线特性阻抗为 76.7 Ω。

### 3. 获得最大的功率容量

为保证传输功率最大，应使 $dP_{br} / da = 0$。由式（6.91）可以得到，此时

$$\frac{b}{a} = 1.649$$

其相应的空气同轴线特性阻抗为 30 Ω。

如果对衰减和最大功率容量都有要求，一般取

$$\frac{b}{a} = 2.303$$

其相应的空气同轴线特性阻抗为 50 Ω。

附录 D 和 E 列出了同轴线标准化尺寸。

## 6.5 带状线

20 世纪 50 年代以后，为适应空间电子技术对传输线小型化和轻量化的需要，人们开始研制带状线和微带线。带状线和微带线是继金属波导和同轴线之后一种新型的传输线，其具有平面型结构以及小型、轻量、性能可靠等优点，可以使微波波段的电路和系统集成化。带状线是第一代印刷传输线，在有些场合可以代替金属波导和同轴线用来制作微波无源电路；微带线是第二代印刷传输线，1965 年固体器件和微带线相结合，出现了第一块微波集成电路。

带状线和微带线这些平面型传输线与其他传输线相比，具有体积小、重量轻、价格低、可靠性高、功能的可复制性好等优点，且适宜用于制作微带天线，适宜与固体芯片器件配合构成微波集成电路。带状线和微带线也存在缺点，主要是损耗较大、功率容量小，故主要用于小功率的微波系统中。

目前，波段使用正向毫米波及亚毫米波波段发展。在这样高的频段，使用普通的金属波导和标准的微带线尺寸太小，加工的精度难以保证，而且损耗已增加到难以使用的程度。故毫米波及亚毫米波波段常采用悬置微带线、鳍线、介质波导等。

本节只讨论带状线。带状线的结构如图 6.24 所示，它由一条厚度为 $t$、宽度为 $W$ 的矩形截面中心导带和上下两块接地板构成，两块接地板的距离为 $b$。中心导带的周围媒质可以是空气也可以是其他介质。

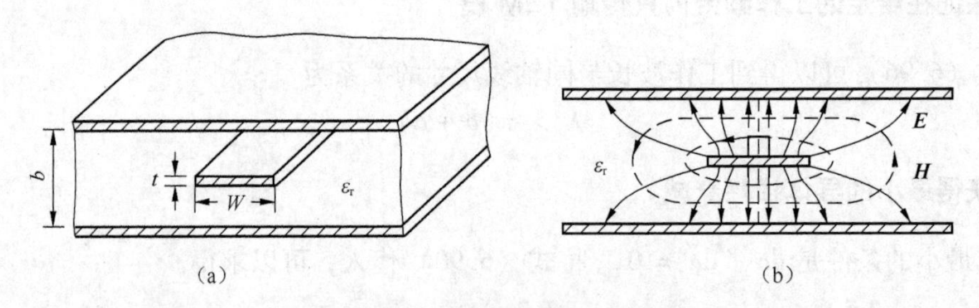


图 6.24 带状线的结构及主模场结构

带状线属于双导体类传输线，传输的主模是 TEM 模，可以用第 5 章的长线理论来分析。但带状线的特性阻抗计算复杂，本节重点讨论带状线特性阻抗的计算方法，然后讨论带状线的损耗、衰减和尺寸选择。

### 6.5.1 特性阻抗

要精确计算各种情况下带状线的特性阻抗是非常烦琐的，目前采用较多的计算方法是使

用科恩的特性阻抗曲线。这是应用部分电容的概念来求带状线的分布电容，从而求得带状线的特性阻抗。下面将带状线分成宽导体带和窄导体带两种情况进行讨论。

**1. 宽导体带情况：** $W/(b-t)>0.35$

由传输线理论可知，带状线的特性阻抗可以表示为

$$Z_0=\sqrt{\frac{L}{C}}=\frac{1}{v_p C}=\frac{\sqrt{\varepsilon_r}}{3\times 10^{10}C} \tag{6.97}$$

式（6.97）中，$C$为单位长度上的分布电容，如图6.25所示。在宽导体带的情况下，导体带两边边缘场之间的相互作用可以近似不考虑。此时，带状线的分布电容为

$$C=4C_f'+2C_p$$

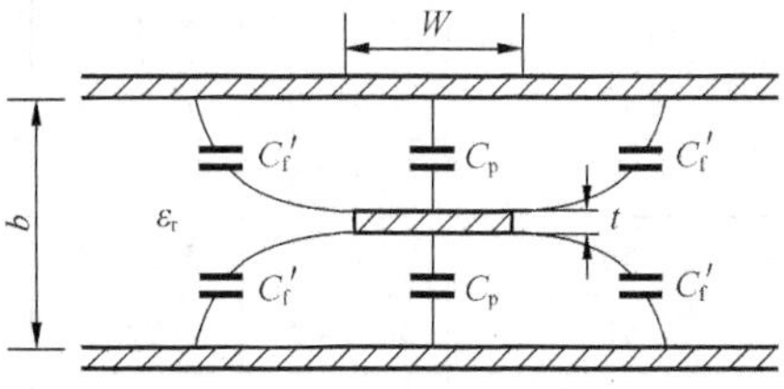

其中，平板电容为

$$C_p=\frac{\varepsilon W}{\frac{b-t}{2}}=\frac{0.088\,5\varepsilon_r\times 10^{-12}W}{(b-t)/2}\ \text{F/cm}$$



图6.25 带状线的分布电容

边缘电容可以用保角变换的方法求得，为

$$C_f'=\frac{0.088\,5\varepsilon_r}{\pi}\left\{\frac{2}{1-t/b}\ln\left(\frac{1}{1-t/b}+1\right)-\left(\frac{1}{1-t/b}-1\right)\ln\left[\frac{1}{(1-t/b)^2}-1\right]\right\}\ \text{pF/cm}$$

因此，宽导体带的带状线特性阻抗为

$$Z_0=\frac{\sqrt{\varepsilon_r}}{3\times 10^{10}C}=\frac{94.15}{\sqrt{\varepsilon_r}\left(\frac{W/b}{1-t/b}+\frac{C_f'}{0.088\,5\varepsilon_r}\right)}\ \Omega \tag{6.98}$$

**2. 窄导体带情况：** $W/(b-t)<0.35$

当带状线芯线较窄时，中心导体条带两边的边缘场相互影响，式（6.98）不再适用。此时，矩形的芯线可以等效为圆形的芯线，如图6.26所示。利用保角变换，图（a）中的矩形芯线和图（b）中的圆形芯线尺寸间的近似等效关系式为

$$d_0=\frac{W}{2}\left\{1+\frac{t}{W}\left[1+\ln\frac{4\pi W}{t}+0.51\pi\left(\frac{t}{W}\right)^2\right]\right\}$$

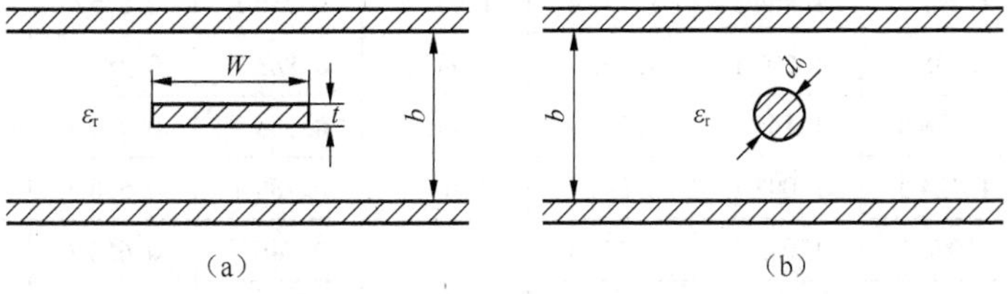

图6.26 矩形芯线和圆形芯线

圆形芯线的带状线特性阻抗为

$$Z_0=\frac{60}{\sqrt{\varepsilon_r}}\ln\frac{4b}{\pi d_0}\ \Omega \tag{6.99}$$

为便于工程设计，人们已将带状线特性阻抗与结构尺寸的关系计算成表。表6.3所示为带状线特性阻抗数值化表，当带状线 $t/b$ 值确定之后，由 $W/b$ 值便可从表中查到相应的特性阻抗值。

**表6.3　　带状线特性阻抗数值表**

| $Z_0\sqrt{\varepsilon_r}$ Ω | $t/b$ 0.00 | $t/b$ 0.01 | $t/b$ 0.05 | $t/b$ 0.10 | $t/b$ 0.15 | $t/b$ 0.20 | $t/b$ 0.25 | $t/b$ 0.30 |
|---|---|---|---|---|---|---|---|---|
| | $W/b$ | | | | | | | |
| 10 | 9.0198 | 8.9096 | 8.4946 | 7.9923 | 7.4992 | 7.0124 | 6.5306 | 6.0530 |
| 12 | 7.4310 | 7.3366 | 6.9852 | 6.5623 | 6.1487 | 5.7413 | 5.3390 | 4.9409 |
| 14 | 6.2974 | 6.2144 | 5.9083 | 5.5421 | 5.1851 | 4.8345 | 4.4889 | 4.1475 |
| 16 | 5.4482 | 5.3737 | 5.1016 | 4.7779 | 4.4634 | 4.1552 | 3.8521 | 3.5532 |
| 18 | 4.7887 | 4.7208 | 4.4750 | 4.1843 | 3.9028 | 3.6276 | 3.3575 | 3.0917 |
| 20 | 4.2617 | 4.1991 | 3.9744 | 3.7101 | 3.4549 | 3.2061 | 2.9624 | 2.7229 |
| 22 | 3.8312 | 3.7728 | 3.5654 | 3.3226 | 3.0890 | 2.8617 | 2.6395 | 2.4217 |
| 24 | 3.4729 | 3.4181 | 3.2250 | 3.0001 | 2.7844 | 2.5751 | 2.3709 | 2.1711 |
| 26 | 3.1701 | 3.1184 | 2.9374 | 2.7276 | 2.5271 | 2.3330 | 2.1440 | 1.9593 |
| 28 | 2.9109 | 2.8618 | 2.6912 | 2.4944 | 2.3068 | 2.1257 | 1.9497 | 1.7781 |
| 30 | 2.6866 | 2.6397 | 2.4781 | 2.2925 | 2.1162 | 1.9463 | 1.7816 | 1.6213 |
| 32 | 2.4905 | 2.4456 | 2.2918 | 2.1160 | 1.9496 | 1.7895 | 1.6346 | 1.4842 |
| 34 | 2.3177 | 2.2745 | 2.1276 | 1.9605 | 1.8027 | 1.5614 | 1.5052 | 1.3635 |
| 36 | 2.1642 | 2.1225 | 1.9818 | 1.8224 | 1.6723 | 1.5287 | 1.3902 | 1.2564 |
| 38 | 2.0270 | 1.9867 | 1.8515 | 1.6990 | 1.5558 | 1.4191 | 1.2875 | 1.1606 |
| 40 | 1.9037 | 1.8646 | 1.7344 | 1.5880 | 1.4510 | 1.3205 | 1.1952 | 1.0746 |
| 42 | 1.7921 | 1.7542 | 1.6284 | 1.4877 | 1.3563 | 1.2314 | 1.1118 | 0.9968 |
| 44 | 1.6908 | 1.6539 | 1.5322 | 1.3965 | 1.2702 | 1.1504 | 1.0360 | 0.9262 |
| 46 | 1.5984 | 1.5624 | 1.4443 | 1.3133 | 1.1917 | 1.0766 | 0.9669 | 0.8618 |
| 48 | 1.5136 | 1.4785 | 1.3639 | 1.2371 | 1.1198 | 1.0090 | 0.9036 | 0.8029 |
| 50 | 1.4357 | 1.4014 | 1.2899 | 1.1670 | 1.0536 | 0.9468 | 0.8654 | 0.7488 |
| 52 | 1.3638 | 1.3302 | 1.2216 | 1.1024 | 0.9926 | 0.8895 | 0.7917 | 0.6989 |
| 54 | 1.2973 | 1.2643 | 1.1584 | 1.0425 | 0.9361 | 0.8364 | 0.7421 | 0.6527 |
| 56 | 1.2355 | 1.2031 | 1.0997 | 0.9870 | 0.8837 | 0.7871 | 0.6961 | 0.6100 |
| 58 | 1.1780 | 1.1462 | 1.0451 | 0.9353 | 0.8349 | 0.7413 | 0.6533 | 0.5702 |
| 60 | 1.1243 | 1.0931 | 0.9941 | 0.8870 | 0.7894 | 0.6986 | 0.6134 | 0.5331 |
| 62 | 1.0741 | 1.0434 | 0.9464 | 0.8419 | 0.7469 | 0.6587 | 0.5761 | 0.4985 |
| 64 | 1.0270 | 0.9968 | 0.9017 | 0.7996 | 0.7070 | 0.6213 | 0.5411 | 0.4662 |
| 66 | 0.9828 | 0.9530 | 0.8598 | 0.7599 | 0.6696 | 0.5861 | 0.5084 | 0.4358 |
| 68 | 0.9412 | 0.9118 | 0.8203 | 0.7225 | 0.6344 | 0.5531 | 0.4776 | 0.4074 |
| 70 | 0.9020 | 0.8730 | 0.7831 | 0.6873 | 0.6012 | 0.5220 | 0.4487 | 0.3806 |

续表

| $Z_0\sqrt{\varepsilon_r}$ Ω | t/b 0.00 | t/b 0.01 | t/b 0.05 | t/b 0.10 | t/b 0.15 | t/b 0.20 | t/b 0.25 | t/b 0.30 |
|---|---|---|---|---|---|---|---|---|
| | W/b | | | | | | | |
| 72 | 0.865 0 | 0.836 3 | 0.747 9 | 0.654 1 | 0.569 9 | 0.492 7 | 0.421 4 | 0.355 4 |
| 74 | 0.829 9 | 0.801 7 | 0.714 7 | 0.622 6 | 0.540 3 | 0.465 0 | 0.395 6 | 0.331 6 |
| 76 | 0.796 8 | 0.768 8 | 0.683 2 | 0.592 9 | 0.512 3 | 0.438 8 | 0.371 3 | 0.309 2 |
| 78 | 0.765 3 | 0.737 7 | 0.653 4 | 0.564 7 | 0.485 8 | 0.414 0 | 0.348 2 | 0.288 0 |
| 80 | 0.735 5 | 0.708 2 | 0.625 0 | 0.537 9 | 0.460 6 | 0.390 5 | 0.326 4 | 0.268 0 |
| 82 | 0.707 1 | 0.680 1 | 0.598 1 | 0.512 5 | 0.436 7 | 0.368 2 | 0.305 8 | 0.249 0 |
| 84 | 0.680 1 | 0.653 3 | 0.572 5 | 0.488 3 | 0.414 0 | 0.347 0 | 0.286 2 | 0.231 1 |
| 86 | 0.654 3 | 0.627 9 | 0.548 1 | 0.465 3 | 0.392 4 | 0.326 8 | 0.267 5 | 0.214 1 |
| 88 | 0.629 8 | 0.603 6 | 0.524 8 | 0.443 3 | 0.371 8 | 0.307 7 | 0.249 9 | 0.198 0 |
| 90 | 0.606 4 | 0.580 4 | 0.502 6 | 0.422 4 | 0.352 2 | 0.289 4 | 0.233 1 | 0.182 7 |
| 92 | 0.584 0 | 0.558 2 | 0.481 4 | 0.402 4 | 0.333 5 | 0.272 1 | 0.217 1 | 0.168 2 |
| 94 | 0.562 6 | 0.537 1 | 0.461 2 | 0.383 3 | 0.315 7 | 0.255 5 | 0.201 9 | 0.154 5 |
| 96 | 0.542 1 | 0.516 8 | 0.441 8 | 0.365 1 | 0.298 6 | 0.239 7 | 0.187 4 | 0.141 4 |
| 98 | 0.522 6 | 0.497 5 | 0.423 3 | 0.347 7 | 0.282 3 | 0.224 6 | 0.173 7 | 0.129 1 |
| 100 | 0.503 8 | 0.478 9 | 0.405 5 | 0.331 0 | 0.266 7 | 0.210 3 | 0.160 6 | 0.117 4 |
| 102 | 0.485 8 | 0.461 1 | 0.388 5 | 0.315 0 | 0.251 9 | 0.196 6 | 0.148 1 | 0.106 3 |
| 104 | 0.468 6 | 0.444 0 | 0.372 2 | 0.299 7 | 0.237 6 | 0.183 5 | 0.136 3 | 0.095 8 |
| 106 | 0.452 0 | 0.427 6 | 0.356 6 | 0.285 0 | 0.224 0 | 0.171 0 | 0.125 0 | 0.085 8 |
| 108 | 0.436 1 | 0.411 9 | 0.341 6 | 0.271 0 | 0.211 0 | 0.159 0 | 0.114 3 | 0.076 4 |
| 110 | 0.420 8 | 0.396 8 | 0.327 1 | 0.257 5 | 0.198 5 | 0.147 6 | 0.104 1 | 0.067 5 |
| 112 | 0.406 2 | 0.382 3 | 0.313 3 | 0.244 6 | 0.186 5 | 0.136 8 | 0.094 4 | 0.059 1 |
| 114 | 0.392 1 | 0.368 4 | 0.300 0 | 0.232 2 | 0.175 1 | 0.126 4 | 0.085 1 | 0.051 2 |
| 116 | 0.378 5 | 0.355 0 | 0.287 3 | 0.220 3 | 0.164 1 | 0.116 5 | 0.076 4 | 0.043 7 |
| 118 | 0.365 4 | 0.342 1 | 0.275 0 | 0.208 8 | 0.153 7 | 0.107 0 | 0.068 1 | 0.036 7 |
| 120 | 0.352 9 | 0.329 6 | 0.263 2 | 0.197 9 | 0.143 6 | 0.098 0 | 0.060 2 | 0.030 2 |
| 122 | 0.340 8 | 0.317 7 | 0.251 8 | 0.187 3 | 0.134 0 | 0.089 4 | 0.052 8 | 0.024 1 |
| 124 | 0.329 1 | 0.306 2 | 0.240 9 | 0.177 2 | 0.124 8 | 0.081 2 | 0.045 8 | 0.018 4 |
| 126 | 0.317 9 | 0.295 1 | 0.230 4 | 0.167 5 | 0.116 0 | 0.073 4 | 0.039 1 | 0.013 1 |
| 128 | 0.307 1 | 0.284 4 | 0.220 3 | 0.158 2 | 0.107 6 | 0.066 0 | 0.032 9 | 0.008 2 |
| 130 | 0.296 7 | 0.274 1 | 0.210 6 | 0.149 3 | 0.099 5 | 0.059 0 | 0.027 0 | 0.003 7 |
| 132 | 0.286 7 | 0.264 2 | 0.201 2 | 0.140 7 | 0.091 8 | 0.052 3 | 0.021 5 | |
| 134 | 0.277 0 | 0.254 7 | 0.192 2 | 0.132 4 | 0.084 4 | 0.046 0 | 0.016 3 | |
| 136 | 0.267 6 | 0.245 5 | 0.183 5 | 0.124 5 | 0.077 4 | 0.039 9 | 0.011 5 | |
| 138 | 0.258 6 | 0.236 6 | 0.175 2 | 0.116 9 | 0.070 7 | 0.034 3 | 0.007 1 | |

续表

| $Z_0\sqrt{\varepsilon_r}$ Ω | $t/b$ 0.00 | $t/b$ 0.01 | $t/b$ 0.05 | $t/b$ 0.10 | $t/b$ 0.15 | $t/b$ 0.20 | $t/b$ 0.25 | $t/b$ 0.30 |
|---|---|---|---|---|---|---|---|---|
| | $W/b$ | | | | | | | |
| 140 | 0.250 0 | 0.228 0 | 0.167 1 | 0.109 6 | 0.064 3 | 0.028 9 | 0.002 9 | |
| 142 | 0.241 6 | 0.219 7 | 0.159 4 | 0.102 6 | 0.058 2 | 0.023 8 | | |
| 144 | 0.233 5 | 0.211 8 | 0.151 9 | 0.095 9 | 0.052 4 | 0.019 0 | | |
| 146 | 0.225 7 | 0.204 1 | 0.144 7 | 0.089 5 | 0.046 8 | 0.014 6 | | |
| 148 | 0.218 1 | 0.196 7 | 0.137 8 | 0.083 3 | 0.041 5 | 0.010 4 | | |
| 150 | 0.210 9 | 0.189 5 | 0.131 2 | 0.077 4 | 0.036 5 | 0.006 5 | | |

**例 6.2** 计算聚乙烯（$\varepsilon_r = 2.1$）敷铜箔板带状线的特性阻抗，已知 $b = 2$ mm、$t = 0.1$ mm、$W = 1.7$ mm。

**解** 因为 $W/(b-t) = 1.7/2 \approx 0.895 > 0.35$，利用式(6.98)计算；又因为 $t/b = 0.1/2 = 0.05$，所以得到 $C_f' = 0.096\,5$。

由式（6.98）得到

$$Z_0 = 45.950\ \Omega$$

**例 6.3** 分别求特性阻抗为 30 Ω、50 Ω 和 120 Ω 的空气带状线导体带宽度 $W$。设 $t/b = 0.05$、$b = 4.82$ mm。

**解** 由已知可得，3 种空气带状线导体带的特性阻抗分别为

$$Z_{01} = 30\ \Omega, Z_{02} = 50\ \Omega,\ Z_{03} = 120\ \Omega$$

查表 6.3，得到

$$W_1/b = 2.478\,1, W_2/b = 1.289\,9, W_3/b = 0.263\,2$$

即

$$W_1 = 11.944\,4\ \text{mm}, W_2 = 6.217\,3\ \text{mm}, W_3 = 1.268\,6\ \text{mm}$$

### 6.5.2 带状线的损耗和衰减

带状线的损耗包括介质损耗和导体损耗。总的衰减常数为

$$\alpha = \alpha_d + \alpha_c \tag{6.100}$$

其中，介质的衰减常数为

$$\alpha_d = \frac{GZ_0}{2} = \frac{1}{2}\omega C Z_0 \tan\delta = \frac{1}{2}\omega C\sqrt{\frac{L}{C}}\tan\delta$$

$$= \frac{1}{2}\omega\sqrt{LC}\tan\delta = \frac{1}{2}\beta\tan\delta$$

$$= \frac{\pi\sqrt{\varepsilon_r}}{\lambda_0}\tan\delta\ \text{Np/m}$$

$$= \frac{27.3\sqrt{\varepsilon_r}}{\lambda_0}\tan\delta\ \text{dB/m} \tag{6.101}$$

导体的衰减常数为

$$\alpha_c = \frac{R}{2Z_0}\ \mathrm{Np/m}$$

带状线的分布电阻 $R$ 主要由高频集肤效应引起，由于 $R$ 计算复杂，这里不再引出。导体的衰减常数可以用惠勒增量电感法近似计算，近似结果为

$$\alpha_c = \begin{cases} \dfrac{2.7\times10^{-3}R_S\varepsilon_r Z_0 A}{30\pi(b-t)} & \sqrt{\varepsilon_r}Z_0 < 120\ \Omega \\ \dfrac{0.16R_S B}{Z_0 b} & \sqrt{\varepsilon_r}Z_0 > 120\ \Omega \end{cases} \tag{6.102}$$

式（6.102）中

$$A = 1 + \frac{2W}{b-t} + \frac{1}{\pi}\frac{b+t}{b-t}\ln\left(\frac{2b-t}{t}\right)$$

$$B = 1 + \frac{b}{(0.5W+0.7t)}\left(0.5 + \frac{0.414t}{W} + \frac{1}{2\pi}\ln\frac{4\pi W}{t}\right)$$

**例 6.4** 已知 $b = 0.32$ cm，$W = 0.266$ cm，$t = 0.01$ mm，$\varepsilon_r = 2.20$，求铜带状线导体的特性阻抗。如果介质损耗正切为 0.001、工作频率为 10 GHz，计算单位波长的衰减。

**解** $W/(b-t) > 0.35$，用式（6.98）计算特性阻抗，得到

$$Z_0 \approx 49.46\ \Omega$$

由式（6.101）计算介质的衰减常数，为

$$\alpha_d = \frac{\pi\sqrt{\varepsilon_r}}{\lambda_0}\tan\delta \approx 0.155\ \mathrm{Np/m}$$

10 GHz 时铜的表面电阻 $R_S = 0.026\ \Omega$，由式（6.102）计算导体的衰减常数。

$$A = 4.737$$

$$\alpha_c = \frac{2.7\times10^{-3}R_S\varepsilon_r Z_0 A}{30\pi(b-t)} \approx 0.120\ \mathrm{Np/m}$$

总的衰减常数为

$$\alpha = \alpha_c + \alpha_d \approx 0.275\ \mathrm{Np/m}$$

10 GHz 时带状线的波长为

$$\lambda = \frac{c}{f\sqrt{\varepsilon_r}} \approx 2.02\ \mathrm{cm}$$

所以，单位波长的衰减为

$$\alpha \approx 0.005\,55\ \mathrm{Np/\lambda}$$

### 6.5.3 带状线的尺寸选择

带状线的工作波型为主模 TEM 模，但若带状线的尺寸选择不当，可能出现高次模。为了抑制高次模的传输，确定带状线的尺寸应考虑两个因素。

#### 1. 芯线宽度 $W$

对于第一个高次模 $TE_{11}$ 来说，沿带状线中心导体条带宽度 $W$ 有半个驻波分布，因此其截止波长为

$$\lambda_c \approx 2W\sqrt{\varepsilon_r}$$

为抑制 $TE_{11}$模，最短的工作波长应满足

$$\lambda_{min} > \lambda_c|_{TE_{11}} = 2W\sqrt{\varepsilon_r}$$

也即

$$W < \frac{\lambda_{min}}{2\sqrt{\varepsilon_r}} \tag{6.103}$$

### 2. 接地板间距 $b$

接地板间距 $b$ 增加有利于降低导体损耗和增加功率容量。但 $b$ 增加除了加大横向辐射损耗外，还可能出现径向传输模，它的最低次模是 $TM_{01}$模，其截止波长为

$$\lambda_c|_{TM_{10}} = 2b\sqrt{\varepsilon_r}$$

为抑制 $TM_{10}$模，最短的工作波长应满足

$$\lambda_{min} > \lambda_c|_{TM_{10}} = 2b\sqrt{\varepsilon_r}$$

故

$$b < \frac{\lambda_{min}}{2\sqrt{\varepsilon_r}} \tag{6.104}$$

另外，带状线不均匀也会引起高次模。正是由于这一点，当带状线中接入微波半导体器件时，由于器件的不对称性，会激发出高次模，这是带状线不适宜用于制作有源器件的原因。为了防止辐射损耗，还应使带状线的接地板宽度足够大。

## 6.6 微带线

微带线是目前微波集成电路中使用最广泛的一种平面型传输线。它可以用光刻程序制作，容易外接固体微波器件，构成各种微波有源电路，而且可以在一块介质基片上制作完整的电路图形，实现微波部件和系统的集成化、固态化和小型化。

微带线是在厚度为 $h$ 的介质基片一面制作宽度为 $W$、厚度为 $t$ 的导体带，另一面制作接地金属平板而构成的，如图 6.27 所示。常用的介质基片材料是介电常数高、高频损耗小的氧化铝陶瓷（$\varepsilon_r = 9.5 \sim 10$，$\tan\delta = 0.0002$），导体带采用良导体材料。

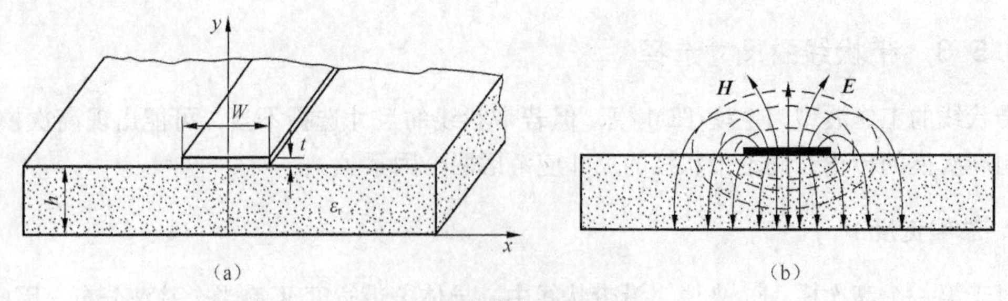


图 6.27　微带线及其场结构

微带线是一种双导体传输系统。如果导体带与接地板之间由一种介质所包围，则微带线可以传输 TEM 波。但是，微带线中有两种介质，导体带上面为空气，导体带下面为介质，存在着介质—空气分界面。这种开放式的系统虽然使微带线易于制作各种电路，但也给微带线的传输带来复杂性。微带线的空气—介质分界面的存在，使微带线中不可能传输 TEM 波，而是传输准 TEM 波。

本节主要讨论微带线的准 TEM 波传输特性及其分析计算方法。

## 6.6.1 微带线中的模式

### 1. 微带线的主模——准 TEM 模

微带线是部分填充介质的双导体传输线，线上传输的主模是准 TEM 模。准 TEM 模的纵向场分量并不等于0，这是因为微带线除介质与导体的边界之外，还有不同介质的边界，微带线传输波型必须同时满足两类边界条件。分析表明，为了满足两类边界条件，纵向场分量 $E_z \neq 0$、$H_z \neq 0$，微带线传输的是电波与磁波的混合波。但是，当微带线传输的频率较低时，混合波的纵向场分量很小，这时的传输波型近似为 TEM 模，这就是称为准 TEM 波的原因。下面用麦克斯韦方程结合边界条件证明传输波型的纵向场分量不等于0。

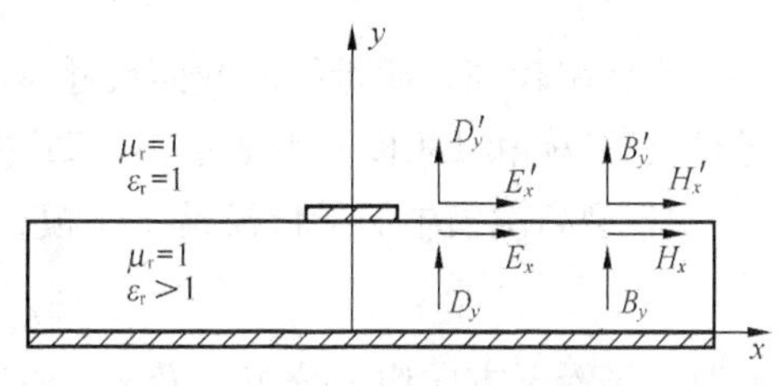

图 6.28 微带线介质边界上的场分量

微带线空气—介质分界面两侧的场分量如图 6.28 所示。由于微带线介质表面无自由电荷和传导电流，根据边界条件，在空气—介质分界面上，电位移 **D** 和磁感应强度 **B** 的法向分量连续，即

$$D'_y = D_y, B'_y = B_y$$

也即

$$E'_y = \varepsilon_r E_y, H'_y = H_y \tag{6.105}$$

空气—介质分界面的电场强度 $E$ 和磁场强度 $H$ 的切向分量也分别连续，即

$$E'_x = E_x, H'_x = H_x$$

边界两侧的场量均应满足方程

$$\nabla \times \boldsymbol{H} = \mathrm{j}\omega\varepsilon \boldsymbol{E}$$

上式中，介质一侧的 $x$ 方向分量为

$$\frac{\partial H_z}{\partial y} - \frac{\partial H_y}{\partial z} = \mathrm{j}\omega\varepsilon_0\varepsilon_r E_x$$

空气一侧的 $x$ 方向分量为

$$\frac{\partial H'_z}{\partial y} - \frac{\partial H'_y}{\partial z} = \mathrm{j}\omega\varepsilon_0 E'_x$$

利用式（6.105），由上述两式可得

$$\frac{\partial H_z}{\partial y} - \frac{\partial H_y}{\partial z} = \varepsilon_r\left(\frac{\partial H'_z}{\partial y} - \frac{\partial H'_y}{\partial z}\right)$$

边界两侧，场的相位因子为 $\mathrm{e}^{\mathrm{j}(\omega t-\beta z)}$，因此有

$$\frac{\partial H_y}{\partial z} = -\mathrm{j}\beta H_y, \frac{\partial H'_y}{\partial z} = -\mathrm{j}\beta H'_y = -\mathrm{j}\beta H_y$$

于是得到

$$\frac{\partial H_z}{\partial y} - \varepsilon_r \frac{\partial H'_z}{\partial y} = -\mathrm{j}\beta(1 - \varepsilon_r) H_y \tag{6.106}$$

即当$\varepsilon_r > 1$时，式（6.106）右侧不等于0，因此等式左侧的纵向磁场分量也不等于0。

用同样的方法可以证明

$$\frac{\partial E_z}{\partial y} - \varepsilon_r \frac{\partial E'_z}{\partial y} = -\mathrm{j}\beta(1 - \varepsilon_r) E_y \tag{6.107}$$

即当$\varepsilon_r > 1$时，由式（6.107）右侧不等于0可得等式左侧的纵向电场分量也不等于0。

由式（6.106）和式（6.107）可以看出，微带线传输的是有纵向分量的非TEM波。不过在低微波波段，微带线中的大部分能量集中在中心导体带下面的介质基片中，而在此区域内的纵向场分量比较弱，因此可以将这种模看成准TEM模。

**2. 微带线的高次模**

当频率较高，微带线的截面尺寸$W$和$h$可以与波长相比拟时，微带线中还可能出现波导模（TE模和TM模）及表面波。TE模、TM模和表面波统称为微带线的高次模。

TE型高次模中的最低模是$TE_{10}$模，其截止波长仅与$W$有关，为

$$\lambda_c|_{TE_{10}} = 2W\sqrt{\varepsilon_r}$$

此时，场沿$y$方向均匀分布，沿$x$方向半个驻波分布。平板两侧为电场波腹，平板中间为电场波节。为抑制$TE_{10}$模，最短工作波长应满足

$$\lambda_{\min} > 2W\sqrt{\varepsilon_r} \tag{6.108}$$

TM型高次模中的最低模是$TM_{01}$模，其截止波长仅与$h$有关，为

$$\lambda_c|_{TM_{01}} = 2h\sqrt{\varepsilon_r}$$

此时，场沿$x$方向均匀分布，沿$y$方向半个驻波分布。为抑制$TM_{01}$模，最短工作波长应满足

$$\lambda_{\min} > 2h\sqrt{\varepsilon_r} \tag{6.109}$$

导体表面的介质层能使电磁场束缚在导体表面附近而不向外扩散，并使电磁场沿导体表面传输，故称为表面波。表面波也有TE模和TM模之分，其最低的TE模和TM模截止波长为

$$\lambda_c|_{TE_1} = 4h\sqrt{\varepsilon_r - 1} \tag{6.110}$$

$$\lambda_c|_{TM_0} = \infty$$

可见，不论多低的频率，TM型表面波都可以传播，只需要抑制TE型表面波即可。

### 6.6.2 微带线的传输特性

对于前面分析的同轴线和带状线来说，若填充媒质的相对介电常数为$\varepsilon_r$，则其中的TEM模的相速度、相波长和特性阻抗按下面公式计算

$$v_p = \frac{c}{\sqrt{\varepsilon_r}}, \lambda_p = \frac{\lambda}{\sqrt{\varepsilon_r}}, Z_0 = \frac{1}{v_p C}$$

然而，微带线导体带周围并非是一种媒质，其导体带上方是空气，导体带下方是介质基片，因此，微带线属于部分填充介质的双导体传输线，需要重新确定线上的相速度、相波长和特性阻抗公式。

分析微带线特性的示意图，如图6.29所示。图中，如果将导体带下面的介质基片去掉，就成了图（a）所示的全部填充空气的微带线；如果导体带上方也填充和基片材料同样的介质，则成为图（b）所示全部填充介电常数为 $\varepsilon_0\varepsilon_r$ 介质的微带线；图（c）是真实微带线的结构图；图（d）所示为全部填充介电常数为 $\varepsilon_0\varepsilon_{re}$ 介质的微带线。

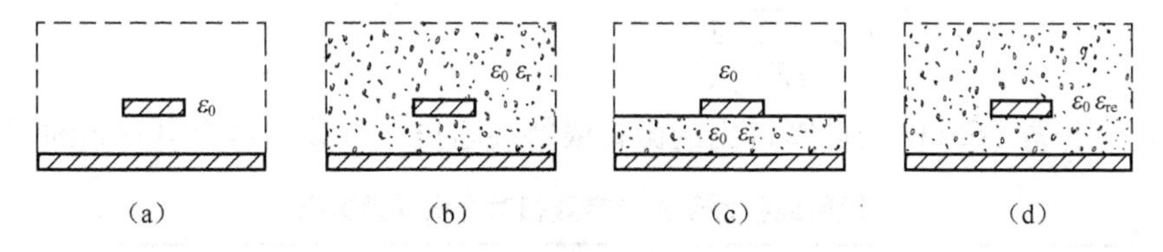


图6.29　微带线特性示意图

根据以上分析，可以定义一种全部填充等效介质的微带线，如图6.29（d）所示，等效介质的相对介电常数为 $\varepsilon_{re}$。这种等效的微带线和图6.29（c）所示的真实微带线具有相同的相速度和特性阻抗，其等效关系由有效相对介电常数 $\varepsilon_{re}$ 决定，且 $\varepsilon_{re}$ 在 $1 < \varepsilon_{re} < \varepsilon_r$ 范围内。于是，微带线传输的准TEM模的相速度、相波长和特性阻抗按下面公式计算

$$v_p = \frac{c}{\sqrt{\varepsilon_{re}}}, \lambda_p = \frac{\lambda}{\sqrt{\varepsilon_{re}}}, Z_0 = \frac{Z_{01}}{\sqrt{\varepsilon_{re}}} \tag{6.111}$$

式（6.111）中，$Z_{01}$ 为图6.29（a）所示的填充空气的微带线的特性阻抗。而

$$Z_{01} = \frac{1}{cC_{01}}$$

其中，$C_{01}$ 为填充空气微带线的分布电容。由此可见，求微带线的 $v_p$、$\lambda_p$ 和 $Z_0$ 最终归结为求 $\varepsilon_{re}$ 和 $C_{01}$。$\varepsilon_{re}$ 和 $C_{01}$ 可以用保角变换的方法确定，它们都是微带线结构和尺寸的函数。

微带线有效相对介电常数的近似计算公式为

$$\varepsilon_{re} = \begin{cases} \dfrac{\varepsilon_r + 1}{2} + \dfrac{\varepsilon_r - 1}{2}\left[\left(2 + \dfrac{12h}{W}\right)^{-\frac{1}{2}} + 0.041\left(1 - \dfrac{W}{h}\right)^2\right] & W \leqslant h \\ \dfrac{\varepsilon_r + 1}{2} + \dfrac{\varepsilon_r - 1}{2}\left(1 + 12\dfrac{h}{W}\right)^{-\frac{1}{2}} & W \geqslant h \end{cases} \tag{6.112}$$

微带线的特性阻抗 $Z_0$ 的近似计算公式为

$$Z_0 = \begin{cases} \dfrac{60}{\sqrt{\varepsilon_{re}}}\ln\left(\dfrac{8h}{W} + \dfrac{W}{4h}\right)\ \Omega & W \leqslant h \\ \dfrac{120\pi}{\sqrt{\varepsilon_{re}}\left[\dfrac{W}{h} + 1.393 + 0.667\ln\left(\dfrac{W}{h} + 1.444\right)\right]}\ \Omega & W \geqslant h \end{cases} \tag{6.113}$$

在给定特性阻抗 $Z_0$ 和相对介电常数 $\varepsilon_r$ 后，也可以求出 $W/h$ 的值为

$$\frac{W}{h}=\begin{cases}\dfrac{8e^{A}}{e^{2A}-2} & \dfrac{W}{h}\leqslant 2\\ \dfrac{2}{\pi}\left\{B-1-\ln(2B-1)+\dfrac{\varepsilon_r-1}{2\varepsilon_r}\left[\ln(B-1)+0.39-\dfrac{0.61}{\varepsilon_r}\right]\right\} & \dfrac{W}{h}\geqslant 2\end{cases} \tag{6.114}$$

式（6.114）中

$$A=\frac{Z_0}{60}\sqrt{\frac{\varepsilon_r+1}{2}}+\frac{\varepsilon_r-1}{\varepsilon_r+1}\left(0.23+\frac{0.11}{\varepsilon_r}\right)$$

$$B=\frac{377\pi}{2Z_0\sqrt{\varepsilon_r}}$$

表6.4给出了用式（6.113）计算得出的微带线特性阻抗及有效相对介电常数的部分数据。

**表6.4　　微带线特性阻抗及有效相对介电常数数据**

| $\varepsilon_r=2.22$ | | | $\varepsilon_r=2.55$ | | |
|---|---|---|---|---|---|
| $W/h$ | $\varepsilon_{re}$ | $Z_0/\Omega$ | $W/h$ | $\varepsilon_{re}$ | $Z_0/\Omega$ |
| 0.050 0 | 1.653 0 | 236.658 1 | 0.050 0 | 1.829 7 | 224.944 6 |
| 0.100 0 | 1.670 7 | 203.264 1 | 0.100 0 | 1.852 1 | 193.052 6 |
| 0.150 0 | 1.684 2 | 183.737 2 | 0.150 0 | 1.869 2 | 174.404 9 |
| 0.200 0 | 1.695 4 | 169.905 3 | 0.200 0 | 1.883 5 | 161.198 1 |
| 0.250 0 | 1.705 3 | 159.201 6 | 0.250 0 | 1.896 0 | 150.890 4 |
| 0.300 0 | 1.714 1 | 150.481 1 | 0.300 0 | 1.907 3 | 142.657 7 |
| 0.400 0 | 1.729 6 | 136.789 4 | 0.400 0 | 1.927 0 | 129.595 3 |
| 0.600 0 | 1.755 1 | 117.724 1 | 0.600 0 | 1.959 4 | 111.419 2 |
| 0.800 0 | 1.776 0 | 104.475 5 | 0.800 0 | 1.985 9 | 98.799 9 |
| 1.000 0 | 1.793 9 | 94.455 7 | 1.000 0 | 2.008 7 | 89.263 8 |
| 1.200 0 | 1.809 7 | 86.070 1 | 1.200 0 | 2.028 7 | 81.291 6 |
| 1.400 0 | 1.823 8 | 79.552 7 | 1.400 0 | 2.046 6 | 75.097 3 |
| 1.600 0 | 1.836 5 | 74.166 6 | 1.600 0 | 2.062 8 | 69.980 6 |
| 1.800 0 | 1.848 2 | 69.560 8 | 1.800 0 | 2.077 7 | 65.607 6 |
| 2.000 0 | 1.859 0 | 65.535 7 | 2.000 0 | 2.091 4 | 61.788 0 |
| 2.200 0 | 1.869 0 | 61.968 7 | 2.200 0 | 2.104 1 | 58.404 7 |
| 2.400 0 | 1.878 4 | 58.777 7 | 2.400 0 | 2.116 0 | 55.379 6 |
| 2.600 0 | 1.887 1 | 55.903 7 | 2.600 0 | 2.127 0 | 52.656 1 |
| 2.800 0 | 1.895 3 | 53.301 1 | 2.800 0 | 2.137 5 | 50.190 9 |
| 3.000 0 | 1.903 0 | 50.933 6 | 3.000 0 | 2.147 3 | 47.949 2 |
| 3.200 0 | 1.910 3 | 48.771 3 | 3.200 0 | 2.156 6 | 45.902 5 |
| 3.400 0 | 1.917 3 | 46.789 1 | 3.400 0 | 2.165 4 | 44.027 0 |
| 3.600 0 | 1.923 8 | 44.966 0 | 3.600 0 | 2.173 7 | 42.302 4 |
| 3.800 0 | 1.930 1 | 43.283 7 | 3.800 0 | 2.181 7 | 40.711 6 |
| 4.000 0 | 1.936 1 | 41.726 8 | 4.000 0 | 2.189 3 | 39.239 7 |

续表

| $\varepsilon_r$ = 2.22 | | | $\varepsilon_r$ = 2.55 | | |
|---|---|---|---|---|---|
| $W/h$ | $\varepsilon_{re}$ | $Z_0/\Omega$ | $W/h$ | $\varepsilon_{re}$ | $Z_0/\Omega$ |
| 4.200 0 | 1.941 7 | 40.281 8 | 4.200 0 | 2.196 5 | 37.874 0 |
| 4.400 0 | 1.947 2 | 38.937 2 | 4.400 0 | 2.203 4 | 36.603 5 |
| 4.600 0 | 1.952 4 | 37.682 9 | 4.600 0 | 2.210 0 | 35.418 5 |
| 4.800 0 | 1.957 4 | 36.509 9 | 4.800 0 | 2.216 4 | 34.310 7 |
| 5.000 0 | 1.962 2 | 35.410 7 | 5.000 0 | 2.222 4 | 33.272 8 |
| $\varepsilon_r$ = 9.5 | | | $\varepsilon_r$ = 10 | | |
| $W/h$ | $\varepsilon_{re}$ | $Z_0/\Omega$ | $W/h$ | $\varepsilon_{re}$ | $Z_0/\Omega$ |
| 0.050 0 | 5.549 8 | 129.158 7 | 0.050 0 | 5.817 4 | 126.152 7 |
| 0.100 0 | 5.672 9 | 110.308 1 | 0.100 0 | 5.947 8 | 107.729 0 |
| 0.150 0 | 5.766 7 | 99.294 7 | 0.150 0 | 6.047 0 | 96.965 3 |
| 0.200 0 | 5.845 1 | 91.505 8 | 0.200 0 | 6.130 1 | 89.353 3 |
| 0.250 0 | 5.913 7 | 85.489 5 | 0.250 0 | 6.202 8 | 83.473 8 |
| 0.300 0 | 5.975 3 | 80.597 2 | 0.300 0 | 6.268 0 | 78.693 1 |
| 0.400 0 | 6.083 5 | 72.937 8 | 0.400 0 | 6.382 5 | 71.208 7 |
| 0.600 0 | 6.261 1 | 62.329 4 | 0.600 0 | 6.570 6 | 60.843 9 |
| 0.800 0 | 6.406 7 | 55.007 4 | 0.800 0 | 6.724 7 | 53.690 9 |
| 1.000 0 | 6.531 4 | 49.502 4 | 1.000 0 | 6.856 8 | 48.313 6 |
| 1.200 0 | 6.641 1 | 44.929 4 | 1.200 0 | 6.973 0 | 43.847 3 |
| 1.400 0 | 6.739 4 | 41.383 8 | 1.400 0 | 7.077 0 | 40.384 6 |
| 1.600 0 | 6.828 4 | 38.463 6 | 1.600 0 | 7.171 3 | 37.532 9 |
| 1.800 0 | 6.909 9 | 35.975 6 | 1.800 0 | 7.257 6 | 35.103 4 |
| 2.000 0 | 6.985 1 | 33.809 3 | 2.000 0 | 7.337 1 | 32.988 2 |
| 2.200 0 | 7.054 8 | 31.896 3 | 2.200 0 | 7.410 9 | 31.120 4 |
| 2.400 0 | 7.119 8 | 30.190 5 | 2.400 0 | 7.479 7 | 29.455 0 |
| 2.600 0 | 7.180 6 | 28.658 8 | 2.600 0 | 7.544 2 | 27.959 7 |
| 2.800 0 | 7.237 8 | 27.275 5 | 2.800 0 | 7.604 7 | 26.609 4 |
| 3.000 0 | 7.291 6 | 26.020 5 | 3.000 0 | 7.661 7 | 25.384 2 |
| 3.200 0 | 7.342 6 | 24.876 9 | 3.200 0 | 7.715 6 | 24.268 0 |
| 3.400 0 | 7.390 8 | 23.830 9 | 3.400 0 | 7.766 7 | 23.247 0 |
| 3.600 0 | 7.436 6 | 22.870 8 | 3.600 0 | 7.815 2 | 22.309 9 |
| 3.800 0 | 7.480 2 | 21.986 6 | 3.800 0 | 7.861 4 | 21.446 9 |
| 4.000 0 | 7.521 7 | 21.169 7 | 4.000 0 | 7.905 4 | 20.649 7 |
| 4.200 0 | 7.561 4 | 20.412 9 | 4.200 0 | 7.947 3 | 19.911 1 |
| 4.400 0 | 7.599 3 | 19.709 8 | 4.400 0 | 7.987 5 | 19.224 9 |
| 4.600 0 | 7.635 6 | 19.054 9 | 4.600 0 | 8.025 9 | 18.585 8 |
| 4.800 0 | 7.670 4 | 18.443 5 | 4.800 0 | 8.062 7 | 17.989 1 |
| 5.000 0 | 7.703 7 | 17.871 2 | 5.000 0 | 8.098 1 | 17.430 7 |

**例 6.5** 计算在 2.2 GHz 时，一根特性阻抗 $Z_0 = 50\ \Omega$、相移为75°的微带线的宽度及长度，并计算此微带线传输的准 TEM 模的相速度。已知基片的厚度 $h = 0.142$ cm，相对介电常数 $\varepsilon_r = 2.22$。

**解** 查表6.4可知，当 $\varepsilon_r = 2.22$、$Z_0 = 50\ \Omega$ 时，$W/h$ 在3.0～3.2之间。用 $W/h > 2$ 的公式，由式（6.114）可以算出

$$B = 7.949,\ W/h = 3.197$$

所以，微带线的宽度为

$$W = 0.454\ \text{cm}$$

由式（6.111）可以算出 $\varepsilon_{re}$ 为

$$\varepsilon_{re} = 1.890$$

所以，微带线的长度 $l$ 为

$$\theta = 75° = \beta l$$

$$\frac{75}{180}\pi = \sqrt{\varepsilon_{re}}\frac{2\pi}{\lambda}l = \sqrt{\varepsilon_{re}}\frac{2\pi f}{c}l$$

$$l = 2.067\ \text{cm}$$

微带线传输的准 TEM 模的相速度为

$$v_p = \frac{c}{\sqrt{\varepsilon_{re}}} = \frac{3\times 10^8}{\sqrt{1.890}} = 2.182\times 10^8\ \text{m/s}$$

### 6.6.3 微带线的损耗与衰减

微带线属于开放式传输线，除了导体损耗和介质损耗外，还有辐射损耗。如果忽略辐射损耗，则微带线的衰减常数为

$$\alpha = \alpha_c + \alpha_d \tag{6.115}$$

式（6.115）中，$\alpha_c$ 为导体损耗；$\alpha_d$ 为介质损耗。

微带线的介质损耗是由介质的漏电引起的。由于微带线是部分填充介质的，所以需要引入填充系数 $q$。

$$q = \frac{\varepsilon_{re} - 1}{\varepsilon_r - 1}$$

如果不考虑空气的损耗，微带线的介质损耗是由单位长度内的有效漏电导引起的，于是介质损耗为

$$\alpha_d = \frac{1}{2}Z_0 G_e = \frac{1}{2}\frac{Z_{01}}{\sqrt{\varepsilon_{re}}}qG = \frac{1}{2}\frac{G}{\omega C}\omega C\frac{Z_{01}}{\sqrt{\varepsilon_{re}}}q$$

$$= \frac{1}{2}\tan\delta\ 2\pi f\frac{\varepsilon_r}{c\sqrt{\varepsilon_{re}}}q = \frac{\pi\varepsilon_r}{\sqrt{\varepsilon_{re}}}\frac{\varepsilon_{re}-1}{\varepsilon_r - 1}\frac{\tan\delta}{\lambda_0}\ \text{Np/m}$$

$$= 27.3\frac{\varepsilon_r}{\sqrt{\varepsilon_{re}}}\frac{\varepsilon_{re}-1}{\varepsilon_r - 1}\frac{\tan\delta}{\lambda_0}\ \text{dB/m} \tag{6.116}$$

**例 6.6** 求氧化铝陶瓷（$\varepsilon_r = 9.5$）作衬底的50 Ω微带线的单位长度介质衰减，设工作频率为6 400 MHz。

**解** 查表6.4知，$\varepsilon_{re} \approx 6.53$，氧化铝陶瓷的 $\tan\delta \approx 0.000\ 2$。

$$\lambda_0 = \frac{3\times 10^{10}}{6\,400\times 10^6} = 4.687\,5\ \text{cm}$$

由式（6.116）可得

$$\alpha_d \approx 0.002\,817\ \text{dB/cm}$$

可见，介质损耗很小。

导体损耗的基本计算公式为

$$\alpha_c = \frac{R}{2Z_0}$$

微带线单位长度的损耗电阻 $R$ 可以用惠勒增量电感法求解，由于推导较为复杂，这里不再给出。

# 本章小结

微波波段的传输线都可以称为微波传输线。凡是用来引导电磁波的传输线都可以称为导波装置，通常所说的波导是指空心金属管，波导是一种常用的微波传输线。波导是单导体传输线，不能传输 TEM 模，只能传输 TE 模和 TM 模。微波传输线还可以采用双导体传输线，如同轴线、带状线和微带线等，这些双导体传输线传输的主模是 TEM 模或准 TEM 模，但随着频率的升高会产生高次模。与上一章传输线采用“路”的方法分析不同，本章主要采用“场”的方法进行分析，不仅分析了金属波导，而且分析了 3 种双导体传输线。本章首先由麦克斯韦方程出发对规则波导的一般特性进行分析；然后具体分析矩形波导和圆形波导的波型、传输特性、场结构图和管壁电流；进而分析同轴线的传输特性、高次模和尺寸选择方法；最后分析微带线和带状线的传输特性及基本参数。

规则波导的一般特性由麦克斯韦方程出发进行分析，将电场与磁场分为横向分量和纵向分量，通过波动方程来求解，这种分析方法适用于矩形波导、圆波导等。在规则波导的一般分析中，对传输模式（波型）的种类、截止波长、波的速度、波导波长、波阻抗、功率容量等问题进行了分析和讨论。

矩形波导是横截面为矩形的空心金属管，里面可以传输 $\text{TE}_{mn}$模和 $\text{TM}_{mn}$模，其中每个模式都有各自的截止波长 $\lambda_c$，当某一模式满足 $\lambda < \lambda_c$ 时，这个模式就可以在波导中传输。矩形波导的主模是 $\text{TE}_{10}$模，当工作波长 $\lambda < \lambda_c|_{\text{TE}_{10}}$ 时，矩形波导中开始有 $\text{TE}_{10}$模传输。当工作频率继续增加时，矩形波导中的工作模式会不断增加，可以利用工作波长和波导尺寸的关系限制矩形波导中的高次模。不同工作模式的相速度、群速度、波导波长、波阻抗、功率容量等各不相同，有色散现象，而且矩形波导的功率容量较大。为方便学习，矩形波导中的场分布和管壁电流经常采用画图的方法来表达，通过画图不仅可以使上述分布更清晰明了，而且可以观察到场分布的规律，只要掌握了 $\text{TE}_{10}$模、$\text{TE}_{01}$模、$\text{TE}_{11}$模和 $\text{TM}_{11}$模等几种简单工作模式的场分布，就可以掌握所有波型的场分布。圆波导的一般特性与矩形波导相似，圆波导的主模是 $\text{TE}_{11}$模，3 种主要工作波型为 $\text{TE}_{11}$模、$\text{TM}_{01}$模和 $\text{TE}_{01}$模。

同轴线是双导体类传输线，传输的主模是 TEM 模，但随着工作频率的升高会产生 TE 和 TM 高次模。同轴线一般工作于 TEM 模，需要抑制高次模，这需要通过尺寸选择来实现。同轴线的特性阻抗一般选择 50 Ω 和 75 Ω，其中特性阻抗为 50 Ω 时功率容量最大，特性阻抗为

75 Ω 时导体损耗最小。

带状线和微带线是继金属波导和同轴线之后一种新型的传输线，这些平面型传输线与其他传输线相比，具有体积小、重量轻、价格低、可靠性高、功能的可复制性好等优点，主要用于小功率的微波系统中。带状线的主模是 TEM 模，微带线的主模是准 TEM 模，这两种传输线经常用传输线理论进行分析，本章主要给出了这两种传输线基本参数的计算方法，包括特性阻抗、损耗和衰减的计算方法等。带状线和微带线随着工作频率的升高也会产生高次模，而且微带线还会存在表面波，抑制高次模的主要方法是通过尺寸选择来实现。

# 习　题

6.1　什么是波导截止波长 $\lambda_c$？工作波长 $\lambda$ 大于 $\lambda_c$ 或小于 $\lambda_c$ 时，波导中的电磁波特性有何不同？为什么 $\lambda < \lambda_c$ 的波才能在波导中传输？

6.2　什么是波的色散？TE 波、TM 波和 TEM 波哪个是色散波？

6.3　何为工作波长、截止波长和波导波长，它们有何区别和联系？

6.4　写出矩形波导传输波型的相速度 $v_p$ 和群速度 $v_g$ 与工作波长 $\lambda$ 关系的表示式。

6.5　证明工作波长 $\lambda$、截止波长 $\lambda_c$ 和波导波长 $\lambda_p$ 之间的关系式为

$$\lambda^2 = \frac{\lambda_p^2 \lambda_c^2}{\lambda_p^2 + \lambda_c^2}$$

6.6　何谓相速度和群速度？为什么空气填充金属波导中波的相速度大于光速，群速度小于光速？

6.7　矩形波导中的波型如何标志？波型指数 $m$ 和 $n$ 的物理意义如何？矩形波导中的波型场结构规律怎样？

6.8　利用麦克斯韦方程导出矩形波导中 TE 型波的场分量表示式，简要说明 $TE_{10}$ 模的场结构。为什么矩形波导通常采用 $TE_{10}$ 模式工作？

6.9　用 BJ-22 型矩形波导传输频率为 5 GHz 的电磁波，问哪些波型能传输？

6.10　用 BJ-100 型矩形波导传输 $TE_{10}$ 波，终端负载不匹配，测得波导中相邻两个电场波节点之间的距离为 19.88 mm，求工作波长。

6.11　矩形波导传输的电磁波工作波长分别为 8 mm 及 8.2 cm，问分别选什么型号的波导才能保证 $TE_{10}$ 单模传输？

6.12　矩形波导 $a \times b = 72\ \text{mm} \times 30\ \text{mm}$，内充空气，工作频率 3 GHz。

（1）波导中能传输哪些波型？　　（2）波导中传输 $TE_{10}$ 模时，求 $v_p$、$v_g$ 和 $\lambda_p$。

6.13　为什么波导中要保证单一模传输？若工作波长 $\lambda$ 为 3 cm、8 cm 和 10 cm，问如何保证矩形波导中只有单一模传输？

6.14　求 BJ-32 型矩形波导工作波长为 10 cm 时传输 $TE_{10}$ 模的最大传输功率。

6.15　在 BJ-100 型波导中传输 $TE_{10}$ 模，其工作频率为 10 GHz。

（1）求 $\lambda_c$、$\lambda_p$。

（2）若波导宽边尺寸增大 1 倍，问上述参量将如何变化？

（3）若波导窄边尺寸增大 1 倍，问上述参量将如何变化？

（4）若波导的尺寸不变，工作频率为 15 GHz，问上述参量将如何变化？

6.16 用BJ-100型波导作馈线，问：

(1) 当工作波长为1.5 cm、3 cm、4 cm时，波导中可能出现哪些波形？

(2) 为保证传输$TE_{10}$模，其波长范围应为多少？

6.17 当矩形波导工作在$TE_{10}$模时，试问题图6.1中哪些缝隙会影响波的传输？

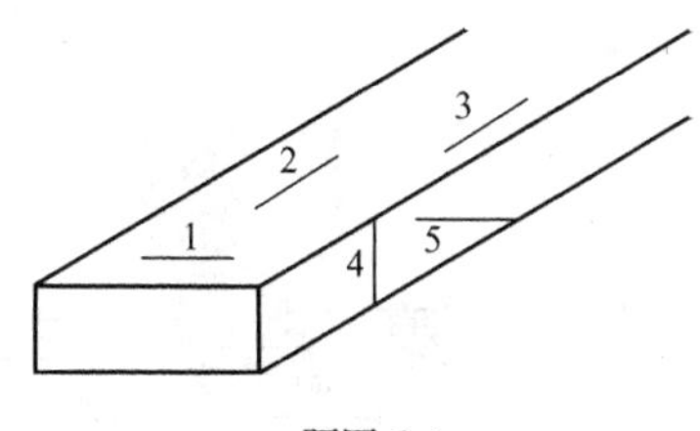


题图6.1

6.18 圆波导中$TE_{11}$、$TE_{01}$及$TM_{01}$三种模式各有何特点？

6.19 试证明圆波导中$TE_{11}$、$TE_{01}$和$TM_{01}$模的截止波长分别为3.41$R$、1.64$R$和2.62$R$，这里，$R$是圆波导的半径。

6.20 圆波导中的波型指数$m$和$n$的意义如何？为什么不存在$n=0$的波形？

6.21 空气填充圆波导的直径为5 cm，

(1) $TE_{11}$、$TE_{01}$、$TM_{01}$和$TM_{11}$模的截止波长为多少？

(2) 当工作波长为7 cm、6 cm、3 cm时，分别可能出现哪些波型？

(3) 求工作波长$\lambda=7$ cm时主模的波导波长。

6.22 要求圆波导只传输$TE_{11}$模，信号工作波长为5 cm，问圆波导半径应取多少？

6.23 何谓波导的简并波？矩形波导和圆形波导的简并有何异同？

6.24 周长为25.1 cm的空气填充圆波导，其工作频率为3 GHz，问能传输哪些波型？

6.25 一空气填充圆波导中传输$TE_{11}$模，已知$\lambda/\lambda_c=0.9$，工作频率$f=5$ GHz。

(1) 求$\lambda_p$。

(2) 若波导半径扩大1倍，问$\lambda_p$有何变化？

6.26 空气同轴线的尺寸为$a=1$ cm、$b=4$ cm。

(1) 前三种高次模的截止波长为多少？

(2) 为保证只传输TEM模，工作频率最多为多少？

(3) 若工作波长为10 cm，求$TE_{11}$模和TEM模的相速度。

6.27 试证明微带线中只能传输准TEM模。

6.28 计算带状线的特性阻抗，已知$b=2.5$ mm、$t=0.12$ mm、$W=1.9$ mm、$\varepsilon_r=2.5$。

6.29 要求微带线的特性阻抗为75 Ω、介质基片$\varepsilon_r=9.5$、基片厚度为1 mm，求此微带线的中心导带宽度。

# 第7章 微波网络基础

任何一个微波系统都是由微波传输线和微波元件组成的。微波元件主要是由具有不连续性的微波传输线段和有源器件组成的，其作用是通过微波元件实现对传输中的电磁波波型、极化、振幅及相位等的控制。微波元件特性可以用等效电路（类似低频网络）描述，于是复杂的微波系统就可以用电磁理论和低频网络理论相结合来求解，成为微波网络理论。

每个微波元件都可能和几个微波传输线相连接。按照所连接传输线数目的多少，微波元件可以分成单端口、双端口、三端口及四端口等。每个微波元件都可以看成一个微波网络，随着微波元件端口数目的不同，微波网络也分为单端口、双端口、三端口及四端口网络等。实际使用的微波元件可高达四端口，四端口以上的微波元件很少应用。

分析微波元件工作特性的方法有两种，一是应用麦克斯韦方程和元件的特定边界条件，求出其场强的分布；一是把微波元件等效为微波网络，把连接它的传输线等效成双导线，用网络方法进行分析。第一种方法比较严格，但其数学运算烦琐，所得结果多为特殊函数，不便于工程应用；第二种方法是近似的，能够得到微波元件的主要传输特性，并且网络参数可以用测量方法确定，便于工程应用。虽然网络方法不能得到元件内部场的分布情况，但由于网络方法计算简便，易于测量，又为广大工程技术人员所熟知，故应用较为广泛。

本章介绍用微波网络的方法来研究微波系统的基本理论。首先讨论导波系统的等效传输线和微波元件的等效网络；然后讨论二端口微波网络的网络参量及多端口微波网络的散射矩阵；最后介绍微波网络的工作特性参量。

网络理论分为线性网络理论和非线性网络理论，本章只讨论线性网络理论。

## 7.1 导波系统的等效传输线

任何一个微波元件均需外接传输线。如果将微波元件等效为网络，则外接传输线应等效为双线传输线。一般将外接传输线统称为导波系统，所有微波网络都应首先解决将导波系统等效为双线传输线的问题。

### 7.1.1 导波系统等效为双线传输线

长线的基本参量是电压和电流。在电路理论中，电压和电流不仅有明确的物理意义，而且可以直接测量。但当频率提高到微波频率以后，情况就不同了。对于同轴线中传输的TEM波而言，虽然电压和电流仍有明确的物理意义，但在微波频率下一般难以测量；而对于传输非TEM波的导波系统（如金属波导等）而言，电压和电流已失去意义，更无法进行测量。

在微波技术中，微波功率是可以直接测量的基本参数之一，因此可以通过功率关系确定导波系统与双线之间的等效关系。

由坡印廷定理可以知道，通过传输系统的功率可以写成

$$P = \frac{1}{2}\mathrm{Re}\int_S (\boldsymbol{E} \times \boldsymbol{H}^*) \cdot \mathrm{d}\boldsymbol{S} \tag{7.1}$$

式（7.1）中，积分区域$S$为垂直于导波系统传播方向的横截面。将电场和磁场分别写为横向分量和纵向分量，也即

$$\boldsymbol{E} = \boldsymbol{E}_\mathrm{t} + \boldsymbol{e}_z E_z$$
$$\boldsymbol{H} = \boldsymbol{H}_\mathrm{t} + \boldsymbol{e}_z H_z$$

则式（7.1）成为

$$P = \frac{1}{2}\mathrm{Re}\int_S (\boldsymbol{E}_\mathrm{t} \times \boldsymbol{H}_\mathrm{t}^*) \cdot \mathrm{d}\boldsymbol{S} \tag{7.2}$$

式（7.2）说明，传输的功率仅与横向场分量有关。

对于任一导波系统，不管其横截面的形状如何（双导线、同轴线、矩形波导、圆波导、微带线等），也不管其传播哪种波型（TEM波、TE波、TM波等），在广义正交柱坐标系中，其横向电磁场总可以表示为

$$\left.\begin{aligned}\boldsymbol{E}_\mathrm{t}(u,v,z) &= \boldsymbol{e}_\mathrm{t}(u,v)U(z)\\ \boldsymbol{H}_\mathrm{t}(u,v,z) &= \boldsymbol{h}_\mathrm{t}(u,v)I(z)\end{aligned}\right\} \tag{7.3}$$

式（7.3）中，$\boldsymbol{e}_\mathrm{t}(u,v)$和$\boldsymbol{h}_\mathrm{t}(u,v)$称为矢量模式函数，表示某传输模式电磁场在横截面上的分布情况；$U(z)$和$I(z)$是导波系统中的模式电压和模式电流，表示某传输模式导行波在轴向的传输情况；将式（7.3）代入式（7.2），得到

$$P = \frac{1}{2}U(z)I^*(z)\int_S (\boldsymbol{e}_\mathrm{t} \times \boldsymbol{h}_\mathrm{t}) \cdot \mathrm{d}\boldsymbol{S} \tag{7.4}$$

由长线理论已经知道，双线上传输的功率为

$$P = \frac{1}{2}U(z)I^*(z) \tag{7.5}$$

比较式（7.5）与式（7.4），如果

$$\int_S (\boldsymbol{e}_\mathrm{t} \times \boldsymbol{h}_\mathrm{t}) \cdot \mathrm{d}\boldsymbol{S} = 1 \tag{7.6}$$

则任何导波系统都可以等效为双线传输线。将式（7.6）称为矢量模式函数的归一化条件。在这个条件下，等效双线上的电压可以用导波系统的模式电压表示，等效双线上的电流可以用导波系统的模式电流表示，这样，等效双线上传输的功率就与导波系统传输

的功率相同。

### 7.1.2 归一化参量

由式（7.3）和式（7.6）还不足以使模式电压和模式电流唯一地确定，因为若取新的模式电压和模式电流为

$$\left.\begin{aligned} U'(z) &= kU(z) \\ I'(z) &= \frac{I(z)}{k} \end{aligned}\right\} \tag{7.7}$$

新的矢量模式函数为

$$\left.\begin{aligned} \boldsymbol{e}'_{\mathrm{t}}(u,v) &= \frac{1}{k}\boldsymbol{e}_{\mathrm{t}}(u,v) \\ \boldsymbol{h}'_{\mathrm{t}}(u,v) &= k\boldsymbol{h}_{\mathrm{t}}(u,v) \end{aligned}\right\} \tag{7.8}$$

同样可以满足式（7.3）和式（7.6）。这种模式电压和模式电流的不确定性实际上是反映了阻抗的不确定性。由式（7.3）得到的阻抗为

$$Z = \frac{U(z)}{I(z)} \tag{7.9}$$

由式（7.7）得到的新阻抗为

$$Z' = \frac{U'(z)}{I'(z)} = k^2 Z \tag{7.10}$$

可见，两种情形下的阻抗是不同的。双线中电压和电流是可以唯一确定的，而等效双线中模式电压和模式电流不能唯一确定，这导致了等效双线中阻抗的不确定性。为了消除等效双线中这种阻抗的不确定性，需要引入另一种关系。

下面引入归一化阻抗的概念。在长线理论中，阻抗与反射系数之间的关系为

$$Z = Z_0 \frac{1+\Gamma}{1-\Gamma} \tag{7.11}$$

式（7.11）中，$Z_0$ 是传输线的特性阻抗。对于 TEM 波而言，特性阻抗 $Z_0$ 有明确的物理意义，可以定量计算出来；而对于非 TEM 波而言，由于不能单值地定义特性阻抗 $Z_0$，式（7.11）的右边不能单值地确定。为克服此困难，引入归一化阻抗。定义归一化阻抗为

$$\tilde{Z} = \frac{Z}{Z_0} = \frac{1+\Gamma}{1-\Gamma} \tag{7.12}$$

由于反射系数 $\Gamma$ 是可以直接测量的基本参量，故归一化阻抗可以唯一确定。

根据归一化阻抗的定义可以导出归一化电压和归一化电流的定义。因为

$$\tilde{Z} = \frac{Z}{Z_0} = \frac{\dfrac{U(z)}{I(z)}}{Z_0} = \frac{\dfrac{U(z)}{\sqrt{Z_0}}}{I(z)\sqrt{Z_0}} = \frac{\tilde{U}(z)}{\tilde{I}(z)} \tag{7.13}$$

所以，归一化电压和归一化电流的定义为

$$\left.\begin{aligned}\widetilde{U}(z) &= \frac{U(z)}{\sqrt{Z_0}} \\ \widetilde{I}(z) &= I(z)\sqrt{Z_0}\end{aligned}\right\} \tag{7.14}$$

同样，归一化入射波的定义为

$$\left.\begin{aligned}\widetilde{U}_{\mathrm{i}}(z) &= \frac{U_{\mathrm{i}}(z)}{\sqrt{Z_0}} \\ \widetilde{I}_{\mathrm{i}}(z) &= I_{\mathrm{i}}(z)\sqrt{Z_0} = \frac{U_{\mathrm{i}}(z)}{\sqrt{Z_0}} = \widetilde{U}_{\mathrm{i}}(z)\end{aligned}\right\} \tag{7.15}$$

归一化反射波的定义为

$$\left.\begin{aligned}\widetilde{U}_{\mathrm{r}}(z) &= \frac{U_{\mathrm{r}}(z)}{\sqrt{Z_0}} \\ \widetilde{I}_{\mathrm{r}}(z) &= I_{\mathrm{r}}(z)\sqrt{Z_0} = -\frac{U_{\mathrm{r}}(z)}{\sqrt{Z_0}} = -\widetilde{U}_{\mathrm{r}}(z)\end{aligned}\right\} \tag{7.16}$$

于是，入射波功率和反射波功率可以表示为

$$\left.\begin{aligned}P_{\mathrm{i}} &= \frac{1}{2}\mathrm{Re}[\widetilde{U}_{\mathrm{i}}(z)\ \widetilde{I}_{\mathrm{i}}^{*}(z)] = \frac{1}{2}|\widetilde{U}_{\mathrm{i}}(z)|^2 \\ P_{\mathrm{r}} &= \frac{1}{2}\mathrm{Re}[\widetilde{U}_{\mathrm{r}}(z)\ \widetilde{I}_{\mathrm{r}}^{*}(z)] = \frac{1}{2}|\widetilde{U}_{\mathrm{r}}(z)|^2\end{aligned}\right\} \tag{7.17}$$

传输的有功功率为

$$P = P_{\mathrm{i}} - P_{\mathrm{r}} = \frac{1}{2}|\widetilde{U}_{\mathrm{i}}(z)|^2(1 - |\Gamma|^2) \tag{7.18}$$

式（7.18）中，$|\Gamma|^2$ 为功率反射系数。

## 7.2 微波元件的等效网络

### 7.2.1 微波网络参考面的选择

研究微波网络首先必须确定微波网络的参考面。参考面的位置可以任意选择，但必须考虑两点：一是参考面的位置尽量远离元件的不连续点，这样在参考面上可以忽略元件不连续点带来的电磁反射；二是选择的参考面必须与传输方向相垂直，这样使参考面上的电压和电流有明确的意义。

当网络的参考面选定后，所定义的微波网络就是由这些参考面所包围的区域，网络的参数也被唯一确定。如果网络参考面的位置改变，则网络参数也随之改变。

对于单模传输情况来说，微波网络外接传输线的路数与参考面的数目相等。图 7.1（a）所示的同轴低通滤波器等效为有两个参考面的二端口网络，其端口 1 的参考面为 $\mathrm{T}_1$，端口 2 的参考面为 $\mathrm{T}_2$；图 7.1（b）所示的微带定向耦合器等效为有四个参考面的四端口网络，其端口 1 ～ 4 的参考面分别为 $\mathrm{T}_1$ ～ $\mathrm{T}_4$。

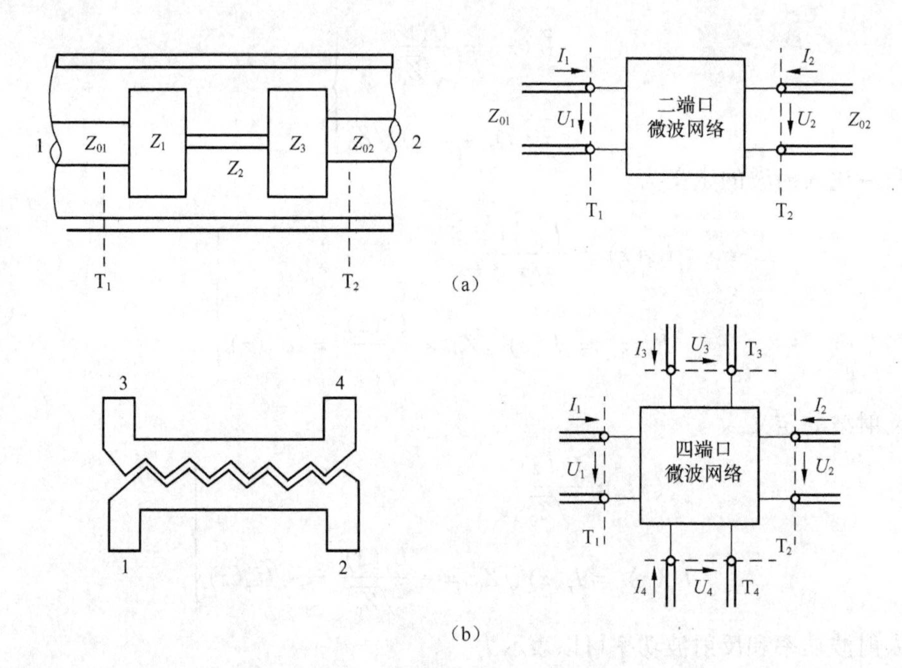


图 7.1　微波元件及其等效网络

## 7.2.2　微波元件等效为微波网络

### 1. 唯一性定理和叠加原理

微波元件是由具有不连续性的微波传输线段构成的，而将这些不连续性等效为微波网络的依据是电磁场理论中的唯一性定理。这个定理表明，在一个封闭区域的边界上，切向电场或切向磁场如果是确定的，那么区域内的电磁场也就被唯一地确定。由于不连续性区域的边界是由网络参考面构成的，参考面上的模式电压和模式电流正比于横向电场和横向磁场的幅度函数。所以，如果网络参考面上的电压和电流确定了，则网络内的电磁场就唯一地确定。这就是微波网络仅仅需要研究各端口参考面上的电压和电流即可反映出整个网络内部电特性的理论依据。

若不连续区域填充线性媒质，则此不连续性等效为线性微波网络。对线性网络可以用叠加原理。根据叠加原理，若各端口参考面上同时有电流作用时，任一参考面上的电压为各参考面上的电流单独作用时响应电压的叠加。由此可以写出 $n$ 端口网络的线性方程组，为

$$\left.\begin{aligned} U_1 &= Z_{11}I_1 + Z_{12}I_2 + \cdots + Z_{1n}I_n \\ U_2 &= Z_{21}I_1 + Z_{22}I_2 + \cdots + Z_{2n}I_n \\ &\vdots \\ U_n &= Z_{n1}I_1 + Z_{n2}I_2 + \cdots + Z_{nn}I_n \end{aligned}\right\} \tag{7.19}$$

式（7.19）称为微波网络的克希霍夫定律。由于式中的比例系数有阻抗的量纲，故称式(7.19) 为阻抗参量或阻抗矩阵。如果各个端口参考面上同时有电压作用，则每个端口参考面上的电流等于各个端口电压单独作用时响应电流的叠加，其对应的 $n$ 端口网络线性方程组为

$$\left.\begin{aligned} I_1 &= Y_{11}U_1 + Y_{12}U_2 + \cdots + Y_{1n}U_n \\ I_2 &= Y_{21}U_1 + Y_{22}U_2 + \cdots + Y_{2n}U_n \\ &\vdots \\ I_n &= Y_{n1}U_1 + Y_{n2}U_2 + \cdots + Y_{nn}U_n \end{aligned}\right\} \tag{7.20}$$

因为式中的比例系数有导纳的量纲，故称式（7.20）为导纳参量或导纳矩阵。

### 2. 微波网络的特性

为了说明微波网络的特性，先以单端口网络为例，讨论这些特性与网络参量的关系。

在传输线的参考面上，可以得到用模式电压和模式电流表示的复功率为

$$P = \frac{1}{2}UI^* = \frac{1}{2}(ZI)I^* = \frac{1}{2}Z|I|^2 \tag{7.21}$$

或

$$P = \frac{1}{2}UI^* = \frac{1}{2}U(UY)^* = \frac{1}{2}Y^*|U|^2 \tag{7.22}$$

式（7.22）中，$Z$ 是传输模式的阻抗；$Y$ 是传输模式的导纳；$Y^*$ 是 $Y$ 的共轭值。

由电磁场理论得知，进入封闭面 $S$ 内的复功率 $P$ 为

$$P = \mathrm{j}2\omega(W_\mathrm{m} - W_\mathrm{e}) + P_L \tag{7.23}$$

若封闭面 $S$ 内为单端口网络，则式（7.21）～式（7.23）应相等。由此得到下述关系式

$$\left.\begin{aligned} Z &= \frac{P}{\frac{1}{2}|I|^2} = \frac{P_L + \mathrm{j}2\omega(W_\mathrm{m} - W_\mathrm{e})}{\frac{1}{2}|I|^2} = R + \mathrm{j}X \\ Y &= \frac{P^*}{\frac{1}{2}|U|^2} = \frac{P_L - \mathrm{j}2\omega(W_\mathrm{m} - W_\mathrm{e})}{\frac{1}{2}|U|^2} = G + \mathrm{j}B \end{aligned}\right\} \tag{7.24}$$

式（7.24）中，$R$、$X$、$G$、$B$ 均为频率的实函数。对于单端口微波网络，网络的阻抗参量和导纳参量即为网络的输入阻抗和输入导纳。由式（7.24）可以得出如下结论：

（1）如果网络有耗，$P_L > 0$，则 $R > 0$、$G > 0$。

（2）如果网络无耗，$P_L = 0$，则 $R = 0$、$G = 0$，$Z$ 和 $Y$ 是纯虚数。

（3）如果网络内部储存的平均磁能等于平均电能，即 $W_\mathrm{m} = W_\mathrm{e}$，则 $X = 0$、$B = 0$，表示网络内部发生谐振。

（4）如果网络内部储存的平均磁能大于平均电能，即 $W_\mathrm{m} > W_\mathrm{e}$，网络参考面上的阻抗呈感性；如果网络内部储存的平均磁能小于平均电能，即 $W_\mathrm{m} < W_\mathrm{e}$，网络参考面上的阻抗呈容性。

上述结论不难推广到多端口网络。对多端口微波网络有如下结论：

（1）对于无耗微波网络，网络的全部阻抗参量和导纳参量均为纯虚数。

（2）若网络参考面包含的区域内填充均匀各向同性媒质，则等效为可逆微波网络，网络参量满足互易定理，其阻抗参量和导纳参量具有性质

$$Z_{ij} = Z_{ji}, Y_{ij} = Y_{ji} \tag{7.25}$$

（3）若 $n$ 端口微波网络在结构上具有对称面或对称轴时，称为面对称微波网络或轴对称微波网络。此时，网络若在 $i$ 端口或 $j$ 端口结构相同，网络的阻抗参量和导纳参量具有性质

$$Z_{ii} = Z_{jj}, Y_{ii} = Y_{jj} \tag{7.26}$$

本章仅研究无耗网络。

### 7.2.3 微波网络的分类

从米波到毫米波波段，适合于各种用途的微波元件种类很多，因此可以从不同角度对微波网络进行分类。若按网络特性进行分类可以分为4种。

#### 1. 线性与非线性网络

若微波网络参考面上模式电压和模式电流呈线性关系，网络方程是一组线性方程，就称此微波网络为线性微波网络。反之，称为非线性微波网络。本书仅限于讨论线性微波网络。

#### 2. 可逆与不可逆网络

网络内部若包含各向同性媒质，则网络端口参考面上的场量呈可逆状态。假定第 $i$ 端口参考面上加电流 $I_i$，其余各端口开路，第 $j$ 端口参考面上呈现的电压为 $U_{ji}$；然后倒过来，第 $j$ 端口参考面上加电流 $I_j$，且 $I_j = I_i$，其余各端口开路，如果这时第 $i$ 端口参考面上呈现的电压为 $U_{ij}$，且 $U_{ij} = U_{ji}$，则称这样的网络为可逆网络。反之，称为不可逆网络。铁氧体微波元件及微波有源电路为不可逆微波网络。

#### 3. 有耗与无耗微波网络

若网络内部无损耗媒质，且导体材料的电导率为无穷大，则网络损耗功率为0，此时进入网络各端口的功率之和等于网络各端口的输出功率之和，这样的网络称为无耗网络。反之，称为有耗网络。

#### 4. 对称与非对称网络

若微波元件的结构具有对称性，则称此微波网络为对称微波网络；反之，称为非对称微波网络。大多数微波元件都设计成某种对称结构。

除上述按网络特性分类外，还可以按微波元件的功能来分类，则有滤波网络、阻抗匹配网络、波型变换网络及功分网络等。

### 7.2.4 微波网络的分析与综合

通常所指的网络理论包括网络分析与网络综合。所谓网络分析，是已经知道微波元件的结构，要求导出微波网络的等效参量，并分析网络的外特性。网络综合是指根据预定的工作特性指标，确定网络的等效电路，综合设计出合理的微波元件结构。微波网络的分析与综合是分析和设计微波系统的有力工具，而微波网络分析是网络综合的基础。由于计算机技术的广泛应用，网络综合所需的大量数学计算都由计算机完成。

## 7.3 二端口微波网络

在微波网络中，二端口网络是最基本的。对于线性二端口微波网络，可以应用唯一性定理和叠加原理得到表征网络特性的线性方程组，线性方程组中的比例系数对应网络参量。

表征二端口微波网络的参量有两大类：第一类网络参量反映参考面上电压和电流的关系，如图7.2（a）所示，称为微波网络的电路特性参量；第二类网络参量反映参考面上入射波电压和反射波电压的关系，如图7.2（b）所示，称为微波网络的波特性参量。本节介绍二端口微波网络各种参量的定义及各种网络参量互相转换的公式，并讨论二端口微波网络的性质。

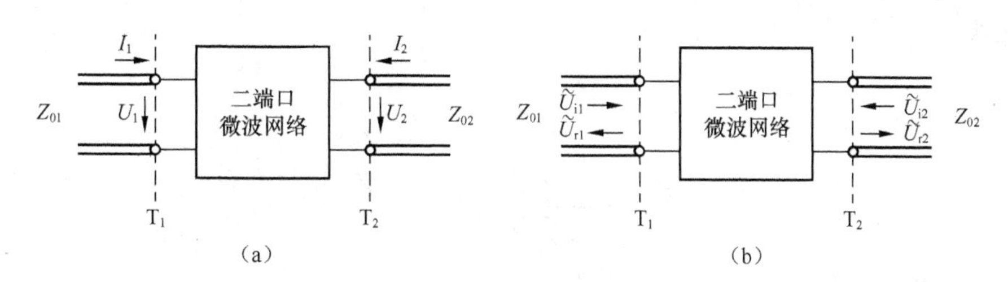


图7.2 二端口微波网络

## 7.3.1 二端口微波网络参量

如图7.2（a）所示，应用叠加原理，可以将参考面上电压和电流的关系用3种不同的形式组合起来，从而得到三种网络参量，称为阻抗参量、导纳参量和转移参量。网络参量给出了网络各端口对外的传输特性，用一个矩阵表示。阻抗参量、导纳参量和转移参量分别对应阻抗矩阵［$\boldsymbol{Z}$］、导纳矩阵［$\boldsymbol{Y}$］及转移矩阵［$\boldsymbol{A}$］。

在微波波段内，由于网络端口与外界连接的是各类传输线，其上的场量是由入射波和反射波叠加而成的，如图7.2（b）所示，因此采用入射行波和反射行波的模式电压表征各网络端口的相互关系，进而得到网络参量。微波波段常用的网络参量有散射参量和传输参量，分别对应散射矩阵［$\boldsymbol{S}$］和传输矩阵［$\boldsymbol{T}$］。

### 1. 阻抗参量

用$T_1$和$T_2$两个参考面上的电流表示两个参考面上的电压，网络方程为

$$\left.\begin{aligned} U_1 &= Z_{11}I_1 + Z_{12}I_2 \\ U_2 &= Z_{21}I_1 + Z_{22}I_2 \end{aligned}\right\} \tag{7.27}$$

或写成

$$[\boldsymbol{U}] = [\boldsymbol{Z}][\boldsymbol{I}] \tag{7.28}$$

式（7.28）中，［$\boldsymbol{Z}$］称为阻抗矩阵。由式（7.28）可得，阻抗矩阵中各参量的定义为，$Z_{11} = \left.\dfrac{U_1}{I_1}\right|_{I_2=0}$ 表示$T_2$面开路时，$T_1$面的输入阻抗；$Z_{22} = \left.\dfrac{U_2}{I_2}\right|_{I_1=0}$ 表示$T_1$面开路时，$T_2$面的输入阻抗；$Z_{12} = \left.\dfrac{U_1}{I_2}\right|_{I_1=0}$ 表示$T_1$面开路时，端口2到端口1的转移阻抗；$Z_{21} = \left.\dfrac{U_2}{I_1}\right|_{I_2=0}$ 表示$T_2$面开路时，端口1到端口2的转移阻抗。

在网络分析中，为了使理论分析具有普遍性，常将各参考面上的电压和电流对所接传输线的特性阻抗归一化。如果$T_1$和$T_2$参考面处所接的特性阻抗分别为$Z_{01}$和$Z_{02}$，则$T_1$和$T_2$参考面上的归一化电压和归一化电流为

$$\left.\begin{aligned}\tilde{U}_1 &= \frac{U_1}{\sqrt{Z_{01}}},\ \tilde{I}_1 = I_1\sqrt{Z_{01}} \\ \tilde{U}_2 &= \frac{U_2}{\sqrt{Z_{02}}},\ \tilde{I}_2 = I_2\sqrt{Z_{02}}\end{aligned}\right\} \tag{7.29}$$

为了使归一化后电压和电流的关系保持不变，归一化后的阻抗参量与归一化前的阻抗参量之间的关系为

$$\left.\begin{aligned}\tilde{Z}_{11} &= \frac{Z_{11}}{Z_{01}},\ \tilde{Z}_{12} = \frac{Z_{12}}{\sqrt{Z_{01}Z_{02}}} \\ \tilde{Z}_{21} &= \frac{Z_{21}}{\sqrt{Z_{01}Z_{02}}},\ \tilde{Z}_{22} = \frac{Z_{22}}{Z_{02}}\end{aligned}\right\} \tag{7.30}$$

于是，归一化电压和归一化电流的关系为

$$\left.\begin{aligned}\tilde{U}_1 &= \tilde{Z}_{11}\tilde{I}_1 + \tilde{Z}_{12}\tilde{I}_2 \\ \tilde{U}_2 &= \tilde{Z}_{21}\tilde{I}_1 + \tilde{Z}_{22}\tilde{I}_2\end{aligned}\right\} \tag{7.31}$$

将式（7.31）写为矩阵形式为

$$\begin{bmatrix}\tilde{U}_1 \\ \tilde{U}_2\end{bmatrix} = \begin{bmatrix}\tilde{Z}_{11} & \tilde{Z}_{12} \\ \tilde{Z}_{21} & \tilde{Z}_{22}\end{bmatrix}\begin{bmatrix}\tilde{I}_1 \\ \tilde{I}_2\end{bmatrix} \tag{7.32}$$

**2. 导纳参量**

用 $T_1$ 和 $T_2$ 两个参考面上的电压表示两个参考面上的电流，网络方程为

$$\left.\begin{aligned}I_1 &= Y_{11}U_1 + Y_{12}U_2 \\ I_2 &= Y_{21}U_1 + Y_{22}U_2\end{aligned}\right\} \tag{7.33}$$

或写成

$$[\boldsymbol{I}] = [\boldsymbol{Y}][\boldsymbol{U}] \tag{7.34}$$

式（7.34）中，$[\boldsymbol{Y}]$ 称为导纳矩阵。

导纳矩阵中各参量的定义为，$Y_{11}$ 表示 $T_2$ 面短路时，$T_1$ 面的输入导纳；$Y_{22}$ 表示 $T_1$ 面短路时，$T_2$ 面的输入导纳；$Y_{12}$ 表示 $T_1$ 面短路时，端口2到端口1的转移导纳；$Y_{21}$ 表示 $T_2$ 面短路时，端口1到端口2的转移导纳。

如果 $T_1$ 和 $T_2$ 参考面处所接的特性导纳分别为 $Y_{01}$ 和 $Y_{02}$，则式（7.33）的归一化表示式为

$$\left.\begin{aligned}\tilde{I}_1 &= \tilde{Y}_{11}\tilde{U}_1 + \tilde{Y}_{12}\tilde{U}_2 \\ \tilde{I}_2 &= \tilde{Y}_{21}\tilde{U}_1 + \tilde{Y}_{22}\tilde{U}_2\end{aligned}\right\} \tag{7.35}$$

或写成

$$[\tilde{\boldsymbol{I}}] = [\tilde{\boldsymbol{Y}}][\tilde{\boldsymbol{U}}] \tag{7.36}$$

式（7.35）中，归一化电压和归一化电流为

$$\left.\begin{aligned}\widetilde{U}_1 &= U_1\sqrt{Y_{01}},\ \widetilde{I}_1 = \frac{I_1}{\sqrt{Y_{01}}}\\ \widetilde{U}_2 &= U_2\sqrt{Y_{02}},\ \widetilde{I}_2 = \frac{I_2}{\sqrt{Y_{02}}}\end{aligned}\right\}\tag{7.37}$$

归一化导纳参量为

$$\left.\begin{aligned}\widetilde{Y}_{11} &= \frac{Y_{11}}{Y_{01}},\ \widetilde{Y}_{12} = \frac{Y_{12}}{\sqrt{Y_{01}Y_{02}}}\\ \widetilde{Y}_{21} &= \frac{Y_{21}}{\sqrt{Y_{01}Y_{02}}},\ \widetilde{Y}_{22} = \frac{Y_{22}}{Y_{02}}\end{aligned}\right\}\tag{7.38}$$

### 3. 转移参量

用 $T_2$ 参考面上的电压和电流表示 $T_1$ 参考面上的电压和电流，且规定进网络的方向为电流正方向，出网络的方向为电流的负方向，网络方程为

$$\left.\begin{aligned}U_1 &= A_{11}U_2 - A_{12}I_2\\ I_1 &= A_{21}U_2 - A_{22}I_2\end{aligned}\right\}\tag{7.39}$$

或写成

$$\begin{bmatrix}U_1\\ I_1\end{bmatrix} = \begin{bmatrix}A_{11} & A_{12}\\ A_{21} & A_{22}\end{bmatrix}\begin{bmatrix}U_2\\ -I_2\end{bmatrix}\tag{7.40}$$

其中

$$[\boldsymbol{A}] = \begin{bmatrix}A_{11} & A_{12}\\ A_{21} & A_{22}\end{bmatrix}\tag{7.41}$$

式（7.41）中，[$\boldsymbol{A}$] 称为转移矩阵。由式（7.39）可得，转移矩阵中各参量的定义为，$A_{11} = \left.\frac{U_1}{U_2}\right|_{I_2=0}$ 表示 $T_2$ 面开路时，$T_2$ 面到 $T_1$ 面的电压转移系数；$A_{12} = \left.\frac{-U_1}{I_2}\right|_{U_2=0}$ 表示 $T_2$ 面短路时，$T_2$ 面到 $T_1$ 面的转移阻抗；$A_{21} = \left.\frac{I_1}{U_2}\right|_{I_2=0}$ 表示 $T_2$ 面开路时，$T_2$ 面到 $T_1$ 面的转移导纳；$A_{22} = \left.\frac{-I_1}{I_2}\right|_{U_2=0}$ 表示 $T_2$ 面短路时，$T_2$ 面到 $T_1$ 面的电流转移系数。由这些定义可以看出，各个转移参量无统一量纲。

式（7.40）的归一化表示式为

$$\left.\begin{aligned}\widetilde{U}_1 &= \widetilde{A}_{11}\widetilde{U}_2 - \widetilde{A}_{12}\widetilde{I}_2\\ \widetilde{I}_1 &= \widetilde{A}_{21}\widetilde{U}_2 - \widetilde{A}_{22}\widetilde{I}_2\end{aligned}\right\}\tag{7.42}$$

式（7.42）中，归一化转移参量为

$$\left.\begin{aligned}\widetilde{A}_{11} &= A_{11}\sqrt{\frac{Z_{02}}{Z_{01}}},\ \widetilde{A}_{12} = \frac{A_{12}}{\sqrt{Z_{01}Z_{02}}}\\ \widetilde{A}_{21} &= A_{21}\sqrt{Z_{01}Z_{02}},\ \widetilde{A}_{22} = A_{22}\sqrt{\frac{Z_{01}}{Z_{02}}}\end{aligned}\right\}\tag{7.43}$$

在微波电路中经常会遇到几个二端口网络的级联，为了解决这个问题，常采用［$\boldsymbol{A}$］矩阵。如图 7.3 所示，当网络 $N_1$ 和 $N_2$ 相级联时，网络 $N_1$ 和 $N_2$ 的电压和电流的关系为

$$\left.\begin{aligned}\begin{bmatrix}U_1\\I_1\end{bmatrix}&=\begin{bmatrix}A_{11}&A_{12}\\A_{21}&A_{22}\end{bmatrix}_1\begin{bmatrix}U_2\\-I_2\end{bmatrix}\\\begin{bmatrix}U_2\\-I_2\end{bmatrix}&=\begin{bmatrix}A_{11}&A_{12}\\A_{21}&A_{22}\end{bmatrix}_2\begin{bmatrix}U_3\\-I_3\end{bmatrix}\end{aligned}\right\}\tag{7.44}$$

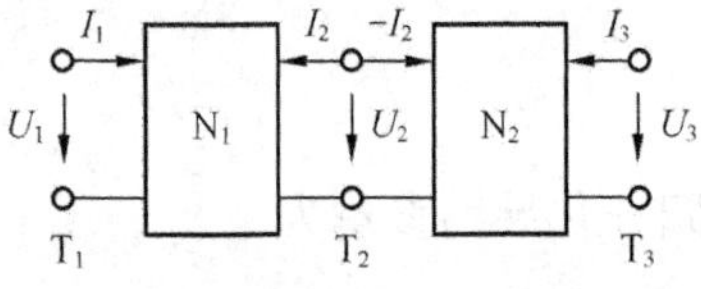


图 7.3　网络 $N_1$ 和 $N_2$ 相级联

由式（7.44）可以得到

$$\begin{bmatrix}U_1\\I_1\end{bmatrix}=\begin{bmatrix}A_{11}&A_{12}\\A_{21}&A_{22}\end{bmatrix}_1\begin{bmatrix}A_{11}&A_{12}\\A_{21}&A_{22}\end{bmatrix}_2\begin{bmatrix}U_3\\-I_3\end{bmatrix}\tag{7.45}$$

由式（7.45）得出，参考面 $T_1$ 和 $T_3$ 之间的网络 $N_1$ 和 $N_2$ 组合后的转移矩阵为

$$[\boldsymbol{A}]=[\boldsymbol{A}]_1[\boldsymbol{A}]_2\tag{7.46}$$

对于 $n$ 个二端口网络的级联，同样可以得到组合后的转移矩阵为

$$[\boldsymbol{A}]=[\boldsymbol{A}]_1[\boldsymbol{A}]_2\cdots[\boldsymbol{A}]_n\tag{7.47}$$

### 4. 散射参量

归一化电压入射波和归一化电压反射波的定义为

$$\left.\begin{aligned}\tilde{U}_{\mathrm{i}}(z)&=\frac{U_{\mathrm{i}}(z)}{\sqrt{Z_0}}\\\tilde{U}_{\mathrm{r}}(z)&=\frac{U_{\mathrm{r}}(z)}{\sqrt{Z_0}}\end{aligned}\right\}\tag{7.48}$$

规定二端口网络参考面 $T_1$ 和 $T_2$ 的归一化入射波电压的正方向是进网络的，归一化反射波电压的正方向是出网络的，如图 7.2（b）所示。

二端口网络中归一化入射波电压和归一化反射波电压的关系是线性的，因此它们之间关系的线性方程是

$$\left.\begin{aligned}\tilde{U}_{\mathrm{r1}}&=S_{11}\tilde{U}_{\mathrm{i1}}+S_{12}\tilde{U}_{\mathrm{i2}}\\\tilde{U}_{\mathrm{r2}}&=S_{21}\tilde{U}_{\mathrm{i1}}+S_{22}\tilde{U}_{\mathrm{i2}}\end{aligned}\right\}\tag{7.49}$$

写成矩阵形式为

$$\begin{bmatrix}\tilde{U}_{\mathrm{r1}}\\\tilde{U}_{\mathrm{r2}}\end{bmatrix}=\begin{bmatrix}S_{11}&S_{12}\\S_{21}&S_{22}\end{bmatrix}\begin{bmatrix}\tilde{U}_{\mathrm{i1}}\\\tilde{U}_{\mathrm{i2}}\end{bmatrix}\tag{7.50}$$

或简写成

$$[\tilde{U}_{\mathrm{r}}]=[\boldsymbol{S}][\tilde{U}_{\mathrm{i}}]\tag{7.51}$$

式（7.51）中，［$\boldsymbol{S}$］为散射矩阵。$S_{11}$、$S_{12}$、$S_{21}$ 和 $S_{22}$ 为散射参量，由式（7.50）可以导出这些参量的定义。$S_{11}=\left.\dfrac{\tilde{U}_{\mathrm{r1}}}{\tilde{U}_{\mathrm{i1}}}\right|_{\tilde{U}_{\mathrm{i2}}=0}$ 表示 $T_2$ 面接匹配负载时，$T_1$ 面上的反射系数；$S_{12}=\left.\dfrac{\tilde{U}_{\mathrm{r1}}}{\tilde{U}_{\mathrm{i2}}}\right|_{\tilde{U}_{\mathrm{i1}}=0}$ 表

示 $T_1$ 面接匹配负载时，$T_2$ 面至 $T_1$ 面的电压传输系数；$S_{21}=\left.\dfrac{\tilde{U}_{r2}}{\tilde{U}_{i1}}\right|_{\tilde{U}_{i2}=0}$ 表示 $T_2$ 面接匹配负载时，$T_1$ 面至 $T_2$ 面的电压传输系数；$S_{22}=\left.\dfrac{\tilde{U}_{r2}}{\tilde{U}_{i2}}\right|_{\tilde{U}_{i1}=0}$ 表示 $T_1$ 面接匹配负载时，$T_2$ 面上的反射系数。

用散射参数表示网络的反射系数和传输特性是非常方便的，因此它是微波网络中最常用的一种参数。

**例 7.1** 求图 7.4 所示的一段均匀无耗传输线的［$\boldsymbol{S}$］参数。

**解** 此传输线可以视为二端口网络。由定义可知

$$S_{11}=\left.\frac{\tilde{U}_{r1}}{\tilde{U}_{i1}}\right|_{\tilde{U}_{i2}=0}$$

当 $T_2$ 面接匹配负载时，端口 1 无反射；也即 $\tilde{U}_{r1}=0$，所以 $S_{11}=0$。

又由定义有

$$S_{12}=\left.\frac{\tilde{U}_{r1}}{\tilde{U}_{i2}}\right|_{\tilde{U}_{i1}=0}$$

当 $T_1$ 面接匹配负载时，$T_2$ 面的电压入射波到 $T_1$ 面后无反射，为行波；也即 $|\tilde{U}_{r1}|=|\tilde{U}_{i2}|$，相位滞后。所以有

$$S_{12}=\left.\frac{\tilde{U}_{r1}}{\tilde{U}_{i2}}\right|_{\tilde{U}_{i1}=0}=e^{-j\theta}$$

由于网络结构对称，有 $S_{11}=S_{22}$、$S_{12}=S_{21}$，于是得到

$$[\boldsymbol{S}]=\begin{bmatrix}0 & e^{-j\theta}\\ e^{-j\theta} & 0\end{bmatrix} \tag{7.52}$$

**例 7.2** 图 7.5 中，已知二端口网络的散射矩阵［$\boldsymbol{S}$］及负载反射系数 $\Gamma_2$，求其输入端的输入反射系数和输入阻抗。

**解** 二端口网络的散射矩阵方程为

$$\left.\begin{aligned}\tilde{U}_{r1}&=S_{11}\tilde{U}_{i1}+S_{12}\tilde{U}_{i2}\\ \tilde{U}_{r2}&=S_{21}\tilde{U}_{i1}+S_{22}\tilde{U}_{i2}\end{aligned}\right\}$$

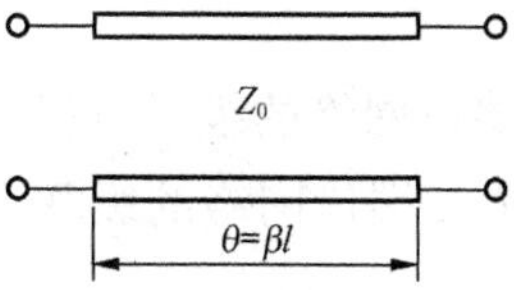

$Z_0$

$\theta=\beta l$

图 7.4 例 7.1 用图

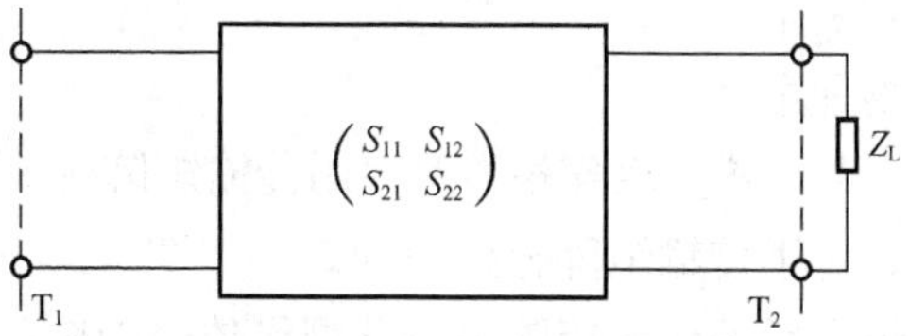

$\begin{pmatrix}S_{11} & S_{12}\\ S_{21} & S_{22}\end{pmatrix}$ $Z_L$ $T_1$ $T_2$

图 7.5 例 7.2 用图

考虑到 $\tilde{U}_{i2}=\Gamma_2\tilde{U}_{r2}$，并代入上式，有

$$\left.\begin{aligned}\tilde{U}_{r1}&=S_{11}\tilde{U}_{i1}+S_{12}\Gamma_2\tilde{U}_{r2}\\\tilde{U}_{r2}&=S_{21}\tilde{U}_{i1}+S_{22}\Gamma_2\tilde{U}_{r2}\end{aligned}\right\}$$

解得此方程组为

$$\tilde{U}_{r1}=\left(S_{11}+\frac{S_{12}S_{21}\Gamma_2}{1-S_{22}\Gamma_2}\right)\tilde{U}_{i1}$$

故得输入端反射系数为

$$\Gamma_1=\frac{\tilde{U}_{r1}}{\tilde{U}_{i1}}=S_{11}+\frac{S_{12}S_{21}\Gamma_2}{1-S_{22}\Gamma_2}$$

归一化输入阻抗为

$$\tilde{Z}_{in}=\frac{1+\Gamma_1}{1-\Gamma_1}=\frac{1+S_{11}-S_{22}\Gamma_2-(S_{11}S_{22}-S_{12}S_{21})\Gamma_2}{1-S_{11}-S_{22}\Gamma_2+(S_{11}S_{22}-S_{12}S_{21})\Gamma_2}\tag{7.53}$$

### 5. 传输参量

用$T_2$参考面上的电压入射波和电压反射波表示$T_1$参考面上的电压入射波和电压反射波，网络方程为

$$\left.\begin{aligned}\tilde{U}_{i1}&=T_{11}\tilde{U}_{r2}+T_{12}\tilde{U}_{i2}\\\tilde{U}_{r1}&=T_{21}\tilde{U}_{r2}+T_{22}\tilde{U}_{i2}\end{aligned}\right\}\tag{7.54}$$

写成矩阵形式为

$$\begin{bmatrix}\tilde{U}_{i1}\\\tilde{U}_{r1}\end{bmatrix}=\begin{bmatrix}T_{11}&T_{12}\\T_{21}&T_{22}\end{bmatrix}\begin{bmatrix}\tilde{U}_{r2}\\\tilde{U}_{i2}\end{bmatrix}\tag{7.55}$$

其中

$$[\boldsymbol{T}]=\begin{bmatrix}T_{11}&T_{12}\\T_{21}&T_{22}\end{bmatrix}\tag{7.56}$$

式（7.56）中，[$\boldsymbol{T}$] 为传输矩阵。由式（7.55）可以得到传输参量$T_{11}$的定义为，$T_{11}=\left.\frac{\tilde{U}_{i1}}{\tilde{U}_{r2}}\right|_{\tilde{U}_{i2}=0}=\frac{1}{S_{21}}$表示$T_2$面接匹配负载时，$T_1$面到$T_2$面的电压传输系数；其余参量没有直观的物理意义。

与 [$\boldsymbol{A}$] 矩阵相类似，用传输矩阵 [$\boldsymbol{T}$] 讨论几个二端口网络的级联也很方便。不难证明，对于传输矩阵分别为 $[\boldsymbol{T}]_1$，$[\boldsymbol{T}]_2$，…，$[\boldsymbol{T}]_n$ 的 $n$ 个二端口网络的级联，同样可以得到组合后的传输矩阵为各分网络传输矩阵的乘积，即

$$[\boldsymbol{T}]=[\boldsymbol{T}]_1[\boldsymbol{T}]_2\cdots[\boldsymbol{T}]_n\tag{7.57}$$

### 7.3.2 各种网络参量的互相转换

前面讨论的5种网络参量可以用来表征同一微波网络，因此它们可以相互转换。在微波网络的分析与综合中，常用到网络参量之间的转换。

#### 1. 网络参量 [**Z**]、[**Y**]、[**A**] 之间的转换

[**Z**]、[**Y**]、[**A**] 均是表征电压和电流之间关系的网络参量，因此它们之间的相互关系容易导出。例如，将式（7.27）中的电压 $U_1$ 和 $U_2$ 作自变量，电流 $I_1$ 和 $I_2$ 作因变量，可以得到

$$\left.\begin{aligned} I_1 &= \frac{Z_{22}}{Z_{11}Z_{22}-Z_{12}Z_{21}}U_1 + \frac{-Z_{12}}{Z_{11}Z_{22}-Z_{12}Z_{21}}U_2 \\ I_2 &= \frac{-Z_{21}}{Z_{11}Z_{22}-Z_{12}Z_{21}}U_1 + \frac{Z_{11}}{Z_{11}Z_{22}-Z_{12}Z_{21}}U_2 \end{aligned}\right\} \tag{7.58}$$

将式（7.58）与式（7.33）相比较，便能得到导纳参量与阻抗参量之间的转换公式。按照类似的方法可以得到二端口网络 [**Z**]、[**Y**]、[**A**] 3种网络参量之间的转换公式。

#### 2. 网络参量 [**S**]、[**T**] 之间的转换

[**S**]、[**T**] 均是表征入射电压和反射电压之间关系的网络参量，因此它们之间的相互关系也容易导出。例如，将式（7.49）中的 $\tilde{U}_{i2}$和 $\tilde{U}_{r2}$作自变量，$\tilde{U}_{i1}$和 $\tilde{U}_{r1}$作因变量，可以得到

$$\left.\begin{aligned} \tilde{U}_{i1} &= \frac{1}{S_{21}}\tilde{U}_{r2} - \frac{S_{22}}{S_{21}}\tilde{U}_{i2} \\ \tilde{U}_{r1} &= \frac{S_{11}}{S_{21}}\tilde{U}_{r2} - \frac{S_{11}S_{22}-S_{12}S_{21}}{S_{21}}\tilde{U}_{i2} \end{aligned}\right\} \tag{7.59}$$

将式（7.59）与式（7.54）相比较，便能得到散射参量与传输参量之间的转换公式（见表7.1）。

#### 3. 网络参量 [**Z**]、[**Y**]、[**A**] 与网络参量 [**S**]、[**T**] 之间的转换

在二端口网络 $T_1$ 和 $T_2$ 两个参考面上，电压 $\tilde{U}_1$ 和 $\tilde{U}_2$ 及电流 $\tilde{I}_1$ 和 $\tilde{I}_2$ 可以表示为

$$\tilde{U}_1 = \tilde{U}_{i1} + \tilde{U}_{r1}, \tilde{U}_2 = \tilde{U}_{i2} + \tilde{U}_{r2} \tag{7.60}$$

$$\tilde{I}_1 = \tilde{U}_{i1} - \tilde{U}_{r1}, \tilde{I}_2 = \tilde{U}_{i2} - \tilde{U}_{r2} \tag{7.61}$$

将式（7.60）和式（7.61）代入式（7.31），得到

$$\left.\begin{aligned} \tilde{U}_{i1} + \tilde{U}_{r1} &= \tilde{Z}_{11}(\tilde{U}_{i1} - \tilde{U}_{r1}) + \tilde{Z}_{12}(\tilde{U}_{i2} - \tilde{U}_{r2}) \\ \tilde{U}_{i2} + \tilde{U}_{r2} &= \tilde{Z}_{21}(\tilde{U}_{i1} - \tilde{U}_{r1}) + \tilde{Z}_{22}(\tilde{U}_{i2} - \tilde{U}_{r2}) \end{aligned}\right\} \tag{7.62}$$

将式（7.62）中的$\tilde{U}_{i1}$和$\tilde{U}_{i2}$作自变量，$\tilde{U}_{r1}$和$\tilde{U}_{r2}$作因变量，可以得到

$$
\left.\begin{aligned}
\tilde{U}_{r1} &= \frac{(\tilde{Z}_{11}-1)(\tilde{Z}_{22}+1)-\tilde{Z}_{12}\tilde{Z}_{21}}{(\tilde{Z}_{11}+1)(\tilde{Z}_{22}+1)-\tilde{Z}_{12}\tilde{Z}_{21}}\tilde{U}_{i1}+\frac{2\tilde{Z}_{12}}{(\tilde{Z}_{11}+1)(\tilde{Z}_{22}+1)-\tilde{Z}_{12}\tilde{Z}_{21}}\tilde{U}_{i2} \\
\tilde{U}_{r2} &= \frac{2\tilde{Z}_{21}}{(\tilde{Z}_{11}+1)(\tilde{Z}_{22}+1)-\tilde{Z}_{12}\tilde{Z}_{21}}\tilde{U}_{i1}+\frac{(\tilde{Z}_{11}+1)(\tilde{Z}_{22}-1)-\tilde{Z}_{12}\tilde{Z}_{21}}{(\tilde{Z}_{11}+1)(\tilde{Z}_{22}+1)-\tilde{Z}_{12}\tilde{Z}_{21}}\tilde{U}_{i2}
\end{aligned}\right\} \tag{7.63}
$$

将式（7.63）与式（7.49）相比较，便能得到阻抗参量与散射参量之间的转换公式。

按照类似的方法可以得到二端口网络［$\boldsymbol{Z}$］、［$\boldsymbol{Y}$］、［$\boldsymbol{A}$］与［$\boldsymbol{S}$］、［$\boldsymbol{T}$］网络参量之间的转换公式（见表 7.1）。

**表 7.1　　二端口网络五种网络矩阵参量之间的转换**

| | [Z] | [Y] | [A] | [S] | [T] |
|---|---|---|---|---|---|
| [Z] | $\begin{bmatrix} z_{11} & z_{12} \\ z_{21} & z_{22} \end{bmatrix}$ | $\frac{1}{\lvert z\rvert}\begin{bmatrix} z_{22} & -z_{12} \\ -z_{21} & z_{11} \end{bmatrix}$ | $\frac{1}{z_{21}}\begin{bmatrix} z_{11} & \lvert z\rvert \\ 1 & z_{22} \end{bmatrix}$ | $\frac{1}{(1+z_{11})(1+z_{22})-z_{12}z_{21}}\cdot\begin{bmatrix} (z_{11}-1)(z_{22}+1)-z_{12}z_{21}, \\ 2z_{21}, \\ 2z_{12} \\ (1+z_{11})(z_{22}-1)-z_{12}z_{21} \end{bmatrix}$ | $\frac{1}{2z_{21}}\cdot\begin{bmatrix} (1+z_{11})(1+z_{22})-z_{12}z_{21}, \\ (z_{11}-1)(1+z_{22})-z_{12}z_{21}, \\ (1+z_{11})(1-z_{22})+z_{12}z_{21} \\ (z_{11}-1)(1-z_{22})+z_{12}z_{21} \end{bmatrix}$ |
| | [Z] | [Y] | [A] | [S] | [T] |
| [Y] | $\frac{1}{\lvert y\rvert}\begin{bmatrix} y_{22} & -y_{12} \\ -y_{21} & y_{11} \end{bmatrix}$ | $\begin{bmatrix} y_{11} & y_{12} \\ y_{21} & y_{22} \end{bmatrix}$ | $\frac{-1}{y_{21}}\begin{bmatrix} y_{22} & 1 \\ \lvert y\rvert & y_{11} \end{bmatrix}$ | $\frac{1}{(1+y_{11})(1+y_{22})-y_{12}y_{21}}\cdot\begin{bmatrix} (1-y_{11})(1+y_{22})+y_{12}y_{21}, \\ -2y_{21}, \\ -2y_{12} \\ (1+y_{11})(1-y_{22})+y_{12}y_{21} \end{bmatrix}$ | $\frac{-1}{2y_{21}}\cdot\begin{bmatrix} (1+y_{11})(1+y_{22})-y_{12}y_{21}, \\ (1-y_{11})(1+y_{22})+y_{12}y_{21}, \\ -(1+y_{11})(1-y_{22})-y_{12}y_{21} \\ -(1-y_{11})(1-y_{22})+y_{12}y_{21} \end{bmatrix}$ |
| [A] | $\frac{1}{a_{21}}\begin{bmatrix} a_{11} & \lvert a\rvert \\ 1 & a_{22} \end{bmatrix}$ | $\frac{1}{a_{12}}\begin{bmatrix} a_{22} & -\lvert a\rvert \\ -1 & a_{11} \end{bmatrix}$ | $\begin{bmatrix} a_{11} & a_{12} \\ a_{21} & a_{22} \end{bmatrix}$ | $\frac{1}{a_{11}+a_{12}+a_{21}+a_{22}}\cdot\begin{bmatrix} a_{11}+a_{12}-a_{21}-a_{22}, \\ 2, \\ 2\lvert a\rvert \\ -a_{11}+a_{12}-a_{21}+a_{22} \end{bmatrix}$ | $\frac{1}{2}\cdot\begin{bmatrix} a_{11}+a_{12}+a_{21}+a_{22}, \\ a_{11}+a_{12}-a_{21}-a_{22}, \\ a_{11}-a_{12}+a_{21}-a_{22} \\ a_{11}-a_{12}-a_{21}+a_{22} \end{bmatrix}$ |
| [S] | $\frac{1}{(1-S_{11})(1-S_{22})-S_{12}S_{21}}\cdot\begin{bmatrix} (1+S_{11})(1-S_{22})+S_{12}S_{21}, \\ 2S_{21}, \\ 2S_{12} \\ (1-S_{11})(1+S_{22})+S_{12}S_{21} \end{bmatrix}$ | $\frac{1}{(1+S_{11})(1+S_{22})-S_{12}S_{21}}\cdot\begin{bmatrix} (1-S_{11})(1+S_{22})+S_{12}S_{21}, \\ -2S_{21}, \\ -2S_{12} \\ (1+S_{11})(1-S_{22})+S_{12}S_{21} \end{bmatrix}$ | $\frac{1}{2S_{21}}\cdot\begin{bmatrix} (1+S_{11})(1-S_{22})+S_{12}S_{21}, \\ (1-S_{11})(1-S_{22})-S_{12}S_{21}, \\ (1+S_{11})(1+S_{22})-S_{12}S_{21}, \\ (1-S_{11})(1+S_{22})+S_{12}S_{21} \end{bmatrix}$ | $\begin{bmatrix} S_{11} & S_{12} \\ S_{21} & S_{22} \end{bmatrix}$ | $\frac{1}{S_{21}}\begin{bmatrix} 1 & -S_{22} \\ S_{11} & -\lvert S\rvert \end{bmatrix}$ |
| [T] | $\frac{1}{T_{11}+T_{12}-T_{21}-T_{22}}\cdot\begin{bmatrix} T_{11}+T_{12}+T_{21}+T_{22}, \\ 2, \\ 2\lvert T\rvert \\ T_{11}-T_{12}-T_{21}+T_{22} \end{bmatrix}$ | $\frac{1}{T_{11}-T_{12}+T_{21}-T_{22}}\cdot\begin{bmatrix} T_{11}-T_{12}-T_{21}+T_{22}, \\ -2, \\ -2\lvert T\rvert \\ T_{11}+T_{12}+T_{21}+T_{22} \end{bmatrix}$ | $\frac{1}{2}\cdot\begin{bmatrix} T_{11}+T_{12}+T_{21}+T_{22}, \\ T_{11}+T_{12}-T_{21}-T_{22}, \\ T_{11}-T_{12}+T_{21}-T_{22} \\ T_{11}-T_{12}-T_{21}+T_{22} \end{bmatrix}$ | $\frac{1}{T_{11}}\begin{bmatrix} T_{21} & \lvert T\rvert \\ 1 & -T_{12} \end{bmatrix}$ | $\begin{bmatrix} T_{11} & T_{12} \\ T_{21} & T_{22} \end{bmatrix}$ |

由于转换的具体过程较为麻烦，直接列出表7.1给出的转换公式结果。在表7.1中，有如下关系式：

（1）[z]、[y]、[a] 均为归一化参量，分别代替 $[\tilde{\boldsymbol{Z}}]$、$[\tilde{\boldsymbol{Y}}]$、$[\tilde{\boldsymbol{A}}]$。

（2）表中行列式 $|z| = z_{11}z_{22} - z_{12}z_{21}$、$|y| = y_{11}y_{22} - y_{12}y_{21}$、$|a| = a_{11}a_{22} - a_{12}a_{21}$。

（3）表中行列式 $|\boldsymbol{S}| = S_{11}S_{22} - S_{12}S_{21}$、$|\boldsymbol{T}| = T_{11}T_{22} - T_{12}T_{21}$。

### 7.3.3 二端口网络参量的性质

一般情况下，二端口网络的5种网络矩阵均有4个独立参量，但当网络具有某种特性时，网络的独立参量将减少。下面讨论网络参量的性质。

#### 1. 可逆网络

在7.2.2小节和7.2.3小节曾讨论过可逆网络，可逆网络具有互易特性，即

$$\left.\begin{aligned} Z_{12} &= Z_{21} \\ Y_{12} &= Y_{21} \end{aligned}\right\} \quad 或 \quad \left.\begin{aligned} \tilde{Z}_{12} &= \tilde{Z}_{21} \\ \tilde{Y}_{12} &= \tilde{Y}_{21} \end{aligned}\right\} \tag{7.64}$$

根据5种网络矩阵参量之间的转换公式，可以得到其余几种网络参量的互易特性为

$$A_{11}A_{22} - A_{12}A_{21} = 1 \quad 或 \quad \tilde{A}_{11}\tilde{A}_{22} - \tilde{A}_{12}\tilde{A}_{21} = 1 \tag{7.65}$$

$$S_{12} = S_{21} \tag{7.66}$$

$$T_{11}T_{22} - T_{12}T_{21} = 1 \tag{7.67}$$

结论是，一个可逆二端口网络只有3个独立的参量。

#### 2. 对称网络

在7.2.2小节和7.2.3小节曾指出，一个对称网络具有下列特性

$$Z_{11} = Z_{22}, Y_{11} = Y_{22} \tag{7.68}$$

利用网络矩阵参量之间的转换公式，可以得到其余几种网络参量的对称特性为

$$S_{11} = S_{22} \tag{7.69}$$

$$T_{12} = -T_{21} \tag{7.70}$$

$$A_{11} = A_{22} \tag{7.71}$$

结论是，一个对称二端口网络的两个参考面上的输入阻抗、输入导纳及电压反射系数一一对应相等。

#### 3. 无耗网络

在7.2.2小节和7.2.3小节得到的结论是，无耗网络的阻抗和导纳参量均为虚数，即

$$Z_{ij} = \mathrm{j}X_{ij}, Y_{ij} = \mathrm{j}B_{ij} \tag{7.72}$$

利用网络矩阵参量之间的转换公式，可以得到 $[\boldsymbol{A}]$ 参量的无耗特性为

$$A_{11} \text{ 和 } A_{22} \text{ 为实数}, A_{12} \text{ 和 } A_{21} \text{ 为纯虚数} \tag{7.73}$$

$[\boldsymbol{T}]$ 参量的无耗特性为

$$T_{11} = T_{22}^*, T_{12} = T_{21}^* \tag{7.74}$$

[$\boldsymbol{S}$] 参量的无耗特性为

$$[\boldsymbol{S}^*]^{\mathrm{T}}[\boldsymbol{S}] = [1] \tag{7.75}$$

式（7.75）称为 [$\boldsymbol{S}$] 参量无耗的“么正”条件，式中

$$[\boldsymbol{S}^*]^{\mathrm{T}} = \begin{bmatrix} S_{11}^* & S_{21}^* \\ S_{12}^* & S_{22}^* \end{bmatrix}$$

将式（7.75）展开，可得无耗可逆二端口网络的散射参量具有下列特性

$$|S_{11}| = |S_{22}|, |S_{12}| = \sqrt{1 - |S_{11}|^2} \tag{7.76}$$

若令

$$S_{11} = |S_{11}|\mathrm{e}^{\mathrm{j}\varphi_{11}}, S_{12} = |S_{12}|\mathrm{e}^{\mathrm{j}\varphi_{12}}, S_{21} = |S_{21}|\mathrm{e}^{\mathrm{j}\varphi_{21}}, S_{22} = |S_{22}|\mathrm{e}^{\mathrm{j}\varphi_{22}}$$

则有

$$\varphi_{12} = \frac{1}{2}(\varphi_{11} + \varphi_{22} \pm \pi) \tag{7.77}$$

## 7.4 多端口微波网络的散射矩阵

设多端口网络各端口参考面上的归一化入射波电压为 $\tilde{U}_{\mathrm{i}1}$，$\tilde{U}_{\mathrm{i}2}$，…，$\tilde{U}_{\mathrm{i}n}$，归一化反射波电压为 $\tilde{U}_{\mathrm{r}1}$，$\tilde{U}_{\mathrm{r}2}$，…，$\tilde{U}_{\mathrm{r}n}$，应用叠加原理可以写出多端口网络归一化入射波电压和归一化反射波电压之间关系的线性方程为

$$\left.\begin{aligned} \tilde{U}_{\mathrm{r}1} &= S_{11}\tilde{U}_{\mathrm{i}1} + S_{12}\tilde{U}_{\mathrm{i}2} + \cdots + S_{1n}\tilde{U}_{\mathrm{i}n} \\ \tilde{U}_{\mathrm{r}2} &= S_{21}\tilde{U}_{\mathrm{i}1} + S_{22}\tilde{U}_{\mathrm{i}2} + \cdots + S_{2n}\tilde{U}_{\mathrm{i}n} \\ &\vdots \\ \tilde{U}_{\mathrm{r}n} &= S_{n1}\tilde{U}_{\mathrm{i}1} + S_{n2}\tilde{U}_{\mathrm{i}2} + \cdots + S_{nn}\tilde{U}_{\mathrm{i}n} \end{aligned}\right\} \tag{7.78}$$

写成矩阵形式为

$$\begin{bmatrix} \tilde{U}_{\mathrm{r}1} \\ \tilde{U}_{\mathrm{r}2} \\ \vdots \\ \tilde{U}_{\mathrm{r}n} \end{bmatrix} = \begin{bmatrix} S_{11} & S_{12} & \cdots & S_{1n} \\ S_{21} & S_{22} & \cdots & S_{2n} \\ \vdots & \vdots & & \vdots \\ S_{n1} & S_{n2} & \cdots & S_{nn} \end{bmatrix} \begin{bmatrix} \tilde{U}_{\mathrm{i}1} \\ \tilde{U}_{\mathrm{i}2} \\ \vdots \\ \tilde{U}_{\mathrm{i}n} \end{bmatrix} \tag{7.79}$$

或简写成

$$[\tilde{\boldsymbol{U}}_{\mathrm{r}}] = [\boldsymbol{S}][\tilde{\boldsymbol{U}}_{\mathrm{i}}] \tag{7.80}$$

式（7.80）中，[$\boldsymbol{S}$] 为多端口网络的散射矩阵，其中，$S_{ii}$为其他端口都匹配时端口 $i$ 的反射系数，$S_{ij}$为其他端口都匹配时端口 $j$ 到端口 $i$ 的传输系数。

**例 7.3** 已知某四端口微波元件的散射矩阵为

$$[S]=\frac{1}{\sqrt{2}}\begin{bmatrix}0 & 0 & 1 & 1\\0 & 0 & -1 & 1\\1 & -1 & 0 & 0\\1 & 1 & 0 & 0\end{bmatrix}$$

试分析此微波元件各端口的输入和输出特性。

**解** 由 $S_{11}=S_{12}=S_{21}=S_{22}=0$ 可以得到，在理想情况下，它的四个端口是完全匹配的。

由 $S_{21}=0, S_{31}=\frac{1}{\sqrt{2}}, S_{41}=\frac{1}{\sqrt{2}}$ 可以得到，在端口 1 有输入而其他端口匹配时，端口 2 无输出，端口 3 和端口 4 有输出且输出振幅相同、相位同相。

由 $S_{12}=0, S_{32}=-\frac{1}{\sqrt{2}}, S_{42}=\frac{1}{\sqrt{2}}$ 可以得到，在端口 2 有输入而其他端口匹配时，端口 1 无输出，端口 3 和端口 4 有输出且输出振幅相同、相位反相。

由 $S_{13}=\frac{1}{\sqrt{2}}, S_{23}=-\frac{1}{\sqrt{2}}, S_{43}=0$ 可以得到，在端口 3 有输入而其他端口匹配时，端口 4 无输出，端口 1 和端口 2 有输出且输出振幅相同、相位反相。

由 $S_{14}=\frac{1}{\sqrt{2}}, S_{24}=\frac{1}{\sqrt{2}}, S_{34}=0$ 可以得到，在端口 4 有输入而其他端口匹配时，端口 3 无输出，端口 1 和端口 2 有输出且输出振幅相同、相位同相。

## 7.5 微波网络的工作特性参量

二端口元件是微波系统中应用最多的元件。例如均匀传输线、连接元件、电抗元件、阻抗变化器、相移器、滤波器等都是二端口元件。将上述二端口元件接入传输系统后，相当于在均匀传输线中插入一个二端口网络，其影响可以用一些实际工作特性参量描述。

在进行网络分析时，通常是根据微波结构的尺寸及电路计算网络参量，然后再导出网络的工作特性参量；在进行网络综合时，是根据所需的工作特性参量导出网络参量，再用合适的结构和尺寸实现这个网络参量及工作特性参量。因此，无论是网络分析还是网络综合，都必须了解工作特性参量与网络参量之间的关系。

这里以二端口网络为例讨论工作特性参量。常用的工作特性参量有插入反射系数、插入驻波比、插入衰减、电压传输系数、插入相移等。

### 7.5.1 插入反射系数和插入驻波比

将二端口网络接入传输系统后，其输入端的反射系数不仅与网络参量有关，而且还与输出端所接的负载有关。如图 7.6 所示，在二端口网络的终端接有任意负载，设负载的反射系数为 $\Gamma_1$，有

$$\Gamma_1=\frac{\widetilde{U}_{i2}}{\widetilde{U}_{r2}}$$

网络的散射参量方程为

$$\left.\begin{aligned}\tilde{U}_{r1} &= S_{11}\tilde{U}_{i1} + S_{12}\tilde{U}_{i2}\\ \tilde{U}_{r2} &= S_{21}\tilde{U}_{i1} + S_{22}\tilde{U}_{i2}\end{aligned}\right\}$$

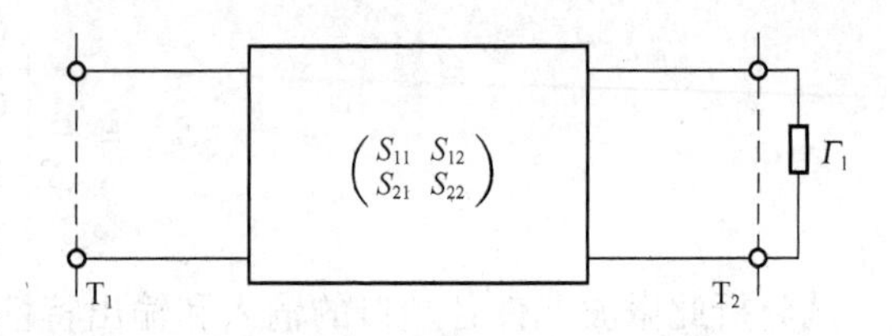


图7.6　接有负载的二端口网络

由上面的3个方程消去 $\tilde{U}_{i2}$、$\tilde{U}_{r2}$，即可得到网络输入端的反射系数为

$$\Gamma_{in} = \frac{\tilde{U}_{r1}}{\tilde{U}_{i1}} = S_{11} + \frac{S_{12}S_{21}\Gamma_1}{1 - S_{22}\Gamma_1} \tag{7.81}$$

如果网络输出端接匹配负载，则 $\Gamma_1 = 0$，这时输入端的反射系数称为插入反射系数，用 $\Gamma_i$ 表示，其为

$$\Gamma_i = S_{11} \tag{7.82}$$

由上面讨论可以看出，插入反射系数 $\Gamma_i$ 与输入反射系数 $\Gamma_{in}$ 是有区别的。有时也用插入驻波比表示工作特性。插入驻波比定义为网络输出端接匹配负载时输入端的驻波比。插入驻波比与插入反射系数的关系为

$$\rho = \frac{1 + |\Gamma_i|}{1 - |\Gamma_i|} \tag{7.83}$$

### 7.5.2　电压传输系数

电压传输系数定义为，网络输出端接匹配负载时，网络输出端参考面上的反射波电压与输入端参考面上的入射波电压之比，其为

$$T = \left.\frac{\tilde{U}_{r2}}{\tilde{U}_{i1}}\right|_{\tilde{U}_{i2}=0} \tag{7.84}$$

根据散射参量的定义，式（7.84）即为网络参量 $S_{21}$ 的定义，即

$$T = S_{21} \tag{7.85}$$

### 7.5.3　插入衰减

插入衰减 $A$ 定义为，网络输出端接匹配负载时，网络输入端的入射波功率 $P_i$ 和负载吸收功率 $P_1$ 之比。为

$$A = \left.\frac{P_i}{P_1}\right|_{\tilde{U}_{i2}=0} \tag{7.86}$$

又因为

$$P_i = \frac{1}{2}|\tilde{U}_{i1}|^2, P_1 = \frac{1}{2}|\tilde{U}_{r2}|^2$$

所以

$$A = \frac{|\tilde{U}_{i1}|^2}{|\tilde{U}_{r2}|^2} = \frac{1}{|S_{21}|^2} = \frac{1}{|T|^2} \tag{7.87}$$

可见，插入衰减等于电压传输系数平方的倒数。式（7.87）若用分贝表示，为

$$L = 10\lg A = 10\lg \frac{1}{|S_{21}|^2}\ \text{dB} \tag{7.88}$$

对于可逆二端口网络，$S_{21} = S_{12}$，式（7.87）成为

$$A = \frac{1}{|S_{21}|^2} = \frac{1-|S_{11}|^2}{|S_{12}|^2}\frac{1}{1-|S_{11}|^2} = A_1A_2 \tag{7.89}$$

或用分贝表示，为

$$L = 10\lg A = 10\lg \frac{1-|S_{11}|^2}{|S_{12}|^2} + 10\lg \frac{1}{1-|S_{11}|^2} = (L_1 + L_2)\ \text{dB} \tag{7.90}$$

对于无耗网络，因为$1 - |S_{11}|^2 = |S_{12}|^2$，所以

$$L_1 = 0\ \text{dB}$$

由上面的分析可以得到，$A_1$ 表示网络损耗引起的吸收衰减，$A_2$ 表示网络输入端与外接传输线不匹配引起的反射衰减。如果输入端理想匹配，即 $S_{11} = 0$，则

$$A_2 = 1$$

即

$$L_2 = 0\ \text{dB}$$

因此，对输入端不匹配的有耗网络来说，网络的插入衰减等于网络的吸收衰减与网络的反射衰减之和。

### 7.5.4 插入相移

插入相移 $\theta$ 定义为，网络输出端接匹配负载时，网络输出端的反射波电压对输入端的入射波电压的相移。因此插入相移也是电压传输系数的相位角，即

$$\theta = \arg T = \arg S_{21} \tag{7.91}$$

对于可逆二端口网络，有

$$S_{21} = S_{12} = T$$

因此

$$S_{21} = S_{12} = T = |T|e^{j\theta} = |S_{12}|e^{j\varphi_{12}} = |S_{21}|e^{j\varphi_{21}}$$

于是得到

$$\theta = \varphi_{12} = \varphi_{21} \tag{7.92}$$

## 本 章 小 结

微波系统是由微波传输线和微波元件组成的，微波传输线和微波元件可以用等效电路来描述，于是复杂的微波系统就可以用微波网络理论来求解。微波系统工作特性的研究方法有两个：一是应用麦克斯韦方程和元件的边界条件，求出其内部场的分布情况；一是把微波传输线和微波元件等效为微波网络，用网络的方法进行分析。微波网络理论将电磁理论和低频网络理论相结合，用网络参数研究微波系统，不仅计算简便，而且易于测量，在微波工程中应用十分广泛，是研究微波系统的一种常用方法。

本章首先讨论导波系统的等效传输线和微波元件的等效网络。在电路理论中，电压和电流不仅有明确的物理意义，而且可以直接测量；但当频率提高到微波频率以后，情况就不同了，在微波频率下不仅可以传输 TEM 波，而且可以传输 TE 和 TM 波（如金属波导等），对非 TEM 波电压和电流已失去意义，更无法进行测量。因此，在微波系统中任何导波系统都需要等效为双线，在等效双线上，电压用导波系统的模式电压表示、电流用导波系统的模式电流表示，等效双线上传输的功率与导波系统传输的功率相同。任何微波元件都可以等效为微波网络，研究微波网络首先必须确定参考面，微波网络就是由这些参考面所包围的区域，微波网络仅仅需要研究各端口参考面上的模式电压和模式电流，即可反映出整个网络内部的电特性。微波网络符合唯一性定理和叠加定理，并可以将微波网络分为线性与非线性网络、可逆与不可逆网络、有耗与无耗网络、对称与非对称网络。

按所连接传输线数目的多少，微波网络分为单端口、二端口、三端口及四端口网络。表征微波网络的参量有两大类，第一类网络参量反映参考面上电压和电流的关系，称其为微波网络的电路特性参量；第二类网络参量反映参考面上入射波电压和反射波电压的关系，称其为微波网络的波特性参量。微波网络的电路特性参量有阻抗参量、导纳参量和转移参量3种，分别对应阻抗矩阵［$\boldsymbol{Z}$］、导纳矩阵［$\boldsymbol{Y}$］及转移矩阵［$\boldsymbol{A}$］；微波网络的波特性参量为散射参量和传输参量，分别对应散射矩阵［$\boldsymbol{S}$］和传输矩阵［$\boldsymbol{T}$］。上述5种网络参量可以用来表征同一微波网络，它们可以相互转换。在上述5种网络参量中，最重要的是散射参量［$\boldsymbol{S}$］，散射参量［$\boldsymbol{S}$］可以表示网络的反射系数和传输特性，是微波网络中最常用的一种参量。

二端口元件是微波系统中应用最多的元件，将二端口元件接入传输系统后，相当于在均匀传输线中插入一个二端口网络，其影响可以用工作特性参量来描述。在进行网络分析时，通常是首先计算网络参量，然后再导出网络的工作特性参量；在进行网络综合时，通常是首先根据工作特性参量导出网络参量，然后再去实现这个网络参量。因此，无论是网络分析还是网络综合，都必须了解工作特性参量与网络参量之间的关系。常用的工作特性参量有插入反射系数、插入驻波比、插入衰减、电压传输系数、插入相移等。

## 习　题

7.1　什么是微波网络理论？用网络观点研究问题的优点是什么？

7.2　将导波系统等效为双线的条件是什么？

7.3　等效双线中的模式电压和模式电流可以唯一确定吗？为什么要引入归一化阻抗的概念？

7.4　归一化电压和归一化电流的定义是什么？

7.5　微波网络参考面的选择有什么条件？网络参考面位置如果改变，网络的参数也随之改变吗？

7.6　微波网络电路特性参量反映了参考面上电压和电流的关系，其对应的是阻抗矩阵［$\boldsymbol{Z}$］、导纳矩阵［$\boldsymbol{Y}$］及转移矩阵［$\boldsymbol{A}$］。写出二端口网络［$\boldsymbol{Z}$］、［$\boldsymbol{Y}$］及［$\boldsymbol{A}$］的定义，并说明其意义。

7.7　微波网络的波特性参量反映了参考面上入射波电压和反射波电压的关系，其对应的是散射矩阵［$\boldsymbol{S}$］及传输矩阵［$\boldsymbol{T}$］。写出二端口网络［$\boldsymbol{S}$］及［$\boldsymbol{T}$］的定义，并说明其意义。

7.8 用［$\boldsymbol{Z}$］、［$\boldsymbol{Y}$］、［$\boldsymbol{A}$］、［$\boldsymbol{S}$］及［$\boldsymbol{T}$］参量分别表示互易二端口网络和对称二端口网络。

7.9 可逆二端口网络 $T_2$ 参考面接负载 $Z_1$，证明 $T_1$ 参考面处的输入阻抗为

$$Z_{in} = Z_{11} - \frac{Z_{12}^2}{Z_{22} + Z_1}$$

7.10 求题图 7.1 所示的二端口网络的散射矩阵参量。

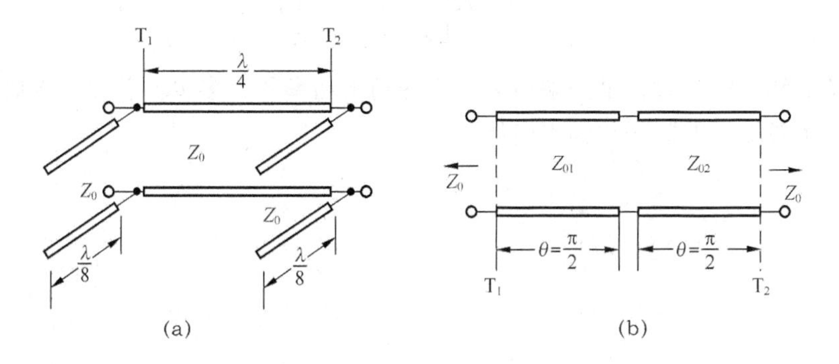


题图 7.1

7.11 如题图 7.2 所示，可逆、对称、无耗二端口网络参考面 $T_2$ 接匹配负载，测得距参考面 $T_1$ 距离为 $l = 0.125\lambda$ 处是电压波节，驻波比 $\rho = 1.5$，求二端口网络的散射参量矩阵。

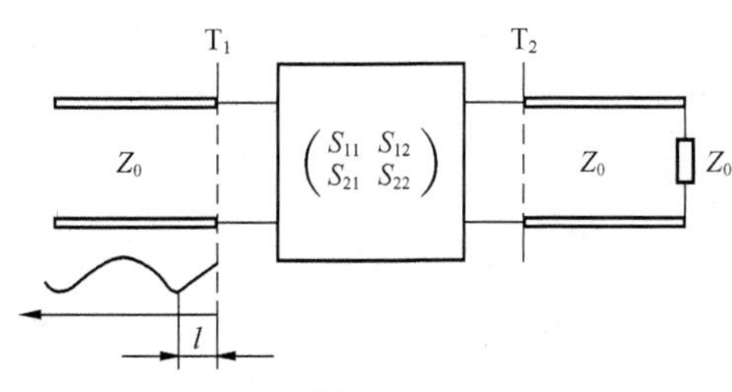


题图 7.2

7.12 已知二端口网络的散射矩阵参量为

$$[\boldsymbol{S}] = \begin{bmatrix} 0.2e^{j\frac{3}{2}\pi} & 0.98e^{j\pi} \\ 0.98e^{j\pi} & 0.2e^{j\frac{3}{2}\pi} \end{bmatrix}$$

求二端口网络的插入相移 $\theta$、插入衰减 $L$、电压传输系数 $T$ 和输入驻波比 $\rho$。

7.13 已知二端口网络的散射矩阵参量为 $[\boldsymbol{S}] = \begin{bmatrix} S_{11} & S_{12} \\ S_{21} & S_{22} \end{bmatrix}$，求：

（1）端口 2 匹配时，端口 1 的反射系数；

（2）端口 2 接反射系数为 $\Gamma_2$ 的负载时，端口 1 的反射系数；

（3）端口 1 匹配时，端口 2 的驻波比。

7.14　测量二端口网络，得到散射矩阵参量为

$$[\boldsymbol{S}]=\begin{bmatrix}0.1e^{j0} & 0.8e^{j\frac{\pi}{2}}\\ 0.8e^{j\frac{\pi}{2}} & 0.1e^{j0}\end{bmatrix}$$

求测量数据能否确定此网络是互易和无耗的？

7.15　有一无耗四端口网络，各端口均接以匹配负载，已知其散射矩阵为

$$[\boldsymbol{S}]=\frac{1}{\sqrt{2}}\begin{bmatrix}0 & 1 & 0 & j\\ 1 & 0 & j & 0\\ 0 & j & 0 & 1\\ j & 0 & 1 & 0\end{bmatrix}$$

当微波功率从1端口输入时，试问端口2～4的输出功率各为多少？若以1端口归一化输入电压为基准，求各端口的归一化输出电压。

# 第8章 常用微波元件

任何一个微波系统都是由传输线以及许多作用不同的微波元件组成的。微波元件分微波无源元件和微波有源元件两类，本章只介绍微波技术中常用的微波无源元件。

微波元件的种类很多，可以按照不同的方式分类。按照传输线类型可以分为波导型、同轴线型和微带线型等；按照变换的性质可以分为线性互易元件、线性非互易元件和非线性元件等；按照工作波型可以分为单模元件和多模元件；按照功能可以分为连接元件、分支元件、终端元件、匹配元件、衰减元件、相移元件、定向耦合器、微波谐振器和微波滤波器等。

本章将对常用的微波元件做简单介绍，使读者对这些元件有所了解，同时也为学习微波其他领域的相关内容打下基础。绝大部分微波元件的分析与设计，都是采用网络的方法讨论的，因此等效电路和网络参量是研究微波元件的基本方法。

## 8.1 波导中的电抗元件

在微波元件中，电抗元件分为感性电抗元件及容性电抗元件两种。电抗元件在滤波电路和谐振电路中起着重要作用。本节介绍波导中的电抗元件。

### 1. 电容膜片

在矩形波导某截面处，沿波导宽边放入与波导等宽、导电性能良好的金属薄片，就构成了电容膜片，如图8.1（a）和图8.1（b）所示。理论分析可以得出，对称电容膜片的归一化电纳为

$$\tilde{B} = \frac{4b}{\lambda_p}\ln\left(\csc\frac{\pi b'}{2b}\right) \tag{8.1}$$

波导宽壁上的纵向电流到达膜片时，要流入膜片，因而在膜片上会积聚电荷。膜片上的电荷使膜片周围的电场增强，导致储存的电能增加，这相当于在横截面处并接一个电容器，因此这种膜片称为电容膜片，其等效电路如图8.1（c）所示。

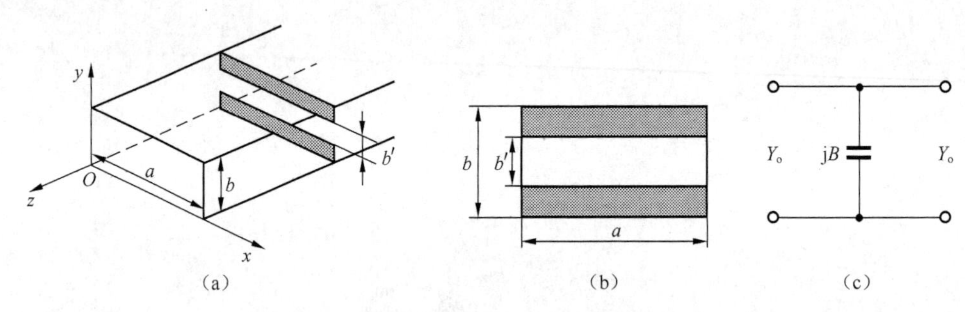


图 8.1　矩形波导中的电容膜片及等效电路

## 2. 电感膜片

图 8.2 示出了电感膜片的结构图和等效电路。当波导宽壁上的纵向电流到达膜片时，膜片上会有电流通过，并在其周围产生磁场，聚集磁能，这相当于在横截面处并接一个电感，因此，这种膜片称为电感膜片。

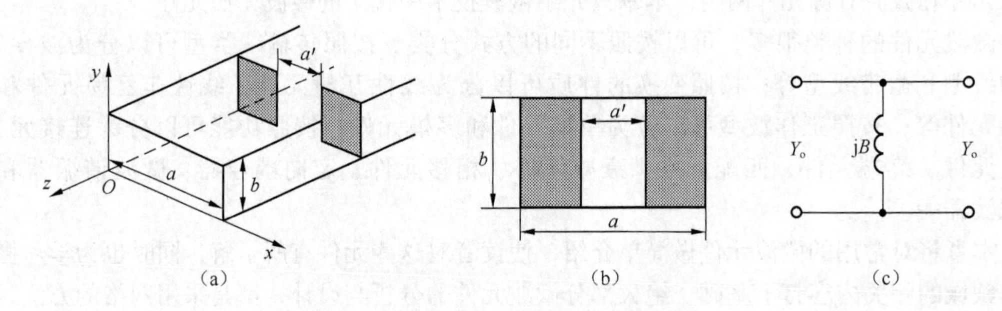


图 8.2　矩形波导中的电感膜片及等效电路

对称电感膜片的归一化电纳近似为

$$\tilde{B} = -\frac{\lambda_P}{a}\cot^2\frac{\pi a'}{2a} \tag{8.2}$$

## 3. 谐振窗

将电容膜片和电感膜片组合起来，就构成谐振窗，结构如图 8.3（a）所示。谐振窗相当于由一个电感和一个电容构成的并联谐振电路，其等效电路如图 8.3（b）所示。

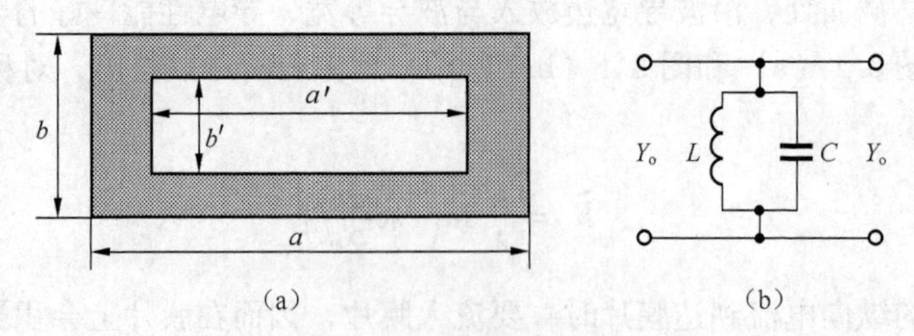


图 8.3　谐振窗及等效电路

谐振窗对某个工作频率谐振。当工作频率等于谐振频率时，电场能量和磁场能量相等，并联电纳为 0，信号可以无反射地通过谐振窗，即为匹配状态。当谐振窗处于失谐状态时，若工作频率小于谐振频率，并联回路呈感性；若工作频率大于谐振频率，并联回路呈容性。这两种情况都会对波导中传输的波产生较大的反射。

谐振窗的谐振波长为

$$\lambda = 2a'\sqrt{\frac{\varepsilon_r - \left(\frac{ab'}{a'b}\right)^2}{1 - (b'/b)^2}} \tag{8.3}$$

4. 销钉

矩形波导中一根或多根垂直对穿波导宽壁的金属圆棒称为电感销钉，如图 8.4 所示。销钉上有电流通过，因而在销钉周围产生磁场，使销钉呈感性电抗。销钉的直径越大，感抗越小；直径越小，感抗越大。显然，图 8.4（b）所示的 3 根销钉的感抗比图 8.4（a）所示的一根销钉的感抗小。

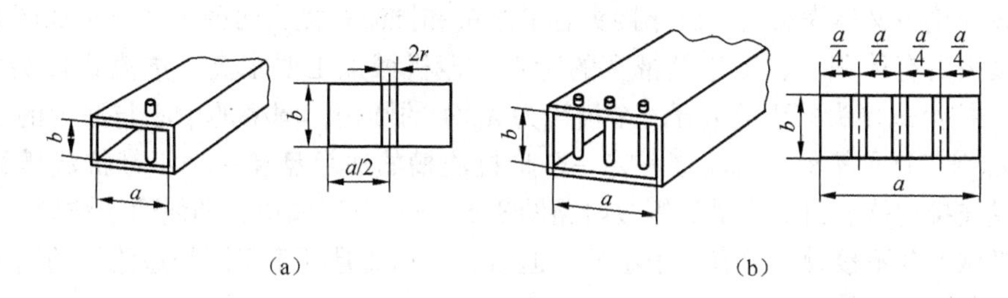


图 8.4　销钉

5. 调谐螺钉

膜片和销钉在波导中的位置和尺寸不易调整，故只能作固定电抗元件使用。而螺钉插入波导的深度可以调节，电纳的性质和大小也随之改变。螺钉使用方便，是小功率微波设备中常采用的调谐和匹配元件。

螺钉的结构和等效电路如图 8.5 所示。当螺钉插入波导时，一方面螺钉会聚集电场，具有电容的性质；另一方面波导宽壁的轴向电流会流进螺钉，产生磁场，螺钉又具有电感性质。当螺钉插入较浅时，电容性质大于电感性质，可调螺钉的等效电路为可变电容器；当螺钉插入深度约为 $\lambda/4$ 时，感抗和容抗相等，产生串联谐振；当螺钉插入深度继续加大时，电感性质大于电容性质，可调螺钉的等效电路为可变电感器。通常情况下，螺钉只工作在容性范围内。

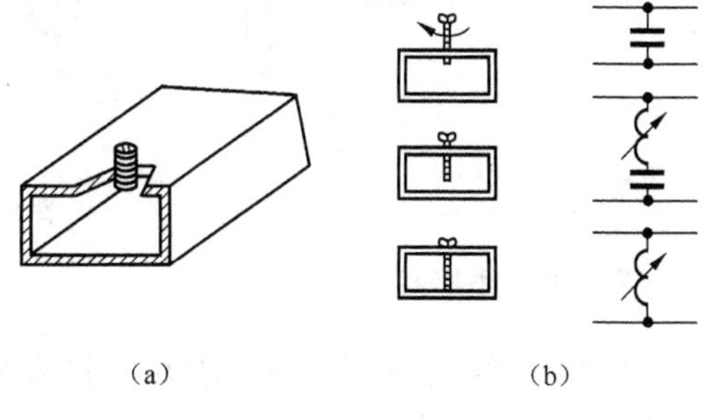


图 8.5　螺钉及等效电路

## 8.2　连接元件

连接元件包含接头和转接元件。将相同类型的传输线连接在一起的微波元件统称为接头。常用的接头有波导接头和同轴接头。将不同类型的传输线连接在一起的微波元件称为转接元件，又称为转换器或变换元件。最常用的有同轴线和波导、同轴线和微带线、波导和微带线间的转接元件。在微波传输系统中，信号源和负载之间常用一种或几种不同类型或规格的传输线，同时还使用起各种不同作用的微波元件，为了将传输线段和微波元件依次连接为一个完整系统，就需要各种接头和各种转接元件。连接元件是构成微波传输系统不可缺少的元件。

### 8.2.1 接头

对接头的基本要求是，连接点接触可靠，不泄露电磁能量；不引起电磁反射，输入驻波比尽可能小；工作频带宽；结构牢靠，装拆方便；容易加工。

#### 1. 波导接头

矩形波导接头又称为法兰。波导接头有平接头和抗流式接头两种。平接头如图8.6（a）所示。平接头具有体积小、工作频带宽的特点，但机械加工要求高。抗流式接头如图8.6（b）所示。抗流式接头的法兰上开一个槽深为$\lambda_0/4$的圆槽，圆槽的中心与波导的宽壁中心距离也为$\lambda_0/4$，这种槽称为抗流槽。将一个带抗流槽的法兰盘和一个不带抗流槽的法兰盘对接则完成连接功能。由抗流槽的等效电路图8.6（c）可以知道，即使两个波导的接口处1和2之间机械上并不接触，留有一条小缝，但由于1和2是处于半波长短路线的输入端，也表明1和2之间电接触良好。

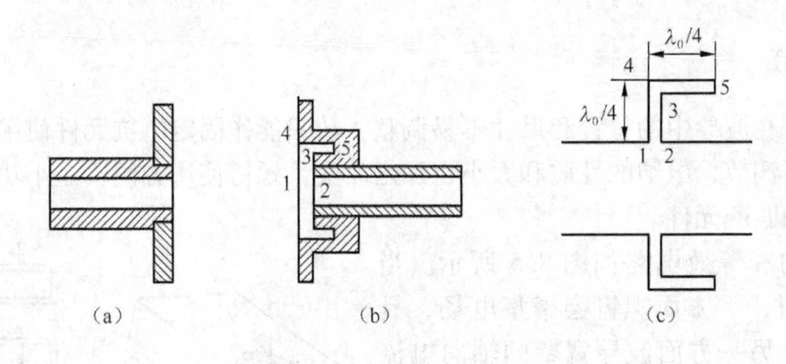


图8.6 波导接头

#### 2. 同轴线接头

同轴线接头也有平接头和抗流式接头两种。由于同轴线接头种类繁多，在此不再赘述。

### 8.2.2 转接元件

微波传输线类型很多，相应的转接元件也很多。这类元件大致可以分为3类，即类型、波型和特性阻抗相同，但尺寸不同的传输线之间的转接装置；类型、波型相同，但特性阻抗不同的传输线之间的转接装置；将一种传输线中的波型变换为另一种传输线中的波型的转接装置。

#### 1. 传输线尺寸变换器

特性阻抗相同，但尺寸不同的两个同轴线之间的连接装置即属于传输线变换器。图8.7（a）

所示为两个同轴线直接对接的情况。在两个同轴线的交界处尺寸有突变，使电场产生了变形，其影响相当于在传输线上并联了一个电容，如图8.7（b）所示。假设从尺寸突变处向两边看去是匹配的，则在突变处由电容引起了反射。为降低反射的影响，在两个同轴线的交界处应采用锥形过渡，如图8.7（c）所示。

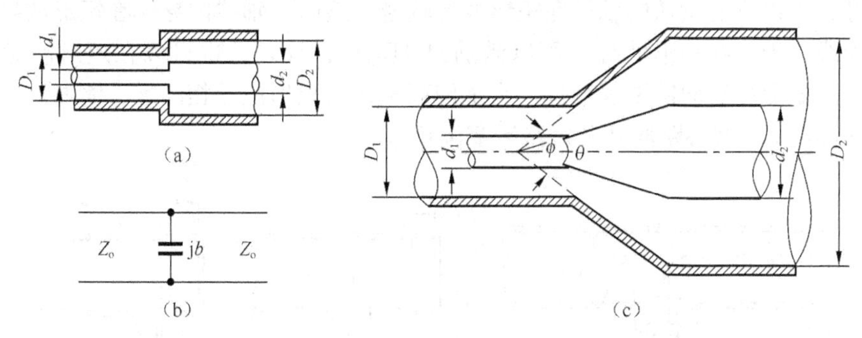


图8.7 同轴线尺寸变换器

## 2. 阶梯阻抗变换器

在两个特性阻抗不同的传输线之间插入一段或多段不同特性阻抗的传输线，就可以在一定带宽内使驻波比低于某个给定的值。这种变换装置称为阶梯阻抗变换器。

最简单的阶梯阻抗变换器是$\lambda/4$阻抗变换器。设同轴线原有的两个传输线的特性阻抗分别为$Z_0$和$Z_2$，在其间插入一段长为$\lambda/4$（对中心频率）、特性阻抗为$Z_1$的传输线，如图8.8（a）所示，就构成了单节阶梯阻抗变换器。单节阶梯阻抗变换器等效电路如图8.8（b）所示，若$Z_1=\sqrt{Z_0Z_2}$，则在中心频率上可以匹配。但当频率偏离中心频率时，阻抗变换器的长度不再是$\lambda/4$，于是反射系数增加，驻波比加大。如果采用多节$\lambda/4$阻抗变换器，等效电路如图8.8（c）所示，就可以在一定带宽内降低驻波比的值。如果在特性阻抗不同的两段传输线之间插入特性阻抗连续变化的过渡传输线段，这段变换器称为渐变式阻抗变换器，等效电路如图8.8（d）所示，可以根据指标要求设计不同渐变线的函数曲线。

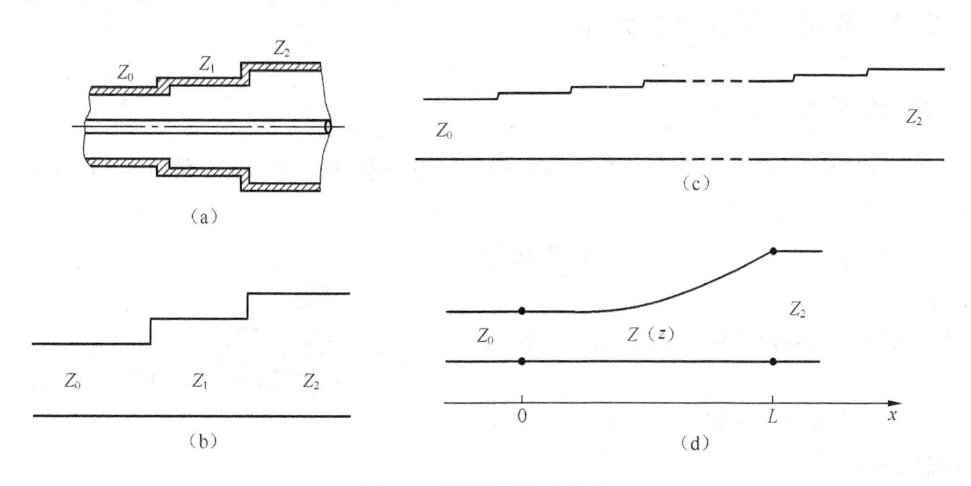


图8.8 同轴线阻抗变换器

### 3. 同轴—波导转接器

连接同轴线与波导的元件称为同轴—波导转接器，如图8.9所示。同轴—波导转接器将同轴线的外导体与矩形波导的宽壁连在一起，将同轴线的内导体插入矩形波导中。在同轴线一端加信号，可以将能量从同轴线向矩形波导输送，这时同轴线内导体在矩形波导内形成一个小辐射天线，天线在矩形波导内可以激励出 $TE_{10}$ 模；反之，也可以在矩形波导一端加信号，将能量从矩形波导向同轴线输送。为了使同轴线与矩形波导相匹配，需要调节同轴线内导体的插入深度 $h$、偏心距离 $d$ 及短路活塞位置 $l$。

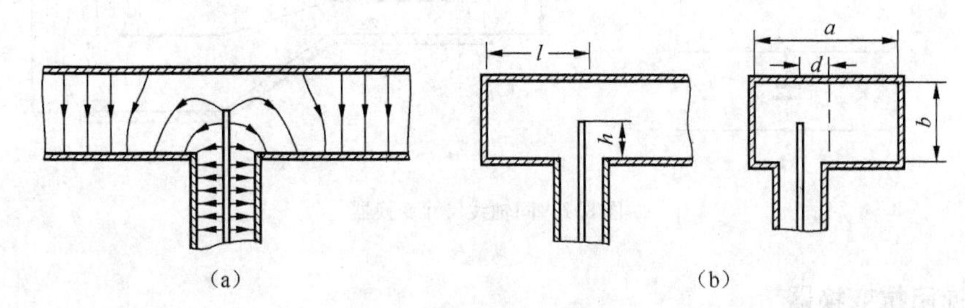


图8.9 同轴—波导转接器

### 4. 同轴—微带转接器

将同轴线的内导体向外延伸一小段，与微带线的中心导带搭接；将同轴线的外导体与微带线的接地板相连，就构成了同轴—微带转接器。

## 8.3 分支元件

在微波技术中，经常需要将信号源的能量送给几个分支电路进行功率分配，这要用到分支元件。分支元件的种类很多，与传输线的类型和结构型式等有关。下面介绍几种常见的分支电路。

### 8.3.1 矩形波导的分支元件

### 1. 矩形波导的T形接头

T形接头有E－T接头和H－T接头两种形式，分别如图8.10（a）和图8.10（b）所示。

E－T接头的性质如下：

（1）当信号从端口1输入时，端口2和端口3有输出。

（2）当信号从端口2输入时，端口1和端口3有输出。

（3）当信号从端口3输入时，端口1和端口2有等幅反相输出。

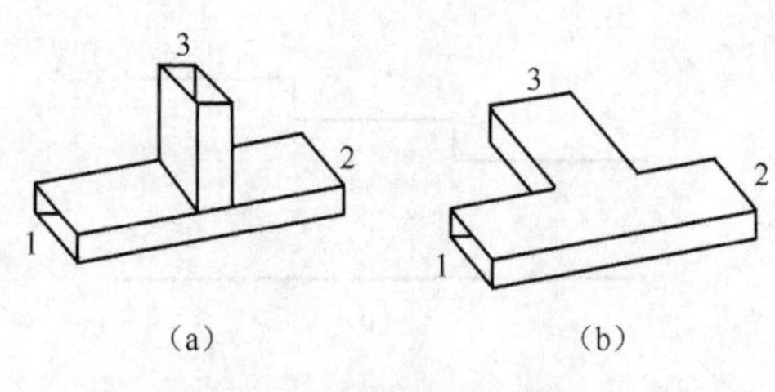


图8.10 矩形波导的T形接头

（4）当端口1和端口2同时有等幅反相输入

时，端口3有最大输出。

(5) 当端口1和端口2同时有等幅同相输入时，端口3无输出。

H-T接头的性质如下：

(1) 当信号从1端口输入时，端口2和端口3有输出。

(2) 当信号从端口2输入时，端口1和端口3有输出。

(3) 当信号从端口3输入时，端口1和端口2有等幅同相输出。

(4) 当端口1和端口2同时有等幅同相输入时，端口3有最大输出。

(5) 当端口1和端口2同时有等幅反相输入时，端口3无输出。

### 2. 魔T

将E-T接头和H-T接头组合在一起，就构成了双T接头。对于普通双T接头，由于连接处产生突变，接头处会产生反射。为了消除反射，在接头处加入匹配元件，如螺钉、膜片或锥体等，就可以得到匹配双T。带有匹配装置的双T习惯上称为魔T，如图8.11所示。魔T的散射矩阵为

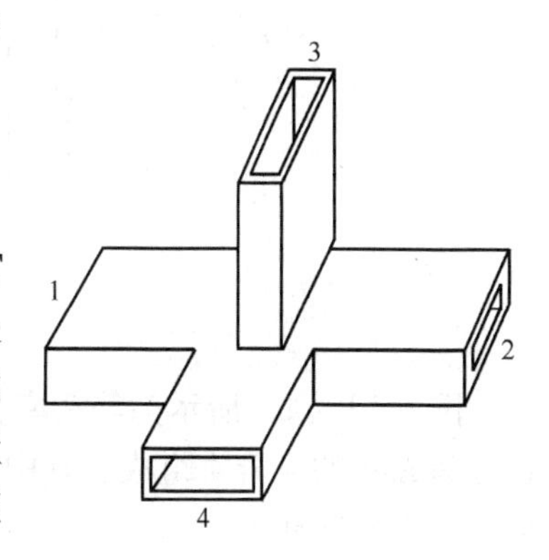


图8.11 魔T

$$[S] = \frac{1}{\sqrt{2}}\begin{bmatrix} 0 & 0 & 1 & 1 \\ 0 & 0 & -1 & 1 \\ 1 & -1 & 0 & 0 \\ 1 & 1 & 0 & 0 \end{bmatrix} \tag{8.4}$$

魔T具有下列性质：

(1) 在理想情况下，4个端口完全匹配。只要端口1和端口2匹配，端口3和端口4也匹配。即

$$S_{11} = S_{22} = S_{33} = S_{44} = 0$$

(2) 端口1和端口2具有隔离性质，端口3和端口4也具有隔离性质。即

$$S_{12} = S_{21} = S_{34} = S_{43} = 0$$

(3) 信号从端口1输入时，同相等分给端口3和端口4；信号从端口2输入时，反相等分给端口3和端口4。即

$$S_{31} = S_{41} = \frac{1}{\sqrt{2}}, S_{32} = -S_{42} = -\frac{1}{\sqrt{2}}$$

(4) 信号从端口3输入时，反相等分给端口1和端口2；信号从端口4输入时，同相等分给端口1和端口2。即

$$S_{13} = -S_{23} = \frac{1}{\sqrt{2}}, S_{14} = S_{24} = \frac{1}{\sqrt{2}}$$

## 8.3.2 同轴线的分支元件

同轴线的分支元件一般有等功率分配器和不等功率分配器两种形式，分别如图8.12 (a)

和图8.12（b）所示。

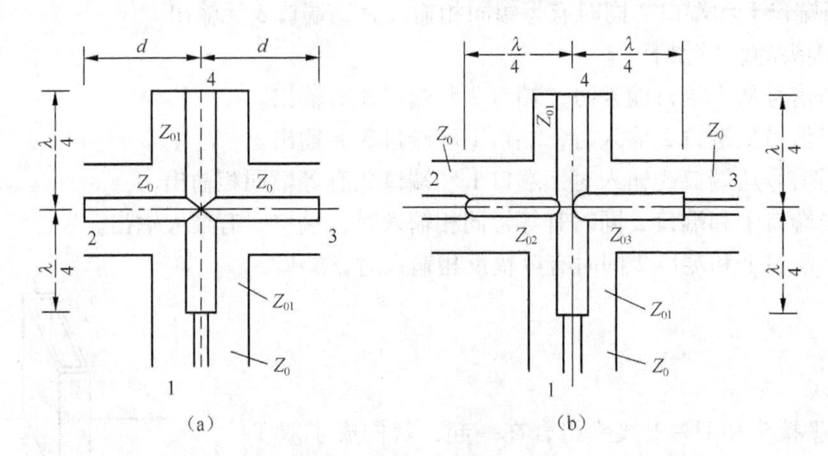


图8.12 同轴线功率分配器

图8.12（a）所示为等功率分配器，由主臂1（接信号源）、支臂2和支臂3、终端短路且长为 $\lambda/4$ 的支臂4组成。其中支臂2和支臂3的特性阻抗相等。由主臂1输入的功率平分给支臂2和支臂3。

图8.12（b）所示为不等功率分配器，也由主臂1（接信号源）、支臂2和支臂3、终端短路且长为 $\lambda/4$ 的支臂4组成。但支臂2和支臂3的特性阻抗不相等，这时由主臂1输入功率后，支臂2和支臂3得到的功率不相等。

## 8.3.3 微带功率分配器

微带功率分配器结构种类很多。功率分配可以是相等的或不相等的，为了更一般化，只介绍不相等的功率分配器。

图8.13（a）所示为一个三端口功率分配器原理图。当信号从端口1输入时，功率从端口2和端口3输出。只要设计恰当，端口2和端口3的输出功率 $P_2$ 和 $P_3$ 可以按一定比例分配（$P_3 = K^2P_2$），同时，端口2和端口3保持相同的电压（$V_3 = V_2$），电阻 $R$ 中没有电流，不损耗能量。上述设计要求

$$Z_{02} = Z_0\sqrt{K(1+K^2)},Z_{03} = Z_0\sqrt{(1+K^2)/K^3} \tag{8.5}$$

$$R = \frac{K^2+1}{K}Z_0 \tag{8.6}$$

实际的微带功率分配器如图8.13（b）所示，需要在端口2和端口3各接一个 $\lambda/4$ 阻抗变换器，阻抗变换器的特性阻抗分别为

$$Z_{04} = Z_0\sqrt{K},Z_{05} = Z_0/\sqrt{K} \tag{8.7}$$

以上是对中心波长得出的结果。当波长偏离中心波长时，性能会变差，即频带较窄。若要求频带加宽，可以采用多节功率分配器。

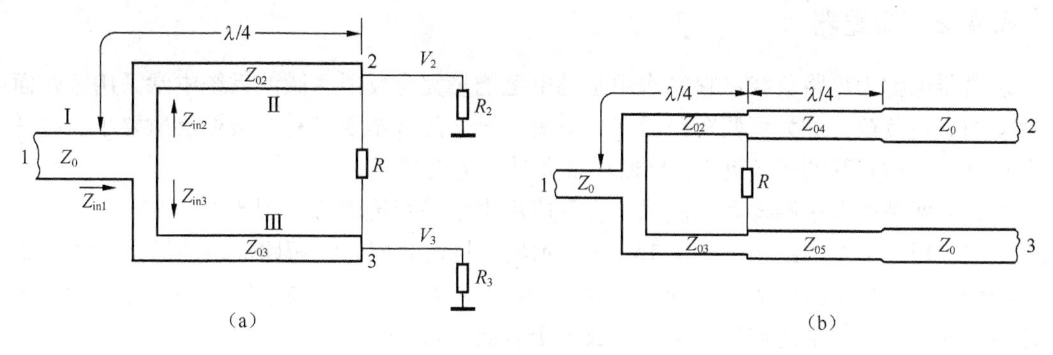


图 8.13 微带功率分配器

## 8.4 终端元件

传输线终端所接的元件称为终端元件。终端元件是一端口网络，常用的终端元件有匹配负载和短路器两种。

### 8.4.1 匹配负载

匹配负载是单端口网络，几乎能全部吸收入射波功率，无反射产生。在传输线中建立行波状态时，要用到匹配负载。对匹配负载的基本要求是工作频带较宽、输入驻波比小、有一定功率容量等。

图 8.14（a）所示为矩形波导匹配负载，图 8.14（b）所示为同轴线匹配负载。这两种匹配负载是在一段终端短路的波导或同轴线内放入一段尖劈形吸收体而成的，当微波能量通过吸收体时，能量被吸收体吸收。吸收体做成尖劈形可以减少反射波。吸收体通常是在高频陶瓷片或石英玻璃上镀以非常薄的电阻性材料而成的，如碳化硅薄膜、镍铬合金薄膜或铂－金薄膜等。吸收体应放置在电场强度最大的位置，与电场的极化方向相平行，并固定在终端的短路板上。为达到良好匹配，吸收体长为几个波长。

图 8.14（c）所示为微带型阻抗匹配式终端负载。匹配电阻采用半圆形电阻，这样可以达到较大带宽。半圆形电阻的一个极与微带中心导带相接，另一个极通过外圆边缘接地。

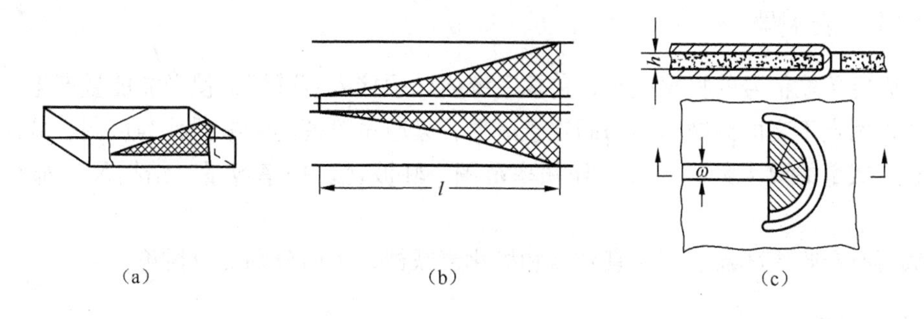


图 8.14 匹配负载

### 8.4.2 短路器

短路器也称为短路负载，它的作用是将电磁能量完全反射。微波系统中常采用短路面可以移动的短路负载，称为可调短路活塞。对短路负载的基本要求是接触处反射要小、有良好的电接触、反射系数的模接近1、传输功率大时不跳火等。

短路活塞结构有接触式和抗流式，实际应用中常采用抗流式。图8.15（a）示出了抗流式矩形波导短路活塞的结构，图8.15（b）示出了抗流式同轴线短路活塞的结构。图中结构采用两段不同特性阻抗的$\lambda_p/4$变换器构成，其中一段为$\lambda_p/4$的短路线，另一段为$\lambda_p/4$的开路线，两段串联起来能使活塞端面形成一个有效的短路面。

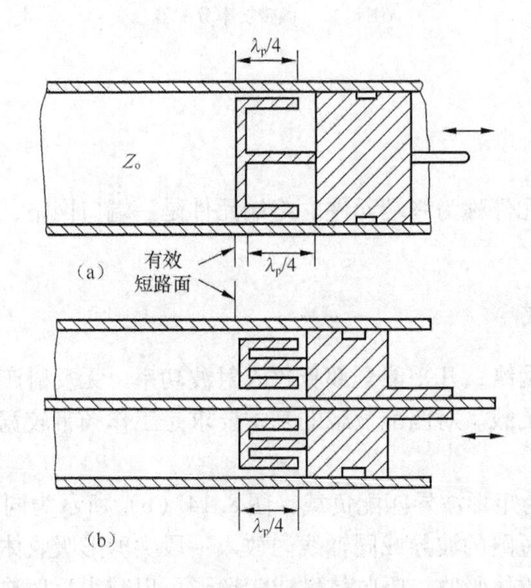


图8.15　短路器

## 8.5 衰减器和移相器

衰减器和移相器都是两端口网络。衰减器用来改变传输信号的幅度，使通过它的微波能量产生衰减；移相器用来改变传输信号的相位，微波信号的能量可以无衰减地通过。

### 8.5.1 衰减器

为了固定传输信号的功率电平，传输系统内必须接入衰减器，使微波能量产生一定的衰减。衰减量固定不变的衰减器称为固定衰减器，衰减量可调的衰减器称为可调衰减器。对衰减器除有衰减量的要求外，对其工作频率范围、驻波比、功率容量、结构尺寸都有一定的要求。

衰减器有吸收衰减器、截止衰减器和极化衰减器，下面分别加以讨论。

#### 1. 吸收衰减器

在波导内放置与电场方向平行的吸收片，当微波能量通过吸收片时，将吸收一部分能量而产生衰减，这种衰减器称为吸收衰减器。吸收片是在陶瓷或硅酸盐玻璃等材料上涂以金属粉末、石墨粉或镍铬合金等形成的。吸收片上通过的电场切向分量越强，它的衰减量越大，所以当吸收片在波导内上下、左右移动位置时，就能改变衰减的大小，构成可调衰减器。当吸收片从窄边移向宽边的中心时，衰减量在 0 ～35 dB 范围内连续变化，可以从与调节机构相配合的刻度盘上将衰减量读出来。

#### 2. 截止衰减器

截止衰减器是在传输线中插入一段横向尺寸较小的传输线段而成的，它使能量传输在这一段传输线内处于截止状态，电磁波经过衰减器这一段传输线后能量很快得以衰减。所以，通过控制截止传输线的长度，可以调节衰减量的大小。

#### 3. 极化衰减器

极化衰减器是在圆波导中放置可以旋转的吸收片而成的，通过旋转吸收片的角度改变衰减器的衰减量。当吸收片在0° ～ 90°范围内变化时，衰减量可以在 0 ～ ∞范围内变化。

### 8.5.2 移相器

移相器只对电磁波产生相移，但对电磁波不产生功率衰减。对移相器除有移相范围的要求外，对其精度、相位变化规律、工作频率范围、输入驻波比、功率容量、结构尺寸等都有一定的要求。

移相器分为固定移相器和可变移相器。

均匀传输线上距离为 $l$ 的两点之间的相位差为

$$\Delta\theta = \theta_2 - \theta_1 = \beta l = \frac{2\pi}{\lambda_p} l \tag{8.8}$$

式（8.8）表明，改变传输线的长度 $l$ 或改变相位常数 $\beta$ 都可以做成移相器。改变传输线的长度 $l$ 可以做成可变移相器。改变传输线相位常数 $\beta$ 的方法很多，通常是在波导中放一个介质片，调节介质片的位置，可以调节相移量的大小。

可变移相器与可变吸收衰减器的结构型式完全一样，不同的是，前者的介质片上不再涂损耗材料，而是采用低损耗的介质材料，如聚四氟乙烯、聚苯乙烯等。

## 8.6 定向耦合器

微波定向耦合器在微波波段有着广泛的应用，如用来监视功率、频率和频谱；将功率进行分配和合成；构成雷达天线的收发开关、平衡混频器和测量电桥；利用定向耦合器测量反射功率系数和功率等。

定向耦合器的种类很多，按传输线类型来分类有同轴线、带状线、微带线及波导定向耦合器等。图 8.16 示出了几种定向耦合器的示意图，图（a）为微带分支定向耦合器；图（b）为波导单孔定向耦合器；图（c）为平行耦合线定向耦合器；图（d）为波导匹配双 T；图（e）为波导多孔定向耦合器；图（f）为微带混合环。

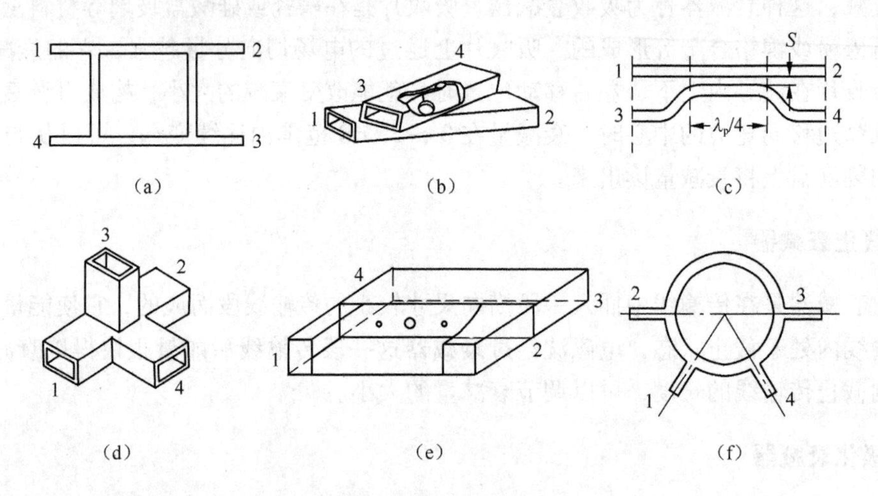


图 8.16　定向耦合器

## 8.6.1　定向耦合器的技术指标

定向耦合器是一个四端口网络，它有输入端口、直通端口、耦合端口和隔离端口，分别对应图 8.17 所示的端口 1、端口 2、端口 3 和端口 4。

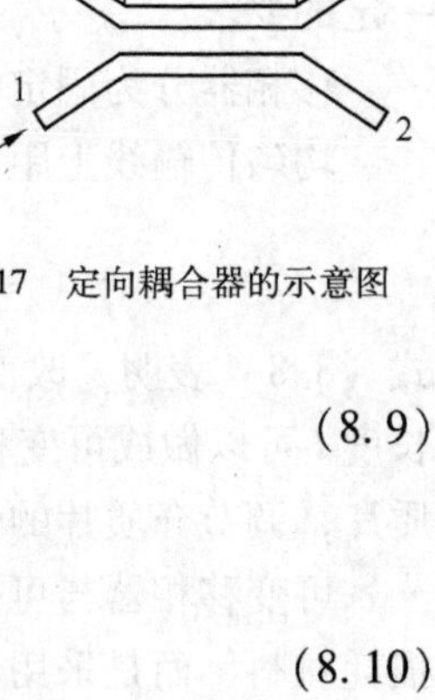

定向耦合器的主要技术指标有耦合度 C、定向性 D、输入驻波比及工作频带宽度。

图 8.17　定向耦合器的示意图

### 1. 耦合度 $C$

耦合度 $C$ 定义为输入端口的输入功率 $P_1$ 和耦合端口的输出功率 $P_3$ 之比的 dB 数，即

$$C = 10\lg \frac{P_1}{P_3}\ \text{dB} \tag{8.9}$$

由于定向耦合器是可逆四端口网络，因此耦合度又可以表示为

$$C = 10\lg \frac{P_1}{P_3} = 10\lg \frac{|\tilde{U}_{i1}|^2/2}{|S_{13}\tilde{U}_{i1}|^2/2} = 20\lg \frac{1}{|S_{13}|}\ \text{dB} \tag{8.10}$$

由式（8.10）可以看出，耦合度的 dB 数越大耦合越弱。通常把耦合度为 0 ～10 dB 的定向耦合器称为强耦合定向耦合器；把耦合度为 10 ～20 dB 的定向耦合器称为中等耦合定向耦合器；把耦合度大于 20 dB 的定向耦合器称为弱耦合定向耦合器。

### 2. 定向性 $D$

在理想情况下，隔离端口应没有输出功率，但由于设计公式及制作精度的限制，隔离端口尚有一些功率输出。通常采用耦合端口与隔离端口输出功率之比的 dB 数表示定向耦合器的传输性能，称为定向性 $D$，即

$$D = 10\lg \frac{P_3}{P_4} = 10\lg \frac{|S_{31}|^2}{|S_{41}|^2} = 20\lg \frac{|S_{31}|}{|S_{41}|}\ \text{dB} \tag{8.11}$$

由式（8.11）可以看出，隔离端口输出越小，定向性越好。在理想情况下，$P_4=0$，即 $D=\infty$。实际使用中常对定向性提出一个最小值 $D_{\min}$。

### 3. 输入驻波比

定向耦合器除输入端口外，其余各端口均接上匹配负载时，输入端的驻波比即为定向耦合器的输入驻波比。由于网络输入端的反射系数模值等于 $|S_{11}|$，所以有

$$\rho=\frac{1+|S_{11}|}{1-|S_{11}|} \tag{8.12}$$

### 4. 工作频带宽度

满足定向耦合器以上 3 个指标的频率范围即为工作频带宽度，简称工作带宽。

## 8.6.2 混合环

混合环是微波波段常用的器件之一，可以由微带线制成，作为功率分配器获得广泛的应用。如图 8.18 所示，环的全长为 $3\lambda_{p0}/2$，4 个分支线并联在环上，将环分为 4 段，各段的长度如图所示。$\lambda_{p0}$为混合环内的波长。

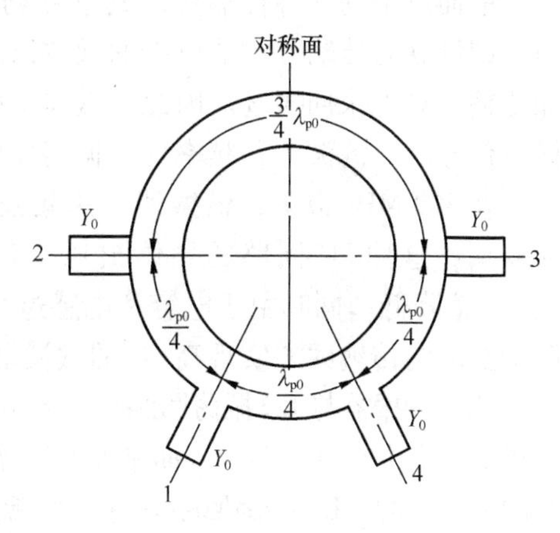

图 8.18 混合环

混合环具有两个端口相互隔离，另外两个端口平分输入功率的特性，因此可以看作是一个 3 dB 定向耦合器。

当端口 1 输入信号时，到达端口 2 的两路信号等幅同相，端口 2 有输出，相位滞后 90°；到达端口 3 的两路信号等幅反相，端口 3 无输出；到达端口 4 的两路信号等幅同相，端口 4 有输出，相位滞后 90°。其中，端口 2 和端口 4 输出振幅相同。因此，有

$$S_{41}=S_{21}=\frac{1}{\sqrt{2}}(-\mathrm{j}),S_{31}=0$$

当端口 2 输入信号时，到达端口 1 的两路信号等幅同相，端口 1 有输出，相位滞后 90°；到达端口 3 的两路信号等幅同相，端口 3 有输出，相位滞后 270°；到达端口 4 的两路信号等幅反相，端口 4 无输出。其中端口 1 和端口 3 输出振幅相同。因此，有

$$S_{12}=\frac{1}{\sqrt{2}}(-\mathrm{j}),S_{32}=\frac{1}{\sqrt{2}}\mathrm{j},S_{42}=0$$

当端口 3 输入信号时，到达端口 1 的两路信号等幅反相，端口 1 无输出；到达端口 2 的两路信号等幅同相，端口 2 有输出，相位滞后 270°；到达端口 4 的两路信号等幅同相，端口 4 有输出，相位滞后 90°。其中，端口 2 和端口 4 输出振幅相同。因此，有

$$S_{13}=0,S_{23}=\frac{1}{\sqrt{2}}\mathrm{j},S_{43}=\frac{1}{\sqrt{2}}(-\mathrm{j})$$

当端口 4 输入信号时，到达端口 1 的两路信号等幅同相，端口 1 有输出，相位滞后 90°；

到达端口 2 的两路信号等幅反相，端口 2 无输出；到达端口 3 的两路信号等幅同相，端口 3 有输出，相位滞后 90°。其中，端口 1 和端口 3 输出振幅相同。因此，有

$$S_{14} = \frac{1}{\sqrt{2}}(-\mathrm{j}), S_{24} = 0, S_{34} = \frac{1}{\sqrt{2}}(-\mathrm{j})$$

在理想情况下，它的 4 个端口完全匹配。

由上面的分析可以得到混合环的散射矩阵为

$$[\boldsymbol{S}] = \frac{1}{\sqrt{2}}\begin{bmatrix} 0 & -\mathrm{j} & 0 & -\mathrm{j} \\ -\mathrm{j} & 0 & \mathrm{j} & 0 \\ 0 & \mathrm{j} & 0 & -\mathrm{j} \\ -\mathrm{j} & 0 & -\mathrm{j} & 0 \end{bmatrix} \tag{8.13}$$

由混合环的散射矩阵可以知道混合环为 3 dB 定向耦合器。

## 8.7 微波谐振器

前面讨论的各种传输线，其电磁场沿横坐标方向为驻波分布，沿纵坐标方向为行波分布，即沿纵向传输。本节讨论的微波谐振器，场沿 3 个坐标方向都呈驻波分布，电磁能量不能传输，只能来回振荡。因此，微波谐振器是具有储能和选频特性的微波元件，广泛应用于微波信号源、滤波器、频率计及振荡器中。

在 300 MHz 以下，谐振器是用集总电容器和集总电感器构成的 LC 振荡器。高于 300 MHz 时，这种 LC 回路的导体损耗、介质损耗及辐射损耗都很大，致使回路的品质因数（$Q_0$）值降低；同时由于电容和电感过小，使其制作难以实现。因此，在微波波段采用一段两端封闭的传输线来实现高 $Q_0$ 的微波谐振电路。

微波谐振器与 LC 振荡回路有许多不同之处。LC 振荡回路中，电场能量集中在电容器中，磁场能量集中在电感器中，而微波谐振器是分布参数，电场能量和磁场能量是在整个谐振器的空间内分布的；LC 振荡回路只有一个谐振频率，而微波谐振器有无限多个谐振频率；微波谐振器可以集中较多的能量，且损耗较小，它的品质因数远大于 LC 振荡回路的品质因数。

微波谐振器又称为微波谐振腔，其种类很多，按结构型式可分为传输线型谐振器和非传输线型谐振器两类。传输线型微波谐振器是由两端短路或开路的一段微波传输线构成的，如同轴线谐振器、矩形波导空腔谐振器、圆波导空腔谐振器、微带线谐振器等。非传输线型谐振器是形状特殊的谐振器，其通常是在一个或几个坐标方向上存在不均匀性，如环型谐振器及混合同轴谐振器等。本节只讨论传输线型谐振器。

下面首先介绍微波谐振器的基本特性和参数，然后分析各种具体微波谐振器的特性及计算。

### 8.7.1 微波谐振器的基本特性和参数

LC 振荡回路中，常采用电感 $L$、电容 $C$、电阻 $R$ 作为基本参数，这是因为它们能直接测量，而且可以由它们导出谐振回路的其他参数，如谐振频率及 $Q_0$。

在微波谐振器中，$L$ 和 $C$ 没有明确的物理意义，也不能进行测量，因此不能再用 $L$ 和 $C$ 作为基本参数。微波谐振器中采用谐振波长 $\lambda_0$（或谐振频率 $f_0$）、品质因数 $Q_0$ 及等效电导

$G_0$ 作为基本参数，它们不仅有明确的物理意义，而且可以测量。下面分别讨论谐振波长 $\lambda_0$（或谐振频率 $f_0$）和品质因数 $Q_0$ 两个基本参数。

### 1. 谐振波长 $\lambda_0$

谐振波长 $\lambda_0$ 是微波谐振系统的主要的参数，它表征微波谐振器的振荡规律，即表示微波谐振器内振荡存在的条件。

在导波系统中，得到关系

$$k^2 = k_u^2 + k_v^2 + k_z^2 = k_c^2 + \beta^2 \tag{8.14}$$

对于谐振系统，$z$ 方向也有边界，波沿 $z$ 方向也呈驻波分布，且

$$l = p\frac{\lambda_p}{2} \quad (p = 1,2,\cdots) \tag{8.15}$$

式（8.15）中，$l$ 是谐振器的长度；$\lambda_p$ 是波导波长。由式（8.15）可得

$$\beta = \frac{2\pi}{\lambda_p} = \frac{p\pi}{l}$$

于是，由式（8.14）得到

$$\lambda_0 = \frac{1}{\sqrt{\left(\frac{1}{\lambda_c}\right)^2 + \left(\frac{p}{2l}\right)^2}} = \frac{1}{\sqrt{\left(\frac{1}{\lambda_c}\right)^2 + \left(\frac{1}{\lambda_p}\right)^2}} \tag{8.16}$$

可见，谐振波长与谐振器尺寸和工作模式有关。

由于谐振器中可以有无数多个模式存在，所以一个谐振器中有无数多个谐振波长。

### 2. 品质因数 $Q_0$

品质因数 $Q_0$ 描述了谐振器的储能与损耗之间的关系，它是表征谐振器优劣的一个重要参数。其定义为

$$Q_0 = 2\pi\frac{W}{W_T} = \omega_0\frac{W}{P_1} \tag{8.17}$$

式（8.17）中，$W$ 代表谐振器储能；$W_T$ 代表一周内谐振器的能量损耗；$P_1$ 代表一周内的平均损耗功率。

在谐振时，电磁场的总储能为

$$W = \frac{\varepsilon}{2}\int_V \boldsymbol{E}\cdot\boldsymbol{E}^*\,\mathrm{d}V = \frac{\mu}{2}\int_V \boldsymbol{H}\cdot\boldsymbol{H}^*\,\mathrm{d}V$$

谐振器的损耗包括导体损耗、介质损耗和辐射损耗。对于封闭形的谐振器，辐射损耗为0。如果假定谐振器内介质是无耗的，则谐振器的损耗只有壁电流的热损耗，故有

$$P_1 = \frac{1}{2}\oint_S |J_l|^2 R_S\,\mathrm{d}S = \frac{R_S}{2}\oint_S |H_t|^2\,\mathrm{d}S$$

于是，式（8.17）成为

$$Q_0 = \omega_0\frac{\mu\int_V |H|^2\mathrm{d}V}{R_S\oint_S |H_t|^2\mathrm{d}S} = \frac{2\int_V |H|^2\mathrm{d}V}{\delta\oint_S |H_t|^2\mathrm{d}S} \tag{8.18}$$

式（8.18）中

$$\delta = \sqrt{\frac{2}{\omega\sigma\mu}}$$

$\delta$ 为导体的趋肤深度，一般约为微米数量级，故谐振器的品质因数可达 $10^4 \sim 10^5$ 数量级，比 LC 振荡回路的 $Q_0$ 值大得多。

## 8.7.2 同轴线谐振器

利用同轴线的驻波振荡构成的谐振器称为同轴线谐振器。只要同轴线尺寸满足

$$a + b < \frac{\lambda_{\min}}{\pi}$$

则同轴线中传输的模式为 TEM 模。因此，用同轴线制成的谐振器模式最简单，工作稳定，工作频带宽。同轴线谐振器可以用来制作波长计等。

常用的同轴线谐振器有 3 种，即 $\lambda/4$ 同轴线谐振器、$\lambda/2$ 同轴线谐振器和电容加载同轴线谐振器，分别如图 8.19（a）、（b）、（c）所示，图中 $d=2a$、$D=2b$。下面分别加以分析。

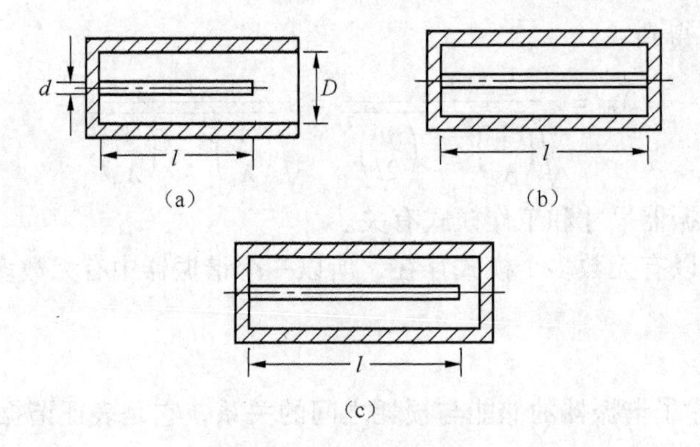


图 8.19　同轴线谐振器

### 1. $\lambda/4$ 型同轴线谐振器

将同轴线的一端短路，另一端开路，就构成了 $\lambda/4$ 型同轴线谐振器，如图 8.19（a）所示。为避免辐射，将同轴线的外导体做得比内导体长一些，构成一小段截止波导。

谐振频率可以采用电纳法分析，如图 8.20 所示。设同轴线长度为 $l$，根据谐振条件，从参考面 T 看进去的导纳为 0，即

$$B = Y_0 \cot \beta l = Y_0 \cot \frac{2\pi l}{\lambda_0} = 0$$

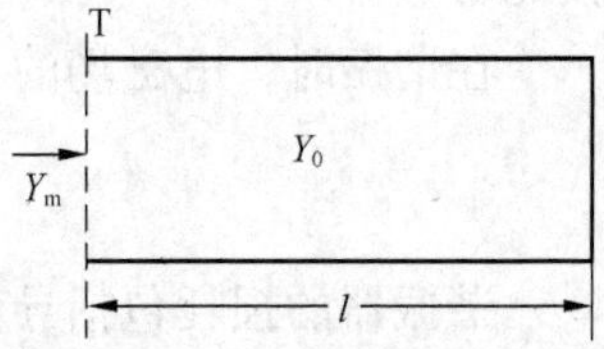

图 8.20　$\lambda/4$ 型同轴线谐振器

于是得到

$$l = (2n-1)\frac{\lambda_0}{4} \quad (n = 1,2,\cdots)$$

或

$$\lambda_0 = \frac{4l}{2n-1} \quad (n = 1,2,\cdots) \tag{8.19}$$

式（8.19）表明，当谐振器的长度一定时，每对应一个 $n$ 值就有一个谐振波长，这就是谐振器的多谐性。

根据分析，$\lambda/4$ 型同轴线谐振器的 $Q_0$ 计算公式为

$$Q_0 = \frac{D}{\delta}\frac{\ln\frac{D}{d}}{1+\frac{D}{d}+\frac{4\pi}{\lambda_0}\ln\frac{D}{d}} \tag{8.20}$$

式（8.20）表明，$\lambda/4$ 型同轴线谐振器的品质因数是同轴线内外直径之比 $D/d$ 的函数。可以证明，当 $D/d=3.6$ 时，$Q_0$ 最大，其值为 $(Q_0)_{\max}=0.557\frac{D}{2\delta}$。对于铜制的同轴线谐振器来说，在 $\lambda_0=10$ cm 时，$(Q_0)_{\max}=5\,000$。

### 2. $\lambda/2$ 型同轴线谐振器

将同轴线的两端短路，就构成了 $\lambda/2$ 型同轴线谐振器，如图 8.19（b）所示。采用电纳法同样可以计算出同轴线谐振器的长度 $l$。

$$l = n\frac{\lambda_0}{2} \quad (n=1,2,\cdots)$$

或

$$\lambda_0 = \frac{2l}{n} \quad (n=1,2,\cdots) \tag{8.21}$$

### 3. 电容加载同轴线谐振器

将同轴线的一端短路，另一端的内导体端面与外导体短路面之间形成缝隙电容，就构成了电容加载同轴线谐振器，如图 8.19（c）所示。缝隙越窄，加载电容越大。

电容加载同轴线谐振器可以等效为一端短路，另一端接电容的双导线，如图 8.21 所示。由参考面 T 向左和向右看的电纳分别为

$$B_1 = -Y_0\cot\beta l,\ B_2 = \omega C$$

根据谐振条件 $B_1+B_2=0$，即得

$$\omega C = Y_0\cot\beta l \tag{8.22}$$

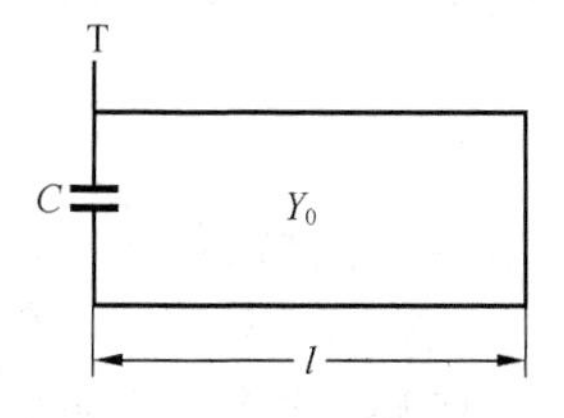

图 8.21 电容加载同轴线谐振器

由式（8.22）可以计算电容加载同轴线谐振器的长度 $l$。可以看出，长度 $l$ 一定的谐振器有无限多个谐振频率。此时谐振器的长度 $l<\lambda/4$，且加载电容越大，谐振器长度越短，这是电容加载同轴线谐振器的最大优点。但由于加载电容附近电场集中，损耗较大，因此，该谐振器的 $Q_0$ 值较低。

## 8.7.3 矩形谐振器

两端短路的矩形波导传输线即为矩形谐振器，它的横截面尺寸为 $a\times b$，长度为 $l$，如图 8.22（a）所示。

### 1. 振荡模式及其场分布

对矩形谐振器场模式的分析，可以借助于矩形波导中传输模式的场分布来求解，使它满足 $z=0$ 和 $z=l$ 两个短路面的边界条件，即可求得矩形谐振器中的场分布。矩形波导中传输的模式有TE模和TM模，相应谐振器中同样有TE振荡模和TM振荡模，分别以 $TE_{mnp}$ 和 $TM_{mnp}$ 表示，其中，下标 $m$、$n$ 和 $p$ 分别表示场分量沿波导宽壁、窄壁和长度上的半驻波数。其中，最低振荡模式为 $TE_{101}$，其场分布如图8.22（b）所示。

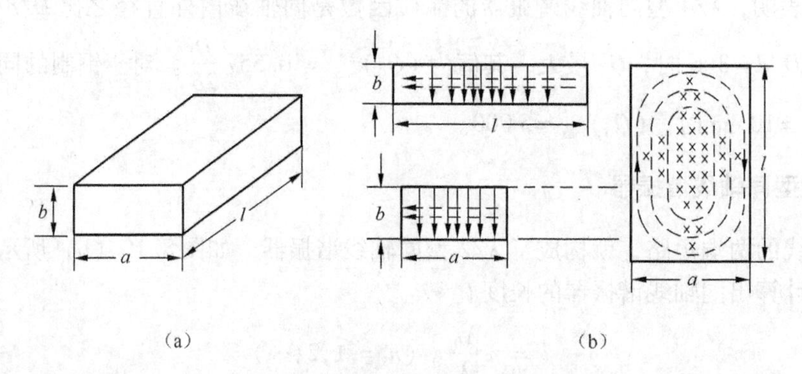


图8.22　矩形谐振器及 $TE_{101}$ 振荡模的场分布

### 2. 谐振波长 $\lambda_0$

由式（8.15）可以得到，谐振条件是波导长度 $l$ 为

$$l = p\frac{\lambda_p}{2} \quad (p = 1,2,\cdots)$$

由式（8.16）可以得到矩形谐振器的谐振波长为

$$\lambda_0 = \frac{1}{\sqrt{\left(\frac{1}{\lambda_c}\right)^2 + \left(\frac{p}{2l}\right)^2}} = \frac{2}{\sqrt{\left(\frac{m}{a}\right)^2 + \left(\frac{n}{b}\right)^2 + \left(\frac{p}{l}\right)^2}} \tag{8.23}$$

把 $m=1$、$n=0$、$p=1$ 代入式（8.23）中，便得到 $TE_{101}$ 模的谐振波长为

$$\lambda_0 = \frac{2al}{\sqrt{a^2 + l^2}}$$

当波导尺寸满足 $b < a < l$ 时，$TE_{101}$ 模的谐振波长最长，故它是最低振荡模式。

由式（8.23）可以看出，当波导尺寸 $a$、$b$ 和 $l$ 一定时，谐振波长随 $m$、$n$ 和 $p$ 的变化可以有无数多个，说明矩形谐振器也具有多谐性，并存在TE振荡模和TM振荡模的简并模。

### 3. 品质因数 $Q_0$

矩形谐振器 $TE_{101}$ 模的品质因数为

$$Q_0 = \frac{\lambda_0}{\delta}\frac{\sqrt{\left(\frac{1}{a^2} + \frac{1}{l^2}\right)^3}}{2\left[\left(\frac{2}{a} + \frac{1}{b}\right)\frac{1}{a^2} + \left(\frac{2}{l} + \frac{1}{b}\right)\frac{1}{l^2}\right]} \tag{8.24}$$

若为立方体谐振器，$a=b=l$，则 $TE_{101}$ 模的品质因数为

$$Q_0 = \frac{1}{3\sqrt{2}}\frac{\lambda_0}{\delta}$$

假定内壁为铜，当 $\lambda_0=10$ cm 时，趋肤深度为 $\delta=1.22\times10^{-4}$ cm，可以计算出品质因数为 18 800，实际的品质因数约为 10 000。

**例 8.1** 用 BJ-48 型铜波导做成的矩形谐振器，$a=4.755$ cm，$b=2.215$ cm，谐振器内填充聚乙烯（$\varepsilon_r=2.25$），其谐振频率 $f_0=5$ GHz，试求 $TE_{101}$ 和 $TE_{102}$ 模式的谐振器长度 $l$。

**解** 谐振波长为

$$\lambda_0 = \frac{c}{f_0\sqrt{\varepsilon_r}} = 4 \text{ cm}$$

由式（8.23）可以给出 $m=1$、$n=0$ 时的谐振波长公式为

$$\lambda_0 = \frac{2}{\sqrt{\left(\frac{1}{4.755}\right)^2 + \left(\frac{p}{l}\right)^2}}$$

对于 $TE_{101}$ 模式，$p=1$，谐振器长度为

$$l = 2.20 \text{ cm}$$

对于 $TE_{102}$ 模式，$p=2$，谐振器长度为

$$l = 4.41 \text{ cm}$$

### 8.7.4 圆柱形谐振器

圆柱形谐振器是一段长度为 $l$、两端短路的圆波导。这种谐振器结构简单，加工方便，$Q_0$ 值高，在微波波段得到广泛应用。

#### 1. 谐振波长

圆柱形谐振器中谐振波长的计算方法与矩形谐振器中谐振波长的计算方法相同，唯一不同的是截止波长的表达式。由式（8.16）可以得到圆柱形谐振器 $TM_{mnp}$ 振荡模的谐振波长为

$$\lambda_0 = \frac{1}{\sqrt{\left(\frac{v_{mn}}{2\pi R}\right)^2 + \left(\frac{p}{2l}\right)^2}} \tag{8.25}$$

圆柱形谐振器 $TE_{mnp}$ 振荡模的谐振波长为

$$\lambda_0 = \frac{1}{\sqrt{\left(\frac{\mu_{mn}}{2\pi R}\right)^2 + \left(\frac{p}{2l}\right)^2}} \tag{8.26}$$

式（8.25）和式（8.26）中，$v_{mn}$ 为 $m$ 阶贝塞尔函数的第 $n$ 个根；$\mu_{mn}$ 为 $m$ 阶贝塞尔函数导数的第 $n$ 个根；$p$、$m$ 和 $n$ 表示驻波沿谐振器长度、方位角和半径方向的分布规律。

#### 2. 圆柱形谐振器的模式

圆柱形谐振器中最常用的模式有 $TM_{010}$ 振荡模、$TE_{111}$ 振荡模和 $TE_{011}$ 振荡模，下面分别加以分析。

（1）$TM_{010}$振荡模。

将$TM_{010}$模的截止波长$\lambda_c = 2.62R$和$p = 0$一起代入式（8.25），便得到圆柱形谐振器$TM_{010}$振荡模的谐振波长为

$$\lambda_0 = 2.62R \tag{8.27}$$

可以看出，谐振波长与谐振器长度无关。

由于$TM_{010}$振荡模的场结构特别简单，而且有明显的电场和磁场集中区，故$TM_{010}$振荡模常用于参量放大器及波长计中。

（2）$TE_{111}$振荡模。

将$TE_{111}$模的截止波长$\lambda_c = 3.41R$和$p = 1$一起代入式（8.26），便得到圆柱形谐振器$TE_{111}$振荡模的谐振波长为

$$\lambda_0 = \frac{1}{\sqrt{\left(\frac{1}{3.41R}\right)^2 + \left(\frac{1}{2l}\right)^2}} \tag{8.28}$$

当$l > 2.1R$时，$TE_{111}$振荡模的谐振波长最长，故该模式的圆柱形谐振器体积较小，无干扰模的调谐范围较宽。但这种模式场分量多，电磁场分布复杂，而且$Q_0$值比较低，故该振荡模只能用作中等精度的波长计。

（3）$TE_{011}$振荡模。

将$TE_{011}$模的截止波长$\lambda_c = 1.64R$和$p = 1$一起代入式（8.26），便得到圆柱形谐振器$TE_{011}$振荡模的谐振波长为

$$\lambda_0 = \frac{1}{\sqrt{\left(\frac{1}{1.64R}\right)^2 + \left(\frac{1}{2l}\right)^2}} \tag{8.29}$$

显然，它不是圆柱形谐振器中的最低振荡模式。但它的腔壁上只有$\varphi$方向的电流，这既使损耗随频率的升高而降低，使品质因数较高，又使$TE_{011}$振荡模的调谐活塞可以做成不接触式的；既便于制造，又便于抑制其他干扰模。这种模式的圆柱形谐振器广泛应用于高$Q_0$波长计及稳频标准腔中。

**例 8.2** 直径$D = l$的铜制$TE_{011}$模式圆柱形谐振器，其内为空气填充，谐振频率为$f_0 = 5\ \text{GHz}$，求此谐振器的尺寸。

**解** 谐振波长为

$$\lambda_0 = \frac{c}{f_0} = 6\ \text{cm}$$

由式（8.26）可以给出$m = 0$、$n = 1$、$p = 1$时的谐振波长公式为

$$\lambda_0 = \frac{1}{\sqrt{\left(\frac{\mu_{01}}{2\pi R}\right)^2 + \left(\frac{1}{2l}\right)^2}}$$

将$\mu_{01} = 3.832$及$D = l = 2R$代入上式，可以得到谐振器长度及半径为

$$l = 7.92\ \text{cm}, R = 3.96\ \text{cm}$$

## 本 章 小 结

微波元件种类繁多，本章只介绍微波技术中常用的微波无源元件。微波元件按照功能分

类，可以分为电抗元件、连接元件、分支元件、终端元件、衰减元件、相移元件、定向耦合器和微波谐振器等。本章对常用的微波元件作了简单介绍，这些元件都是采用等效电路和网络参量讨论的，这些分析与设计方法将为学习微波领域的其他内容打下基础。

电抗元件分感性及容性两类，电抗元件在滤波电路和谐振电路中起着重要作用。本章只介绍波导中的电抗元件，包括电容膜片、电感膜片、谐振窗、销钉和调谐螺钉等，其中，电容膜片、电感膜片、谐振窗、销钉是不可调电抗元件，调谐螺钉是可调电抗元件。

微波连接元件包含接头和转接元件，其中，将相同类型的传输线连接在一起的微波元件称为接头，将不同类型的传输线连接在一起的微波元件称为转接元件。常用的接头有平接头和抗流式接头两种，例如波导和同轴线都有平接头和抗流式接头两种类型，对接头的基本要求是连接点不泄露电磁能量、输入驻波比小、工作频带宽、结构牢靠、容易加工等。微波转接元件很多，大致可以分为 3 类：第一类是传输线类型、波型和特性阻抗相同，但尺寸不同；第二类是传输线类型、波型相同，但特性阻抗和尺寸不同，如阶梯阻抗变换器等；第三类是传输线类型不同，如同轴—波导转接器、同轴—微带转接器等。

微波分支元件是将信号源的能量送给几个分支电路进行功率分配的一种元件。常用的矩形波导分支元件有 E－T 接头、H－T 接头、魔 T 等；常用的同轴线分支元件有等功率分配器和不等功率分配器等；常用的微带分支元件有等功率分配器和不等功率分配器等。上述分支元件既有 3dB 分支元件，如魔 T、等功率分配器等；也有非 3dB 分支元件，如不等功率分配器等。

微波终端元件是一端口网络，主要有匹配负载和短路器两类。矩形波导、同轴线和微带线都有匹配负载，对匹配负载的基本要求是工作频带较宽、输入驻波比小、有一定功率容量等。短路器常采用短路面可以移动的可调短路活塞，短路活塞常用接触式和抗流式两种结构，对短路器的基本要求是接触处反射小、传输功率大时不跳火等。

衰减器和移相器都是两端口网络，衰减器用来改变传输信号的幅度，移相器用来改变传输信号的相位。衰减器有吸收衰减器、截止衰减器和极化衰减器等；移相器有固定移相器和可变移相器等。对衰减器主要有衰减量、工作频率范围、驻波比、功率容量、结构尺寸等的要求；对移相器主要有移相范围、相位变化规律、工作频率范围、输入驻波比、功率容量、结构尺寸等的要求。

定向耦合器是四端口网络，有输入端口、直通端口、耦合端口和隔离端口，用来监视功率、频率和频谱，把功率进行分配和合成等。定向耦合器的技术指标主要有耦合度、定向性、输入驻波比及工作带宽等。定向耦合器可以由同轴线、带状线、微带线及波导等构成，常用的定向耦合器有波导单孔定向耦合器、波导多孔定向耦合器、分支定向耦合器、平行耦合线定向耦合器、波导匹配双 T、混合环等。

微波谐振器主要用于频率高于 300 MHz 时，是具有储能和选频特性的微波元件，广泛应用于微波信号源、滤波器、频率计及振荡器中。微波谐振器的基本参数是谐振波长 $\lambda_0$（或谐振频率 $f_0$）、品质因数 $Q_0$ 及等效电导 $G_0$ 等，微波谐振器有无限多个谐振频率，而且品质因数 $Q_0$ 远大于 LC 振荡回路。微波谐振器按结构可分为传输线型谐振器和非传输线型谐振器两类，传输线型谐振器是由两端短路或开路的一段微波传输线构成的，主要有同轴线谐振器、矩形波导空腔谐振器、圆形波导空腔谐振器、微带线谐振器等。

# 习 题

8.1　微波元件可以按照什么方式分类？如果按照功能分类，写出八种微波元件的名称。

8.2　电容膜片和电感膜片在结构上有什么不同，为什么？

8.3　矩形波导接头有平接头和抗流式接头两种，试分别叙述其优缺点。

8.4　E－T 接头如图 8.10（a）所示。当端口 3 接匹配负载，端口 2 接短路活塞时，问：

（1）短路活塞与中心对称面为多长时，端口 3 能获得最大功率？

（2）短路活塞与中心对称面为多长时，端口 3 没有功率输出？

8.5　题 8.4 中，若端口 3 接短路活塞，端口 2 接匹配负载，问短路活塞为多长时，端口 2 能获得全部功率输出？

8.6　调谐螺钉插入波导的深度可以调节，等效电纳的性质和大小也随之改变。试讨论螺钉插入深度不同时，可调螺钉的等效电路为感抗、容抗，还是串联谐振。

8.7　试写出魔 T 的散射矩阵，并分析其特性。试证明魔 T 是 3 dB 定向耦合器。

8.8　写出理想衰减器和理想移相器的散射矩阵。

8.9　三端口微带功率分配器如图 8.13 所示。当信号从端口 1 输入时，端口 2 和端口 3 输出功率 $P_2$ 和 $P_3$ 的关系为 $P_3 = 4P_2$，同时 $V_3 = V_2$，电阻 $R$ 中没有电流。已知 $Z_0 = 75\ \Omega$，计算 $R$、$Z_{02}$、$Z_{03}$、$Z_{04}$、$Z_{05}$。

8.10　某定向耦合器的耦合度为 15 dB，定向性为 24 dB，端口 1 的输入功率为 10 W，计算直通端口和耦合端口的输出功率。

8.11　试证明线性无耗三端口网络是非互易的。

8.12　试证明混合环是 3 dB 定向耦合器。

8.13　电容负载同轴谐振器的负载电容为 $C = 1$ pF，同轴线的特性阻抗为 50 Ω，当谐振波长为 20 cm 时，求同轴谐振器最短的两个长度。

8.14　求矩形谐振器的谐振波长。已知 $a = 5$ cm，$b = 3$ cm，$l = 6$ cm，工作模式为 $TE_{101}$ 模。

8.15　有两个矩形空腔谐振器，工作模式都为 $TE_{101}$ 模，谐振波长分别为 3 cm 和 10 cm，试问哪一个谐振器的尺寸大？

8.16　设圆柱形谐振器中的工作模式为 $TM_{010}$，谐振波长为 10 cm，求此圆柱形谐振器的直径。

8.17　半径为 5 cm，长度分别为 10 cm 和 12 cm 的两个圆柱形谐振器，分别求其最低振荡模式的谐振频率。

8.18　已知一圆柱形谐振器的直径 $D = 3$ cm，对同一谐振频率，振荡模式为 $TM_{012}$ 时的空腔长度比振荡模式为 $TM_{011}$ 时的空腔长度长 2.32 cm，求此谐振频率。

# 第9章 天线

在无线通信领域中，天线是不可缺少的组成部分。广播、通信、雷达、导航、遥测、遥控等都是利用无线电波传递信息的，当信息通过电磁波在空间传播时，电磁波的产生和接收要通过天线完成。天线如何发送和接收无线电波，是本章要学习的内容。

本章首先对天线做简单概述；然后通过动态位函数得到基本振子的辐射场，并给出天线的电参数；再以对称振子天线为例介绍天线的基本分析方法；最后讨论一些常见的天线。

## 9.1 天线概述

### 9.1.1 天线的定义

按照 IEEE 的定义，天线是用来发射或接收无线电波的装置。如图 9.1 所示，无线通信系统由发射机产生的高频振荡能量，经过馈线（在天线领域，传输线也称为馈线）传送到天线，然后由天线转换为电磁波能量，向预定方向辐射。电磁波通过传播媒质到达接收天线后，接收天线将收到的电磁波能量转换为导行电磁波，通过馈线送到接收机，完成无线电波传输的过程。在无线电波空间传输的过程中，天线是第一个和最后一个器件。

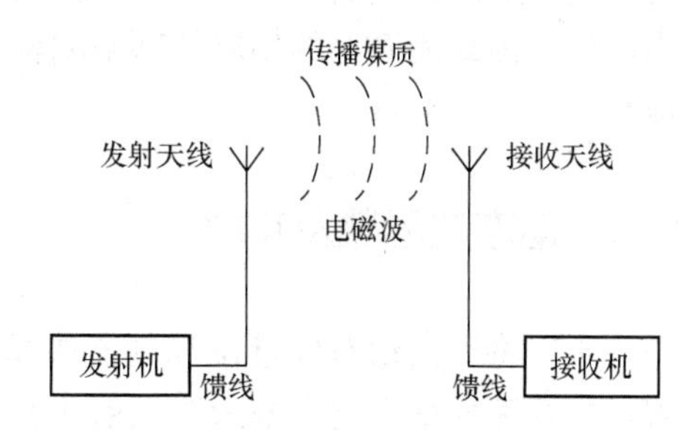

图 9.1 无线通信系统框图

对于天线，我们最关心的是它的辐射场。天线对空间不同方向的辐射或接收效果并不一样，带有方向性。以发射天线为例，天线辐射的能量在某些方向强，在某些方向弱，在某些方向为 0。设计或采纳天线时，天线的方向性是要考虑的主要因素之一。

天线可以视为传输线的终端器件。天线作为一个单端口元件，要求与相连接的馈线阻抗匹配。馈线上要尽可能传输行波，使从馈线入射到天线上的能量不被天线反射，尽可能多地辐射出去。天线与馈线、接收机、发射机的匹配或最佳贯通，是天线工程最关心的问题。

任何天线都有一定的方向性、一定的输入阻抗、一定的带宽、一定的功率容量和一定的效率等，因此导致天线种类繁多、功能各异。

### 9.1.2 天线的分类

天线的种类很多，可以按照不同的方式分类。

按天线适用的波段分类，可以分为长波天线、中波天线、短波天线、超短波天线和微波天线等。

按天线的结构分类，可以分为线状天线、面状天线、缝隙天线和微带天线等。线状天线是指线半径远小于线本身的长度和波长且载有高频电流的金属导线。线天线随处可见，如装置在房顶上、船上、汽车上、飞机上等的天线，其有直线形、环形、螺旋形等多种形状。面状天线是由尺寸大于波长的金属面构成的，主要用于微波波段，形状可以是喇叭或抛物面状等。缝隙天线是金属面上的线状长槽，长槽的横向尺寸远小于波长及纵向尺寸，长槽上有横向高频电场。微带天线由一个金属贴片和一个金属接地板构成，金属贴片可以有各种形状，其中长方形和圆形是最常见的，金属贴片与金属接地板距离很近，使微带天线侧面很薄，适用于平面和非平面结构，并且可以用印刷电路技术制造。

按天线的用途分类，可以分为广播天线、通信天线、雷达天线、导航天线等。

### 9.1.3 天线的研究方法

电磁场随时间变化是产生辐射的原因。频率低时，辐射较微弱；频率越高，辐射的能量就越多。天线的结构应该使电场和磁场分布在同一空间，这样可以使二者能量直接转化，电磁能量可以向远处辐射。天线的辐射性能是宏观电磁场问题，严格的分析方法是找出满足边界条件的麦克斯韦方程解。在实际天线的计算中，严格的解法会出现数学上的困难，有时甚至无法求解，所以实际上都是采用近似解法。

求解天线辐射的工程方法是利用叠加原理。求解线天线的辐射时，首先求出元电流（或称为电基本振子）的辐射场，然后找出线天线上的电流分布，线天线的辐射是元电流辐射的线积分。面天线的辐射问题分为内问题和外问题，由已知激励源求天线封闭面上的场为内问题；由封闭面上的场求外部空间辐射场为外问题，在求外问题时，辐射场也要用到叠加原理。

## 9.2 动态位函数及其解

本节将引入动态标量位和动态矢量位，给出动态位函数的方程，并得出动态位函数的解。由麦克斯韦方程求解天线辐射场在数学上比较复杂，一般首先通过动态位函数求解基本振子的辐射场，然后再分析各种天线的辐射特性。

### 9.2.1 动态标量位和动态矢量位

麦克斯韦方程的微分形式为

$$\nabla\times \boldsymbol{H} = \boldsymbol{J} + \frac{\partial \boldsymbol{D}}{\partial t} \tag{9.1}$$

$$\nabla\times \boldsymbol{E} = -\frac{\partial \boldsymbol{B}}{\partial t} \tag{9.2}$$

$$\nabla\cdot \boldsymbol{B} = 0 \tag{9.3}$$

$$\nabla\cdot \boldsymbol{D} = \rho \tag{9.4}$$

根据恒等式 $\nabla\cdot\nabla\times \boldsymbol{A} = 0$ 及方程式（9.3），可以将 $\boldsymbol{B}$ 写成一个矢量的旋度，即

$$\boldsymbol{B} = \nabla\times \boldsymbol{A} \tag{9.5}$$

式中，$\boldsymbol{A}$ 称为动态矢量位。将式（9.5）代入式（9.2），可以得到

$$\nabla\times\left(\boldsymbol{E} + \frac{\partial \boldsymbol{A}}{\partial t}\right) = 0 \tag{9.6}$$

根据恒等式 $\nabla\times\nabla\phi = 0$ 及式（9.6），有

$$\boldsymbol{E} + \frac{\partial \boldsymbol{A}}{\partial t} = -\nabla\phi$$

于是可以将 $\boldsymbol{E}$ 写成

$$\boldsymbol{E} = -\nabla\phi - \frac{\partial \boldsymbol{A}}{\partial t} \tag{9.7}$$

式中的 $\phi$ 称为动态标量位。

从上面的结果可以知道，只要求出 $\boldsymbol{A}$ 和 $\phi$，就可以由式（9.5）和式（9.7）求出时变场 $\boldsymbol{B}$ 和 $\boldsymbol{E}$。

### 9.2.2 动态位函数的方程

下面，建立动态位函数的方程。

将式（9.7）代入式（9.4），可以得到

$$\nabla\cdot \boldsymbol{E} = \nabla\cdot\left(-\nabla\phi - \frac{\partial \boldsymbol{A}}{\partial t}\right) = \frac{\rho}{\varepsilon}$$

$$\nabla^2\phi + \frac{\partial}{\partial t}(\nabla\cdot \boldsymbol{A}) = -\frac{\rho}{\varepsilon} \tag{9.8}$$

将式（9.5）及式（9.7）代入式（9.1），可以得到

$$\frac{1}{\mu}\nabla\times\nabla\times \boldsymbol{A} = \boldsymbol{J} + \varepsilon\frac{\partial}{\partial t}\left(-\nabla\phi - \frac{\partial \boldsymbol{A}}{\partial t}\right)$$

利用 $\nabla\times\nabla\times \boldsymbol{A} = \nabla(\nabla\cdot \boldsymbol{A}) - \nabla^2\boldsymbol{A}$，上式变为

$$\nabla(\nabla\cdot \boldsymbol{A}) - \nabla^2\boldsymbol{A} = \mu\boldsymbol{J} - \mu\varepsilon\nabla\left(\frac{\partial\phi}{\partial t}\right) - \mu\varepsilon\frac{\partial^2 \boldsymbol{A}}{\partial t^2} \tag{9.9}$$

我们的目的是让方程（9.8）只含有 $\phi$，方程（9.9）只含有 $\boldsymbol{A}$。由于 $\boldsymbol{A}$ 的散度是任意选取的，所以可以规定

$$\nabla\cdot \boldsymbol{A} = -\mu\varepsilon\frac{\partial\phi}{\partial t} \tag{9.10}$$

式（9.10）称为洛伦兹条件。于是，式（9.8）成为

$$\nabla^2\phi - \mu\varepsilon\frac{\partial^2\phi}{\partial t^2} = -\frac{\rho}{\varepsilon} \tag{9.11}$$

式（9.9）成为

$$\nabla^2\boldsymbol{A} - \mu\varepsilon\frac{\partial^2 \boldsymbol{A}}{\partial t^2} = -\mu\boldsymbol{J} \tag{9.12}$$

式（9.11）和式（9.12）称为达朗贝尔方程，分别是动态标量位和动态矢量位满足的微分

方程。

洛伦兹条件是人为规定 $\boldsymbol{A}$ 的散度值，如果不采取洛伦兹条件而采取其他 $\boldsymbol{A}$ 的散度值，得到的 $\boldsymbol{A}$ 和 $\phi$ 的方程将不同于式（9.11）和式（9.12），会得到另外一组 $\boldsymbol{A}$ 和 $\phi$ 的解，但最后求得的时变场 $\boldsymbol{B}$ 和 $\boldsymbol{E}$ 是不变的。

首先求位函数 $\boldsymbol{A}$ 和 $\phi$，再求时变场 $\boldsymbol{B}$ 和 $\boldsymbol{E}$，这在数学上比直接利用波动方程求 $\boldsymbol{B}$ 和 $\boldsymbol{E}$ 要容易。位函数不是具体物理量，它仅仅是求矢量场 $\boldsymbol{B}$ 和 $\boldsymbol{E}$ 的辅助函数。

### 9.2.3 动态位函数的解

下面在无界、均匀、线性、各向同性的介质空间中，求动态位函数的解。

首先求点电荷 $q(t)$ 的动态标量位，然后应用叠加定理，求出任意电荷分布产生的动态标量位。假设点电荷 $q(t)$ 处于坐标原点，在坐标原点之外，式（9.11）为

$$\nabla^2\phi - \mu\varepsilon\frac{\partial^2\phi}{\partial t^2} = 0 \tag{9.13}$$

利用点电荷产生的场的球对称性，有 $\phi = \phi(r,t)$。于是，式（9.13）在球坐标系中可以写为

$$\frac{1}{r^2}\frac{\partial}{\partial r}\left(r^2\frac{\partial\phi}{\partial r}\right) - \mu\varepsilon\frac{\partial^2\phi}{\partial t^2} = 0 \tag{9.14}$$

令 $\phi(r,t) = \frac{1}{r}U(r,t)$，式（9.14）成为

$$\frac{\partial^2 U}{\partial r^2} - \frac{1}{v^2}\frac{\partial^2 U}{\partial t^2} = 0$$

$U(r,t)$ 的通解为

$$U(r,t) = f_1\left(t - \frac{r}{v}\right) + f_2\left(t + \frac{r}{v}\right)$$

$\phi(r,t)$ 的通解为

$$\phi(r,t) = \frac{1}{r}f_1\left(t - \frac{r}{v}\right) + \frac{1}{r}f_2\left(t + \frac{r}{v}\right) \tag{9.15}$$

式中，$f_1$ 和 $f_2$ 可以是任意函数。下面，只考虑解 $\frac{1}{r}f_1\left(t - \frac{r}{v}\right)$。

在静态场时，点电荷产生的电位为 $\phi(r) = \frac{q}{4\pi\varepsilon r}$。静态场是时变场的特例，所以点电荷产生的 $\phi(r,t)$ 为

$$\phi(r,t) = \frac{q\left(t - \frac{r}{v}\right)}{4\pi\varepsilon r} \tag{9.16}$$

假设体积 $\tau'$ 内分布的电荷为 $\rho\mathrm{d}\tau'$，所有电荷产生的 $\phi(r,t)$ 为

$$\phi(r,t) = \frac{1}{4\pi\varepsilon}\int_{\tau'}\frac{\rho\left(t - \frac{r}{v}\right)}{r}\mathrm{d}\tau' \tag{9.17}$$

参照动态标量位 $\phi$ 的求解方法，动态矢量位 $\boldsymbol{A}$ 的解为

$$A(r,t)=\frac{\mu}{4\pi}\int_{\tau'}\frac{J\left(t-\frac{r}{v}\right)}{r}d\tau' \tag{9.18}$$

式（9.17）和式（9.18）表明，$t$ 时刻距源 $r$ 处的位函数是由 $t-\frac{r}{v}$ 时刻的电荷密度决定的；也就是说，$t$ 时刻的位函数并不取决于 $t$ 时刻的源，而取决于 $t-\frac{r}{v}$ 时刻的源。故式（9.17）和式（9.18）称为滞后位。

对于时谐场，电荷密度可以用复数表示为

$$\rho\left(t-\frac{r}{v}\right)=\rho\cos\left[\omega\left(t-\frac{r}{v}\right)\right]=\rho\cos(\omega t-kr)=\mathrm{Re}(\rho e^{j\omega t}e^{-jkr}) \tag{9.19}$$

同理可得，电流密度用复数表示为

$$J\left(t-\frac{r}{v}\right)=\mathrm{Re}(Je^{j\omega t}e^{-jkr}) \tag{9.20}$$

略去 $e^{j\omega t}$，式（9.17）和式（9.18）的复数形式为

$$\phi(r)=\frac{1}{4\pi\varepsilon}\int_{\tau'}\frac{\rho e^{-jkr}}{r}d\tau' \tag{9.21}$$

$$A(r)=\frac{\mu}{4\pi}\int_{\tau'}\frac{Je^{-jkr}}{r}d\tau' \tag{9.22}$$

若电流分布为 $Idl$，则动态矢量位为

$$A(r)=\frac{\mu}{4\pi}\int_{l'}\frac{Ie^{-jkr}}{r}dl' \tag{9.23}$$

## 9.3 基本振子的辐射

基本振子是一种基本的辐射单元，实际辐射电磁波的天线可以看成是无穷多个基本振子的叠加。本节讨论电基本振子和磁基本振子的辐射场。

### 9.3.1 电基本振子的辐射场

电基本振子也称为电偶极子，是为分析线状天线而抽象出来的天线最小构成单元。它是一段长度 $l$ 远小于波长的细短导线，导线上所有点的电流振幅和相位都认为是恒定的（等幅同相分布）。设该电基本振子位于坐标原点，沿 $z$ 轴放置，如图9.2所示。

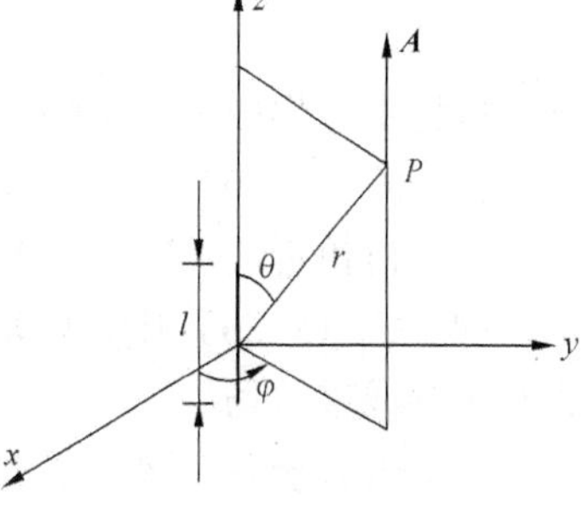

图9.2 电基本振子

设电基本振子上的电流分布为 $Ie^{j\omega t}$，由式（9.23）可得其产生的矢量位为

$$A=\frac{\mu}{4\pi}\frac{Ile^{-jkr}}{r}=e_z\frac{\mu}{4\pi r}Ile^{-jkr} \tag{9.24}$$

将式（9.24）在球坐标系中展开为 $A_r$、$A_\theta$、$A_\varphi$ 分量，并利用 $H=\frac{1}{\mu}\nabla\times A$ 可以求得磁场 $H$，又由 $E=\frac{1}{j\omega\varepsilon}\nabla\times H$ 可以求得电场 $E$。电场和磁场在球坐标系中的各分量为

$$\left.\begin{aligned}
E_r &= \frac{Il}{4\pi}\frac{2}{\omega\varepsilon_0}\cos\theta\left(\frac{k}{r^2}-\mathrm{j}\frac{1}{r^3}\right)\mathrm{e}^{-\mathrm{j}kr}\\
E_\theta &= \frac{Il}{4\pi}\frac{1}{\omega\varepsilon_0}\sin\theta\left(\mathrm{j}\frac{k^2}{r}+\frac{k}{r^2}-\mathrm{j}\frac{1}{r^3}\right)\mathrm{e}^{-\mathrm{j}kr}\\
E_\varphi &= 0\\
H_r &= 0\\
H_\theta &= 0\\
H_\varphi &= \frac{Il}{4\pi}\sin\theta\left(\mathrm{j}\frac{k}{r}+\frac{1}{r^2}\right)\mathrm{e}^{-\mathrm{j}kr}
\end{aligned}\right\}\tag{9.25}$$

由式（9.25）可知，电基本振子的电场有 $E_r$、$E_\theta$ 分量，磁场有 $H_\varphi$ 分量，分量中含有 $r^{-1}$、$r^{-2}$ 或 $r^{-3}$ 项。为了便于分析，以 $kr$ 的大小为标准，将电基本振子周围的空间分为近区（$kr \ll 1$）、远区（$kr \gg 1$）、中间区3个区域，下面分别加以讨论。

### 1. 近区场

近区的条件为 $kr=\dfrac{2\pi}{\lambda}r<<1$，即 $r<<\dfrac{\lambda}{2\pi}$。此时，$\mathrm{e}^{-\mathrm{j}kr}\approx 1$，式（9.25）中只保留 $1/r$ 的高次项。于是式（9.25）近似为

$$\left.\begin{aligned}
E_r &\approx -\mathrm{j}\frac{Il}{2\pi\omega\varepsilon_0 r^3}\cos\theta\\
E_\theta &\approx -\mathrm{j}\frac{Il}{4\pi\omega\varepsilon_0 r^3}\sin\theta\\
H_\varphi &\approx \frac{Il}{4\pi r^2}\sin\theta
\end{aligned}\right\}\tag{9.26}$$

近区场有4个特点。

（1）$I=\dfrac{\mathrm{d}q}{\mathrm{d}t}$，用复数表示为 $I=\mathrm{j}\omega q$，将其代入式（9.26）中，得到电场 $E_r$ 和 $E_\theta$ 分别为

$$E_r=\frac{ql}{2\pi\varepsilon_0 r^3}\cos\theta$$

$$E_\theta=\frac{ql}{4\pi\varepsilon_0 r^3}\sin\theta$$

与静电场中电偶极子产生的电场完全一样。

（2）式（9.26）中，磁场 $H_\varphi$ 与电流元产生的磁场一致。

（3）讨论近区场时，电基本振子相当于电偶极子，近区场称为准静态场。

（4）式（9.26）中，电场与磁场相位相差 $\pi/2$，平均坡印廷矢量为0。因此近区场又称为感应场或束缚场。

讨论近区场时，忽略了 $1/r$ 的低次项，而这恰恰是在近区辐射的能量项。同时说明近区有辐射，只不过辐射场远小于束缚场。

## 2. 远区场

远区的条件为 $kr = \frac{2\pi}{\lambda}r >> 1$，即 $r >> \frac{\lambda}{2\pi}$。此时式（9.25）中只保留 $1/r$ 项，于是式（9.25）近似为

$$\left.\begin{aligned} E_\theta &\approx \mathrm{j}\frac{k^2 Il}{4\pi\omega\varepsilon_0 r}\sin\theta \mathrm{e}^{-\mathrm{j}kr} = \mathrm{j}\frac{Il}{2\lambda r}\eta_0 \sin\theta \mathrm{e}^{-\mathrm{j}kr} \\ H_\varphi &\approx \mathrm{j}\frac{kIl}{4\pi r}\sin\theta \mathrm{e}^{-\mathrm{j}kr} = \mathrm{j}\frac{Il}{2\lambda r}\sin\theta \mathrm{e}^{-\mathrm{j}kr} \end{aligned}\right\} \tag{9.27}$$

式（9.27）中，$\eta_0$ 称为自由空间波阻抗。

远区场有 7 个特点。

（1）远区场只有 $E_\theta$ 和 $H_\varphi$ 项，它们在空间上相互垂直，在时间上同相，平均坡印廷矢量为

$$\boldsymbol{S}_{\mathrm{av}} = \frac{1}{2}\mathrm{Re}(\boldsymbol{E}\times\boldsymbol{H}^*) = \boldsymbol{e}_r\frac{\eta_0}{2}|H_\varphi|^2 = \boldsymbol{e}_r\frac{1}{2}\eta_0\left(\frac{Il}{2\lambda r}\sin\theta\right)^2 \tag{9.28}$$

式（9.28）表明，远区场能量向外辐射。

（2）能量辐射方向与电场和磁场方向都垂直，远区场近似为 TEM 波。

（3）电场和磁场振幅关系为

$$\frac{E_\theta}{H_\varphi} = \eta_0 = 120\pi\ \Omega \tag{9.29}$$

（4）电场和磁场都有因子 $\mathrm{e}^{-\mathrm{j}kr}$，说明等相位面为球面，辐射为球面波。同时，因子 $\mathrm{e}^{-\mathrm{j}kr}$ 说明相位随 $r$ 的加大而持续滞后，$t$ 时刻的场并不取决于 $t$ 时刻的源，而是要经过一段时间才传播到，说明辐射有滞后性。

（5）电场和磁场都有因子 $\sin\theta$，说明在不同方向上辐射强度不相等，也就是说辐射有方向性。如果在远区距离天线 $r$ 处观察电磁场强度的变化，会发现它们都是 $\theta$ 的函数。在离开天线一定距离处，场量随角度变化的函数称为天线的方向性函数。电基本振子的方向性函数为 $\sin\theta$，对应画出的方向图如图 9.3 所示。

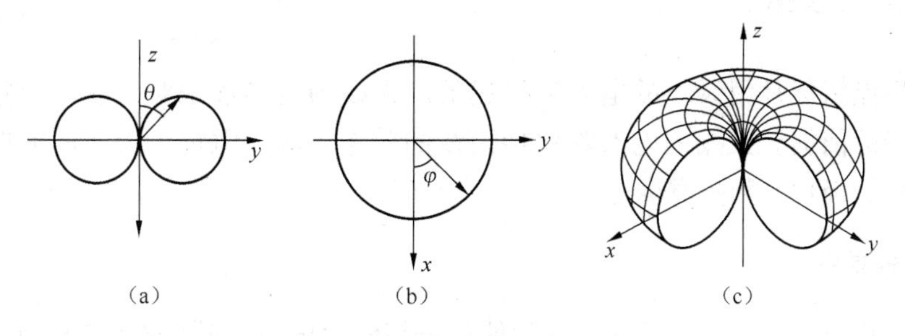


图 9.3 电基本振子辐射的方向图

（6）电基本振子向空间辐射的总功率为

$$P_\Sigma = \int_S |\boldsymbol{S}_{\mathrm{av}}|\mathrm{d}S = \int_S \frac{\eta_0}{2}|H_\varphi|^2\mathrm{d}S = 40\pi^2 I^2\left(\frac{l}{\lambda}\right)^2 \tag{9.30}$$

（7）参照电路理论，可以用一个等效电阻消耗辐射功率，这个等效电阻称为辐射电阻 $R_\Sigma$，定义为

$$P_\Sigma = \frac{1}{2} I^2 R_\Sigma$$

$$R_\Sigma = \frac{2P_\Sigma}{I^2} = 80\pi^2 \left(\frac{l}{\lambda}\right)^2 \tag{9.31}$$

辐射电阻反映了天线辐射电磁波的能力。

### 3. 中间区

介于远区和近区之间的区域称为中间区。由于中间区在工程上考虑得较少，在此不再讨论。

## 9.3.2 磁基本振子的辐射场

磁基本振子又称为磁偶极子，其实际模型是周长 $2\pi a << \lambda$ 的细小导体圆环，如图9.4所示。小导体圆环上的电流为 $i = \mathrm{Re}(I\mathrm{e}^{-j\omega t})$，由电磁理论可知，其磁矩为

$$\boldsymbol{p}_\mathrm{m} = \boldsymbol{e}_z I\pi a^2 = \boldsymbol{e}_z IS = \boldsymbol{e}_z p_\mathrm{m} \tag{9.32}$$

根据电与磁的对偶原理，自由空间中磁偶极子与电偶极子有对偶关系。利用对偶关系可以得出磁偶极子的远区场为

$$\left.\begin{aligned} E_\varphi &= \frac{\omega\mu_0 SI}{2\lambda r}\sin\theta \mathrm{e}^{-jkr} \\ H_\theta &= -\frac{\omega\mu_0 SI}{2\lambda r}\frac{1}{\eta_0}\sin\theta \mathrm{e}^{-jkr} \end{aligned}\right\} \tag{9.33}$$

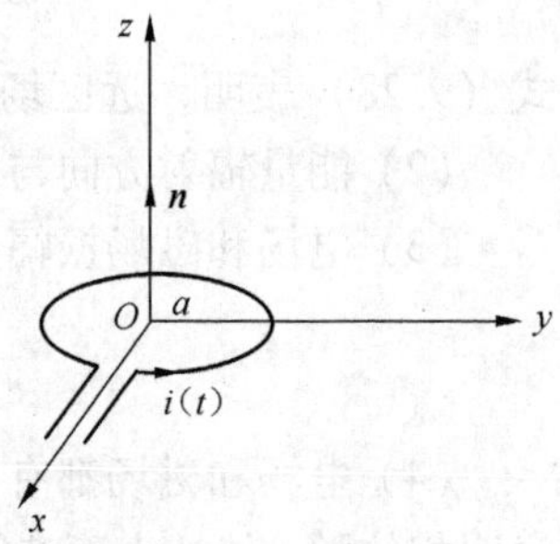

图9.4 磁基本振子

由式（9.33）可知，磁偶极子的辐射场与电偶极子的辐射场有许多相似之处，都是TEM波，都是球面波，都有方向性函数 $\sin\theta$，电场与磁场振幅都相差波阻抗 $\eta_0$ 倍。但是，磁偶极子有 $E_\varphi$、$H_\theta$ 分量，电偶极子有 $E_\theta$、$H_\varphi$ 分量。

# 9.4 天线的电参数

天线的性能指标是用天线的电参数描述的。天线的电参数是对天线的定量分析，是选择、设计天线的依据。天线的电参数包括天线的效率、输入阻抗、天线的方向性参数、增益、有效长度、极化、频带宽度等。

### 1. 天线的效率

天线在工作时，并不能将输入天线的能量全部辐射出去。天线的效率定义为天线的辐射功率 $P_\Sigma$ 与输入功率 $P_\mathrm{in}$ 的比值，即

$$\eta_\mathrm{A} = \frac{P_\Sigma}{P_\mathrm{in}} = \frac{P_\Sigma}{P_\Sigma + P_\mathrm{L}} \tag{9.34}$$

式（9.34）中，$P_\mathrm{L}$ 是天线的总损耗能量，包括天线导体的损耗和天线介质的损耗。

如果引入天线的辐射电阻 $R_\Sigma$ 和损耗电阻 $R_L$，式（9.34）成为

$$\eta_A = \frac{R_\Sigma}{R_\Sigma + R_L} \tag{9.35}$$

### 2. 输入阻抗

天线的输入阻抗定义为天线输入端电压与电流的比值，即

$$Z_{in} = \frac{U_{in}}{I_{in}} = R_{in} + jX_{in} \tag{9.36}$$

式中，$R_{in}$ 表示输入电阻；$X_{in}$ 表示输入电抗。

天线的输入阻抗是一个重要的参数，它决定于天线本身的结构和尺寸，并与激励方式、工作频率、周围物体的影响等有关。只有极少数简单的天线才能准确地计算出输入阻抗，多数天线的输入阻抗通过近似计算或测量的方法得以确定。

天线的输入端是指天线与馈线的连接处。天线作为馈线的负载，通常要求做到阻抗匹配。当天线与馈线不匹配时，馈线上的入射功率会被天线部分反射，馈线传输系统的效率 $\eta_\varphi$ 将小于1。整个天馈线系统的效率 $\eta$ 为

$$\eta = \eta_\varphi \eta_A \tag{9.37}$$

### 3. 方向性函数和方向图

天线的方向性函数是指以天线为中心，在远区相同距离 $r$ 的条件下，天线辐射场的相对值与空间方向的函数关系，用 $f(\theta,\varphi)$ 表示。根据方向性函数绘制的图形称为方向图。

为了便于比较不同天线的方向特性，常采用归一化方向性函数，定义为

$$F(\theta,\varphi) = \frac{|\boldsymbol{E}(\theta,\varphi)|}{|\boldsymbol{E}_{max}|} = \frac{f(\theta,\varphi)}{f(\theta,\varphi)|_{max}} \tag{9.38}$$

式中，$|\boldsymbol{E}(\theta,\varphi)|$ 和 $|\boldsymbol{E}_{max}|$ 分别为与天线有同一距离的指定方向 $(\theta,\varphi)$ 上的电场强度值和电场强度最大值；$f(\theta,\varphi)|_{max}$ 为方向性函数的最大值。

例如，电基本振子的方向性函数为 $f(\theta,\varphi) = \sin\theta$，其归一化方向性函数为

$$F(\theta,\varphi) = \sin\theta \tag{9.39}$$

图9.3示出的即是电基本振子的方向图。

立体方向图可以完全反映天线的方向特性。图9.3（c）所示为电基本振子的立体方向图。但有时为方便，常采用与场矢量相平行的两个平面表示方向图，定义分别如下：

- E 面方向图——电场矢量所在平面的方向图。对沿 $z$ 轴放置的电基本振子而言，E 面即为子午平面。图9.3（a）所示为电基本振子的 E 面方向图。
- H 面方向图——磁场矢量所在平面的方向图。对沿 $z$ 轴放置的电基本振子而言，H 面即为赤道平面。图9.3（b）所示为电基本振子的 H 面方向图。

电基本振子有 $E_\theta$、$H_\varphi$ 分量，磁基本振子有 $E_\varphi$、$H_\theta$ 分量。所以，磁基本振子的 E 面方向图与电基本振子的 H 面方向图相同，而磁基本振子的 H 面方向图与电基本振子的 E 面方向图相同。

在对各种方向图进行定量比较时，通常考虑3个参数。

（1）主瓣宽度。

天线的方向图通常由一个或多个波瓣构成。天线辐射最强方向所在的波瓣称为主瓣，主瓣宽度是衡量主瓣尖锐程度的物理量。

如图 9.5 所示，主瓣宽度分半功率波瓣宽度和零功率波瓣宽度。在主瓣最大值两侧，主瓣上场强下降为最大值的 $1/\sqrt{2}$ 的两点矢径之间的夹角称为半功率波瓣宽度，记为 $2\theta_{0.5}$，半功率波瓣宽度是主瓣半功率点间的夹角。场强下降为 0 的两点矢径之间的夹角称为零功率波瓣宽度，记为 $2\theta_0$。

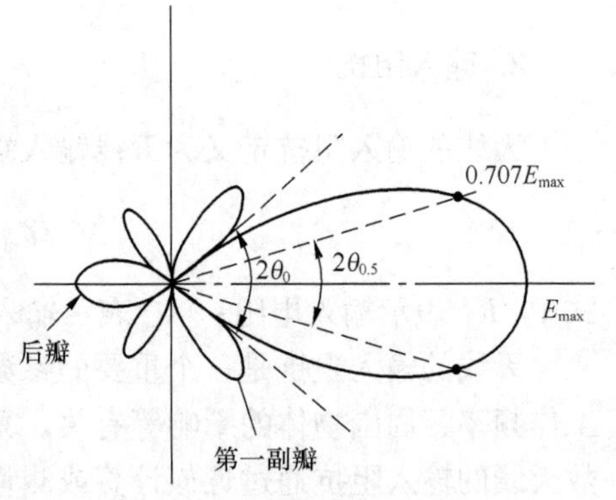

图 9.5 主瓣宽度及旁瓣电平

半功率波瓣宽度越窄，说明天线辐射的能量越集中，定向性越好。电基本振子的 E 面方向图的半功率波瓣宽度为 90°。有些面天线的半功率波瓣宽度小于 1°。

（2）旁瓣电平。

主瓣以外其他的瓣称为旁瓣或副瓣。旁瓣最大值与主瓣最大值之比称为旁瓣电平，记为 $FSLL$。

$$FSLL = 20\lg\frac{|E_2|}{|E_{max}|}\ \text{dB} \tag{9.40}$$

式（9.40）中，$|E_2|$ 为旁瓣电场最大值。

旁瓣区通常为不需要辐射的区域，所以旁瓣电平应尽可能低。

（3）前后比。

天线最大辐射方向（前向）电平与其相反方向（后向）电平之比称为前后比，通常用 dB 表示。

**4. 方向性系数**

在离天线某一距离处，天线在最大辐射方向上产生的功率密度与天线辐射出去的能量被均匀分到空间各个方向（即理想的无方向性天线）时的功率密度之比为天线的方向性系数，即

$$D = \frac{S_{max}}{S_{av}} = \frac{|E_{max}|^2}{|E_{av}|^2} \tag{9.41}$$

根据归一化方向性函数的定义，天线在任意方向的辐射场强和功率密度分别为

$$E(\theta,\varphi) = E_{max}F(\theta,\varphi) \tag{9.42}$$

$$S(\theta,\varphi) = \frac{|E(\theta,\varphi)|^2}{2\eta_0} = \frac{|E(\theta,\varphi)|^2}{240\pi} \tag{9.43}$$

天线的辐射功率为

$$\begin{aligned} P_\Sigma &= \oint_S S(\theta,\varphi)\,\mathrm{d}S \\ &= \frac{1}{240\pi}\int_0^{2\pi}\int_0^{\pi}[E_{max}F(\theta,\varphi)]^2 r^2\sin\theta\,\mathrm{d}\theta\,\mathrm{d}\varphi \end{aligned}$$

$$= \frac{|E_{\max}|^2 r^2}{240\pi} \int_0^{2\pi} \int_0^{\pi} [F(\theta,\varphi)]^2 \sin\theta \mathrm{d}\theta \mathrm{d}\varphi \tag{9.44}$$

理想无方向性天线的辐射功率为

$$P_\Sigma = \frac{|E_{av}|^2}{2\eta_0} 4\pi r^2 = \frac{|E_{av}|^2}{60} r^2 \tag{9.45}$$

式（9.44）与式（9.45）的辐射功率相等，于是得到

$$\frac{|E_{\max}|^2 r^2}{240\pi} \int_0^{2\pi} \int_0^{\pi} [F(\theta,\varphi)]^2 \sin\theta \mathrm{d}\theta \mathrm{d}\varphi = \frac{|E_{av}|^2 r^2}{60}$$

根据方向性系数的定义，有

$$D = \frac{|E_{\max}|^2}{|E_{av}|^2} = \frac{4\pi}{\int_0^{2\pi} \int_0^{\pi} [F(\theta,\varphi)]^2 \sin\theta \mathrm{d}\theta \mathrm{d}\varphi} \tag{9.46}$$

对于无方向性天线，$D=1$。无方向性天线也称为理想点源辐射，它是一种抽象的数学模型。实际天线均有方向性。方向性系数越大，天线的方向性越强。

**例 9.1** 计算电基本振子的方向性系数。

**解** 电基本振子的归一化方向性函数为

$$F(\theta,\varphi) = \sin\theta$$

将其代入式（9.46），得到

$$D = \frac{4\pi}{\int_0^{2\pi} \int_0^{\pi} [F(\theta,\varphi)]^2 \sin\theta \mathrm{d}\theta \mathrm{d}\varphi} = \frac{4\pi}{\int_0^{2\pi} \int_0^{\pi} \sin^3\theta \mathrm{d}\theta \mathrm{d}\varphi} = 1.5 \tag{9.47}$$

### 5. 增益

增益定义为天线与理想无方向性天线相比，在最大辐射方向上输入功率放大的倍数。增益同时考虑了天线的方向性系数和效率，为

$$G = D\eta_A \tag{9.48}$$

增益也常用 dB 表示。

### 6. 有效长度

天线的有效长度是衡量天线辐射能力的又一个指标。很多天线上的电流分布是不均匀的，如图 9.6（a）所示。有效长度的定义是，在保持实际天线最大辐射方向上场强不变的前提下，假设天线上的电流为均匀分布，电流的大小等于输入端的电流，此假想天线的长度 $l_e$ 为实际天线（长度为 $l$）的有效长度，如图 9.6（b）所示。

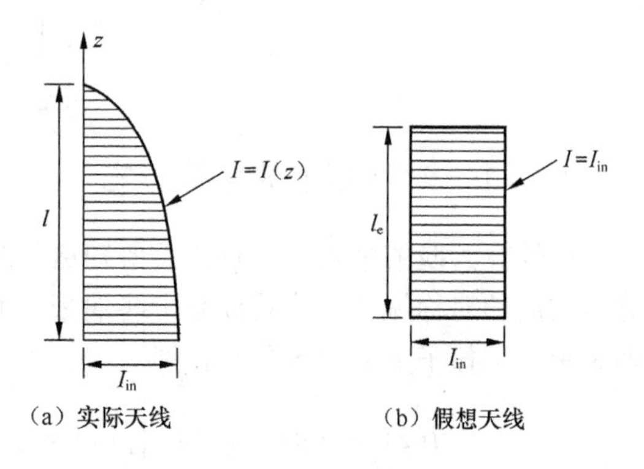


图 9.6 天线的有效长度

#### 7. 极化

天线的极化是指在天线最大辐射方向上，电场矢量的方向随时间变化的规律。在第4章中，已经讨论过波的极化，极化是在空间固定点上电场方向随时间变化的轨迹。按轨迹形状，极化方式分为线极化、圆极化、椭圆极化。圆极化、椭圆极化又有左旋和右旋两种存在方式。通常，在偏离最大辐射方向时，天线的极化随之改变。

在实际使用中，通常采用线极化天线。但当收发天线的一方剧烈摆动时，收发要采用圆极化天线。另外，收发天线要求主辐射方向对准、极化方向一致。

#### 8. 频带宽度

天线的所有电参数都与频率有关。当频率偏离中心频率时，会引起天线电参数的变化，例如引起方向图的变形、输入阻抗的改变等。将天线的电参数保持在规定技术指标要求之内的频率范围，称为天线的工作频带宽度，简称为天线的带宽。

## 9.5 对称振子天线

对称振子天线的结构如图9.7所示，它由两个臂长为$l$、半径为$a$的直导线构成，两个内端点为馈电点。对称振子天线是一种应用广泛的线天线，它既可以单独使用，又可以作为天线阵的单元。

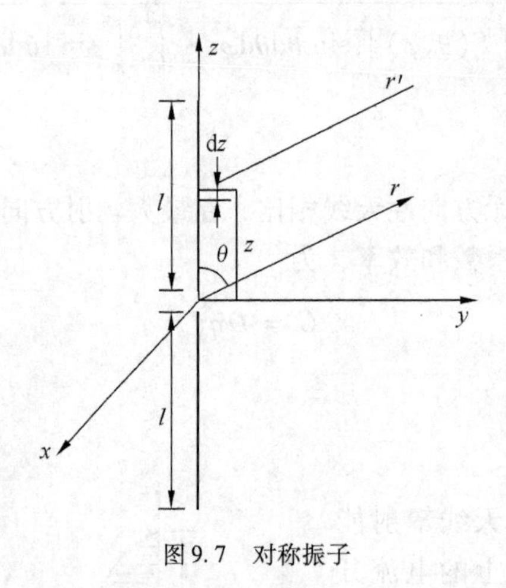


图9.7 对称振子

### 9.5.1 对称振子的电流分布

要计算天线的辐射场，首先需要知道天线上的电流分布。理论和实践都已经证明，由细导线构成的对称振子可以看成是由终端张开的平行双导线构成的，用终端开路的电流分布近似表示对称振子上的电流分布，即

$$I(z)=I_m\sin[k(l-|z|)]=\begin{cases}I_m\sin[k(l-z)] & 0<z<l\\ I_m\sin[k(l+z)] & -l<z<0\end{cases} \tag{9.49}$$

式中，$I_m$为波腹点的电流；$k=2\pi/\lambda$，为相位常数。

### 9.5.2 对称振子的辐射场

对称振子看成是由许多电流元 $I(z)\mathrm{d}z$ 构成的，电流元的辐射场可以视为电基本振子的辐射场，对称振子的辐射场为许多电基本振子辐射场的叠加。因为观察点足够远，每个电流元到观察点的射线近似平行，所以辐射场叠加是可以的。

电流元 $I(z)\mathrm{d}z$ 在观察点的辐射场为

$$\mathrm{d}E_\theta = \mathrm{j}\frac{60\pi I_\mathrm{m}\sin[k(l-|z|)]\mathrm{d}z}{\lambda r'}\sin\theta \mathrm{e}^{-\mathrm{j}kr'} \tag{9.50}$$

式中，振幅项 $r' \approx r$，相位项 $\mathrm{e}^{-\mathrm{j}kr'}$ 中取 $r' \approx r - z\cos\theta$，于是对称振子的辐射场为

$$\begin{aligned} E_\theta &= \int_{-l}^{l}\mathrm{j}\frac{60\pi I_\mathrm{m}\sin[k(l-|z|)]\mathrm{d}z}{\lambda r}\sin\theta \mathrm{e}^{-\mathrm{j}k(r-z\cos\theta)} \\ &= \mathrm{j}\frac{60 I_\mathrm{m}}{r}\left[\frac{\cos(kl\cos\theta)-\cos(kl)}{\sin\theta}\right]\mathrm{e}^{-\mathrm{j}kr} \end{aligned} \tag{9.51}$$

$$H_\varphi = \frac{E_\theta}{\eta_0} \tag{9.52}$$

归一化方向性函数为

$$F(\theta,\varphi) = \frac{\cos(kl\cos\theta)-\cos(kl)}{\sin\theta} \tag{9.53}$$

由此可见，对称振子的辐射场有如下特性：电场只有 $E_\theta$ 分量，磁场只有 $H_\varphi$ 分量，为TEM 波；辐射场的大小与离开天线的距离成反比；辐射场的等相位面为球面；辐射场的归一化方向性函数仅与 $\theta$ 有关，而与 $\varphi$ 无关；立体方向图为以天线为中心轴的回旋体；H 面方向图为圆。

图 9.8 示出了 4 种不同长度对称振子天线的 E 面方向图。其中，图（a）对称振子总长 $2l=\lambda/2$，称为半波对称振子；图（b）对称振子总长 $2l=\lambda$，称为全波对称振子。半波对称振子半功率波瓣宽度为 78°，方向性系数为 1.64；全波对称振子半功率波瓣宽度为 47°，方向性系数为 2.4。当对称振子总长 $2l=1.5\lambda$ 或 $2l=2\lambda$ 时，主辐射方向发生改变，如图 9.8（c），（d）所示，表明天线已失去作用，实际应用中应避免这种情况发生。

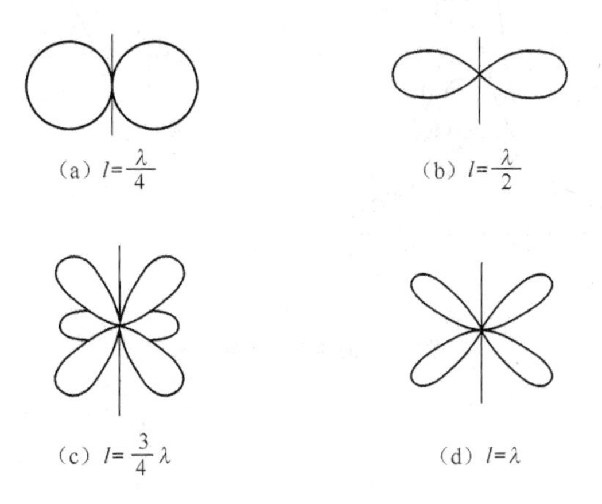


图 9.8 对称振子天线的 E 面方向图

### 9.5.3 对称振子的辐射电阻和输入阻抗

电基本振子的辐射功率，前面曾用一个等效电阻的消耗来等效，这个等效电阻称为辐射电阻 $R_\Sigma$。对称振子的辐射电阻，这里是以波腹处的电流为参考，定义为二倍的天线辐射功率与波腹处电流强度振幅值平方的比值，为

$$R_\Sigma = \frac{2P_\Sigma}{I_m^2} \tag{9.54}$$

其中

$$P_\Sigma = \frac{1}{240\pi}\int_0^{2\pi}\int_0^{\pi}[E_\theta]^2 r^2 \sin\theta \mathrm{d}\theta\mathrm{d}\varphi = 30I_m^2\int_0^{\pi}\frac{[\cos(kl\cos\theta)-\cos(kl)]^2}{\sin\theta}\mathrm{d}\theta \tag{9.55}$$

半波对称振子的辐射电阻为73.1 Ω，全波对称振子的辐射电阻为200 Ω。

对称振子天线的输入阻抗，工程上常采用“等效传输线法”进行计算。图9.9给出了对称振子天线的输入阻抗 $Z_{in} = R_{in} + X_{in}$ 与 $l/\lambda$ 的关系曲线。从图中可以看出，$R_{in}$ 与 $X_{in}$ 既与 $l/\lambda$ 有关，也与特性阻抗 $Z_0$ 有关。而特性阻抗 $Z_0$ 随天线的粗细而变，天线越粗，$Z_0$ 越小。于是可以从图中得出结论：天线越粗，天线的特性阻抗 $Z_0$ 越小，$R_{in}$ 和 $X_{in}$ 的曲线变化越缓慢，容易实现宽频带阻抗匹配。

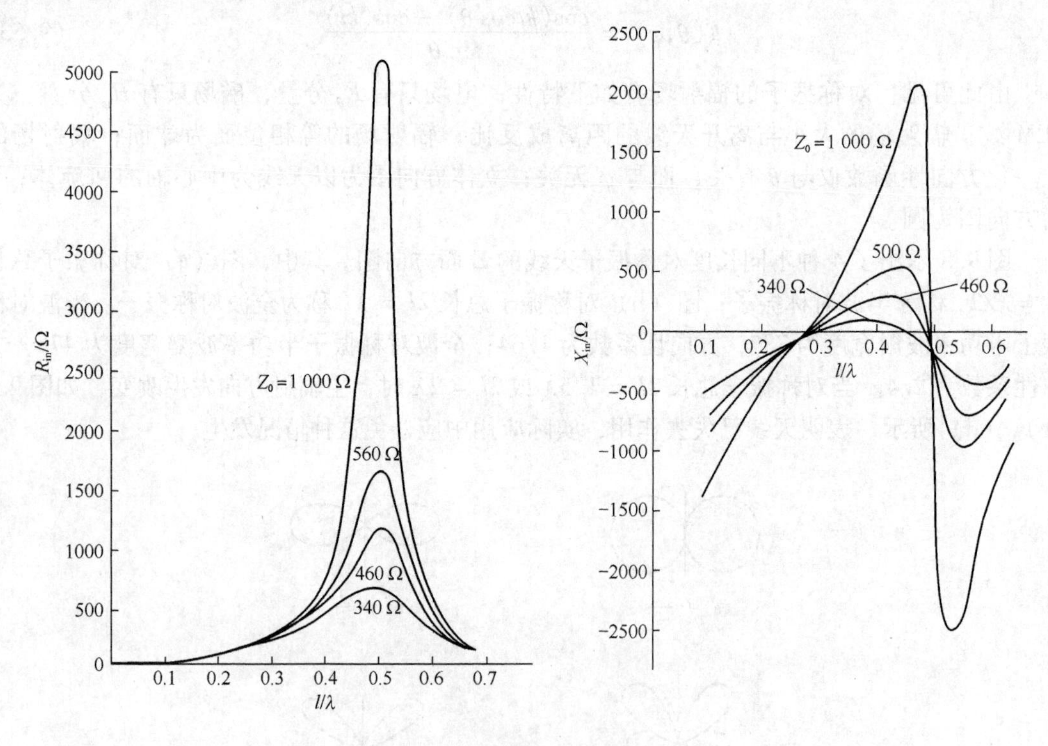


图9.9 对称振子的输入阻抗

## 9.6 天线阵

对称振子的方向性是由各电基本振子的辐射场在空间干涉而形成的，它与电基本振子的

排列情况、电流分布等有关。将上述概念加以扩展，用许多单元天线按一定方式排列构成一个辐射系统，这个辐射系统称为天线阵，构成天线阵的每个单元称为阵元。

天线阵的辐射特性取决于阵元的结构、数目、排列方式、间距、阵元上电流的振幅和相位等。天线阵比单个阵元的辐射有更高的方向性系数，而且可以获得期望的方向图。

按阵元的排列方式，天线阵有直线阵、平面阵、立体阵。本节只讨论由相似阵元组成的直线阵。

### 9.6.1 二元阵与方向性乘积原理

二元阵由两个距离较近、取向一致的阵元组成，如图9.10所示。下面讨论两个沿 $z$ 轴放置、沿 $x$ 轴排列的对称振子构成的二元阵。

两阵元相距距离为 $d$，阵元1的电流为 $I_1$，阵元2的电流为 $I_2 = mI_1 e^{j\beta}$，$m$ 和 $\beta$ 分别为两阵元电流的振幅比和相位差。

观察点 $P$ 在远区，可以认为 $r_1$ 和 $r_2$ 相互平行，阵元1和阵元2产生的电场方向一致。阵元1和阵元2产生的电场分别为

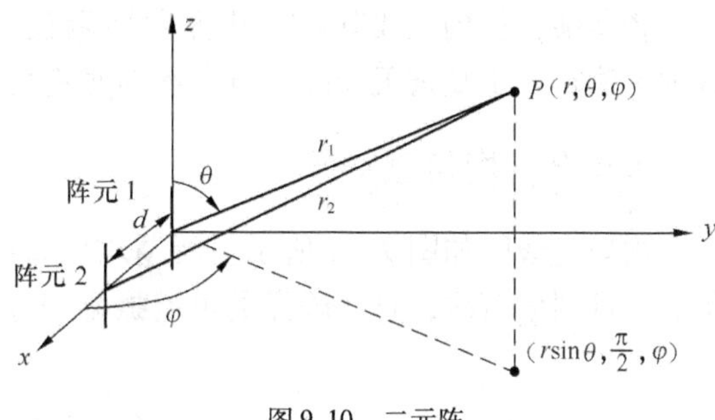


图9.10 二元阵

$$E_1 = e_\theta j \frac{60I_1}{r_1} \frac{\cos(kl\cos\theta) - \cos(kl)}{\sin\theta} e^{-jkr_1} \tag{9.56}$$

$$E_2 = e_\theta j \frac{60I_2}{r_2} \frac{\cos(kl\cos\theta) - \cos(kl)}{\sin\theta} e^{-jkr_2} \tag{9.57}$$

式（9.57）中有如下关系

$$\frac{1}{r_2} \approx \frac{1}{r_1},\ I_2 = mI_1 e^{j\beta},\ e^{-jkr_2} = e^{-jk(r_1 - d\sin\theta\cos\varphi)}$$

于是式（9.57）成为

$$\begin{aligned} E_2 &= e_\theta j \frac{60mI_1 e^{j\beta}}{r_1} \frac{\cos(kl\cos\theta) - \cos(kl)}{\sin\theta} e^{-jk(r_1 - d\sin\theta\cos\varphi)} \\ &= mE_1 e^{j\psi} \end{aligned} \tag{9.58}$$

式（9.58）中

$$\psi = \beta + kd\sin\theta\cos\varphi \tag{9.59}$$

天线阵在观察点 $P$ 产生的辐射电场为

$$\begin{aligned} E &= E_1 + E_2 = E_1(1 + me^{j\psi}) \\ &= e_\theta j \frac{60I_1}{r_1} \frac{\cos(kl\cos\theta) - \cos(kl)}{\sin\theta} e^{-jkr_1}(1 + me^{j\psi}) \\ &= e_\theta j \frac{60I_1}{r_1} F(\theta,\varphi) e^{-jkr_1}(1 + me^{j\psi}) \end{aligned} \tag{9.60}$$

令

$$F_2(\theta,\varphi) = 1 + me^{j\psi} \tag{9.61}$$

$$F_{\text{ar}}(\theta,\varphi) = F(\theta,\varphi)F_2(\theta,\varphi) \tag{9.62}$$

则式（9.60）成为

$$\boldsymbol{E} = \boldsymbol{e}_\theta \mathrm{j}\frac{60I_1}{r_1}F_{\text{ar}}(\theta,\varphi)\mathrm{e}^{-\mathrm{j}kr_1} \tag{9.63}$$

式（9.61）称为阵因子归一化方向性函数。式（9.62）称为方向图乘积定理。方向图乘积定理说明，天线阵归一化方向性函数 $F_{\text{ar}}(\theta,\varphi)$ 等于阵元归一化方向性函数 $F(\theta,\varphi)$ 与阵因子归一化方向性函数 $F_2(\theta,\varphi)$ 的乘积。

方向图乘积定理适用于N元相似阵，天线阵的方向图由阵元方向图和阵因子方向图乘积得到。首先求出阵元归一化方向性函数 $F(\theta,\varphi)$ 和阵因子归一化方向性函数 $F_2(\theta,\varphi)$；然后两者相乘，得到天线阵归一化方向性函数 $F_{\text{ar}}(\theta,\varphi)$；最后逐点描绘成天线阵的方向图。这种方法在判定复杂天线阵的方向图时很有用。

## 9.6.2 均匀直线阵

均匀直线阵如图9.11所示。所谓均匀直线阵是指，各阵元结构相同、取向一致、间距相等、排列成直线，且各阵元的电流振幅相等、相位以均匀比例递增或递减。

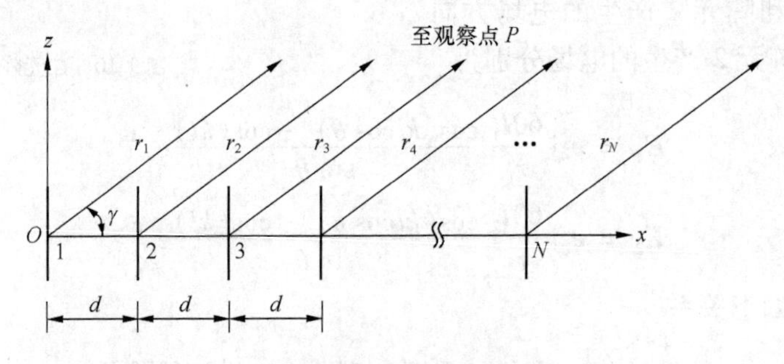


图9.11　均匀直线阵

类似对二元阵的分析，$N$ 元阵相邻两阵元辐射场的相位差为

$$\psi = \beta + kd\cos\gamma \tag{9.64}$$

由于各阵元电流振幅相等，因此 $N$ 元阵的阵因子为

$$\begin{aligned} F_N(\theta,\varphi) &= 1 + \mathrm{e}^{\mathrm{j}\psi} + \mathrm{e}^{\mathrm{j}2\psi} + \cdots + \mathrm{e}^{\mathrm{j}(N-1)\psi} \\ &= \frac{1 - \mathrm{e}^{\mathrm{j}N\psi}}{1 - \mathrm{e}^{\mathrm{j}\psi}} \end{aligned} \tag{9.65}$$

于是，天线阵在观察点 $P$ 产生的辐射场为

$$\boldsymbol{E} = \boldsymbol{E}_1 + \boldsymbol{E}_2 + \cdots + \boldsymbol{E}_N = \boldsymbol{E}_1 F_N(\theta,\varphi) \tag{9.66}$$

利用等比级数求和公式，有

$$|\boldsymbol{E}| = |\boldsymbol{E}_1||F_N(\theta,\varphi)| = |\boldsymbol{E}_1|\frac{\sin\dfrac{N\psi}{2}}{\sin\dfrac{\psi}{2}} \tag{9.67}$$

由上面的分析可以看出，$N$ 元阵的阵因子是以 $2\pi$ 为周期的函数，所以阵因子方向图将

出现主瓣和多个旁瓣。在 $\psi = \pm 2N\pi$ 时，函数出现最大值，其中 $\psi = 0$ 时的最大值是主瓣，其余最大值是旁瓣。当天线阵的主辐射方向垂直于阵轴方向时，天线阵称为边射阵；当天线阵的主辐射方向在阵的轴线方向时，天线阵称为端射阵。

## 9.7 其他类型天线简要介绍

### 9.7.1 行波天线

若在线状天线的导线末端接匹配负载，天线上的电流分布就为行波分布，称这种天线为行波天线。行波天线的长度可以是几个波长，一般具有较好的单向辐射特性、较高的方向性系数，以及较宽的阻抗带宽。但由于终端负载要吸收部分能量，故与驻波天线比较，行波天线的效率要低。行波类型的天线有行波单导线天线、V 形天线、菱形天线等，图 9.12 所示为菱形天线。

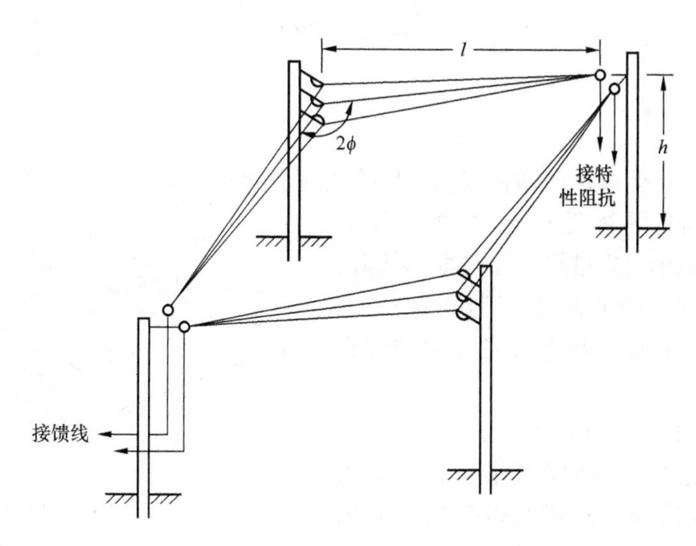


图 9.12　菱形天线

菱形天线是现代短波通信中使用最广泛的中远距离定向天线，它在米波和分米波波段也有应用。它由四根导线组成一个菱形，悬挂在空中，菱形平面与地面平行。菱形的各边通常采用两三根导线。在菱形的一个锐角上接入电源，另一个锐角上接入与菱形特性阻抗相等的电阻。天线的主辐射方向为长对角线方向。这种天线的优点是，可以在 3:1 的频带范围内使用，增益可达 100，结构简单，架设方便；缺点是效率不高，为 50% ～70%，而且占地面积大。

### 9.7.2 缝隙天线

所谓缝隙天线，就是在波导管或空腔谐振器的壁上开有缝隙，借以辐射或接收电磁波。波导缝隙天线如图 9.13（a）所示，图中的波导传输 $TE_{10}$ 模，波导的内壁上有电流分布，管壁上的缝隙天线切割电流线，缝隙受到激励而向外产生辐射，形成波导缝隙天线。

为加强缝隙天线的方向性，可以在波导上按一定规律开一系列尺寸相同的缝隙，构成波导缝隙阵。图9.13（b）所示为谐振式缝隙阵，为保证所有缝隙都得到同相激励，相邻缝隙的间距应取 $\lambda_g$。

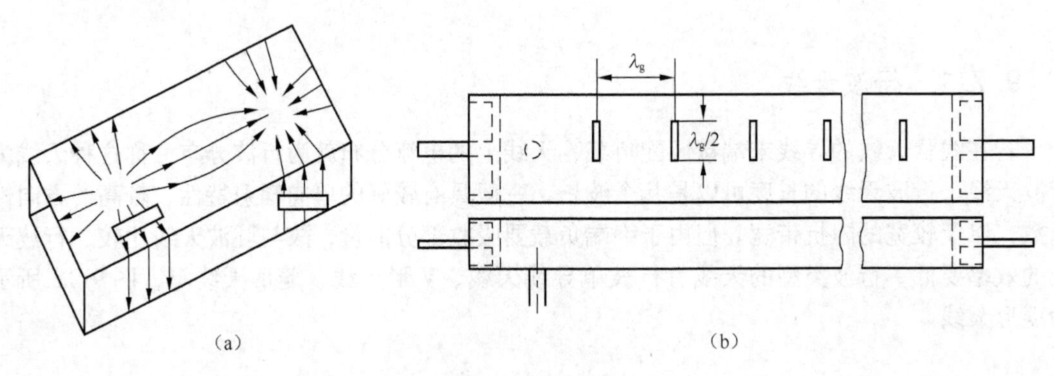


图9.13　缝隙天线

## 9.7.3　微带天线

微带天线是由导体薄片粘贴在背面有导体接地板的介质基片上形成的天线。微带天线是20世纪70年代出现的新型天线，主要应用于微波波段，它体积小、重量轻、能与载体共形、制造成本低。目前，微带天线在卫星通信、雷达、武器制导、便携式无线电设备等领域都有应用。

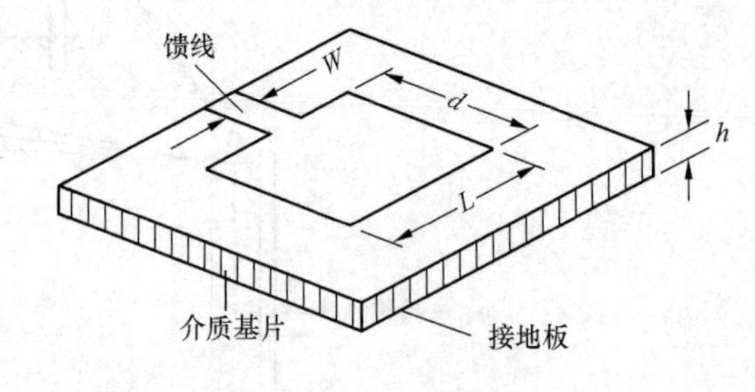


图9.14　微带天线

微带天线如图9.14所示，长度为 $d$，宽度为 $L$，与宽度为 $W$ 的导带馈线相连。一般取 $d=\lambda_g/2$。微带天线通常利用微带传输线或同轴探针来馈电，在导体贴片与接地板之间激励起高频电磁场，通过贴片四周与接地板之间的缝隙向外辐射。

## 9.7.4　旋转抛物面天线

旋转抛物面天线用于微波波段。在研究微波天线时，会联想到光学中所采用的方法。旋转抛物面天线的工作原理与探照灯类似，如图9.15（a）所示。照射器（一般称为馈源）是一种弱方向性天线，安装在抛物面的焦点上，它把高频电流能量转换成电磁波能量，并投向抛物面；而抛物面又将照射器投射过来的电磁波沿抛物面的轴线方向反射出去，从而获得很强的方向性。图9.15（b）示出了抛物面的结构尺寸，其中，$F$ 为焦点，照射器就放在焦点上。

旋转抛物面天线广泛应用于微波波段的通信、雷达、制导、射电天文等领域，是一种最重要的面状天线。

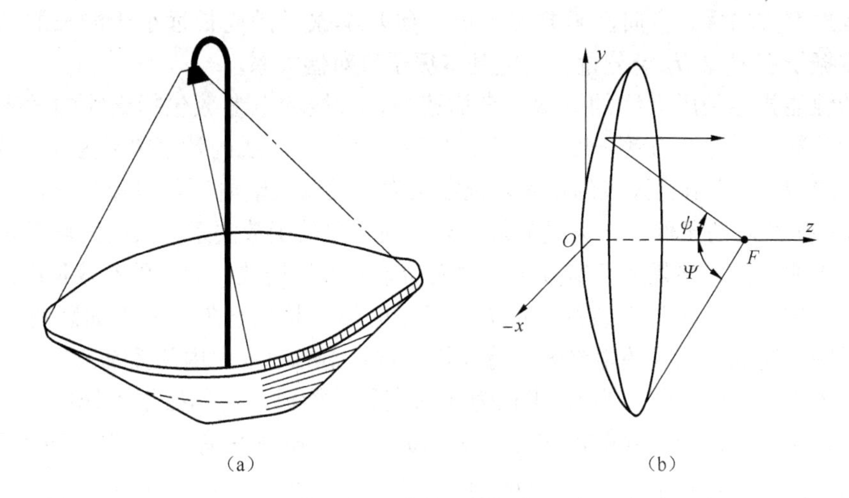


(a)　　(b)

图 9.15 旋转抛物面天线

# 本 章 小 结

天线是用来发射或接收无线电波的装置。按天线的结构分类，可以分为线天线、面天线、缝隙天线和微带天线等。任何天线都有各自的方向性、带宽、功率容量、效率等，由于对天线的要求多种多样，导致天线种类繁多。本章首先给出动态位函数的求解公式，通过动态位函数得到基本振子的辐射场；然后给出天线的电参数；再以对称振子天线为例介绍天线的基本分析方法；最后讨论一些常见的天线。

天线的辐射性能是宏观电磁场问题，严格的分析方法是找出满足边界条件的麦克斯韦方程解。在实际天线的计算中，首先引入动态标量位 $\phi$ 和动态矢量位 $\boldsymbol{A}$，位函数是求解矢量场 $\boldsymbol{B}$ 和 $\boldsymbol{E}$ 的辅助函数。位函数与电场强度的关系为 $\boldsymbol{E}=-\nabla\phi-\dfrac{\partial \boldsymbol{A}}{\partial t}$，与磁感应强度的关系为 $\boldsymbol{B}=\nabla\times\boldsymbol{A}$。动态位函数的方程为 $\nabla^2\boldsymbol{A}-\mu\varepsilon\dfrac{\partial^2\boldsymbol{A}}{\partial t^2}=-\mu\boldsymbol{J}$ 和 $\nabla^2\phi-\mu\varepsilon\dfrac{\partial^2\phi}{\partial t^2}=-\dfrac{\rho}{\varepsilon}$，动态位函数的解分别为 $\boldsymbol{A}(r)=\dfrac{\mu}{4\pi}\int_{\tau'}\dfrac{\boldsymbol{J}\mathrm{e}^{-\mathrm{j}kr}}{r}\mathrm{d}\tau'$ 和 $\phi(r)=\dfrac{1}{4\pi\varepsilon}\int_{\tau'}\dfrac{\rho\mathrm{e}^{-\mathrm{j}kr}}{r}\mathrm{d}\tau'$。$t$ 时刻的位函数并不取决于 $t$ 时刻的源，而取决于 $t-r/v$ 时刻的源，故位函数称为滞后位。

基本振子是一种基本的辐射单元，电基本振子和磁基本振子是基本振子的两种类型，实际天线可以看成是无穷多个基本振子的叠加。电基本振子是一段长度 $l$ 远小于波长的细短导线，导线上电流的振幅和相位都是恒定的，电基本振子是线天线的最小构成单元。为便于分析，以 $kr$ 为标准，将电基本振子周围的空间分为近区（$kr\ll1$）、远区（$kr\gg1$）、中间区 3 个区域。电基本振子近区场的电场分布与静电场中电偶极子产生的电场一致，近区场也称为准静态场；近区的电场与磁场相位相差 $\pi/2$，平均坡印廷矢量为零，近区场又称为感应场或束缚场。电基本振子的远区场有 $E_\theta$ 和 $H_\varphi$ 项，它们在空间上相互垂直，在时间上同相，表明能量向外辐射；能量辐射方向与电场、磁场方向都垂直，为 TEM 波；等相位面为球面，辐射为球面波；$t$ 时刻的场并不取决于 $t$ 时刻的源，辐射有滞后性；在不同方向上辐射强度不相等，辐射有方向性，方向性函数为 $\sin\theta$。磁基本振子是周长远小于波长的细小导体圆环，磁基本振子有 $E_\varphi$、$H_\theta$ 场分量，与电基本振子有对偶关系。

天线的性能指标是用天线的电参数来描述的，天线的电参数包括天线的效率、输入阻抗、方向性参数、增益、有效长度、极化、频带宽度等。天线的效率定义为天线的辐射功率 $P_\Sigma$ 与输入功率 $P_{in}$ 的比值；天线的输入阻抗定义为天线输入端电压与电流的比值；天线的方向性函数是指 $r$ 相同的条件下，天线辐射场与空间方向的函数关系；天线的增益定义为与理想无方向性天线相比，在最大辐射方向上输入功率放大的倍数；天线的有效长度是假设天线上的电流为均匀分布的假想天线的长度 $l_e$；天线的极化是电场矢量的方向随时间变化的规律；天线的频带宽度是天线的电参数保持在规定技术指标要求之内的频率范围。

对称振子天线由两个臂长为 $l$，半径为 $a$ 的直导线构成。对称振子天线应用广泛，既可以单独使用，又可以作为天线阵的单元。对称振子天线电场只有 $E_\theta$ 分量，磁场只有 $H_\varphi$ 分量，归一化方向性函数为 $F(\theta,\varphi)=\dfrac{\cos(kl\cos\theta)-\cos(kl)}{\sin\theta}$。半波对称振子的半功率波瓣宽度为78°，方向性系数为1.64，辐射电阻为73.1 Ω；全波对称振子半功率波瓣宽度为47°，方向性系数为2.4，辐射电阻为200 Ω。

许多单元天线按一定方式排列构成的辐射系统称为天线阵。构成天线阵的每个单元称为阵元，按阵元的排列方式，天线阵有直线阵、平面阵、立体阵。天线阵的辐射特性取决于阵元的结构、数目、排列方式、间距、阵元上电流的振幅和相位等。天线阵的方向图由阵元方向图和阵因子方向图乘积得到，符合方向图乘积定理。天线阵通过控制辐射单元的馈电相位可以改变天线方向图最大值的指向，以达到波束扫描的目的，形成相控阵天线。

在无线通信领域中，天线是不可缺少的组成部分，在广播、通信、雷达、导航、遥测、遥控中有广泛应用，因此天线的类型也较多。行波天线是在线天线的导线末端接匹配负载，天线上的电流分布为行波分布，这种天线长度可以是几个波长，一般具有较好的单向辐射特性、较高的方向性系数以及较宽的阻抗带宽。常用的行波天线有行波单导线天线、V形天线、菱形天线等。缝隙天线是在波导管或空腔谐振器的壁上开有缝隙，壁上的缝隙天线切割电流线，缝隙受到激励而向外产生辐射。缝隙天线常在波导上按一定规律开一系列尺寸相同的缝隙，构成波导缝隙天线阵。微带天线是由导体薄片粘贴在背面有导体接地板的介质基片上形成的天线，体积小、重量轻、能与载体共形、制造成本低，主要应用于微波波段。旋转抛物面天线采用探照灯原理，馈源安装在抛物面的焦点上，抛物面将馈源投射过来的电磁波沿抛物面轴线反射出去，获得很强的方向性。旋转抛物面天线用于微波波段，是一种重要的面状天线。

## 习　题

9.1　简述天线的功能。它有哪些基本电参量？

9.2　简述电基本振子远区辐射场的特点。

9.3　电基本振子的辐射功率 $P_\Sigma=10$ W，试求 $r=10$ km，$\theta$ 分别为 0°、45°、90° 的场强，其中，$\theta$ 为射线与振子轴之间的夹角。

9.4　计算电基本振子的半功率波瓣宽度和零功率波瓣宽度。

9.5 已知某二元阵的 E 面归一化方向函数为

$$F_E(\theta) = \left|\frac{\cos\left(\frac{\pi}{2}\cos\theta\right)}{\sin\theta}\right|\left|\cos\frac{\pi}{4}(1+\sin\theta)\right|$$

H 面归一化方向函数为

$$F_H(\varphi) = \left|\cos\frac{\pi}{4}(1+\cos\varphi)\right|$$

画出 E 面和 H 面的方向图。

9.6 电基本振子的辐射功率 $P_\Sigma=100$ W，天线的增益为 3 dB，试求距离天线为 15 km 远处天线主辐射方向的电场。

9.7 已知某天线的归一化方向函数为

$$F(\theta) = \begin{cases} \cos^2\theta & |\theta\leqslant\frac{\pi}{2}| \\ 0 & |\theta>\frac{\pi}{2}| \end{cases}$$

求其方向性系数 $D$。

9.8 甲和乙两天线的方向性系数 $D$ 相同，但甲的增益系数是乙的 2 倍，它们的最大辐射方向都对准远区的点 $P$，求两天线在点 $P$ 产生的场强比。

# 第10章 电磁场与微波技术实验

电磁场与微波技术实验是对理论的有益补充，通过实验可以观察电磁现象，巩固所学的理论知识，学习微波测量的基本方法。电磁场与微波技术实验不仅能够培养学生运用基本理论解决实际问题的能力，而且可以让学生学习实际工作中的测量方法，实现“理论教学—实验环节—工程测量基础”循序渐进的教学目的。本章电磁场实验主要介绍电磁波反射和折射的测量、电磁波参量的测量；微波技术实验主要介绍微波测试系统的认知与调整、晶体定标及驻波比的测量、单端口网络阻抗测量及匹配。

## 10.1 电磁波反射和折射的测量

当电磁波入射到两种不同媒质的分界面时，会发生反射和折射现象。本节实验目的是观察电磁波反射与折射现象，测量产生全透射的条件。

本节实验内容如下。

（1）测量电磁波在导体表面的反射。

（2）测量电磁波向介质斜入射时产生全透射的条件。

### 10.1.1 实验原理与实验装置

#### 1. 实验原理

均匀平面电磁波可以分解成平行极化波和垂直极化波两个分量。若电场的方向平行于入射平面，称为平行极化波，如图10.1（a）所示；若电场的方向垂直于入射平面，称为垂直极化波，如图10.1（b）所示。

（1）平行极化波的入射、反射和折射场

当平行极化波以入射角$\theta$斜入射到分界面上时，反射角为$\theta'$，折射角为$\theta''$。由第4章的理论可以知道，入射电场和入射磁场分别为

$$\boldsymbol{E}_1^+ = \boldsymbol{E}_{01}^+ \mathrm{e}^{-\mathrm{j}\beta_1 \boldsymbol{e}_{n1}^+ \cdot \boldsymbol{r}} = \boldsymbol{E}_{01}^+ \mathrm{e}^{-\mathrm{j}\beta_1(x\sin\theta + z\cos\theta)} \tag{10.1}$$

$$H_{y1}^+ = \frac{E_{01}^+}{\eta_1} \mathrm{e}^{-\mathrm{j}\beta_1(x\sin\theta + z\cos\theta)} \tag{10.2}$$

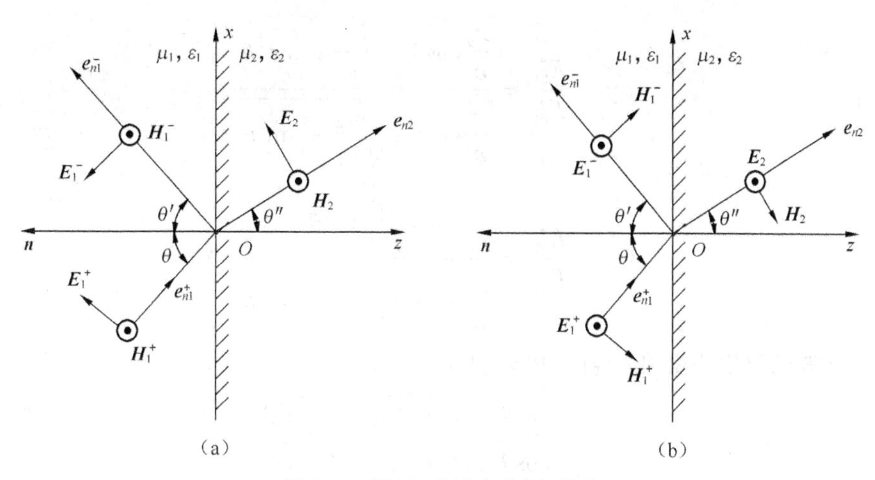


图 10.1 平行极化波和垂直极化波

反射电场和反射磁场分别为

$$\boldsymbol{E}_1^- = \boldsymbol{E}_{01}^- \mathrm{e}^{-\mathrm{j}\beta_1 \mathbf{e}_{n1}^- \cdot \mathbf{r}} = \boldsymbol{E}_{01}^- \mathrm{e}^{-\mathrm{j}\beta_1(x\sin\theta' - z\cos\theta')} \tag{10.3}$$

$$H_{y2}^- = \frac{\boldsymbol{E}_{01}^-}{\eta_1}\mathrm{e}^{-\mathrm{j}\beta_1(x\sin\theta' - z\cos\theta')} \tag{10.4}$$

折射电场和折射磁场分别为

$$\boldsymbol{E}_2 = \boldsymbol{E}_{02}^+ \mathrm{e}^{-\mathrm{j}\beta_2 \mathbf{e}_{n2}^+ \cdot \mathbf{r}} = \boldsymbol{E}_{02}^+ \mathrm{e}^{-\mathrm{j}\beta_2(x\sin\theta'' + z\cos\theta'')} \tag{10.5}$$

$$H_{y2} = \frac{\boldsymbol{E}_{02}^+}{\eta_2}\mathrm{e}^{-\mathrm{j}\beta_2(x\sin\theta'' + z\cos\theta'')} \tag{10.6}$$

其中

$$\mathbf{e}_{n1}^+ = \mathbf{e}_x\sin\theta + \mathbf{e}_z\cos\theta$$

$$\mathbf{e}_{n1}^- = \mathbf{e}_x\sin\theta' - \mathbf{e}_z\cos\theta'$$

$$\mathbf{e}_{n2}^+ = \mathbf{e}_x\sin\theta'' + \mathbf{e}_z\cos\theta''$$

$$\mathbf{r} = \mathbf{e}_x x + \mathbf{e}_y y + \mathbf{e}_z z$$

由平行极化波的入射、反射和折射可以看出，电场和磁场的大小由振幅和相位决定，电场和磁场的方向由入射角、反射角和折射角决定。

(2) 斯耐尔定律

斯耐尔定律给出了平面电磁波入射角、反射角和折射角之间的关系。

斯耐尔反射定律为

$$\theta' = \theta \tag{10.7}$$

斯耐尔折射定律为

$$\frac{\sin\theta''}{\sin\theta} = \frac{\beta_1}{\beta_2} = \frac{\sqrt{\mu_1\varepsilon_1}}{\sqrt{\mu_2\varepsilon_2}} \tag{10.8}$$

(3) 反射系数和折射系数

反射系数给出了平面电磁波反射电场与入射电场振幅的关系，折射系数给出了平面电磁波折射电场与入射电场振幅的关系。

平行极化波的反射系数和折射系数分别为

$$R_{//} = \frac{E_{01}^-}{E_{01}^+} = \frac{\dfrac{\varepsilon_2}{\varepsilon_1}\cos\theta - \sqrt{\dfrac{\varepsilon_2}{\varepsilon_1} - \sin^2\theta}}{\dfrac{\varepsilon_2}{\varepsilon_1}\cos\theta + \sqrt{\dfrac{\varepsilon_2}{\varepsilon_1} - \sin^2\theta}} \tag{10.9}$$

$$T_{//} = \frac{E_{02}^+}{E_{01}^+} = \frac{2\sqrt{\dfrac{\varepsilon_2}{\varepsilon_1}}\cos\theta}{\dfrac{\varepsilon_2}{\varepsilon_1}\cos\theta + \sqrt{\dfrac{\varepsilon_2}{\varepsilon_1} - \sin^2\theta}} \tag{10.10}$$

垂直极化波的反射系数和折射系数分别为

$$R_{\perp} = \frac{\cos\theta - \sqrt{(\varepsilon_2/\varepsilon_1) - \sin^2\theta}}{\cos\theta + \sqrt{(\varepsilon_2/\varepsilon_1) - \sin^2\theta}} \tag{10.11}$$

$$T_{\perp} = \frac{2\cos\theta}{\cos\theta + \sqrt{(\varepsilon_2/\varepsilon_1) - \sin^2\theta}} \tag{10.12}$$

可以看出，反射系数和折射系数由电磁波的极化方式、入射角和媒质的参数决定。

**2. 实验装置**

用喇叭天线发射和接收电磁波。研究电磁波在导体表面反射的装置如图10.2（a）所示，研究电磁波在介质表面反射和折射的测量装置如图10.2（b）所示。喇叭天线的后面连接着测量装置，测量时应使电磁波的传播方向与喇叭天线的轴线保持一致。分别调整发射喇叭天线和接收喇叭天线，当指示表的读数最大时，表明电磁波的传播方向与喇叭天线的轴线一致了。

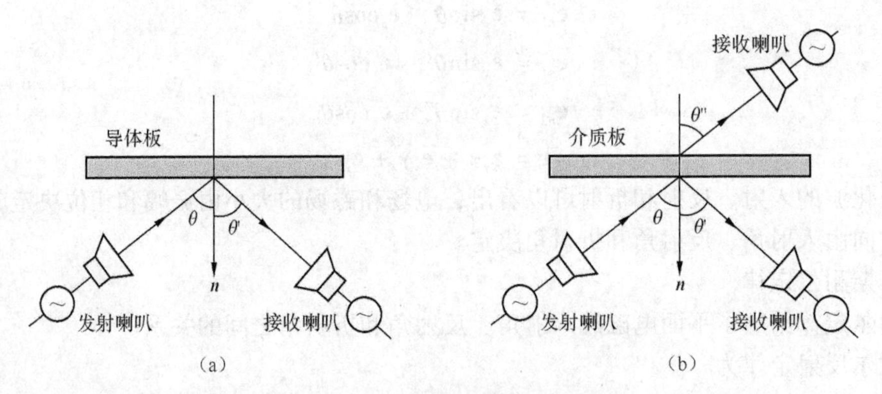


图10.2　电磁波反射和折射的测量装置

## 10.1.2　电磁波在导体表面反射的测量

由第4章的理论可以知道，电磁波入射到理想导体（$\sigma = \infty$）表面时将发生全反射。本节实验中导体采用金属（例如铜），也就是说电磁波将射向金属表面。以铜为例，铜的电导率为$\sigma = 5.8\times10^7$ S/m，铜可以视为良导体。

电磁波由空气斜入射到良导体表面，空气为媒质1，良导体为媒质2。良导体的波阻抗为

$$\eta_2 = (1 + \mathrm{j})\sqrt{\frac{\pi f \mu}{\sigma}} \tag{10.13}$$

式（10.13）中，$\mu \approx \mu_0 = 4\pi \times 10^7$ H/m，$f$ 为微波频率，所以 $\eta_2 \to 0$。因此，可以得出 $R_{//} = -1$，也即电磁波向良导体表面斜入射时也会发生全反射。

测量装置如图 10.2（a）所示，用平行极化波测量，在已知入射角和入射波场强振幅的情况下，测量反射角和反射波场强振幅。将导体反射板放在转台上，使导体板对准转台上的 90°刻线，这时转台上的 0°刻线与导体板的法线保持一致。入射角从 30°开始测量，每隔 3°测量一次，直至入射角为 60°。

将测量的数据填入表 10.1 中，总结测量结果，得出结论。

**表 10.1　　电磁波在导体表面反射的测量**

| 入射角 $\theta$ | 30° | 33° | 36° | 39° | 42° | 45° | 48° | 51° | 54° | 57° | 60° |
|---|---|---|---|---|---|---|---|---|---|---|---|
| 反射角 $\theta'$ | | | | | | | | | | | |
| 入射波场强振幅 | | | | | | | | | | | |
| 反射波场强振幅 | | | | | | | | | | | |

### 10.1.3　电磁波向介质板斜入射的全透射测量

平行极化波由空气斜入射到介质板上，当反射系数为 0 时，将发生全透射。平行极化波发生全透射的条件为

$$\theta = \arcsin\sqrt{\frac{\varepsilon_2}{\varepsilon_1 + \varepsilon_2}} = \arctan\sqrt{\frac{\varepsilon_2}{\varepsilon_1}} \tag{10.14}$$

满足式（10.14）的入射角称为布儒斯特角，记为 $\theta_B$。

垂直极化波则不会发生全透射现象。由式（10.11）可以看出，$R_\perp \neq 0$。当任意极化的电磁波以 $\theta_B$ 角入射到分界面时，平行极化波会全透射，垂直极化波既有反射又有折射。

测量装置如图 10.2（b）所示，用平行极化波测量，介质板的厚度为 1.5 mm。改变入射角 $\theta$，当接收到的折射波场强 $E_{02}^+$ 与入射波场强 $E_{01}^+$ 相等时，入射角为布儒斯特角 $\theta_B$，此时反射波场强 $E_{01}^-$ 为 0。

将测量的数据填入表 10.2 中，总结测量结果，得出结论。

**表 10.2　　电磁波全透射测量**

| 介质板厚度 | 入射波场强 | 布儒斯特角 | | 反射波和透射波场强 | | 折　射　角 | |
|---|---|---|---|---|---|---|---|
| $d$ | $E_{01}^+$ | 计算值 | 测量值 | $E_{01}^-$ | $E_{02}^+$ | 计算值 | 测量值 |
| | | | | | | | |

## 10.2　电磁波参量的测量

电磁波的基本特性可以通过电磁波参量表示出来。电磁波参量主要包括电磁波的波长、相位常数、速度、电磁波的传播方向等。本节实验目的是测量电磁波参量。

本节实验内容如下。

（1）测量电磁波波长 $\lambda$。

（2）测量相位常数 $\beta$、电磁波速度 $v$。

## 10.2.1 实验原理与实验装置

### 1. 实验原理

当两束幅度相等、频率相同的均匀平面电磁波在空气中向相同（或相反）的方向传播时，如果初始相位不同，它们将相互干涉，在传播路径上形成驻波分布。本节正是利用相干波原理，通过测量驻波的分布，求得空气中电磁波的波长、相位常数和速度。

由第4章的理论可以知道，驻波相邻节点相距 $\lambda/2$。本实验通过测量驻波节点之间的距离，可以计算空气中电磁波的波长。相位常数代表电磁波传播时每单位距离改变的相位，当空间两点相距一个波长 $\lambda$ 时，相位差为 $2\pi$，由此可以计算相位常数 $\beta$。电磁波的速度为电磁波波长与频率的乘积，由此可以计算电磁波速度 $v$。

### 2. 实验装置

实验装置如图10.3所示，用喇叭天线发射和接收电磁波，过程如下。

（1）喇叭天线A发射垂直极化波，以45°入射角向介质板B投射；

（2）介质板B将产生反射和折射，反射波向导体板C垂直投射，折射波向导体板D垂直投射，其中，折射波是经过介质板B的2次折射（由空气进入介质板B的折射，由介质板B再进入空气的折射）；

（3）导体板C对来波产生全反射，全反射的电磁波再次射向介质板B，经介质板B折射后向喇叭天线E投射，其中，折射波是经过介质板B的2次折射（由空气进入介质板B的折射，由介质板B再进入空气的折射）；

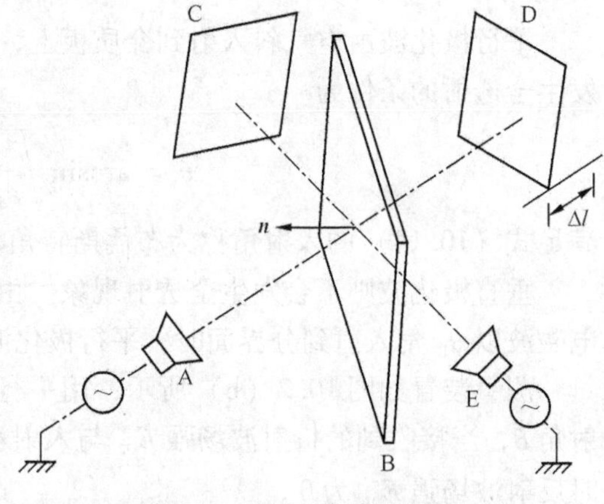


图10.3　电磁波参量测量装置

（4）导体板D对来波也产生全反射，全反射的电磁波也再次射向介质板B，经介质板B反射后向喇叭天线E投射；

（5）喇叭天线E收到两个来波，这两个来波是相干波。

图10.3中导体板C的位置固定，导体板D的位置可前后移动。调整导体板D的位置，当射向喇叭天线E的两束波相位相反时，就形成驻波。连续调整导体板D的位置，让喇叭天线E的指示表以最大或0重复出现，从而测得波长 $\lambda$。

## 10.2.2 测量电磁波波长

喇叭天线A向介质板B的入射电场为 $E_i = E_{i0}\mathrm{e}^{-\mathrm{j}\beta r}$。设介质板B的反射系数为 $R$，由空气进入介质板B的折射系数为 $T_1$，由介质板B进入空气的折射系数为 $T_2$。导体板C和导体板

D 的反射系数均为 -1。电磁波在介质板 B 中的折射如图 10.4 所示，可以看出，电磁波经两次折射后，传播方向没有改变。

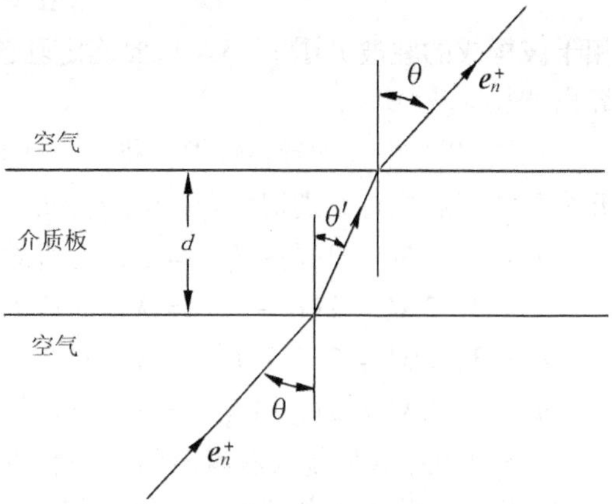

图 10.4 电磁波在介质板 B 中的折射

在一次近似的条件下，喇叭天线 E 接收的相干波分别为

$$E_{r1} = -RT_1T_2E_i e^{-j\varphi_1} \qquad (10.15)$$

$$E_{r2} = -RT_1T_2E_i e^{-j\varphi_2} \qquad (10.16)$$

由式（10.15）和式（10.16）可以看出，相干波的振幅相等，相位 $\varphi_1$ 和 $\varphi_2$ 不同。

通过图 10.5 可以计算相位 $\varphi_1$ 和 $\varphi_2$。$\varphi_1$ 和 $\varphi_2$ 分别为

$$\varphi_1 = \beta(2L_{r1} + L_{r3}) = \beta L_1$$

$$\varphi_2 = \beta(2L_{r2} + L_{r3}) = \beta L_2$$

$L_1$ 为定值，$L_2$ 随导体板 D 的移动而改变。$\Delta l$ 定义为

$$\Delta l = L_2 - L_1 \qquad (10.17)$$

$E_{r1}$ 和 $E_{r2}$ 的相位差为

$$\Delta\varphi = \beta\Delta l = \frac{2\pi}{\lambda}\Delta l$$

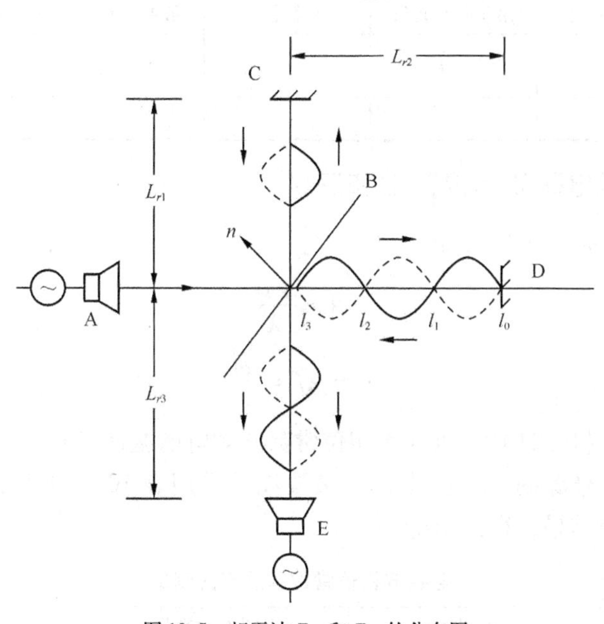


图 10.5 相干波 $E_{r1}$ 和 $E_{r2}$ 的分布图

当喇叭天线 E 接收的相干波 $E_{r1}$ 和 $E_{r2}$ 反相时，输出指示为 0。为测量波长 $\lambda$，采用喇叭天线 E 的零指示法。此时，$E_{r1}$ 和 $E_{r2}$ 的相位差为

$$\Delta\varphi = \frac{2\pi}{\lambda}\Delta l = (2n+1)\pi$$

即

$$2\Delta l = (2n+1)\lambda \tag{10.18}$$

相干波构成的驻波见图10.5。只要确定驻波波节点的个数，并测量出 $\Delta l$ 的长度，就可以计算出波长 $\lambda$。

在图10.5中移动导体板D，将 $n=0$ 时的驻波节点位置 $l_0$ 设为参考点，第二、三、四、五个驻波节点位置分别记为 $l_1$、$l_2$、$l_3$、$l_4$。则有

$n=1$，$2\Delta l = 2(l_1 - l_0) = \lambda$，对应第一、二个波节点，为第1个半波长；

$n=2$，$2\Delta l = 2(l_2 - l_1) = \lambda$，对应第二、三个波节点，为第2个半波长；

$n=3$，$2\Delta l = 2(l_3 - l_2) = \lambda$，对应第三、四个波节点，为第3个半波长；

$n=4$，$2\Delta l = 2(l_4 - l_3) = \lambda$，对应第四、五个波节点，为第4个半波长。

理论上讲，$n$ 值越大测量出的 $\lambda$ 值精度越高。实际测量时，移动导体板D出现5个驻波波节点即可。将以上各项测量的结果相加，取波长数的平均值，得到

$$2(l_4 - l_0) = 4\lambda$$

即

$$\lambda = \frac{2(l_4 - l_0)}{4} \tag{10.19}$$

将测量的数据填入表10.3中，总结测量结果，得出结论。

**表10.3　电磁波波长的测量**

| | 第1个半波长 | 第2个半波长 | 第3个半波长 | 第4个半波长 | 平均波长 |
|---|---|---|---|---|---|
| 测量波长 | $l_1 - l_0$ | $l_2 - l_1$ | $l_3 - l_2$ | $l_4 - l_3$ | $\lambda = \frac{2(l_4 - l_0)}{4}$ |
| | | | | | |

### 10.2.3　测量电磁波相位常数和速度

相位常数、电磁波速度分别为

$$\beta = \frac{2\pi}{\lambda} \tag{10.20}$$

$$v = \lambda f = \frac{\omega}{\beta} \tag{10.21}$$

由式（10.20）和式（10.21）可以计算相位常数 $\beta$ 和电磁波速度 $v$。

用频率计读出信号源的工作频率，电磁波波长采用表10.3计算的结果。将数据填入表10.4中，总结测量结果，得出结论。

**表10.4　电磁波相位常数和速度的测量**

| 信号源工作频率 | 电磁波波长 | 电磁波相位常数 | 电磁波速度 |
|---|---|---|---|
| $f_0$ | $\lambda$ | $\beta = 2\pi/\lambda$ | $v = f_0\lambda$ |
| | | | |

## 10.3　微波测试系统的认知与调整

在微波实际工作中，首先遇到的是测量问题。不仅微波的基本参量如驻波、阻抗、功

率、频率等需要测量，微波整机的指标和性能也需要测量。微波测量能够运用基本理论解决实际问题，在实验室、企业、通信系统中都是非常重要的环节。本节实验目的是熟悉微波测试系统，学会正确调整和使用测量线。

本节实验内容如下。

（1）了解微波测试系统。

（2）认知微波仪器与元件。

（3）连接与调整微波测量系统。

## 10.3.1 微波测试系统简介

常用的微波测试系统有同轴和波导两种系统。同轴系统频带宽，一般用在较低的微波频段上；波导系统功率容量大，系统损耗低，一般用在较高的微波频段上。

微波测试系统通常由微波信号源、测量装置和指示设备、待测网络三部分组成，如图10.6所示。

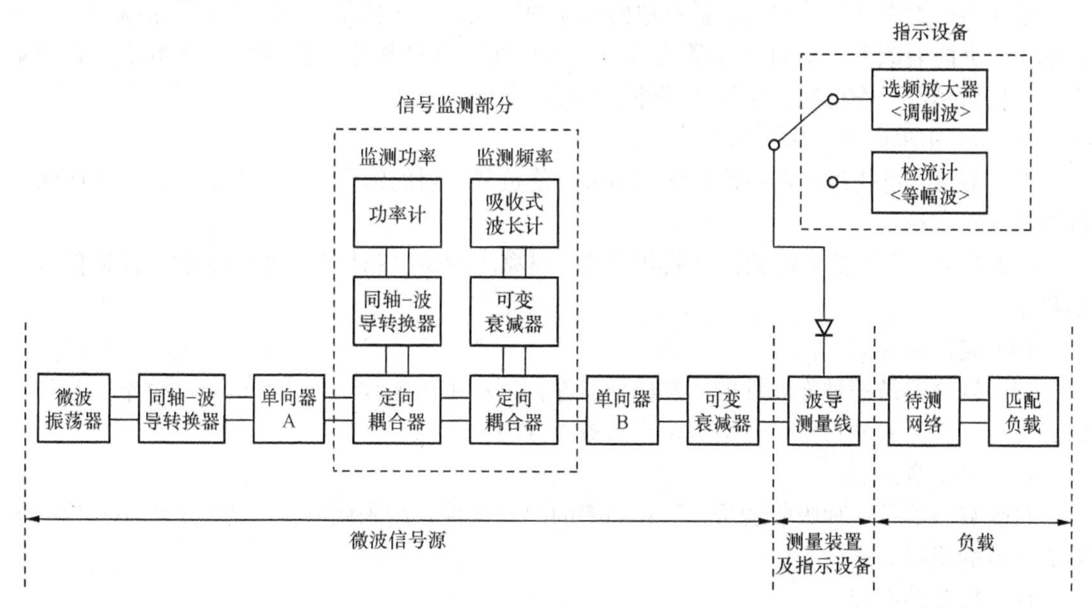


图10.6 微波测试系统的组成

作为一个测试系统，从振荡器到测量装置之前的部分称为信号源。微波信号源包括微波振荡器、同轴—波导转换器、单向器、可变衰减器和信号监测部分等。微波信号源有信号监测功能，信号监测部分用功率计和波长计监测振荡器的输出功率和工作频率，以保证测试系统在稳定的情况下工作，便于及时调整。微波信号源应尽可能匹配，通常要求微波信号源的驻波比小于1.02。

当微波信号源将信号送到测量装置后，一般用光点检流计或微安表作为指示设备。为提高指示灵敏度，可由微波信号源提供方波调制信号，调制频率一般为1 kHz，这时指示设备要用选频放大器。选频放大器相当于1 kHz频率、16 Hz带宽、0～60 dB增益的放大器，其表头上有多档刻度值，可直接读出多种数据。

在测量装置（测量线）的输出端可接短路板、待测网络、匹配网络等不同的负载，以满足各种测量的要求。在测量线的输出端接待测网络时，在其他端口应接匹配负载，这时在测量线上将产生驻波。将测量线的探针沿开槽线的“槽缝”平稳地移动，就可以测出电场幅值沿传输线的分布情况，从而确定被测网络的驻波比和阻抗等参数。

### 10.3.2 认知微波仪器与元件

在微波测试系统中，微波振荡器产生的功率首先通过定向耦合器传输给功率计和波长计，然后再传输给测量线和待测网络。微波测试系统一般由如下仪器和元件构成。

（1）微波振荡器。

微波振荡器可以提供“等幅”或“方波调制”的微波信号。微波振荡器要求输出足够的功率电平、一定的微波频率，还要求功率和频率有一定的稳定度。

（2）同轴—波导转换器。

微波振荡器的信号由同轴电缆头输出，同轴—波导转换器将微波信号转换后，由同轴线送到波导测试系统。

（3）单向器。

单向器一般由铁氧体构成，具有单向传输的特性。单向器是一种不可逆的衰减器，正向衰减小，反向衰减大。单向器在微波系统中主要起隔离的作用，保证信号源不受负载的牵引，保证信号源工作稳定，保证各部件之间互不影响。

图10.6中单向器的作用如下。

单向器A：可使振荡器的信号顺利通过，使负载反射的信号不能回到振荡器，从而保证振荡器的输出稳定。

单向器B：可使信号源的信号顺利通过，隔离测量装置和待测网络的反射，保证信号源的稳定。

（4）定向耦合器。

定向耦合器是一种方向性的功率耦合器件，其从主传输线中分出小部分功率给功率计和波长计，而将大部分功率传送给测量线和被测网络。

（5）可变衰减器。

可变衰减器是一种吸收能量、消耗功率的微波器件，用来调节输出功率的大小，使指示器有适度的指示。

（6）微瓦功率计。

微瓦功率计用来监测振荡器的输出功率和稳定度。

（7）波长计。

波长计用来校准和监测振荡器的工作频率和稳定度。

（8）测量线。

测量线是微波测量系统中极其重要的一个部件，用来测量微波系统中电场和磁场的最大值、最小值和相应位置，可以测得波导波长、驻波比、阻抗等参量。

（9）检流计、微安表和选频放大器。

检流计、微安表和选频放大器是作为驻波测量指示用的。选频放大器是一种能检测微弱信号的精密测量放大器。

（10）匹配负载。

匹配负载是一种连接在传输线终端的单口网络，可以吸收全部来波。

（11）短路负载。

短路负载有两种，一种是短路板，另一种是可调短路负载。其中，可调短路负载的短路端面可以移动。

### 10.3.3　连接与调整微波测量系统

微波测量系统如图10.6所示，为便于操作，信号源通常位于左侧，待测网络通常位于右侧。系统连接应平稳，各元件接头应对齐，如果系统连接不当，将影响测量精度。

微波测量系统的调整主要指信号源和测量线的调整。信号源的调整主要包括振荡频率、功率电平、调制方式的调整等，测量线的调整主要包括探针的穿入深度和探针的调谐等。

#### 1. 微波信号源的调整

（1）微波信号源的输出功率由微瓦功率计监测，通过改变可变衰减器满足测试的需求。

（2）微波信号源的工作频率可由波长计校准。

（3）微波信号源有“等幅”和“方波调制”两种工作状态，为提高测量精度，常采用方波调制状态。

#### 2. 微波测量线的调整

微波测量线由开槽传输线、耦合指示器、传动机构三部分组成。开槽传输线一般分为波导型和同轴型两类，图10.7（a）为波导型，图10.7（b）为同轴型，目前实验室广泛采用波导型。耦合指示器将微波功率从传输线中耦合出来，并用表头指示。传动机构沿开槽线平稳移动，带动耦合指示器平移，并保证探针沿槽中心移动。

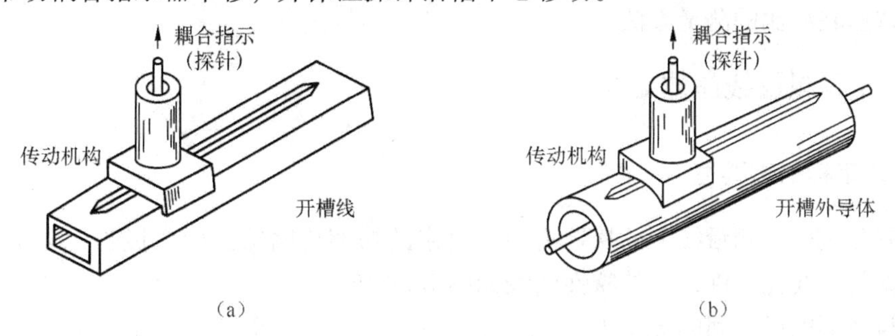


图10.7　微波测量线结构图

耦合指示器由探针、探针调谐腔体、晶体检波器、指示器等几部分组成，如图10.8所示。探针的作用是从波导内正确地耦合出驻波电压，而不影响驻波电压最大点和最小点的分布。探针调谐腔体通过调节活塞的位置实现，其作用一方面是消除探针插入波导引起的阻抗不匹配，另一方面使探针耦合的功率有效传送到晶体检波器。检波器经常采用晶体二极管检波，晶体检波器将微波信号功率转换成直流电流传送到指示器。指示器一般采用微安表，若灵敏度要求高可采用光

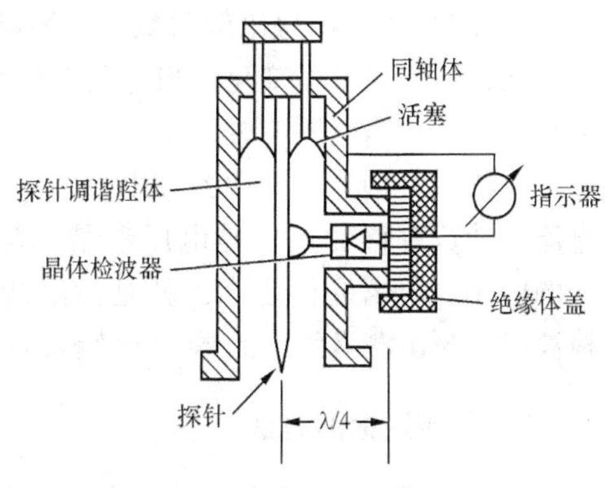


图10.8　耦合指示器结构图

点检流计或选频放大器。

探针在波导或同轴线的槽缝中吸收微波功率。探针插入的深度越深，吸收的微波功率越大，导致传输线上驻波比的测量值比实际小。为减小驻波比的测量误差，应尽量减小探针插入的深度，但这将降低指示的灵敏度。通常在满足指示灵敏度的前提下，尽量减小探针的深度。探针还会引入电抗效应，使波导中驻波的波腹和波节位置发生偏移。

为准确测量，探针的调谐是非常必要的。探针调谐的方法是：首先使探针的插入深度适当，通常取1.0～1.5 mm；然后移动探针到测量线的中间部位，并在测量线终端接匹配负载；最后调节腔体活塞，使指示最大。当探针插入的深度改变或更改工作频率时，探针需要重新调谐。

用“短路法”判断探针调谐的效果。将测量线终端短路，用交叉读数法测出相邻两个波节点的位置，再测出波腹点的位置。如果波腹点在相邻波节点的中间，说明探针的电抗效应消除，调谐成功。否则，继续调谐探针。

## 10.4 晶体定标及驻波比的测量

驻波测量是微波测量中最基本、最重要的内容。本节实验目的是学会测量线的晶体定标，测出波导波长，掌握测量驻波比的方法。

本节实验内容如下。

（1）学会测量线的晶体定标。

（2）用交叉读数法测量波导波长。

（3）掌握驻波比的测量方法。

### 10.4.1 测量线晶体定标

#### 1. 晶体定标的重要性

在微波测试中，测量线上的探针将耦合出来的功率传输给晶体二极管，再送给指示表。晶体二极管是非线性元件，它的特性曲线如图10.9所示，检波电流与两端电压之间的关系为

$$I = CV^n \tag{10.22}$$

式（10.22）中，$C$为比例常数，$n$为晶体检波率。$n$不是整数，随$V$按分段变化。当电压$V$较小时，$I-V$近似为平方关系；当电压$V$较大时，$I-V$近似为线性关系。

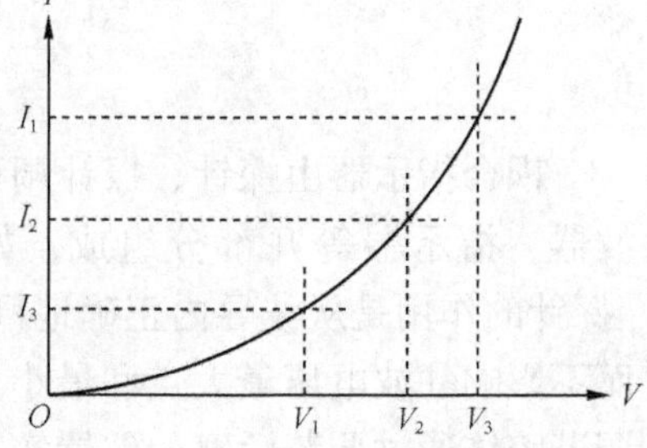

图10.9 晶体二极管的检波特性

在测量之前，首先必须晶体定标。指示表读出的是电流，计算驻波比用的是电压参量，需要画出电流—电压的曲线。所谓晶体定标，就是找出测量线所用的晶体检波率，测出测量线上晶体二极管检波电流和检波电压之间的关系，画出$I-V$曲线。

#### 2. 晶体定标的方法

晶体定标曲线的测量方法为：将测量线输出端短路，根据传输线的驻波分布规律进行测

量。当测量线终端短路时，波导内形成纯驻波，相对场强分布为

$$E' = \frac{E}{E_m} = \sin\left(\frac{2\pi}{\lambda_P}d\right) \tag{10.23}$$

式（10.23）中，$\lambda_P$ 为波导波长，$d$ 为探针与波节点之间的距离。在忽略损耗和探针影响的条件下，检波器中的端电压分布为

$$V = V_m\sin\left(\frac{2\pi}{\lambda_P}d\right) \tag{10.24}$$

电压的相对值为

$$V' = \frac{V}{V_m} = \sin\left(\frac{2\pi d}{\lambda_P}\right) \tag{10.25}$$

电流的相对值为

$$I' = \frac{I}{I_m} = \left[\sin\left(\frac{2\pi d}{\lambda_P}\right)\right]^n = [V']^n \tag{10.26}$$

驻波比是一个比值，只要知道电压和电流的相对大小即可。为计算方便，通常取 $V_m = 100$，$I_m = 100$。实际测量中，探针所在位置的电流由指示表读出，相应的驻波电压由式（10.24）计算得到。在 $\lambda_P/4$ 的范围内（波节点与波腹点之间），由波节点开始，逐步移动探针进行测量，直至测量至波腹点。根据实验测出的电流 $I$ 和计算得到的电压 $V$，在直角坐标纸上连成平滑的曲线，即可画出晶体定标曲线。例如，某一晶体定标测量数据如表10.5所示，已知信号源频率为9 660 MHz，波导波长为42 mm。

**表10.5 晶体定标测量数据**

| 信号源工作频率 | 9 660 MHz | | | | | | | | | | | | |
|---|---|---|---|---|---|---|---|---|---|---|---|---|---|
| 波导波长 | 42 mm | | | | | | | | | | | | |
| 电流测量值 | 0.0 | 2.0 | 5.0 | 10.0 | 20.0 | 30.0 | 40.0 | 50.0 | 60.0 | 70.0 | 80.0 | 90.0 | 100.0 |
| 测量点与波节点的距离 | 0.00 | 1.10 | 1.65 | 2.40 | 3.40 | 4.20 | 4.90 | 5.60 | 6.30 | 6.95 | 7.75 | 8.65 | 10.50 |
| 电压计算值 | 0.0 | 16.4 | 24.4 | 35.2 | 48.8 | 58.8 | 66.9 | 74.3 | 80.9 | 86.2 | 91.6 | 94.6 | 100.0 |

如果将电流 $I$ 和电压 $V$ 的值标在双对数直角坐标纸上，并连成平滑的曲线，即可画出 $\log I - \log V$ 曲线。晶体检波率可表示为

$$n = \frac{\log I'}{\log V'} \tag{10.27}$$

曲线的斜率即为晶体检波率 $n$。

### 10.4.2 用交叉读数法测量波导波长

#### 1. 实验原理

测量波长常用的方法有谐振法和驻波分布法。谐振法用谐振式（吸收式）波长计测量

波长，驻波分布法用测量线测量波长。本节采用驻波分布法测量波长。当测量线终端短路时，传输线上形成驻波，移动测量线探针，测出两个相邻驻波最小点之间的距离，即可求出波导波长。

在测量线终端使用可变短路器，也可以测量波导波长。探针位于某一波节点，探针位置不变，移动可变短路器，则探针检测值由小逐渐增至最大，然后又减小为最小值，短路活塞移动的距离为半个波导波长。

所谓交叉读数法，是指在波节点两旁找出指示表读数相等的两个位置，分别为 $D_1$、$D_2$、$D_3$、$D_4$ 点，如图 10.10 所示。点 $D_1$ 和 $D_2$ 的平均值为波节点 $D_{min1}$ 的位置，点 $D_3$ 和 $D_4$ 的平

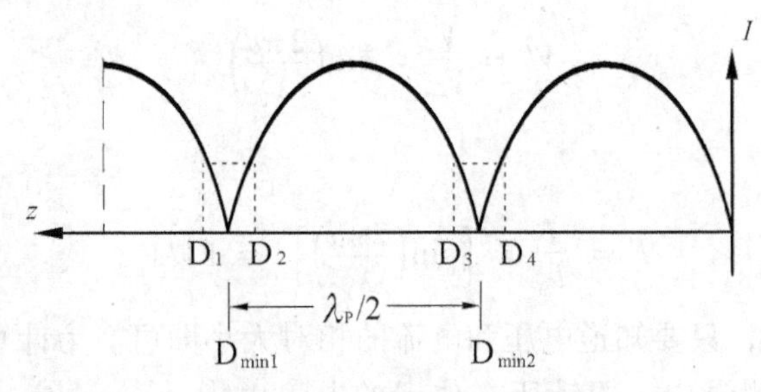


图 10.10　交叉读数法测量波长

均值为波节点 $D_{min2}$ 的位置。有如下结论。

$$D_{min1} = \frac{1}{2}(D_1 + D_2) \tag{10.28}$$

$$D_{min2} = \frac{1}{2}(D_3 + D_4) \tag{10.29}$$

波导波长为

$$\lambda_P = 2\left|D_{min1} - D_{min2}\right| \tag{10.30}$$

**2. 实验步骤**

连接微波测量系统，各元件的连接方法见图 10.11。

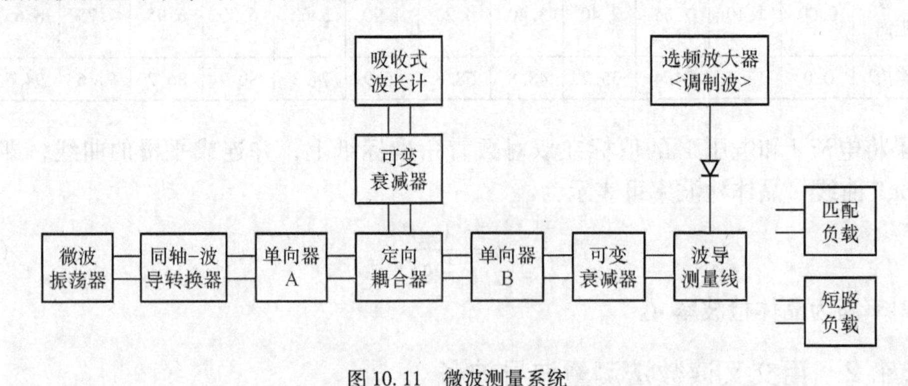


图 10.11　微波测量系统

（1）将微波衰减器置于衰减量最大的位置，指示器灵敏度置于灵敏度较低的位置，以防止指示表过载损坏。

（2）接通微波信号源和选频放大器电源，预热 15 分钟后进行测量。

（3）将信号源频率调到所需工作频率，将信号源工作方式选择为方波调制，根据测试需要调节信号源输出功率。

（4）用波长计校准信号源的工作频率。实验中，3 厘米测量系统用“吸收式波长计”，7.5 厘米测量系统用“通过式波长计”。缓慢调节波长计，观察测量线上指示表的指针变化。对于吸收式波长计，当指针突然下降时，波长计在指针偏转最小时的读数为信号源的工作频率；对于通过式波长计，当指针突然上升时，波长计在指针偏转最大时的读数为信号源的工作频率。

（5）调谐探针。测量线终端接匹配负载，将测量线探针插入的深度进行适当调节，3 厘米测量系统中探针一般插入 1 ～ 1.5 mm，7.5 厘米测量系统中探针一般插入 2 ～ 3 mm。将探针移至测量线中间部位，调节探针腔体活塞位置，使指示器指示最大。如果探针可在几个峰值上调谐，应取峰值最大时的活塞位置。

（6）测量线输出端接短路板，将探针移至驻波波腹点位置，调节可变衰减器，使指示表为满刻度 100。

（7）将探针移至驻波波节点，用交叉读数法读出 $D_1$、$D_2$、$D_3$、$D_4$ 点，测量波节点 $D_{min1}$ 和 $D_{min2}$ 的位置，计算波导波长。

（8）将数据填入表 10.6 中，总结测量结果，得出结论。

**表 10.6　　波导波长的测量**

| 信号源工作频率 | 波节点两旁指示表读数相等的位置 | | | | 波节点位置 | | 波导波长 |
|---|---|---|---|---|---|---|---|
| $f_0$ | $D_1$ | $D_2$ | $D_3$ | $D_4$ | $D_{min1}$ | $D_{min2}$ | $\lambda_P$ |
| | | | | | | | |

## 10.4.3　测量驻波比

### 1. 实验原理

电压驻波比是传输线中电压最大值与最小值之比，表示为

$$\rho = \frac{V_{max}}{V_{min}} \tag{10.31}$$

当测量线终端接匹配负载时，传输线工作于行波状态，没有反射，电压驻波比 $\rho = 1$。当测量线终端短路或开路时，传输线工作于驻波状态，发生全反射，电压驻波比 $\rho \to \infty$。对于待测元件，$1 \leqslant \rho \leqslant \infty$。

如果知道晶体定标曲线，即可将待测元件接在测量线输出端，移动探针，先测出 $I_{max}$ 和 $I_{min}$，再由晶体定标曲线查出 $V_{max}$ 和 $V_{min}$，由式（10.31）计算电压驻波比 $\rho$。如果知道晶体检波率 $n$，电压驻波比还可以表示为

$$\rho = \left(\frac{I_{max}}{I_{min}}\right)^{\frac{1}{n}} \tag{10.32}$$

2. 实验步骤

（1）按图 10.11 连接测量线。

（2）用交叉读数法测量波导波长。

（3）计算出波腹点位置。由图 10.10 可知，波腹点位置为

$$D_{max} = \frac{1}{2}(D_{min1} + D_{min2}) \tag{10.33}$$

然后再测量波腹点位置。由图 10.12 可知，波腹点位置为

$$D'_{max} = \frac{1}{2}(D_5 + D_6) \tag{10.34}$$

将计算值 $D_{max}$ 与实测值 $D'_{max}$ 比较，如果波腹点一致，表明探针调谐良好；否则继续调谐探针，直至波腹点的计算值与实测值一致。

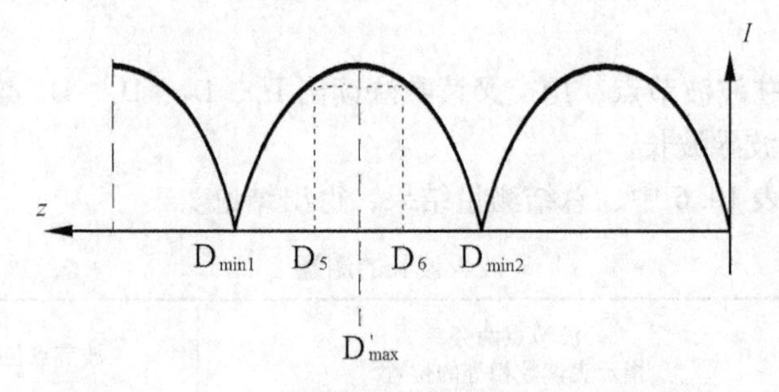


图 10.12　测量波腹点

（4）将探针移动到波腹点位置，调节可变衰减器，使检流计指示为 100。

（5）画晶体定标曲线。在波节点与波腹点之间取 12 个电表读数，分别为 2、5、10、20、30、40、50、60、70、80、90、100。从波节点开始，将探针逐次移动到这些点，分别记下探针的位置 $d_1$、$d_2$、…、$d_{12}$。将不同的 $d$ 值分别代入公式（10.24），计算出电压 $V$，画出晶体定标曲线。

（6）去掉短路片，终端接待测负载。移动测量线探针，在驻波最大值位置读出 $I_{max}$，在驻波最小值位置读出 $I_{min}$。

（7）由晶体定标曲线查出相应的 $V_{max}$ 和 $V_{min}$，计算电压驻波比 $\rho$。

（8）将数据填入表 10.7 中，总结测量结果，得出结论。

**表 10.7　驻波比的测量**

| 测 量 点 | 1 | 2 | 3 | 4 | 5 | 6 | 7 | 8 | 9 | 10 | 11 | 12 |
|---|---|---|---|---|---|---|---|---|---|---|---|---|
| 指示表读数（$I$） | | | | | | | | | | | | |
| 测量点位置（$d$） | | | | | | | | | | | | |
| 计算测量点电压（$V$） | | | | | | | | | | | | |
| 晶体检波率（$n$） | | | | | | | | | | | | |

## 10.5　单端口网络阻抗测量及匹配

在微波测量中，阻抗的测量方法很多，其中最常见的是利用驻波测量设备对阻抗进行测

量。本节实验目的是测量单端口网络的阻抗，利用调配器进行阻抗匹配。

本节实验内容如下。

（1）掌握单端口网络阻抗的测量方法。

（2）学会利用调配器进行阻抗匹配。

## 10.5.1 实验原理与实验装置

### 1. 实验原理

将待测的单端口网络接到测量线的输出端，在测量线中将产生驻波分布，如图 10.13 所示。驻波测量设备能测出传输线的驻波比和驻波最小点与负载的距离 $z_{\min}$，再根据公式计算或利用阻抗圆图，就可以得到阻抗 $Z_l$ 的值。

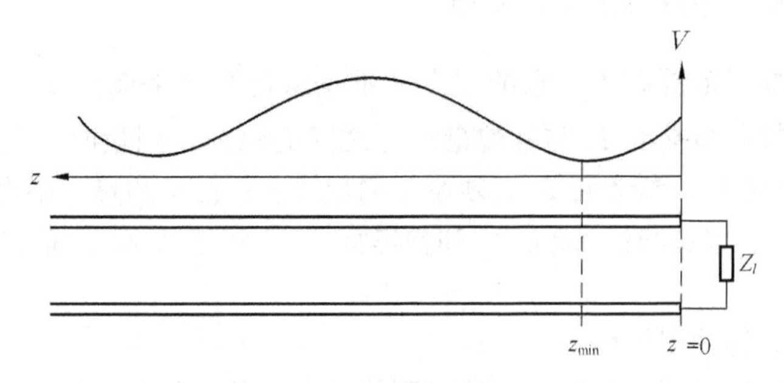


图 10.13 单端口网络的驻波分布

下面用阻抗圆图计算归一化阻抗，如图 10.14 所示。在驻波最小点，归一化阻抗为

$$r_{\min} = \frac{1}{\rho} \tag{10.35}$$

归一化阻抗 $r_{\min}$ 为纯电阻，可由驻波比 $\rho$ 求出。驻波最大点在阻抗圆图的 A 点，A 点的归一化电阻与驻波比 $\rho$ 在数值上相等；驻波最小点在阻抗圆图的 B 点。再测出驻波最小点与负载 $Z_l$ 的距离 $z_{\min}$，在阻抗圆图上沿等反射系数圆逆时针旋转，由 B 点旋转 $z_{\min}$ 到 C 点，C 点的阻抗值为待测网络的归一化阻抗。

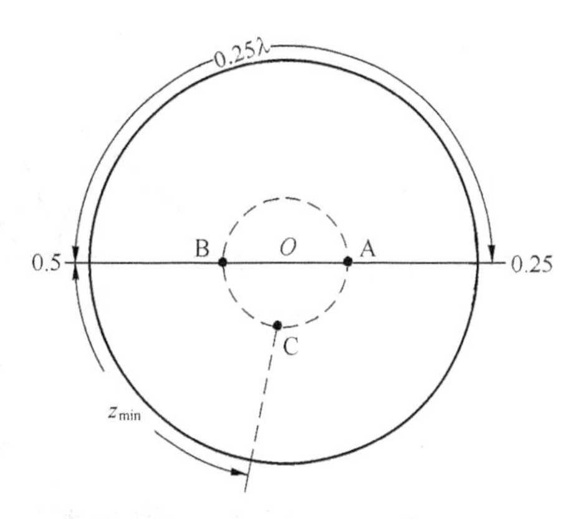


图 10.14 用阻抗圆图求解归一化阻抗

### 2. 实验装置

连接微波测量系统，各元件的连接方法见图 10.15。微波测量系统包括微波振荡器、同轴—波导转换器、单向器、定向耦合器、可变衰减器、波长计、测量线、检流计、匹配负载、短路负载、待测网络。为便于操作，信号源放置在测量系统的左侧，待测网络放置在测量系统的右侧。

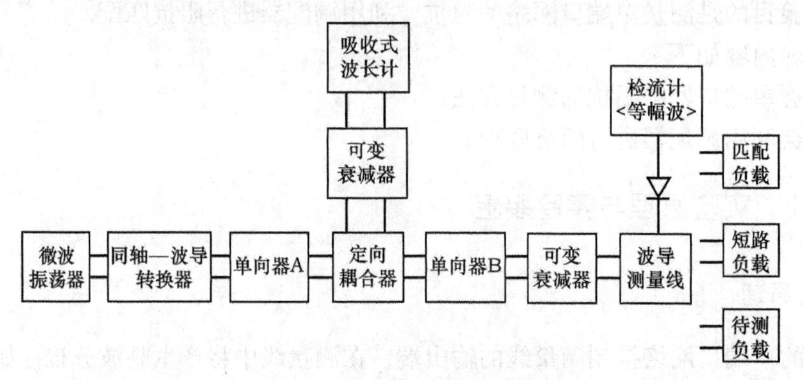


图 10.15　测量阻抗的装置

### 10.5.2　单端口网络阻抗的测量

由于测量线的标尺范围有限，它的起点并不是从待测网络端面 $T_1$ 开始的，如图 10.16 所示，因此不能直接测量端面 $T_1$ 与驻波最小点之间的距离。测量时，需要找到与待测网络端面 $T_1$ 等效的参考面 $T_2$，参考面 $T_2$ 必须位于测量线上，便于测量。根据阻抗分布每隔半个波导波长（$\lambda_p/2$）重复的原理，端面 $T_1$ 和参考面 $T_2$ 应相距 $\lambda_p/2$ 的整倍数。单端口网络阻抗的测量步骤如下。

（1）按图 10.15 连接测量线。

（2）在测量线的输出端接短路板，这时测量线上为驻波分布。测出并记下驻波最小点的位置，用交叉读数法计算出波导波长。找出一个恰当的驻波最小点，作为参考面 $T_2$。

（3）在测量线的输出端去掉短路板，接上待测网络，此时测量线中出现一定的驻波分布。测量出驻波比，并找出与参考面 $T_2$ 最近的驻波最小点 $D_{min1}$。

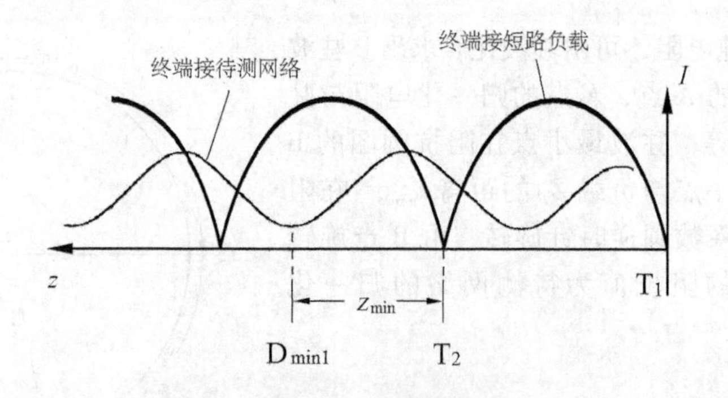


图 10.16　沿线驻波分布

（4）图 10.16 画出了沿线驻波分布。图中给出了参考面 $T_2$ 的选择方法，给出了 $D_{min1}$ 点的确定方法，并给出了测量 $z_{min}$ 的方法。

（5）在阻抗圆图上找到驻波最小点，驻波最小点对应图 10.14 中的点 B。由点 B 旋转 $z_{min}$ 到点 C，点 C 的阻抗值为待测网络的归一化阻抗。

（6）将数据填入表 10.8 中，总结测量结果，得出结论。

**表 10.8　　单端口网络阻抗的测量**

| | | | | |
|---|---|---|---|---|
| 终端接短路负载 | 驻波最小点 1 | 驻波最小点 2 | 波导波长 | 参考面 $T_2$ 的位置 |
| | | | | |
| 终端接待测网络 | 驻波最大点 | 驻波最小点 | 驻波比 | $D_{min1}$ 点的位置 |
| | | | | |
| 计算阻抗 | 测量 $z_{min}$ | | 归一化阻抗 | |
| | | | | |

### 10.5.3　利用调配器进行阻抗匹配

当待测网络的阻抗与测量线不匹配时，可以利用调配器进行匹配。在圆图上由待测网络测得的驻波比 $\rho$ 找到点 $A$，驻波最小点在点 $B$，由点 $B$ 旋转 $z_{min}$ 到点 $C$，点 $C$ 为待测网络的归一化阻抗。点 $C$ 的阻抗有电抗分量，需要进行阻抗匹配。在待测网络中加入电抗分量，使待测网络由点 $C$ 沿 $g=1$ 圆到达点 $O$，达到匹配，如图 10.17 所示。

图 10.17 中的调配过程可以通过螺钉完成。螺钉的结构和等效电路如图 10.18 所示，螺钉插入波导的深度可以调节，电纳的性质和大小也随之改变。当螺钉插入波导时，一方面，螺钉会聚集电场，具有电容的性质；另一方面，波导宽壁上的轴向电流会流进螺钉，产生磁场，螺钉又具有电感性质。当螺钉插入较浅时，电容性质大于电感性质，可调螺钉的等效电路为可变电容器；当螺钉插入的深度约为 $\lambda/4$ 时，感抗和容抗相等，产生串联谐振；当螺钉插入的深度继续加大时，电感性质大于电容性质，可调螺钉的等效电路为可变电感器。通常情况下，螺钉只工作在容性范围内。

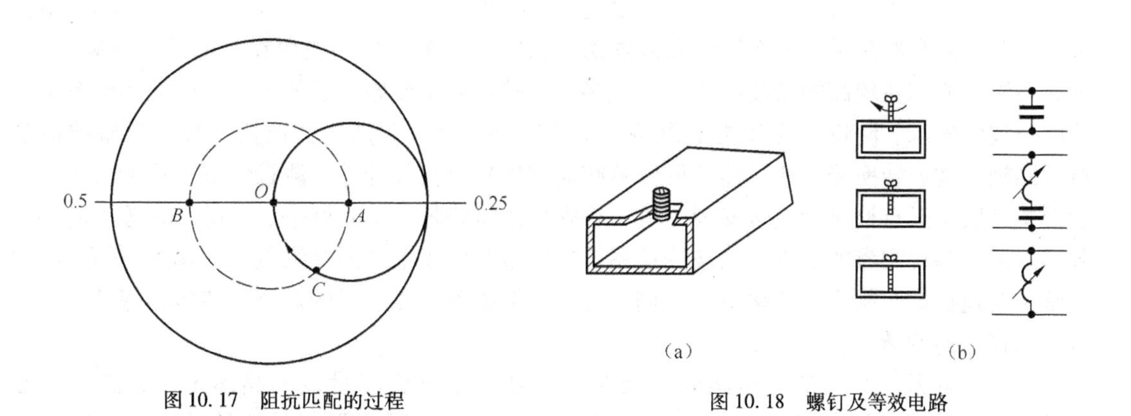


图 10.17　阻抗匹配的过程

图 10.18　螺钉及等效电路

利用调配器进行阻抗匹配的步骤如下。

（1）继续使用单端口网络阻抗测量的装置。

（2）在测量线的输出端去掉待测网络，接上后面接有匹配负载的单螺钉调配器。调节螺钉的深度，使驻波比与待测网络的驻波比一致。

（3）去掉匹配负载，在单螺钉调配器后面接上待测网络。移动螺钉位置，同时跟踪测量驻波比，直到驻波比最小（如$\rho<1.05$）。

# 本 章 小 结

实验教学在本课程的教学工作中占有重要地位。电磁波、波导场结构和微波器件的工作过程比较抽象，难于理解，因此实验教学必不可少。本章给出两个电磁波实验和3个微波技术实验，通过实验可以观察电磁现象，理解基本理论知识，学会基本实验技能，培养运用基本理论解决实际问题的能力。

电磁波反射与折射实验用来观察电磁波的反射与折射现象，测量产生全透射的条件。本实验用喇叭天线发射和接收电磁波，用平行极化波测量。电磁波向导体表面斜入射时将发生全反射，在电磁波反射与折射实验中导体采用金属板，在已知入射角和入射波场强振幅的情况下，测量反射角和反射波场强振幅，实验将得到入射波场强与反射波场强振幅相等、入射角与反射角相等的结论。平行极化波以布儒斯特角$\theta_B$入射到介质分界面时会发生全透射现象，电磁波全透射实验采用介质板、平行极化波测量，通过实验可测出布儒斯特角$\theta_B$，这时折射波场强$E_{02}^{+}$与入射波场强$E_{01}^{+}$相等、反射波场强$E_{01}^{-}$为0。

电磁波参量测量实验用来测量电磁波的波长$\lambda$、相位常数$\beta$和速度$v$。当两束幅度相等、频率相同的均匀平面电磁波以相同（或相反）的方向传播时，在传播路径上将形成驻波分布，本实验通过测量驻波分布，求得电磁波的参量。用喇叭天线发射和接收电磁波，喇叭天线向介质板发射垂直极化波，经两个导体板反射后，被另一个喇叭天线接收。当喇叭天线接收的两束波相位相反时，就形成驻波，连续调整导体板位置，让喇叭天线接收的指示表以最大或0重复出现，可测得波长$\lambda$。用频率计读出信号源的工作频率，电磁波波长采用测量的结果，利用公式$\beta=2\pi/\lambda$和$v=\lambda f$计算相位常数$\beta$和电磁波速度$v$。

微波测试系统的认知与调整实验主要是为了熟悉微波测试系统，学会正确调整和使用测量线。常用的微波测试系统有同轴和波导两种系统，同轴系统一般用在较低的微波频段上，波导系统一般用在较高的微波频段上，大多数实验室采用波导系统的装置。微波测试系统通常由微波信号源、测量装置和指示设备、待测网络三部分组成。微波信号源包括微波振荡器、同轴—波导转换器、单向器、可变衰减器和信号监测部分等；测量装置采用测量线，指示设备一般用光点检流计或微安表；输出终端可接短路板、待测网络、匹配网络等不同的负载，以满足各种测量的要求。微波测量系统的调整主要指信号源和测量线的调整。信号源的调整主要包括振荡频率、功率电平、调制方式的调整等，测量线的调整主要包括探针的穿入深度和探针的调谐等。

晶体定标及驻波比的测量实验主要是为了使学生学会测量线的晶体定标，测出波导波长，掌握测量驻波比的方法。由于检波电流与两端电压之间不是线性关系，晶体检波率$n$不为1，因此在微波测量之前必须进行晶体定标。晶体定标就是找出测量线所用的晶体检波率，测出晶体二极管检波电流和检波电压之间的关系，画出$I-V$曲线。用驻波分布法测量波长，当测量线终端短路时，两个相邻驻波最小点之间的距离为半个波导波长。用交叉读数法测量波长，交叉读数法是指在波节点两旁找出指示表读数相等的两个位置，分别为$D_1$、$D_2$、$D_3$、$D_4$点，点$D_1$和$D_2$的平均值为波节点$D_{min1}$的位置，点$D_3$和$D_4$的平

均值为波节点 $D_{min2}$ 的位置，波导波长 $\lambda_p = 2|D_{min1} - D_{min2}|$。将待测元件接在测量线输出端，移动探针测出 $I_{max}$ 和 $I_{min}$，再由晶体定标曲线查出 $V_{max}$ 和 $V_{min}$，由公式 $\rho = V_{max}/V_{min}$ 计算电压驻波比 $\rho$。

单端口网络阻抗测量及匹配实验是为了测量单端口网络的阻抗，利用调配器进行阻抗匹配。将待测的单端口网络接到测量线的输出端，在测量线中将产生驻波分布，测出传输线的驻波比和驻波最小点与负载之间的距离，再利用阻抗圆图就可以得到阻抗 $Z_l$ 的值。当待测网络的阻抗与测量线不匹配时，可以利用调配器进行匹配。调配通过螺钉完成，螺钉插入波导的深度可以调节，电纳的性质和大小也随之改变。移动螺钉位置，同时跟踪测量驻波比，直到驻波比最小（如 $\rho < 1.05$），就达到了匹配。

# 习　　题

10.1　写出电磁波反射和折射的测量原理，画出实验装置。

10.2　用喇叭天线发射和接收电磁波，测量时需要调整喇叭天线的方向。说明喇叭天线的调整方法。

10.3　在电磁波反射和折射实验中，将导体板放在转台上进行测量。怎样使转台上的0°刻线与导体板的法线保持一致？

10.4　垂直极化波还是平行极化波会发生全透射现象？采用导体板还是介质板测量布儒斯特角？哪些测量数据能说明发生了全透射现象？

10.5　写出电磁波参量测量的原理，画出实验装置。

10.6　电磁波参量测量装置为什么用两个导体板？怎样调整导体板的位置让喇叭天线接收信号的指示表以最大或0重复出现？

10.7　电磁波由空气折射进入介质板，再由介质板折射进入空气。在电磁波经过两次折射后，传播方向是否改变？

10.8　当电磁波的波长 $\lambda$ 测量出来后，怎样测量相位常数 $\beta$ 和电磁波速度 $v$？

10.9　微波测试系统需要认知哪些内容？常用的同轴和波导两种系统哪一种用在较低的微波频段上？哪一种用在较高的微波频段上？

10.10　画出微波测试系统的组成，说明每一种微波元件的作用。

10.11　微波测量系统的调整主要指信号源和测量线的调整。信号源的调整主要包括什么？测量线的调整主要包括什么？

10.12　在波导中探针插入的深度怎样确定？探针调谐的方法是什么？怎样用“短路法”判断探针调谐的效果？

10.13　写出晶体定标及驻波比测量的原理，画出实验装置。

10.14　什么是晶体检波率 $n$？怎样画出晶体定标曲线 $I-V$？

10.15　画出驻波测量的实验装置，给出各种元件的连接方法。怎样用驻波分布法测量波长？什么是交叉读数法？

10.16　说明用驻波波节点计算驻波波腹点位置的方法，说明用交叉读数法测量驻波波腹点位置的方法。如果上述两种方法得到的波腹点位置不一致，怎样调整测量装置？

10.17　写出单端口网络阻抗测量及匹配的实验原理，画出实验装置。

10.18　由于测量线的标尺范围有限，它的起点并不是待测网络端面。测量时，怎样找到与待测网络端面等效的参考面？

10.19　当待测网络的阻抗与测量线不匹配时，用阻抗圆图说明进行阻抗匹配的方法。

10.20　阻抗匹配的调配过程可以通过螺钉完成。说明螺钉的结构和等效电路，说明调节过程中电纳的性质和大小。

# 附录  圆柱坐标和球坐标

## 1. 圆柱坐标

**表 A.1** 圆柱坐标

| | |
|---|---|
| 坐标 | $0 \leqslant r < \infty$，$0 \leqslant \varphi \leqslant 2\pi$，$-\infty < z < +\infty$ |
| 坐标变换式 | $r = \sqrt{x^2 + y^2}$，$\tan\varphi = \dfrac{y}{x}$ |
| 单位矢量 | $\boldsymbol{e}_r$，$\boldsymbol{e}_\varphi$，$\boldsymbol{e}_z$ |
| 单位矢量之间的关系 | $\boldsymbol{e}_r \cdot \boldsymbol{e}_r = \boldsymbol{e}_\varphi \cdot \boldsymbol{e}_\varphi = \boldsymbol{e}_z \cdot \boldsymbol{e}_z = 1$<br>$\boldsymbol{e}_r \cdot \boldsymbol{e}_\varphi = \boldsymbol{e}_\varphi \cdot \boldsymbol{e}_z = \boldsymbol{e}_z \cdot \boldsymbol{e}_r = 0$<br>$\boldsymbol{e}_z = \boldsymbol{e}_r \times \boldsymbol{e}_\varphi$，$\boldsymbol{e}_r = \boldsymbol{e}_\varphi \times \boldsymbol{e}_z$，$\boldsymbol{e}_\varphi = \boldsymbol{e}_z \times \boldsymbol{e}_r$ |
| 与直角坐标中单位矢量的关系 | $\boldsymbol{e}_r = \boldsymbol{e}_x \cos\varphi + \boldsymbol{e}_y \sin\varphi$，$\boldsymbol{e}_\varphi = -\boldsymbol{e}_x \sin\varphi + \boldsymbol{e}_y \cos\varphi$ |
| | $\boldsymbol{e}_x = \boldsymbol{e}_r \cos\varphi - \boldsymbol{e}_\varphi \sin\varphi$，$\boldsymbol{e}_y = \boldsymbol{e}_r \sin\varphi + \boldsymbol{e}_\varphi \cos\varphi$ |
| | $\dfrac{\mathrm{d}\boldsymbol{e}_r}{\mathrm{d}\varphi} = -\boldsymbol{e}_x \sin\varphi + \boldsymbol{e}_y \cos\varphi = \boldsymbol{e}_\varphi$<br>$\dfrac{\mathrm{d}\boldsymbol{e}_\varphi}{\mathrm{d}\varphi} = -\boldsymbol{e}_x \cos\varphi - \boldsymbol{e}_y \sin\varphi = -\boldsymbol{e}_r$ |
| 矢量表示式 | $\boldsymbol{A}(r) = \boldsymbol{e}_r A_r(r) + \boldsymbol{e}_\varphi A_\varphi(r) + \boldsymbol{e}_z A_z(r)$<br>$\boldsymbol{r}$ 是位置矢量，$\boldsymbol{r} = \boldsymbol{e}_r r + \boldsymbol{e}_z z$ |
| 度量系数 | $h_r = 1$，$h_\varphi = r$，$h_z = 1$ |
| 线元矢量 | $\mathrm{d}\boldsymbol{l} = \boldsymbol{e}_r \mathrm{d}r + \boldsymbol{e}_\varphi r\mathrm{d}\varphi + \boldsymbol{e}_z \mathrm{d}z$ |
| 面元矢量 | $\mathrm{d}S_r = r\mathrm{d}\varphi\mathrm{d}z$，$\mathrm{d}S_\varphi = \mathrm{d}r\mathrm{d}z$，$\mathrm{d}S_z = r\mathrm{d}r\mathrm{d}\varphi$<br>$\mathrm{d}\boldsymbol{S} = \boldsymbol{e}_r \mathrm{d}S_r + \boldsymbol{e}_\varphi \mathrm{d}S_\varphi + \boldsymbol{e}_z \mathrm{d}S_z$ |
| 体积元 | $\mathrm{d}\tau = r\mathrm{d}r\mathrm{d}\varphi\mathrm{d}z$ |
| 算符∇的表示式 | $\nabla = \boldsymbol{e}_r \dfrac{\partial}{\partial r} + \boldsymbol{e}_\varphi \dfrac{1}{r}\dfrac{\partial}{\partial\varphi} + \boldsymbol{e}_z \dfrac{\partial}{\partial z}$ |

## 2. 球坐标

表 A. 2　　　　球　坐　标

| | |
|---|---|
| 坐标 | $0 \leqslant r < \infty$，$0 \leqslant \theta \leqslant \pi$，$0 \leqslant \varphi \leqslant 2\pi$ |
| 坐标变换式 | $r = \sqrt{x^2 + y^2 + z^2}$，$\tan\theta = \dfrac{\sqrt{x^2 + y^2}}{z}$，$\tan\varphi = \dfrac{y}{x}$ |
| 单位矢量 | $\boldsymbol{e}_r$，$\boldsymbol{e}_\theta$，$\boldsymbol{e}_\varphi$ |
| 单位矢量之间的关系 | $\boldsymbol{e}_r \cdot \boldsymbol{e}_r = \boldsymbol{e}_\theta \cdot \boldsymbol{e}_\theta = \boldsymbol{e}_\varphi \cdot \boldsymbol{e}_\varphi = 1$<br>$\boldsymbol{e}_r \cdot \boldsymbol{e}_\theta = \boldsymbol{e}_\theta \cdot \boldsymbol{e}_\varphi = \boldsymbol{e}_\varphi \cdot \boldsymbol{e}_r = 0$<br>$\boldsymbol{e}_\varphi = \boldsymbol{e}_r \times \boldsymbol{e}_\theta$，$\boldsymbol{e}_r = \boldsymbol{e}_\theta \times \boldsymbol{e}_\varphi$，$\boldsymbol{e}_\theta = \boldsymbol{e}_\varphi \times \boldsymbol{e}_r$ |
| 与直角坐标中单位矢量的关系 | $\boldsymbol{e}_r = \boldsymbol{e}_x \sin\theta\cos\varphi + \boldsymbol{e}_y \sin\theta\sin\varphi + \boldsymbol{e}_z \cos\theta$<br>$\boldsymbol{e}_\theta = \boldsymbol{e}_x \cos\theta\cos\varphi + \boldsymbol{e}_y \cos\theta\sin\varphi - \boldsymbol{e}_z \sin\theta$<br>$\boldsymbol{e}_\varphi = -\boldsymbol{e}_x \sin\varphi + \boldsymbol{e}_y \cos\varphi$ |
| | $\boldsymbol{e}_x = \boldsymbol{e}_r \sin\theta\cos\varphi + \boldsymbol{e}_\theta \cos\theta\cos\varphi - \boldsymbol{e}_\varphi \sin\varphi$<br>$\boldsymbol{e}_y = \boldsymbol{e}_r \sin\theta\sin\varphi + \boldsymbol{e}_\theta \cos\theta\sin\varphi + \boldsymbol{e}_\varphi \cos\varphi$<br>$\boldsymbol{e}_z = \boldsymbol{e}_r \cos\theta - \boldsymbol{e}_\theta \sin\theta$ |
| | $\dfrac{\partial \boldsymbol{e}_r}{\partial\theta} = \boldsymbol{e}_\theta$，$\dfrac{\partial \boldsymbol{e}_r}{\partial\varphi} = \boldsymbol{e}_\varphi \sin\theta$<br>$\dfrac{\partial \boldsymbol{e}_\theta}{\partial\theta} = -\boldsymbol{e}_r$，$\dfrac{\partial \boldsymbol{e}_\theta}{\partial\varphi} = \boldsymbol{e}_\varphi \cos\theta$<br>$\dfrac{\partial \boldsymbol{e}_\varphi}{\partial\theta} = 0$，$\dfrac{\partial \boldsymbol{e}_\varphi}{\partial\varphi} = -\boldsymbol{e}_r \sin\theta - \boldsymbol{e}_\theta \cos\theta$ |
| 矢量表示式 | $\boldsymbol{A}(\boldsymbol{r}) = \boldsymbol{e}_r A_r(\boldsymbol{r}) + \boldsymbol{e}_\theta A_\theta(\boldsymbol{r}) + \boldsymbol{e}_\varphi A_\varphi(\boldsymbol{r})$，$\boldsymbol{r}$是位置矢量 |
| 度量系数 | $h_r = 1$，$h_\theta = r$，$h_\varphi = r\sin\theta$ |
| 线元矢量 | $\mathrm{d}\boldsymbol{l} = \boldsymbol{e}_r \mathrm{d}r + \boldsymbol{e}_\theta r\mathrm{d}\theta + \boldsymbol{e}_\varphi r\sin\theta\mathrm{d}\varphi$ |
| 面元矢量 | $\mathrm{d}S_r = r^2 \sin\theta\mathrm{d}\theta\mathrm{d}\varphi$，$\mathrm{d}S_\theta = r\sin\theta\mathrm{d}r\mathrm{d}\varphi$，$\mathrm{d}S_\varphi = r\mathrm{d}r\mathrm{d}\theta$<br>$\mathrm{d}\boldsymbol{S} = \boldsymbol{e}_r \mathrm{d}S_r + \boldsymbol{e}_\theta \mathrm{d}S_\theta + \boldsymbol{e}_\varphi \mathrm{d}S_\varphi$ |
| 体积元 | $\mathrm{d}\tau = r^2 \sin\theta\mathrm{d}r\mathrm{d}\theta\mathrm{d}\varphi$ |
| 算符∇的表示式 | $\nabla = \boldsymbol{e}_r \dfrac{\partial}{\partial r} + \boldsymbol{e}_\theta \dfrac{1}{r}\dfrac{\partial}{\partial\theta} + \boldsymbol{e}_\varphi \dfrac{1}{r\sin\theta}\dfrac{\partial}{\partial\varphi}$ |

# 附录 B 重要的矢量公式

## 1. 矢量恒等式

$$\boldsymbol{A}\cdot(\boldsymbol{B}\times\boldsymbol{C})=\boldsymbol{B}\cdot(\boldsymbol{C}\times\boldsymbol{A})=\boldsymbol{C}\cdot(\boldsymbol{A}\times\boldsymbol{B}) \tag{B.1}$$

$$\boldsymbol{A}\times(\boldsymbol{B}\times\boldsymbol{C})=(\boldsymbol{A}\cdot\boldsymbol{C})\boldsymbol{B}-(\boldsymbol{A}\cdot\boldsymbol{B})\boldsymbol{C} \tag{B.2}$$

$$\nabla(\varphi\psi)=\varphi\nabla\psi+\psi\nabla\varphi \tag{B.3}$$

$$\nabla\cdot(\psi\boldsymbol{A})=\boldsymbol{A}\cdot\nabla\psi+\psi\nabla\cdot\boldsymbol{A} \tag{B.4}$$

$$\nabla\times(\psi\boldsymbol{A})=\nabla\psi\times\boldsymbol{A}+\psi\nabla\times\boldsymbol{A} \tag{B.5}$$

$$\nabla(\boldsymbol{A}\cdot\boldsymbol{B})=(\boldsymbol{A}\cdot\nabla)\boldsymbol{B}+(\boldsymbol{B}\cdot\nabla)\boldsymbol{A}+\boldsymbol{A}\times(\nabla\times\boldsymbol{B})+\boldsymbol{B}\times(\nabla\times\boldsymbol{A}) \tag{B.6}$$

$$\nabla\cdot(\boldsymbol{A}\times\boldsymbol{B})=\boldsymbol{B}\cdot\nabla\times\boldsymbol{A}-\boldsymbol{A}\cdot\nabla\times\boldsymbol{B} \tag{B.7}$$

$$\nabla\times(\boldsymbol{A}\times\boldsymbol{B})=\boldsymbol{A}\nabla\cdot\boldsymbol{B}-\boldsymbol{B}\nabla\cdot\boldsymbol{A}+(\boldsymbol{B}\cdot\nabla)\boldsymbol{A}-(\boldsymbol{A}\cdot\nabla)\boldsymbol{B} \tag{B.8}$$

$$\nabla\cdot\nabla\psi=\nabla^2\psi \tag{B.9}$$

$$\nabla\times\nabla\psi=0 \tag{B.10}$$

$$\nabla\cdot\nabla\times\boldsymbol{A}=0 \tag{B.11}$$

$$\nabla\times\nabla\times\boldsymbol{A}=\nabla(\nabla\cdot\boldsymbol{A})-\nabla^2\boldsymbol{A} \tag{B.12}$$

$$\int_\tau\nabla\cdot\boldsymbol{A}\mathrm{d}\tau=\oint_S\boldsymbol{A}\cdot\mathrm{d}\boldsymbol{S} \tag{B.13}$$

$$\int_S\nabla\times\boldsymbol{A}\cdot\mathrm{d}\boldsymbol{S}=\oint_C\boldsymbol{A}\cdot\mathrm{d}\boldsymbol{l} \tag{B.14}$$

$$\int_\tau\nabla\times\boldsymbol{A}\mathrm{d}\tau=\oint_S(\boldsymbol{n}\times\boldsymbol{A})\mathrm{d}S \tag{B.15}$$

$$\int_\tau\nabla\psi\mathrm{d}\tau=\oint_S\psi\boldsymbol{n}\mathrm{d}S \tag{B.16}$$

$$\int_S\boldsymbol{n}\times\nabla\psi\mathrm{d}S=\oint_C\psi\mathrm{d}\boldsymbol{l} \tag{B.17}$$

## 2. 梯度、散度、旋度和拉普拉斯运算

(1) 直角坐标

$$\nabla\psi=\boldsymbol{e}_x\frac{\partial\psi}{\partial x}+\boldsymbol{e}_y\frac{\partial\psi}{\partial y}+\boldsymbol{e}_z\frac{\partial\psi}{\partial z} \tag{B.18}$$

$$\nabla \cdot \boldsymbol{A} = \frac{\partial A_x}{\partial x} + \frac{\partial A_y}{\partial y} + \frac{\partial A_z}{\partial z} \tag{B.19}$$

$$\nabla \times \boldsymbol{A} = \begin{vmatrix} \boldsymbol{e}_x & \boldsymbol{e}_y & \boldsymbol{e}_z \\ \dfrac{\partial}{\partial x} & \dfrac{\partial}{\partial y} & \dfrac{\partial}{\partial z} \\ A_x & A_y & A_z \end{vmatrix} \tag{B.20}$$

$$\nabla^2 \psi = \frac{\partial^2 \psi}{\partial x^2} + \frac{\partial^2 \psi}{\partial y^2} + \frac{\partial^2 \psi}{\partial z^2} \tag{B.21}$$

（2）圆柱坐标

$$\nabla \psi = \boldsymbol{e}_r \frac{\partial \psi}{\partial r} + \boldsymbol{e}_\varphi \frac{1}{r} \frac{\partial \psi}{\partial \varphi} + \boldsymbol{e}_z \frac{\partial \psi}{\partial z} \tag{B.22}$$

$$\nabla \cdot \boldsymbol{A} = \frac{1}{r} \frac{\partial}{\partial r}(r A_r) + \frac{1}{r} \frac{\partial A_\varphi}{\partial \varphi} + \frac{\partial A_z}{\partial z} \tag{B.23}$$

$$\nabla \times \boldsymbol{A} = \begin{vmatrix} \dfrac{\boldsymbol{e}_r}{r} & \boldsymbol{e}_\varphi & \dfrac{\boldsymbol{e}_z}{r} \\ \dfrac{\partial}{\partial r} & \dfrac{\partial}{\partial \varphi} & \dfrac{\partial}{\partial z} \\ A_r & r A_\varphi & A_z \end{vmatrix} \tag{B.24}$$

$$\nabla^2 \psi = \frac{1}{r} \frac{\partial}{\partial r}\left(r \frac{\partial \psi}{\partial r}\right) + \frac{1}{r^2} \frac{\partial^2 \psi}{\partial \varphi^2} + \frac{\partial^2 \psi}{\partial z^2} \tag{B.25}$$

（3）球坐标

$$\nabla \psi = \boldsymbol{e}_r \frac{\partial \psi}{\partial r} + \boldsymbol{e}_\theta \frac{1}{r} \frac{\partial \psi}{\partial \theta} + \boldsymbol{e}_\varphi \frac{1}{r \sin\theta} \frac{\partial \psi}{\partial \varphi} \tag{B.26}$$

$$\nabla \cdot \boldsymbol{A} = \frac{1}{r^2} \frac{\partial}{\partial r}(r^2 A_r) + \frac{1}{r \sin\theta} \frac{\partial}{\partial \theta}(\sin\theta\, A_\theta) + \frac{1}{r \sin\theta} \frac{\partial A_\varphi}{\partial \varphi} \tag{B.27}$$

$$\nabla \times \boldsymbol{A} = \begin{vmatrix} \dfrac{\boldsymbol{e}_r}{r^2 \sin\theta} & \dfrac{\boldsymbol{e}_\theta}{r \sin\theta} & \dfrac{\boldsymbol{e}_\varphi}{r} \\ \dfrac{\partial}{\partial r} & \dfrac{\partial}{\partial \theta} & \dfrac{\partial}{\partial \varphi} \\ A_r & r A_\theta & r \sin\theta\, A_\varphi \end{vmatrix} \tag{B.28}$$

$$\nabla^2 \psi = \frac{1}{r^2} \frac{\partial}{\partial r}\left(r^2 \frac{\partial \psi}{\partial r}\right) + \frac{1}{r^2 \sin\theta} \frac{\partial}{\partial \theta}\left(\sin\theta \frac{\partial \psi}{\partial \theta}\right) + \frac{1}{r^2 \sin^2\theta} \frac{\partial^2 \psi}{\partial \varphi^2} \tag{B.29}$$

# 附录 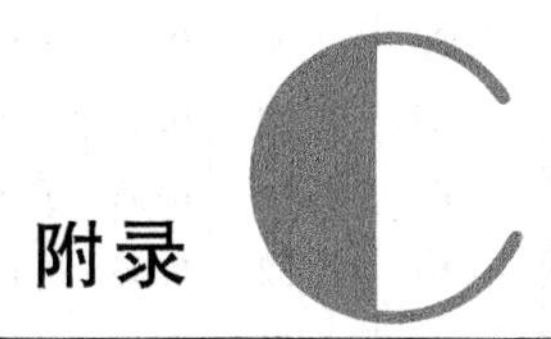 国产矩形波导管的结构与参数表

国产矩形波导管结构如图 C. 1 所示，国产矩形波导管参数见表 C. 1。

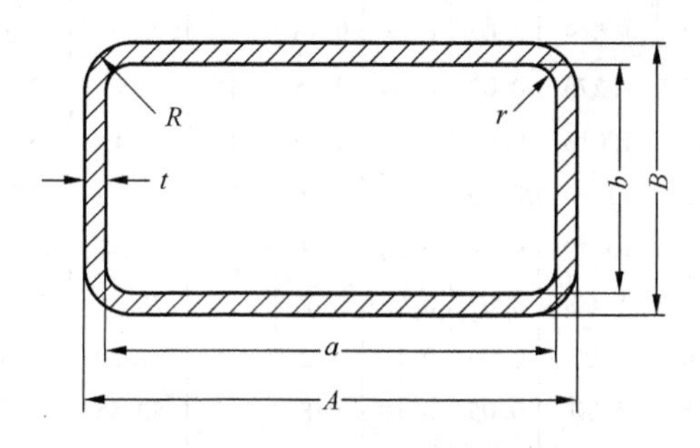


图 C. 1　国产矩形波导管结构图

**表 C. 1**　　　　**国产矩形波导管参数表**

| 型号 | 频率范围 GHz | 内截面尺寸/mm | | | | | 壁厚 $t$/mm | 外截面尺寸/mm | | | | | |
|---|---|---|---|---|---|---|---|---|---|---|---|---|---|
| | | $a$ | $b$ | 偏差（±） | | $r_{max}$ | | A | B | 偏差（±） | | $R_{min}$ | $R_{max}$ |
| | | | | Ⅱ级 | Ⅲ级 | | | | | Ⅱ级 | Ⅲ级 | | |
| BJ - 8 | 0. 64 ~ 0. 98 | 292. 0 | 146. 0 | 0. 4 | 0. 8 | 1. 5 | 3 | 298. 0 | 152. 0 | 0. 4 | 0. 8 | 1. 6 | 2. 1 |
| BJ - 9 | 0. 76 ~ 1. 15 | 247. 6 | 123. 8 | 0. 4 | 0. 8 | 1. 2 | 3 | 253. 6 | 129. 8 | 0. 4 | 0. 8 | 1. 6 | 2. 1 |
| BJ - 12 | 0. 96 ~ 1. 46 | 195. 6 | 97. 8 | 0. 4 | 0. 8 | 1. 2 | 3 | 201. 6 | 103. 8 | 0. 4 | 0. 8 | 1. 6 | 2. 1 |
| BJ - 14 | 1. 14 ~ 1. 73 | 165. 0 | 82. 5 | 0. 4 | 0. 6 | 1. 2 | 2 | 169. 0 | 86. 5 | 0. 3 | 0. 6 | 1. 0 | 1. 5 |
| BJ - 18 | 1. 45 ~ 2. 20 | 129. 6 | 64. 8 | 0. 3 | 0. 5 | 1. 2 | 2 | 133. 6 | 68. 8 | 0. 3 | 0. 5 | 1. 0 | 1. 5 |
| BJ - 22 | 1. 72 ~ 2. 61 | 109. 2 | 54. 6 | 0. 2 | 0. 4 | 1. 2 | 2 | 113. 2 | 58. 6 | 0. 2 | 0. 4 | 1. 0 | 1. 5 |
| BJ - 26 | 2. 17 ~ 3. 30 | 86. 40 | 43. 20 | 0. 17 | 0. 3 | 1. 2 | 2 | 90. 40 | 47. 20 | 0. 2 | 0. 3 | 1. 0 | 1. 5 |
| BJ - 32 | 2. 60 ~ 3. 95 | 72. 14 | 34. 04 | 0. 14 | 0. 24 | 1. 2 | 2 | 76. 14 | 38. 04 | 0. 14 | 0. 28 | 1. 0 | 1. 5 |
| BJ - 40 | 3. 22 ~ 4. 90 | 58. 20 | 29. 10 | 0. 12 | 0. 20 | 1. 2 | 1. 5 | 61. 20 | 32. 10 | 0. 10 | 0. 20 | 0. 8 | 1. 3 |
| BJ - 48 | 3. 94 ~ 5. 99 | 47. 55 | 22. 15 | 0. 10 | 0. 15 | 0. 8 | 1. 5 | 50. 55 | 25. 15 | 0. 10 | 0. 20 | 0. 8 | 1. 3 |
| BJ - 58 | 4. 64 ~ 7. 05 | 40. 40 | 20. 20 | 0. 8 | 0. 14 | 0. 8 | 1. 5 | 43. 40 | 23. 20 | 0. 10 | 0. 20 | 0. 8 | 1. 3 |
| BJ - 70 | 5. 38 ~ 8. 17 | 34. 85 | 15. 80 | 0. 7 | 0. 12 | 0. 8 | 1. 5 | 37. 85 | 18. 80 | 0. 10 | 0. 20 | 0. 8 | 1. 3 |
| BJ - 84 | 6. 57 ~ 9. 99 | 28. 50 | 12. 60 | 0. 06 | 0. 10 | 0. 8 | 1. 5 | 31. 50 | 15. 60 | 0. 07 | 0. 15 | 0. 8 | 1. 3 |

续表

| 型号 | 频率范围 GHz | 内截面尺寸/mm | | | | | 壁厚 $t$/mm | 外截面尺寸/mm | | | | | |
|---|---|---|---|---|---|---|---|---|---|---|---|---|---|
| | | $a$ | $b$ | 偏差（±） | | $r_{max}$ | | A | B | 偏差（±） | | $R_{min}$ | $R_{max}$ |
| | | | | Ⅱ级 | Ⅲ级 | | | | | Ⅱ级 | Ⅲ级 | | |
| BJ-100 | 8.20~12.5 | 22.86 | 10.16 | 0.05 | 0.07 | 0.8 | 1 | 24.86 | 12.16 | 0.06 | 0.10 | 0.65 | 1.15 |
| BJ-120 | 9.84~15.0 | 19.05 | 9.52 | 0.04 | 0.06 | 0.8 | 1 | 21.05 | 11.52 | 0.05 | 0.10 | 0.5 | 1.15 |
| BJ-140 | 11.9~18.0 | 15.80 | 7.90 | 0.03 | 0.05 | 0.4 | 1 | 17.80 | 9.90 | 0.05 | 0.10 | 0.5 | 1.0 |
| BJ-180 | 14.5~22.0 | 12.96 | 6.48 | 0.03 | 0.05 | 0.4 | 1 | 14.96 | 8.48 | 0.05 | 0.10 | 0.5 | 1.0 |
| BJ-220 | 17.6~26.7 | 10.67 | 4.32 | 0.02 | 0.04 | 0.4 | 1 | 12.67 | 6.32 | 0.05 | 0.10 | 0.5 | 1.0 |
| BJ-260 | 21.7~33.0 | 8.64 | 4.32 | 0.02 | 0.04 | 0.4 | 1 | 10.64 | 6.32 | 0.05 | 0.10 | 0.5 | 1.0 |
| BJ-320 | 26.4~40.0 | 7.112 | 3.556 | 0.02 | 0.04 | 0.4 | 1 | 9.11 | 5.56 | 0.05 | 0.10 | 0.5 | 1.0 |
| BJ-400 | 32.9~50.1 | 5.690 | 2.845 | 0.02 | 0.04 | 0.3 | 1 | 7.69 | 4.85 | 0.05 | 0.10 | 0.5 | 1.0 |
| BJ-500 | 39.2~59.6 | 4.775 | 2.388 | 0.02 | 0.04 | 0.3 | 1 | 6.78 | 4.39 | 0.05 | 0.10 | 0.5 | 1.0 |
| BJ-620 | 49.8~75.8 | 3.759 | 1.880 | 0.02 | 0.04 | 0.2 | 1 | 5.76 | 3.88 | 0.05 | 0.10 | 0.5 | 1.0 |
| BJ-740 | 60.5~91.9 | 3.099 | 1.549 | 0.02 | 0.04 | 0.15 | 1 | 5.10 | 3.55 | 0.05 | 0.10 | 0.5 | 1.0 |
| BJ-900 | 73.8~112 | 2.540 | 1.270 | 0.02 | 0.04 | 0.15 | 1 | 4.54 | 3.27 | 0.05 | 0.10 | 0.5 | 1.0 |
| BJ-1200 | 92.2~140 | 2.032 | 1.016 | 0.02 | 0.04 | 0.15 | 1 | 4.03 | 3.02 | 0.05 | 0.10 | 0.5 | 1.0 |
| BB-22 | 1.72~2.61 | 109.2 | 13.10 | 0.10 | 0.20 | 1.2 | 2 | 113.2 | 17.1 | 0.22 | 0.44 | 1.0 | 1.5 |
| BB-26 | 2.17~3.30 | 86.4 | 10.40 | 0.09 | 0.20 | 1.2 | 2 | 90.4 | 14.4 | 0.17 | 0.34 | 1.0 | 1.5 |
| BB-32 | 2.60~3.95 | 72.14 | 8.60 | 0.07 | 0.15 | 1.2 | 2 | 76.14 | 12.60 | 0.14 | 0.28 | 1.0 | 1.5 |
| BB-40 | 3.22~4.90 | 58.20 | 7.00 | 0.06 | 0.12 | 1.2 | 1.5 | 61.20 | 10.00 | 0.12 | 0.24 | 0.8 | 1.3 |
| BB-48 | 3.94~5.99 | 47.55 | 5.70 | 0.05 | 0.10 | 0.8 | 1.5 | 50.55 | 8.7 | 0.10 | 0.20 | 0.8 | 1.3 |
| BB-58 | 4.64~7.05 | 40.40 | 5.00 | 0.04 | 0.08 | 0.8 | 1.5 | 43.40 | 8.00 | 0.08 | 0.16 | 0.8 | 1.3 |
| BB-70 | 5.38~8.17 | 34.85 | 5.00 | 0.04 | 0.08 | 0.8 | 1.5 | 37.85 | 8.00 | 0.07 | 0.14 | 0.8 | 1.3 |
| BB-84 | 6.57~9.99 | 28.50 | 5.00 | 0.03 | 0.06 | 0.8 | 1.5 | 31.50 | 8.00 | 0.06 | 0.12 | 0.8 | 1.3 |
| BB-100 | 8.20~12.5 | 22.86 | 5.00 | 0.02 | 0.04 | 0.8 | 1 | 24.86 | 7.00 | 0.05 | 0.10 | 0.65 | 1.15 |

注：① 波导管型号：

第一个字母 B 表示波导管；

第二个字母 J 表示矩形截面，B 表示扁矩形截面；

阿拉伯数字表示波导管中心工作频率，单位：0.1 GHz；

罗马字母表示波导管精度等级。

例如，BJ-32-Ⅱ表示矩形波导管中心频率为 3.2 GHz，Ⅱ级精度。

② 波导管内表面粗糙度标准：

BJ-8~BJ-14 不高于 $\overset{0.8}{\nabla}$；

BJ-18~BJ-58 及 BB-22~BB-58 不高于 $\overset{0.4}{\nabla}$；

BJ-70~BJ-260 及 BB-70~BB-100 不高于 $\overset{0.2}{\nabla}$；

BJ-320~BJ-1200 不高于 $\overset{0.1}{\nabla}$。

③ 波导管采用黄铜 H96 制造。

④ 制造长度：

BJ-3~BJ-140 为 3 m；

BJ-180~BJ-260 为 3 m；

BJ-320~BJ-1200 为 1.5 m。

# 附录 D 常用硬同轴线特性参数表

| 型号<br>（特性阻抗 - 外径） | 外导体内径<br>mm | 内导体外径<br>mm | 特性阻抗<br>Ω | 理论容许最大<br>功率/kW | 衰减<br>dB/m | 最短波长<br>cm |
|---|---|---|---|---|---|---|
| 52 - 16 | 16 | 6.95 | 50 | 756 | $1.48\times10^{-6}\sqrt{f}$ | 3.9 |
| 75 - 16 | 16 | 4.58 | 75 | 492 | $1.34\times10^{-6}\sqrt{f}$ | 3.6 |
| 50 - 35 | 35 | 15.2 | 50 | 3555 | $0.67\times10^{-6}\sqrt{f}$ | 8.6 |
| 75 - 35 | 35 | 10 | 75 | 2340 | $0.61\times10^{-6}\sqrt{f}$ | 7.8 |
| 53 - 39 | 39 | 16 | 53 | 4270 | $0.60\times10^{-6}\sqrt{f}$ | 9.6 |
| 50 - 75 | 75 | 32.5 | 50 | 1630 | $0.31\times10^{-6}\sqrt{f}$ | 18.5 |
| 50 - 87 | 87 | 38 | 50 | 22410 | $0.27\times10^{-6}\sqrt{f}$ | 21.6 |
| 50 - 110 | 110 | 48 | 50 | 35800 | $0.22\times10^{-6}\sqrt{f}$ | 27.3 |

注：① 本表数值均按 $\varepsilon_r=1$，用黄铜计算。

② 最短波长取 $\lambda = 1.1\pi(a+b)$。

③ 空气击穿场强 $E_{max} = 3\times10^6$ V/m。

# 附录 E 常用同轴射频电缆特性参数表

| 型号 | 内导体结构/mm |  | 绝缘外径 mm | 电缆外径 mm | 特性阻抗 |  | 衰减不大于 dB/m |  | 电容不小于 1pF/m | 试验电压 kV | 电晕电压 kV |
|---|---|---|---|---|---|---|---|---|---|---|---|
|  | 根数×直径 | 外径 |  |  | 不小于 | 不大于 | 3MHz | 10MHz |  |  |  |
| SWY-50-2 | 1×0.68 | 0.68 | 2.2±0.1 | 4.0±0.3 | 47.5 | 52.5 | 2.0 | 4.3 | 115 | 3 | 1.5 |
| SWY-50-3 | 1×0.90 | 0.90 | 3.0±0.2 | 5.3±0.3 | 47.5 | 52.5 | 1.7 | 3.9 | 110 | 4 | 2 |
| SWY-50-5 | 1×1.37 | 1.37 | 4.6±0.2 | 9.6±0.6 | 47.5 | 52.5 | 1.4 | 3.5 | 110 | 6 | 3 |
| SWY-50-7-1 | 7×0.76 | 2.28 | 7.3±0.3 | 10.3±0.6 | 47.5 | 52.5 | 1.25 | 3.5 | 115 | 10 | 4 |
| SWY-50-7-2 | 7×0.76 | 2.28 | 7.3±0.3 | 11.1±0.6 | 47.5 | 52.5 | 1.25 | 3.2 | 115 | 10 | 4 |
| SWY-50-9 | 7×0.95 | 2.85 | 9.2±0.5 | 12.8±0.8 | 47.5 | 52.5 | 0.85 | 2.5 | 115 | 10 | 4.5 |
| SWY-50-11 | 7×1.13 | 2.39 | 11.0±0.6 | 14.0±0.8 | 47.5 | 52.5 | 0.85 | 2.5 | 115 | 14 | 5.5 |
| SWY-75-5-1 | 1×0.72 | 0.72 | 4.6±0.2 | 7.3±0.4 | 72 | 78 | 1.3 | 3.3 | 75 | 5 | 2 |
| SWY-75-5-2 | 7×0.26 | 0.78 | 4.6±0.2 | 7.3±0.4 | 72 | 78 | 1.5 | 3.6 | 76 | 5 | 2 |
| SWY-75-7 | 7×0.40 | 1.20 | 7.3±0.3 | 10.3±0.6 | 72 | 78 | 1.1 | 2.7 | 76 | 8 | 3 |
| SWY-75-9 | 1×1.37 | 1.37 | 9.0±0.4 | 12.6±0.8 | 72 | 78 | 0.8 | 2.4 | 70 | 10 | 4.5 |
| SWY-100-7 | 1×0.60 | 0.60 | 7.3±0.3 | 10.3±0.8 | 95 | 105 | 1.2 | 2.8 | 57 | 6 | 3 |

注： 例如型号 SWY-50-7-1 中各符号的含义如下：

S——同轴射频电缆

W——聚乙烯绝缘材料

Y——聚乙烯护层

50——特性阻抗 50 Ω

7——芯线绝缘外径为 7 mm

1——结构序号

# 附录 F 阻抗圆图

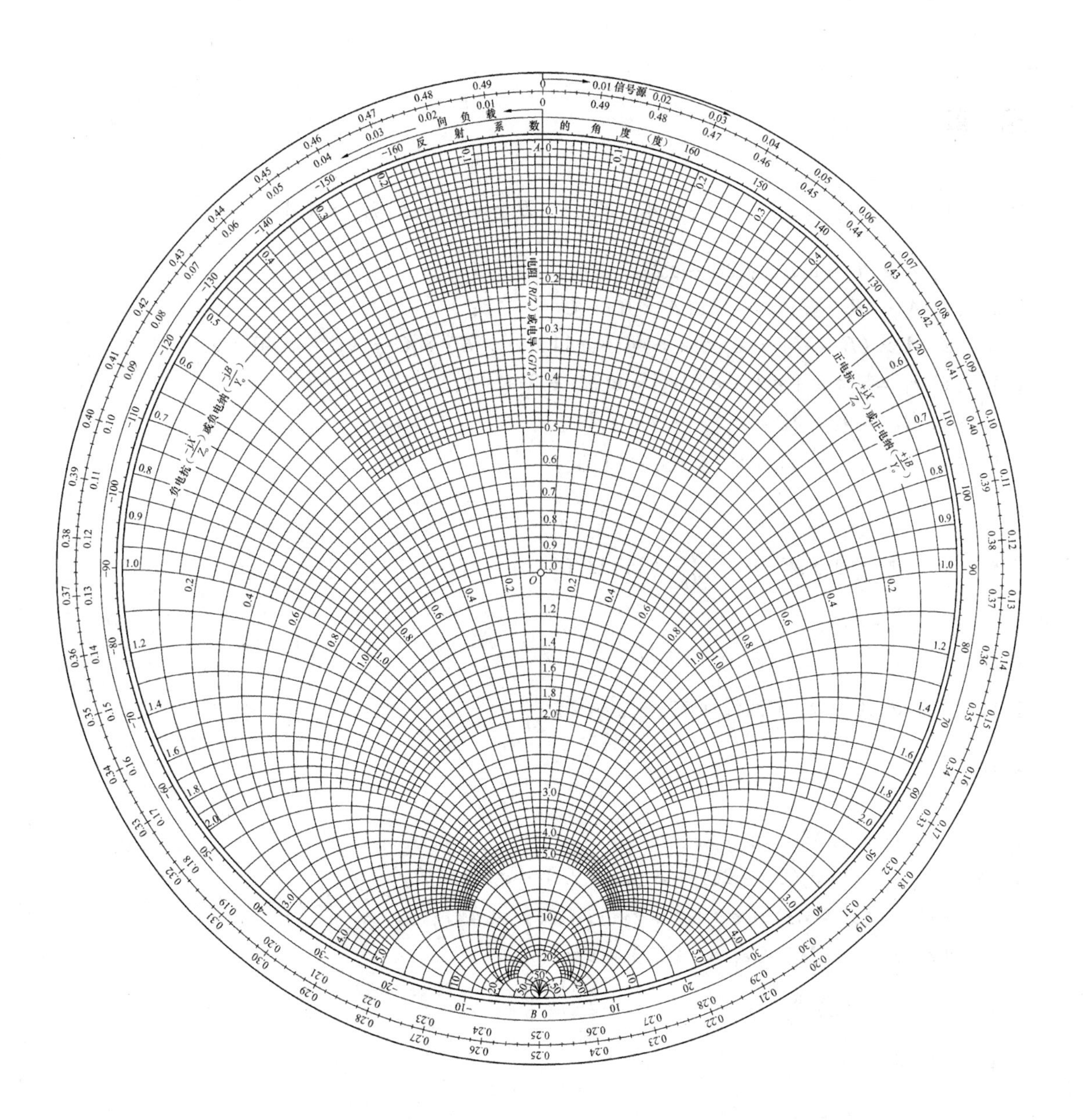
信号源
向负载
反射系数的角度（度）
电阻（$R/Z_0$）或电导（$G/Y_0$）
负电抗（$\frac{-jX}{Z_0}$）或负电纳（$\frac{-jB}{Y_0}$）
正电抗（$\frac{+jX}{Z_0}$）或正电纳（$\frac{+jB}{Y_0}$）

# 习题答案

## 第1章

1.1 (1) $\boldsymbol{e}_A = \dfrac{1}{\sqrt{29}}(\boldsymbol{e}_x 2 + \boldsymbol{e}_y 3 - \boldsymbol{e}_z 4)$；(2) $\boldsymbol{A}\cdot\boldsymbol{B} = -31$；(3) $\theta_{AB} = 131°$；

(4) $\boldsymbol{A}\times\boldsymbol{B} = \boldsymbol{e}_x 2 - \boldsymbol{e}_y 28 - \boldsymbol{e}_z 22$

1.2 (1) $\boldsymbol{A}\cdot(\boldsymbol{B}\times\boldsymbol{C}) = -42$，$(\boldsymbol{A}\times\boldsymbol{B})\cdot\boldsymbol{C} = -42$；

(2) $\boldsymbol{A}\times(\boldsymbol{B}\times\boldsymbol{C}) = \boldsymbol{e}_x 55 - \boldsymbol{e}_y 44 - \boldsymbol{e}_z 11$，$(\boldsymbol{A}\times\boldsymbol{B})\times\boldsymbol{C} = \boldsymbol{e}_x 2 - \boldsymbol{e}_y 40 + \boldsymbol{e}_z 5$

1.4 (1) $\boldsymbol{r}_1 = -\boldsymbol{e}_x 3 + \boldsymbol{e}_y 1 + \boldsymbol{e}_z 2$，$\boldsymbol{r}_2 = \boldsymbol{e}_x 2 - \boldsymbol{e}_y 3 + \boldsymbol{e}_z 4$；

(2) $\boldsymbol{R}_{12} = \boldsymbol{r}_2 - \boldsymbol{r}_1 = \boldsymbol{e}_x 5 - \boldsymbol{e}_y 4 + \boldsymbol{e}_z 2$

1.5 (1) $(-2, 2\sqrt{3}, 3)$；(2) $(5, 53.1°, 120°)$

1.6 $\sqrt{82}$

1.8 (1) $|\boldsymbol{E}| = 0.5$，$\boldsymbol{E}_x = -\dfrac{3\sqrt{2}}{20}$；(2) $153.6°$

1.9 $x^2 + y^2 = C^2$

1.10 0

1.11 (1) $\nabla\cdot\boldsymbol{A} = 2x + 2x^2y + 72x^2y^2z^2$；(2) $\dfrac{1}{24}$

1.12 $75\pi^2$

1.13 $1\,200\pi$

1.14 (1) $6xyz$；(2) $4 + 2x + 2z$

1.15 (1) 0；(2) $\boldsymbol{e}_x(2y - 2z) + \boldsymbol{e}_y(2z - 2x) + \boldsymbol{e}_z(2x - 2y)$

1.16 (1) $\boldsymbol{e}_x(8xy - 4z) + \boldsymbol{e}_y(4x^2 + 2yz) + \boldsymbol{e}_z(y^2 - 4x)$；

(2) $\boldsymbol{e}_x(yz - 2x) + \boldsymbol{e}_y(xz + 2y) + \boldsymbol{e}_z xy$

1.17 (1) $\boldsymbol{e}_z y^2$；(2) $\dfrac{\pi a^2}{4}$

1.18 (1) 8

1.19 (1) $-\frac{8}{3}$;(2) $-\frac{8}{3}$;(3) $\nabla\times\boldsymbol{A}=0$，是保守场

1.20 (1) $-\boldsymbol{e}_x4-\boldsymbol{e}_y4+\boldsymbol{e}_z12$;(2) $\frac{24}{\sqrt{14}}$

1.21 (1) $\sqrt{117}$, $\frac{1}{\sqrt{117}}(\boldsymbol{e}_x4+\boldsymbol{e}_y10+\boldsymbol{e}_z1)$;(2)0,与梯度方向垂直

1.22 $\left(\boldsymbol{e}_x\frac{x}{a^2}-\boldsymbol{e}_y\frac{y}{b^2}\right)/\left(\frac{x^2}{a^4}+\frac{y^2}{b^4}\right)^{1/2}$

1.23 $a=0,b=0,c=0$

1.24 (1) $a=0,b=3,c=2$ ;(2) $-3xy+2yz+\frac{z^2}{2}$

1.25 $\nabla\cdot\boldsymbol{A}=0,\nabla\times\boldsymbol{A}=0;\nabla\cdot\boldsymbol{B}=2r\sin\varphi,\nabla\times\boldsymbol{B}=0;$
$\nabla\cdot\boldsymbol{C}=0,\nabla\times\boldsymbol{C}=\boldsymbol{e}_z(-1-8y)$

## 第2章

2.1 $\rho=\frac{3q}{4\pi a^3},\boldsymbol{J}=\boldsymbol{e}_\varphi\frac{3q\omega r\sin\theta}{4\pi a^3}$

2.2 $\rho_S=\frac{q}{4\pi a^2},\boldsymbol{J}_S=\boldsymbol{e}_\varphi\frac{q\omega\sin\theta}{4\pi a}$

2.3 $\boldsymbol{E}=\boldsymbol{e}_z\frac{\rho_l az}{2\varepsilon_0(a^2+z^2)^{3/2}}$

2.4 在点$(-3a-2\sqrt{2}a,0,0)$电场为0

2.5 $E=\frac{\rho_l}{2\pi\varepsilon_0 a}$

2.6 $\boldsymbol{E}=\frac{1}{32\sqrt{2}\pi\varepsilon_0}(\boldsymbol{e}_x+\boldsymbol{e}_y-\boldsymbol{e}_z2)$

2.7 $r\leqslant a,\boldsymbol{E}=\boldsymbol{e}_r\frac{\rho r}{3\varepsilon_0}$;

$r\geqslant a,\ \boldsymbol{E}=\boldsymbol{e}_r\frac{\rho a^3}{3\varepsilon_0 r^2}$

2.8 $r\leqslant b,\boldsymbol{E}=\boldsymbol{e}_r\left(\frac{b^2r}{3\varepsilon_0}-\frac{r^3}{5\varepsilon_0}\right)$;

$r\geqslant b,\ \boldsymbol{E}=\boldsymbol{e}_r\frac{2b^5}{15\varepsilon_0 r^2}$

2.9 $r\leqslant a,\rho(r)=\varepsilon_0(5r^2+4Ar)$;
$r>a,\rho(r)=0$

2.10 $r\leqslant a,\rho=\frac{4\varepsilon_0E_0}{a^3}r^2$;

$r>a,\rho=0$

2.11 $r_{大} \geqslant b, \boldsymbol{E}_1 = \dfrac{\rho}{2\varepsilon_0}\left(\dfrac{b^2\boldsymbol{r}_{大}}{r_{大}^2} - \dfrac{a^2\boldsymbol{r}_{小}}{r_{小}^2}\right)$；

$r_{大} < b$ 且在空腔外，$\boldsymbol{E}_2 = \dfrac{\rho}{2\varepsilon_0}\left(\boldsymbol{r}_{大} - \dfrac{a^2}{r_{小}^2}\boldsymbol{r}_{小}\right)$；

在空腔内，$\boldsymbol{E}_3 = \dfrac{\rho}{2\varepsilon_0}(\boldsymbol{r}_{大} - \boldsymbol{r}_{小}) = \dfrac{\rho}{2\varepsilon_0}\boldsymbol{c}$

2.12 （1）$E_{玻璃} = \dfrac{U_0}{4d}, E_{空气} = \dfrac{7U_0}{4d}$；（2）上极板 $\rho_S = \dfrac{7\varepsilon_0 U_0}{4d}$，下极板 $\rho_S = -\dfrac{7\varepsilon_0 U_0}{4d}$；

（3）$C = \dfrac{7\varepsilon_0 S}{4d}$

2.13 （1）$r < a, \boldsymbol{E} = 0$；

$a < r < b, \boldsymbol{E} = \boldsymbol{e}_r \dfrac{\rho_{S1}a^2}{\varepsilon_0 r^2}$；

$r > b, \boldsymbol{E} = \boldsymbol{e}_r \dfrac{\rho_{S1}a^2 + \rho_{S2}b^2}{\varepsilon_0 r^2}$

（2）$\dfrac{\rho_{S1}}{\rho_{S2}} = -\dfrac{b^2}{a^2}$

2.14 （1）$r < a, \boldsymbol{E} = 0$；

$r > a, \boldsymbol{E} = \boldsymbol{e}_r\left(-A - \dfrac{a^2A}{r^2}\right)\cos\varphi + \boldsymbol{e}_\varphi\left(A - \dfrac{a^2A}{r^2}\right)\sin\varphi$

（2）导体，$\rho_S = -2\varepsilon_0 A\cos\varphi$

2.15 $\phi = -\dfrac{\rho_0 x^3}{6\varepsilon_0 d} + \left(\dfrac{V_0}{d} + \dfrac{\rho_0 d}{6\varepsilon_0}\right)x, \boldsymbol{E} = \boldsymbol{e}_x\left[\dfrac{\rho_0 x^2}{2\varepsilon_0 d} - \left(\dfrac{V_0}{d} + \dfrac{\rho_0 d}{6\varepsilon_0}\right)\right]$

2.16 54.7°

2.17 （1）$\rho_P = -3P_0, \rho_{SP} = \dfrac{1}{2}P_0$

2.18 边界条件为 $\phi_1|_{r=a} = \phi_2|_{r=a} = -\dfrac{3\varepsilon_0}{\varepsilon + 2\varepsilon_0}E_0 a\cos\theta$，

$\varepsilon_0 \dfrac{\partial\phi_1}{\partial r}\bigg|_{r=a} = \varepsilon\dfrac{\partial\phi_2}{\partial r}\bigg|_{r=a} = -\dfrac{3\varepsilon_0\varepsilon}{\varepsilon + 2\varepsilon_0}E_0\cos\theta$；

$\rho_{SP} = \dfrac{3\varepsilon_0(\varepsilon - \varepsilon_0)}{\varepsilon + 2\varepsilon_0}E_0\cos\theta$

2.20 $\boldsymbol{E}_2|_{z=0} = \boldsymbol{e}_x 2y - \boldsymbol{e}_y 3x + \boldsymbol{e}_z \dfrac{10}{3}$；不能求出2区任意点的 $\boldsymbol{E}_2$

2.21 $\theta_1 = 14°, \rho_{SP} = \pm 0.728\varepsilon_0 E_0$

2.22 $\phi = \displaystyle\sum_{n=1,3,5,\cdots}^{\infty} \dfrac{4U_0}{n\pi\sinh\left(\dfrac{n\pi}{b}a\right)}\sinh\left(\dfrac{n\pi}{b}x\right)\sin\left(\dfrac{n\pi}{b}y\right)$

2.23 $\phi = \displaystyle\sum_{n=1,3,5,\cdots}^{\infty} \dfrac{4U_0}{n\pi\cosh\left(\dfrac{n\pi}{b}a\right)}\cosh\left(\dfrac{n\pi}{b}x\right)\sin\left(\dfrac{n\pi}{b}y\right)$

2.24 $\phi = \dfrac{U_0}{\sinh\left(\dfrac{3\pi}{a}b\right)}\sin\left(\dfrac{3\pi}{a}x\right)\sinh\left(\dfrac{3\pi}{a}y\right)$

2.25 $\phi = \sum\limits_{n=1,2,3,\cdots}^{\infty}\dfrac{4U_0\sin\dfrac{n\pi}{2}}{n^2\pi^2\sinh\left(\dfrac{n\pi}{b}a\right)}\sinh\left(\dfrac{n\pi}{b}x\right)\sin\left(\dfrac{n\pi}{b}y\right)$

2.27 $\phi = \dfrac{q}{4\pi\varepsilon_0}\left[\dfrac{1}{\sqrt{x^2+y^2+(z-h)^2}} - \dfrac{1}{\sqrt{x^2+y^2+(z+h)^2}}\right]$

2.28 $\boldsymbol{J} = \boldsymbol{e}_r\dfrac{\sigma U}{r\ln\dfrac{b}{a}}, G = \dfrac{2\pi\sigma}{\ln\dfrac{b}{a}}$

2.29 $\boldsymbol{J} = \boldsymbol{e}_r\dfrac{\sigma abU}{(b-a)r^2}, G = \dfrac{4\pi\sigma ab}{b-a}$

2.30 $\phi = 735.2$ V， $\boldsymbol{E} = -\boldsymbol{e}_x 19.8 + \boldsymbol{e}_y 891.36$ V/m

2.31 $\Phi = \dfrac{\mu_0 I}{\pi}\left[\dfrac{b}{2} - \dfrac{d}{\sqrt{3}}\ln\left(1 + \dfrac{\sqrt{3}b}{2d}\right)\right]$

2.32 $\boldsymbol{H} = \boldsymbol{e}_z \times \boldsymbol{c}\dfrac{J}{2}$

2.33 $r_{大} \geqslant b$, $\boldsymbol{B}_1 = \dfrac{\mu_0}{2}\boldsymbol{J} \times \left(\dfrac{b^2\boldsymbol{r}_{大}}{r_{大}^2} - \dfrac{a^2\boldsymbol{r}_{小}}{r_{小}^2}\right)$;

$r_{大} < b$ 且在空腔外，$\boldsymbol{B}_2 = \dfrac{\mu_0}{2}\boldsymbol{J} \times \left(\boldsymbol{r}_{大} - \dfrac{a^2}{r_{小}^2}\boldsymbol{r}_{小}\right)$;

在空腔内，$\boldsymbol{B}_3 = \dfrac{\mu_0}{2}\boldsymbol{J} \times (\boldsymbol{r}_{大} - \boldsymbol{r}_{小}) = \dfrac{\mu_0}{2}\boldsymbol{J} \times \boldsymbol{c}$

2.34 (1) 不是;(2) 是，$\boldsymbol{J} = \boldsymbol{e}_z 2a$；(3) 是，$\boldsymbol{J} = 0$；(4) 是，$\boldsymbol{J} = \boldsymbol{e}_r a\cot\theta - \boldsymbol{e}_\theta 2a$

2.35 (1) $L = 2.34$ H；(2) $L = 0.94$ H

2.36 $L = \dfrac{\mu_0}{\pi}\ln\dfrac{D-a}{a}$

2.37 $\boldsymbol{B} = \boldsymbol{e}_x 2y + \boldsymbol{e}_z (y^2 - x^2)$

2.38 $B_2 = 0.13 \times 10^{-2}$ T，$\theta_2 = 0.107°$

## 第3章

3.1 $3.484\sin(2\pi \times 10^7 t)$ V

3.2 $i_c = i_d = \dfrac{2\pi\varepsilon}{\ln\dfrac{b}{a}} l\omega U_0 \cos\omega t$

3.4 (1) $1.04 \times 10^{15}$, $1.04 \times 10^{12}$; (2) 45, $4.5 \times 10^{-2}$; (3) $7.11 \times 10^{-10}$, $7.11 \times 10^{-13}$

3.5 $\boldsymbol{H} = \boldsymbol{e}_z\dfrac{\beta}{\omega\mu_0}E_0\cos(\omega t - \beta x)$, $\boldsymbol{S} = \boldsymbol{e}_x\dfrac{\beta}{\omega\mu_0}E_0^2\cos^2(\omega t - \beta x)$

3.6 $\beta = 54.41 \quad \mathrm{rad/m}$,

$$\boldsymbol{H} = -\boldsymbol{e}_x 2.30 \times 10^{-4} \sin(10\pi x)\cos(6\pi \times 10^9 t - 54.41z) - \boldsymbol{e}_z 1.33 \times 10^{-4} \cos(10\pi x)\sin(6\pi \times 10^9 t - 54.41z)$$

3.7 (1) $\boldsymbol{E} = \boldsymbol{e}_x \cos(\omega t + \beta z) - \boldsymbol{e}_y \sin(\omega t - \beta z)$;

(2) $\boldsymbol{E} = \boldsymbol{e}_x \mathrm{e}^{-\mathrm{j}\beta z} - \boldsymbol{e}_y \mathrm{j}\mathrm{e}^{-\mathrm{j}\beta z + \mathrm{j}\varphi}$;

(3) $\boldsymbol{E} = \boldsymbol{e}_y \sin\left(\frac{\pi}{a}z\right)\mathrm{e}^{-\mathrm{j}\beta x}$;

(4) $\boldsymbol{E} = \boldsymbol{e}_x \sin\left(\frac{\pi}{a}z\right)\cos(\omega t + \beta y)$

3.8 (1) $0, \boldsymbol{S} = -\boldsymbol{e}_z \frac{1}{4}\sqrt{\frac{\varepsilon_0}{\mu_0}}E_0^2 \sin(2\omega t), 0$; (2) $0,0,0$

3.9 $\beta = \sqrt{175}\pi \quad \mathrm{rad/m}$,

$$\boldsymbol{E} = \boldsymbol{e}_x 498\cos(15\pi x)\sin(6\pi \times 10^9 t - 41.56z) + \boldsymbol{e}_z 565\sin(15\pi x)\cos(6\pi \times 10^9 t - 41.56z)$$

3.10 $\boldsymbol{J}_S|_{x=0} = -\boldsymbol{e}_y H_0 \cos(kz - \omega t), \boldsymbol{J}_S|_{x=a} = -\boldsymbol{e}_y H_0 \cos(kz - \omega t)$

3.11 (1) $\boldsymbol{E} = \boldsymbol{e}_\theta \frac{60\pi I\mathrm{d}l}{\lambda r}\sin\theta\cos\left(\omega t - \beta r + \frac{\pi}{2}\right)$,

$\boldsymbol{H} = \boldsymbol{e}_\varphi \frac{I\mathrm{d}l}{2\lambda r}\sin\theta\cos\left(\omega t - \beta r + \frac{\pi}{2}\right)$;

(2) $\boldsymbol{S}_{\mathrm{av}} = \boldsymbol{e}_r 15\pi\left(\frac{I\mathrm{d}l}{\lambda r}\right)^2 \sin^2\theta$; (3) $P = 40\pi^2\left(\frac{I\mathrm{d}l}{\lambda}\right)^2$

3.12 $\boldsymbol{S}_{\mathrm{av}} = -\boldsymbol{e}_z \frac{1}{2}H_0^2\mu\omega k\left(\frac{a}{\pi}\right)^2 \sin^2\left(\frac{\pi x}{a}\right)$

$$\boldsymbol{S} = \boldsymbol{e}_x \frac{1}{4}H_0^2\mu\omega\left(\frac{a}{\pi}\right)\sin\left(\frac{2\pi x}{a}\right)\sin(2kz - 2\omega t) - \boldsymbol{e}_z H_0^2\mu\omega k\left(\frac{a}{\pi}\right)^2 \sin^2\left(\frac{\pi x}{a}\right)\sin^2(kz - \omega t)$$

## 第4章

4.1 (1) $1.4 \times 10^{-5}, 0, -1.4 \times 10^{-5}, -2 \times 10^{-5}, -1.4 \times 10^{-5}, 0, 1.4 \times 10^{-5}, 2 \times 10^{-5}$;

(2) $0, -1.4 \times 10^{-5}, -2 \times 10^{-5}, -1.4 \times 10^{-5}, 0, 1.4 \times 10^{-5}, 2 \times 10^{-5}, 1.4 \times 10^{-5}$;

波沿 $-z$ 方向传播

4.2 (1) $f = 1.5 \times 10^8\ \mathrm{Hz}, k = 3.14\ \mathrm{rad/m}, \lambda = 2\ \mathrm{m}, \eta = 377\ \Omega$;

(2) $\boldsymbol{H} = -\boldsymbol{e}_z 1.1 \times 10^{-7} \sin(3\pi \times 10^8\ t + 3.14x)$; (3) 是，波沿 $-x$ 方向传播

4.3 (1) $k = 0.105\ \mathrm{rad/m}$; (2) $y = 22.5 \pm 30n \quad \mathrm{m}$;

(3) $\boldsymbol{E} = \boldsymbol{e}_z 3.77 \times 10^{-3} \cos\left(10^7\pi t - 0.105y + \frac{\pi}{4}\right)$

4.4 (1) $f = 3 \times 10^9\ \mathrm{Hz}$; (2) 左旋圆极化；

(3) $\boldsymbol{H} = \boldsymbol{e}_y 2.7 \times 10^{-7} \mathrm{e}^{-\mathrm{j}20\pi z} - \boldsymbol{e}_x 2.7 \times 10^{-7} \mathrm{e}^{-\mathrm{j}20\pi z}\mathrm{e}^{\mathrm{j}\frac{\pi}{2}}$; (4) $2.7 \times 10^{-11}\ \mathrm{W/m^2}$

4.5 (1) $\boldsymbol{E} = \boldsymbol{e}_y 30\pi e^{j4\pi x} - j\boldsymbol{e}_z 30\pi e^{j4\pi x}$;(2) $f = 6 \times 10^8$ Hz,波沿 $-x$ 方向传播;

(3) 左旋圆极化;(4) $\boldsymbol{H} = -\boldsymbol{e}_z \frac{1}{4} e^{j4\pi x} - j\boldsymbol{e}_y \frac{1}{4} e^{j4\pi x}$;(5) $\frac{15\pi}{2} \times 10^{-12}$ W/m²

4.6 (1) $\varepsilon_r = 4.94$;(2) $1.35 \times 10^8$ m/s

4.7 (1) $\varepsilon_r = 16$;(2) 波长是自由空间的1/4

4.8 (1) $k = 2\pi$ rad/m, $f = 3 \times 10^8$ Hz;(2) $\boldsymbol{n} = \boldsymbol{e}_x 0.8 - \boldsymbol{e}_y 0.6$

4.10 (1) 线极化，$-z$;(2) 左旋圆极化，$+z$;(3) 右旋圆极化，$+z$;

(4) 线极化，$+z$;(5) 椭圆极化，$+z$

4.11 (1) $\varepsilon_r = 11.9$;(2) $0.87 \times 10^8$ m/s

4.12 $f = 10$ kHz: $\lambda = 15.9$ m, $\alpha = 0.4$ Np/m, $v = 1.6 \times 10^5$ m/s, $\eta_c = 0.1(1+j)\ \Omega$;

$f = 100$ kHz: $\lambda = 5$ m, $\alpha = 1.3$ Np/m, $v = 5 \times 10^5$ m/s, $\eta_c = 0.314(1+j)\ \Omega$;

$f = 1$ MHz: $\lambda = 1.6$ m, $\alpha = 4$ Np/m, $v = 1.6 \times 10^6$ m/s, $\eta_c = 1.0(1+j)\ \Omega$;

$f = 10$ MHz: $\lambda = 0.5$ m, $\alpha = 12.6$ Np/m, $v = 5 \times 10^6$ m/s, $\eta_c = 3.1(1+j)\ \Omega$;

$f = 100$ MHz: $\lambda = 0.1$ m, $\alpha = 37.6$ Np/m, $v = 1.0 \times 10^7$ m/s, $\eta_c = 42/\sqrt{1 - j8.9}\ \Omega$;

$f = 1$ GHz: $\lambda = 0.03$ m, $\alpha = 69.1$ Np/m, $v = 3 \times 10^7$ m/s, $\eta_c = 42/\sqrt{1 - j0.89}\ \Omega$

4.13 (1) $\alpha = 83.9$ Np/m, $\beta = 300\pi$ rad/m, $\eta_c = 41.8 e^{j0.028\pi}\ \Omega$,

$v = 0.3 \times 10^8$ m/s, $\lambda = 6.7 \times 10^{-3}$ m, $\delta = 0.01$ m;

(2) $\boldsymbol{H} = \boldsymbol{e}_x 1 \times 10^{-3} e^{-83.9y} \sin\left(10^{10}\pi t - 300\pi y - \frac{\pi}{3}\right)$

$\boldsymbol{E} = \boldsymbol{e}_z 0.042 e^{-83.9y} \sin\left(10^{10}\pi t - 300\pi y - \frac{\pi}{3} + 0.028\pi\right)$

4.14 $\lambda = 300$ m: $v = 4.15 \times 10^2$ m/s, $\eta_c = 2.6 \times 10^{-4}(1+j)\ \Omega$;

$\lambda = 3$ m: $v = 4.15 \times 10^3$ m/s, $\eta_c = 2.6 \times 10^{-3}(1+j)\ \Omega$;

$\lambda = 0.03$ m: $v = 4.15 \times 10^4$ m/s, $\eta_c = 2.6 \times 10^{-2}(1+j)\ \Omega$

4.15 反射能量25%，折射能量75%

4.16 (1) $\boldsymbol{E}_1^- = \frac{\eta_2 - \eta_1}{\eta_2 + \eta_1} E_m (\boldsymbol{e}_x + j\boldsymbol{e}_y) e^{jkz}$, $\boldsymbol{E}_2^+ = \frac{2\eta_2}{\eta_2 + \eta_1} E_m (\boldsymbol{e}_x + j\boldsymbol{e}_y) e^{-jk_2 z}$;

(2) 入射为左旋圆极化,反射为右旋圆极化,折射为左旋圆极化

4.17 $E_{m1}^- = 6 \times 10^{-6}$ V/m, $E_{m2}^+ = 1.2 \times 10^{-5}$ V/m

4.18 (1) $\boldsymbol{E}_1^- = -E_m (\boldsymbol{e}_x - j\boldsymbol{e}_y) e^{jkz}$ 左旋圆极化;(2) $\frac{2E_m}{\eta_0}(\boldsymbol{e}_x - j\boldsymbol{e}_y)$;

(3) $2E_m \sin(kz)(-j\boldsymbol{e}_x - \boldsymbol{e}_y)$

4.19 铜66 μm，海水0.25 m

4.20 (1) $\varepsilon_r = 7.3$;(2) $R = -0.46$, $T = 0.54$;(3) 反射能量21%,折射能量79%

4.21 $\varepsilon_r = 9$

4.22 $\boldsymbol{E}_1^- = \boldsymbol{e}_x 2.8 \times 10^{-5} \cos(1.8 \times 10^9 t + 6z + 157°)$

$\boldsymbol{H}_1^- = -\boldsymbol{e}_y 7.4 \times 10^{-8} \cos(1.8 \times 10^9 t + 6z + 157°)$

$\boldsymbol{E}_2^+ = \boldsymbol{e}_x 7.5 \times 10^{-5} e^{-2.31z} \cos(1.8 \times 10^9 t - 9.8z + 8.3°)$

$\boldsymbol{H}_2^+ = \boldsymbol{e}_y 3.5\times10^{-7}\mathrm{e}^{-2.31z}\cos(1.8\times10^9 t - 9.8z - 5.0°)$

4.25 $\theta_c = 6.38°, 19.47°, 38.77°, 43.64°$

4.26 (1) $\theta_c = 30°$;(2) $1.73\times10^8$ m/s;(3) 椭圆极化

4.27 (1) $\theta_B = 63.4°$;(2) 18%

4.28 (1) $\lambda = 0.63$ m, $f = 4.8\times10^8$ Hz;(2) $\theta = 36.9°$;

(3) $\boldsymbol{E} = -\boldsymbol{e}_y 1\times10^{-4}\mathrm{e}^{-\mathrm{j}(6x-8z)}$, $H = \dfrac{10^{-5}}{120\pi}(-\boldsymbol{e}_x 8 - \boldsymbol{e}_z 6)\mathrm{e}^{-\mathrm{j}(6x-8z)}$;

(4) $\boldsymbol{E} = -\boldsymbol{e}_y 2\mathrm{j}\times10^{-4}\sin 8z\,\mathrm{e}^{-\mathrm{j}6x}$;(5) $x$ 方向为行波，$z$ 方向为驻波

## 第5章

5.1 终端短路不能得出 $Z_{ab} = 0$，终端开路不能得出 $Z_{cd} = \infty$

5.2 长线，短线

5.3 $Z_0 \approx 663\ \Omega$, $\alpha \approx 0$, $\beta \approx 27.67$ rad/m, $\lambda \approx 0.23$ m, $v = 1.8\times10^8$ m/s

5.4 $Z_0 \approx 552\ \Omega$, $Z_0 \approx 44\ \Omega$, $Z_0 \approx 29\ \Omega$

5.6 (a) $Z_{ab} = Z_0$;(b) $Z_{ab} = Z_0$;(c) $Z_{ab} = Z_0$

5.7 (a) $-\dfrac{1}{3}$;(b) 0;(c) $\dfrac{1}{3}$;(d) 0

5.8 $U_{aa'} = 100\mathrm{e}^{\mathrm{j}\frac{5}{12}\pi}$, $U_{cc'} = 100\mathrm{e}^{-\mathrm{j}\frac{7}{18}\pi}$;

$u_{aa'} = 100\cos(\omega t + 75°)$, $u_{bb'} = 100\cos(\omega t + 20°)$, $u_{cc'} = 100\cos(\omega t - 70°)$

5.9 $u_{bb'} = 141\cos(\omega t + 30°)$, $u_{cc'} = -100\cos(\omega t + 30°)$

5.10 $|\Gamma| = \dfrac{\sqrt{5}}{5}$, $\rho = \dfrac{5+\sqrt{5}}{5-\sqrt{5}}$

5.11 $R = 90\ \Omega$, $X = 56\ \Omega$

5.12 ab 段为行波，$|U| = 450$ V, $|I| = 1$ A, $|Z_{in}| = 450\ \Omega$;bc 段为行驻波，$|U|_{max} = 450$ V, $|U|_{min} = 300$ V, $|I|_{max} = 0.75$ A, $|I|_{min} = 0.5$ A, $|Z_{in}|_{max} = 900\ \Omega$, $|Z_{in}|_{min} = 400\ \Omega$

5.16 短路线 $l \approx 0.247$ m，开路线 $l \approx 0.125$ m

5.17 $l \approx 1.35$ m

5.18 (1) $Z_{in} = (10 - \mathrm{j}1.2)\ \Omega$;(2) $\Gamma_l = 0.88\mathrm{e}^{-\mathrm{j}\frac{23}{90}\pi}$;(3) $0.39\lambda$, $0.14\lambda$, $\rho = 4.5$, $k = 0.22$;(4) $Z_l = (90 + \mathrm{j}91)\ \Omega$, $Z_{in} = (26 - \mathrm{j}15)\ \Omega$;(5) $\rho = 3.85$, $Z_l = (208 + \mathrm{j}360)\ \Omega$, $Z_{in} = (112 - \mathrm{j}120)\ \Omega$

5.20 $l = 0.138\lambda$, $l = 0.388\lambda$

5.21 $\lambda = 0.075$ m, $Z_0 = 70.7\ \Omega$;830 MHz ～ 1 170 MHz

5.22 $l = 0.48$ m, $Z_0 = 730\ \Omega$;或 $l = 1.23$ m, $Z_0 = 340\ \Omega$

5.23 $Z_0 = 100\sqrt{10}\ \Omega$, $l = 1.23$ m

5.24 $Z_{in} = (48 - \mathrm{j}24)\ \Omega$

5.25 $Z_l = (324 - \mathrm{j}738)\ \Omega$;$d = 0.082\lambda$, $l = 0.08\lambda$;$d = 0.218\lambda$, $l = 0.42\lambda$

5.26 支节位置不变，$l = 0.48$ m

5.27 $l_1 = 0.326\lambda, l_2 = 0.132\lambda$

5.28 $l_1 = 0.338\lambda, l_2 = 0.182\lambda$

5.29 (1) $\lambda = 15$ cm, $f = 2 \times 10^9$ Hz; (2) $Z_l = (40.5 + j17.3)\ \Omega$;
(3) $d = 0.048\lambda, l = 0.346\lambda$; (4) $d = 0.348\lambda, l = 0.152\lambda$

## 第6章

6.9 $TE_{10}$, $TE_{20}$, $TE_{01}$, $TE_{11}$, $TM_{11}$, $TE_{30}$, $TE_{21}$, $TM_{21}$, $TE_{31}$, $TM_{31}$

6.10 $\lambda = 3$ cm

6.11 BJ-500, BJ-400, BJ-320; BJ-48, BJ-40, BJ-32

6.12 (1) $TE_{10}$; (2) $v_P = 4.17 \times 10^8$ m/s, $v_g = 2.16 \times 10^8$ m/s, $\lambda_P = 13.9$ m

6.13 BJ-140, BJ-120, BJ-100, BJ-84; BJ-48, BJ-40, BJ-32; BJ-40, BJ-32, BJ-26

6.14 10 570 kW

6.15 (1) $\lambda_c|_{TE_{10}} = 4.572$ cm, $\lambda_P = 3.98$ cm; (2) $\lambda_c|_{TE_{10}} = 9.144$ cm, $\lambda_P = 3.18$ cm;
(3) 不变; (4) $\lambda_c|_{TE_{10}} = 4.572$ cm, $\lambda_P = 2.22$ cm

6.16 (1) $\lambda = 1.5$ cm, 有 $TE_{10}$, $TE_{20}$, $TE_{01}$, $TE_{11}$, $TM_{11}$, $TE_{30}$; $\lambda = 3$ cm, 有 $TE_{10}$;
$\lambda = 4$ cm, 有 $TE_{10}$; (2) $2.286\text{ cm} < \lambda < 4.572\text{ cm}$

6.21 (1) $\lambda_c|_{TE_{11}} = 8.53$ cm, $\lambda_c|_{TE_{01}} = 4.1$ cm, $\lambda_c|_{TM_{01}} = 6.55$ cm, $\lambda_c|_{TM_{11}} = 4.1$ cm;
(2) $\lambda = 7$ cm, 有 $TE_{11}$; $\lambda = 6$ cm, 有 $TE_{11}$, $TM_{01}$; $\lambda = 3$ cm, 有 $TE_{11}$, $TM_{01}$, $TE_{21}$, $TE_{01}$, $TM_{11}$, $TE_{31}$, $TM_{21}$; (3) $\lambda_P = 12.25$ cm

6.22 $1.47\text{ cm} < R < 1.91\text{ cm}$

6.24 $TE_{11}$, $TM_{01}$

6.25 (1) $\lambda = 13.76$ cm; (2) $\lambda = 6.72$ cm

6.26 (1) $\lambda_c|_{TE_{11}} = 15.7$ cm, $\lambda_c|_{TE_{01}} = 6$ cm, $\lambda_c|_{TM_{01}} = 6$ cm; (2) $f < 1.91 \times 10^9$ Hz;
(3) $v_p|_{TE_{11}} = 3.89 \times 10^8$ m/s, $v_p|_{TEM} = 3 \times 10^8$ m/s

6.28 $Z_0 \approx 45\ \Omega$

6.29 $W = 0.4$ mm

## 第7章

7.10 (a) $\begin{bmatrix} 0.45e^{-j0.352\pi} & 0.89e^{j0.148\pi} \\ 0.89e^{j0.148\pi} & 0.45e^{-j0.352\pi} \end{bmatrix}$; (b) $\begin{bmatrix} \dfrac{Z_{01}^2 - Z_{02}^2}{Z_{01}^2 + Z_{02}^2} & \dfrac{2Z_{01}Z_{02}}{Z_{01}^2 + Z_{02}^2}e^{j\frac{\pi}{2}} \\ \dfrac{2Z_{01}Z_{02}}{Z_{01}^2 + Z_{02}^2}e^{j\frac{\pi}{2}} & \dfrac{Z_{02}^2 - Z_{01}^2}{Z_{01}^2 + Z_{02}^2} \end{bmatrix}$

7.11 $\begin{bmatrix} 0.2e^{-j\pi} & 0.98 \\ 0.98 & 0.2e^{-j\pi} \end{bmatrix}$

7.12　(1) $\theta = \pi$;(2)0.18 dB;(3) $0.98e^{j\pi}$(4)1.5

7.13　(1) $S_{11}$;(2)$S_{11} + \dfrac{S_{12}S_{21}\Gamma_2}{1 - S_{22}\Gamma_2}$;(3) $\dfrac{1 + |S_{11}|}{1 - |S_{11}|}$

7.14　互易，有耗

7.15　3 端口无输出，2 端口与 4 端口平分输入功率，$\widetilde{U}_{r2} = \dfrac{1}{\sqrt{2}}, \widetilde{U}_{r3} = 0, \widetilde{U}_{r4} = \dfrac{1}{\sqrt{2}}e^{j\frac{\pi}{2}}$

## 第8章

8.9　$R = 187.5\ \Omega; Z_{02} = 75\sqrt{10}\ \Omega; Z_{03} = \dfrac{75}{4}\sqrt{10}\ \Omega; Z_{04} = 75\sqrt{2}\ \Omega; Z_{05} = \dfrac{75}{2}\sqrt{2}\ \Omega$;

8.10　$P_2 = 9.683$ W, $P_3 = 0.316$ W

8.13　1.4 cm 或 6.4 cm

8.14　7.68 cm

8.15　谐振波长为 10 cm 的谐振器大

8.16　7.63 cm

8.17　$TM_{010}$，$2.3 \times 10^9$ Hz；$TE_{111}$，$2.2 \times 10^9$ Hz

8.18　$1 \times 10^{10}$ Hz

## 第9章

9.3　0 mV/m，2.1 mV/m，3 mV/m

9.4　90°，180°

9.6　7.3 mV/m

9.7　10

9.8　4 倍

# 参考文献

[1] 吴万春．电磁场理论．北京：电子工业出版社，1985.
[2] 毕德显．电磁场理论．北京：电子工业出版社，1985.
[3] 廖承恩．微波技术基础．北京：国防工业出版社，1984.
[4] 谢处方，饶克谨．电磁场与电磁波．第2版．北京：高等教育出版社，1985.
[5] 杨儒贵，刘运林．电磁场与波简明教程．北京：科学出版社，2005.
[6] 郭辉萍，刘学观．电磁场与电磁波．西安：西安电子科技大学出版社，2003.
[7] 陈乃云，魏东北，李一枚．电磁场与电磁波理论基础．北京：中国铁道出版社，2001.
[8] 赵家升，杨显清，王园．电磁场与电磁波教学指导书．北京：高等教育出版社，2003.
[9] 任伟，赵家升．电磁场与微波技术．北京：电子工业出版社，2005.
[10] 宋铮，张建华，黄冶．天线与电波传播．西安：西安电子科技大学出版社，2003.
[11] 周朝栋，王元坤，杨恩耀．天线与电波．西安：西安电子科技大学出版社，1995.
[12] 闫润卿，李英惠．微波技术基础．北京：北京理工大学出版社，1997.
[13] 谢处方，饶克谨，赵家升，袁敬闳．电磁场与电磁波．第3版．北京：高等教育出版社，1999.
[14] 谢处方，饶克谨，杨显清，王园，赵家升．电磁场与电磁波．第4版．北京：高等教育出版社，2006.
[15] 陈振国．微波技术基础与应用．北京：北京邮电大学出版社，2002.
[16] 王家礼，朱满座．电磁场与电磁波．西安：西安电子科技大学出版社，2004.
[17] 廖承恩．微波技术基础．西安：西安电子科技大学出版社，1995.
[18] 吴明英，毛秀华．微波技术．西安：西北电讯工程学院出版社，1985.
[19] 黄志洵，王晓金．微波传输线理论与实用技术．北京：科学出版社，1996.
[20] 赵春晓，杨莘元．微波测量与实验教程．哈尔滨：哈尔滨工业大学出版社，2000.
[21] 王明鉴，施社平．新编电信传输理论．北京：北京邮电大学出版社，1995.
[22] 孙学康，张政．微波与卫星通信．北京：人民邮电出版社，2003.
[23] 盛振华．电磁场微波技术与天线．西安：西安电子科技大学出版社，1995.

［24］叶培大，吴彝尊．光波导技术理论基础．北京：人民邮电出版社，1980.

［25］李玉权，崔敏．光波导理论与技术．北京：人民邮电出版社，2002.

［26］R. F. 哈林登著．孟侃译．正弦电磁场．上海：上海科学技术出版社，1964.

［27］P. 劳兰，D. R. 考森著．陈成均译．电磁场与电磁波．北京：人民教育出版社，1982.

［28］David K. Cheng 著．赵姚同译．电磁场与波．上海：上海交通大学出版社，1984.

［29］D. M. Pozer. Microwave Engineering. Addision-Wesley Publishing Company，1990.

［30］R. S. Elliott. An Introduction to Guided Wave and Microwave Circuits. Prentice-Hall，Inc.，1994.

［31］Fawwaz T Ulaby. Fundamentals of Applied Electromagnetics. Beijing：Science Press and Pearson Education North Asia Limited，2002.

［32］Kenneth R Demarest. Engineering Electromagnetics. Beijing：Science Press and Pearson Education North Asia Limited，2002.

［33］黄玉兰，梁猛．电信传输理论．北京：北京邮电大学出版社，2004.

［34］黄玉兰．电磁场与微波技术．北京：人民邮电出版社，2007.

［35］黄玉兰．射频电路理论与设计．北京：人民邮电出版社，2008.

［36］黄玉兰．ADS 射频电路设计基础与典型应用．北京：人民邮电出版社，2010.

［37］黄玉兰．物联网—射频识别（RFID）核心技术详解．北京：人民邮电出版社，2010.

［38］黄玉兰．物联网—ADS 射频电路仿真与实例详解．北京：人民邮电出版社，2011.

［39］黄玉兰．物联网核心技术．北京：机械工业出版社，2011.

［40］黄玉兰．物联网概论．北京：人民邮电出版社，2011.